U0331623

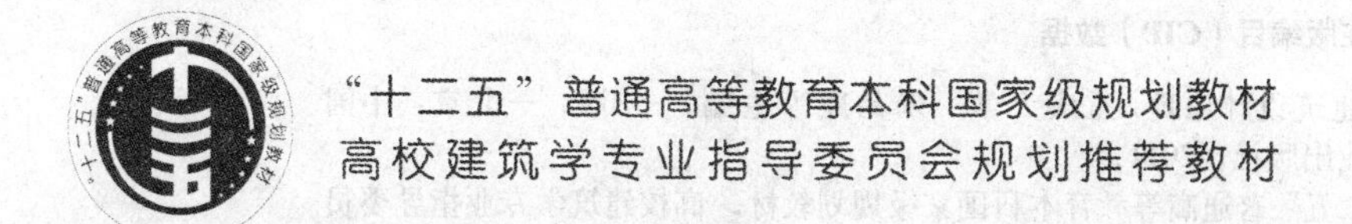

住宅建筑设计原理

（第三版）

THE DESIGN THEORY OF RESIDENTIAL BUILDINGS

重庆大学　朱昌廉　魏宏杨　龙　灏　主编

中国建筑工业出版社

图书在版编目（CIP）数据

住宅建筑设计原理/重庆大学 朱昌廉等主编．—3版．—北京：中国建筑工业出版社，2011.4

“十二五”普通高等教育本科国家级规划教材．高校建筑学专业指导委员会规划推荐教材

ISBN 978-7-112-13188-4

Ⅰ.①住… Ⅱ.①朱… Ⅲ.①住宅-建筑设计 Ⅳ.①TU241

中国版本图书馆CIP数据核字（2011）第070949号

责任编辑：陈 桦
责任设计：赵明霞
责任校对：陈晶晶 姜小莲

本书附核心章节课件，可以从www.cabp.com.cn/td/cabp20611.rar下载。

“十二五”普通高等教育本科国家级规划教材
高校建筑学专业指导委员会规划推荐教材
住宅建筑设计原理（第三版）
THE DESIGN THEORY OF RESIDENTIAL BUILDINGS
重庆大学 朱昌廉 魏宏杨 龙 灏 主编
*
中国建筑工业出版社出版、发行（北京西郊百万庄）
各地新华书店、建筑书店经销
北京嘉泰利德公司制版
北京同文印刷有限责任公司印刷
*
开本：787×1092毫米 1/16 印张：25 字数：560千字
2011年6月第三版 2019年8月第五十一次印刷
定价：42.00元（附课件下载）
ISBN 978-7-112-13188-4
(20611)

第三版 编者的话

本教材配合住宅建筑课程设计和毕业设计进行讲授。其中低层住宅和农村住宅可结合低年级课程设计；多层住宅可结合中年级课程设计；高层住宅、中高层住宅和工业化住宅可列为专题在高年级进行讲授。各校可根据教学情况调整讲授次序，并补充参考资料。

本书着重讲述住宅建筑设计原理，结合课程设计，训练和培养学生分析问题和解决问题的能力。为避免与其他课程重复，在城市规划、建筑构造、建筑物理、建筑结构、建筑设备等课程中已有的内容，本书不再列入。

本书自1979年编写以来，1999年进行了第二版修编。跨入21世纪，由于我国住宅建设的巨大发展和变化，有关设计理念的更新，科学技术的进步，设计规范的修订，相关技术政策的调整，住宅的质量和标准的提高，为了适应新的情况，本书列入国家"十一五规划教材"进行第三版修编。在修编中各章节原编写与新编写人员如下：

章节	第二版编写单位及人员		第三版编写单位及人员	
主编	重庆建筑大学	朱昌廉	重庆大学	朱昌廉 魏宏杨 龙 灏
绪言	重庆建筑大学	朱昌廉	重庆大学	朱昌廉
第1章第1.1、1.2节	重庆建筑大学	魏宏杨	重庆大学	魏宏杨
第1章第1.3节	浙江大学	李文驹	浙江大学	李文驹
第2章	华南理工大学	陶 杰	华南理工大学	陶 杰
第3章	重庆建筑大学	朱昌廉	重庆大学	朱昌廉 龙 灏
第4章	天津大学	刘彤彤	天津大学	刘彤彤
第5章第5.1节	哈尔滨建筑大学	李桂文	哈尔滨工业大学	李桂文 李 静
第5章第5.2节	华南理工大学	陶 杰	华南理工大学	陶 杰
第5章第5.3节	重庆建筑大学	杨文焱	深圳大学	杨文焱
第5章第5.4节	清华大学	庄 宁	重庆大学	黄海静
第6章	清华大学	陶 滔	重庆大学	魏宏杨
第7章	天津大学	刘彤彤	天津大学	刘彤彤
第8章	清华大学	边兰春	清华大学	边兰春 钟 舸
第9章	重庆建筑大学	杨文焱	深圳大学	杨文焱
第10章	中国建筑技术研究院	赵喜伦	重庆大学	龙 灏

在编写过程中得到各有关院校和中国建筑工业出版社的大力支持，特别是作为"十一五规划教材"，全国建筑学专业教学指导委员会和重庆大学对本书的编写给予很大关注和支持，并组织了编写和出版工作。在编写过程中，由于多校合作参与修编，在时间安排和协调上存在一些问题。同时，书中仍会存在和发生这样或那样的不足与缺陷，请大家提出宝贵意见，本书将在以后的重编与出版中作进一步的改进完善。

2011年4月

第二版 编者的话

本教材配合住宅建筑课程设计和毕业设计进行讲授。其中低层住宅和农村住宅可结合低年级课程设计；多层住宅可结合中年级课程设计；高层住宅、中高层住宅和工业化住宅可列为专题在高年级进行讲授。各校可根据教学情况调整讲授次序，并补充参考资料。

本书着重讲述住宅建筑设计原理，结合课程设计，训练和培养学生分析问题和解决问题的能力。为避免与其他课程重复，在城市规划、建筑构造、建筑物理、建筑结构、建筑设备等课程中已有的内容，本书不再列入。

自 1979 年本书编写以来，将近 20 年过去了，国内住宅建设有了很大的发展，住宅的质量和标准有了较大的提高，有关的科学技术有了长足的进步，有的设计规范进行了修订，相关的技术政策也发生了变化。为了适应新的情况，本书在重编中作了较大的修改，并增加了"住宅外部空间环境设计"一章。各章节原编写及新编写人员如下：

章节	原编写单位及人员		新编写单位及人员	
主编	重庆建筑大学	朱昌廉、李再琛	重庆建筑大学	朱昌廉
主审	东南大学	刘光华	东南大学	徐敦源
绪言	重庆建筑大学	朱昌廉	重庆建筑大学	朱昌廉
第一章第一、二节	重庆建筑大学	李再琛	重庆建筑大学	魏宏杨
第一章第三节	重庆建筑大学	李再琛	浙江大学	李文驹
第二章	华南理工大学	金振声	华南理工大学	陶　杰
第三章	重庆建筑大学	朱昌廉	重庆建筑大学	朱昌廉
第四章	天津大学	童鹤龄	天津大学	刘彤彤
第五章第一节	哈尔滨建筑大学	张家骥	哈尔滨建筑大学	李桂文
第五章第二节	华南理工大学	金振声	华南理工大学	陶　杰
第五章第三节	重庆建筑大学	李再琛	重庆建筑大学	杨文焱
第五章第四节	清华大学	张守仪	清华大学	庄　宁
第六章	清华大学	张守仪	清华大学	陶　滔
第七章	天津大学	童鹤龄	天津大学	刘彤彤
第八章	（新增）		清华大学	边兰春
第九章	重庆建筑大学	李再琛	重庆建筑大学	杨文焱
第十章	中国建筑科学研究院	赵喜伦	中国建筑技术研究院	赵喜伦

在编写过程中得到各有关院校及中国建筑工业出版社的大力支持，特别是作为建设部的重点教材，全国建筑学专业教学指导委员会对本书的编写给予很大关注，并有效地组织了编写、审定及出版工作，在编写过程中，总会存在这样或那样的不足，随着社会的发展和科学技术的进步，住宅建筑设计的知识也会不断更新，本书也将在以后的重编与出版中作进一步的改进。

1999 年 8 月

第一版编者的话

本教材配合住宅建筑课程设计和毕业设计进行讲授。其中低层住宅和农村住宅可结合低年级课程设计；多层住宅可结合中年级课程设计；高层住宅和工业化住宅可列为专题在高年级进行讲授。各校可根据教学情况调整讲授次序，并补充参考资料。

本书着重讲述住宅建筑设计原理，结合课程设计，训练和培养学生分析问题和解决问题的能力。为避免与其他课程重复，在城市规划、建筑构造、建筑物理、建筑结构、建筑设备等课程中已有的内容，本书不再列入。

本书由重庆建筑工程学院朱昌廉、李再琛主编，南京工学院刘光华主审。

各章编写人员为：

绪言　朱昌廉；第一章李再琛；第二章金振声（华南工学院）；第三章朱昌廉；第四章童鹤龄（天津大学）；第五章张家骥（特约）（哈尔滨建筑工程学院）、金振声（华南工学院）、李再琛、张守仪（清华大学）；第六章张守仪；第七章童鹤龄；第八章李再琛；第九章赵喜伦（特约）（中国建筑科学研究院）。

南京工学院徐敦源、孙钟阳，西安冶金建筑学院李觉，哈尔滨建筑工程学院张家骥，陕西省第二建筑设计院顾宝和（特约）等同志参加了书稿的讨论和编审工作；重庆建筑工程学院黄忠恕同志也对书稿提出了宝贵的意见。有关院校和设计、科研单位提供了许多宝贵资料。在此表示感谢。

1979 年 10 月

目录

本书附核心章节课件，可以从 www.cabp.com.cn/td/cabp 20611.rar 下载。

绪　言

住宅是人类为了满足家庭生活的需要所构筑的物质空间，是人类生存所必需的生活资料，它是人类适应自然、改造自然的产物，并且随着人类社会的进步逐步发展起来。

为了适应各地不同的自然环境，如严寒或炎热的气候，平原或山地不同的地形、地貌，城市和农村不同的生态环境，住宅呈现出不同的特点。而生活在各种社会条件下的家庭成员有不同的生活习惯、民族风俗，有不同的历史文化和不同的价值观，从而使住宅具有不同的社会属性。社会在进步和发展，人们的生活方式也在不断变化，住宅的形式也在发展和演进，人们在长期的适应自然、改造自然的斗争中，创造了丰富多样的住宅类型。

根据我国人多地少的国情，住宅建设应充分节约用地。现阶段城镇中的住宅是以多层住宅为主，在大城市和中等城市中高层和高层住宅逐渐增多，而在小城镇和农村中，则以低层住宅为主。从住宅的建造技术来讲，目前我国的住宅以采用结合地方条件的适用技术为主，如砖混结构和钢筋混凝土结构较为普遍。现在正逐步在住宅建设中加大科技含量，推进墙体改革，促进结构体系向扩大跨度和轻质高强的方向发展，并采用各种新设备、新材料和新技术，逐步实现住宅的产业化。人们正是在长期的与自然界的斗争中，逐步掌握建造各种住宅的客观规律，运用先进的科学技术，使住宅建设日益现代化。

住宅建筑设计不仅涉及建筑学和城市规划学科，还与许多其他学科有关。如住宅具有社会属性，研究家庭和社会的人际关系就涉及住宅社会学；研究人对住宅的精神需求涉及历史、宗教、文化等方面的人文学科；研究家庭的生活行为涉及人体工程学和环境心理学；研究居住环境涉及环境生态学；研究住宅的经济涉及社会经济学等。因此，对住宅设计的研究还必须综合与住宅有关学科的相关知识，这也是当今研究住宅建筑设计的显著特点之一。

住宅设计属于应用工程学科，因而必须遵守国家颁布的有关技术规范和政策。如《住宅设计规范》(GB 50096—1999)、《城市居住区规划设计规范》(GB 50180—93)、《建筑设计防火规范》(GB 50016—2006)、《高层民用建筑设计防火规范》(GB 50045—95) 等，还应包括节约用地、节约能源、节约用水及节约建筑材料等的相关技术规定和政策。

新中国成立之初，我国在住房建设上向苏联学习，照搬了苏联的福利分房制度，职工住房属全民所有制的性质，租金很低。为工业建设服务新建的工人新村虽然住房标准较低，但和新中国成立前工人住的棚户区相比，居住的条件得到很大的改善。从苏联学习引入了街坊和住宅小区的概念，住区公建配套设施的建设，方便了居民的生活。在住宅设计上按“远近结合，以远期为主”的原则，导致了“合理设计，不合理使用” 的状况，设计的三室户和四室户分给两家住，合用厨房和卫生间，造成相互干扰。结合我国国情，1957 年住宅按人均 $4m^2$ 的居住面积来设计，住宅单元设计中房间尺寸以能多放几张床为主要衡量标准，使家庭成员夜间能有床栖身。然而子女成长后与父母同居一室十分不便，非夫妻的异性成年人也不便同居一室，于是，设计中又提出要达到“住得下，分得开”，促进了“小面积住宅”的发展，即宁可居室小一些，但是要满足家庭成员分室的要求。合用厨房和卫生间也是不方便的，应该做到“独门独户”，使每家住户有独立厨房和卫生间。在新中国成立后的 30 年里，在“先生产、后生活”的思想指导下，主要的资金和人力都投入到工业化生产建设过程中，住房建设严重滞后，同时随着城市化进程的加速，城镇人口迅速增长，城市基础设施缺失严重，住房建设发展迟缓，城镇职工居住水平不是逐年提升，反而形成下降趋势，由 1949 年人均居住面积 $4.5m^2$，下降至 1978 年人均居住面积 $3.6m^2$。虽然国家在住房建设上投资也在增加，但“租不养房”，维护管理费用高，有投入没有产出，在经济上不能形成良性循环，因此，住房改革势在必行。1980 年国家提出住房商品化政策，建立由国家、单位和个人三者合理负担的建房体制，1991 年全面推进住房制度改革，经过“提租补贴”、“公房出售”和实行“住房公积金制度”，到 1998 年底停止住房实物分配，福利分房制度走向终结。从 1999 年开始发放住房补贴，通过市场解决住房问题，同时建立和完善住房保障体制。由此住房性质发生了变化，在福利分房时期，住房属全民所有制的“公有”性质；而在住房商品化、市场化形势下，住房作为消费资料可以个人拥有，并可以成为私有财产的一部分而受到物权法的法律保护。对于低收入阶层而言，可得到廉租房或公租房实物分配，这是对弱势群体实行的一种福利制度，也是对社会财富向弱势群体倾斜的重分配。实行这种商品房与保障房并行的双轨制，有利于广大人民群众能安居乐业，“住有所居”，和谐相处。在改革开放后，随着房改的推进，住房建设提速，到 1995 年城镇人均居住面积已达到 $8.1m^2$，从这一点来说，已经达到了原定 2000 年实现的人均居住面积 $8m^2$ 的小康住居目标。随着城市化的进展，土地日益珍贵，住房建筑中多层住宅的建设还不能满足要求，对大城市而言，人口的集聚，用地的稀缺，基础设施的不配套，催生了高层住宅。到 20 世纪 90 年代，在大城市 18~32 层的高层住宅逐渐成为住房建设的主角。2000 年城镇的人均居住面积达到 $10.25m^2$，而到 2008 年又增至 $13.5m^2$，已经是建国初期人均居住面积的 3 倍。可见改革开放后的 30 年，住宅建设得到了飞跃发展。从住区规划而言，解放初期沿袭了街巷、里弄、胡同等的民居聚落形态，以街道的线性空间组合为特征。在 20 世纪 60 年代学习苏联居住区布局出现周边式的街坊和住宅小区，到 20 世纪 80 年代仍沿用“小区—组团—住宅”的三级结构。行列式布局有良好的日照、采光和通风，得到了重视和发展。但千篇一律的兵营式布局也造成了“千楼一面，百城同貌”的弊端。20 世纪 80 年代中期至 20 世纪末，建设部先后开展了城市住宅小区建设试点和小康住宅小区示范工程，重视提高居住环境质量，并提倡提高住宅的科技含量。在规划中强调因地制宜的原则，突破了“小区—组团—住宅”的三级结构，由淡化住宅组团到取消组团，可以居住院落围绕中心绿地来组织住宅小区，规划布局的形式也更多样化了。到了21世纪，城市化进程加快，小区的规模日益扩大，在这种情况下，过去完全封闭型的住宅区规划与城市的发展不相适应，因而可局部引入城市道路交通，使居民出行更为方便，住区空间可以局部开敞与城市相融合，住区的景观资源也可与城市共享，同时便于居民的人际交往，体现了规划的人性化发展。住区的景观设计不仅是单纯的绿地率的提升，更注重保护生态环境和营造具有地方特色及丰富多彩的人文景观，花园式的住宅小区创造了更为舒适安静的居住环境。从建筑文化的发展来看，改革开放的策略，掀起了中外文化交流的热潮，在促进各地建筑文化发展的同时，也催生了全球文化趋同现象的滋生。在商业利益的驱动下，这个楼盘是西班牙格调，那个楼盘又是地中海风情，欧陆风的泛滥莫不令人叹息。而今在建筑界地域建筑学逐渐得到发展，体现我国多民族的特征，展现从东到西，从南到北各地域建筑文化的观念也逐步为国人所认同，各地都出现了具有地域文化特色的住区。在设计上既要适应当地的气候和地理环境条件，在建筑文化上又要承袭当地的传统文脉，并要能反映出时代精神和风貌。

当前，可持续发展已成为世界各国共同关注的全球战略，要建立人—建筑—环境互相统一协调的整体设计观念，建立充分重视生态环境平衡的生态设计观念，建立为未来的发展而节制消费资源的观念，要充分考虑人类生存环境的资源利用的支撑能力。从目前我国住宅建设情况看，住宅的质量还不高，住宅成套率仅60%左右，各地发展也不均衡，居住环境质量也不理想，要提高住宅居住环境的质量，使住区建设与自然生态和人文生态相协调，并促进低碳经济的发展，还需要艰苦的努力。

要提高住宅的居住环境的质量，重要的一环就是首先作好住宅及居住环境设计。从设计方面来说，要建立以“人”为本的设计观念。过去我们从满足人们的生理需求方面考虑较多，而从精神需求方面考虑较少；现在应从生理与心理、物质与精神两方面来全面满足人的家庭生活需求。同时，不能将住宅看成固定不变的空间组合，应该看到家庭生活方式是一个动态的发展过程，因此，应建立动态的设计观念，充分重视住宅的适应性与可变性。再者，住宅与居住环境密不可分，要用可持续发展的观点全面考虑居住环境问题，要注意节地、节能、节水、节材，充分重视节约资源和保护环境，保持生态平衡，为子孙后代的发展创造条件。在设计中，要大胆革新，勇于创造，结合各地特点，运用先进的科学技术，加速实现住宅产业化；对我国各地区、各民族住宅的传统和经验，要按照“古为今用”的方针，吸取民间丰富多彩的有益经验，结合当前生活的需要加以创造和革新；对国外的住宅建设经验，也要按照“洋为中用”的方针，取其精华、弃其糟粕，吸取其先进技术，结合我国具体情况加以运用。我们进行住宅设计的过程，就是运用所学的基本原理，去解决某一特殊矛盾的过程。通过实践找出问题、总结经验、提高认识，再实践、再认识，如此循环往复、不断提高，才能在实践中有所发现、有所探索、有所创造、有所前进。

第 1 章 住宅套型设计

Chapter 1 Design of Dwelling Unit Type

1.1 概述

住宅建筑应能提供不同的套型居住空间供各种不同户型的住户使用。户型是根据住户家庭人口构成（如人口规模、代际数和家庭结构）的不同而划分的住户类型。套型则是指为满足不同户型住户的生活居住需要而设计的不同类型的成套居住空间。

住宅套型设计的目的就是为不同户型的住户提供适宜的住宅套型空间。这既取决于住户家庭人口的构成和家庭生活模式，又与人的生理和心理对居住环境的需求密切相关。同时，也受到建筑空间组合关系、技术经济条件和地域传统文化的影响和制约。

1.1.1 家庭人口构成

不同的家庭人口构成形成不同的住户户型，而根据不同的住户户型则需要有不同的住宅套型设计。因此，在进行住宅套型设计时，首先必须了解住户的家庭人口构成状况。

住户家庭人口构成通常可按以下三种方法进行归纳分类：

1）户人口规模

户人口规模指住户家庭人口的数量。如1人户、2人户乃至多人以上户。表1–1为人口普查资料反映的我国特定时间段城镇和乡村各种住户人口规模所占总住户百分比。住户人口数量的不同对住宅套型的建筑面积指标和床位数布置需求不同。并且，在某一预定使用时间段内，某一地区的不同户人口规模在总户数中所占百分比将影响不同住宅套型的修建比例。从世界各国情况看，家庭人口减少的小型化趋势是现代社会发展的必然。我国解放初户均人口为4.5人，1985年全国人口普查城镇户均人口3.78人，至2000年进一步降低到城镇户均人口3.15人左右。

我国家庭户人口规模百分比（根据2000年人口普查资料整理）　　表1–1

类别	1人户	2人户	3人户	4人户	5人户	6人户	7人及以上户	户均人数
城市	10.68%	21.60%	40.22%	15.75%	7.78%	2.42%	1.55%	3.03
镇	10.16%	18.62%	33.89%	20.39%	10.64%	3.78%	2.52%	3.26
乡村	6.93%	14.85%	24.90%	26.47%	16.65%	6.51%	3.69%	3.68

2）户代际数

户代际数指住户家庭常住人口的辈份代际数。如1代户、2代户乃至3代及以上户。住户家庭中代际数的多少将影响其对套内空间的功能需求，而住户群体中各类户代际数在总户数中所占百分比也将影响不同住宅套型的需求。表1–2为人口普查资料反映的特定时间各种住户代际数在总户数中所占百分比。

我国家庭户代际数百分比（根据2000年人口普查资料整理） 表1–2

类别	1代户	2代户	3代户	4代户及以上户
城市	28.38%（含单身10.68%）	58.13%	13.16%	0.33%
镇	25.22%（含单身10.16%）	59.66%	14.56%	0.56%
乡村	18.21%（含单身6.93%）	59.72%	21.13%	0.94%

住户家庭成员由于年龄、生活经历、所受的教育程度等的不同，对生活居住空间的需求有所差异，既有秘密性的要求又有代际之间互相关照的需要。在住宅套型设计中，既要使各自的空间相对独立，又要使其相互联系、互相关照。应该看到，随着社会的发展，多代户家庭趋于分化走势，越来越多的住户家庭由多代户分化为1代户或2代户。在我国，由于传统观念及伦理道德的影响，多代户仍保有一定比率。

3）家庭人口结构

家庭人口结构指住户家庭成员之间的关系网络。由于性别、辈分、姻亲关系等的不同，可分为单身户、夫妻户、核心户、主干户、联合户及其他户。表1–3为某特定时间我国城镇各种家庭结构在总户数中所占百分比。从发展趋势看，核心户比例逐步增大，主干户保持一定比例，联合大家庭减少。

我国城市家庭户人口结构百分比（根据2000年人口普查资料整理） 表1–3

城市	1人户	2人户	3人户	4人户	5人户	6人户	7人户	8人以上户	合计
单身	10.68%								10.68%
夫妻		16.58%							16.58%
核心		5.02%	38.88%	10.95%	2.51%	0.56%	0.16%	0.12%	58.20%
主干			0.69%	4.56%	5.15%	1.73%	0.70%	0.56%	13.39%
联合户			0.66%	0.24%	0.12%	0.13%			1.15%
合计%	10.68%	21.60%	40.23%	15.75%	7.78%	2.42%	0.86%	0.68%	100

注：核心户——一对夫妻和其未婚子女所组成的家庭。
主干户——一对夫妻和其已婚子女及孙辈所组成的家庭。

家庭人口结构影响套型平面与空间的组合形式。在套型设计中，既要考虑使用功能分区的要求，又要顾及户内家庭人口结构状况，从而进行适当的平面空间组合。

需要指出的是，以上三种家庭人口构成的归纳分类，在住宅套型设计中都应同时作为考虑因素。既要考虑户人口规模，又要考虑户代际数和家庭人口结构。并且，家庭人口构成状况随着社会和家庭关系等因素变化而变化。在进行套型设计时，应考虑这种变化带来的可适应性问题。

1.1.2 套型与家庭生活行为模式

住户的家庭生活行为模式是影响住宅套型平面空间组合设计的主要因素。而家庭生活行为模式则由家庭主要成员的生活方式所决定。家庭主要成员的生活方式除了社会文化模式所赋予的共性外，还具有明显的个性特征。它涉及家庭主要成员的职业经历、受教育程度、文化修养、社会交往范围、收入水平以及年龄、性格、生活习惯、兴趣爱好等诸方面因素，形成多元的千差万别的家庭生活行为模式。按其主要特征可以归纳分类为若干群体类型。

1）家务型

小孩处于成长阶段或经济收入不高，文化层次较低，以家务为家庭生活行为的主要特征。如炊事、洗衣、育儿、手工编织等。在套型设计中，需考虑有方便的家务活动空间，如厨房宜大些，并设服务阳台等。

2）休养型

我国人口的老龄化问题已提上议程。退休人员的增加，人均寿命的延长，子女成人后的分家，使孤老户日益增多。这类家庭成员居家时间长，既需要良好的日照、通风和安静的休养环境，又需要联系方便的交往环境。老年人身体机能衰退，生活节奏缓慢，自理能力差，易患疾病。在套型设计中，需要居室与卫生间联系方便，厨房通风良好且与居室隔离，并应设置方便的室内外交往空间。

3）交际型

文艺工作者、企业家、干部、个体户等家庭主要成员，由于职业的需要，社交活动多，其居家生活行为特征有待客交友、品茶闲聊、打牌弈棋、家庭舞会等需求。对套型的要求是需要较大的起居活动空间，并需考虑客人使用卫生间问题。起居厅宜接近入口，并避免与其他家庭成员交通流线的交叉干扰。

4）家庭职业型

随着社会的发展变化，一部分家庭主要成员可以在家中从事工作，进行某些适宜的成品或半成品加工，在套型设计中需设置专门的工作空间。在小城镇临街的低层住宅中，甚而形成居家与成品加工带销售的户型，常设计为前店后宅或下店上宅的套型模式。

5）文化型

从事科技、文教、卫生等职业的人员，在家中伏案工作时间多，特别是随着网络技术的发展，出现了在家中网上办公。弹性工作制的出现特别是现代信息技术的发展，使得这部分家庭主要成员在家工作、学习与进修的时间越来越多，在套型设计中需要考虑设置专用的工作学习室。

前已述及，家庭生活行为模式是以社会文化模式所赋予的共性和家庭生活方式的个性所决定的。随着社会的发展，这些共性和个性都在发展变化之中，如何在相对固定的套型空间中增加灵活可变性和适应性，是套型设计中值得探索的问题。

1.1.3 套型居住环境与生理

住宅套型作为一户居民家庭的居住空间环境，首先其空间形态必须满足人的生理活动需求。其次，空间的环境质量也必须符合人体生理上的需要。

现分述于下：

1）按照人的生理需要划分空间

首先，套型内空间的划分应符合人的生活规律，即按睡眠、起居、工作、学习、炊事、进餐、便溺、洗浴等行为，将空间予以划分。各空间的尺度、形状要符合人体工学的要求，如厨房的空间既要考虑设备尺寸的大小，又要充分满足人体活动尺度的需要，尺寸过小使人活动受阻，感到拥挤；尺寸过大，又使人动作过大，感到费劲和不方便，人体活动的基本尺度如图 1-1 所示。

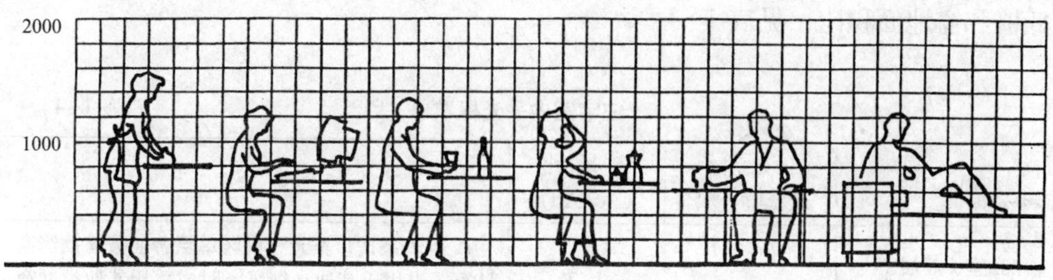

图 1-1　人体活动尺度

其次，对这些空间要按照人的活动的需要予以隔离和联系，如作为睡眠的卧室，要保证安静和私密，不受家庭内其他成员活动的影响。作为家庭公共活动空间的起居室，则应宽大开敞，采光通风良好，并有良好的视野，便于起居和家庭团聚及会客等活动，且与各卧室及餐厅、厨房等联系方便。套型应公私分区明确，动静有别。

2）保证良好的套型空间环境质量

居住者对住宅套型空间环境质量的生理要求，最基本的是能够避风雨、御暑寒、保安全。进一步则是必要的空间环境质量以及热、声、光环境等卫生要求。

从空间环境质量来看，首先要保证空气的洁净度，也就是要尽可能减少空气中的有害气体如二氧化碳等的含量。这就要求有足够的空间容量和一定的换气量。根据我国预防医学中心环境监测站的调查和综合考虑经济、社会与环境效益，一般认为每人平均居住容积至少为 $25m^3$。同时，室内应有良好的自然通风，以保证必需的换气量。除此之外，空气中的相对湿度与温度等因素也会影响人的舒适度。

从室内热环境方面看，人体以对流、辐射、呼吸、蒸发和排汗等方式与周围环境进行热交换达到热平衡。这种热交换过大或过小都会影响人的生理舒适度。要保持室内环境温度与人体温度的良好关系，除了利用人工方式如采暖、空调等调节室内环境温度外，在建筑设计中处理好空间外界面，采取保温隔热措施，调适室内外热交换，节约采暖和空调能耗均十分重要。在相同的空间容积情况下，空间外界面表面积越小，空间内外热交换越少。因此，减少外墙表面面积是提高建筑热环境质量的重要途径。另一方面，外界面材料本身的保温隔热性能、节点构造方式、开窗方位大小、缝隙密闭性等也是改善空间内部热环境质量的重要条件。在炎热地区，尤其需注意房间的自然通风组织。

从室内光环境方面看，人类生活的大部分信息来自视觉，良好的光环境有利于人体活动，提高劳作效率，保护视力。同时，天然光对于保持人体卫生具有不可替代的作用。创造良好的光环境除了用电气设备在夜间进行人工照明外，白昼日照和天然采光则需依靠建筑设计解决。住宅日照条件取决于建筑朝向、地理纬度、建筑间距诸多因素。一般说来，每户至少应有一个居室在大寒日保证一小时以上日照（以外墙窗台中心点计算）。房间直接天然采光标准通常以侧窗洞口面积（Ac）与该房间地面面积（Ad）之比（窗地比）进行控制。我国《住宅设计规范》（GB 50096—2003）中的住宅室内采光标准规定了各直接采光房间的采光系数最低值和窗地面积比，见表1-4。

住宅室内采光标准　　表1-4

房间名称	采光系数最低值（%）	窗地比（Ac/Ad）	备注
卧室、起居室（厅）、厨房	1	1/7	1. 本表系按Ⅲ类光气候区单层普通玻璃钢侧窗计算，当用于其他光气候区时或采用其他类型窗时，应按现行国家标准《建筑采光设计标准》的有关规定进行调整 2. 距楼地面高度低于0.50m的窗洞口面积不计入采光面积内。窗洞口上沿距楼地面高度不宜低于2m
楼梯间	0.5	1/12	

从室内声环境方面看，住宅内外各种噪声源对居住者生理和心理产生干扰，影响人们的工作、休息和睡眠，损害人的身体健康。住宅建筑的卧室、起居室（厅）内的允许噪声级（A声级）昼间应≤ 50 dB，夜间应≤ 40 dB。分户墙与楼板的空气声的计权隔声量应≥ 40dB，楼板的计权标准化撞击声压级宜≤ 75dB。要满足这些规定，必须在总图布置时尽量降低室外环境噪声级，同时合理地设计选用套型空间外界面材料和构造做法（包括外墙、外门窗、分户墙和楼板等）。对于住宅内部的噪声源，应尽可能远离主要房间。如电梯井等不应与卧室、起居室紧邻布置，否则必须采取隔声减振措施。

另外，在选择决定住宅室内装修材料时，应了解材料特性，避免或尽可能减少装修材料中有害物质对室内空气质量和人体的危害，创造良好的室内居住空间环境。

1.1.4　套型居住环境与心理

作为居住空间环境的住宅套型对居住者的心理存在着刺激和影响。同时，居住者的心理需求对居住空间环境提出了要求。如何根据居住者的心理需求，改善和提高居住空间环境质量，是套型设计中应予重视的问题。

1）人与居住环境

健康的人体，随时都会通过视觉、嗅觉和触觉等生理感觉器官获得对所处环境的各种感觉。感觉是人们直接了解、认识周围环境的出发点。在此基础上，产生知觉与记忆、思维与想象、注意与情感等心理活动。人对于环境产生的情感评价是对客观事物的一种好恶倾向。由于人们的民族、职业、年龄、性别、文化素养、习惯等不同，对客观事物的态度也不同，产生的内心变化和外部表情也不一样。一般而言，能够满足或符合人们需要的事物，会引起人们的积极反应，产生肯定的情感，如愉快、满意、舒畅、喜爱等。反之，则引起人们的消极态度，产生否定的情感，如不悦、嫌恶、愤怒、憎恨等。建筑师的责任就是要很好地为住户提供能够产生肯定情感的良好居住空间环境。当然，这需要住户的参与配合才能较好地实现。

2）居住环境心理需求

人们对居住环境的需求，首先是从使用功能考虑的，即要满足人们生活行为操作的物质和生理要求。但是随着社会发展进步，人们在选择和评价套型居住环境时，逐渐将心理需求作为重要的考虑因素。当然，人的心理需求不是孤立的，而是建立在物质功能和生理需求之上的。人们对于居住空间环境的共同心理需求可以归纳为以下几方面：

（1）安全感与心理健康

人类生存的第一需要就是安全。现代意义上的安全感应是包括生理和心理在内的安全感觉，应使居住者在居住环境中时时处处感到安全可靠、舒坦自由。当人们在生活中遇到与行为经验（安全可靠性）相悖或反常的状况时，会出现心理压力过大，注意力分散，工作效率降低，疲劳感和危险感增加等现象。居住环境对于居住者的心理健康影响极大，消极的环境要素使人产生消沉、颓废的不良心理。而积极的环境要素则可使人产生鼓舞、向上的健康心理。这对于少年儿童的成长尤为重要。

（2）私密性与开放性

家是人类社会的基本细胞。它本身就具有不可侵犯的私密性特征。而卧室、卫生间、浴室更是居住者个人的私密空间。开放性和私密性是一对矛盾，人对居住空间环境既有私密性要求又有开放性要求。家作为社会基本细胞存在于社会大环境中，需要与外界联系、邻里沟通、社会交往。传统的院落空间为若干人家共同使用时，邻里交往方便，而住户的私密性较差。现在的单元式住宅其住户的私密性较好，但缺少一定的开放性，邻里交往较差。

（3）自主性与灵活性

住宅作为人的生活必需品，居住者具有使用权或所有权，理所当然的对其具有支配权和自主权。住户对于自家居住空间环境的自主性心理取向十分强烈。希冀按照自己的意愿进行室内设计、装修和家具陈设。这就要求建筑师提供的住宅套型内部具有较大的灵活可变性，以满足住户的自主性心理。同时，还需考虑随着住户的心理需求变化进行空间环境变化的可能性。

（4）意境与趣味

人们的生活情趣多种多样，具有按各自兴趣爱好美化家庭环境的心理愿望。居住空间环境的意境和趣味是人的生活内容中不可或缺的因素。随着社会物质文明和精神文明的发展进步，人们文化素质也相应提高，对居住空间环境的意境和趣味性的追求越来越强烈。建筑师应为住户的创造留有较多的余地。

(5) 自然回归性

现代工业文明和城市的快速发展，使人与自然的关系逐渐疏远。满目的钢筋混凝土森林，混乱的交通秩序，污浊的空气，恶劣的生态环境对人的生理和心理健康构成极大的威胁，也唤起了人们向大自然回归的愿望。一个屋顶花园，一点阳台绿化以及一池盆栽，都可以或多或少满足人们这种回归自然的心理，起到调适人与自然关系的作用。

1.2 套型各功能空间设计

一套住宅需要提供不同的功能空间，满足住户的各种使用要求。它应包括睡眠、起居、工作、学习、进餐、炊事、便溺、洗浴、贮藏及户外活动等功能空间，而且必须是独门独户使用的成套住宅。所谓成套，就是指各功能空间必须组成齐全。这些功能空间可归纳划分为居住、厨卫、交通及其他三大部分。

1.2.1 居住空间

居住空间是一套住宅的主体空间，它包括睡眠、起居、工作、学习、进餐等功能空间，根据住宅套型面积标准的不同包含不同的内容。在套型设计中，需要按不同的户型使用功能要求划分不同的居住空间，确定空间的大小和形状，并考虑家具的布置，合理组织交通，安排门窗位置，同时还需考虑房间朝向、通风、采光及其他空间环境处理问题。

1）居住空间的功能划分

居住空间的功能划分，既要考虑家庭成员集中活动的需要，又要满足家庭成员分散活动的需要。根据不同的套型标准和居住对象，可以划分成卧室、起居室、工作学习室、餐室等。

(1) 卧室

卧室的主要功能是满足家庭成员睡眠休息的需要。一套住宅通常有一至数间卧室，根据使用对象在家庭中的地位和使用要求又可细分为主卧室、次卧室、客房以及工人房等。在一般套型面积标准的情况下，卧室除作睡眠空间外，尚需兼作工作学习空间。

(2) 起居室

起居室的主要功能是满足家庭公共活动，如团聚、会客、娱乐休闲的需要。在住宅套型设计中，一般均应单独设置一较大起居空间，这对于提高住户家庭生活环境质量起到至关重要的作用。当住宅面积标准有限而不能独立设置餐室时，起居室则兼有就餐的功能。

(3) 工作学习室

当套型面积允许时，工作学习室可从卧室空间中分离出来单独设置，以满足住户家庭成员工作学习的需要。随着社会的发展，越来越多的家庭成员需要户内工作学习空间。

(4) 餐室

在面积标准较低的住宅套型设计中，餐室难以独立设置，就餐活动通常在起居室甚至在厨房进行。随着生活水平的提高，对就餐活动的空间质量要求也相应提高，独立设置就餐空间特别是直接自然采光的就餐空间已逐步成为必要。

2）房间平面尺寸与家具布置

居住部分各空间的尺度把握涉及众多相关因素。最主要的是各功能活动与人体尺度的需要及家具设备的布置决定了居住部分各空间的划分和大小。由于我国的国情，目前大量的住宅套型面积仍宜以中小套型面积为主。这就需要在住宅套型设计中，把握好房间平面尺寸、家具尺寸和人体活动尺寸，合理布置家具，避免随意性。表 1–5 为常用家具基本尺寸。

常用家具尺寸（长 × 宽 × 高）单位：mm　　　　**表 1–5**

	单 人 床	双 人 床	中 餐 桌	西 餐 桌
大	2000 × 1050 × 450	2000 × 1500 × 450	ϕ1200 × 780	ϕ1000 × 750
中	2000 × 900 × 420	2000 × 1350 × 420	750 × 750 × 760	1300 × 700 × 750
小	2000 × 850 × 420	2000 × 1200 × 420		750 × 750 × 750
	长 茶 几	梳 妆 桌	微 机 桌	床 头 柜
大	1400 × 550 × 500	1200 × 600 × 700	1150 × 600 × 660	700 × 400 × 700
中	1200 × 500 × 450	800 × 500 × 700		600 × 400 × 600
小	1000 × 450 × 450	700 × 400 × 700		450 × 350 × 550

(1) 卧室平面尺寸与家具布置

前已述及，卧室可分为主卧室、次卧室以及客房和工人房等。主卧室的适宜面积大小在 9~15m^2 之间；次卧室的适宜面积大小在 5~12m^2。

主卧室通常为夫妇共同居住，其基本家具除双人床外，对于年轻夫妇，尚需考虑可能放置婴儿床。此外，衣柜、床头柜是必需的。条件许可时还可能有梳妆台、衣帽架、电视柜等家具。对于兼作学习用的主卧室，还需放置书架、书桌等。图 1–2 为主卧室尺寸和家具布置示例。床作为卧室的主要家具，影响着卧室的家具布置方式。由于住户的生活习惯、爱好不同，主卧室应提供住户多种床位布置选择，要满足这一点，其房间短边净尺寸不宜小于 3000mm。这是因为顺房间短边放床后尚应有一门位和人行活动面积。值得一提的是，由于使用要求和传统生活习惯，住户较忌讳床对门布置，也不宜布置在靠窗处，通常在面积较窄时床的一条长边靠墙布置，在面积宽松时床的两条长边均不靠墙布置。

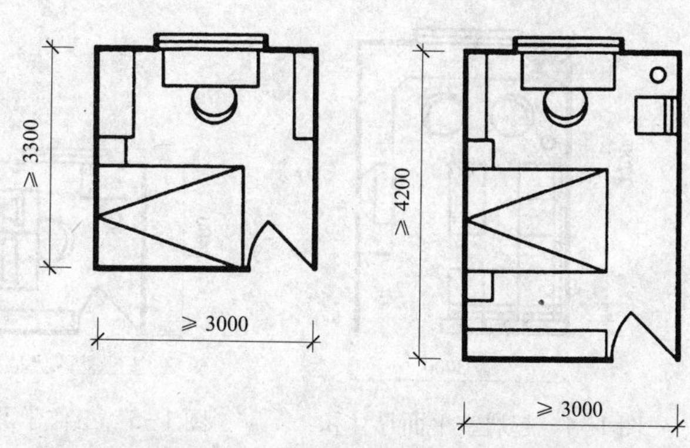

图 1–2　主卧室尺寸和家具布置

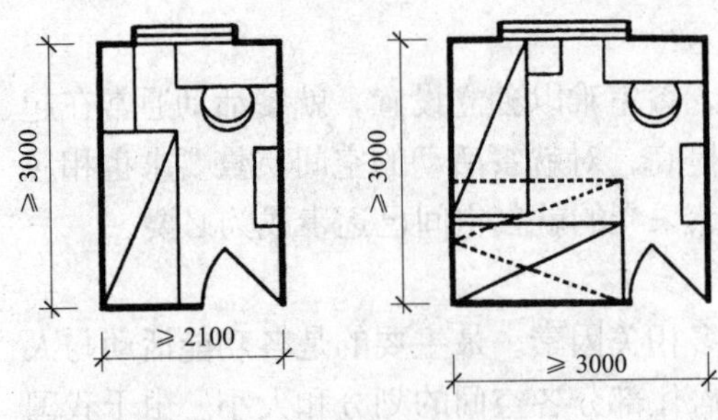

图 1–3　次卧室尺寸和家具布置

次卧室包括双人卧室、单人卧室、客房以及工人房。由于其在套型中的次要地位，在面积和家具布置方面要求低一些。床可以是双人床、单人床乃至高低床，考虑到垂直房间短边放置单人床后尚有一门位和人行活动面积，次卧室的短边最小净尺寸不宜小于 2100mm，如图 1–3 所示。

需要指出的是，在我国套型面积标准较低的情况下，在进行卧室设计时，宜使平面布置紧凑合理，以省出面积加大起居室空间。

(2) 起居室平面尺寸与家具布置

起居室的设置在我国经历了从卧室兼起居而后分离出小方厅（过厅）再到起居室的过程。这是与套型面积标准的变化相联系的，同时也说明了人们对起居空间的要求越来越高。起居室的适宜面积在 10~25m^2 之间。

起居室的家具布置最基本的有沙发、茶几、电视柜以及音响柜、贮物柜等，兼作餐室的起居室则有餐桌椅等。由于起居室空间需满足家庭团聚、待客、娱乐休闲等要求，故需要较为宽松的家具布置，以及足够的活动空间。起居室的平面尺寸与住宅套型面积标准，家庭成员的多寡，看电视、听音响的适宜距离以及空间给人的视觉感受有关。一般说来，其短边净尺寸宜在 3000mm 以上。沙发与视听柜可沿房间对边布置，也可沿房间对角布置。图 1–4 为起居室平面尺寸和家具布置示例。

(3) 工作学习室平面尺寸与家具布置

在有条件的住宅套型中，可将工作学习空间从卧室分离出来，形成半独立或独立的房间。其主要家具根据使用对象的不同有书桌椅、书柜架、计算机桌椅、躺椅等，有条件时尚可布置床位。工作学习室的面积可参照次卧室考虑，其短边最小净尺寸不宜小于 2100mm，如图 1–5 所示。

(4) 餐室平面尺寸与家具布置

餐室的主要家具为餐桌椅、酒柜及冰柜等。其最小面积不宜小于 5m^2，其短边最小净尺寸不宜小于 2100mm，以保证就餐和通行的需要，如图 1–6 所示。

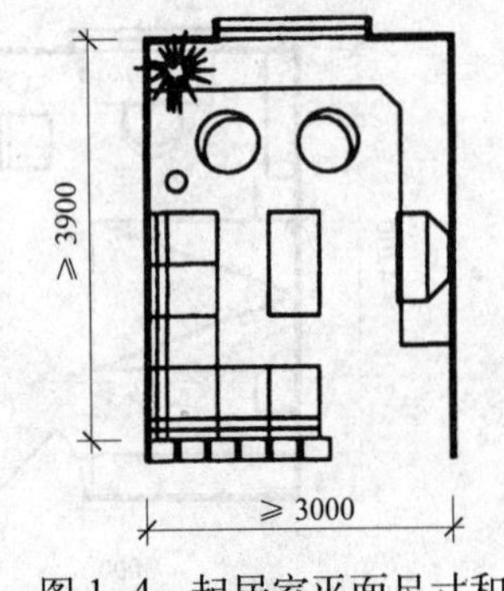

图 1–4　起居室平面尺寸和家具布置示例

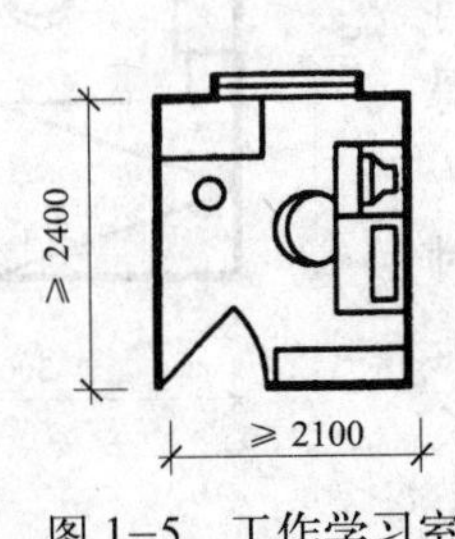

图 1–5　工作学习室平面尺寸与家具布置

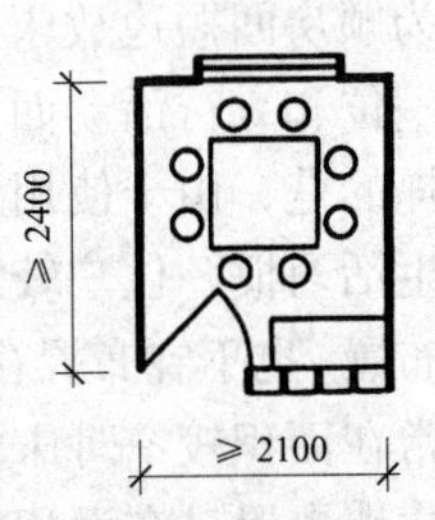

图 1–6　餐式平面尺寸与家具布置

以上从一般家具的平面布置及家庭活动需要出发，讨论了居住部分空间的平面尺寸。另外，尚需注意房间平面的长、宽尺寸比例，一般控制在1：1.5以内为宜，避免空间给人以狭长感，要做到这一点，需在平面组合设计时进行仔细的推敲。

在紧凑的住宅套型中，家具布置还可向立体化发展，有效地利用空间。如布置高低床、吊柜以及多功能灵活家具等，在有限的面积内增加空间的使用效率，如图1–7所示。

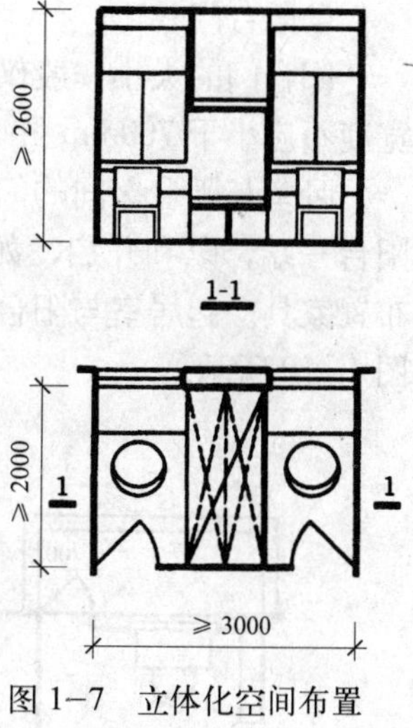

图1–7　立体化空间布置

3）门窗设置与家具布置

在居住空间中，家具通常靠墙面布置，以便使空间中部作为活动场地，并减少视觉拥挤感。但墙上的门窗洞口位置将影响家具布置，设计中需注意合理解决门窗洞口与家具的关系。

（1）门的设置与家具布置

①房间门

房间门的尺寸既要考虑人的通行，又要考虑家具搬运。其户门、起居室门和卧室门洞口最小宽度不应小于900mm，厨房门不应小于800mm，卫生间门不应小于700mm，门高度均不应小于2000mm。

当进卧室的门位于短边墙时，宜靠一侧布置，使开门洞后剩余墙段有可能放床，并且最好能容纳床的长边。当其位于长边墙时，宜靠中段布置，或靠一侧布置，留出500mm以上墙段，使房间四角都有布置家具的可能，如图1–8所示。

起居室作为户内公共空间，通常需联系卧室和其他房间，即在起居室的墙面上可能会有多个门洞，极易造成起居室墙面洞口太多，所余墙面零星分散，不利于家具布置。在设计中，特别需注意减少其洞口数量，并注意洞口位置安排相对集中，以便尽可能多地留出墙角和完整墙面布置家具，如图1–9所示。

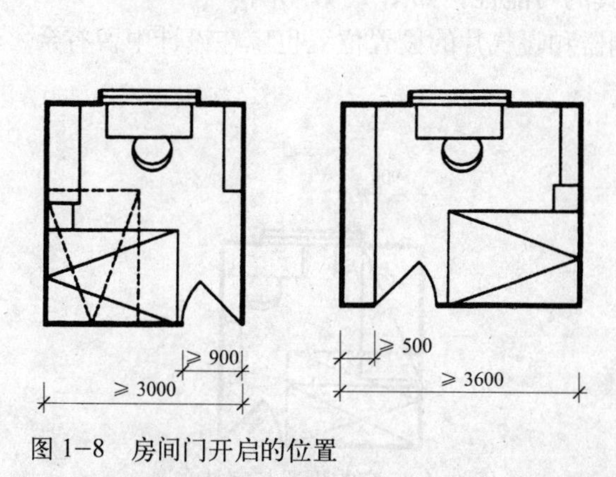

图1–8　房间门开启的位置

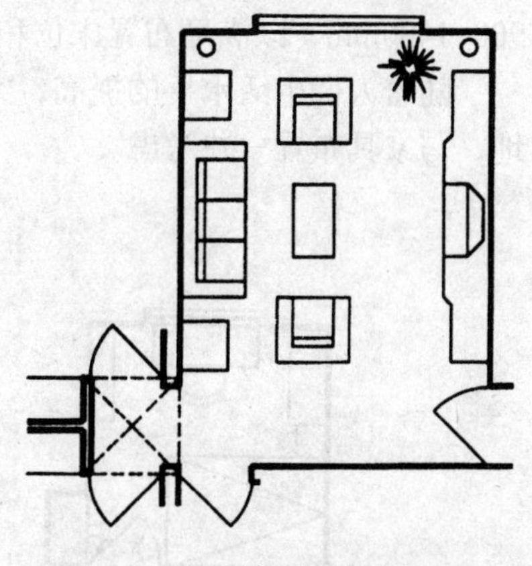
图1–9　起居室墙面门开启的位置

②阳台门

阳台门的大小一般仅考虑人员通行尺寸，因无大型家具搬运，其门洞口最小宽度不应小于 700mm。

卧室与阳台之间的门可与窗一起形成门带窗，也可分别设置。其位置一般靠阳台一端，以利开启，如在一端留出 500mm 左右墙段再设门，可有利于在墙角布置家具。起居室与阳台之间的门可采用落地玻璃门，形成通透开阔的视野，如图 1–10 所示。

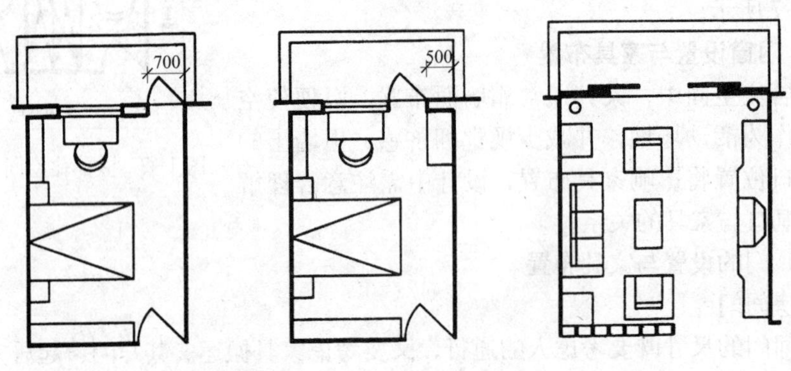

图 1–10　阳台门的开启方式

③壁橱门

壁橱由于不常开启，可设在房间门后，或尽量靠近房间门，以保持墙面完整性，有利家具布置，如图 1–11 所示。

(2) 窗的设置与家具布置

窗的尺寸主要由采光、通风要求限定，同时也受到形式美学法则的影响。通常其下口（窗台）高度距地 900mm 左右，窗洞高 1500mm 左右，窗洞宽度则由房间采光面积要求决定。窗在房间中的位置既与外立面处理有关，又需从室内家具布置考虑，宜靠房间中部布置，以留出墙角，且最好有一外墙段宽度在 900~1400mm，以满足布置床位和家具的可能性，如图 1–12 所示。

随着人们生活水平的提高，空调器和暖气片的设置位置也应在设计中留有余地，与家具布置一并考虑。

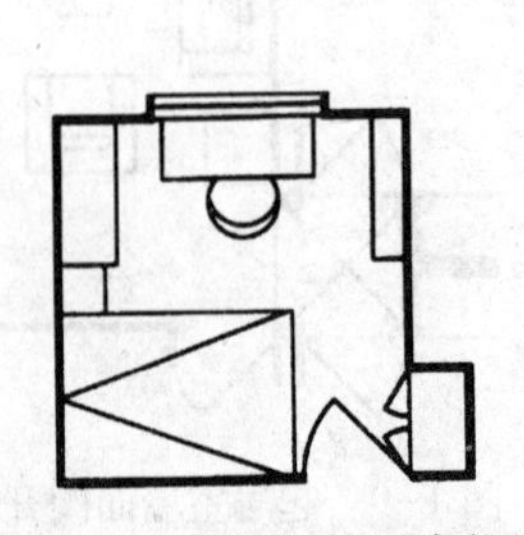

图 1–11　壁橱门的开启位置

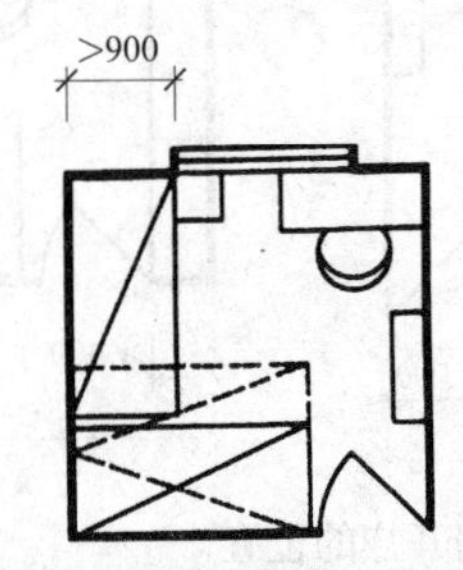

图 1–12　窗的设置与家具布置

4）居住部分空间设计与处理

室内空间设计与处理包含许多内容，如空间的高低变化、复合利用、装修色彩，乃至照明灯具、家具陈设等。在平面大小一定的情况下，层高的把握成为主要因素。而层高的确定受空间容积和建筑经济的影响较大。

空间容积的大小对建筑节能具有重要意义。容积减小，可降低空调负荷。同时在面积一定的情况下，容积减小意味着层高降低，外墙面减少，提高了保温隔热性能。当然，容积的减小和层高的降低是有限度的，如前节所述，必须保证足够的空间和一定的换气量。

据资料分析，在一般住宅中，层高每降低 100mm，造价可降低 1%~3%。层高降低后，节约了墙体材料用量，减少了结构荷载，节约了楼梯间水平投影面积。此外，建筑总高的降低有利于缩小建筑间距，节约用地。由此可见，适当降低层高对于量大面广的住宅建设是很有经济意义的。

国外，住宅净高以 2.5m 左右居多。我国的《住宅设计规范》(GB 50096—2003）规定，普通住宅层高宜为 2.8m。卧室、起居室局部净高不应低于 2.1m，且其面积不应大于室内面积的 1/3（坡屋顶下不应大于室内面积的 1/2)。

为了使较低层高的室内空间不致产生压抑感，可在墙面的划分、色彩的选择等方面进行处理，为了减少空间的封闭感，可在私密性弱的空间之间采用不到顶的半隔断，以使空间延伸，也可适当加大窗户，扩大视野，以求获得良好的室内空间效果，如图 1–13 所示。

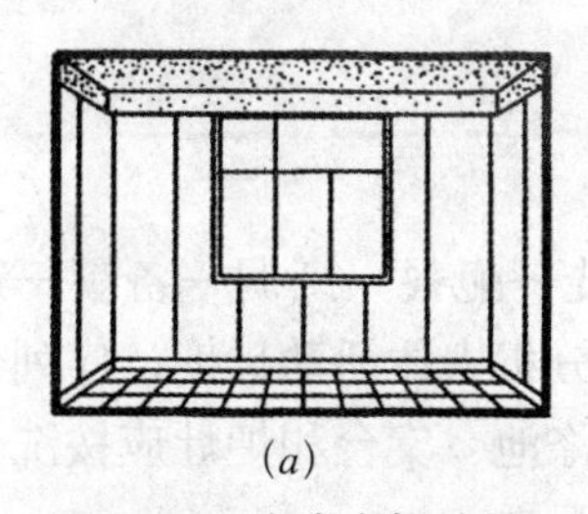
(a)

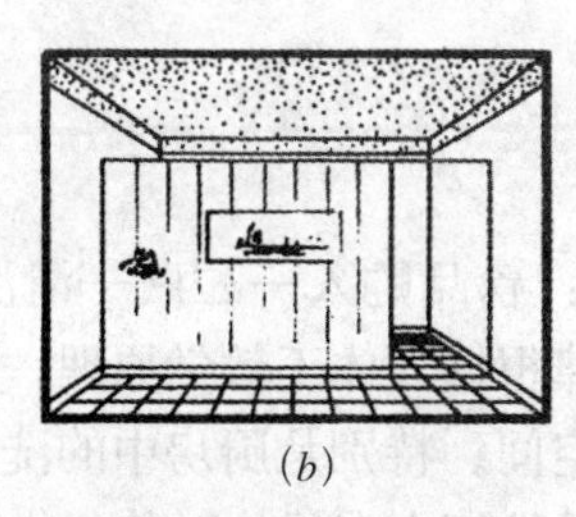
(b)

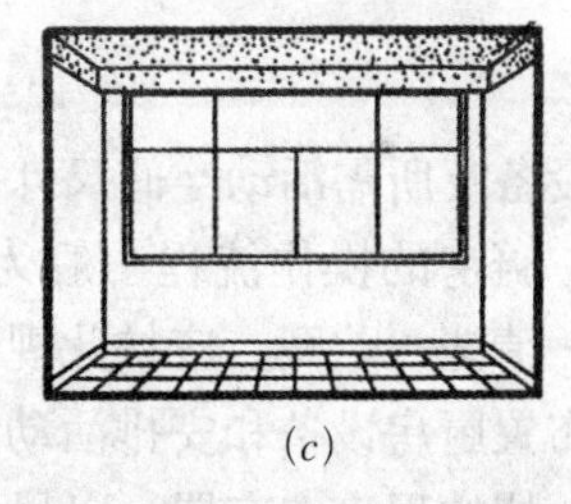
(c)

图 1–13　室内空间效果

(a) 墙面划分增加高度感；(b) 半隔断延伸空间；(c) 窗加宽开阔视野

1.2.2　厨卫空间

厨卫空间是住宅功能空间的辅助部分又是核心部分，它对住宅的功能与质量起着关键作用。厨卫内设备及管线多，其平面布置涉及到操作流程、人体工效学以及通风换气等多种因素。由于设备安装后移动困难，改装更非易事，设计时必须精益求精，认真对待。

1）厨房

厨房是设备密集和使用频繁的空间，又是产生油烟、水蒸气、一氧化碳等有害物质的场所。在住宅套型设计中，它的位置和内部设备布置尤为重要。

(1）厨房设备及操作流程

厨房的主要功能是完成炊事活动，其设备主要有洗涤池、案桌、炉灶、贮物柜，乃至排气设备、冰箱、烤箱、洗碗机、微波炉、餐桌等。图 1–14 为主要厨

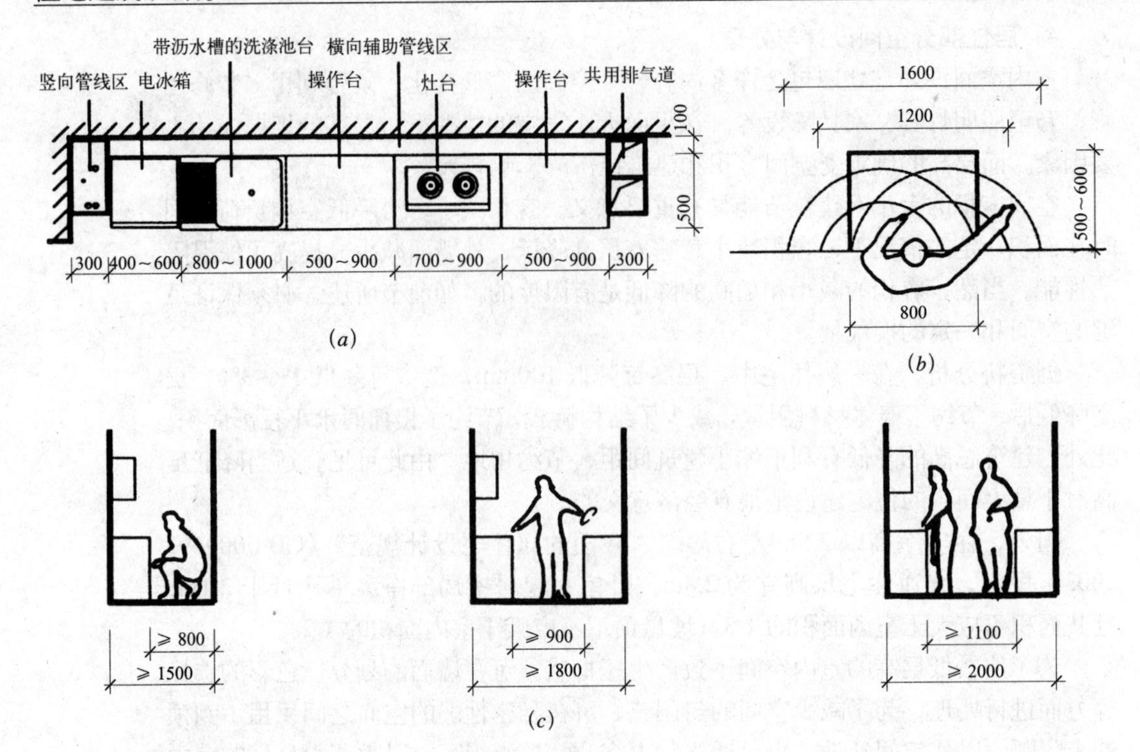

图 1–14　主要厨房设备及所需活动空间尺寸
(a) 厨房主要设施平面尺寸；(b) 操作面尺寸；(c) 活动空间尺寸

房设备及所需活动空间尺寸。

厨房的操作流程一般为：食品购入—贮藏—清洗—配餐—烹调—备餐—进餐—清洗—贮藏。应按此规律根据人体工效学原理，分析人体活动尺度，序列化地布置厨房设备和安排活动空间。特别是厨房中的洗涤池、案台和炉灶应按洗—切—烧的程序来布置，以尽量缩短人在操作时的行走距离。

(2) 厨房尺寸与设备布置形式

厨房的平面尺寸取决于设备布置形式和住宅面积标准。我国常用厨房面积在 3.5~6m^2 之间为宜。其设备布置方式分为单排形、双排形、L 形、U 形，其最小平面尺寸如图 1–15 所示。单排布置设备时，厨房净宽不小于 1500mm；双排布置设备时，其两排设备的净距不应小于 900mm。

北方寒冷地区，炉灶不宜靠窗口布置，否则寒风入侵影响炉灶温度；而在南方炎热地区，炉灶常靠窗布置，以利通风降温。

(3) 厨房细部与管线综合设计

厨房面积虽小，但设备种类多，细部设计应从三维空间考虑，既要遵循人体工效学原理，又要合理有效地利用空间，安排必要的贮物空间。厨房内有上下水、燃气等各种管道以及水表、气表等量具，如布置不当，既影响使用与安全，且不美观。设计时应对厨房内所有管线布置进行综合考虑，宜设置水平和垂直的管线区，既方便管理与维修，又使室内整洁美观。此外，厨房排烟、气问题十分重要，

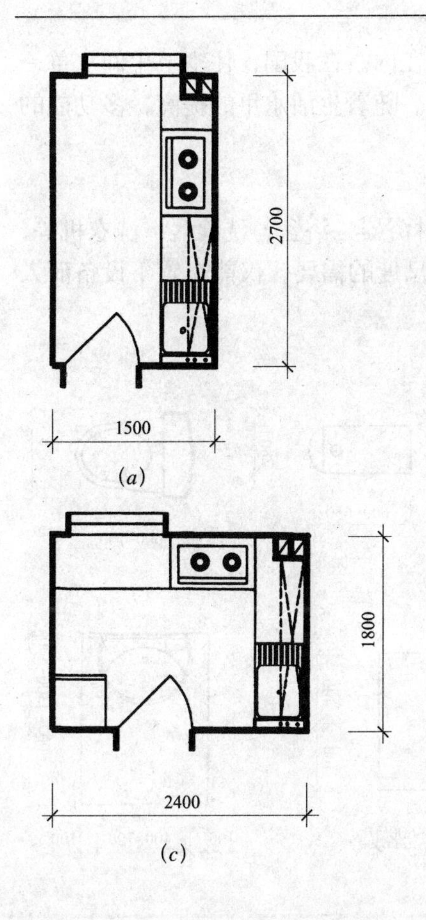
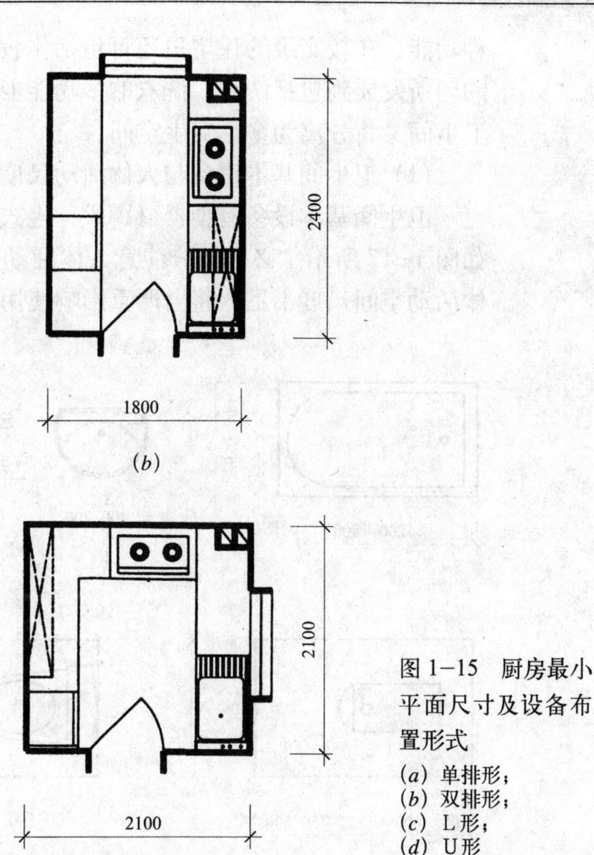

图 1–15　厨房最小平面尺寸及设备布置形式
(a) 单排形；
(b) 双排形；
(c) L 形；
(d) U 形

除有良好自然通风外，应考虑机械排烟、气措施，如设置排烟井道，并在炉灶上方设排油烟机或其他排风设备等，如图 1–16 所示。

(4) 带餐室厨房

这种厨房类型将就餐空间纳入厨房之内，其面积需扩大至 $6 \sim 8m^2$ 方能满足功能需要。在全国大城市居住实态调查中，当使用面积为 $12m^2$/ 人左右时，就有条件产生带餐室的厨房。这种方式对节约空间并保持起居空间的整洁有利，但文明就餐程度较差。

2）卫生间

从广义来看，住宅卫生间是一组处理个人卫生的专用空间。它应容纳便溺、洗浴、盥洗及洗衣四

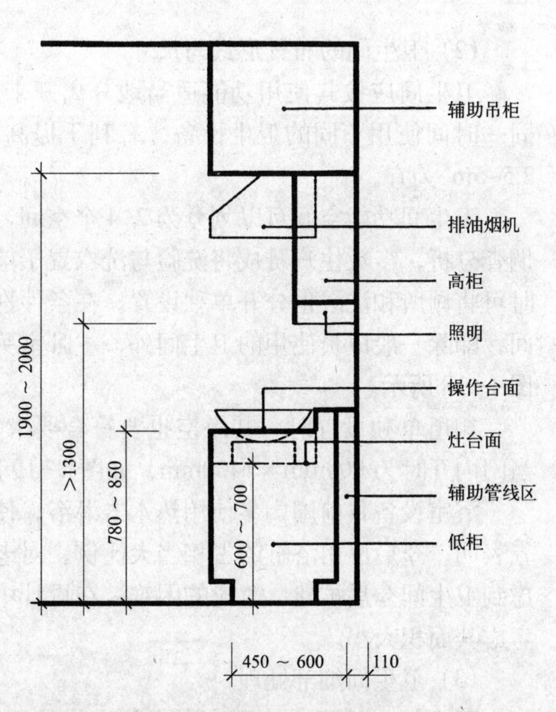

图 1–16　厨房细部与管线综合设计

种功能，在较高级的住宅里还可包括化妆功能在内。在我国，住宅卫生间从单一的厕所发展到包括洗浴、洗衣的多功能卫生间。随着生活水平的提高，多功能的卫生间又将分离为多个卫生空间。

（1）卫生间基本设备与人体活动尺度

卫生间基本设备有便器（蹲式、坐式）、淋浴器、浴盆、洗脸盆、洗衣机等，如图 1–17 所示。必须充分注意人体活动空间尺度的需要，仅能布置下设备而人体活动空间尺度不足，将会严重影响使用功能。

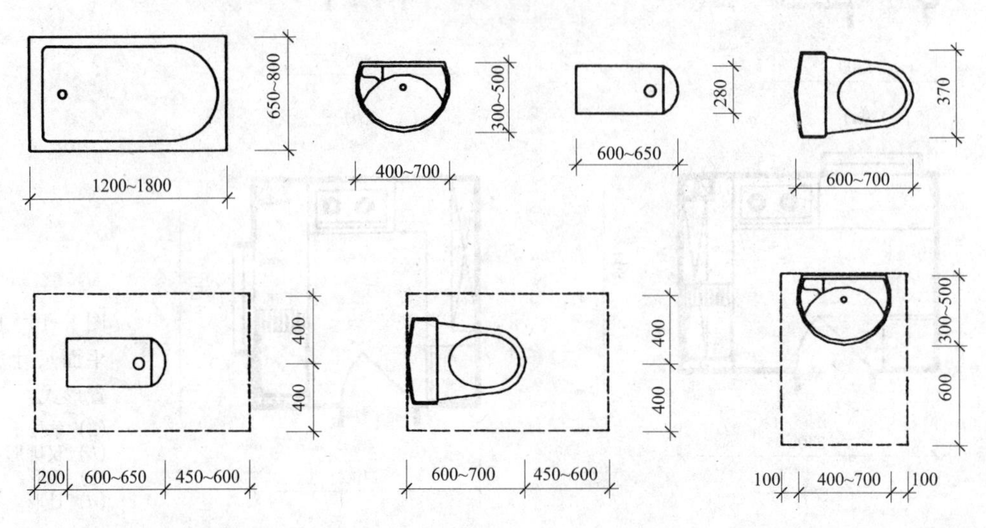

图 1–17　卫生间基本设备尺寸

（2）卫生间的布置形式与尺寸

卫生间应按其使用功能适当地分离开来形成不同的使用空间，这样可以在同一时间使用不同的卫生设备，有利于提高功能质量。一户卫生间的总面积以 2.5~5m^2 为宜。

卫生间功能空间可以划分为 2~4 个空间，标准越高，划分越细。从居住实态调查分析，多数住户赞成将洗脸与洗衣置于前室，厕所和洗浴放在一起，有条件时可将厕所和洗浴也分开单独设置。在条件许可时，一户之内也可设置多个卫生间，即除一般成员使用的卫生间外，主卧室另设专用卫生间。各种卫生间布置如图 1–18 所示。

厕所单独设置时，其净空也要符合要求，当门外开时为 900mm × 1200mm，当门内开时为 900mm × 1400mm，如图 1–19 所示。

浴室设备目前国内多使用热水器淋浴，使用浴盆的较少，但从住户的意愿调查表明，今后愿用浴缸的占相当大比例，对老人和小孩来说，也宜使用浴缸。考虑到卫生间今后扩建、改建的困难，在设计中仍应以放置浴缸或预留浴缸位置来考虑其面积大小。

（3）卫生间细部处理

卫生间的地面、墙面应考虑防水措施。地面应防滑和排水，墙面应便于清

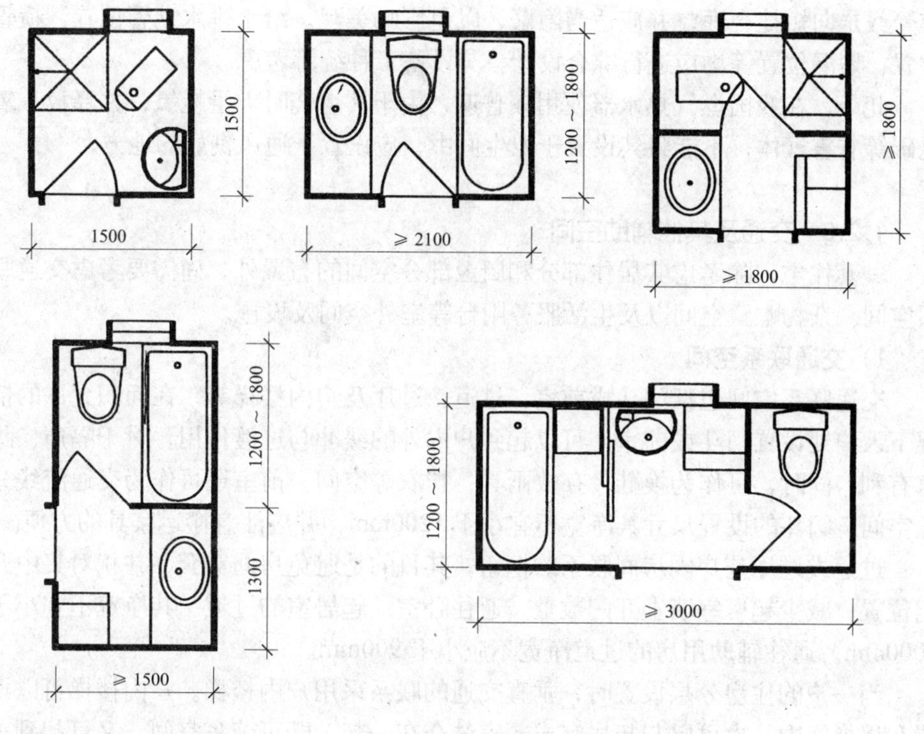

图 1–18　卫生间布置图

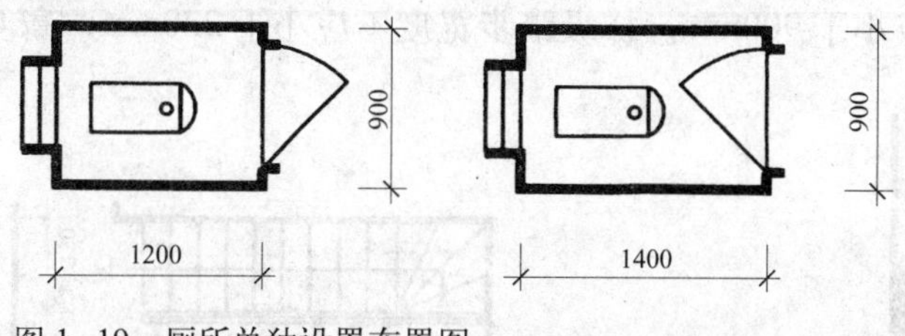

图 1–19　厕所单独设置布置图

洗。内部设置应考虑镜箱、手纸盒、肥皂盒等位置，还需考虑设置挂衣钩、毛巾架等。卫生间门下部宜做进风百叶窗，以利换气。当卫生间不能直接对外通风采光时，应设置排气井道，并采用机械通风。排气井道分为主、副井道，以防止气体倒灌，在副井道上安装离心式通风器。需要注意的是，排气井道尺寸应不影响卫生间设备布置和使用，如图 1–20 所示。

(4) 卫生间的管道布置

卫生间内与设备连接的有给水管、排水管、还有热水管，需进行管网综合设计，

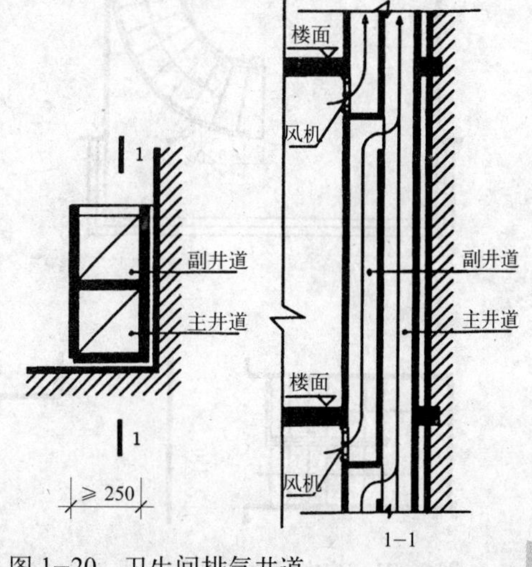

图 1–20　卫生间排气井道

使管线走向短捷合理，并应适当隐蔽，以免影响美观。给水排水立管位置、横管位置、地漏位置等均应进行综合设计，与设备工种统筹考虑。

此外，在我国燃气热水器使用较普遍，由于其燃烧时大量耗氧，并释放一氧化碳等有害气体，不能将其设置于卫生间中，应设置于通风良好的地方。

1.2.3 交通及其他辅助空间

一套住宅，除考虑其居住部分和厨卫部分空间的布置外，尚需要考虑交通联系空间、杂物贮藏空间以及生活服务阳台等室外空间及设施。

1）交通联系空间

交通联系空间包括门斗或前室、过道、过厅及户内楼梯等，在面积允许的情况下入户处设置门斗或前室，可以起到户内外的缓冲与过渡作用，对于隔声、防寒有利。同时，可作为换鞋、存放雨具、挂衣等空间。前室还可作为交通流线分配空间。门斗的设置尺寸其净宽不宜小于 1200mm，并应注意搬运家具的方便。

过道或过厅是户内房间联系的枢纽，其目的是避免房间穿套，并相对集中开门位置，减少起居室墙上开门数量。通往卧室、起居室的过道，其净宽不宜小于 1000mm。通往辅助用房的过道净宽不应小于 900mm。

当一户的住房分层设置时，垂直交通的联系采用户内楼梯。户内楼梯可以设置在楼梯间内，也可以与起居室或餐室结合在一起，既可节省空间，又可起到美化空间的作用。户内楼梯的形式可以有单跑、双跑、三跑及曲尺形、弧形等多种（图 1–21），可根据套型空间的组合情况选用。梯段净宽当一边临空时不应小于 750mm，当两侧有墙时不应小于 900mm。梯级踏步宽度不应小于 220mm，高度

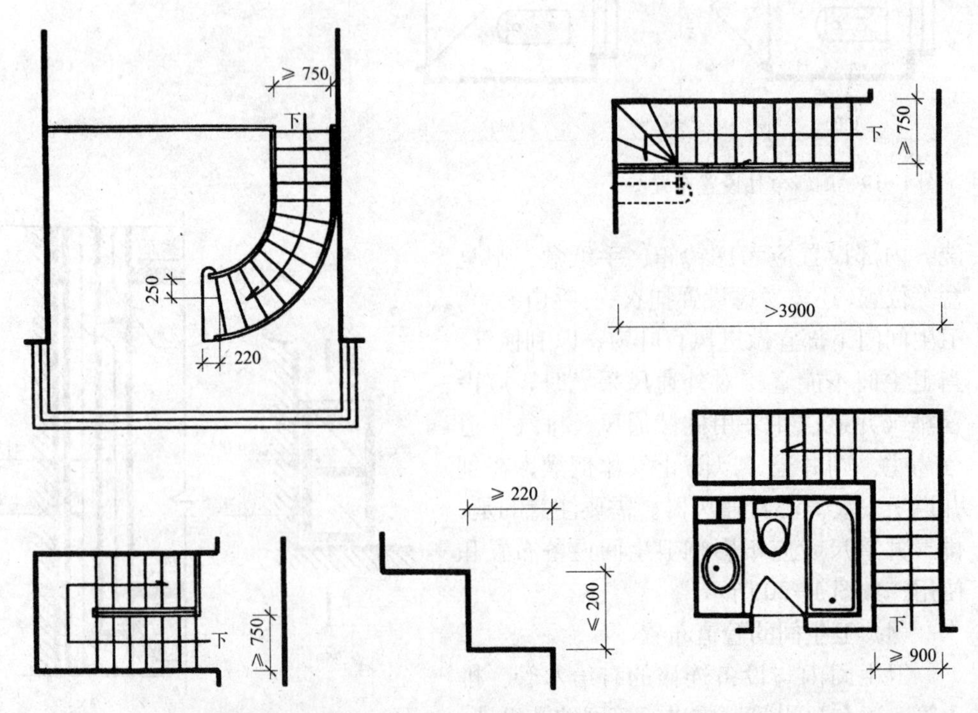

图 1–21　户内楼梯的布置形式

不应大于 200mm。扇形踏步转角距扶手边 250mm 处的宽度不应小于 220mm。

2）贮藏空间

住户物品的贮藏需求因户而异，涉及人口规模、生活、习惯嗜好、经济能力等。在一套住宅中，合理利用空间布置贮藏设施是必要的。如利用门斗、过道、居室等的上部空间设置吊柜，利用房间组合边角部分设置壁柜，利用内墙体厚度设置壁龛等，如图 1–22 所示。此外，坡顶的屋顶空间，户内楼梯的梯下空间等也可利用作为贮藏空间。需要注意的是，每套住宅应保证有一部分落地的贮藏空间，以方便用户使用。落地贮藏面积因地区气候、生活习惯等因素而异，根据调查资料，一般设计可按 $0.5m^2$/ 人左右来考虑。

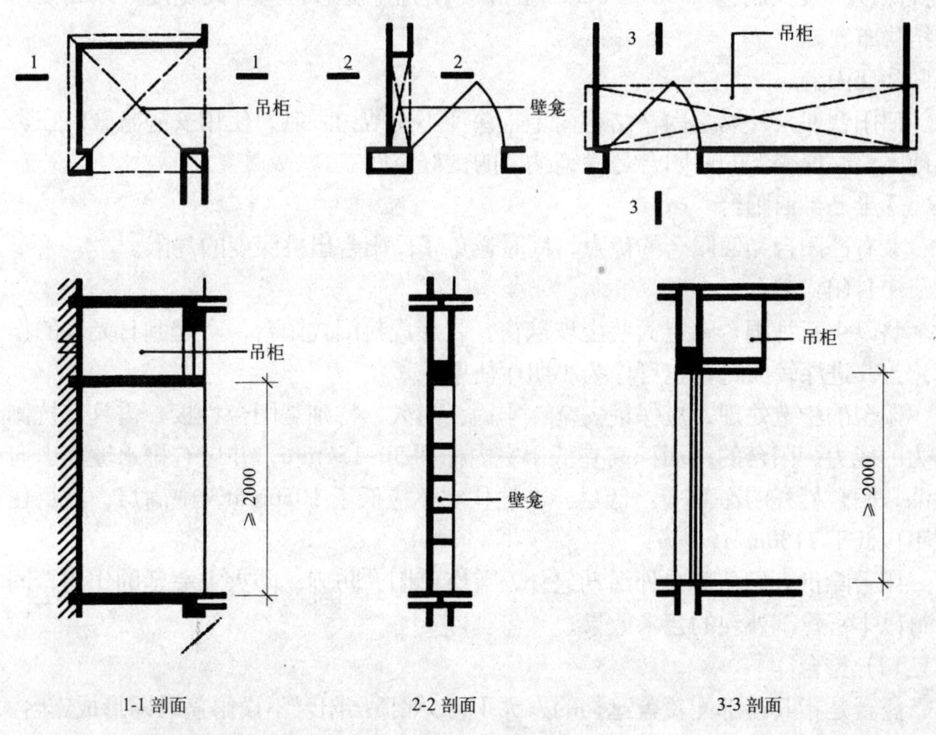

图 1–22　墙体壁龛的设置

3）室外空间

住宅的室外活动空间，包括多层和高层住宅的阳台、露台以及低层住宅中的户内庭院，在完善的住宅功能空间中应该说是不可缺的。

(1) 阳台

阳台按使用功能可分为生活阳台和服务阳台。生活阳台供生活起居用，设于起居室或卧室外部。服务阳台供杂务活动和晾晒用，通常设于厨房外部。阳台按平面形式可分为以下几种，如图 1–23 所示。

①凸阳台

悬挑出外墙，也称挑阳台，视野开阔，日照通风良好。但私密性较差，和邻户之间有视线干扰，可在两侧加挡板解决。凸阳台因受结构、施工与经济限制，

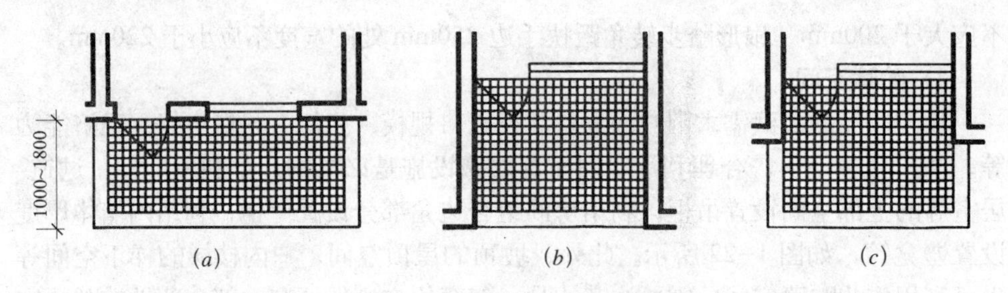

图 1–23　常用阳台形式
(a) 挑阳台；(b) 凹阳台；(c) 半凹半凸阳台

出挑深度一般控制在 1000~1800mm 范围。出挑宽度通常为开间宽度，以利使用和结构布置。

②凹阳台

凹阳台凹入外墙之内，结构简单，深度不受结构限制，使用安静隐蔽。在炎热地区，深度较大的凹阳台是设铺纳凉的良好空间。

③半凸半凹阳台

兼有凸阳台和凹阳台的优点，同时避免了凸阳台出挑深度的局限。

④封闭式阳台

将以上三种阳台临空面装上玻璃窗，就形成封闭式阳台，可起到日光室的作用。当其进深较大时，也可作为小明厅使用。

阳台的构造处理，应保证安全、牢固、耐久，特别是阳台栏板，需具有抗侧向力的能力。阳台的地面标高宜低于室内标高 30~150mm，并应有排水坡度引向地漏。阳台栏杆的净高度：低层、多层住宅不应低于 1050mm，中高层、高层住宅不应低于 1100mm。

阳台除供人们从事户外活动之外，兼有遮阳、防雨、防火灾蔓延的作用，同时可以丰富建筑外观的艺术效果。

(2) 露台

露台是指其顶部无覆盖遮挡的露天平台。如顶层阳台不设雨篷时即形成露台。在退台式住宅中，退台后的下层屋顶即形成上层露台。露台是多层或高层住宅中的特有的室外空间形式。通常做成花园式露台，覆土种植绿化，为住户提供良好的室外活动空间，既美化了环境，又加强了屋顶的隔热保温性能，如图 1–24 所示。

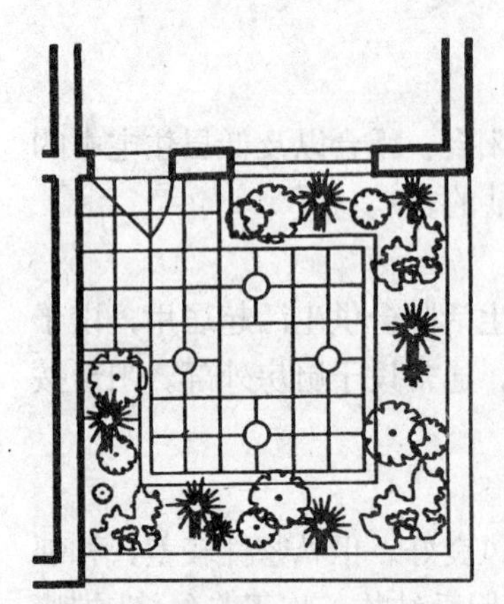

图 1–24　屋顶露台

4）其他设施

其他如住宅内的生活垃圾处理是一个值得重视的问题，在我国，过去多为设置垃圾井，但从文明卫生角度看存在污染。因此不宜设垃圾井，而应根据垃圾收集方式设置相应设施。中高层及高层住宅每层应设置封闭的垃圾收集空间。晾晒设施也是住宅的必要功能部件。需有所安排考虑。

1.3　套型空间的组合设计

套型空间的组合，就是将户内不同功能的空间，通过一定的方式有机地组合在一起，从而满足不同住户使用的需求，并留有发展余地。

一套住宅，是供一个家庭使用的。套内功能空间的数量、组合方式往往与家庭的人口构成、生活习惯、社会经济条件以及地域、气候条件等密切相关。不同户型的住户要求不同的套型组合方式，因此户型是住宅套型空间组合设计的基本依据之一。而户型往往又是随着时间的推移而不断变化着的，所以，套型也应根据户型的变化而留有发展余地。在本节里着重讨论一般气候条件和地形条件下的套型空间组合设计，对于严寒、炎热地区及坡地等不同气候条件和地形条件的套型组合设计，将在以后的章节里论述。

1.3.1　套型空间的组合分析

套型空间的组合，必须考虑户内的使用要求、功能分区、厨卫布置、朝向通风以及套型的发展趋势等多方面因素，为住户创造一个舒适、安全、美观、卫生、并留有发展余地的住宅。

1）户内功能分析

住宅的户内功能是住户基本生活需求的反映。这些需求包括：会客、家人团聚、娱乐、休息、就餐、炊事、学习、睡眠、洗盥、便溺、晾晒、贮藏等。为了满足这些需求，就必须有相应的功能空间去实现。不同的功能空间应有它们特定的位置与相应的尺度，但又必须有机地组合在一起，共同发挥作用。图 1-25 为户内各部分之间的功能关系。

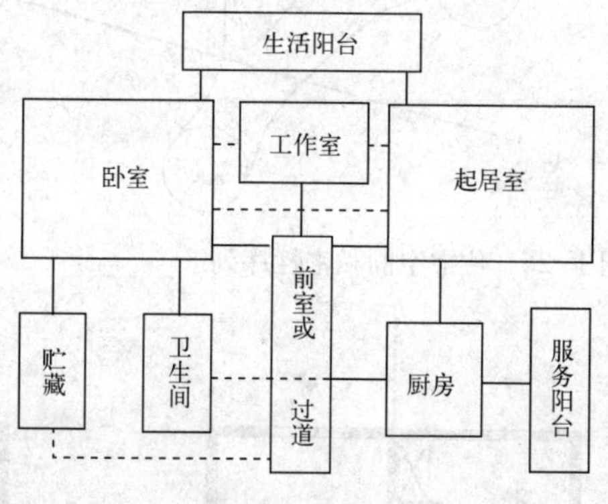

图 1-25　户内功能分析图

由于面积限制，有时会产生空间功能的重叠，也就是说，在同一空间内具有两种以上的功能。比如：起居和就餐，就餐和炊事等。

2）户内功能分区

户内功能分区，就是根据各功能空间的使用对象、性质及使用时间等进行合理组织，使性质和使用要求相近的空间组合在一起，避免性质和使用要求不同的空间互相干扰。但由于住宅平面组合中有面积大小、形体构成、交通组织、管道布置、节约用地等诸多因素的影响，功能分区也只能是相对的，设计时可能因照顾某些因素而使功能分区不明显，应容许处理中必要的灵活性。

（1）公私分区

公私分区是按照空间使用功能的私密程度的层次来划分的，也可称为内外分区。住宅内部的私密程度一般随着人的活动范围扩大和成员的增加而减弱，相对地，其对外的公共性则逐步增强。住宅内的私密性不仅要求在视线、声音等方面有所分隔，同时在住宅内部空间的组织上也能满足居住者的心理要求。因此，应根据私密性要求对空间进行分层次的序列布置，把最私密的空间安排在最后。图1–26为住宅空间私密性序列。卧室、书房、卫生间等为私密区，它们不但对外有私密要求，本身各部分之间也需要有适当的私密性。半私密区是指家庭中的各种家务活动、儿童教育和家庭娱乐等区域，其对家庭成员间无私密要求，但对外人仍有私密性。半公共区是由会客、宴请、与客人共同娱乐及客用卫生间等空间组成。这是家庭成员与客人在家里交往的场所，公共性较强，但对外人讲仍带有私密性。公共区是指户门外的走道、平台、公共楼梯间等空间，这里是完全开放的外部公共空间。

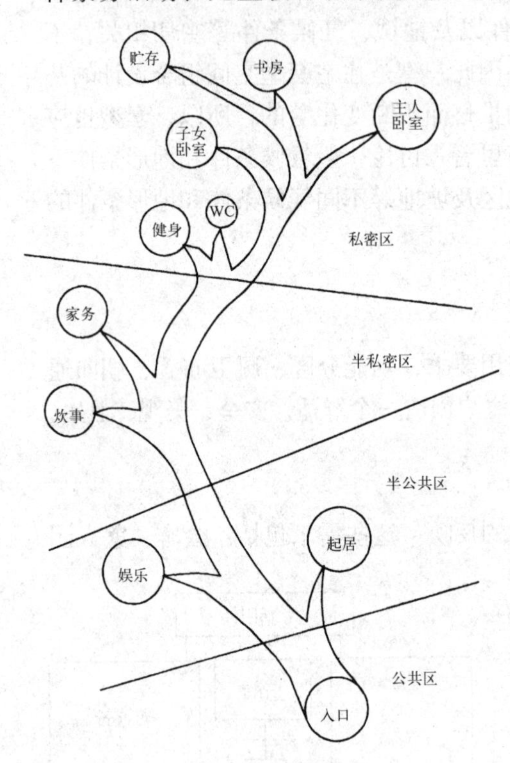

图1–26　住宅空间私密性序列

（2）动静分区

动静分区从时间上来说，也可叫作昼夜分区。一般来说，会客室、起居室、餐室、厨房和家务室是住宅中的动区，使用时间主要是白昼和晚上部分时间。卧室是静区，主要在夜晚使用。工作和学习空间也属静区，但使用时间上则根据职业不同而异。此外，父母和孩子的活动分区，从某种意义上来讲，也可算作动、静分区，在国外高标准的住宅中也尽可能将它们布置在不同的区域内（图1–27）。

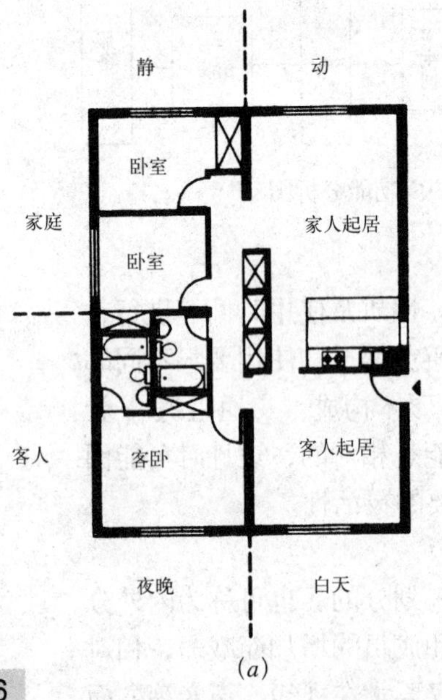

(*a*)

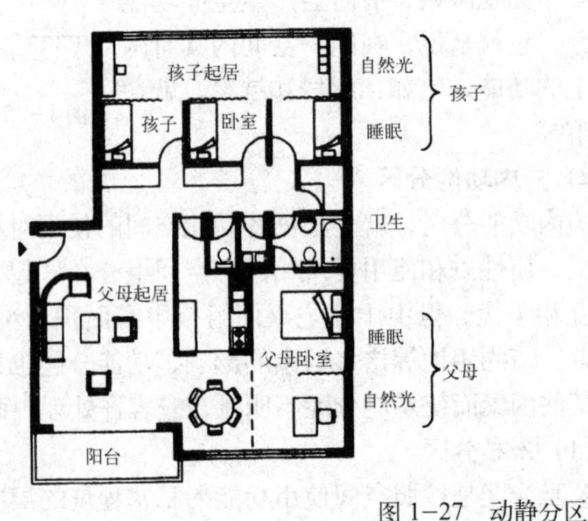

(*b*)

图1–27　动静分区
(*a*) 内外、动静、昼夜分区；
(*b*) 父母、子女分区

(3) 洁污分区

洁污分区主要体现为有烟气、污水及垃圾污染的区域和清洁卫生区域的分区，也可以概略地认为是干湿分区，即用水与非用水活动空间的分区。由于厨房、卫生间要用水，有污染气体散发和有垃圾产生，相对来说比较脏，且管网较多，集中处理较为经济合理，因此可以将厨房、卫生间集中布置。但由于它们功能上的差异，有时布置在不同的功能分区内。当集中布置时，厨房、卫生间之间还应作洁污分隔(图1–28)。

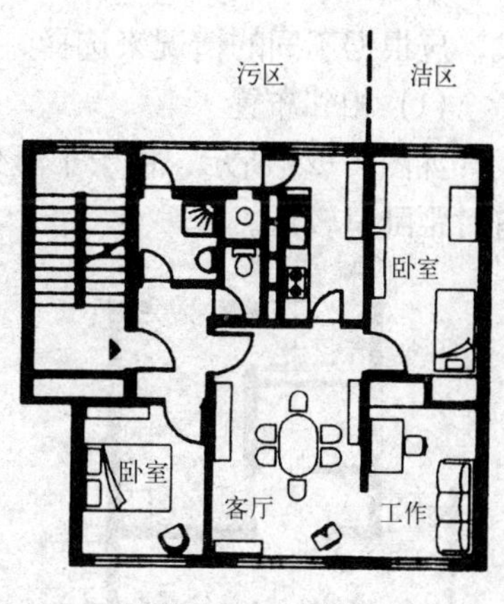

图1–28 洁污分区

3) 合理分室

住宅空间的合理分室就是将不同功能的空间分别独立出来，避免空间功能的合用与重叠。空间合理分室反映了住宅套型的规模，也反映了住宅的居住标准和居住的文明程度。功能空间的专用程度越高，其使用质量也越高。功能空间的逐步分离过程，也就是功能质量不断提高的过程。合理分室包括生理分室和功能分室两个方面。

(1) 生理分室

生理分室也称就寝分室。它与家庭成员的性别、年龄、人数、辈份、是否夫妻关系等因素有关。孩子到一定年龄（6 ~ 8 岁）应与父母分室，不同性别的孩子到一定年龄（12 ~ 15 岁）也应分室，即使同性别的孩子到一定年龄（15 ~ 18 岁）也应分室，而这些年龄界限的确定与社会经济发展、住宅的标准以及文明程度有关。

(2) 功能分室

功能分室就是把不同的功能空间分离开来，以避免相互干扰，提高使用质量。功能分室包含了食寝分离；起居、用餐与睡眠分离；工作、学习分离三个方面。食寝分离就是把用餐功能从卧室中分离出来,可以在厨房中安排就餐空间(图1–41)，或者在小方厅内用餐（图1–43）。起居、用餐与睡眠分离，就是将家庭公共活动从卧室中分离出来，有单独的起居室和餐厅，或者起居、餐厅合一（图1–45、图1–46）。工作、学习分离就是将工作、学习空间独立出来，设置工作室或书房，以便为工作、学习创造更为安静的条件。

4) 厨房和卫生间布局

厨房和卫生间是住宅内的核心，是家庭成员活动的重要场所，是管线密集，使用频率最高的地方，也是产生油烟、垃圾和其他有害气体的地方。厨房、卫生间都是用水房间，属于不洁区域。从洁污分区的角度来说，应尽量靠近。而从公私分区的角度来说，又应当适当分离。厨房往往集中在白天使用，无私密性要求，而卫生间的使用是不分昼夜的，有私密性要求。在标准较高的住宅中，卫生间的数量可能不止一个，有公用的、专用的，私密程度也不一样。因此，厨房、卫生间的布置是否合理，直接影响到居住的质量和使用上的方便程度，它们的布局方式，应根据不同的情况来选择。

（1）相邻布置

如图 1–29 所示，便于干湿分区和管线集中，但卫生间的位置不一定很合理，有时距卧室较远。

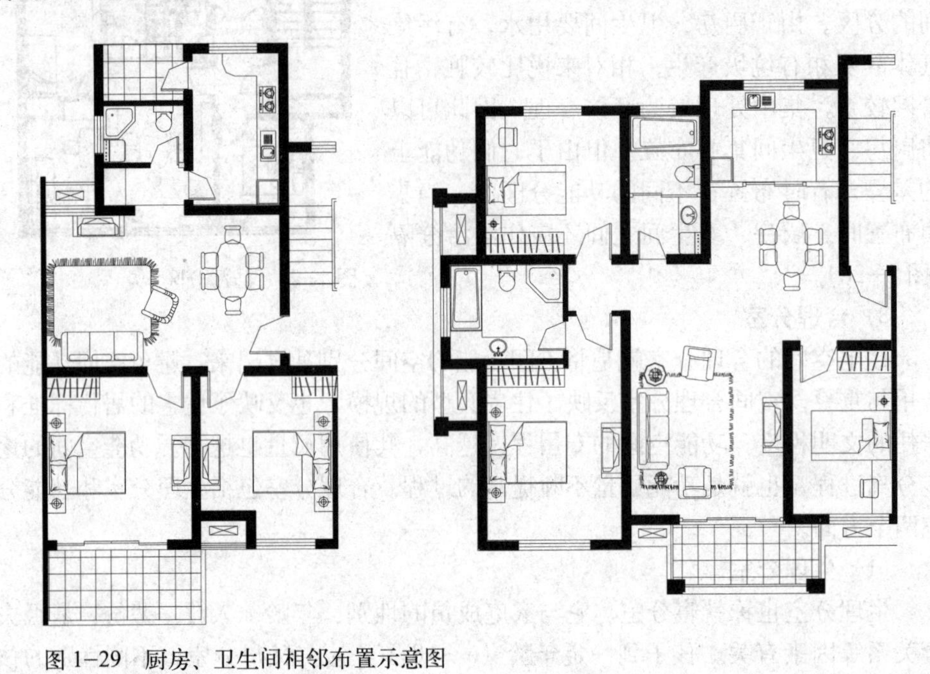

图 1–29　厨房、卫生间相邻布置示意图

（2）分离布置

如图 1–30 所示，卫生间布置较灵活，利于功能分区和公私分区，但管线不集中。

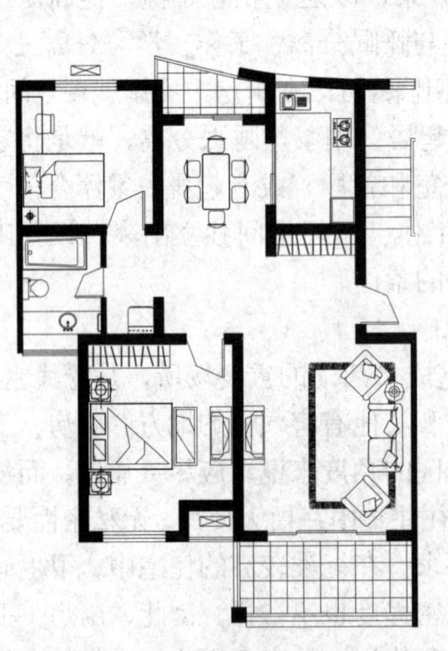

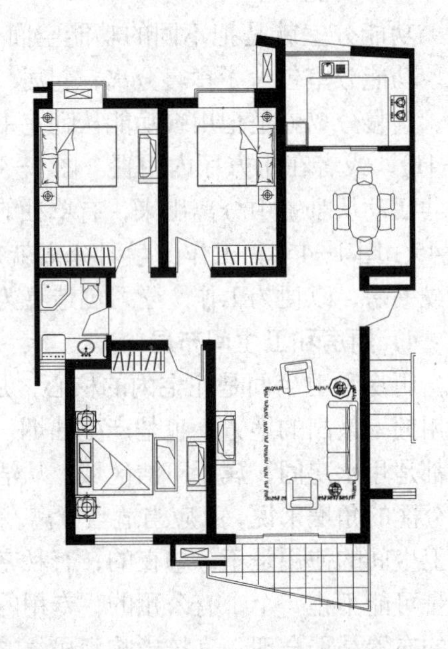

图 1–30　厨房、卫生间分离布置示意图

1.3.2 套型的朝向及通风组织

住宅套内房间的朝向选择及通风组织对保证一定的卫生及使用条件影响很大，朝向及通风组织的合理与否是评价套内空间组合质量的一个重要标准。

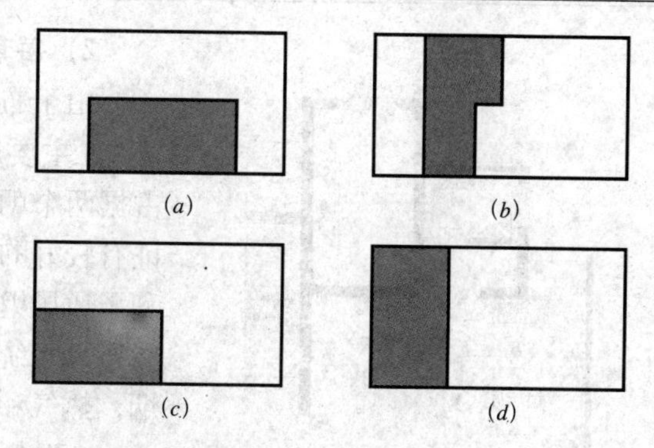

图1-31 各套所占朝向示意

套内各房间的朝向及通风组织与该套住宅在一栋房屋中所处的位置有关，也与套内房间的组合方式有关。一套住宅在一栋房屋中所处的位置有这样几种可能性：位于房屋的一侧只有一个朝向；位于房屋中的中间一段，有两个相对朝向；位于房屋的一角，有相邻两个朝向；位于房屋的端部，有多个朝向（图1-31）。设计中还可以利用平面的凹凸及在房屋内部设置天井来改善朝向及通风条件。

现在分别就这几种情况作进一步分析。

1）每套只有一个朝向

当只有一个朝向时，应避免最不利的朝向，如北方地区应避免北向，南方地区应避免西向。单朝向时，套内房间均临同一面外墙，所以房间内的通风很难组织。图1-32的布置方式可用于北方对通风要求不高的地区，在严寒地区能避免寒风吹透，反而成为有利条件。

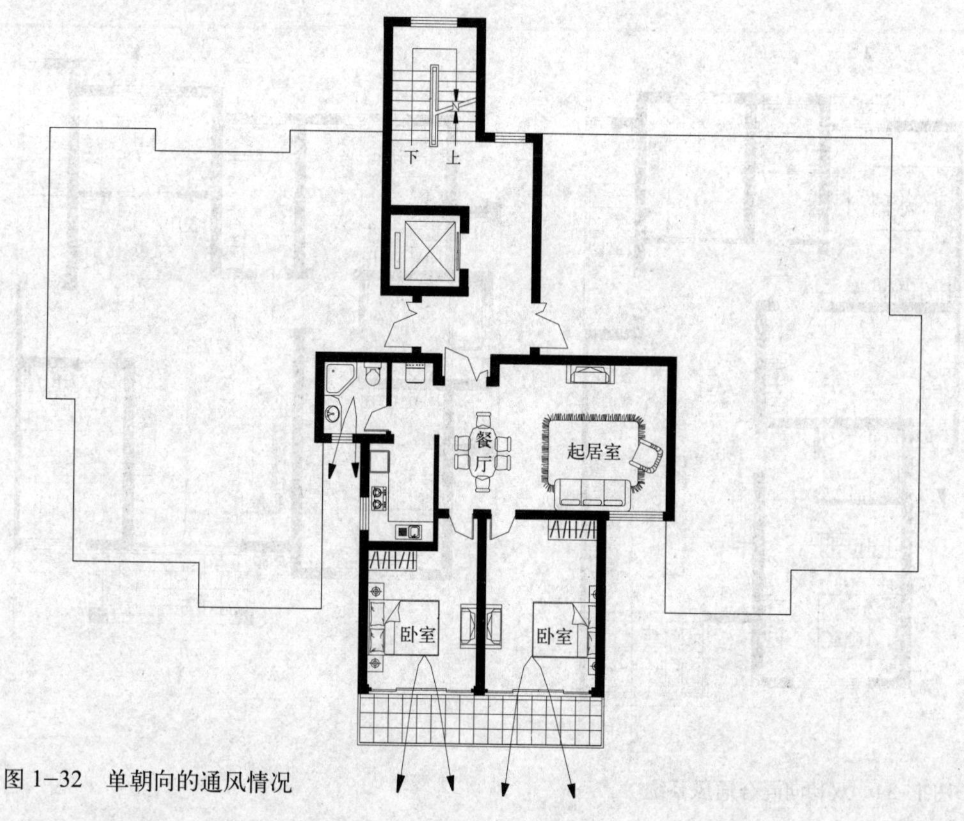

图1-32 单朝向的通风情况

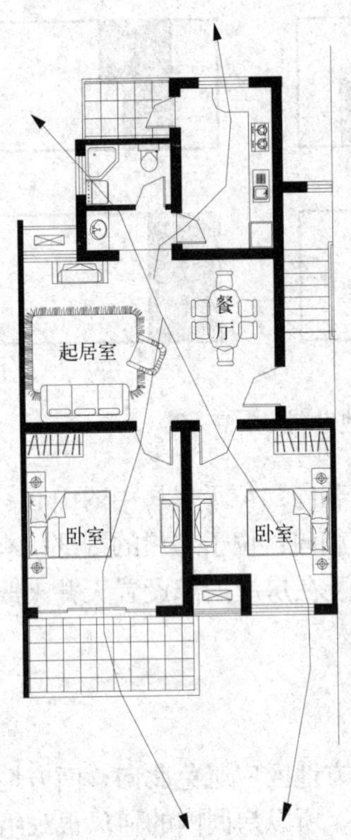

图 1–33　双朝向套型主要房间与厨房组成一个通风系统

2）每套有相对或相邻两个朝向

由于布置方式不同，可以分以下几种情况：

· 主要房间（起居室、卧室等）及厨房分别占据两个朝向的外墙。主要房间临好朝向，可保证有较好的日照条件，但只有单向的主要房间不利于通风组织。由于主要房间与厨房组成一个自然通风系统，当气流方向由厨房吹入时，常将油烟，热气和有害气体带入主要房间（图 1–33）。

· 两个朝向都布置主要房间，厨房、卫生间的朝向则不拘。这种布置方式应用很广，虽然出现部分主要房间朝向差，但易于组织室内通风（图 1–34）。其通风情况随套内分隔及门窗的开设位置不同而有差异，炎热地区比严寒地区要求高。设计时可根据不同的气候条件进行处理，详见第 5 章。这种布置方式的弊病是当厨、卫处于进气状态时，油烟、热气和有害气体仍可能影响主要房间。在保持平面关系不变的情况下，可以采用设排气井道的方式解决厨房、卫生间的通风（图 1–35）。这种排气井道与烟囱不同，由于没有热

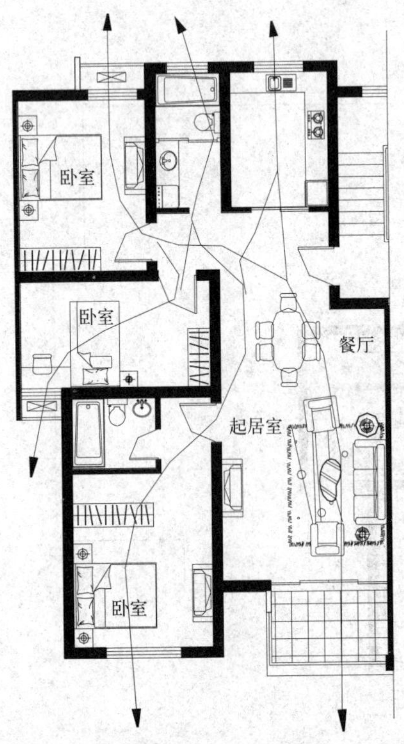

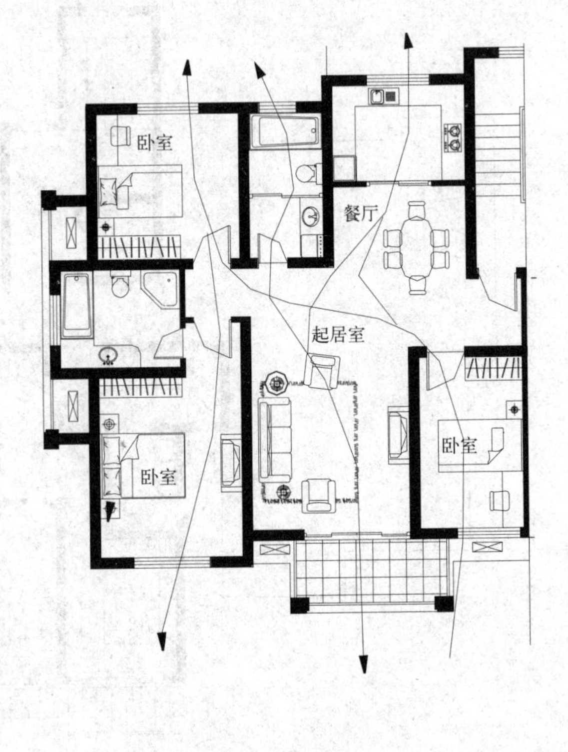

图 1–34　双朝向混合通风系统

压作用，应设置机械排气装置，即使功率很小，也能达到较好的通风效果。

· 主要房间、厨房与卫生间可组织各自独立的通风系统。这种布置方式能很好地兼顾朝向和通风，但往往造成房屋进深较浅，用地经济性差（图 1–36）。

3）利用平面的凹凸及内部设天井来组织朝向及通风

利用平面的凹凸，可以争取一部分房间获得较好的采光或利于组织局部对角通风（图 1–37）。组织对角通风时，两边开窗的距离宜大些，这样通风效果好，也可减少死角。凸出部位对一部分主要房间可起兜风作用，但对另一部分主要房间则可能起挡风作用。在房屋内部设天井，可以利用天井组织采光及通风（图 1–38）。以上这两种处理方式也常常可以起到增加房屋进深的作用，从而可以节约用地。

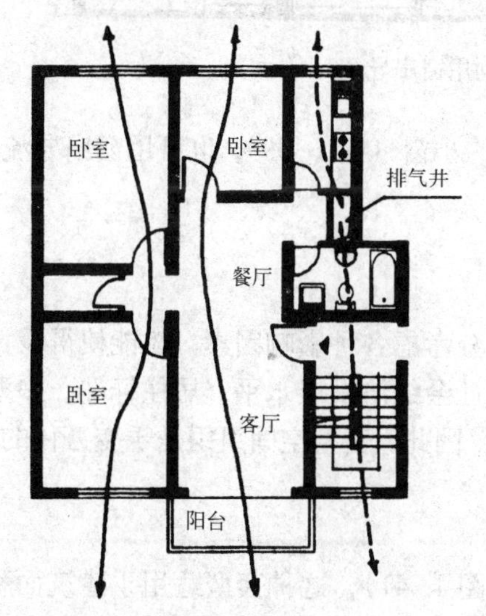

图 1–35　双朝向套型主要房间有独立的通风系统，厨、卫设排气井

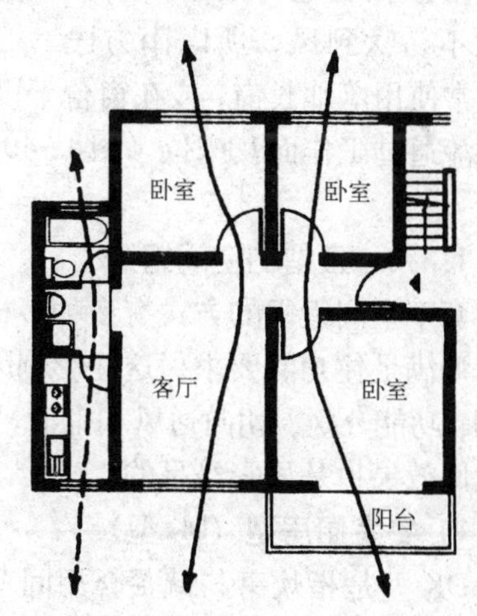

图 1–36　主要房间与厨卫有各自独立的通风系统但厨房与客厅距入口太远，影响使用

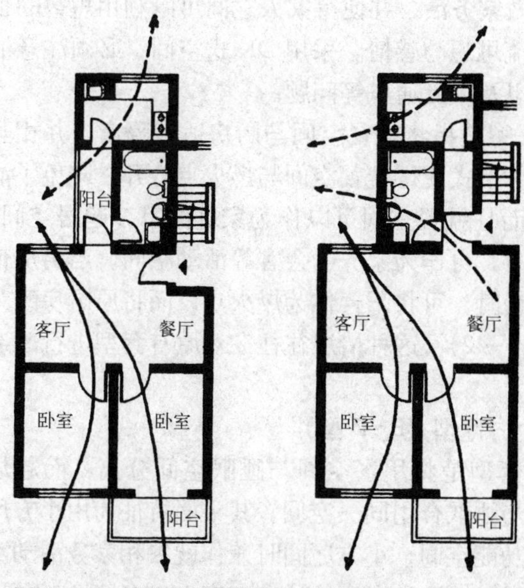

图 1–37　利用平面凹凸组织对角通风

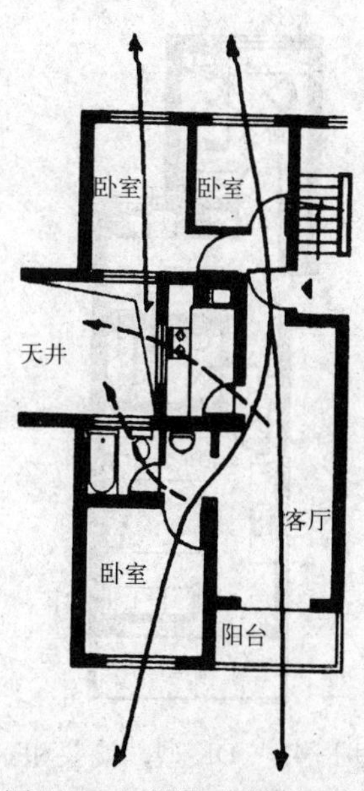

图 1–38　利用天井组织通风

当一套住宅临多个朝向时，处理起来比较自由，更容易保证房间的采光和通风条件。

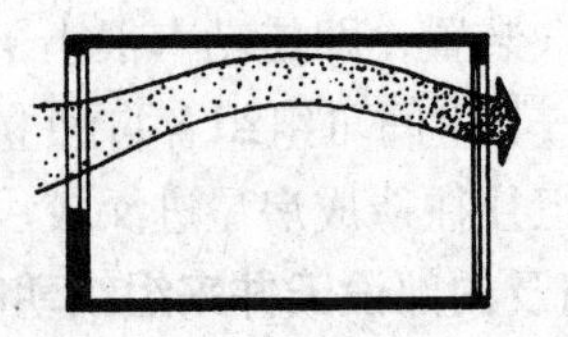
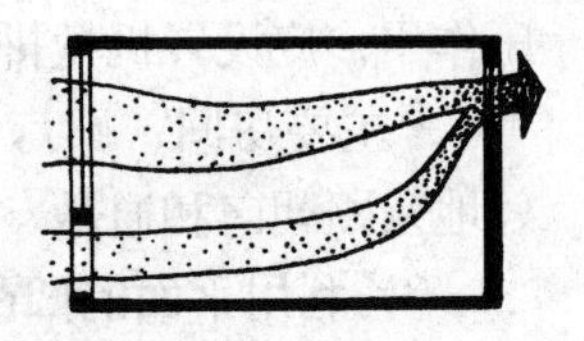

图 1–39　房间剖面开口位置对气流的影响

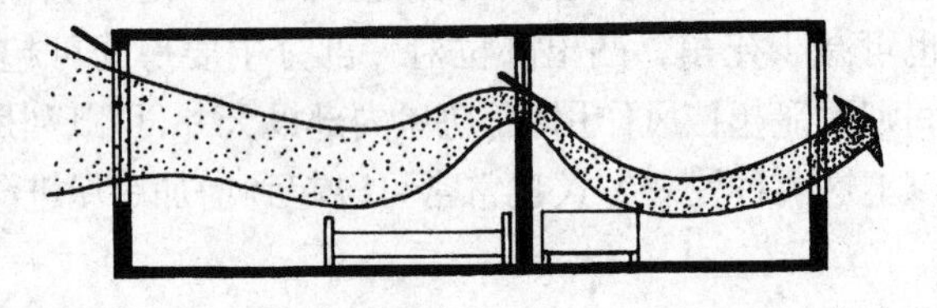

图 1–40　利用窗扇导流

在组织套内通风时还应注意气流在垂直方向的分布情况。在建筑的垂直方向，由于受窗台以下墙面的阻挡，使风向产生向上的偏转。住宅中窗台高度一般为 90cm 左右，窗顶比较接近顶棚，进入室内的气流大部分沿顶棚行进，使室内较低部位不易吹到风。所以南方民居中常使用落地长窗，或在窗台下设可启闭的小窗（图 1–39），也可用窗扇导流，使气流通过工作面及床位（图 1–40）。

1.3.3　套型的空间组织

套型空间组织的方式有多种多样，应充分考虑各种影响因素，才能使得设计的套型满足住户的要求。这些影响因素包括社会经济发展水平、居住标准、户型类别、功能分区、朝向通风和生活习惯等等。因此，套型空间组织是千变万化的，其空间效果也是异彩纷呈的。

1）餐室厨房型（DK 型）

DK 型是指炊事与就餐合用同一空间（图 1–41）。这种套型适用于建筑面积相对较小，家庭人口少的住宅。DK 式空间缩短了餐厨之间的距离，既方便又省时省力。DK 合一后的空间尺度应比单一的厨房有所扩大，使得家人可以同时入内就餐、做家务活，并使得家人之间可以利用短暂的餐厨活动交流思想与感情。采用 DK 式空间，必须注意油烟的排除以及采光通风等问题。

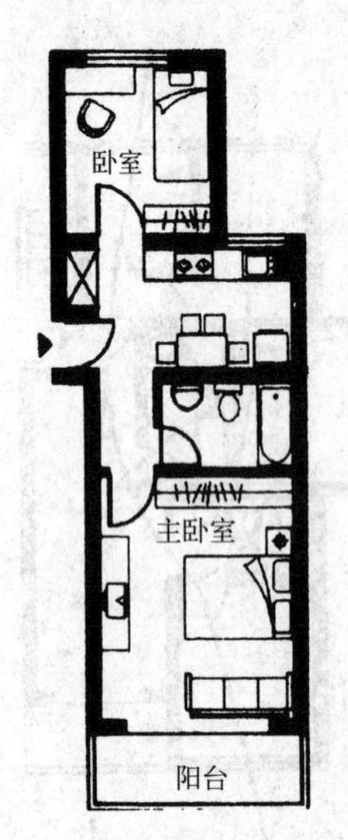

图 1–41　DK 型，就餐和炊事合用同一空间

D·K 型是指将就餐空间与厨房适当隔离，并相互紧邻。这种形式使得就餐空间与燃火点分开，避免了油烟污染，而且就餐空间可以作为家庭的第二起居空间，在不用餐时，可作为家务、会客等活动空间。当厨房带有服务阳台时，可将阳台作为燃火点，而将原厨房改为餐室（图 1–42），这种情况往往在对原有套型进行改造时出现。

2）小方厅型（B·D 型）

这种套型是将用餐空间与睡眠空间分离，而起居等活动仍与睡眠合用同一空间。其平面特征为用小方厅联系其他功能空间，小方厅同时兼作就餐和家务活动空间（图 1–43）。这种套型往往在家庭人口多、卧室不足、

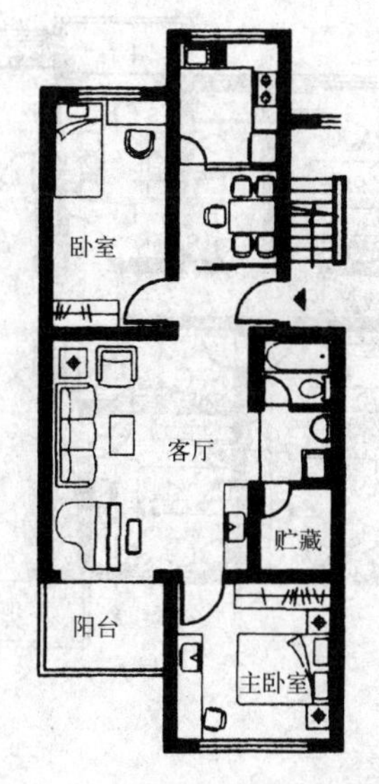

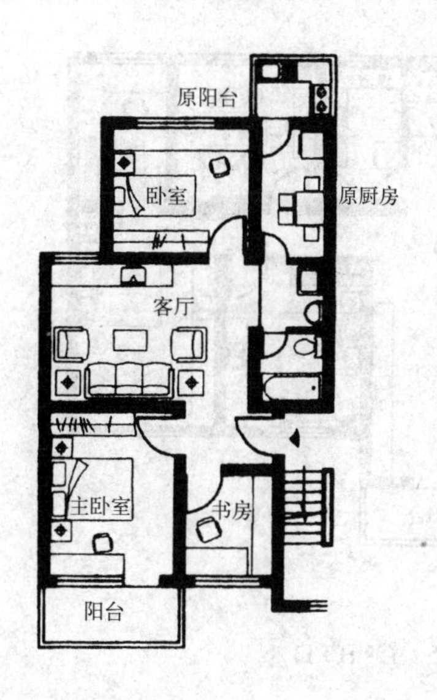

图 1-42 D·K 型，就餐和炊事紧邻

生活标准较低的情况下采用。

3）起居型（LBD 型）

这种套型是将起居空间独立出来，并以起居室为中心进行空间组织。起居室作为家人团聚、会客、娱乐等的专用空间，避免了起居活动与睡眠的相互干扰，利于形成动、静分区。起居室面积相对较大，其中可以布置视听设备、沙发等，很适合现代家庭生活的需要。其形式主要有以下 3 种：

（1）L·BD 型（图 1-44）

这种形式仅将起居与睡眠分离。

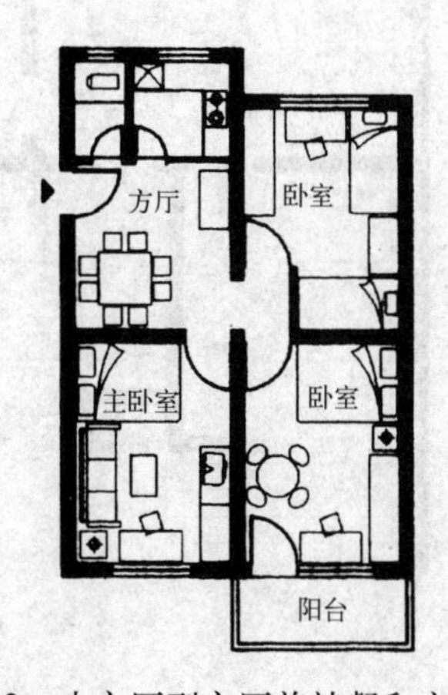

图 1-43 小方厅型方厅兼就餐和交通枢纽

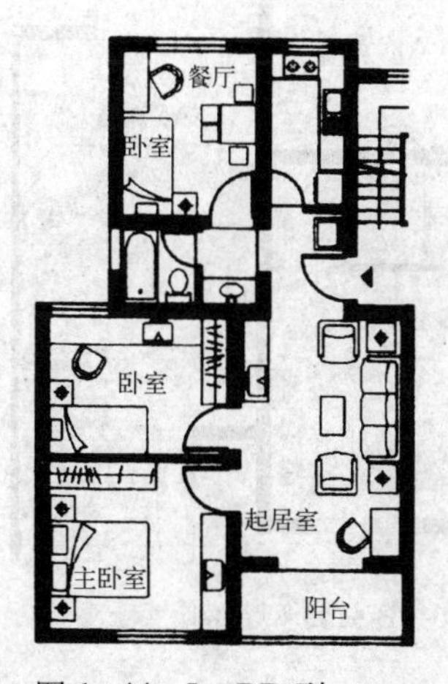

图 1-44 L·BD 型

（2）L·B·D 型（图 1-45）

这种形式将起居、用餐、睡眠均分离开来，相互干扰最小，但要求建筑面积较大。

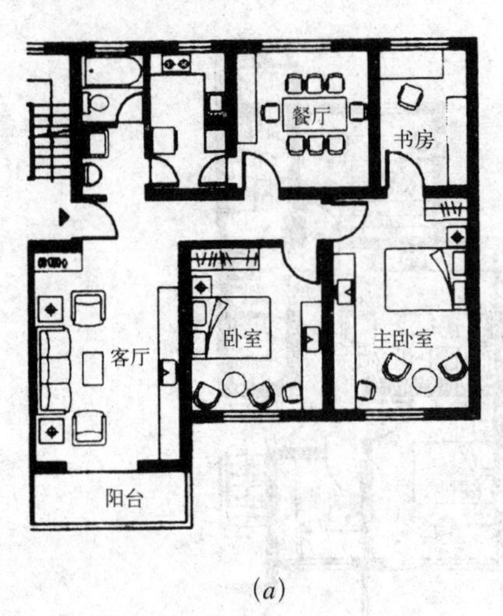

(a)

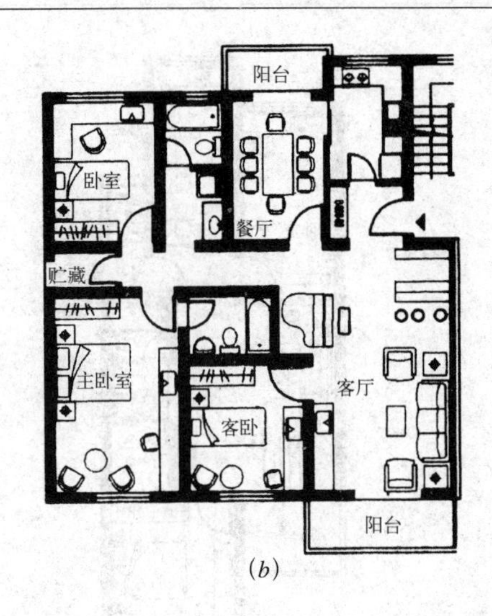

(b)

图 1-45 L·B·D 型

(3) B·LD 型（图 1-46）

这种形式将睡眠独立，起居、用餐合一。在平面布置中可将起居室设计成 L 形，用餐位于 L 形起居室的一端，相互之间既分又合，节省面积。

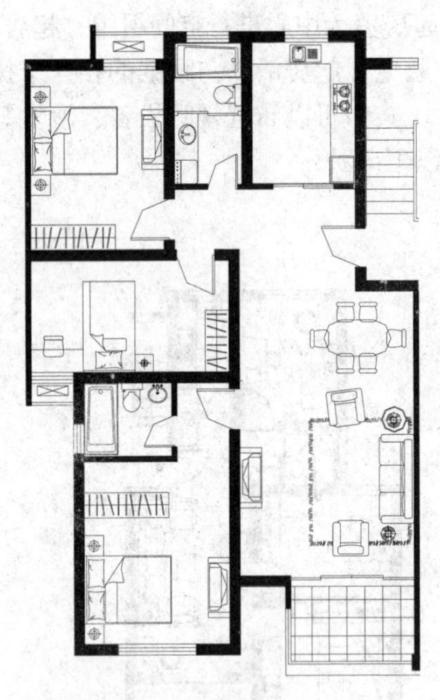

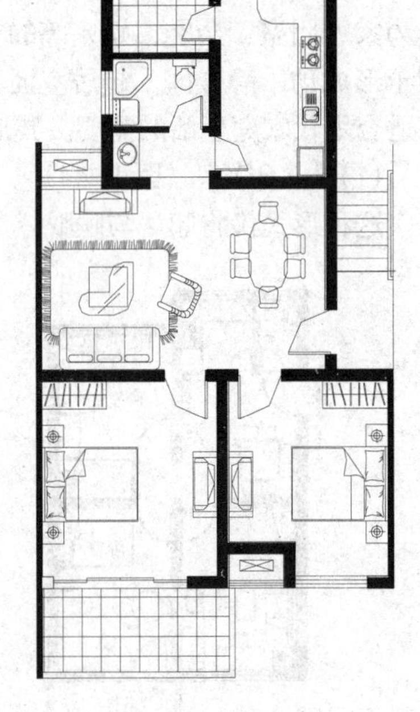

图 1-46 B·LD 型示例

4）起居餐厨合一型（LDK 型）

这种套型是将起居、用餐、炊事等活动设在同一空间内，并以此空间为中心进行空间组织。家庭成员的日常活动都集中在一起，利于家庭成员之间的感情交流，家庭生活气氛浓厚。但由于我国的生活习惯与国外不同，烹饪时油烟很大，易对起居室产生污染，所以这种套型多见于国外住宅（图 1-47）。

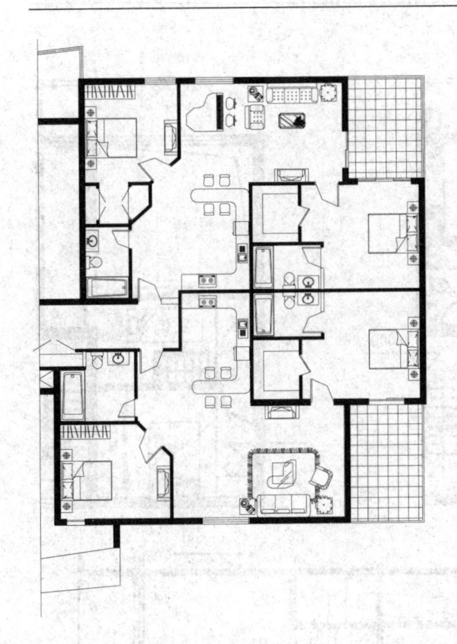

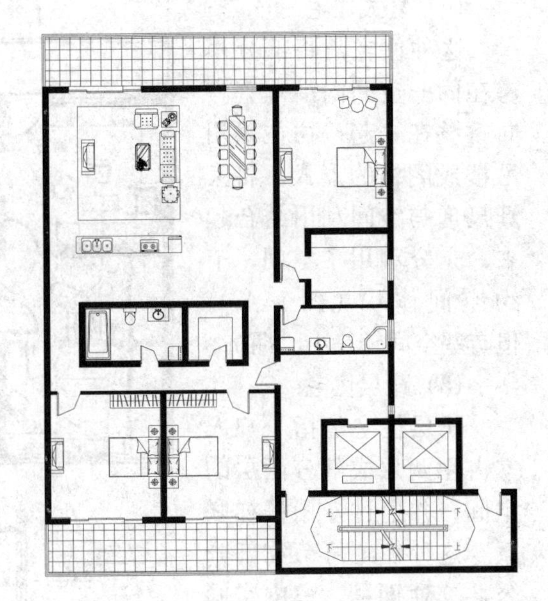

图 1–47　LDK 型

5）三维空间组合型

三维空间组合型是指套内的各功能空间不限在同一平面内布置，而是根据需要进行立体布置，并通过套内的专用楼梯进行联系。这种套型室内空间富于变化，有的还可以节约空间。

(1) 变层高住宅

这种住宅是进行套内功能分区后，将一些次要空间布置在层高较低的空间内，而将家庭成员活动量大的空间布置在层高较高的空间内（图 1–48）。这种住宅相对来说比较节省空间体积，做到了空间的高效利用，但室内有高差，老人、儿童使用欠方便，且结构、构造较复杂。

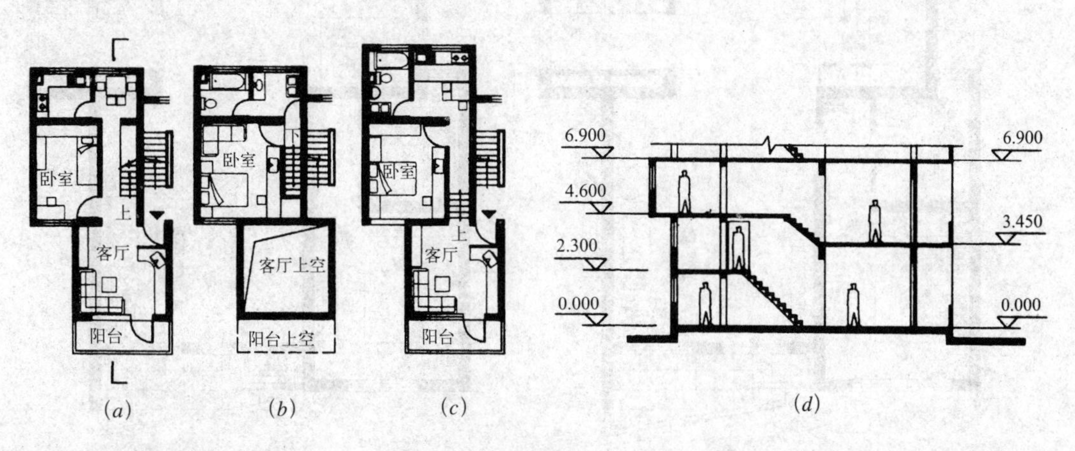

图 1–48　变层高住宅

(a) 底层平面图；(b) 夹层平面图；(c) 二层平面图；(d) 剖面图

(2) 复式住宅

这种住宅是将部分用房在同一空间内沿垂直方向重叠在一起，往往采用吊楼或阁楼的形式，将家具尺度与空间利用结合起来，充分利用了空间，节约空间体积（图1–49）。但有些空间较狭小、拥挤。

(3) 跃层住宅

跃层住宅是指一户人家占用两层或部分两层的空间，并通过专用楼梯联系。这种住宅可节约部分公共交通面积，室内空间丰富（图1–50）。在一些坡顶住宅中，将顶层处理为跃层式，可充分利用坡顶空间。

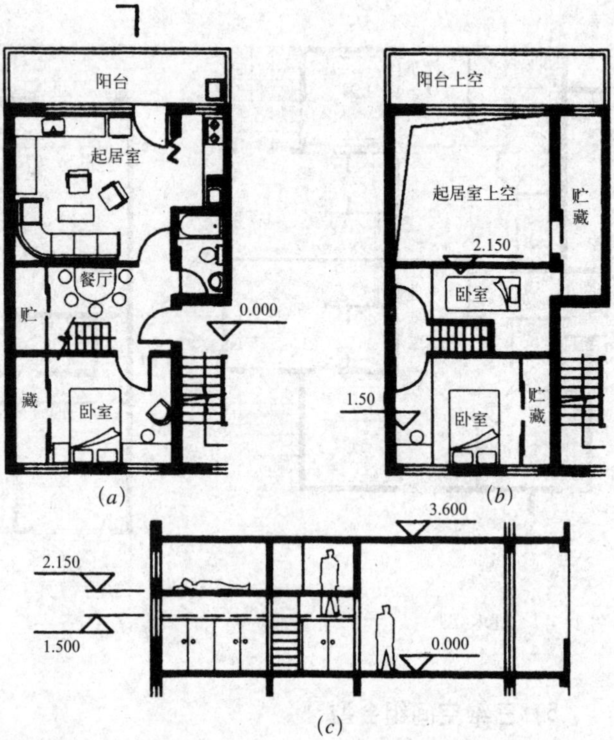

图1–49　复式住宅

(*a*) 下层平面图；(*b*) 夹层平面图；(*c*) 剖面图

在进行套型空间组织时，除考虑其内部空间组合方式外，还须研究其与户外空间的关系。

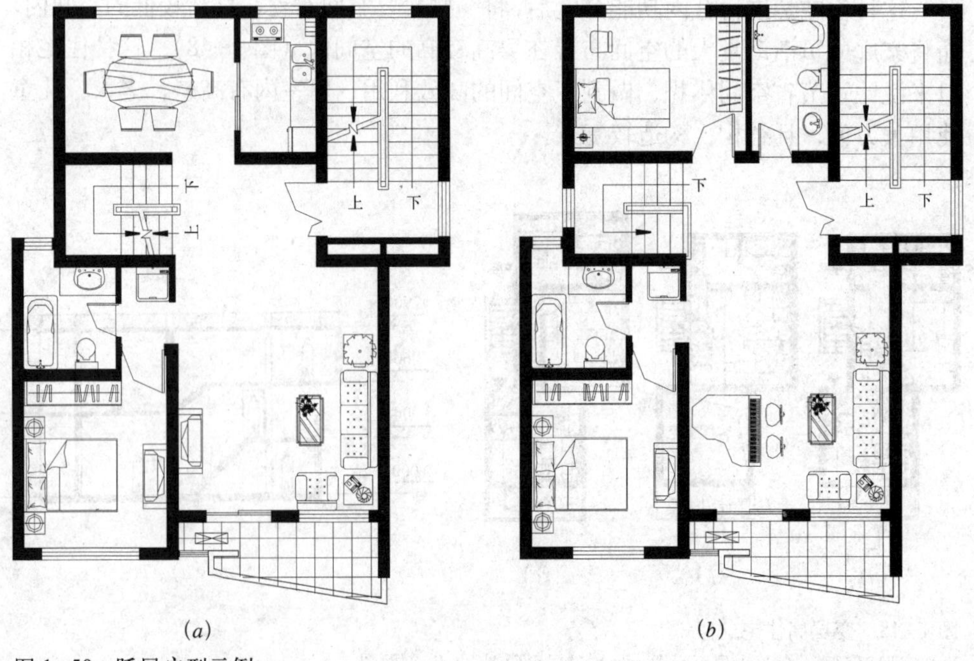

图1–50　跃层户型示例

(*a*) 跃层一层平面；(*b*) 跃层二层平面

城市中的住宅往往层数多、间距小，如何能使得住户享受到大自然的阳光、空气和绿色，是衡量居住环境质量好坏的标准之一。与户外空间的交流，可以通过门、窗、阳台、庭院等媒介进行。位于底层的住户，内部空间与庭院有较方便的联系，庭院也成为家庭活动的组成空间之一。位于楼层的住户，可以利用阳台(部分阳台可以是两层的)、露台、屋顶退台等达到与室外环境的接近，享受到自然的情调，图1−51为几种室内空间与户外关系的示例。

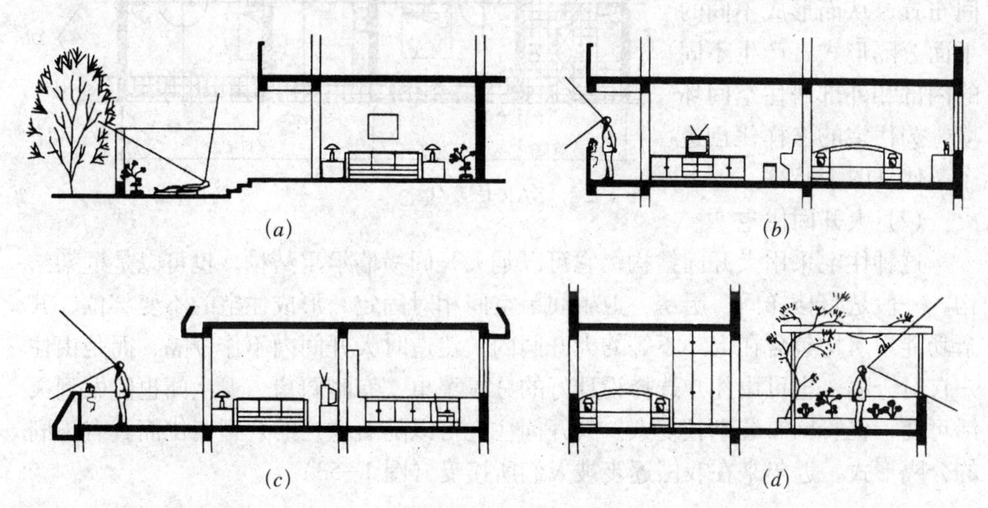

图1−51　与户外空间关系示例
(*a*) 底层院子；(*b*) 阳台；(*c*) 退台；(*d*) 室外露台、绿化

1.3.4　空间的灵活分隔

套型空间的灵活分隔，是指在不改变建筑结构构件和外围护构件的情况下，住户可以根据自己的意愿重组套内空间，以适应不同的使用需求和不断变化的生活方式。住宅建成之后，其结构材料的耐久期往往较长，而在耐久期内，住户的户型和生活水平可能发生变化，这就要求有不同的空间组织形式来适应。针对住户的这种变化需求，近年来出现了各种可由住户自己进行灵活分隔的住宅体系，且分隔方式也是多种多样的。

1）可灵活分隔的住宅体系

(1) SAR体系住宅

SAR是STICHTING ARCHITETEN RESEARCH的缩写，它是由几位荷兰建筑师开办的一个建筑师研究会。他们提出了将住宅的设计和建筑分为两个部分——支撑体和可分体（或填充体）的设想，并对此提出了一整套理论和方法，我们通常将之称为SAR理论或支撑体理论。根据此理论设计和建造的住宅称为SAR体系住宅或支撑体住宅。

按照SAR理论，住宅的支撑体即骨架，也称不变体，其间可容纳面宽和面积各不相同的套型单元，并在相邻单元之间的骨架墙上适当位置预留洞口，作为彼此空间调剂的手段。填充体（可分体）为隔墙、设备、装修、按模数设计的通用构件和部件，均可拆装。SAR体系住宅具有相当大的灵活性和可变性，套型面积可大可小，套型单元可分可合，并为住者参与设计提供了可能。住户可以根据各自家庭的人口情况、生活模式、兴趣爱好与精神需求进行套型空间布置，从而形成不同的平面分隔形式，产生不同的内部和外部居住空间环境，为住宅的多样化创造了条件（图 1–52）。

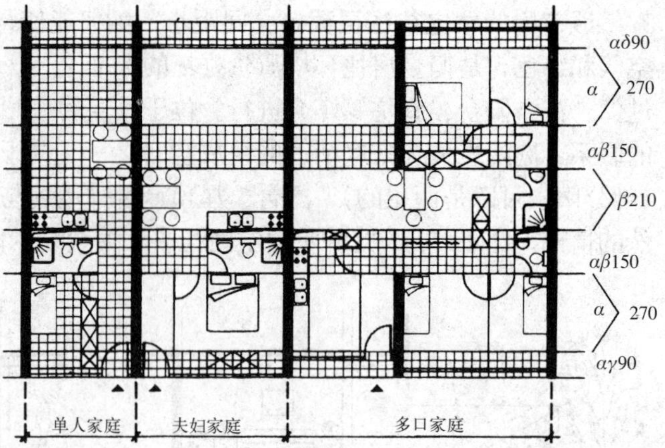

图 1–52　SAR 体系住宅

（2）大开间住宅

这种住宅采用大开间结构，它可以是大开间横墙承重结构，也可以是框架结构。一般是将楼梯间、厨房、卫生间等空间相对固定，形成住宅的不变部位，其余功能用房均包含在大小不等的大开间内，建造时大开间内不作分隔，而是由住户自行分隔，也可由住户选择设计好的分隔菜单。有时厨房、卫生间也能做到灵活可变，但管网布置则较复杂。大开间住宅可以随着住户的户型变化而具有不同的分隔形式，近年来在我国逐步被人们所接受（图 1–53）。

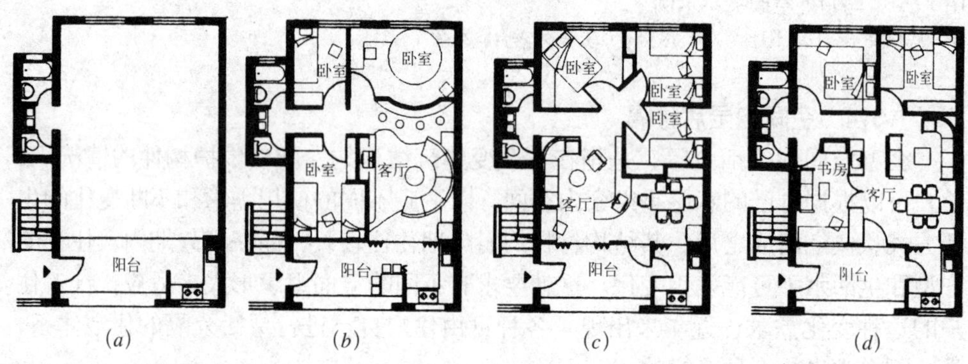

图 1–53　大开间住宅

（*a*）原形体；（*b*）分隔一；（*c*）分隔二；（*d*）分隔三

2）灵活分隔的方式

空间的灵活分隔除采用常见的轻质砖墙或砌块墙、玻璃纤维混凝土条板隔墙、石膏条板隔墙和轻钢骨架隔墙等以外，还有以下常用的分隔形式：

（1）帷幔

包括布帘、卷帘等各种软质材料，可将空间进行分隔，避免视线干扰，但隔声差。帷幔收取材容易，构造简单，拆装方便，是一种常用的隔断方式（图 1–54）。

（2）折叠式隔断

用木质或轻质金属骨架及合成材料制成，在顶棚及地面设置导轨，可灵活拉开或关闭，隔声效果比帷幔好（图 1–55）。

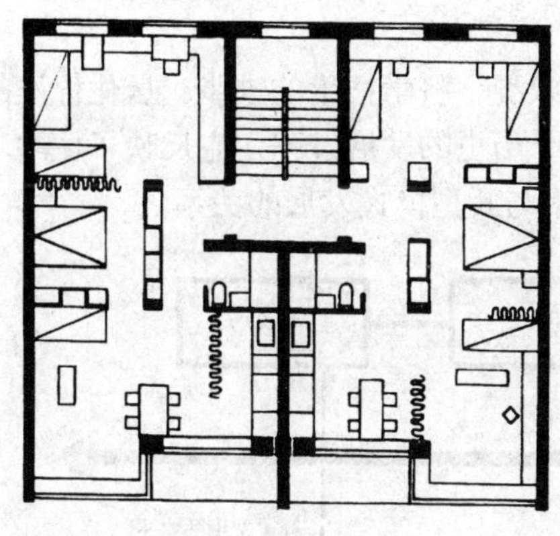

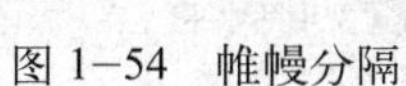
图 1-54 帷幔分隔

图 1-55 折叠式隔断

(3) 灵活隔板

隔板按模数规格分为几种尺寸，顶棚及地面某些部位设置固定装置，可按照设计在户内作几种可能的拼装。隔板一般做得比较轻，主要采用轻金属外框，内填隔声材料，搬移方便。隔板相对来说要固定一些，不像帷幔和折叠式隔断那样灵活，但隔声效果好。

(4) 壁柜式隔断

这种隔断是由多个与房间等高的立柜拼装而成，内部可存放物品，既起到分隔空间的作用，又有实用功能，正越来越多地被采用（图 1-56）。

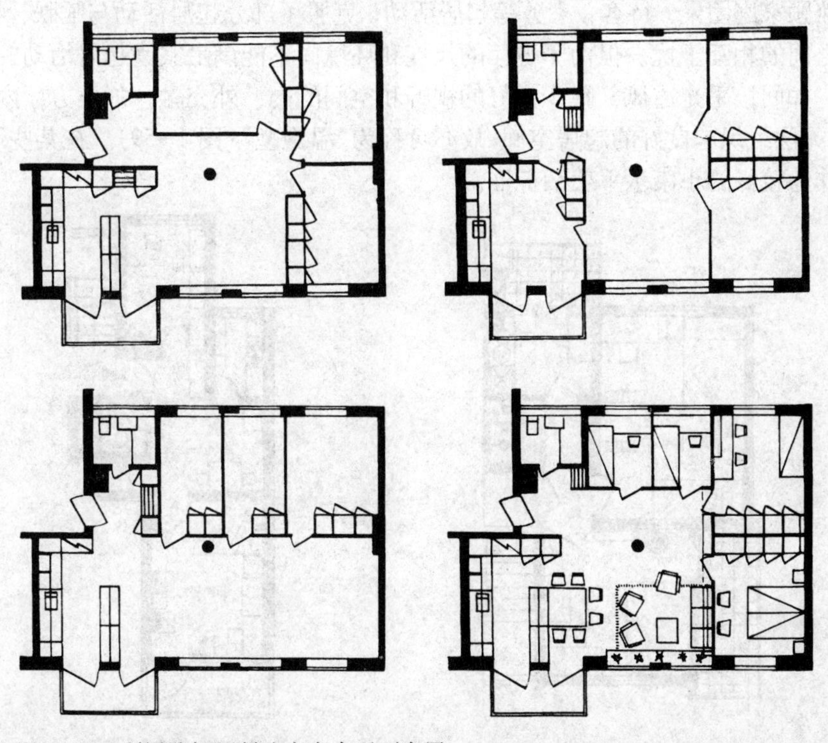
图 1-56 利用壁柜隔断改变套内平面布置

1.3.5 套型模式发展趋势

套型模式的发展，是与社会生产力发展状况、科学技术的进步、居住标准的提高以及文明程度的进展密切相关的，是一个历史的发展过程，它反映了住宅功能质量的不断提高。图 1–57 为我国生活水平与套型模式发展的关系。

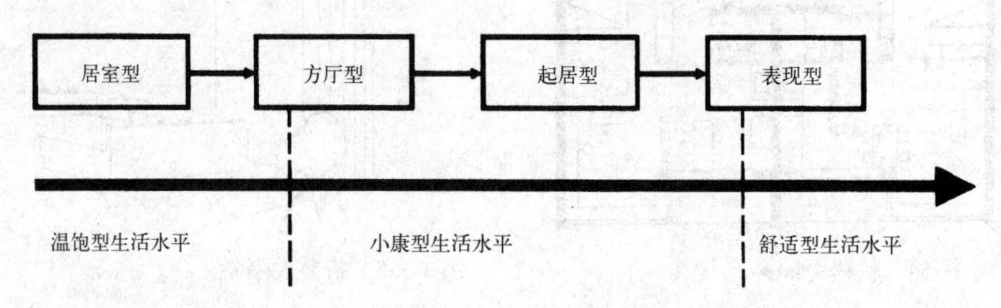

图 1–57 生活水平与套型

1）居室型

其平面特征往往是以走道将各居室分隔为相对独立的空间，以能安排家庭成员有床睡眠为基本目标，仅有初步的生理分室。“居室”空间内起居、就餐、就寝等活动混杂，功能空间的专用程度极低，给家庭生活带来许多不便，且厨房、卫生间的空间尺度仅能满足基本的使用要求。因此，居室型套型模式只能适应于居住标准较低的家庭生活要求，故亦可称其为“生存型”（图 1–58）。

2）方厅型

其平面特征是餐寝分离，套内的方厅是扩大的交通空间。方厅除了就餐以外还可兼顾家庭团聚、待客、家务等起居活动，克服了部分起居活动与睡眠、学习、休息之间的相互干扰。但由于方厅的尺度和环境尚不能满足家庭起居活动的多种要求，如间接采光通风、缺少良好的视野和空间的内、外交融，加上方厅内门洞集中，无法组织起良好的起居空间，故亦可称为“温饱型”（图 1–59）。在某些地区，也可作为较低的小康水平生活标准。

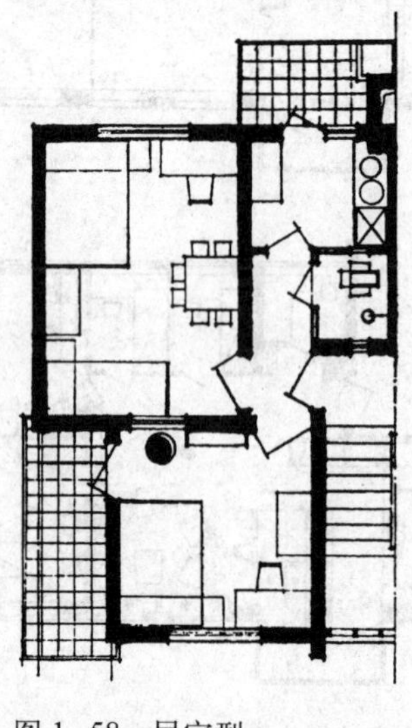

图 1–58 居室型

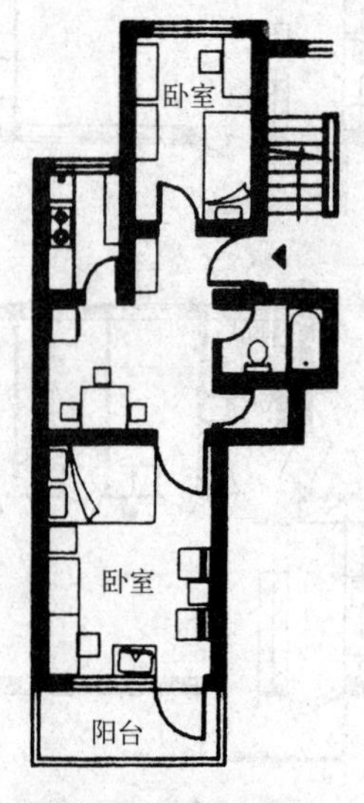

图 1–59 方厅型

3）起居型

其平面特征为起居就寝分离，起居室作为家庭团聚、社会交往、文化娱乐、就餐等活动的主要场所，空间尺度相对较大，有直接的采光与通风，视野开阔。因起居与就寝分离，满足了家庭团聚、就餐、视听等同步活动所需的公共空间，协调了家庭内睡眠、学习、休息等异步活动所需的分离空间。形成了代际之间和睦相处、思想和感情沟通的空间组织。在这种套型模式中，功能空间的专用程度较高，反映了社会文明程度的提高，故亦称为“小康型”（图1-60），也是小康水平的一般标准。

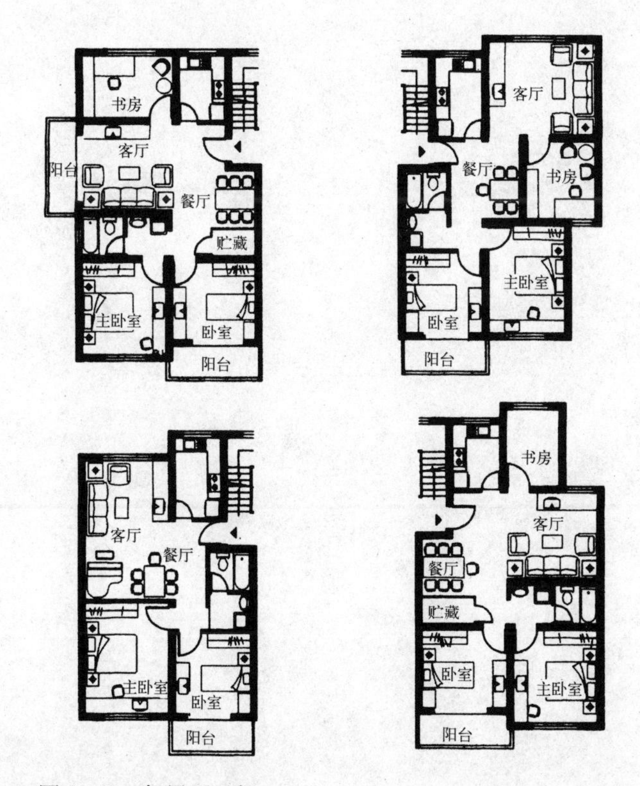

图1-60 起居型示例

4）表现型

这种套型模式体现了当人们拥有了优裕的物质生活的同时，对更高的精神生活的追求。自我存在的社会价值观成为人们精神上、心理上所追求的目标，在住宅套型中力图表现自己个人的生活方式、兴趣爱好和审美观念，故亦称为“舒适型”。在某些条件较好的地区，表现型的初级阶段也可作为小康水平的理想标准。

本节所介绍的是套型空间组合设计的有关内容。一栋住宅建筑可以由一套住宅组成，也可由两套或多套拼联而成，更多的是将几套住宅组成一个单元，再由几个单元拼联成一幢住宅建筑，这将在以下几章中分别论述。

第 2 章
低层住宅设计

Chapter 2
Design of Low-rise Dwelling House

2.1 低层住宅的类型和特点

2.1.1 低层住宅的类型

低层住宅一般指1～3层的住宅建筑。在经济形态主要呈现为自然经济的农业社会时期，与当时的技术水平和城市人口密度相适应，低层住宅成为一种主要的居住形式。工业时代科技水平发达，城市的人口密度大大增加，使得多、高层住宅在城市住宅中所占的比例逐步增大，而低层住宅则主要存在于人口密度相对较低的城市郊区和小城镇。

低层住宅一般可分为两种类型：

1）低层住宅（一般标准低层住宅）

指在城市和乡村范围内居住标准较低的低层住宅，可再分为农民自建低层住宅（农村、市郊）和城市集合型低层住宅。后者所具有的"集合性"反映在统一的建造方式、较高的人口聚集密度，以及在建筑群体中，建筑之间有较明确的组合关系等方面。

在农业社会及农业社会向工业社会过渡的阶段，低层住宅是居住建筑的主体类型。在此阶段，营造手段尚不先进，城市的用地也不太紧张。但随着社会经济的发展，低层住宅在城市建设中的比例逐步减小，多数是乡村以及市郊的农民自建住宅，其他还会出现在占地较大的工矿企业或单位，或是在旧城保护区，以及新建住宅区中的局部地段。

2）别墅（较高标准低层住宅）

别墅的原本含义为："住宅以外的供游玩、休养的园林式住房。"是一种除"正宅"以外的"副宅"。在近代和现代城市发展的背景下，别墅的概念实际上也涵括了"正宅"的内容，可将其定义为：居住标准较高的低层住宅。别墅的现代含义包括了"正宅"和"副宅"两方面的内容，既可以是住户间或休养的住所，也可以是常年栖居的生活用房。

别墅可主要分为城市型别墅和郊野型别墅，前者指位于城市市区及近郊的别墅，后者指位于城市远郊或乡野环境的别墅。近年来还出现了一些其他类型的别墅，如商务型别墅、度假型别墅等，在设计上也与通常的别墅有一定的区别。

2.1.2 低层住宅的特点

1）与多、高层住宅相比较，低层住宅的主要性质和特点

(1) 居住行为方面

低层住宅使住户较接近自然，在底层一般都附带室外院子，有些还可在顶部形成较大的生活性露台。这些空间作为室内空间向自然环境的有机延伸，为住户的日常生活提供了更加亲近自然的自由场所，同时也为老人、儿童、残疾人的生活提供了方便。住户一次性上楼的高度小（或无需上楼），使居民在住宅附近地面活动的频率加大，也有利于加强住户之间的相互交往。

（2）居住心理方面

低层住宅的小体量较易形成亲切的尺度，住户的生活活动空间接近自然环境，符合人类回归自然的心理需求。建筑造型较为灵活，在空间以及建筑形象上较为接近大多数人心目中所期望的，有“前院后庭”的理想家园模式，使居民对住宅及居住环境有较强的认同感和归属感。

（3）整体环境的协调性强

低层住宅因体量和尺度较小，使其与地形、地貌、绿化、水体等自然环境有较好的协调性，特别是在结合特殊地形方面有较大的灵活性。

（4）建筑物自重较轻

在一般情况下，地基处理的难度较低，结构、施工技术简单，土建造价相对较低，便于自建。

2）低层住宅的缺点

其主要缺点是不利于节约用地。在城市用地日益紧张的情况下，低层住宅通常不宜作为满足城市居住需求的主要住宅形式。

与多、高层住宅相比，如果达到一定的居住标准，低层住宅增加了地基、底层的通风和防潮以及屋顶的保温与隔热的处理量，从而影响到住宅建设的经济性。

对于整个城市或有一定规模的居住区来说，较大的建筑密度和较小的人口密度不利于提高为住宅服务的道路、管网及其他设施的使用效率。

在设计上，低层住宅具有一些与多、高层住宅不同的特点，主要反映在平面及空间组合、住宅之间的组合关系、户内外垂直交通的组织以及建筑造型等方面（详见第2.2、2.3节）。

2.2 低层住宅的套型设计

低层住宅套型设计的主要内容包括：按照各种住宅户型的功能要求进行房间的组合、组织平面交通及垂直交通、充分利用空间、协调室内、外空间环境等。

低层住宅的套型设计，首先应满足居民日常居住活动的一些基本要求，主要包括功能空间条件（房间的朝向、通风、采光等方面的条件）、功能空间形态（房间的大小、形状等）和功能关系（不同功能空间之间的相互关系、联系方式等）三个方面的内容。这些内容部分已在第1章论述，本章仅结合低层住宅的特点加以阐述。

2.2.1 功能关系

低层住宅的套型组成除一般住宅中有的卧室、客厅、餐厅、厨房、卫生间、贮藏室外，标准较高的别墅通常还设有门厅、车库、家庭活动室、书房、儿童活动室、客人房、佣人房、工作间、娱乐室、游泳池等。

在进行功能关系的处理时，首先应解决好功能分区的问题，使“内”、“外”功能区不干扰。在一户占两层或两层以上的情况下，主要以分层的方式来解决分区的问题，即把“内”功能区的主要部分放在上层，而把“外”功能区、服务

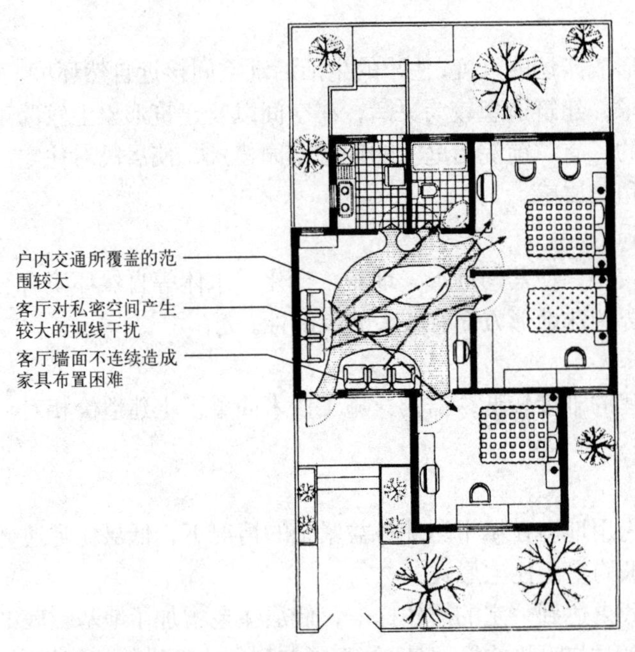

图 2–1　向客厅开门过多所带来的问题

类和私密类的部分功能空间放在下层。例如在别墅的功能布局中，常把客厅、餐厅、厨房、工作间、客人卧室及卫生间、车库等放在底层，把主、次卧室、家庭活动室、书房等放在二层或三层。当套型空间只占一层的情况下，主要进行前后分区，即“外”功能区接近入口形成“前区”，“内”功能区形成“后区”。同时应避免向客厅过多开门（图 2–1）。

低层住宅的户内交通主要是水平交通，有时也会有垂直交通。设有门厅的低层住宅应充分利用门厅在组织水平交通方面的作用，可简化客厅等公共类功能空间组织交通的功能，使其空间在使用上和视觉上更加独立和完整，但也应注意节省面积。

2.2.2　房间组合

低层住宅的户内房间组合与套型所占的层数有关，户内空间的范围通常占一层或两层，而一些户面积较大的住宅，有时会占用三层的空间。

进行各类低层住宅的房间组合时，除应保证朝向、通风、采光等基本要求以外，在大多数情况下，还应充分考虑节约用地的因素。在功能合理的前提下，应尽量加大住宅平面的进深，减小面宽。在房间的组合方式上，应主要采用纵向组合或纵横向组合，不宜采用“一”字形的横向组合。在进行房间组合时，还可适当设置小天井，以利通风采光。另外，在必要时应使住宅平面具有良好的可拼接性，详见后文。

低层住宅的房间组合一般可分为以下几种情况：

1）平房式低层住宅

应注意处理好住宅入口与生活院（主院）的关系。一般情况下，应避免入户的主要路线穿过家务院和厨房、卫生间等辅助部分。当住宅的入口被限定在北面时，也可将北向的院子设成生活院（图 2–2）。

2）户空间占 2 ～ 3 层的低层住宅

（1）楼梯的设置

这类住宅在房间组合方面的主要特点是要安排户内楼梯的位置。户内楼梯的处理是否恰当，直接影响到房间组合的合理程度。户内楼梯的处理主要是选择楼

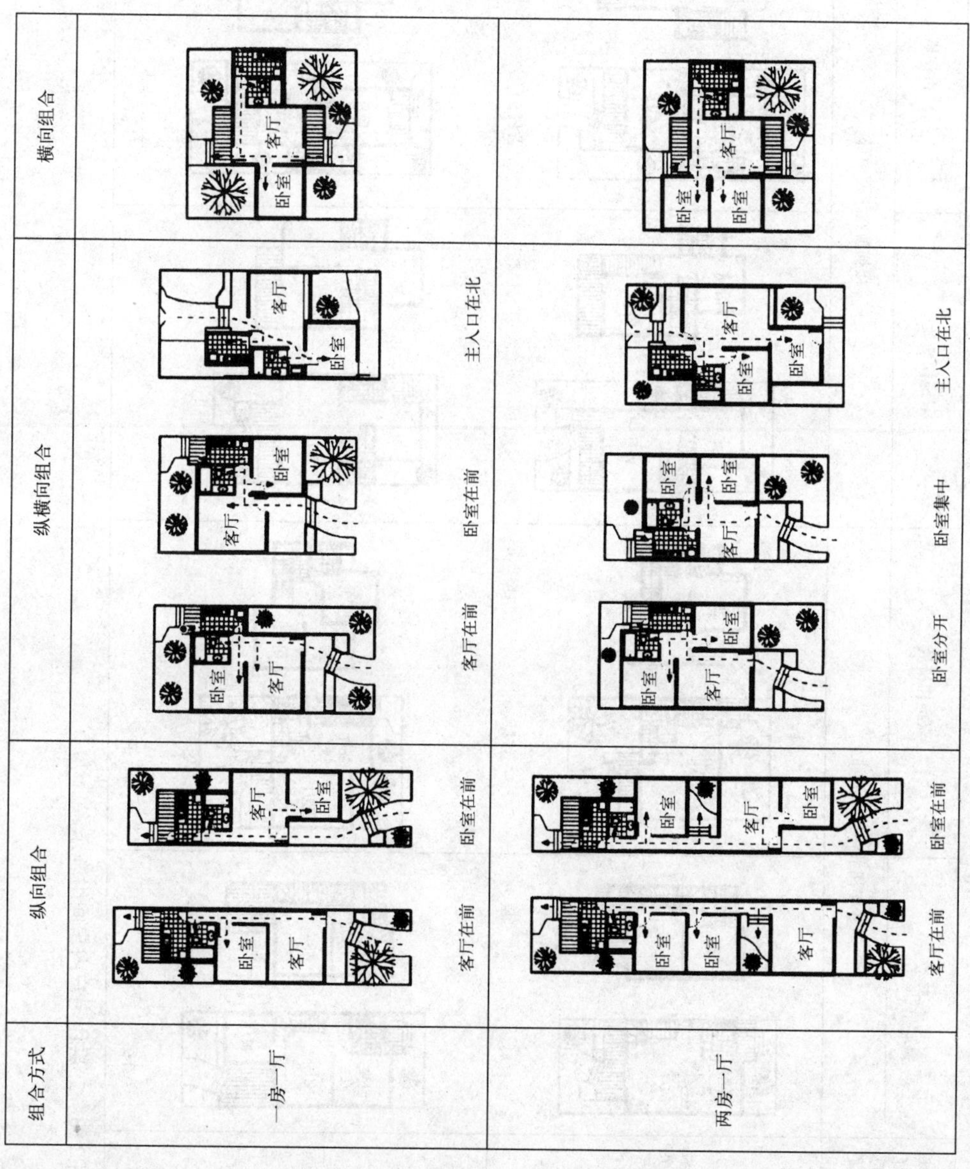

图2-2 平房住宅户内房间组合示意

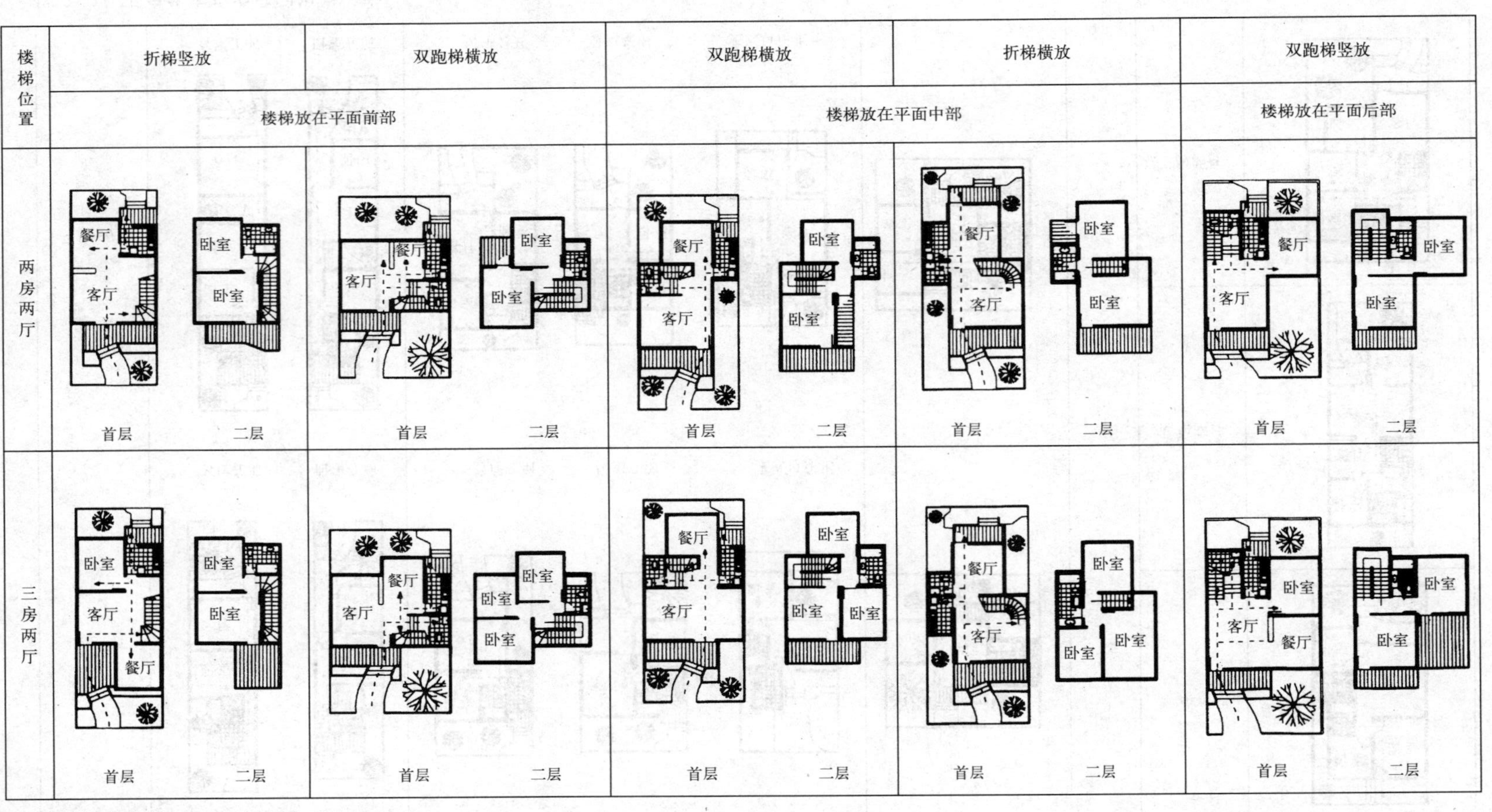

图 2-3　二层住宅户内房间组合示意

梯的形式和合理安排楼梯的位置，常见的户内楼梯形式主要有平行双跑楼梯和转折楼梯（包括曲线转折楼梯），有时也采用直跑楼梯（各种楼梯的特点见后文）。户内楼梯在平面中的位置可分为前部（相对于入口）、中部和后部，布置方式主要有横向和竖向（图2–3），少数情况下也有斜放的（与平面成一定角度）。

横向梯的主要优点是能使户内交通路线较为集中，既有利于功能分区，通常也较节省交通面积；缺点主要是不利于减小面宽和加大进深。横向梯一般设在平面的中部或前部的一侧，其中较多采用的是设在平面的中部，好处是平面的前后部分使用楼梯均较为方便，功能分区较为清晰；缺点是楼梯的起步位置距离入口较远，一般需穿越起居室。另外，设在平面中部的横向平行双跑楼梯一般采用封闭式处理，对住宅的通风有一定的影响。横向梯设在平面前部的一侧，楼梯使用方便，但平面面宽较大，一般是在用地较为宽松或每层面积较小的情况下采用。

竖向梯总的来说较有利于加大平面的进深，对组织住宅的通风也较有利，但在户内交通路线的处理上，没有横向梯集中。竖向梯主要可分为双跑竖向梯、直跑竖向梯（包括有扇步的直跑梯）。双跑竖向梯一般设在平面的前部或后部。但这种处理对加大住宅的进深作用不大。而利用双跑竖向梯做前后错层处理时，楼梯一般设在平面的中部，在加大进深方面效果明显，如图2–5所示。直跑梯一般均采用竖向布置，常见的处理是将其与客厅等公共空间相结合。

转折梯也可分为横向和竖向为主两种，通常均结合（或部分结合）客厅进行处理，在处理上较为灵活。而对于一些面积较大的别墅，楼梯设置余地较大，更多的是结合室内空间的效果来考虑。

（2）卫生间的设置

在设有卧室的二层或三层一般均需要设置卫生间，而在只设一个卫生间的情况下，通常也是将其设在上层，因此应注意卫生间的位置。考虑到上、下水管道的设置，卫生间的位置最好是设在下层卫生间或厨房的上部，其次也可考虑设在门厅或入口前室的上部，一般情况下应避免设在起居室和餐厅的上部（图2–4）。

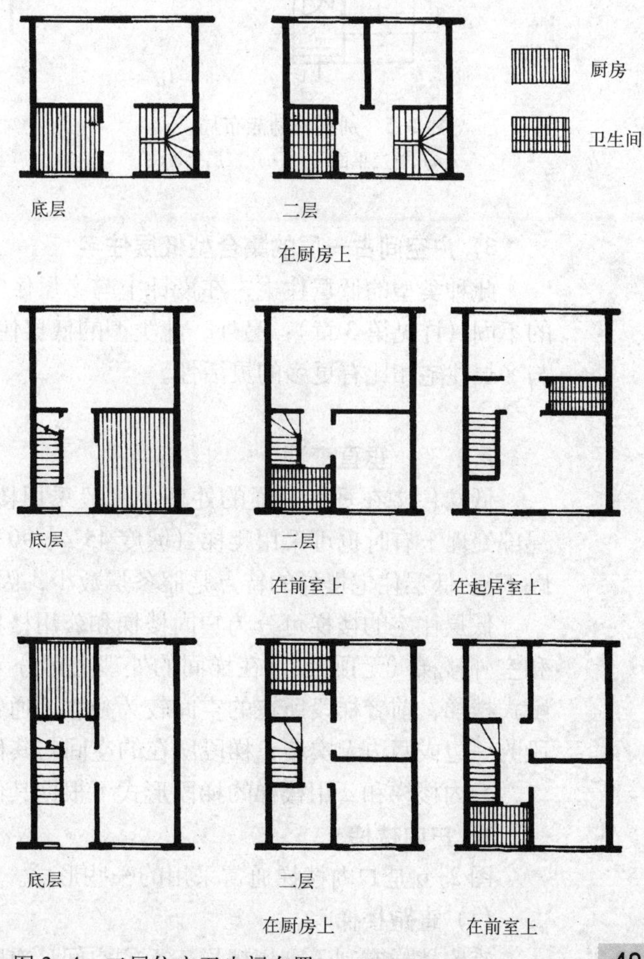

图2–4　二层住宅卫生间布置

(3) 家庭活动室的设置

别墅的特点是房间数量较多，内容复杂，应注意功能的合理分区，通常的处理方式是把家庭活动室设在二层，好处是：既使二层的平面空间较为通畅，避免了因利用走廊组织交通形成的局促迂回，也节省了纯交通面积（图 2–5）。

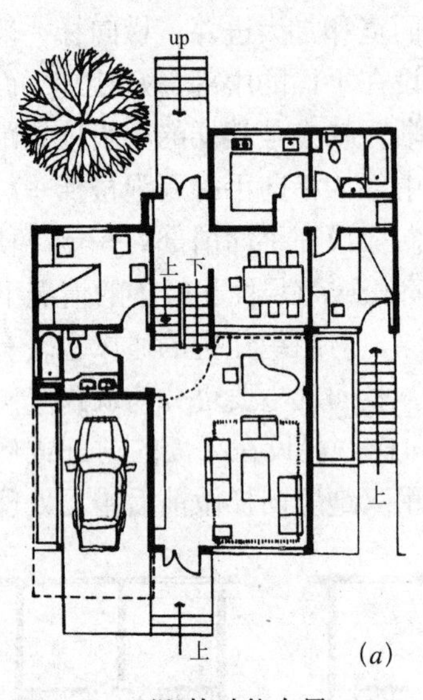

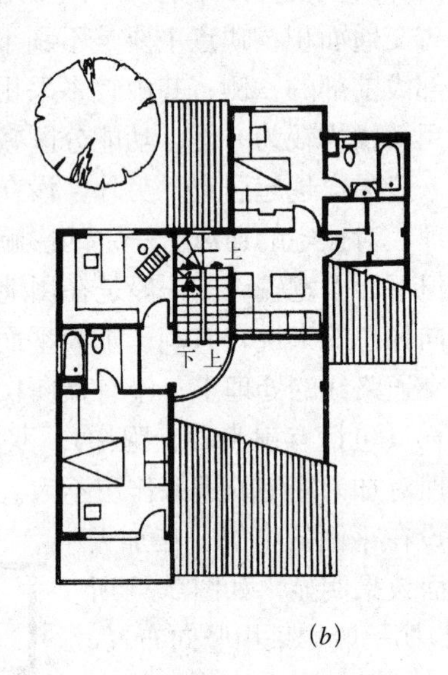

图 2–5　别墅的功能布局
(a) 首层平面图；(b) 二层平面图

3）户空间占一层的集合型低层住宅

此种类型的低层住宅，在设计上与多层住宅较为类似，其主要差别在于层数的不同（详见第 3 章）；另外，此类型的低层住宅，在组织户内、外垂直交通上，与多层住宅相比有更多的灵活性。

2.2.3　垂直交通

低层住宅在垂直交通的处理上一般采用楼梯（坡度 23° ~ 45°），在室内的局部处理上有时也可采用爬梯（坡度 45° ~ 90°），还有少数采用坡道（坡度 10° 以下）。低层住宅楼梯的特点是服务层数少，因此在形式上也较为灵活。

低层住宅的楼梯可分为户内楼梯和公用楼梯；在处理方式上可分为室内楼梯和室外楼梯（无顶盖）；在梯间的处理上可分为封闭式（或称梯间式）楼梯和开敞式楼梯，前者梯段所在的空间较为独立，通常用实墙与其他空间相隔，后者梯段的一边或两边无实墙，梯段所在的空间与其他空间（通常是客厅）相通。

户内楼梯和公用楼梯的梯段形式可根据具体情况进行不同的处理。

1）户内楼梯

图 2–6 是户内楼梯通常采用的一些形式。

(1) 直跑楼梯

直跑楼梯有利于利用楼梯下面的空间，有时可与客厅结合，处理成开敞式楼

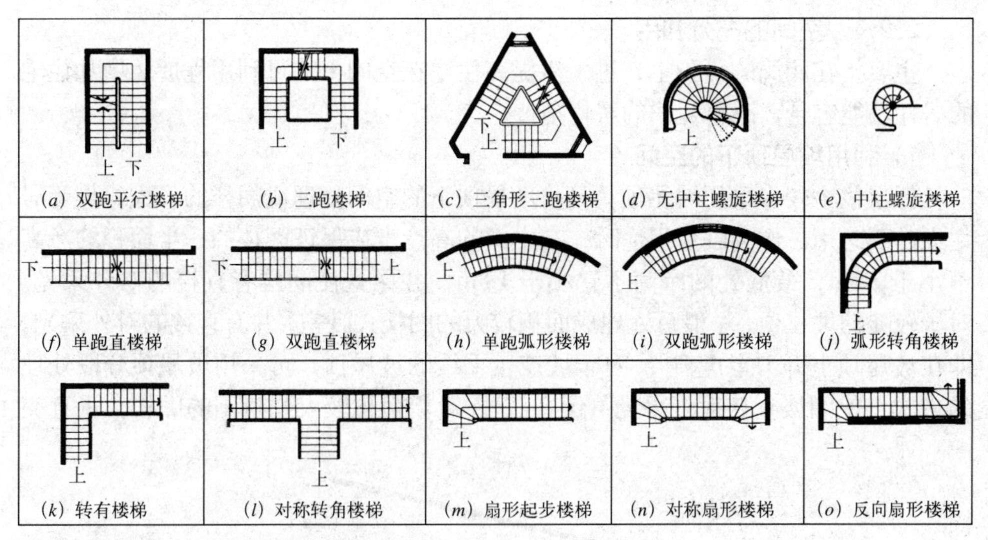

(a) 双跑平行楼梯　(b) 三跑楼梯　(c) 三角形三跑楼梯　(d) 无中柱螺旋楼梯　(e) 中柱螺旋楼梯
(f) 单跑直楼梯　(g) 双跑直楼梯　(h) 单跑弧形楼梯　(i) 双跑弧形楼梯　(j) 弧形转角楼梯
(k) 转有楼梯　(l) 对称转角楼梯　(m) 扇形起步楼梯　(n) 对称扇形楼梯　(o) 反向扇形楼梯

图 2-6　低层住宅常见楼梯形式

梯；但楼梯入口与出口的距离较远，交通路线较长，占用的面积也较大。另外，单跑直楼梯上、下楼的安全性以及视觉效果均不如梯段中间有休息平台的楼梯。

(2) 平行式双跑楼梯与三跑楼梯

平行式双跑楼梯、三跑楼梯多处理成梯间式，其特点是楼梯较独立，使用方便，有时还可结合地形和不同空间的高差，通过利用楼梯休息平台的不同高度，对住宅平面进行错层式处理；但如梯段宽度较窄，则不利于家具和大体积物品的搬运。

(3) L 形与 T 形楼梯

L 形、T 形楼梯在使用和与客厅结合方面效果均较好，一般较少处理成梯间式。

(4) 弧形楼梯、圆形楼梯及螺旋式楼梯

弧形、圆形及螺旋式楼梯也常与客厅等室内空间结合，可起到美化空间的作用。但如梯级的内端太窄，会影响使用上的安全和方便，一般要求梯级距内侧 250mm 处的宽度不小于 220mm。弧形楼梯、圆形楼梯在结构上较为复杂，楼梯所占的空间也较大，一般只在住宅面积较大时才考虑使用，其中圆形楼梯在住宅中较少采用；螺旋式楼梯占用空间不大，但在使用上不利于安全，常见于青年住宅，也可作为上阁楼的楼梯。

另外，有时为节省面积或被空间尺寸所限，可在梯台或楼梯端部加设踏步。户内楼梯的宽度及踏步尺寸要求见第 1 章。

2）公用楼梯

公用楼梯多采用单跑、双跑或三跑的梯间式楼梯，一般不设扇步。其梯段宽度及踏步尺寸要求见第 3 章。公用楼梯一般放在住宅平面的一侧，并尽量减少对住宅朝向、通风的遮挡；有时还处理成室外楼梯（局部或全部），既可节省面积，又可丰富住宅的室外环境。但在气候不佳时会造成使用上的不便，在严寒和台风多发地区不宜采用。

2.2.4 空间的充分利用

主要指在相同的面积上，进一步提高住宅在空间上的可利用程度，增加住宅的居住功能容量，改善住户的居住条件。

1）利用坡屋顶下的空间

低层住宅较多采用坡屋顶，可将坡屋顶下的空间处理成阁楼的形式，作为居住或贮藏之用。作为卧室用途时，在空间的高度上应保证阁楼的一半面积的净高不小于2.1m，最低处的净高不宜小于1.5m，并尽量使阁楼有直接的对外采光。对于较陡的坡屋顶，一般可处理成面积较大的阁楼式卧室，并有直接的对外采光，即在坡屋顶上开“老虎窗”。对于坡度较平缓的坡屋顶，可采用坡屋顶分段处理的方式，使阁楼直接对外采光（图2–7）。对于面积较大和封闭的阁楼，垂直交

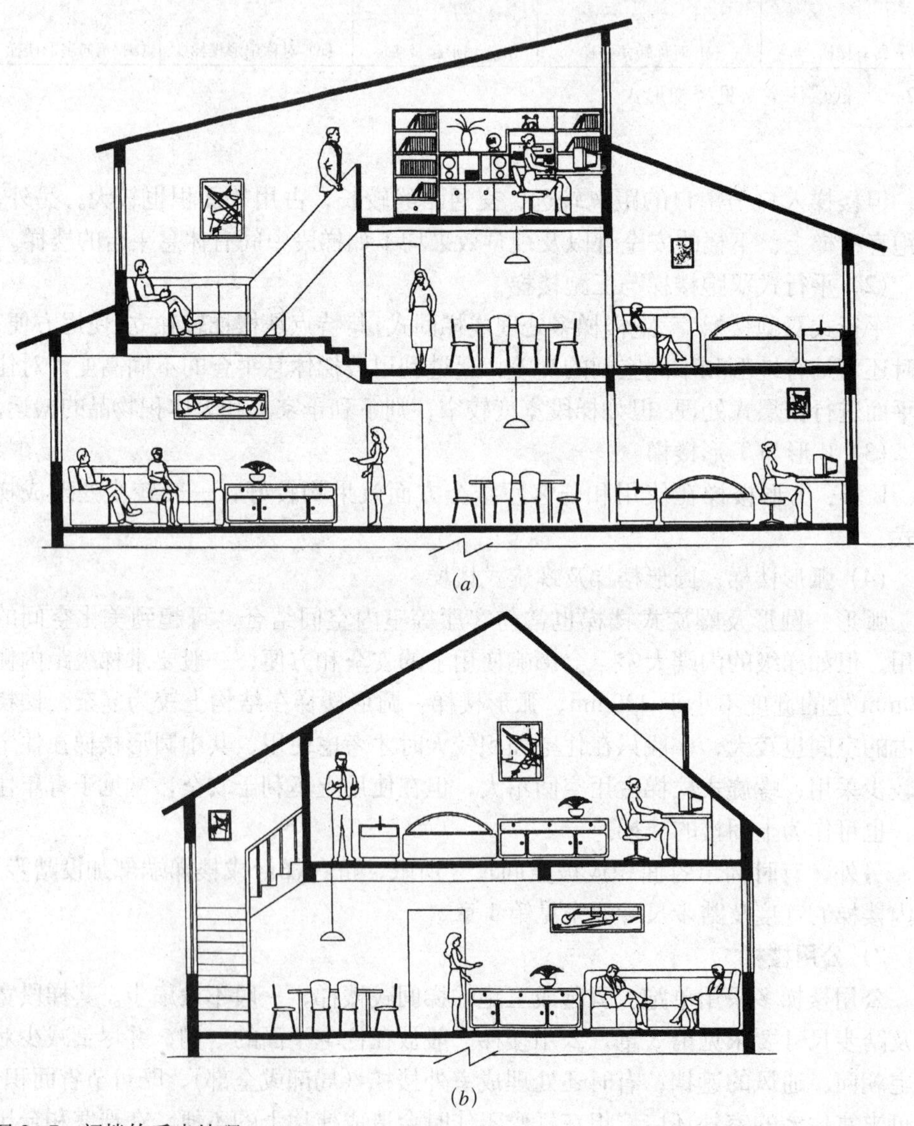

图2–7 阁楼的采光处理

（*a*）利用坡屋顶的错落使阁楼获得直接采光；（*b*）在较陡的坡屋顶上开“老虎窗”

通联系一般采用楼梯的形式，如受空间尺寸所限，梯段的坡度可适当陡一些，但不宜超过 60°，梯段的步级应采用悬板式的形式，以增大步级的宽度，并采用容易抓握的扶手（如管式、条式）。对于面积较小和不封闭的阁楼，垂直交通联系可采用爬梯的形式，爬梯有固定式和移动式两种，其坡度在 45° ~ 90° 之间。阁楼作为贮藏用途时，如不需上人，阁楼净高不宜低于 60cm。

图 2-8 为一个两层的低层住宅，抬高坡屋顶的屋脊形成一个小面积的阁楼卧室，设小楼梯上下。二层屋顶的一部分做成平屋顶，可供晾晒衣物和夏季纳凉之用。

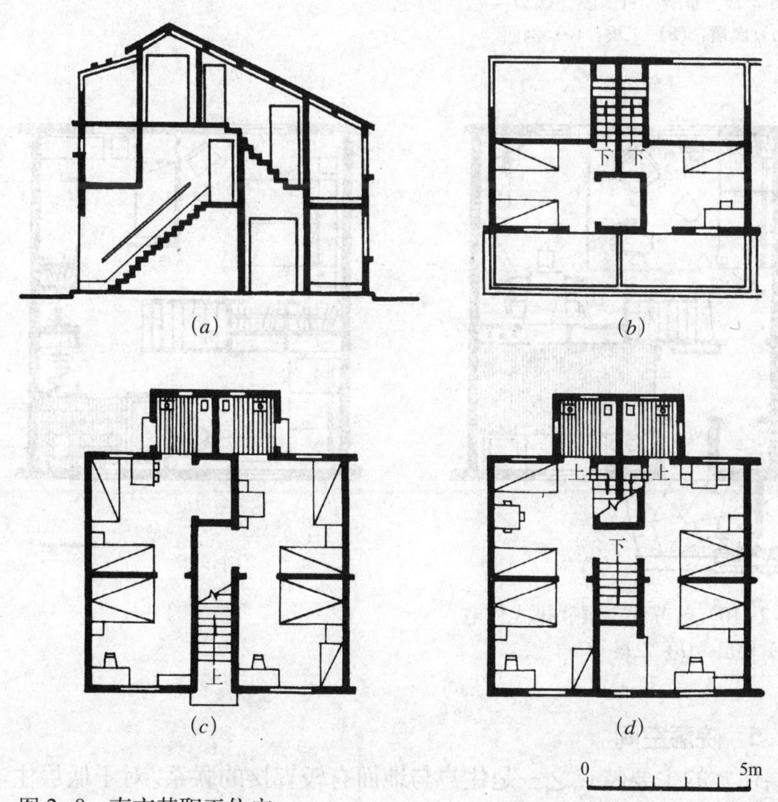

图 2-8　南京某职工住宅
(*a*) 剖面；(*b*) 阁楼层；(*c*) 底层；(*d*) 二层

2）利用楼梯上、下部分的空间

在各种类型的室内楼梯中，在供人行走所占空间以外的上部空间，以及楼梯梯段以下的空间，一般可用作贮藏空间或一些小面积的功能空间（如卫生间），有时也把这些空间利用为居住空间的扩大部分。楼梯的上部，一般可处理成居室的扩大部分、小面积阁楼、吊柜等；楼梯的下部，一般可处理成小卫生间、贮藏室、壁柜、壁龛以及居室的扩大部分等（图 2-9、图 2-10）。

此外。还可利用人活动区域以上的空间作为吊柜，增加住宅的贮藏空间。

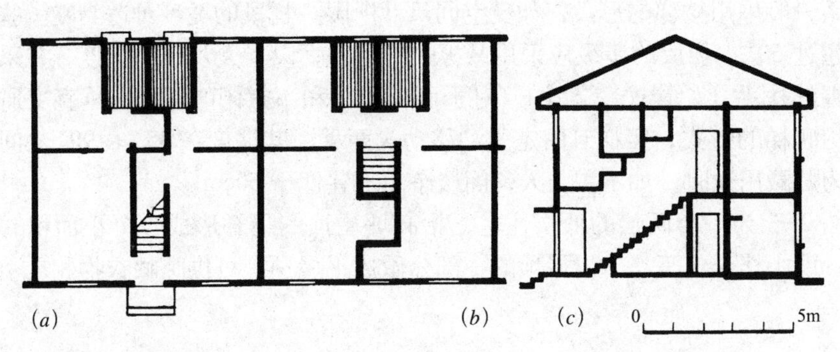

图 2-9　湖南某住宅
(*a*) 底层；(*b*) 二层；(*c*) 剖面

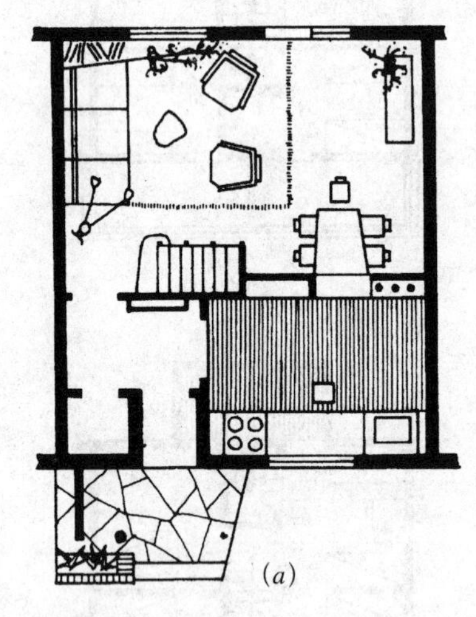

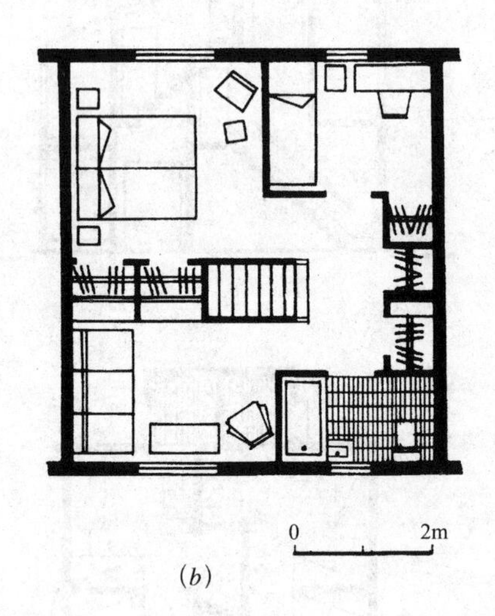

图 2-10　前苏联二层联排式住宅
(*a*) 底层；(*b*) 二层

2.2.5　院落空间

低层住宅的主要特点之一是住户与地面有较直接的联系。对于低层住宅来说，在单位面积的地面上一般只容纳一户或少量住户，这使得住户与住宅附近的地面有着较明确的“私有”或“半私有”的从属关系，一般通过围墙或建筑的围合来确定这种空间上的从属关系，这种在功能上可作为底层室内空间的延续，与住宅有着明确从属关系的室外空间，可统称为院落。

住宅院落可分为私有的独院和半私有的合院，合院为几户住宅围合并共同使用的院落。由此可把低层住宅分为独院式住宅和合院式住宅。独院式住宅的优点是私密性较好，使用方便。合院式住宅的特点是有利于邻里交往和安全防卫，有利于形成较亲切的住宅组团，较节省用地等，在私密性方面比独院要差一些。

就住宅院落与建筑的空间关系来说，住宅院落可分为宅院和庭院，宅院是指独立式住宅的外院，从属于一户住宅，在空间位置上围绕在建筑的周围，建筑在“内”，院子在“外”。宅院的边界通常用低围墙、通栏、绿篱围合，空间效果较为开放。而庭院则指受到建筑不同程度围合（一般不少于三面围合）而形成的室外环境，建筑在“外”，院落在“内”，空间效果一般较为封闭（图2–11）。

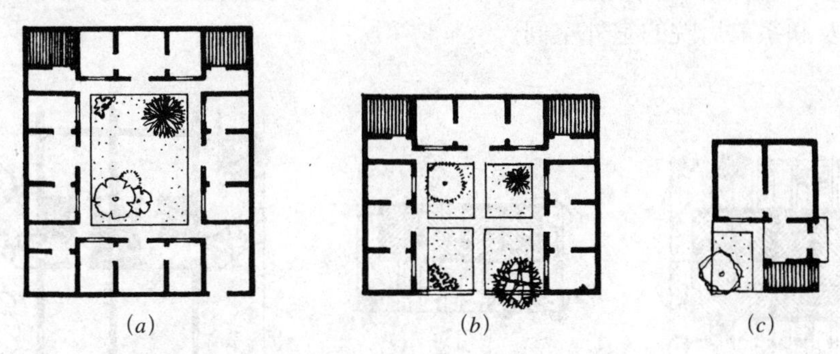

图 2–11　我国民间内院式住宅
（a）华北地区四合院住宅；（b）山西三合院住宅；（c）广东两合院住宅

不同大小、不同位置的住宅院落，可因其空间的封闭与开放程度、空间与建筑的关系等方面的不同处理，形成不同的空间效果和气氛（图 2–12）。

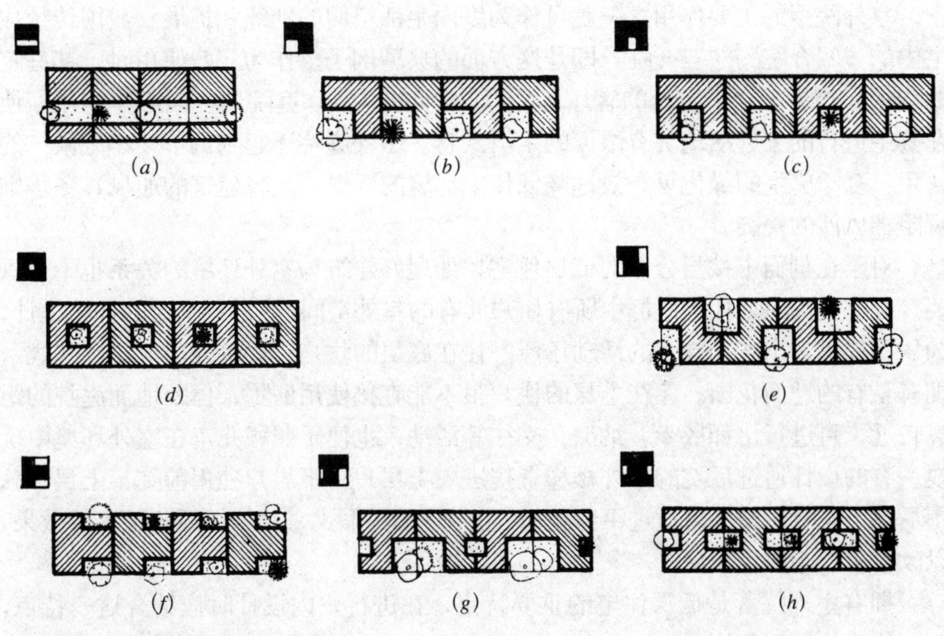

图 2–12　内院式住宅组合形式

宅院按其所处位置可分为：前院、后院和侧院。前院指位于住户主要入口与建筑之间的宅院，通常是在建筑的主要朝向面之前。如建筑朝向南面，一般把前院作为主院，其特点是阳光充沛、通风流畅、视野开阔、气氛明朗，适宜作为会客、家庭聚会、儿童玩耍、花木种植等起居活动的室外场所，在没有专用车房的情况下，还可作为交通工具的室外停放场地。如作为主院，其面积不宜小于10m²，且空间的比例也不宜狭长。后院一般位于与前院相反的空间位置上，可与住宅的次入口结合，其特点是环境安静、夏季阴凉、位置隐蔽，主要用作家务院。在寒冷地区，为避免冬季北风吹入室内，可不采用北向的后院，而采用单向院（前院或侧院）的形式（图2−13）。侧院一般宽度不大，通常作为绿化及联系前后院的室外空间。

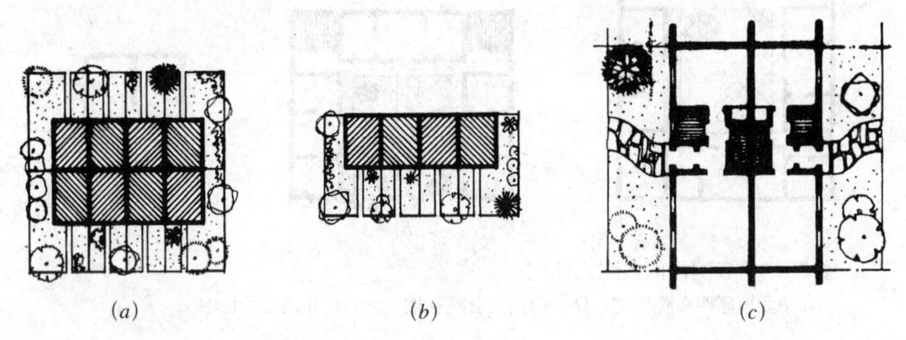

图2−13　单向院
(*a*) 前后左右拼联，单向入口；(*b*) 左右拼联，单向入口；(*c*) 两户拼联，侧向入口

室外院落的主要作用之一是可作为室内生活空间的延续和扩展。我国传统住宅中的"四合院"、"三合院"即是这方面的典型例子。作为一户使用时，其庭院的作用相当于一个"室外的客厅"，室外的明朗气氛和庭院的"向心"作用，使在其中进行的家庭活动具有浓厚的生活气息。另外庭院还起到调节"小气候"的作用：夏季庭院的绿化可有效地降低住宅环境的气温，改善建筑的通风；冬季则可阻挡风沙的侵袭。

对于在剖面上按层分户的低层住宅，处理好建筑与室外环境的关系也十分重要。合院式庭院是住宅组群中所有住户共有的室外空间，应进行细致的环境设计，为居民提供一个亲切宜人的活动场所。住在底层的住户一般可处理成"独院式"，拥有私有的地面花园。住在上层的住户虽不能直接使用庭院，但距地面庭院的距离较近，可进行诸如散步、纳凉、交往等活动，也便于照顾儿童在室外环境中玩耍。有的设计通过后院的室外楼梯直接进入上层户，下层户独用前院，上层户独用后院。上层住户还可通过平台花园、空中连廊等形式来模拟地面及院落的效果，以改善上层的居住条件。

拥有室外院落是低层住宅的重要特点，在进行户内设计时应结合这一特点，改善住户的居住条件。

2.3　低层住宅的组合方式

低层住宅的组合即是对低层住宅各户之间的组合关系进行设计。一般有水平组合和垂直组合两种。

2.3.1　水平组合

就低层住宅各户之间的水平组合关系来说，低层住宅可分为以下几种形式（图 2－14）：

(a)

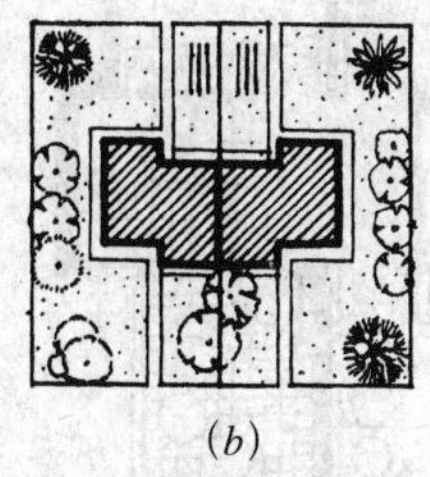

(b)

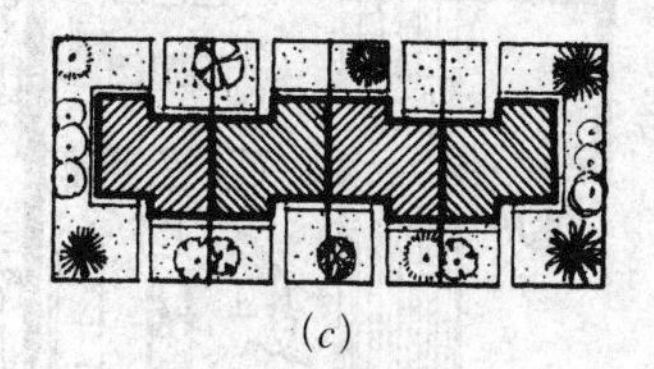

(c)

图 2–14　低层住宅的水平组合关系
(a) 独立式；(b) 关联式；(c) 联排式

1）独立式住宅

即四周的外墙与其他住宅没有拼联关系的低层住宅。独立式住宅的特点是设计上受限制较少，有利于平面功能组合；建筑四面临空，通风采光条件好，建筑朝向相对灵活；环境安静，私密件好；但用地较多。

独立式住宅用地较大，适于高标准居住条件的独立式别墅（图 2–5）。建筑层数一般为 2 ～ 3 层，用地 200 ～ 500m^2。

2）并联式住宅

即两户住宅在平面上并联组合，形成一栋建筑，每户有三个面向外。并联式住宅的特点是建筑三面临空，通风采光条件较好。与独立式住宅相比，其优点主要是节约用地，减少室外管网长度等。近年来并联式别墅建造较多（图 2–15、图 2–16）。

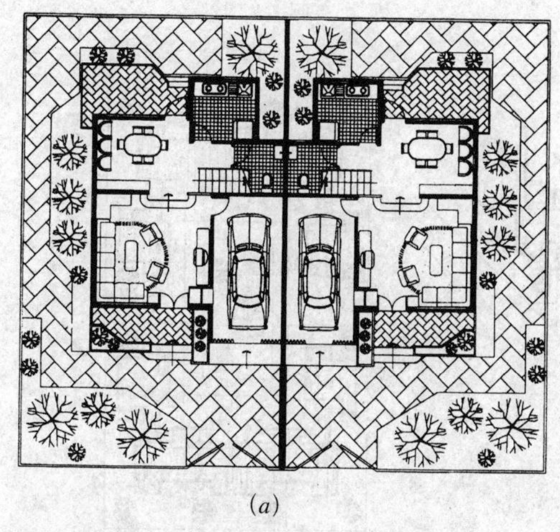

(a)

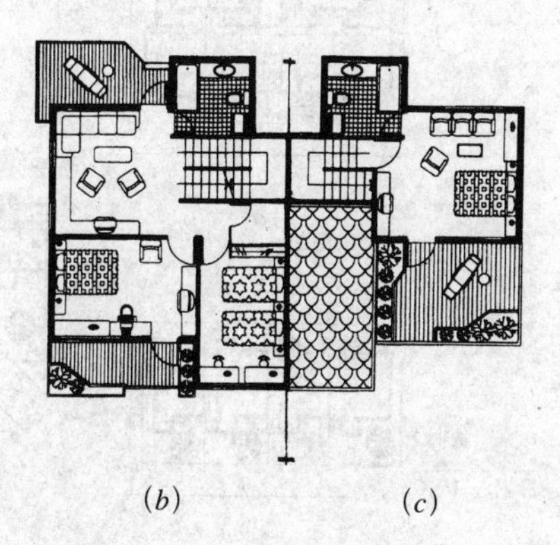

(b)　(c)

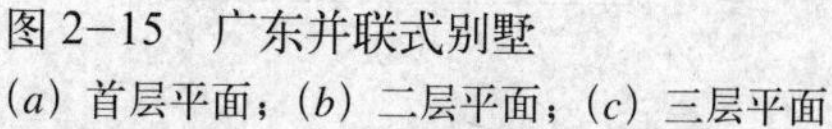

图 2–15　广东并联式别墅
(a) 首层平面；(b) 二层平面；(c) 三层平面

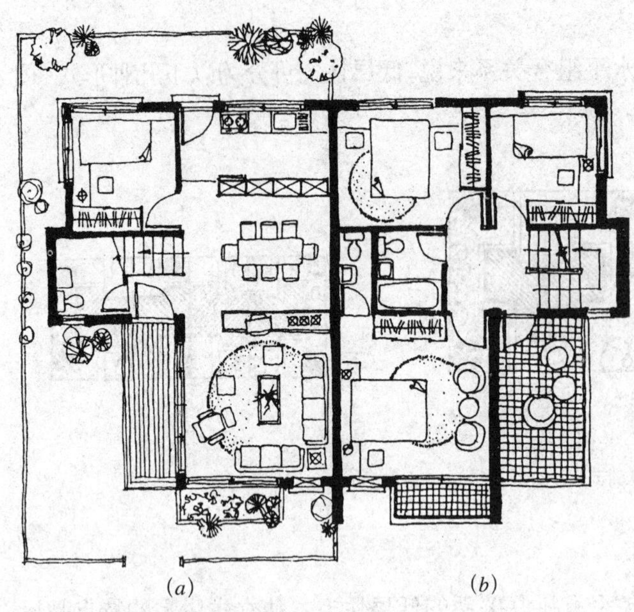

图 2–16　台湾并联式住宅
(a) 一层平面图；(b) 二层平面图

3）联排式住宅

即多户住宅拼联，形成一栋建筑。在拼联方式上，有横向联排、纵向联排、斜向联排、综合联排等形式（图 2–17）。联排式住宅的主要优点是更节省用地和基础服务设施，但对朝向的要求较高，其居住标准一般也低于独立式住宅和并联式住宅。联排式住宅的层数一般为 1 ~ 3 层，近年来已较少采用一层（图 2–18）。联排式住宅的拼联长度一般以 30m 左右为宜，如拼

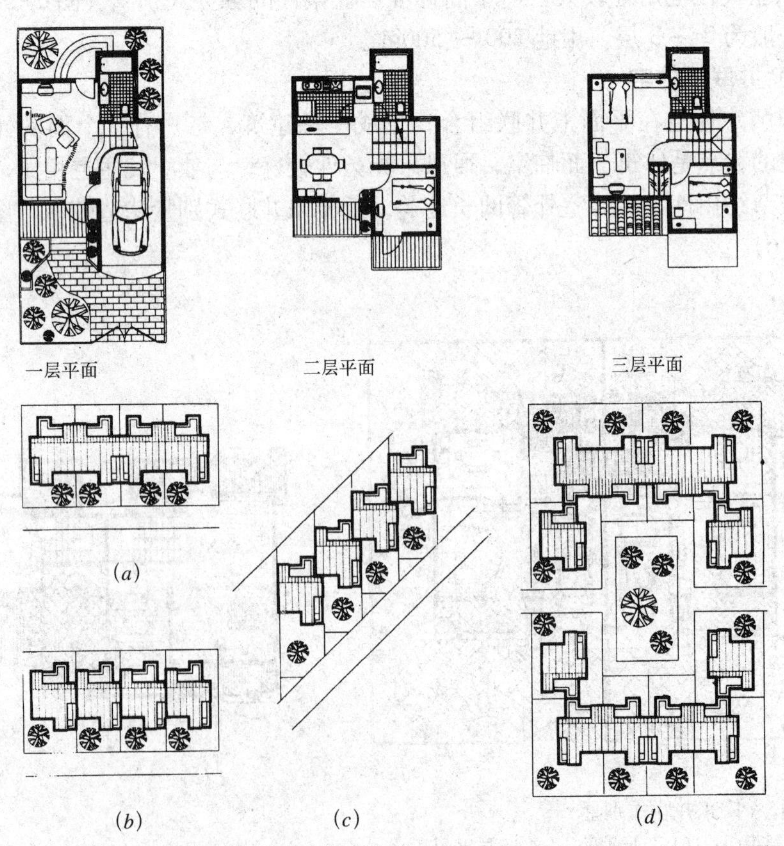

图 2–17　联排式别墅平面及组合方式
(a) 水平式组合 1；(b) 水平式组合 2；(c) 斜向组合；(d) 聚合式组合

联过长，在组织交通、环境通风、视觉景观等方面均有不利影响；如拼联太短则不利于节约用地。在进行联排式住宅的组合时，应注意避免住户之间的干扰，保证住户具有良好的私密性。采用内庭院是改善联排式住宅的日照、通风条件，保持居住环境的安静，减少干扰，以及加强邻里交往的有效方法，还可增加住宅的进深；但是增设内庭院，通常会增加住宅的交通面积，内庭院较大时，平面不够紧凑，且占地较大（图 2–19、图 2–20）。

4）聚合式住宅（又称簇集式住宅）

即多户住宅呈组团式或向心式组合，形成一栋建筑或一个有独立特征的建筑群体。图 2–21 是一种“合院式”住宅组合形式，图 2–17（*d*）则是由联排式住宅聚合而成。其优点是易创造出亲切的居住气氛，有利于促进邻里交往；但应注意，如建筑之间的间距过小，会影响住宅的通风采光和居住私密性。

2.3.2 垂直组合

垂直组合是指低层住宅各户之间在垂直方向上的组合。在组合方式上主要可分为两种：一种是各层平面内容相同或相似，在垂直方向上进行重复性的叠加即悬挑式叠加（图 2–22）。另一种称之为“互补式”组合，表现为不同户在垂直方向上交叉组合，共同形成一个住宅单元体（图 2–23）。灵活处理低层住宅的垂直组合方式，既可丰富住宅的造型，还可形成平台花园，改善上层住户的居住条件。

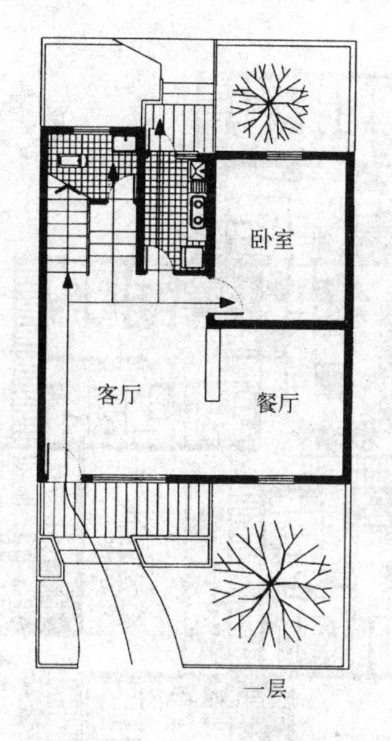

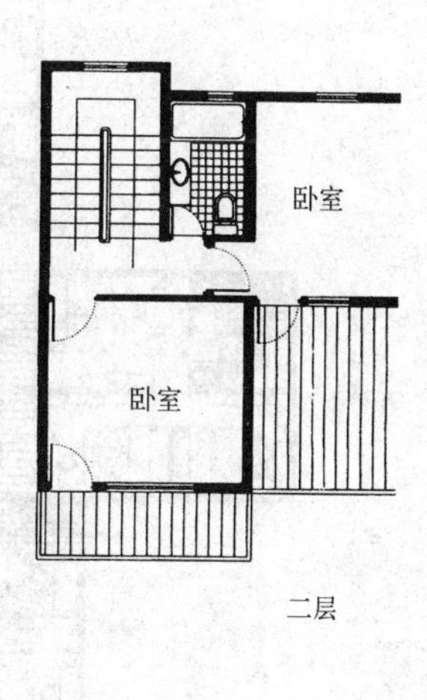

图 2–18 联排式住宅平面及组合方式

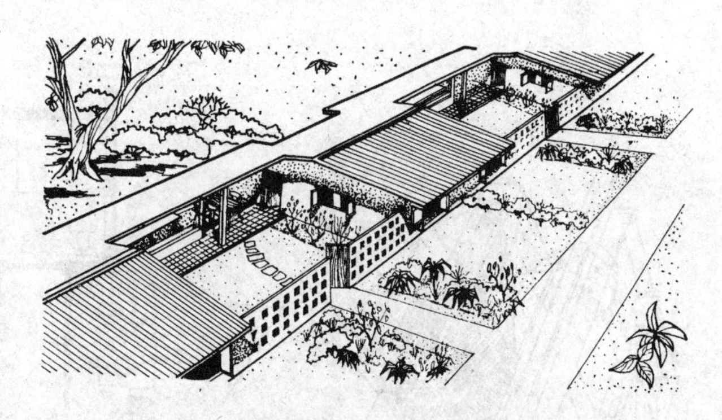

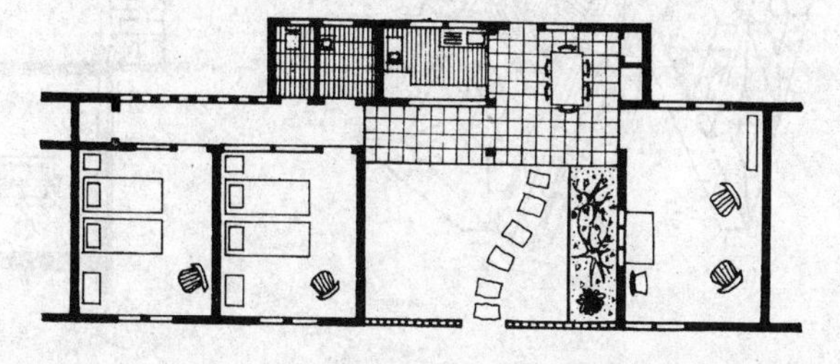

图 2–19 加纳三合院平房联排式住宅

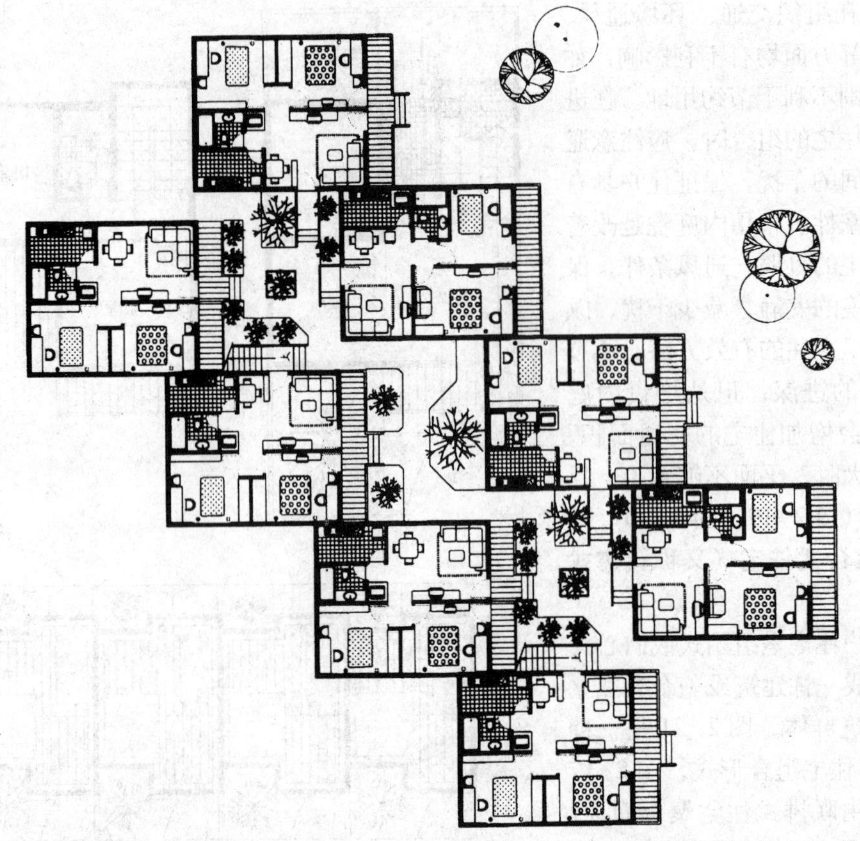

图 2-21 合院式住宅

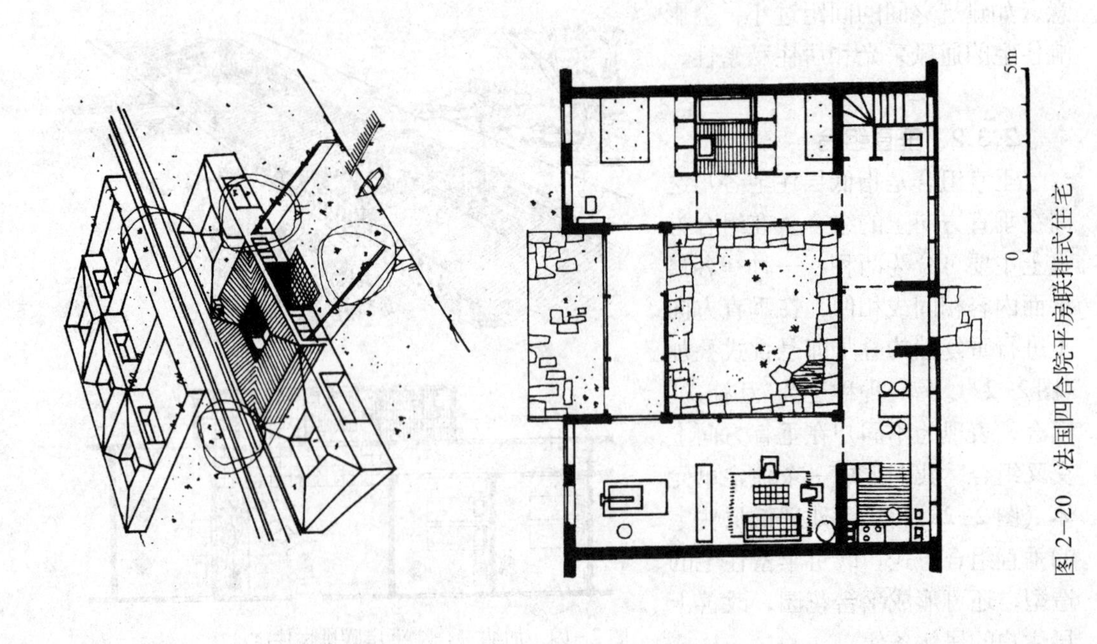

图 2-20 法国四合院平房联排式住宅

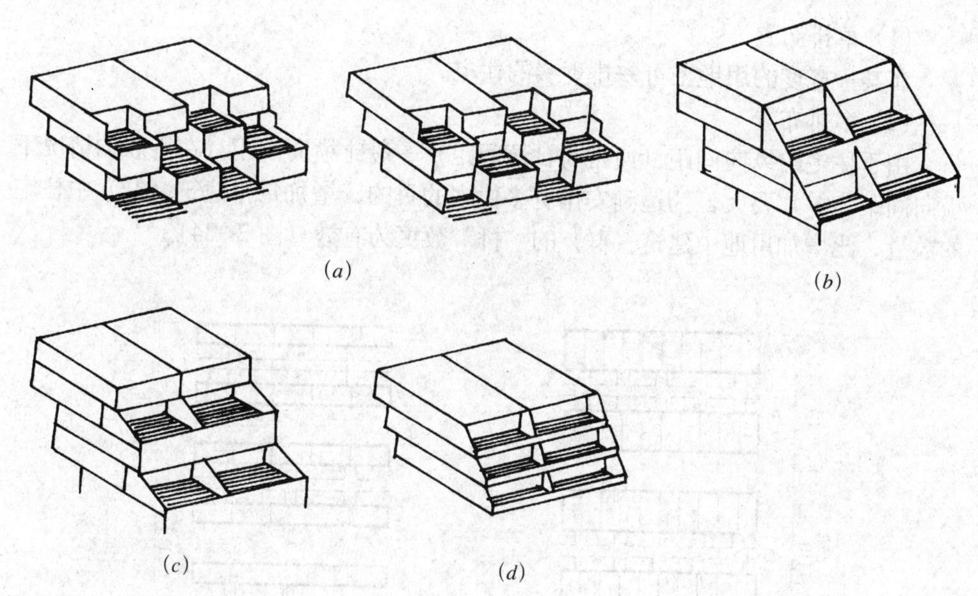

图2-22　错位叠加的垂直组合

(a)"凸"形平面形成的台阶；(b) 双层后退形成的台阶；

(c) 双层局部悬挑和后退形成的台阶；(d) 单层部分后退形成的台阶

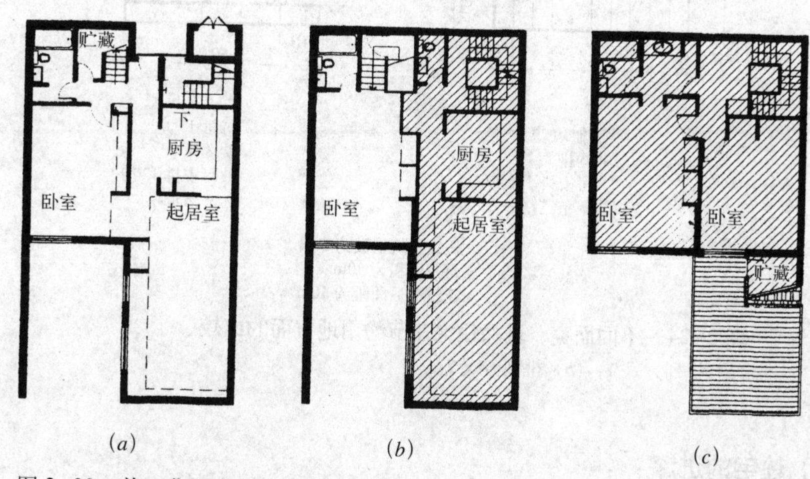

图2-23　美国费城赛斯登陆广场住宅

(a) 底层平面；(b) 二层平面；(c) 三层平面

2.3.3　节约用地

1) 住宅的面宽

总的来说，节约用地是住宅设计中十分重要的原则。对于低层住宅来说，减小每户的面宽对节约用地具有较大的作用。面宽一般是指在南北向布置的住宅中，每户在东西方向上的宽度，这个方向的墙面通常涉及朝向、道路、间距等方面的因素。假设以简单的排列方式来考虑，面宽较小的住宅在下面的两种情况下均更有利于节约用地：

（1）单排布置

在某一宽度的用地上可安排更多的住宅。

（2）多排布置

由于住宅的纵向间距（通常为日照间距）一般比横向间距（在拼联的情况下横向间距为零）要大，为达到安排更多住宅的目的，增加每排建筑（群）中住宅的数量，比增加用地中建筑（群）的“排”数更为有效（图2–24）。

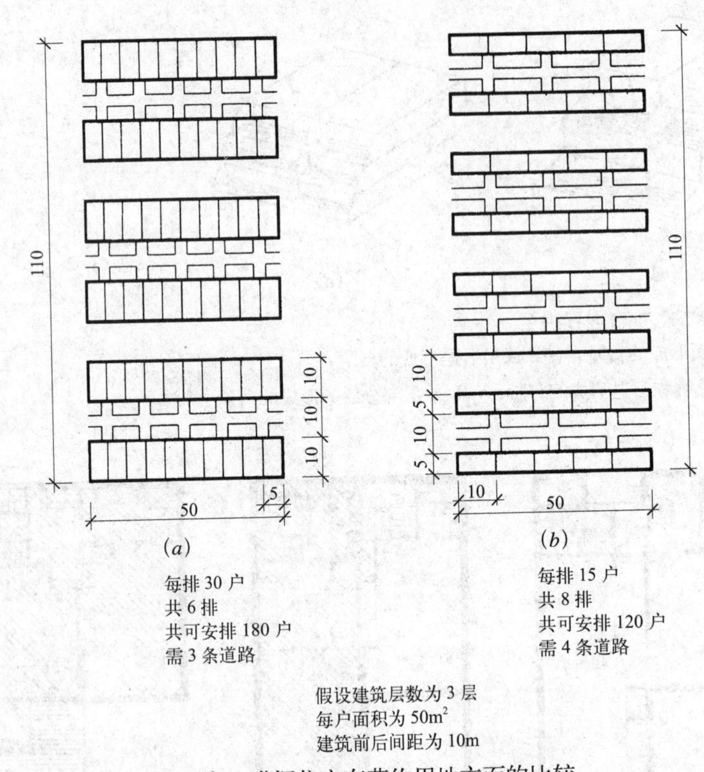

图2–24 不同面宽、进深住宅在节约用地方面的比较

（*a*）排列方式1；（*b*）排列方式2

2）住宅的进深

对于一定面积的住宅平面来说，加大住宅的进深是减小住宅面宽的最有效的方式。当然，住宅的面宽和进深也不能过分减小和加大，其必须建立在保证功能合理的基础上。合理加大住宅的进深，主要有以下一些方法：

（1）利用天井

利用天井来加大进深，主要是利用天井作为中部房间的采光口，使住宅平面在进深方向增加更多的功能空间。在低层住宅中较多采用封闭式天井，主要是因为住宅的层数少，天井对底层通风、采光较好（图2–25）。如有数户合用天井，应注意解决视线干扰的问题。一般是利用天井解决次要房间的通风采光，有时也可把庭院式的天井与主要功能空间（如客厅、卧室等）结合起来，但不宜作为其唯一的采光口处理。

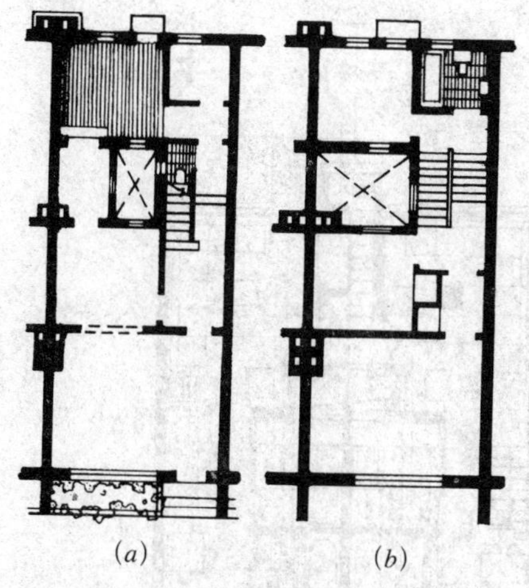

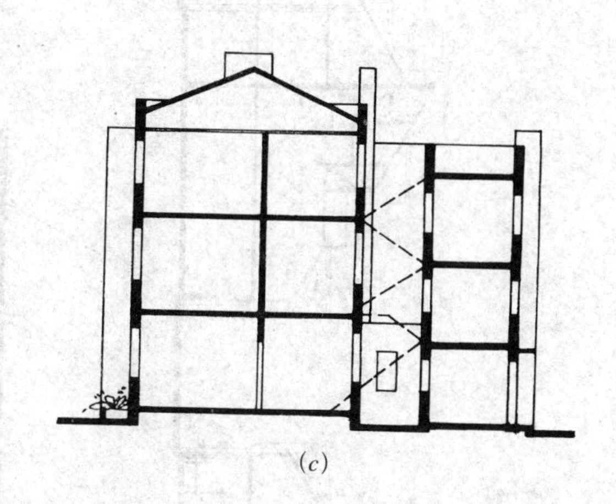

图 2-25　上海景华新村联排式住宅
(*a*) 底层；(*b*) 楼层；(*c*) 剖面

(2) 在进深方向错位叠加

主要指把一些面宽不同的房间在进深方向上进行错位叠加，使其在某一面宽的范围内可解决更多功能空间的通风采光问题，达到加大进深的目的。但应注意这种解决方法在功能分区等方面所带来的问题（图 2-26）。

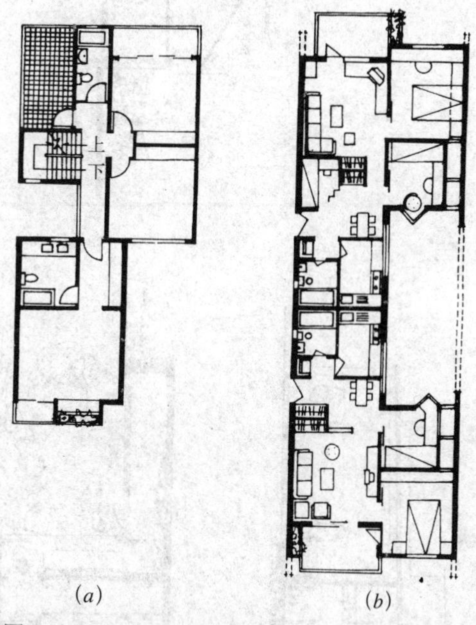

图 2-26　用叠加的方法加大住宅的平面进深
(*a*) 房间的叠加；(*b*) 户的叠加

(3) 利用房间在剖面上的高低错落

由于低层住宅的层数低，其“集合性”也比多、高层住宅要小，因此在纵向组合方面较为灵活。图 2-27 是法国叶尔库经济住宅，将后面房间的地板抬高，地板下作贮藏室，并利用前后屋面的高差形成高窗，解决后面卧室和厨房的通风、采光需要。通过剖面上的灵活处理，使住宅的进深加大，平面也十分紧凑，有利于规划上的组合和节约用地。

(4) 利用房屋逐层退台与坡顶

设计时，如在房屋底层安排较多的房间，将使底层进深加大，其楼层则可考虑作退台式处理。一方面适应楼层房间较少的要求，将露台作为户外过渡空间使用；另一方面，退台及坡顶可有效缩短房屋间距，有利于节约用地（图 2-28）。

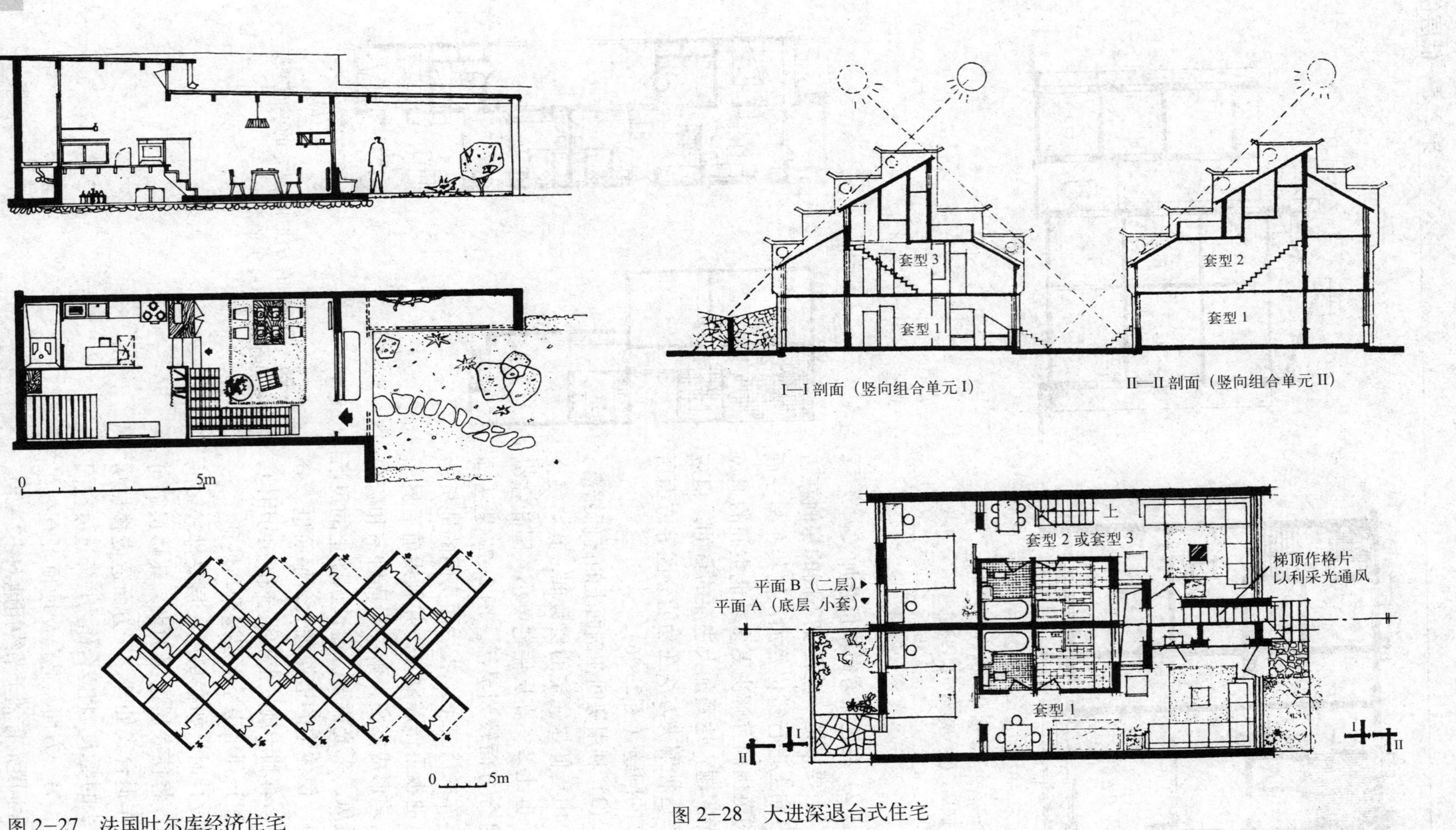

图 2–27　法国叶尔库经济住宅

图 2–28　大进深退台式住宅

2.4　低层住宅的居住环境

对住宅户内空间进行深入设计的目的，主要是在合理使用的基础上进一步追求美化空间，创造良好的住宅户内空间气氛，使居住环境更加舒适、美观，使居民对居住环境有更多的亲切感和归宿感。居住空间包括住宅室内空间和相关的室外空间。影响住宅中间环境的因素有三个方面：一是室内个体空间的大小、形状和构成（构成主要指家具、饰面材料和局部装饰等）；二是室外空间（院落、露台、屋顶平台等）的大小、形状和构成（构成主要指表面材料、绿化、小品等）；三是不同空间（包括室内外）之间的组合关系，主要有空间的相互渗透、因借和转换等。

2.4.1　室内个体空间

对于室内个体空间来说，不同的三维空间比例、空间形状和封闭程度，可给人不同的空间感受。个体空间的三维尺寸（长、宽、高），其相互间的比例一般不宜大于1：2，以避免出现过于狭长或其他较为局促的空间。

面积小、高度低且较封闭的空间，容易产生压抑感，可通过色彩、材料、镜面等方式的处理来减轻空间的压抑感，其原理是使人在视觉上产生错觉。如用较浅的色调处理顶棚和墙面，使之在人的视觉中变“轻”；又如在窄小空间（走道、卫生间等）的平行墙面布置镜面，可产生空间被“扩大”的错觉。对于面积较大的空间，主要应避免产生空旷感，即“大而无物”。可通过增加空间的流动感、划分区域、变化空间高度，以及在色彩、家具、材料、局部装饰等方面的处理，使大面积的空间在视觉上达到有序而又丰富的效果，并具有亲切的尺度。例如对面积较大的客厅地面，即可进行多种处理，如铺地采用有一定方向性的图案，既可在视觉上形成一定的导向作用，又可打破单调感；再通过地毯来划分和强调会客区域，使空间的构成主次分明、相得益彰（图2-29）；还可利用台阶步级来划

图2-29　大厅室内空间处理

分客厅和餐厅，增加空间的流动感，也使空间更富于变化。

在空间形状方面，长方体是最常见的空间形状。“L”形空间、带有曲面的空间等，对于人的水平视线来说，可产生较强的空间流动感；梯形空间，在不同的方向上产生“渐收”和“渐放”的视觉效果；剖面上有高差或高度变化的空间，可在人的视线上产生层次变化。

在营造个体空间的居住气氛方面，应结合空间和环境的不同使用特点，还应考虑到不同地区的气候特点、文化背景、使用者的喜好等方面的因素。对于门厅、客厅、餐厅、卧室、厨房、卫生间等功能空间，可利用不同的墙面材料、地面及顶棚处理、色彩处理、家具布置、灯光处理、局部装饰等，营造出不同的室内空间气氛。如暖色调的室内砖纹墙面可营造较为热烈、亲切的居住气氛；乳黄色等色调的暗纹墙会给人柔和、舒适的感觉；白色和较浅的冷色调瓷砖墙面，可使空间显得更加洁净、清爽等。

2.4.2 室外空间

主要包括宅院、庭院（内、外）、露台、屋顶平台等。在城市环境中，居民普遍有在住宅附近进行室外活动的需求和愿望。应充分利用低层住宅与室外环境较为接近的特点，营造出富于浓郁生活气氛的住宅室外环境。生活庭院应具有较

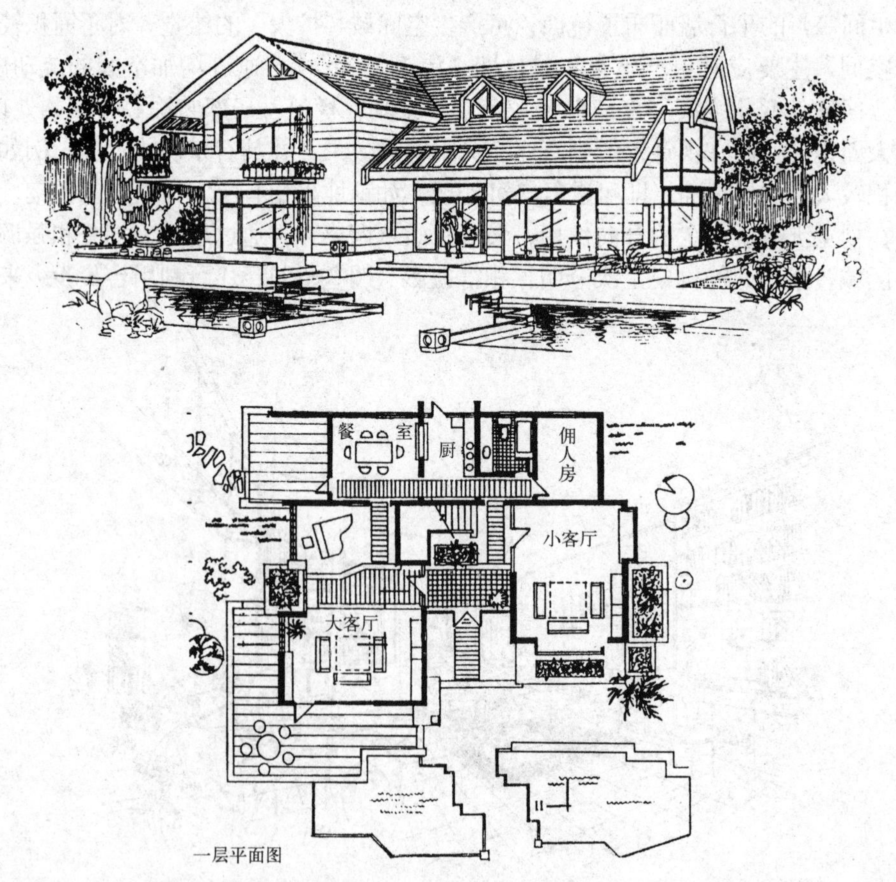

图 2-30　将绿化、水景引入住宅（广东东莞）

为明朗的空间效果，在可能的条件下，应设置较为集中的绿地，把自然环境引入住宅的空间范围之内，使居民在院中活动时可感受到亲切的自然气息。还应适当设置入户小径和铺地，有时还可配置花池、树池、鱼池、石桌凳、葡萄架等小品（图2–30）。

对于露台、屋顶平台，通常只设置一些小品。但也可结合隔热、保温的功能要求，在平台的地面设置绿化和水池，使之成为下部房间的“植被屋顶”和“蓄水屋顶”，既改善了下部房间的室内居住条件，又使平台成为更近似于自然环境的“第二地面”。内庭院一般面积较小，在设计上通常采用类似于盆景处理的方法，选择种植造型较为雅致的植物（如竹、小棕榈等体形修长的植物），并结合庭院小品和墙面，通常把视觉尽端的墙面以石（砖）纹处理作为背景，形成宁静、雅致的景观。住宅后部的家务院在居住条件较好的情况下，不宜处理成杂物院，宜形成安静、整洁的气氛。

2.4.3　平面空间的组合

低层住宅的户内空间因各方面的限制较少，在空间的组合上可进行较为灵活的处理。主要是通过组织户内居住环境的空间层次，利用不同空间的相互渗透、因借和转换，协调不同性质的个体空间之间的关系等，使户内空间更加舒适美观、富于生活气息。

组织户内环境的空间层次，是对各功能空间的位置和秩序进行合理安排，并通过交通路线的联系，使具有不同气氛的空间形成户内空间系列，如前院—门厅—客厅—餐厅—后院。应注意不同气氛的空间之间的协调和衔接，还应考虑户内空间整体格调的统一。

不同空间的相互渗透、因借主要指景观的共享和空间的穿插，如客厅向内庭院“借景”；双层高的客厅与二层的家庭活动室在空间上的穿插等（图2–31）。不同空间的相互转换是指通过移动隔断或轻质隔墙，改变空间的分隔和布局，以适应不同的需要（见第1章）。

图2–31　起居室与上层空间的联系

在空间的局部关系方面，处理好客厅与门厅、庭院的关系是比较重要的。门厅的作用一方面是作为组织交通的独立空间；另一方面，也是作为室内与室外之间的过渡空间和室内空间系列中的“前奏”空间。比较理想的客厅应位于门厅的一侧，既与入口联系方便，又有较独立的空间。客厅面向前院的墙面宜设置较大的玻璃窗（最好是落地窗），可借前院环境及远景形成明朗的气氛；内边又与内庭院相通，借用内庭院的景致，使得客厅的视野更富有层次。

在处理住宅与前院的关系时，可通过建筑平面的凹进及上部的悬挑、建筑入口处的曲墙，入口平台及花池、道路的导引等处理方式，使入户路线的视觉效果更加丰富，也使建筑与院落的关系更加密切。

综上所述，低层住宅是一种较为接近自然的居住形式，它的这一特点在城市密集的人工化物质环境中，显得尤为可贵。但它占用较多建设用地的缺点，也使低层住宅的建设受到了一定的限制。因此，低层住宅的设计要充分发挥其有利的条件，同时也要尽量克服其不利的一面。

第 3 章
多层住宅设计

Chapter 3
Design of Multi-stories Dwelling House

3.1 设计要求及平面组合分析

我国现行《民用建筑设计通则》GB 50352 规定，4 ~ 6 层的住宅为多层住宅。

从平面组合来说，多层住宅不是把低层住宅简单地叠加起来，它必须借助于公共楼梯来解决垂直交通，有时还需设置公共走廊来解决水平交通，因而多层住宅的设计有其本身的特点，与低层及高层住宅比较，有明显的不同。一般说来，多层住宅用地较低层住宅节省，造价比高层住宅经济，适合于目前一般的生活水平，所以在国内外都是大量建造的。但多层住宅不及低层住宅与室外联系方便，且楼层住户缺乏属于自己的私家庭院，居住环境没有低层住宅优越。同时，按照《住宅设计规范》GB 50096 的规定，多层住宅虽然不要求必须配置电梯设备，但一般 3 层以上的垂直交通仍感不便。因此，我国《住宅设计规范》GB 50096 强制性条文规定，7 层及 7 层以上住宅或住户入口层楼面距室外设计地面的高度超过 16m 的住宅必须设置电梯。如果顶层是跃层式住宅套型，则建筑可做到 7 层。

多少层开始设置电梯是一个居住标准问题，各国标准不同。在欧美一些国家，一般规定 4 层起应设电梯；前苏联、日本及我国台湾省规定 6 层起应设电梯。我国目前的标准还是比较低的，有的城市甚至建到 8 层或 9 层还不设电梯，这是违反《住宅设计规范》GB 50096 规定的。这类住宅在使用上极为不便，特别是对老、弱、残者上楼或搬运重物时更为困难。随着人民居住生活水平的提高，目前已有少数高档住宅 4 层即有电梯配置，这表明今后规范要求设置电梯的住宅层数还可能进一步降低。

3.1.1 单元的划分与组合

为了适应住宅建筑的大规模建设，简化和加快设计工作，统一结构、构造和方便施工，常将一栋住宅分为几个标准段，一般就把这种标准段叫做单元，以一种或数种单元拼接成长短不一、体型多样的组合体。这种方法被称为单元设计法。

单元的划分可大可小。多层住宅一般以数户围绕一个楼梯间来划分单元，这样能保证各户有较好的使用条件，故成为常用的划分形式。有时可以按户或相邻的几个开间来划分，再配以楼梯间单元（图 3–1）。为了调整套型方便，单元之间也可咬接（图 3–2）。咬接的单元，也可以楼梯间为界来划分（图 3–3）。转角单元用于体型转角处，或用于围合院落。插入单元是为调整组合体长度或调整套型而设的。

1）单元组合体拼接一栋住宅的设计原则

（1）满足建设规模及规划要求

组合体与建筑群布置密切相关，应按规划要求的层数、高度、体型等进行设计，并相应考虑对总建筑面积及套型等的要求。

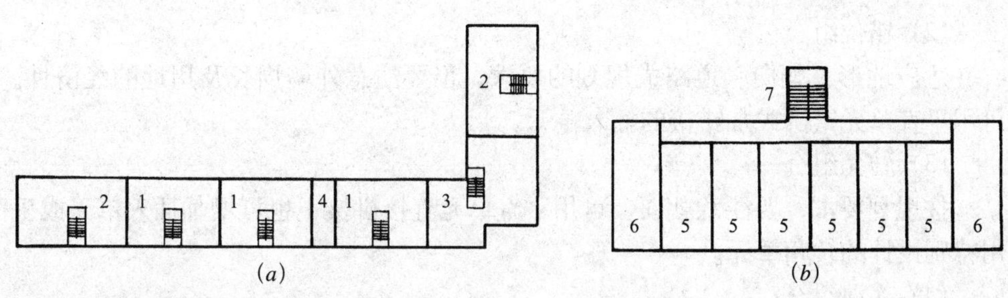

图 3-1　单元的划分

(a) 围绕楼梯间划分；(b) 以户划分

1—中间单元；2—尽端单元；3—转角单元；4—插入单元；5—中间户单元；6—尽端户单元；7—楼梯间单元

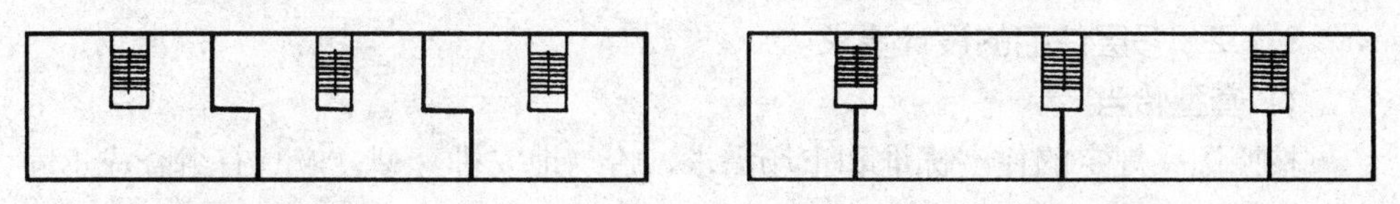

图 3-2　单元咬接　　图 3-3　以楼梯间为界划分单元

(2) 适应基地特点

组合体应与基地的大小、形状、朝向、道路、出入口等地段环境相适应。

2）单元组合拼接的常见方式（图 3-4）

(1) 平直组合

体型简洁、施工方便，但不宜组合过多，以至长度过长。

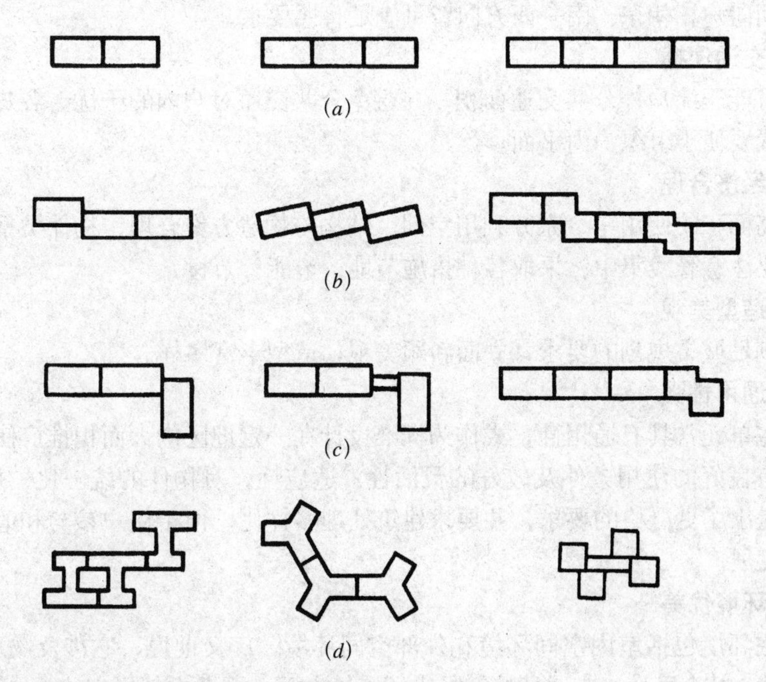

图 3-4　单元组合

(a) 平直组合；(b) 错位组合；(c) 转角组合；(d) 多向组合

（2）错位组合

适应地形、朝向、道路或规划的要求，但要注意外墙周长及用地的经济性。可用平直单元错拼或加错接的插入单元。

（3）转角组合

按规划要求，要注意朝向，可用平直单元直接拼接，也可增加插入单元或采用特别设计的转角单元。

（4）多向组合

按规划考虑，要注意朝向及用地的经济性。可用具有多方向性的一种单元组成，还可以套型为单位，利用交通联系组成多方向性的组合体。

3.1.2 多层住宅的设计要求

1）套型恰当

按照国家规定的住宅标准和市场需求，恰当地安排套型，应具有组合成不同套型比的灵活性，满足居住者的实际需要。可组成单一套型的单元，也可组成多套型的单元。单一套型的单元，其套型比常在组合体或小区内平衡；多套型的单元则增加了在单元内平衡套型比的可能性。单元中套型选择要使套型比的平衡灵活方便，并便于单元内的平面组合。

2）使用方便

平面功能合理，动静分区明确，并能满足各户的日照、朝向、采光、通风、隔声、隔热、防寒等要求。在设计中应保证每户至少有一间居室布置在良好朝向，在通风要求比较高的地区应争取每户能有两个朝向；而对通风要求不高的地区，可组合成单朝向户。朝东、南、西方向皆可满足日照要求。

3）交通便捷

尽可能压缩户外公共交通面积，并避免公共交通对户内的干扰。各户进户入口的位置要便于组织户内平面。

4）经济合理

提高面积的使用率，充分利用空间。结构与构造方案合理，构件类型少，设备布置要注意管线集中。采取各种措施节地、节能、节材。

5）造型美观

能满足城市规划的要求，立面新颖美观，造型丰富多样。

6）通用性强

住宅单元常具有通用性，或作为标准设计在一定地区内大面积推广使用。这就要求有良好的使用条件及较好的灵活性、适应性，对构件的统一化、规格化、标准化提出了更严格的要求，并要求建筑处理多样化，便于住户参与和适合今后住户的发展。

7）环境优美

住宅环境包括室内空间环境和外部空间环境。广义地说，它涉及物理环境、心理环境、社会环境、交通环境、绿化环境等方面。要考虑邻里交往、居民游憩、儿童游戏、老人休闲、安全防卫、绿化美化以及物业管理等各种需求。

在设计时，应对这些要求综合加以考虑，不宜强调一点而忽视其他因素，并要针对当时、当地的具体情况，抓住各个阶段设计中的主要矛盾予以解决。有些因素，如住宅标准、套型、立面处理、节约用地、外部空间环境等还将在以后各章内阐述。这里重点要解决的是在多层条件下，套型与单元的组合问题。

3.1.3　多层住宅的交通组织

多层住宅以垂直交通的楼梯间为枢纽，必要时以水平的公共走廊来组织各户。由于楼梯和走廊组织交通以及进入户方式的不同，可以形成各种平面类型的住宅（图 3–5）。

1）围绕楼梯间组织各户入口

这种平面类型不需公共走廊，称为无廊式或梯间式，其布置套型数有限。

2）以廊组织各户入口

布置套型数较多。各户入口在走廊单面布置，形成外廊式；在走廊双面布置形成内廊式。随走廊的长短又有长外廊、短外廊、长内廊和短内廊之分。

3）以梯廊间层结合组织各户入口

即隔层设廊，再由小梯通至另一层就形成跃廊式。

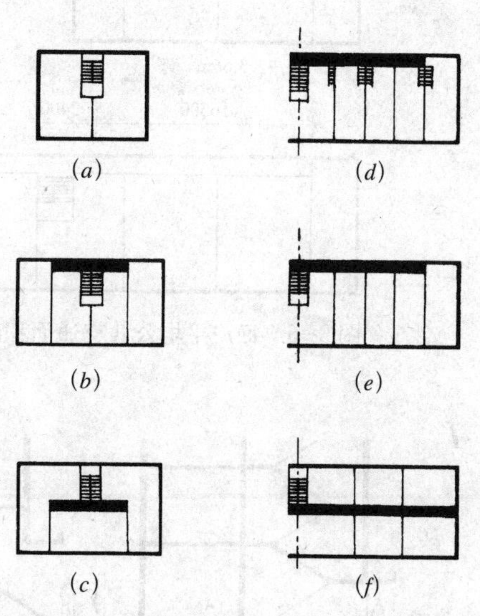

图 3–5　交通组织不同形成的平面类型
(*a*) 梯间式；(*b*) 短外廊；(*c*) 短内廊；(*d*) 跃廊式；(*e*) 长外廊；(*f*) 长内廊

楼梯服务户数的多少对适用、经济都有一定影响。服务户数少时较安静，但不便于邻里交往。服务户数增加则交往方便，但干扰增大。为节省公共交通面积可适当增加服务户数，但若因增加户数而过多增长公共走廊，虽有利于邻里交往，从经济上说并不划算（图 3–6）。

多层住宅常用的楼梯形式是双跑楼梯、单跑楼梯和三跑楼梯。住宅楼梯梯段净宽较低层住宅为宽，不小于 1100mm；不超过 6 层的住宅一边设有栏杆的梯段净宽可不小于 1000mm（楼梯梯段净宽系指墙面装饰面至扶手中心之间的水平距离）。因为考虑到方便地搬运家具及大件物品，楼梯平台宽度除不应小于梯段宽度外，且不得小于 1200mm。楼梯坡度比低层住宅平缓而较公共建筑为陡，常用的踏步高宽范围是（155 ~ 175）mm×（260 ~ 280）mm。双跑楼梯面积较省，构造简单，施工方便，采用较广。当楼梯间垂直于外墙布置，休息平台下的高度（净高不应低于 2000mm）不足以供人通行时，常见的处理方式如图 3–7 所示。单跑楼梯连续步数多，回转路线长，虽面积较大，但回转平台长，便于组织进户入口，常用于一梯多户的住宅。三跑楼梯最节省面积，进深浅，利于墙体对直拉通，但构造较复杂，平台多，中间有梯井时，易发生小孩坠落事故，应按规范采取安全措施。在国外还有采用弧形单跑或双跑楼梯的，国内则很少采用。

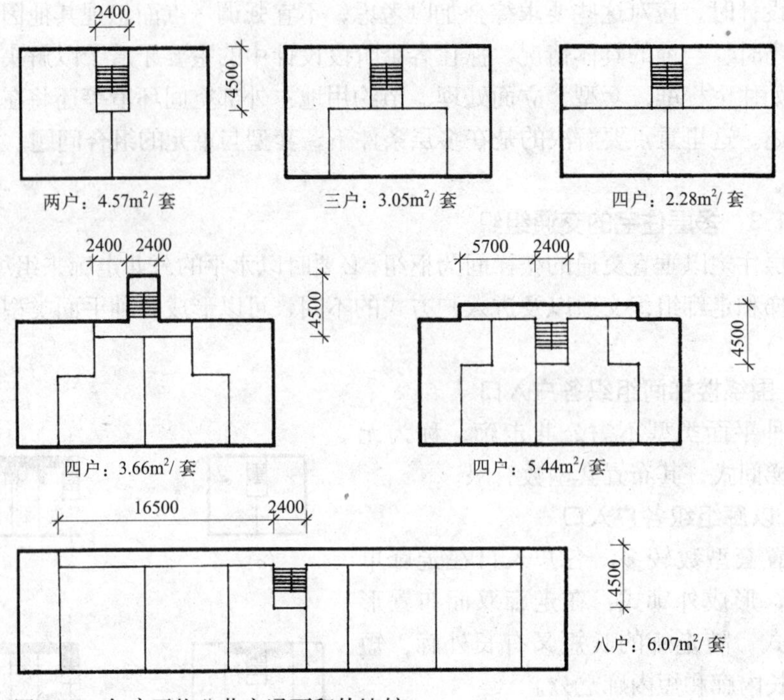

图 3–6　每户平均公共交通面积的比较

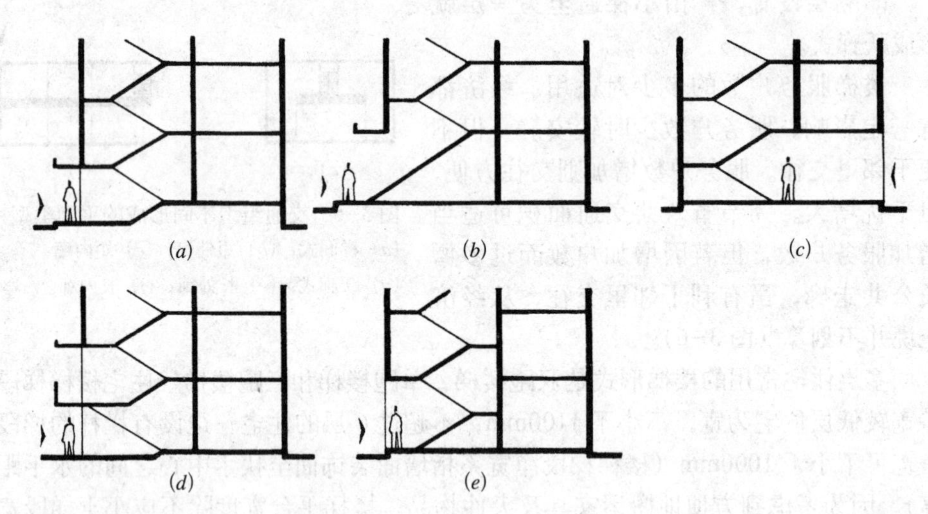

图 3–7　双跑楼梯底层入口处理

(*a*) 提高勒脚或降低入口；(*b*) 底层作单跑；(*c*) 底层打通一间房；(*d*) 底层作长短跑；(*e*) 楼梯反向布置

3.1.4　朝向、采光、通风与户的布置

保证每户有良好的朝向、采光和通风是住宅平面组合的基本要求。一般说来，一户能有相对或相邻的两个朝向时，有利于争取日照和组织通风；而一户只有一个朝向时，则日照条件受限，且通风较难组织。户的朝向、采光和通风与单元的临空面密切相关。不与其他单元拼接的独立单元，四面临空，称为点式或独立式，

其分户比较自由（图3–10）。与其他单元拼接的则视其拼接地位不同而各异（图3–8、图3–9）。利用平面形状的变化或设天井时，可增加内外临空面，有利于通风采光（图3–11）。

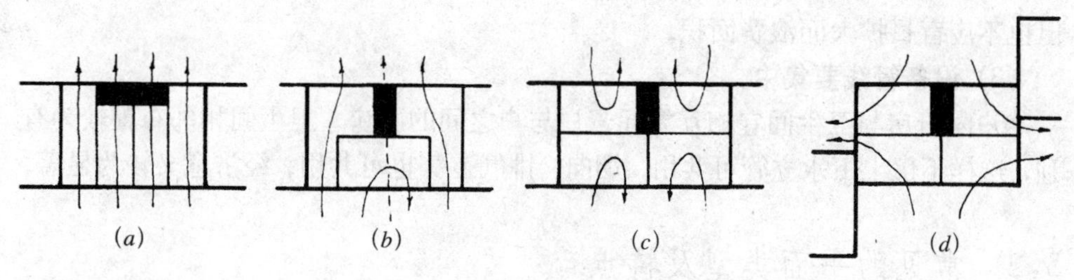

图3–8　中间单元

(a) 双朝向通风好；(b) 中间户通风较难组织；(c) 单朝向户常为单向通风；(d) 错接单元可利用角通风

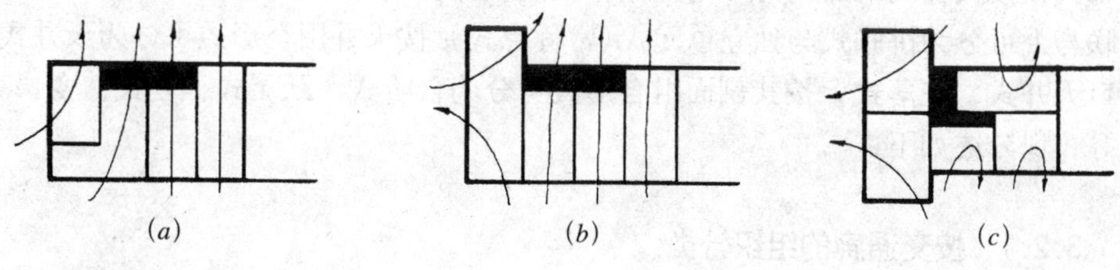

图3–9　尽端单元

(a) 改变套型；(b) 扩大面积；(c) 增加户数

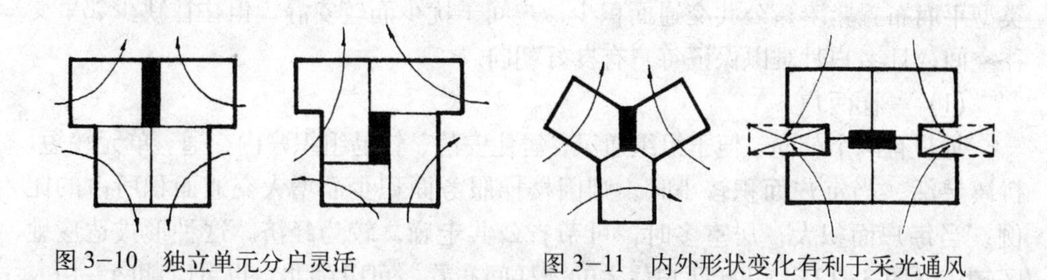

图3–10　独立单元分户灵活　　图3–11　内外形状变化有利于采光通风

3.1.5　辅助设施的设计

辅助设施如厨房、卫生间、垃圾道等，其布置的位置是否恰当不仅影响使用，且涉及管道配置及影响造价，因而设计时必须注意以下问题：

1）布置的位置要恰当

为方便各户使用，厨房必须能直接采光、通风；卫生间若因条件所限，或在寒冷地区需要防冻时，则可布置成暗卫生间，但应同时设置机械排风设施。一般可将厨房、卫生间布置于朝向和采光较差的部位，还可利用它来隔绝户外噪声及视线对居室的干扰。

住宅建筑内设置垃圾道虽然使用较为方便，但各层垃圾道入口及底层垃圾道出口的污染严重、卫生状况对一楼住户及公共交通影响很大。目前一般倾向于取消设置垃圾道，改为提倡住户袋装、分类垃圾，在宅院内设置垃圾收集点。

2）设备布置要紧凑合理

厨房、卫生间中的设备布置应满足洗—切—烧及洗、便、浴等功能要求，空间大小应符合设备尺寸及人体活动尺寸，设备布置紧凑合理。由于设备老化快，更新又困难，厨房、卫生间面积扩大更非易事，故应适当留有发展和更新余地，但也不应盲目扩大而浪费面积。

3）设备管线要集中

户内厨房与卫生间宜相互靠近，户与户之间的厨房、卫生间相邻布置较为有利，这样不仅上下水立管可共用，烟囱、排气道等也可共用，经济意义较为显著。

3.2　常见的平面类型及特点

多层住宅的平面类型较多，按交通廊的组织可分为梯间式、外廊式、内廊式、跃廊式；按楼梯间的布局可分为外楼梯、内楼梯、横楼梯、直上式、错层式；按拼联与否可分为拼联式与独立单元式（常称点式）；按天井围合形式可分为天井式、开口天井式、院落式；按其剖面组合形式可分为台阶式、跃层式、复式、变层高式等；现分述如下：

3.2.1　按交通廊的组织分类

1）梯间式

由楼梯平台直接进分户门，不设任何廊道。一般每梯可安排 2 ～ 4 户。这种类型平面布置紧凑，公共交通面积少，户间干扰少而较安静，但往往缺少邻里交往空间，且多户时难以保证每户有良好朝向。

(1) 一梯两户

每户有两个朝向，便于组织通风，居住安静，较易组织户内交通，单元较短，拼凑灵活。当每户面积较小时，则因楼梯服务面积少而增大交通面积所占的比例；当每户面积大，居室多时，可节省公共走廊，较为经济。这种形式适应地区较广（图 3−12）。一梯两户住宅的楼梯间布置，可以朝北，也可以朝南，由入口位置及住宅群体组合而定。户的入口可以在房屋中间，也可以在房屋外缘（图 3−13 ～图 3−18），由生活习惯及室内布置要求而定，当入口在房屋中间时，户内交通路线较短，采用较多。

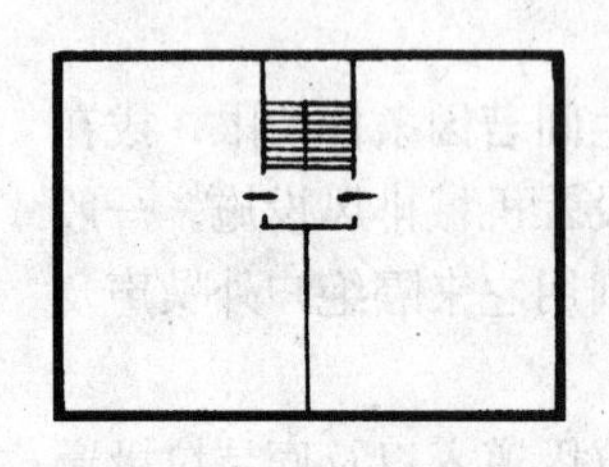
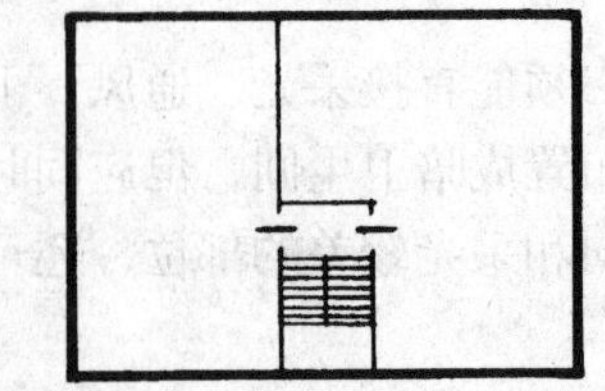
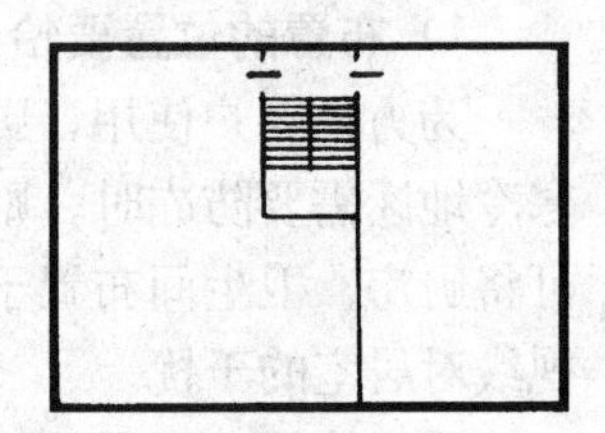

图 3−12　一梯两户布置

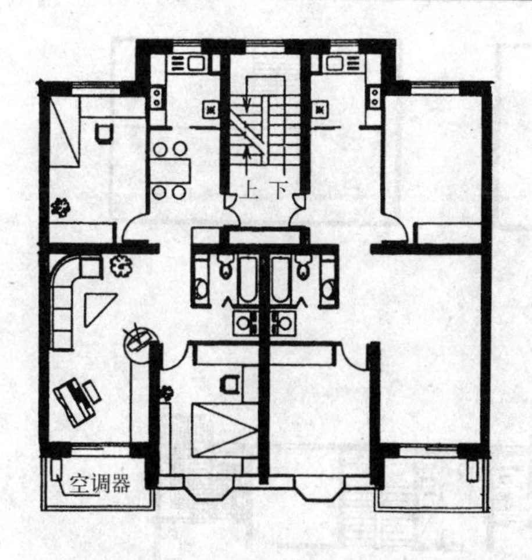

图 3-13　北京某住宅（楼梯朝北）

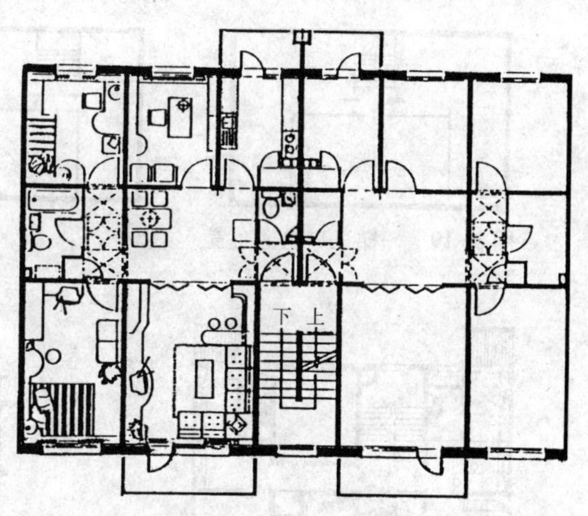

图 3-14　北京某住宅（楼梯朝南）

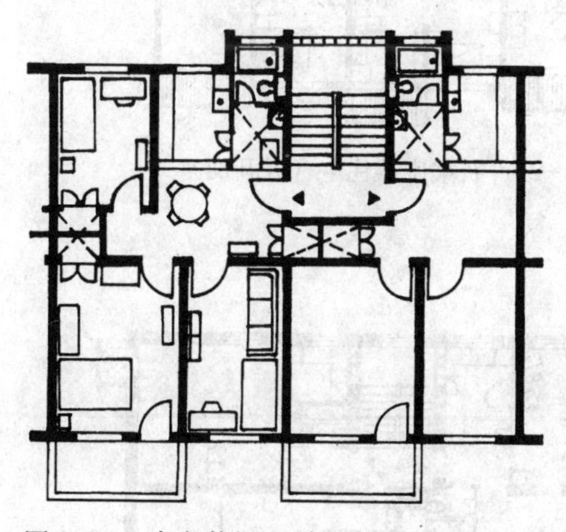

图 3-15　南京某住宅（每户面积较少）

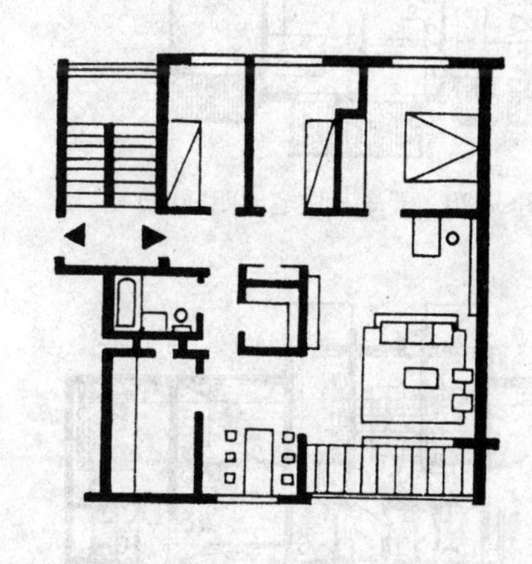

图 3-16　芬兰某住宅（每户面积较大）

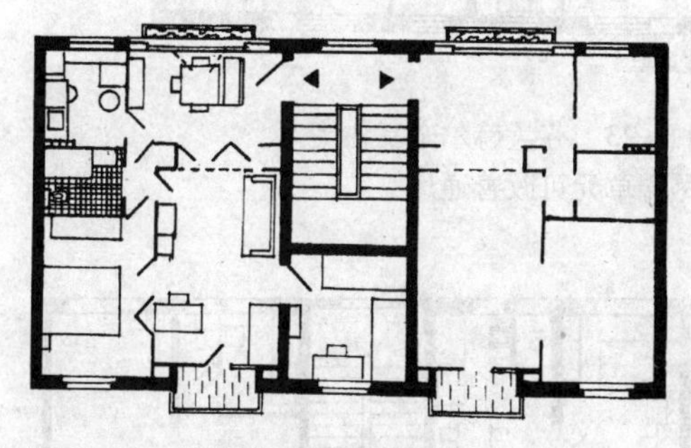

图 3-17　前苏联 IV 气候区方案
（横墙大开间，外入口）

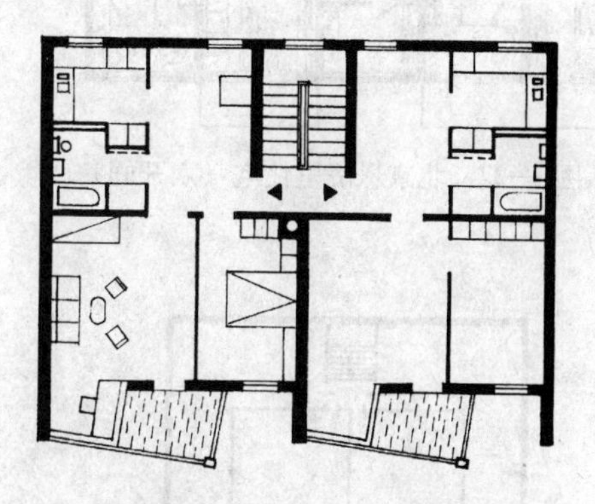

图 3-18　挪威某住宅（大开间，内入口）

（2）一梯三户

一梯每层服务三户的住宅，楼梯使用率较高，每户都能有好的朝向，但中间的一户常常是单朝向户，通风较难组织（在尽端单元可改善）（图 3-19）。这种形式住宅在北方采用较多（图 3-20 ~图 3-23）。

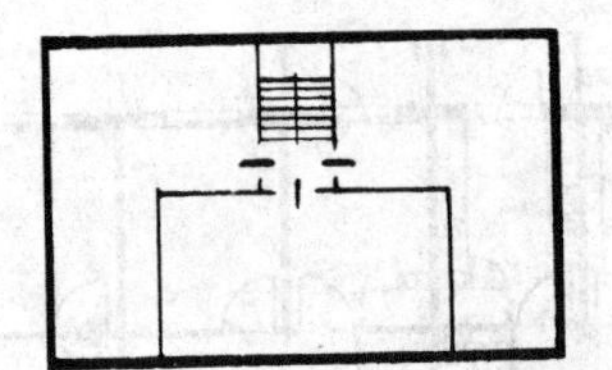
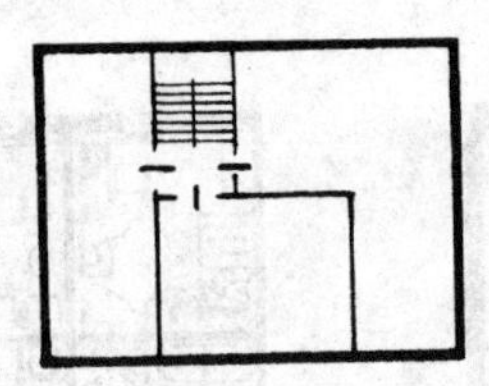
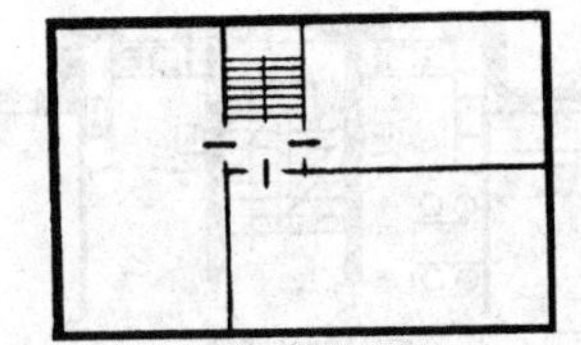

图 3–19 一梯三户住宅布置

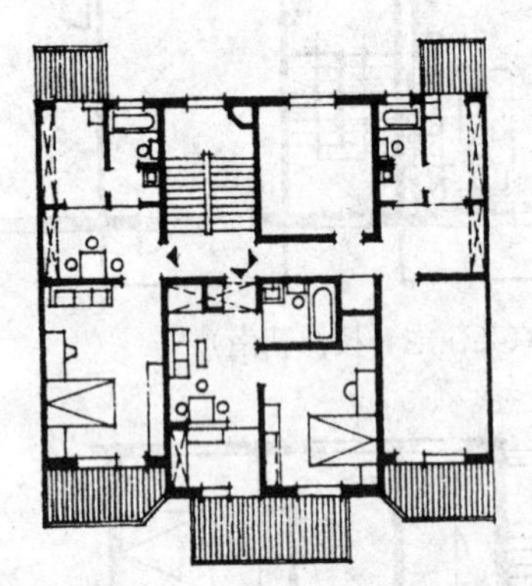

图 3–20 天津某住宅（四开间）

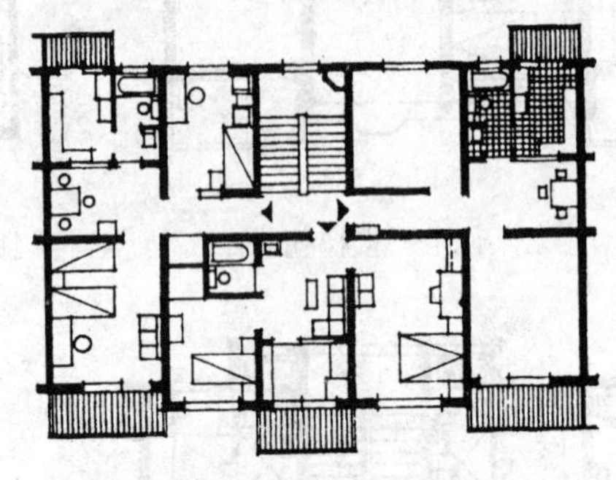

图 3–21 石家庄某住宅（五开间）

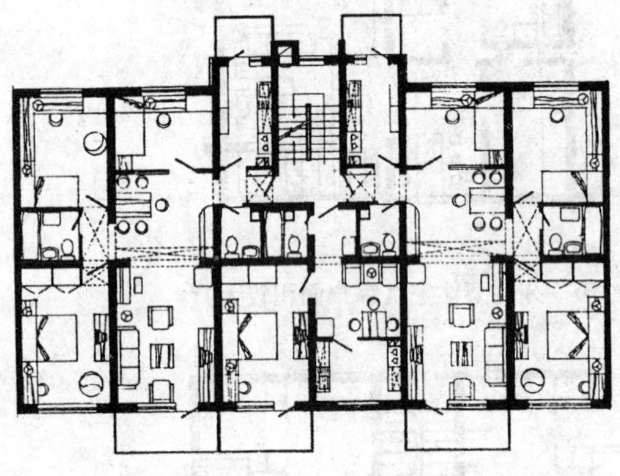

图 3–22 北京恩济里住宅（六开间）

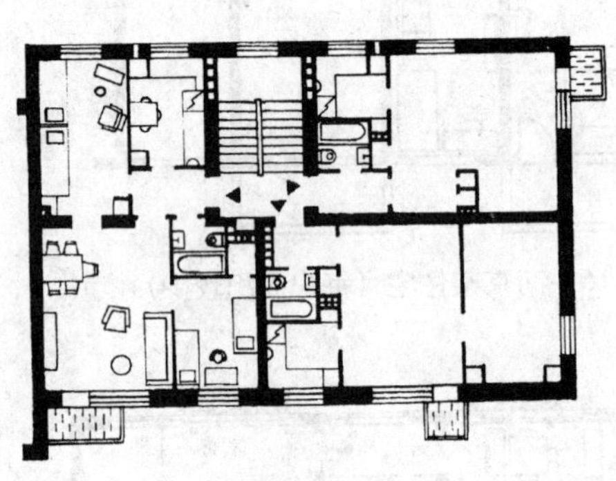

图 3–23 芬兰赫尔辛基住宅
(尽端单元可改善通风)

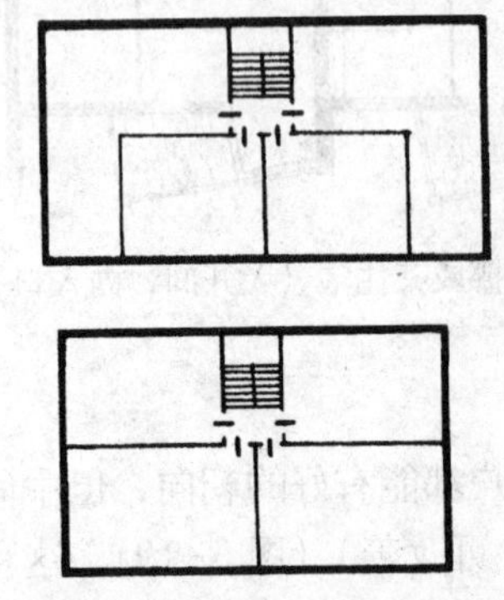

图 3–24 一梯四户住宅布置

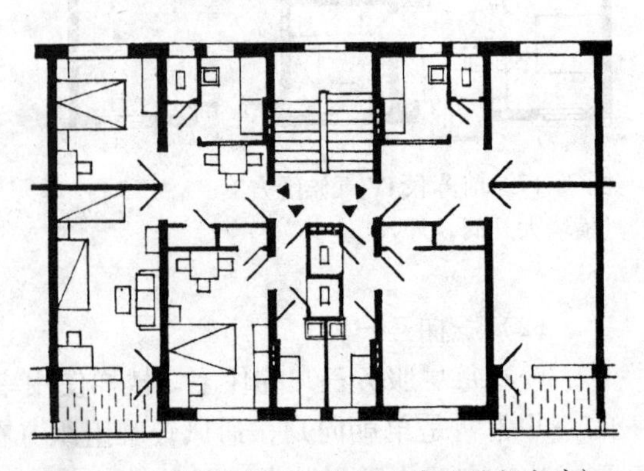

图 3–25 沈阳某住宅（中间两户为单朝向户）

(3) 一梯四户

一梯每层服务四户，提高了楼梯使用率。采用双跑楼梯时为使每户有可能争取到好朝向，一般常将少室户布置在中间而形成单朝向户。在某些地区可布置成朝东或朝西的四个单朝向户（图3-24）。若利用双跑楼梯的两个楼梯平台错层设置入户口或采用单跑楼梯的长楼梯平台，则可实现每套面积较大且朝向均佳的单元平面，如图3-25～图3-28所示。

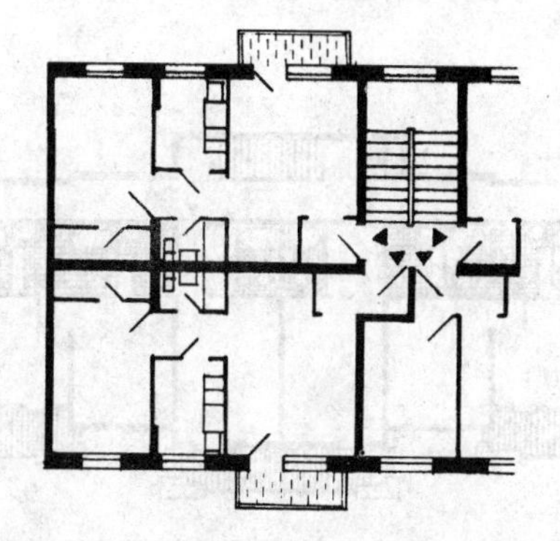

图3-26 莫斯科新契列穆什卡九号街坊住宅（四户皆为单朝向户）

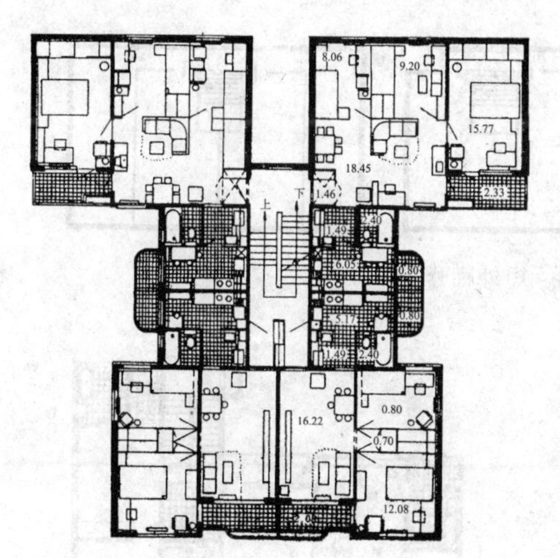

图3-27 双跑梯错半层布置套型

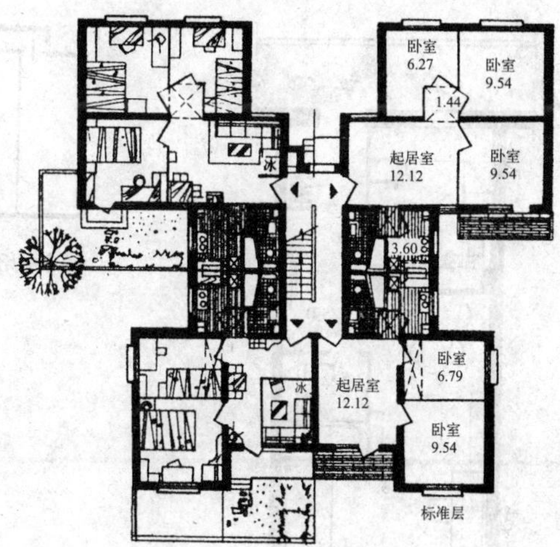

图3-28 直跑梯长平台布置套型

2）外廊式

(1) 长外廊

便于各户并列组合，一梯可服务多户，分户明确，每户有良好的朝向、采光和通风（图3-29）。外廊敞亮，可晾晒衣物及进行家务操作，并有利于邻里交往及安全防卫。但由于每户入口靠房屋外缘，而户内交通穿套较多。公共外廊对户内有视线及噪声干扰。长外廊住宅在寒冷地区不利于保温防寒，在气候温和地区采用的较多，对小面积套型较为适宜，面积大及居室多的套型宜布置在走廊尽端。长外廊不宜过长，并要考虑防火和安全疏散的要求。走廊标高可低于室内标高600mm左右，以减少干扰，如图3-30～图3-32所示。

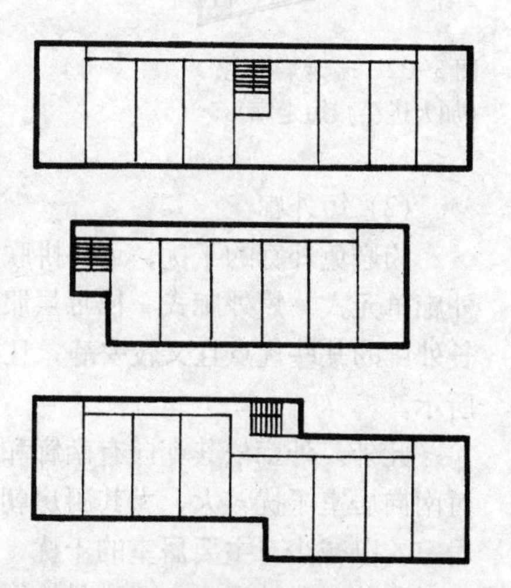

图3-29 长外廊的布置形式

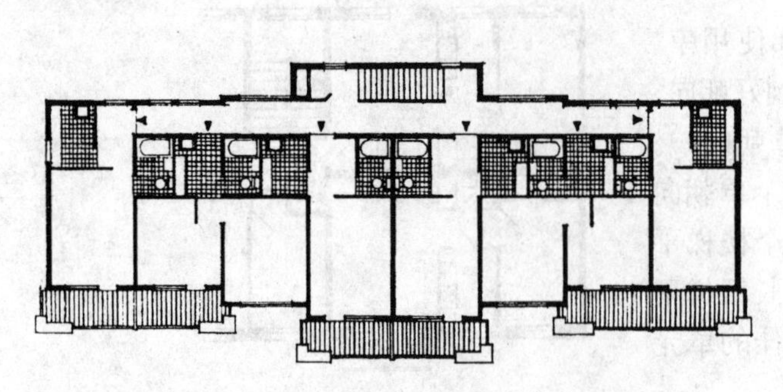

图 3-30　上海嘉定桃园新村住宅

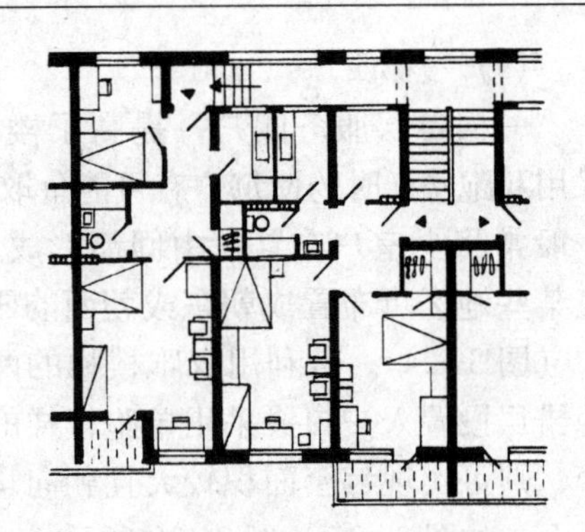

图 3-31　北京外廊住宅（降低走廊标高）

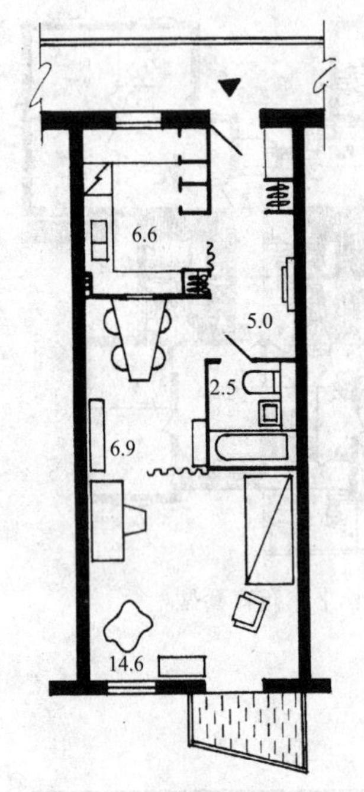

图 3-32　瑞典某住宅
（加大进深减短走廊）

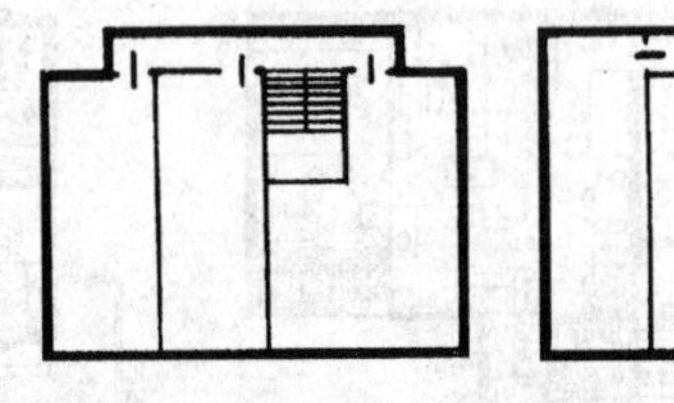

图 3-33　短外廊分户布置

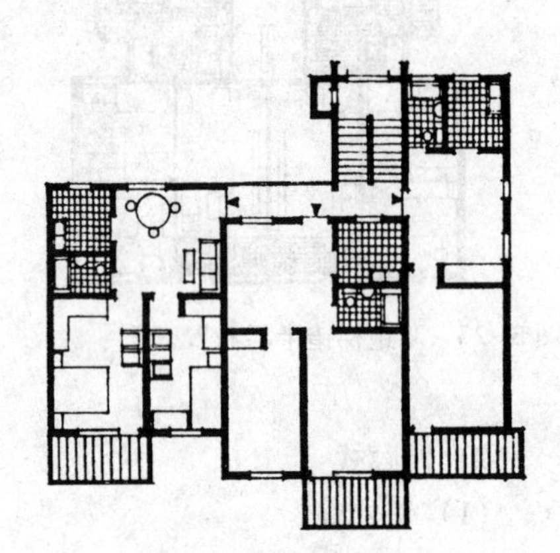

图 3-34　江苏常州短外廊住宅

（2）短外廊

为避免外廊的干扰，可将拼联的户数减少，缩短外廊，形成短外廊式，也称外廊单元式。短外廊式一梯每层服务 3 ～ 5 户，以 4 户居多（图 3-33）。它具有长外廊的某些优点且又较安静，且有一定范围的邻里交往，如图 3-34 ～图 3-36 所示。

此外，外廊依其朝向有南廊和北廊之分。南廊利于在廊内进行家务活动，但对南向居室干扰较大，尤其厨房朝北时穿套较多。北廊可靠廊布置辅助用房或小居室，以减少对主要居室的干扰，一般采用较多。在南、北廊问题上，主要与居住对象的工作性质、家庭成员的组成及生活习惯等有关，应根据具体条件处理。

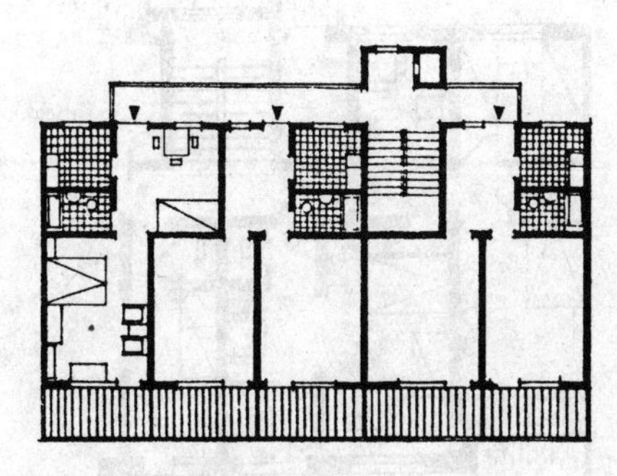

图 3–35　常州短外廊住宅

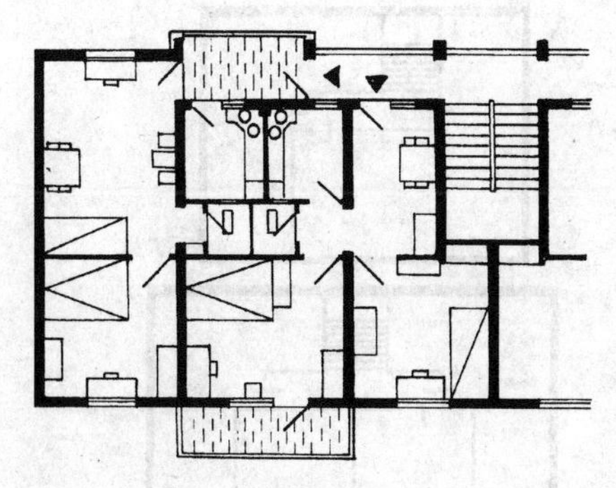

图 3–36　四川某住宅

3）内廊式

（1）长内廊

由于长内廊是在内廊的两侧布置各户，楼梯服务户数增多，使用率大大提高，且房屋进深加大，用地节省，在寒冷地区有利于保温。但各户均为单朝向户，内廊较暗，户间干扰也大，户内不能组织良好的穿堂风。与长外廊式一样，对小面积套型较为适宜。图 3–37 住宅于内廊分段设门以减少干扰。

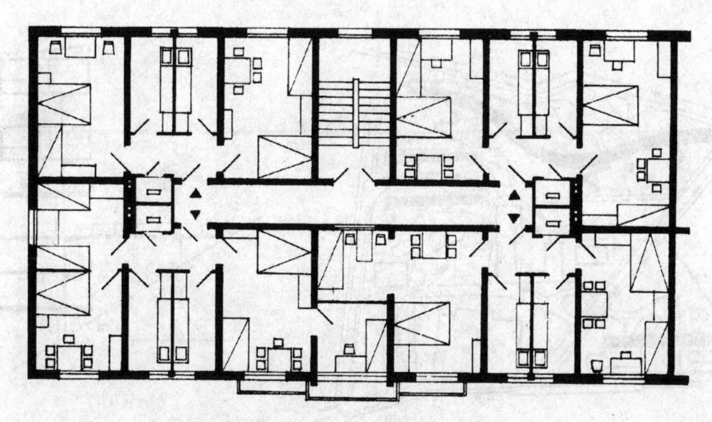

图 3–37　沈阳东西向住宅

（2）短内廊

为了克服长内廊户间干扰大的缺点，可减少拼联户数，缩短内廊，形成短内廊式，也称内廊单元式。它保留了长内廊的一些优点，且居住环境较安静，在我国北方应用较广。由于中间的单朝向户通风不佳，在南方地区不宜采用。一梯可服务 3 ~ 4 户（图 3–38），如图 3–39 所示。

4）跃廊式

跃廊式是由通廊进入各户后，再由户内小楼梯进入另一层。楼栋在满足规范要求的前提下可设置较少的公共楼梯服务于较多的户数，加上隔层设通廊，从而节省了交通面积，且又可减少干扰，每户有可能争取两个朝向。常在下层设厨房、

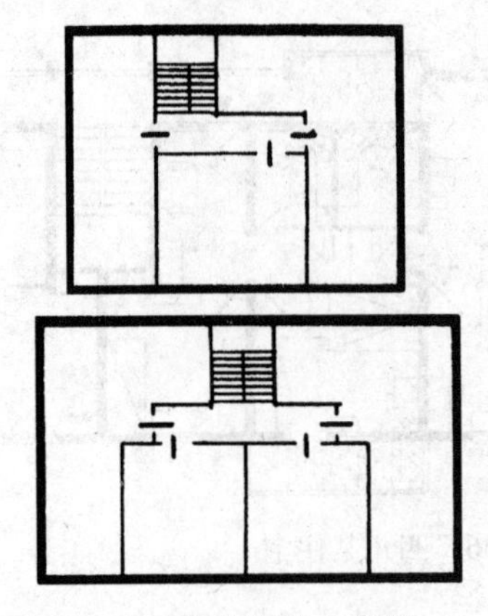

图 3-38　短内廊分户布置

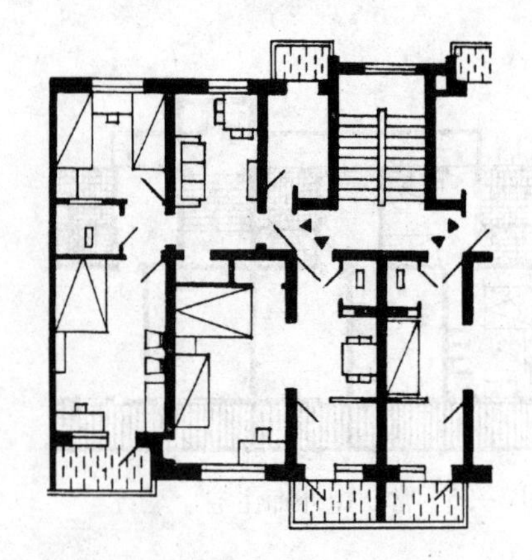

图 3-39　北京某住宅

起居室，上层设卧室、卫生间，套内如同低层住宅，居住环境安静，在每户需求面积大，居室多时较适宜，其套型属于跃层式套型。跃廊式住宅在国外整体式集合住宅设计中运用较为普遍，国内目前也有项目采用。图 3-40 为巴西跃廊式住宅，A 型为一字形平面，B 型为长曲线蛇形平面，为节约用地，每户面宽较小。图 3-41 为深圳长城大厦，从外观即可看出明显的隔层跃廊痕迹。

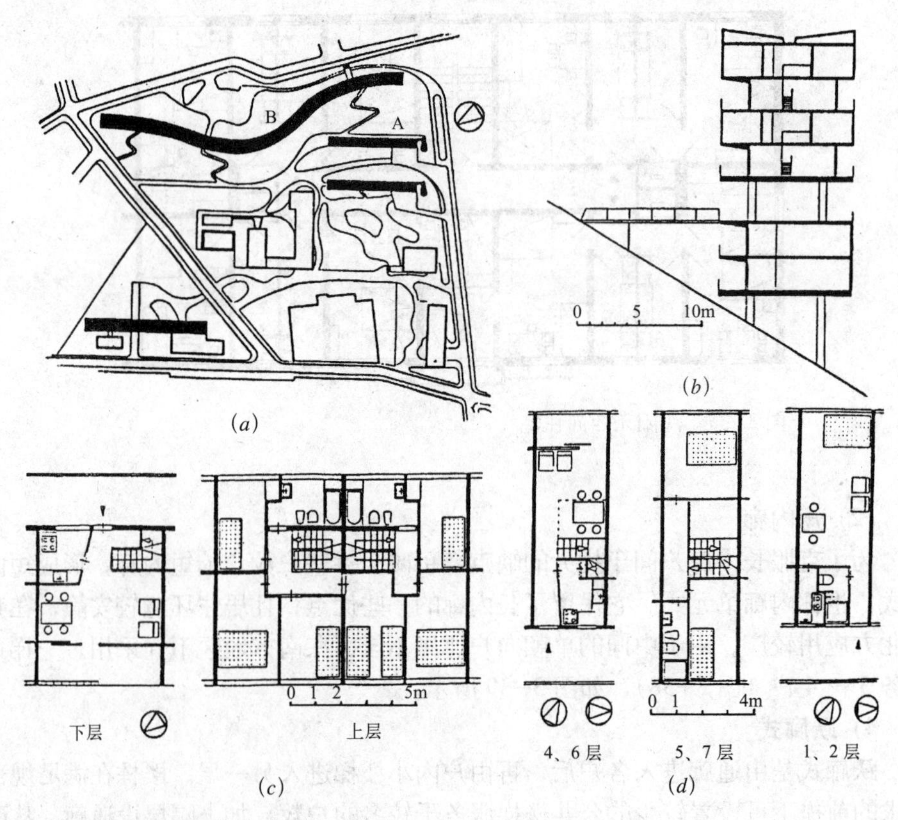

图 3-40　巴西里约热内卢跃廊式住宅

(*a*) 总平面；(*b*) B 型剖面；(*c*) A 型平面；(*d*) B 型平面

图 3-41　深圳长城大厦跃廊式住宅外观

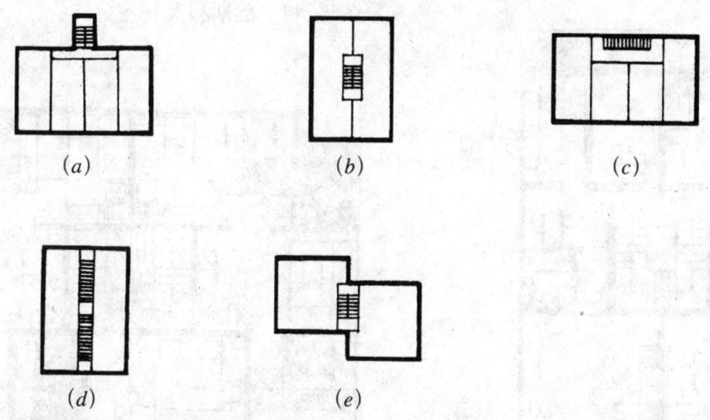

图 3-42　楼梯布局的变化
(a) 外楼梯；(b) 内楼梯；(c) 横楼梯；(d) 直楼梯；(e) 错层式

3.2.2　按楼梯的布局分类

根据楼梯的形式和布局的不同，可以使单元平面组合产生许多变化（图 3-42），现分析于下：

1）外凸楼梯

在工业化施工的住宅中，为简化结构，常将楼梯突出于建筑。住宅底层为商店的住宅，为了不影响营业厅空间，也可采用外凸楼梯。此外，在结合地形或平面组合需要时也可采用（图 3-43、图 3-44）。

2）内楼梯

一般住宅楼梯多布置在建筑内部且靠外墙，采光通风好，便于防火和安全疏散，这种内楼梯使用较广。可将楼梯布置在栋深中部加大栋深，以便节约用地，有利于保温防寒。楼梯中间留井时，可由天窗顶部采光，但底层楼梯光线较暗，且需打通一间房作入口（图 3-45、图 3-46）。南京如意小区内楼梯方案（图 3-47）将底层入口敞开，中间挖去一间房，顶部作天窗，既解决了采光问题，也活跃了入口的立面造型处理。

3）单跑横楼梯

单跑楼梯横向靠外墙布置，也称横梯式，靠楼梯间的房间可借助楼梯间间接

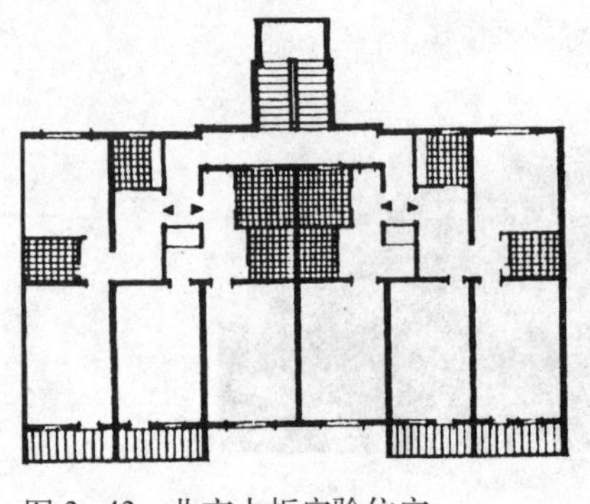

图 3-43　北京大板实验住宅

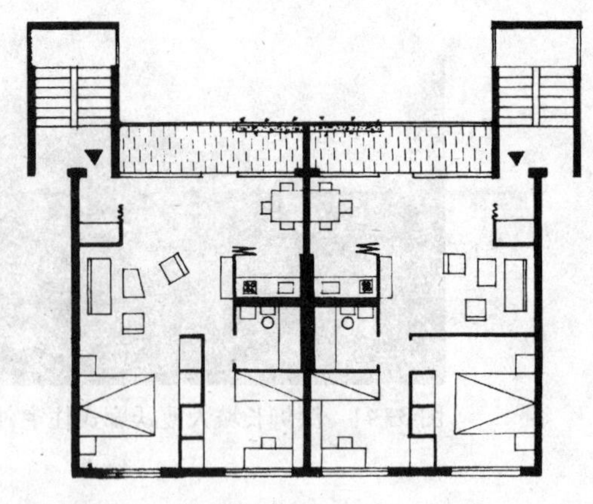

图 3-44　莫斯科某住宅

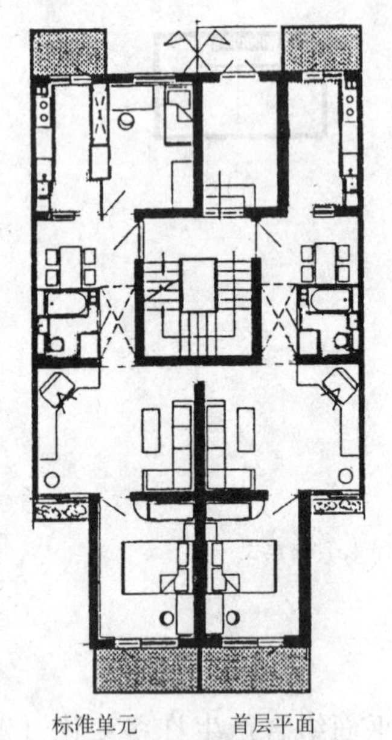

图 3-45　北京某住宅

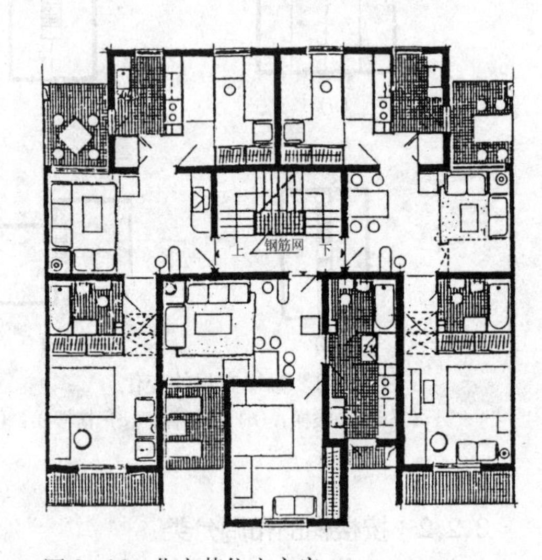

图 3-46　北京某住宅方案

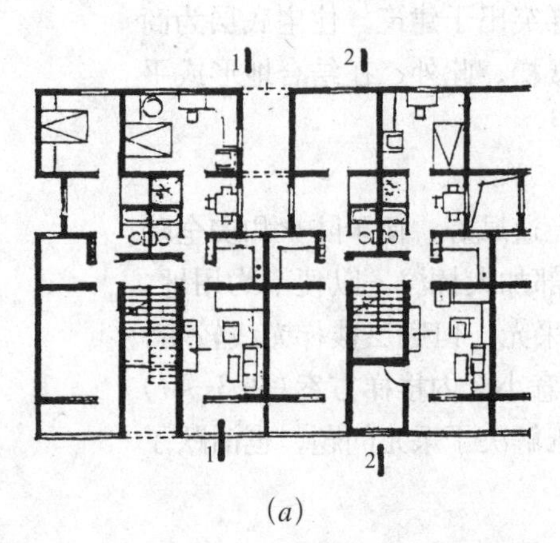

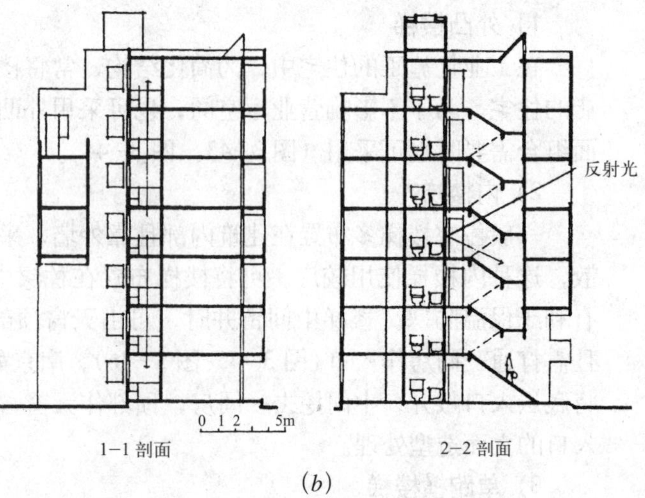

图 3-47　南京如意小区住宅
(*a*) 平面图；(*b*) 剖面图

采光、通风。其楼梯平台便于组织进户入口，兼可作外廊使用，便于邻里交往和监视保卫。为便于组织进户入口，梯跑宜靠外墙布置。当梯跑靠内墙布置时，立面处理可较开敞，有利于通风采光，但靠梯的内墙不宜开窗，以避免灰尘、视线干扰。应根据方案具体情况妥善处理（图 3–48、图 3–49）。

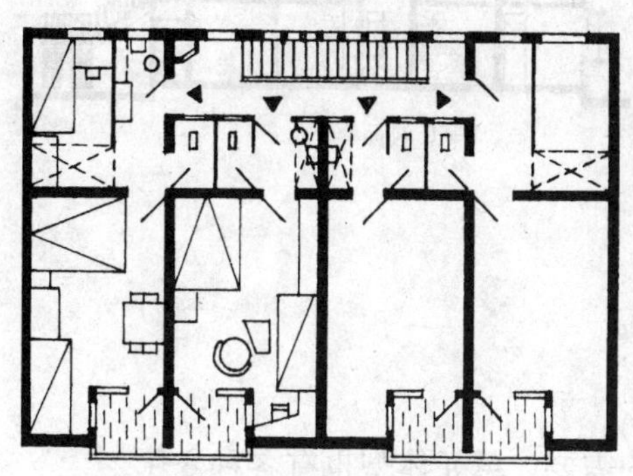

图 3–48　南京某小面积住宅方案

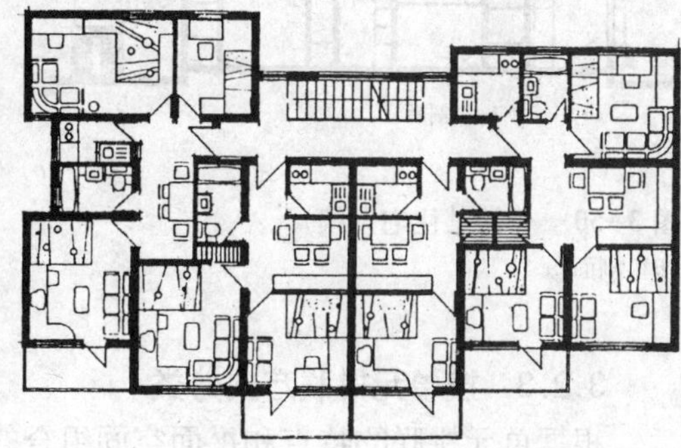

图 3–49　上海某住宅

4）直上式

梯跑单跑直上，由休息平台入户，形成梯廊合一，也称为梯廊式。其特点在于可充分利用楼梯上下的空间，用以改变套型或作贮藏空间，因而大大提高了面积利用率。采用直上式楼梯的住宅栋深一般较大，梯廊构件的钢筋混凝土用量少，所以造价较低。当梯廊沿横墙布置时，分户明确，每户朝向通风好。其缺点是不易将各户入口选择在合适位置上，户内交通穿套较多，且上楼较累，一般建 3 ~ 4 层（图 3–50）。因每层平面不同，设计及施工较麻烦。

此外，还可利用楼梯休息平台分层入口，结合地形组成错层单元（详见第 5 章 5.3 节）。

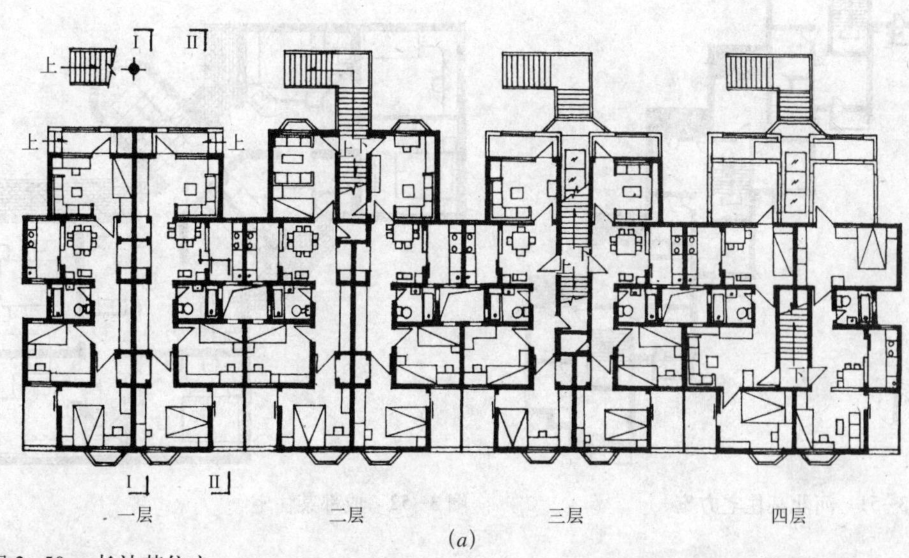

图 3–50　长沙某住宅

(*a*) 平面图

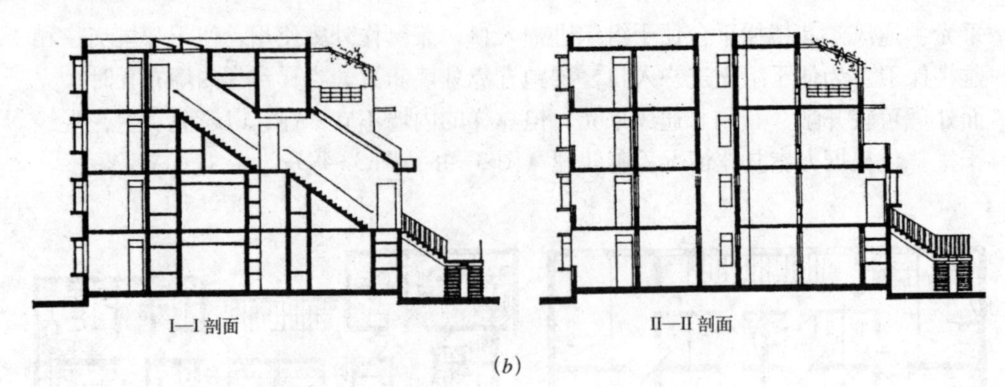

图 3–50　长沙某住宅（续）
(*b*) 剖面图

3.2.3　按单元拼联方式分类

根据单元拼联的特点和平面空间组合的需要，单元体型也有各种变化。

1）单向拼联

为结合地形和道路走向，可将错接单元组合成锯齿形组合体（图 3–51）。

2）两向拼联

如 L 形，用于转角，以拼联两个方向的平直单元，常将阳角退进以利采光通风（图 3–52）。如用地许可时，可做成直角形，以充分利用土地，增加建筑面积（图 3–53、图 3–54）。

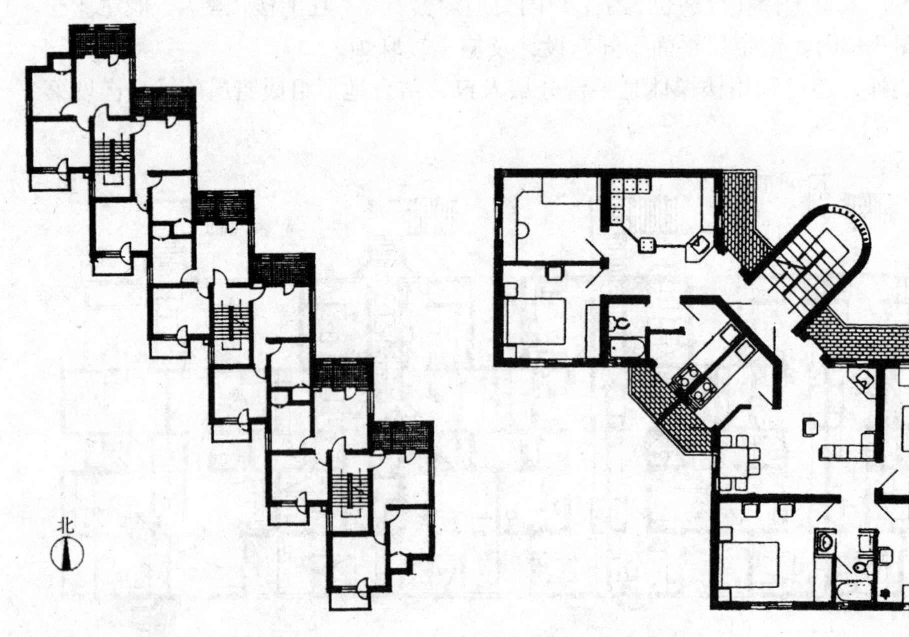

图 3–51　河北某住宅方案　　图 3–52　成都某住宅

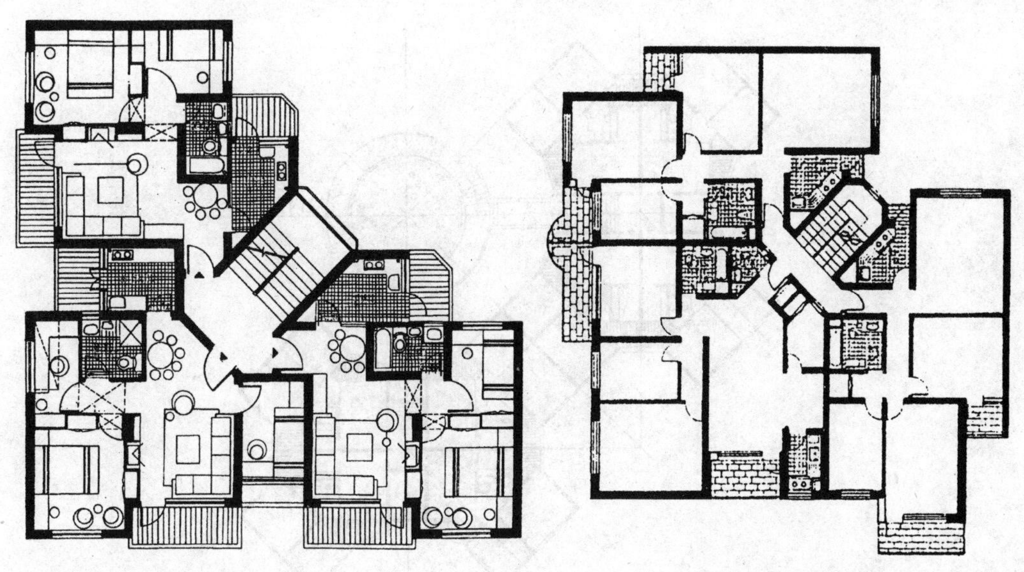

图3-53 深圳住宅方案

图3-54 天津住宅竞赛获奖方案（东南大学）

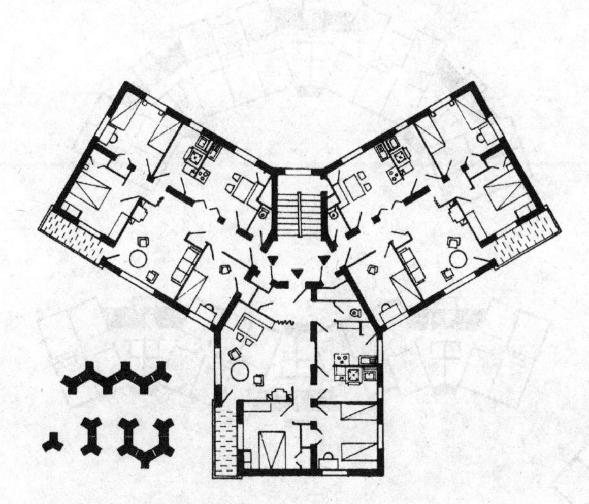

图3-55 法国某住宅

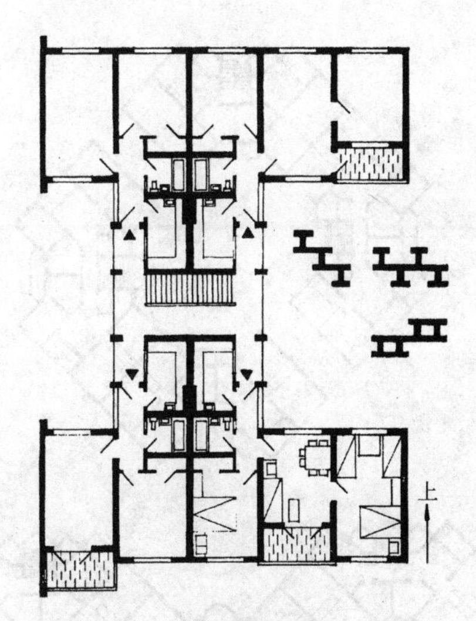

图3-56 安徽某住宅

3）三向拼联

如Y形,具有三个方向拼联的可能性,拼联的组合体体型有变化（图3-55）。

4）多向拼联

如工形，X形，蛙形等，4个端头皆可拼联。如图3-56工字形既能平接，又能错接，将走廊处理成4个有转折的尽端，有效地减少了户间干扰。图3-57为蛙形，平面紧凑经济，每户都有向阳面，可从不同方向拼接。

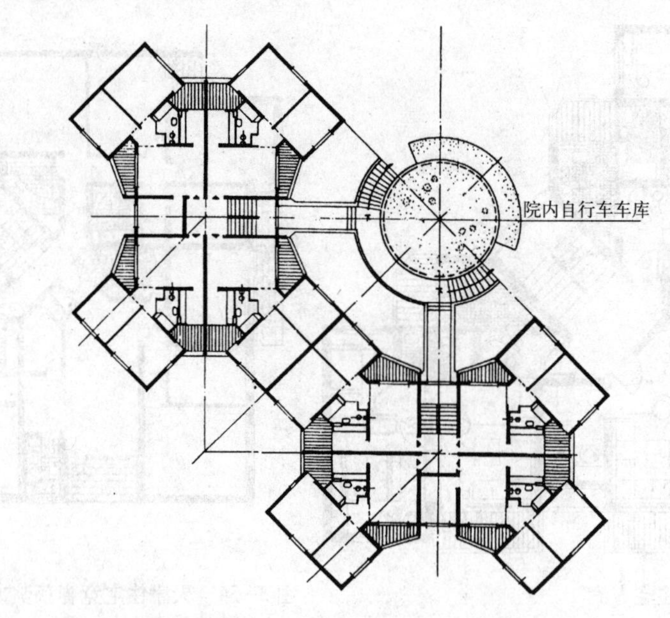

图 3-57　成都某住宅

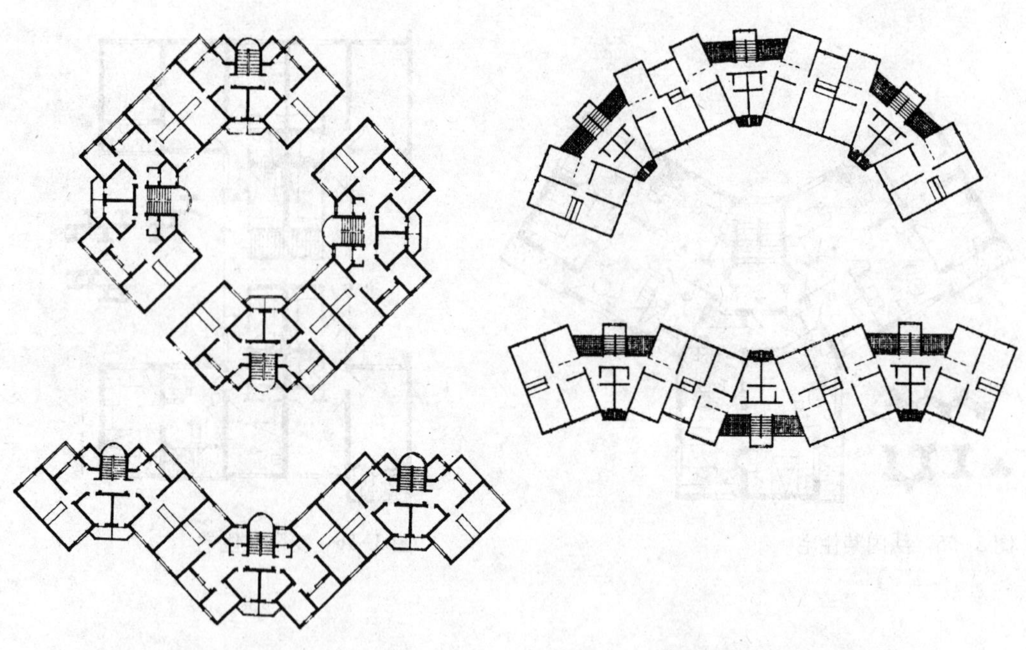

图 3-58　四川七五住宅方案

图 3-59　重庆七五住宅方案

5）异形拼联

为了打破条式拼联的单调行列式布局，采用蝶形的或楔形的单元拼联成多变的组合体。如图 3-58 为蝶形单元，可拼成院落式或折线形组合体。图 3-59 为楔形单元，可拼接成弧形或 S 形组合体。这种异形体拼联要注意住户的朝向，在形体变换方向时仍能使每户居室处于较好的朝向。

3.2.4　按独立单元的形式分类

凡不与其他单元拼联而独立修建的住宅称为点式住宅。其特点是数户围绕一个楼梯枢纽布置，四面皆可采光通风，分户灵活，每户常能获得两个朝向，且有转角通风。外形处理也较自由，常与条形建筑相配合，以活跃建筑群的空间布局。建筑占地小，便于因地制宜地在小块零星地兴建。在山地、坡地，为节省土石方工程量，也经常采用。在风景区及主干道两侧，按规划上的要求或为了避免成片建筑对视线的遮挡，也常以点式住宅来处理。点式住宅外墙和外窗较多，经济性稍逊于条式住宅，据测算，在北京地区其造价较条式住宅约高出5%左右；再者，一梯服务多户或居室较多的点式住宅，易出现朝向不好的居室，在平面设计及总平面布置时应予以注意。点式住宅的形状很多，可以是方形、圆形、三角形、T字形、风车形、Y字形、凸字形、工字形以及蝶形等等。常见的形式有以下几种：

1）方形

平面布局严谨，外墙面较少，有利于防寒保温。墙体结构整齐，有利于抗震设防。可保证每户有良好朝向和日照条件，适宜于在寒冷和严寒地区采用，分户时使住户朝南、朝东或朝西的方向，不应使一户的居室全部朝北，如图3-60所示。

2）T字形

一梯四户时，为使每户朝南，T字形平面较为有利。如图3-61所示，大多数居室均为南向，南向两户起居室作斜角处理，改善了北面套型起居室的采光和景观。各套型平面动静分区明确，流线简捷，房间布置合理，厨房、卫生间均能直接采光通风。这类平面要注意避免前后相邻两户间的视线干扰，保证私密性，如本方案中作了适当考虑，厨房、卫生间的斜角窗既可避免西晒，又防止了视线干扰。

3）风车形

一梯四户的风车形平面，临空面增多，暗面积减少，有利于套型内的采光通风。在凹口内一般间距小，常将厨房、卫生间布置于此，要注意开窗位置，避免

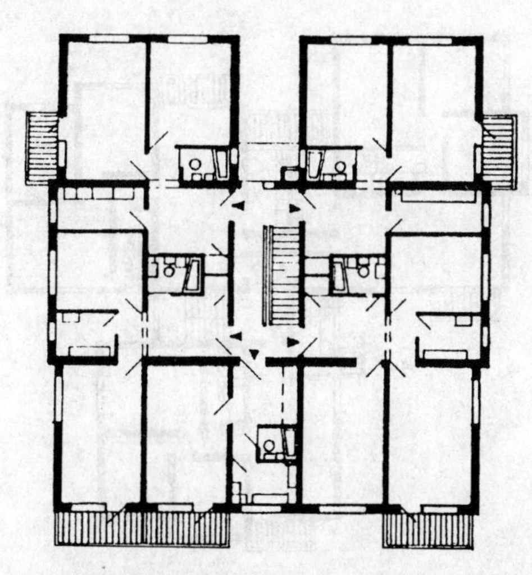

图3-60　北京方形点式住宅

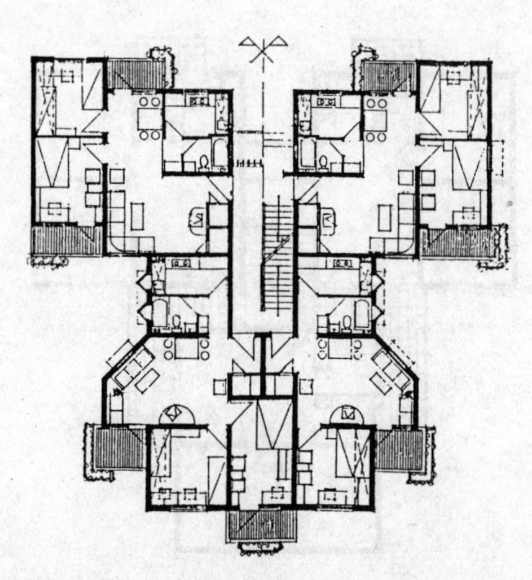

图3-61　广州点式住宅

户与户之间的视线干扰。在风车形平面布置中，常有一户难以获得较好朝向，如图 3-62 所示，在总平面布置中应予注意。

4）Y 字形

取消风车形平面中朝向不好的一翼，做成一梯三户的 Y 字形平面，使 3 户皆获得了良好的朝向与通风，由于翼间的夹角加大，有利于扩大视野。Y 形平面中必产生不规则的房间，应尽量做到结构整齐，使不规则的结构简化，如图 3-63 所示。

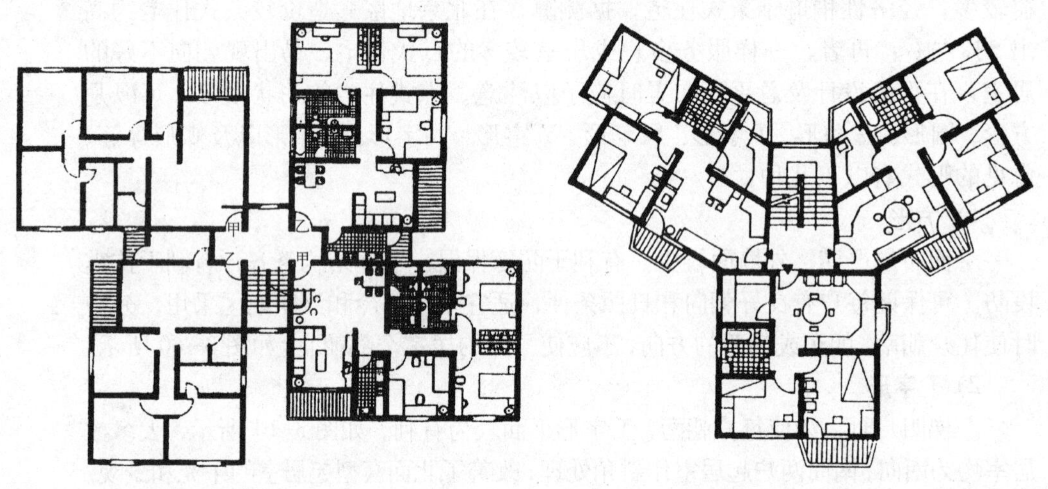

图 3-62　广东肇庆风车形住宅　　图 3-63　广州某 Y 形住宅

5）凸字形

一梯三户时，为使结构整齐布置，有利于施工，常做成凸字形平面，使每户都有良好朝向和通风。如图 3-64 所示，将楼梯布置在北向，主要居室都争取向南，厨房、卫生间则布置在较差朝向。又如图 3-65 所示，每套居室较多，楼梯布置在东向，厨房、卫生间尽量集中以节省管线。

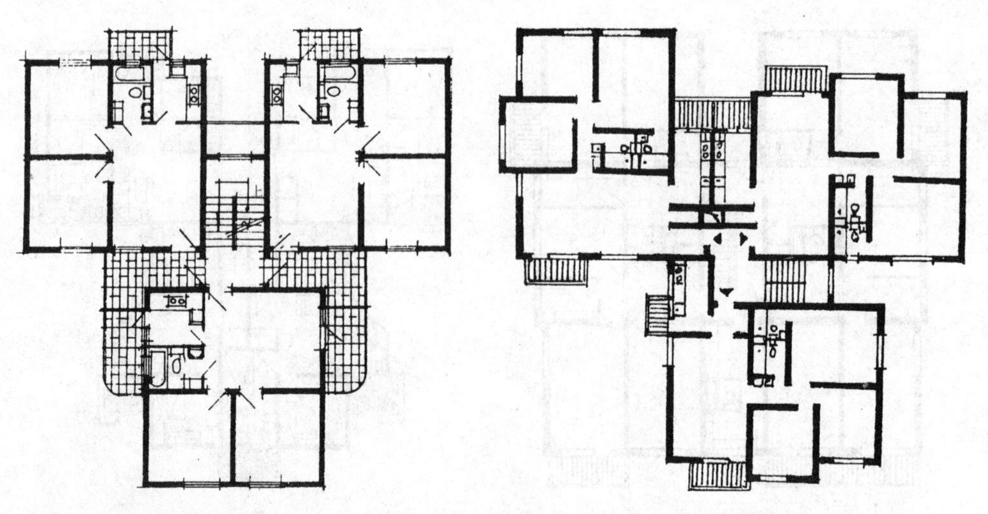

图 3-64　陕西凸字形住宅　　图 3-65　江苏宜兴凸字形住宅

6）蝶形

为求得体形的活泼与变化，点式住宅常处理成蝶形平面，如图3−66所示。每户多数居室朝南，套内公私分区明确，厨房靠入口布置，卫生间靠卧室布置，厨、卫管道集中，并避免了户间视线干扰。又如图3−67所示平面为近三角形的蝶形，每套居室均有较好朝向，外形富有光影效果，室外三角形空间形成优美、活泼、开朗的室外空间环境。

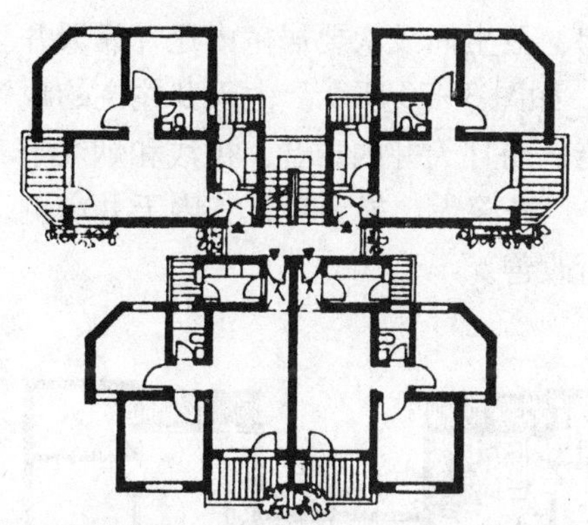

图3−66　厦门蝶形住宅

图3−67　上海嘉定蝶形住宅

7）工字形

一梯四户工字形平面既能作点式，亦可拼联，具有一定的灵活性。每套平均面宽较小，有利于节约用地。在北方地区，为保温防寒，应尽量缩短外墙周长，如图3−68所示，结构墙体规整，有利于抗震。在南方地区，为通风降温，则凹口较深，如图3−69所示，楼梯竖放，既可作单跑，又可作双跑，双跑楼梯可使前后错半层，有利于竖向组合，底层可布置商店、自行车库等。

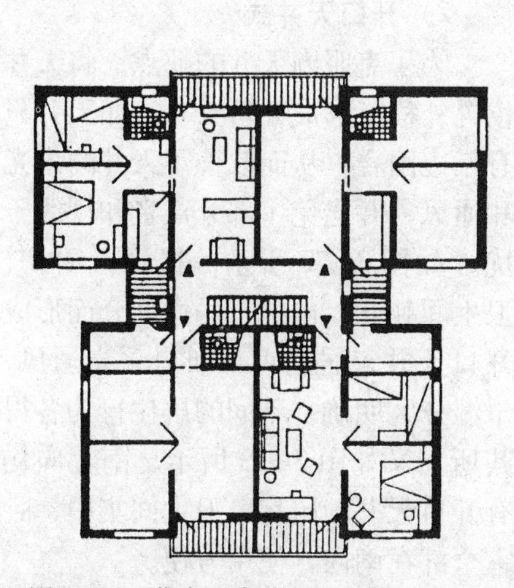

图3−68　北京工字形住宅

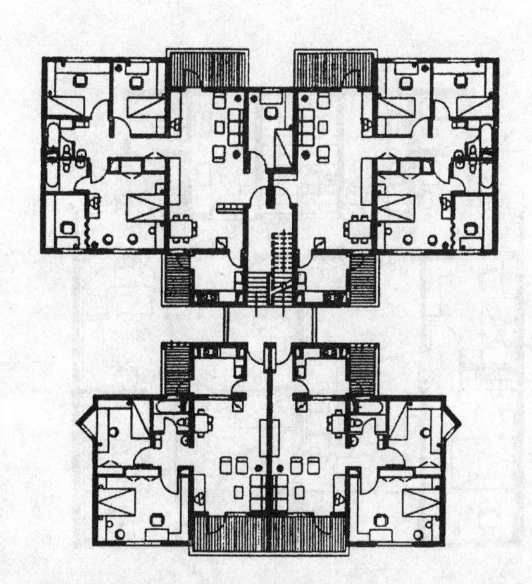

图3−69　长沙工字形住宅

3.2.5 按天井的形式分类

为了节约用地，减小每套平均面宽，加大房屋栋深，则效果比较显著。但进深增加以后，房屋内部的通风采光就必须用天井的方式予以解决，因此出现了天井式。四周以房间围绕的称为内天井，三面有房间围绕的称为开口天井，如果天井比较大则形成院落，称为院落式，现分述如下：

1）内天井式

内天井增加了房屋内部的临空面，便于采光和通风，由于增加了房屋栋深，因而节地效果明显。其平面布局特点是将厨房、卫生间或次要居室内迁，靠天井采光和通风，主要居室应布置在较好的朝向，如图 3–70 所示。内天井住宅的缺点在于天井通风采光较差，尤其底层光线较暗，而且天井内声音、视线和烟气干扰大。图 3–71 为点式内天井住宅，一梯六户，进深大，能节地，其内天井一侧为横楼梯，从而使内天井的一些不利因素有所改善。

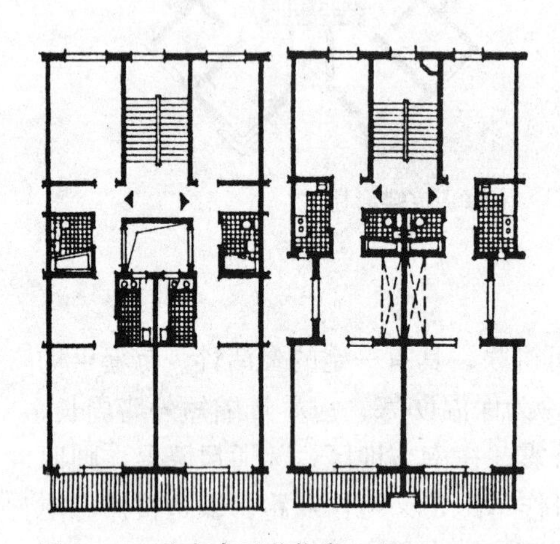

图 3–70　北京内天井住宅

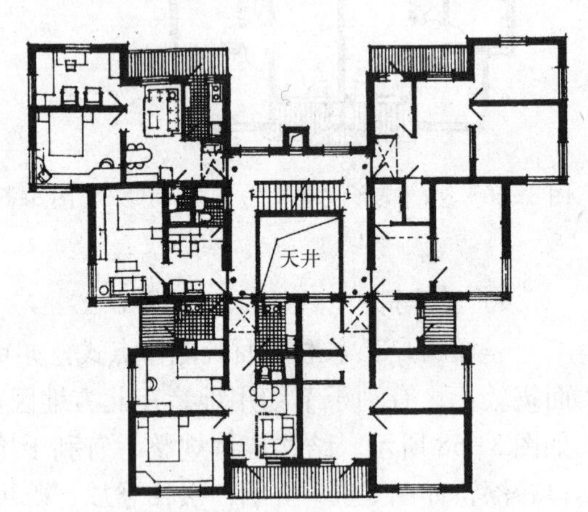

图 3–71　天津点式内天井住宅

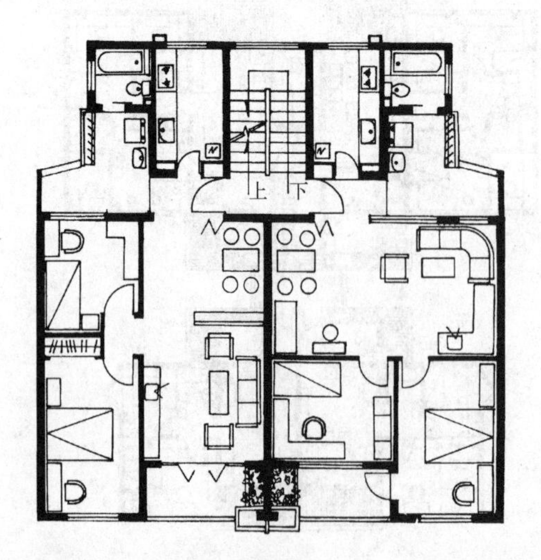

图 3–72　重庆开口天井住宅

2）开口天井式

为了克服内天井的缺点，将天井位置外移，形成开口天井，即天井只有三边围合，从而改善了天井的采光和通风，并避免了部分声音和视线干扰。如图 3–72 所示，楼梯、厨房、卫生间朝北，凸出于居住部分而形成开口天井，居室可从凹口采光通风，干湿分区明确，不同的居住行为各得其所。又如图 3–73 所示，南北向均有开口天井，厨房、卫生间集中，卧室全部在南向，使用方便。

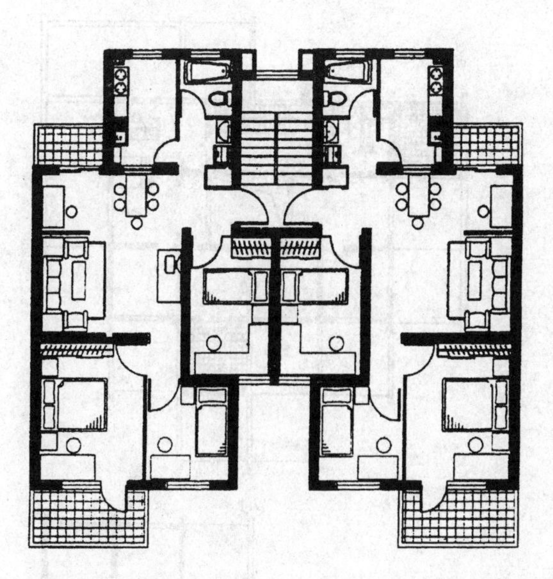

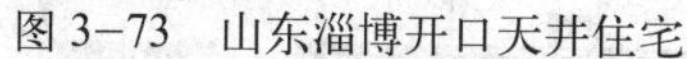

图 3-73 山东淄博开口天井住宅

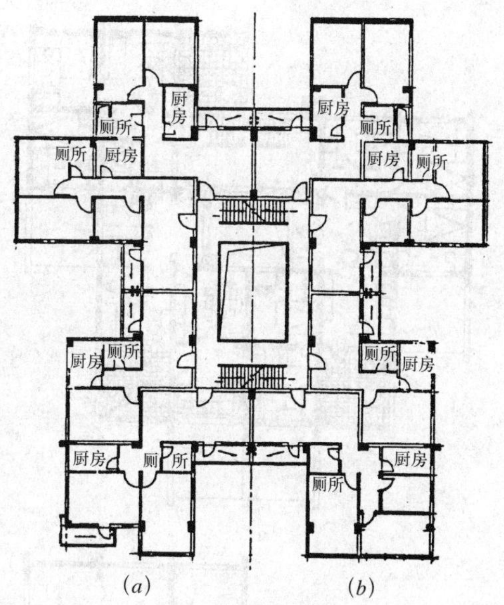

图 3-75 广州院落式住宅

(a) 标准层平面图；(b) 顶层平面图

3）院落式

将若干户围合成较大的院落，不仅改善了朝向内院房间的采光和通风，而且院落可以作为住户的邻里交往空间，如图 3-74 所示。为了保证院落北面住户的日照，院落南面层数降低为 3 层。图 3-75 为南方地区院落式住宅，两部楼梯服务于 8 户，楼梯间的连廊形成交通核心，为住户提供了交往场所，并便于住户的治安联防。院落式还可以做成三面围合的空间，这样通风采光较好，但在节地上常感不足。院落空间要达到邻里交往的目的，必须使各户能方便地到达院落，因此，应恰当地组织各户人口与院落的联系。

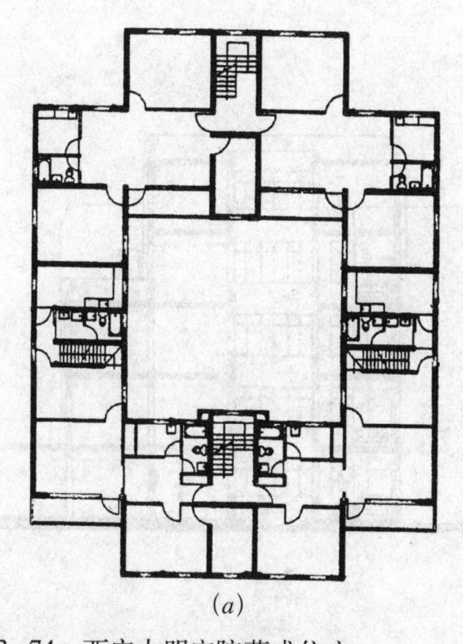

(a)

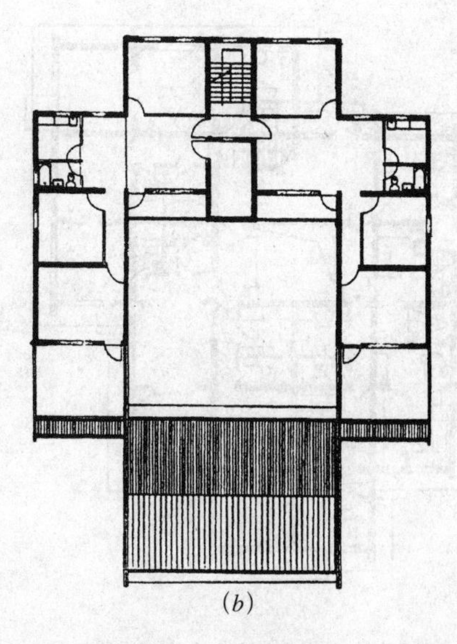

(b)

图 3-74 西安大明宫院落式住宅

(a) 二层平面图；(b) 四层平面图

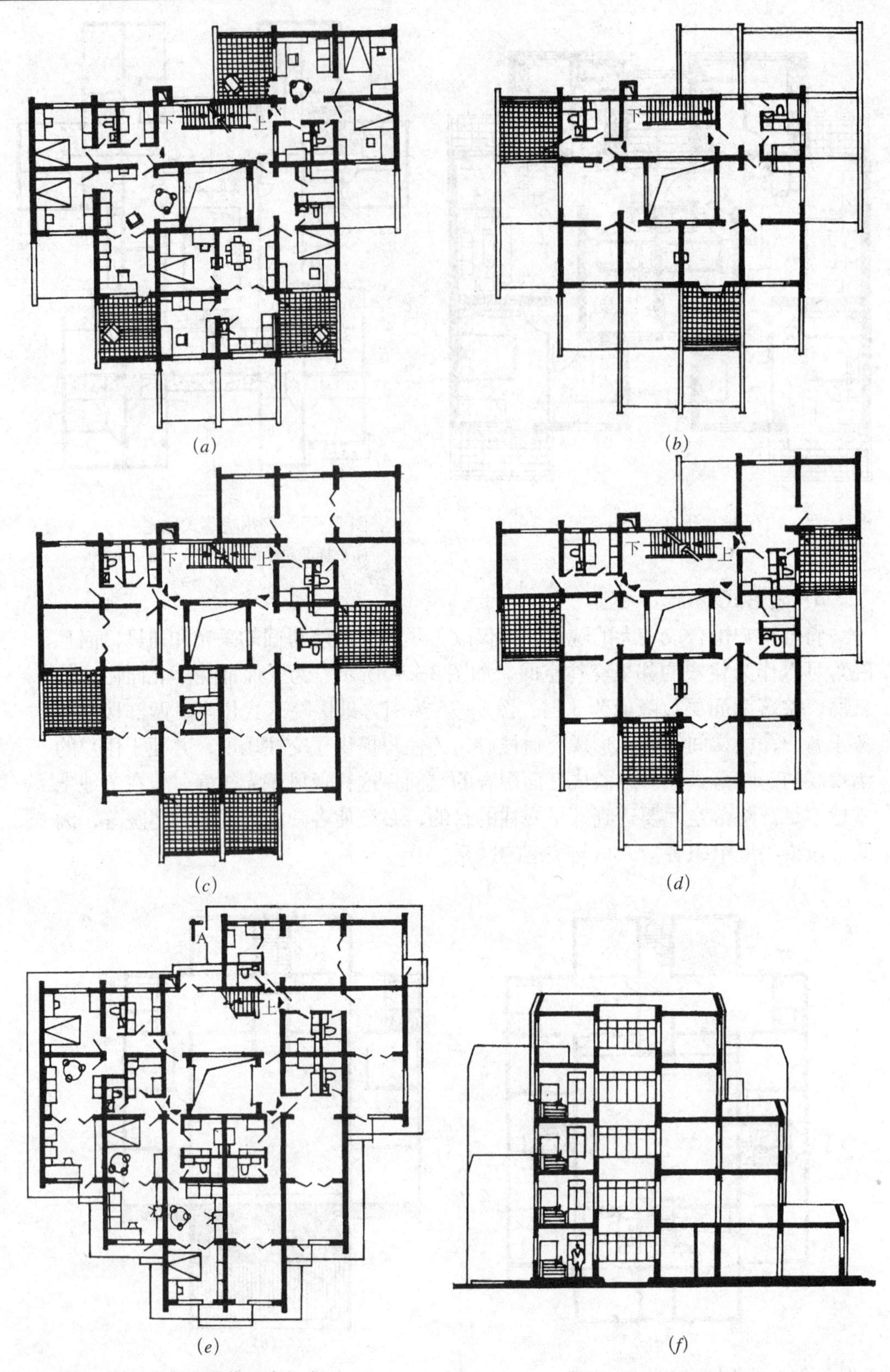

图 3-76　北京台阶花园式住宅

(*a*) 三层平面图；(*b*) 五层平面图；(*c*) 二层平面图；(*d*) 四层平面图；(*e*) 底层平面图；(*f*) 剖面图 A-A

3.2.6　按剖面组合的形式分类

住宅设计不仅是平面组合问题，如果从三维空间的角度来思考，从剖面的组合变化上进行分类，则可分为台阶式、跃层式、复式、变层高式等几类。这类住宅在设计中需要注意解决的共同问题是，套型因三维空间的变化组合带来了楼层上下房间平面尺寸不同导致的结构梁板不同；或因上下房间功能不同而产生的设备管线上下对位等问题。各类型的特点现分述如下：

1）台阶花园式

将住宅单元逐层错位叠加、层层退台，使每户都有独用的大面积平台，外形形成台阶形或金字塔形（图3-76）。它的特点是每户都有独用的花园平台，室外环境犹如低层住宅，为住户提供了休息及户外活动场所，由于是多层叠加，相对来说比较节约用地。近年来，随着市场上商品住宅单套建筑面积的逐渐增大，也出现了在普通单元梯间式住宅的基础上因套型逐层变化、层层退台而形成的每套都带“空中花园”的住宅形式（图3-77）。在法国，这种住宅被称为中间式住宅，不过他们还要求每户有独用的室外入口，因而有两套垂直交通系统，在阶梯形住宅中央空间设置车库或其他公用设施（图3-78）。

2）跃层式

当套型面积较大、居室较多时，可布置成跃层式住宅。跃层式住宅可以上、下层动静分区，将起居室、厨房、餐室布置在下层，卧室布置在上层，居住较安静，

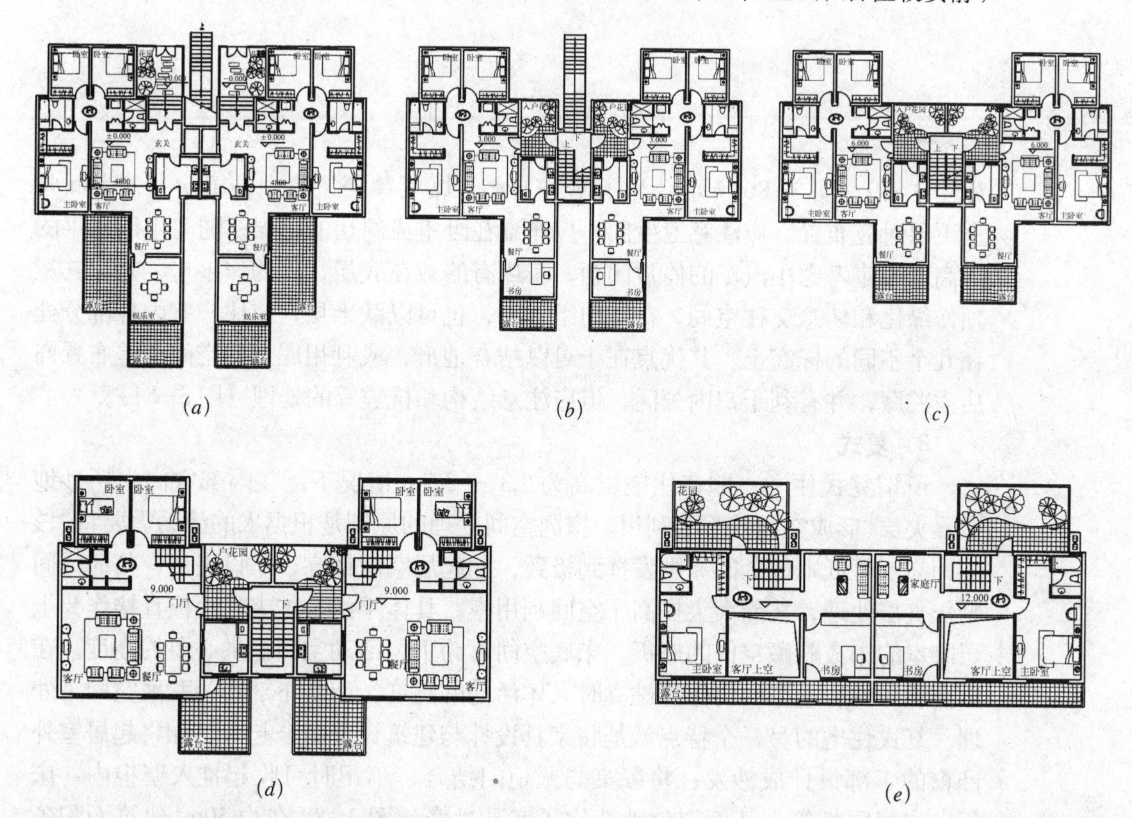

图3-77　南方某退台式“空中花园”住宅

(*a*) 一层平面图；(*b*) 二层平面图；(*c*) 三层平面图；(*d*) 四层平面图；(*e*) 五层平面图

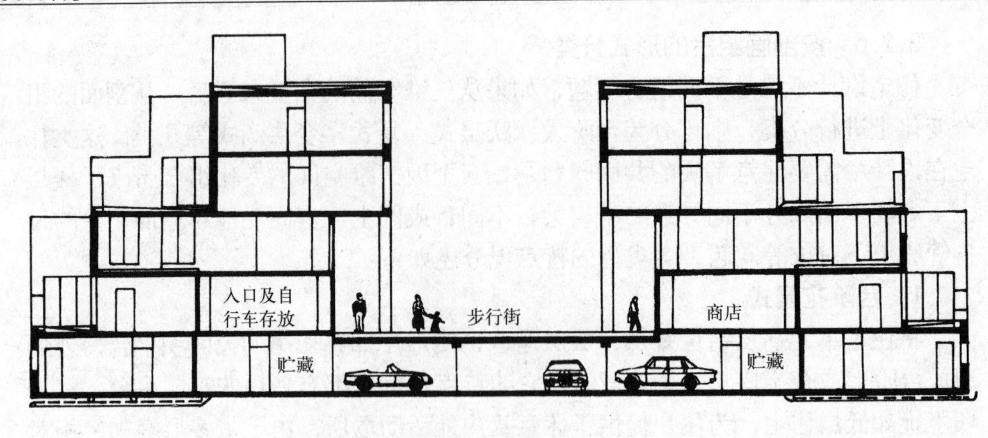

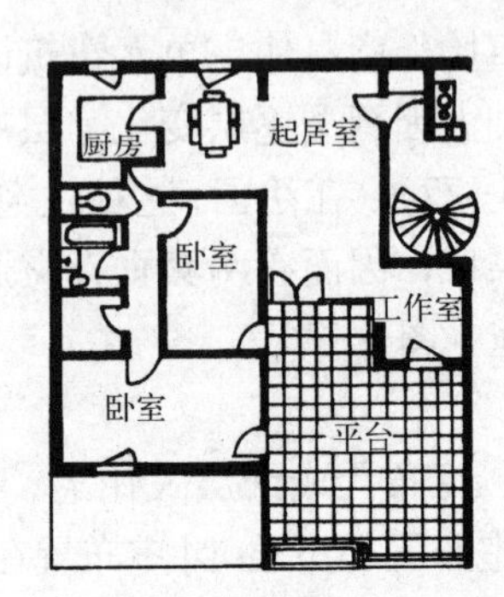

图 3–78　法国默兰一塞那中间式住宅

如图 3–79、图 3–80 所示。为了使上下水、煤气等管道集中，厨房、卫生间常上下层对应布置。应注意卫生间不应布置在卧室或厨房的上层。随着生活水平的提高，还应考虑小汽车的停放问题，车库有的放在底层，有的作平房，并在其屋顶作绿化和休息交往空间。在竖向组合中，也可以跃半层，使住户室内各部分处在几个不同的标高上，其优点在于可以结合地形，或利用底层的空间高差布置商店或贮藏，并有利于户内分区，但应注意结构和抗震等的处理（图 3–81）。

3）复式

所谓复式住宅，即在住宅层高为 3.3 ~ 3.5m 情况下，在内部空间中巧妙地布置夹层,形成空间的重复利用。室内空间处理的原则是根据人的活动需要将“该高即高、可低则低”的原则发挥到极致，如起居空间最高，不设夹层，其他空间则作夹层处理，从而大大提高了空间利用率。具体手法是把夹层隔板直接作为上层卧室的床或贮藏空间的底板，床底空间可为下层活动空间提供必要的高度。在床前，人的行走空间仍保持站立时人体活动的高度，而其下部作为贮藏空间来处理。复式住宅的另一个特点就是将家具设计与建筑设计结合起来，如将起居室外凸窗的下部设计成沙发；将餐桌与壁柜门结合，不用时可收起推入壁柜内；床板即夹层隔板等，从而有效地节约了家具投资。图 3–82 在约 $50m^2$ 建筑面积条件下，提供了约 $70m^2$ 的可供使用的面积，而且是“三房二厅”式的多空间居住

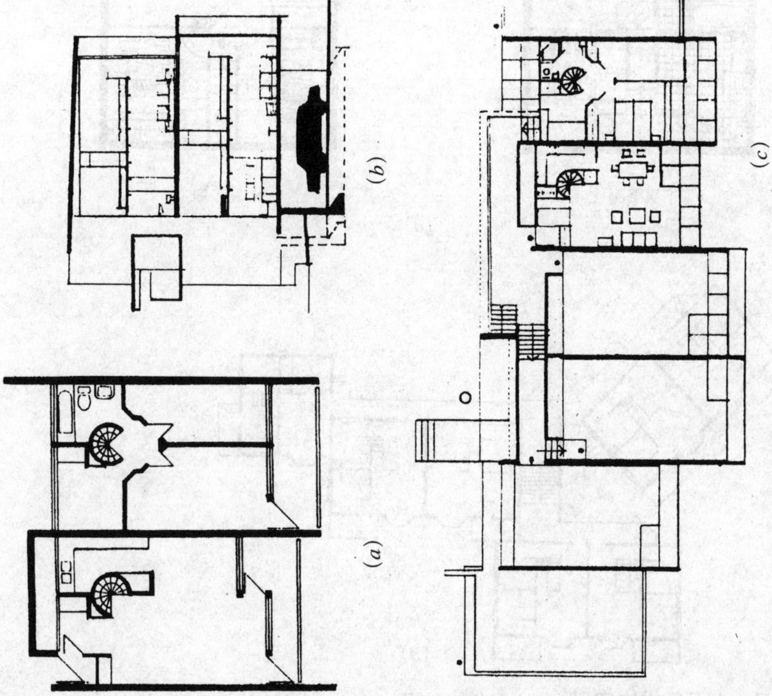

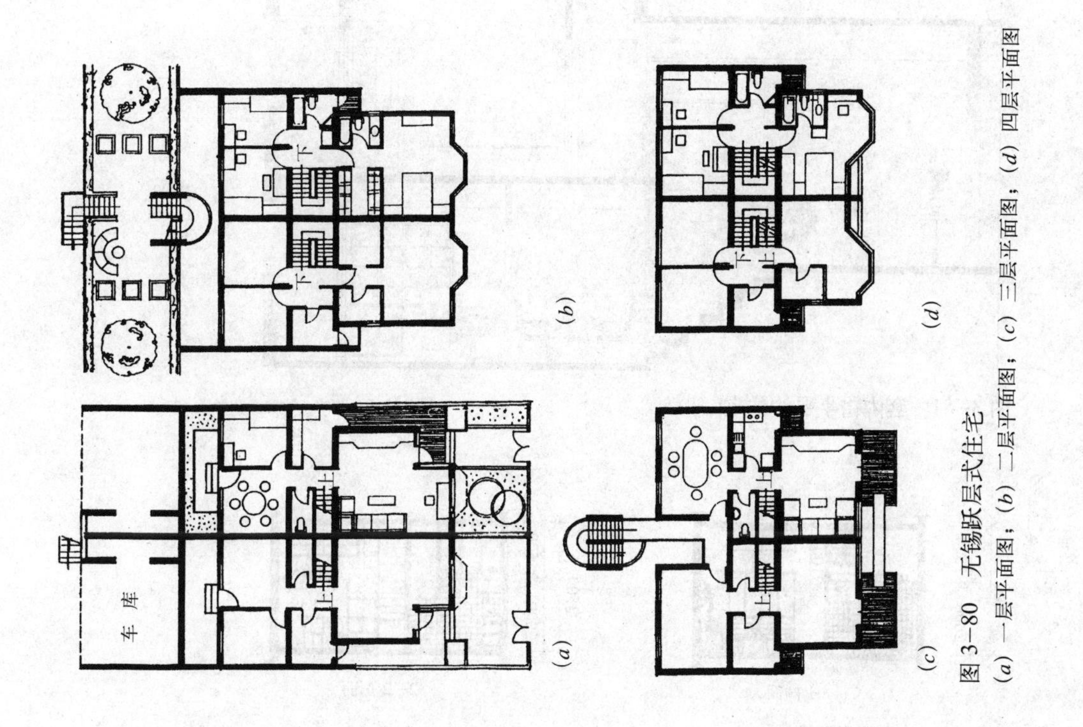

图3-80　无锡跃层式住宅
(a) 一层平面图；(b) 二层平面图；(c) 三层平面图；(d) 四层平面图

(a)　(b)　(c)

图3-79　意大利跃层式住宅
(a) 上下层平面图；(b) 剖面图；(c) 入口层平面图

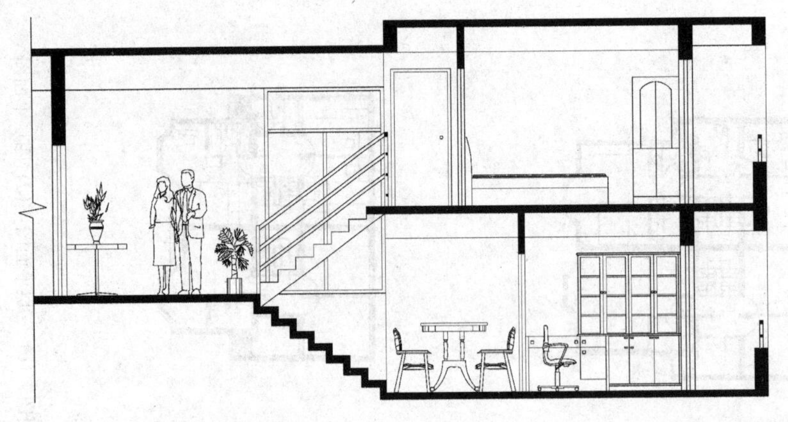

图 3-81　套内错半层的住宅

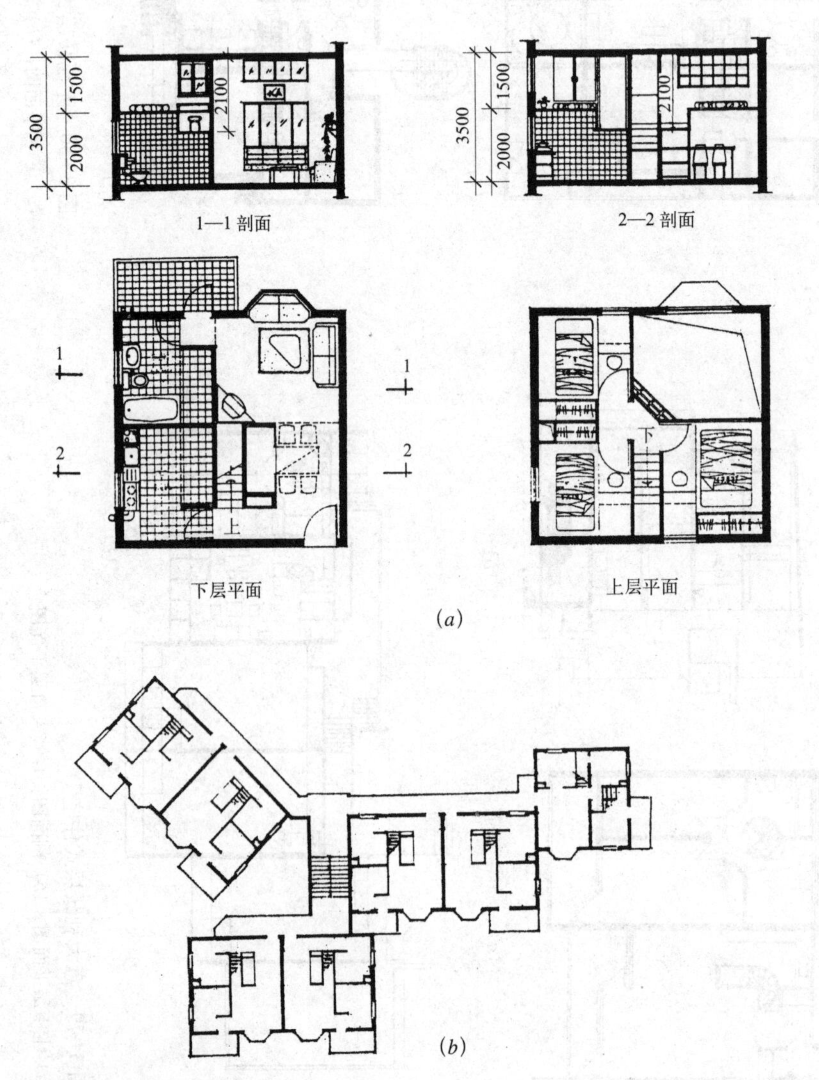

图 3-82　上海复式住宅

(*a*) 典型套型示意图；(*b*) 标准层平面图

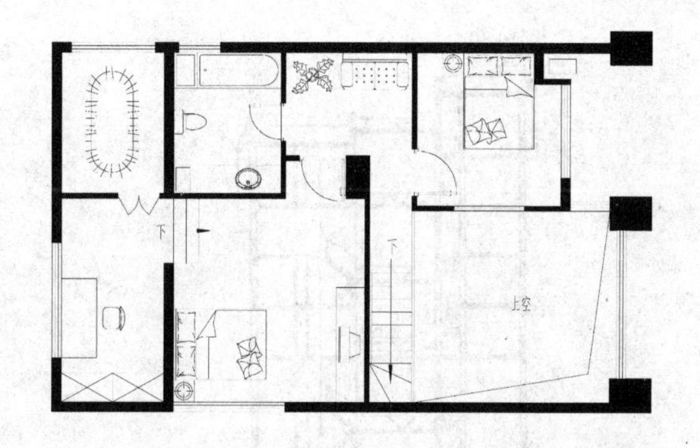

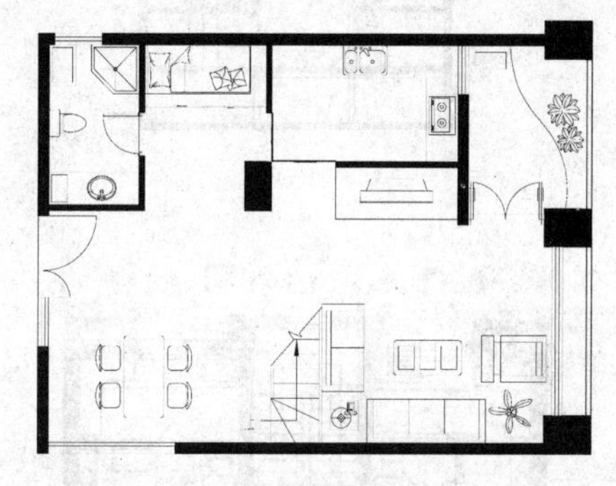

图 3-83　借鉴“复式住宅”的套型设计

环境。虽然完全满足其原始概念的复式住宅套型中有些空间比较低矮狭小、使用不便，且给建筑构造和施工上带来了一定的复杂性，但这一概念给设计人员带来的启发仍然可以创造出一些新的套型空间形式（图 3-83）。

4）变层高式

在住宅空间中，起居厅需要较高的空间高度，卧室次之，厨房和卫生间等服务空间则可以较低。在竖向组合时，根据不同的层高进行搭配，既可以高效利用空间，又可以节约建筑材料和用地，从而达到较好的经济效果，这种住宅称为变层高式住宅。在变层高式设计中，组合的方式很多：可以高低交互错位搭接，也可以高低各占一边相互搭接；可以纵向相错，也可以横向相错；可以局部错层，也可以多方向错层等。但是，应注意的问题是在结构和构造处理上，不能过于复杂，并要符合抗震和便利施工的要求。图 3-84 为一变层高式住宅示例，起居室层高较高且居中，卧室、厨房、卫生间较低，围绕起居室设置，起居室两层高度相当于卧室、厨房、卫生间等房间三层的高度，因此，结构楼板每隔 2 ~ 3 层即可拉平，使结构和构造相对简化。

需要说明的是，以上分类原则和类型不是绝对的，有些住宅套型并不能严格归类。在具体的设计工作中，住宅的各种类型可以交叉结合，充分发挥各自的优点，使平面空间组合更加完善。如平直拼联的单元加上转角单元可以组合成院落式的住宅组团，增强社区内人们的交往机会（图 3-85）；长、短外廊与跃层式住宅套型相结合可创造出立面变化自由而丰富的住宅楼栋造型（图 3-86）；内楼梯与天井式相结合，可以加大栋深，更加节地；变层高式住宅与跃层式或复式相结合，使空间利用更为充分；将跃层式与一般住宅相结合，放在顶部两层，使 6 层住宅变为 7 层，可增加建筑面积密度而不需增设电梯等，如图 3-87、图 3-88 所示。

3.3　住宅的适应性与可变性

一般的住宅，在目前设计、施工、管理、交付使用的运作体制下，其空间布局、设备管线系统乃至装修都是统一建造，一次完成的成品。住宅内部的空间格局、设备系统和装修标准都是静止不变的空间实体，住户只能被动地去适应。从住宅与人的关系来说，这种方式是人去适应住宅。按照“以人为本”的设计观念，为

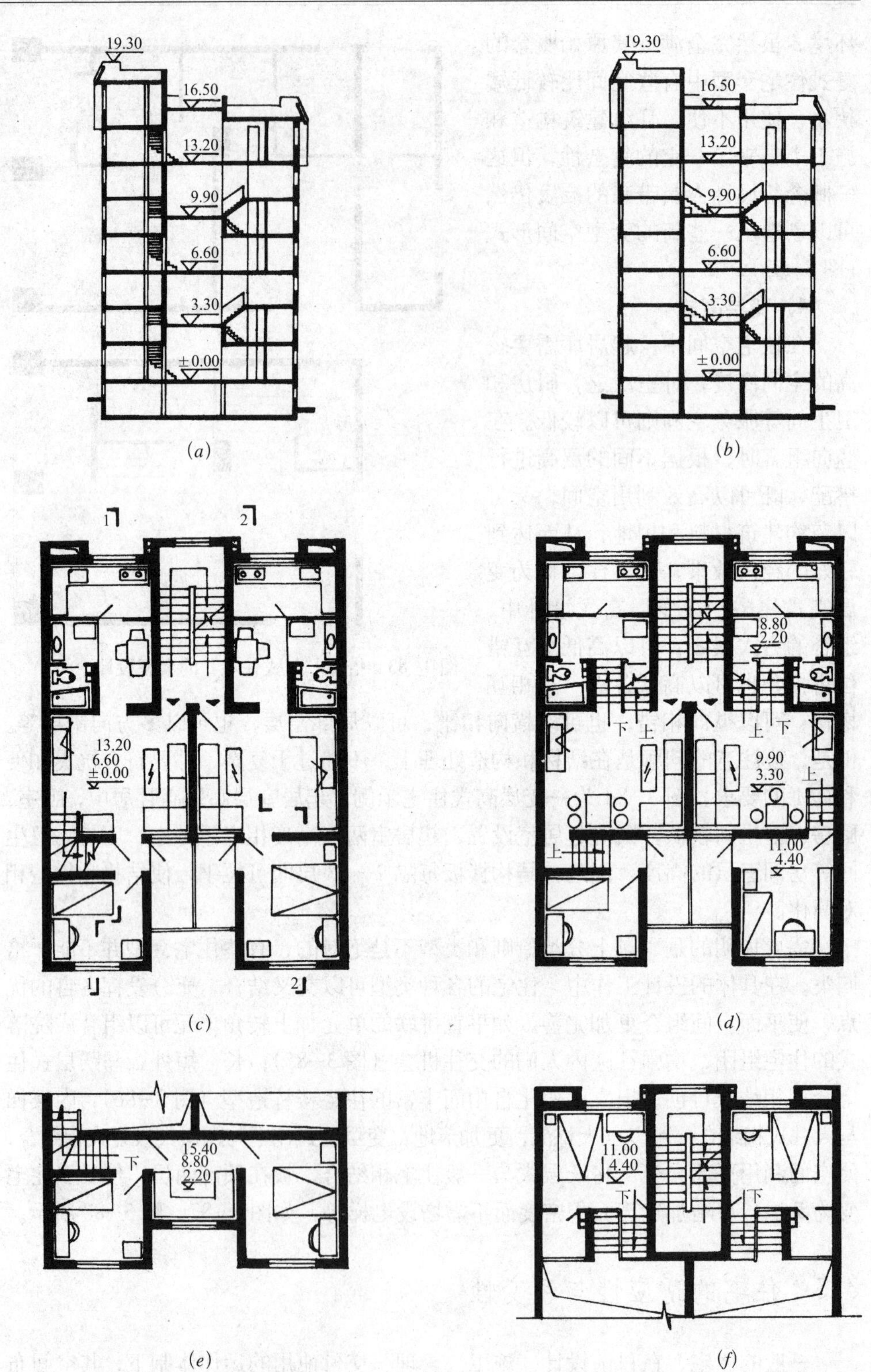

图 3-84　济南变层高式住宅

(*a*) 1—1 剖面图；(*b*) 2—2 剖面图；(*c*) 一、三、五层平面图；(*d*) 二、四层平面图；
(*e*) 一、三、五层夹层平面图；(*f*) 二、四层夹层平面图

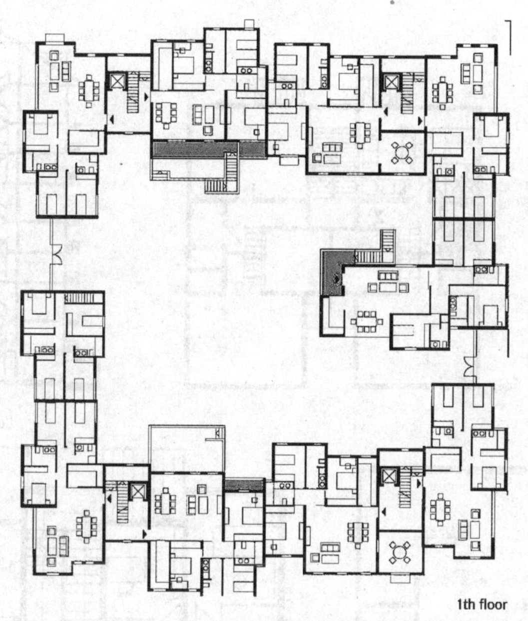

图 3-85　广州南方格林威府院落围合住宅

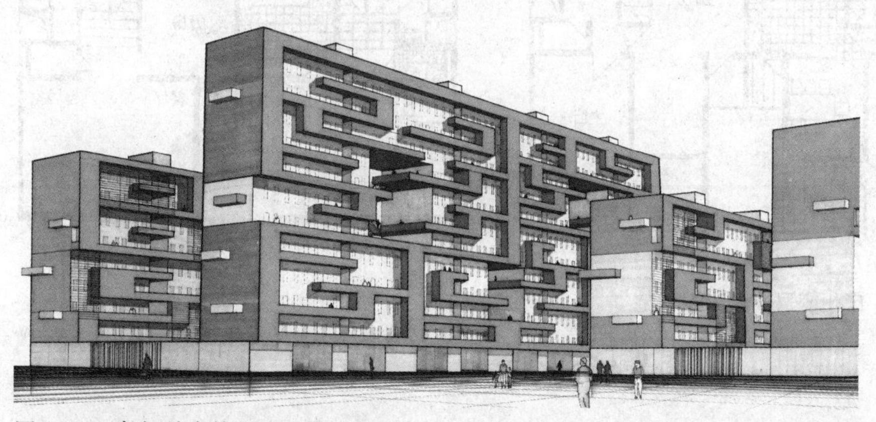

图 3-86　长短外廊结合跃层的住宅

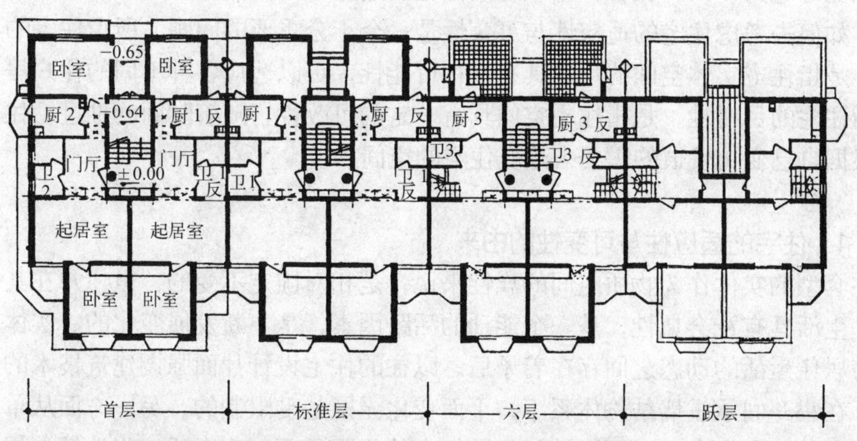

图 3-87　北京内楼梯开口天井住宅

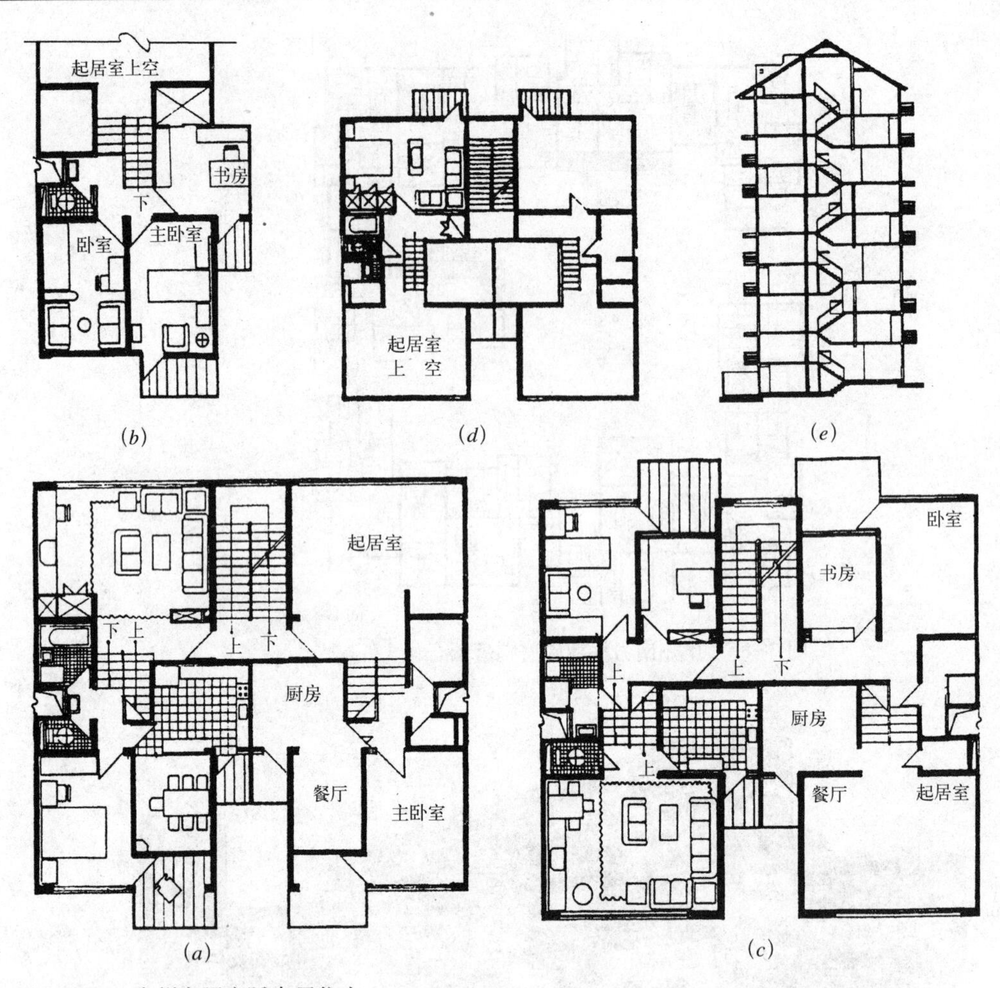

图 3-88 广州变层高跃半层住宅

(a) 跃层（下）平面图（奇数层）；(b) 跃层（上）平面图（奇数层）；(c) 跃层（下）平面图（偶数层）；(d) 跃层（上）平面图（偶数层）；(e) 剖面图

了使住宅更好地为“人”服务，应该是使住宅去适应住户的需要。因此，在住宅设计中，如何去考虑住宅的适应性与可变性是一个十分重要的问题。所谓住宅的适应性，是指住宅实体空间的用途具有多种可能性，可以适应各种不同的住户居住。所谓住宅的可变性，是指住宅空间具有一定的可改性，随着时间的推进，住户可以根据自己变化发展的需要去改变住宅的空间。

3.3.1 住宅的适应性与可变性的由来

住宅套型的实体作为物质空间的属性来说，是相对固定不变的，但住户在其中的家庭生活具有社会属性，是一个能动的活跃因素，是不断发展变化的。实体的静止与居住生活的动态之间存在着矛盾。以往的住宅设计片面强调建筑技术的合理化，在小开间承重墙结构体系下，平面变化无疑是受限制的。另一方面从单纯功能主义的观念出发，平面设计仅仅是把人的物质需要（吃、睡、盥洗等）规范化，然后按功能要求进行空间组合，完全忽略了人在精神、人文等社会学方面的需求，也未考虑到居住生活变化发展的需要。由于砖混结构和钢筋混凝土结构的坚固耐用，住宅实体的改造变得越来越困难，使得不变的住宅实体与人的居住生活变化的矛盾日益尖锐。如第二次世界大战以后，欧洲的一些国家花了很大精力以达到每户一套合适的居住目标，但20年后不仅认为这些住宅的标准太低，而且功能空间不适应住户需求，特别是在20世纪70年代以后更多的家庭偏爱大面积、多功能的厨房所形成的家庭间，而旧住宅的平面类型不再适用了。由于这些住宅在设计建造时就没有改造的预见，住户只得大量搬迁，高搬迁率和空房率进一步使环境恶化，公共设施被破坏，犯罪率增加，反过来又增高了空房率和搬迁率。西欧政府为根除这一恶性循环，采取加强行政管理、维修改建，甚至推倒重建的办法，这无疑加重了经济负担。由此可见，只顾眼前利益是短期行为，在适用和经济上是不划算的，应该从长远的观点和发展的观点来看待住宅的适应性与可变性的问题。

住宅作为物质实体，其结构寿命较长，以砖混结构、钢筋混凝土结构而言，其物质老化期可以长达50～70年。而住宅功能变化较快，其精神老化期较短，一般为10～25年。因此，住宅的物质老化期与功能老化期是不同步的。现代人的生活方式的变化速度加快，而且日趋多样化，这就使得住宅的耐久性与可变性之间的矛盾更加突出，提高住宅的适应性与可变性更为必要。

3.3.2　家庭生活变化的基本规律

家庭生活的变化从宏观来看，是社会上普遍的家庭使用功能模式的变化，它涉及社会的居住形态，即与社会的进步、科学技术的发展、生活水平的提高、生活方式的演变等因素有关。从微观分析，就一个家庭来说，有家庭生命循环周期的变化，有家庭生活年循环和周循环的变化等，这又与家庭的人口构成、家庭的生活方式、个人的生活特点等因素有关。

1）家庭使用功能模式的变化

从横向分析，社会上的各种家庭有不同的家庭生活方式，形成各种家庭生活方式特殊性的原因涉及人们的职业经历、文化教育程度、社会交往范围、经济收入水平以及个人的年龄、性格、生活习惯、兴趣爱好等多种因素。在第1章中我们已将其归纳为交际型、文化型、家务型、休养型、家庭职业型等。

从纵向分析，家庭使用功能随社会经济水平和生活水平的提高逐渐演变。我国家庭使用功能模式的变化见表3-1。从表中可以看出，由独户小面积住宅到小方厅住宅用了20年时间，由小方厅住宅到大起居室小卧室住宅只用了10年时间。前4个阶段平均周期为15年。随着生活水平的提高，住宅空间的功能愈分愈细，设备也日益完善。

2）家庭生命循环的变化

家庭从开始组合到分离解体，一般为30～60年。家庭生命循环的周期变化大体的几个阶段是：结婚成家——生育子女——子女学习成长——子女就业离家——夫妇空巢——丧偶孤寡。家庭人口由少到多，又由多变少，需要房间的数

我国城市住宅使用功能模式的发展变化 表 3–1

类　型	功能模式	生活特征	年份
多户合住式 （合住型）	K—T BLD　BLD　BLD	• 每户一室或带套间的二室 • 卧室兼起居用餐功能 • 多户公用厨房和厕所	1950 ～ 1957
独户小面积式 （床寝型）	K—T BLD	• 每户 1 ～ 2 室，多数穿套 • 卧室兼起居用餐功能，以放床睡眠为主 • 独用小厨房和厕所或合用厕所	1958 ～ 1978
小方厅式 （餐寝型）	K—T D BL	• 每户 1、$1\frac{1}{2}$、2、$2\frac{1}{2}$室，走道扩大为小方厅 • 小方厅用餐、会客，起居多在卧室，餐寝分离 • 独用厨房，卫生间设便器、浴位	1979 ～ 1989
大厅小卧式 （起居型）	K—T LD　B	• 大起居厅小卧室，起居、睡眠分离 • 用餐在起居室 • 独用厨房加大，设备较完善，设排油烟机等 • 卫生间按便器、浴盆、面盆、洗衣功能适当分隔	1990 ～ 2010
多空间式 （表现型）	K—T LD　S　B	• 用餐在餐室，用餐、起居、睡眠三者分离 • 设备用间可作书房、客房、工作室、游乐室、多功能室等 • 独用厨房，设备完善，另设家务室或家庭室 • 卫生间按梳妆、便器、浴盆、净身、洗衣等功能分别设置和组合 • 表现自我的生活特征与情趣	2010 年以后

注：K—厨房；T—卫生间；B—卧室；L—起居室；D—用餐空间；S—备用间

量也随之变化。夫妻生育子女，抚育子女成人的核心户型寿命约 27 年；子女婚后仍与父母同住的主干户型的寿命约 18 年；老人夫妻户的寿命约 15 年；孤老户的寿命约 5 年。不同的家庭发展阶段亦不同，因此家庭结构需要不同的住宅空间去适应。

3）家庭生活年循环和周循环的变化

家庭生活在一年之中有两个变化因素：一是气候变化，夏季要通风、降温、遮阳和隔热；冬季要取暖、避风、保温和争取日照。二是节假日的影响，法定节日、传统节日、宗教节日及个人生日等庆贺团聚、会客或家宴活动对起居空间及厨房和卫生间等提出了新的要求。就一个家庭一周的生活循环来看，工作、学习、上班的日期是一种生活节律，周末假日的休闲、团聚、会友又是另一种生活节律，住宅空间应对不同的生活内容具有适应性。

3.3.3 住宅的适应性

针对不同的居住对象，设计出有多种适应性的套型分配或销售给不同的住户，以满足各自不同的需求。这种方式在使用过程中不加或少加工程措施，而是以交换使用空间或套型的办法来达到适应不同住户要求的目的。具体做法有以下几种：

1）房间用途的多适性

在设计中预先考虑到房间的用途可以作不同的更换。在使用过程中，住户可以按自己的要求进行调整，一般适用于年循环和周循环的短期调整。如冬季住南屋、夏季住北屋；工作室改为客房；节假日在次卧室或工作室举行家宴等。

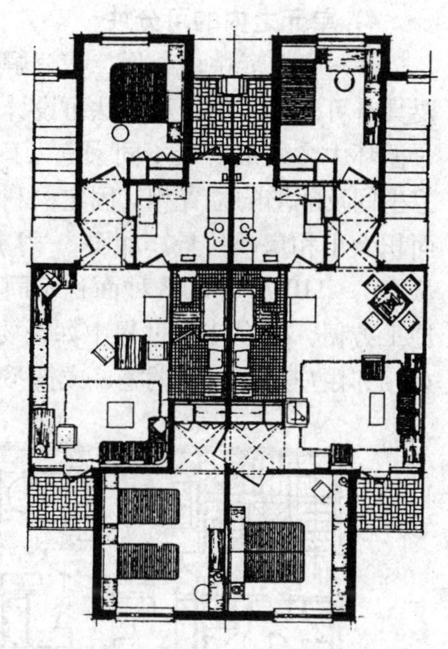

图 3-89 北京住宅

2）设置可调剂分配的灵活房间

在相邻两套型之间设置一处可灵活分配的居室，用不同的开门位置，使其归属于相邻的不同套型，从而达到调整套型类别的目的。如图 3-89 所示，两个二室一厅的套型相邻，其中一间居室若划给另一户，则变为一室一厅和三室一厅的套型，这样就可得到三种不同的套型。

3）设置活动隔墙，改变相邻套型面积

在相邻套型间设置可移动的活动隔墙，按需要调整两者之间的面积，这一户增加面积，另一户就要相应减少面积，因此两户之间面积的增减有相关性。在设计中要考虑结构的承重方式，轻隔墙的移动在构造上要装拆灵活，作为分户墙还应达到隔声的要求，如图 3-90 所示。

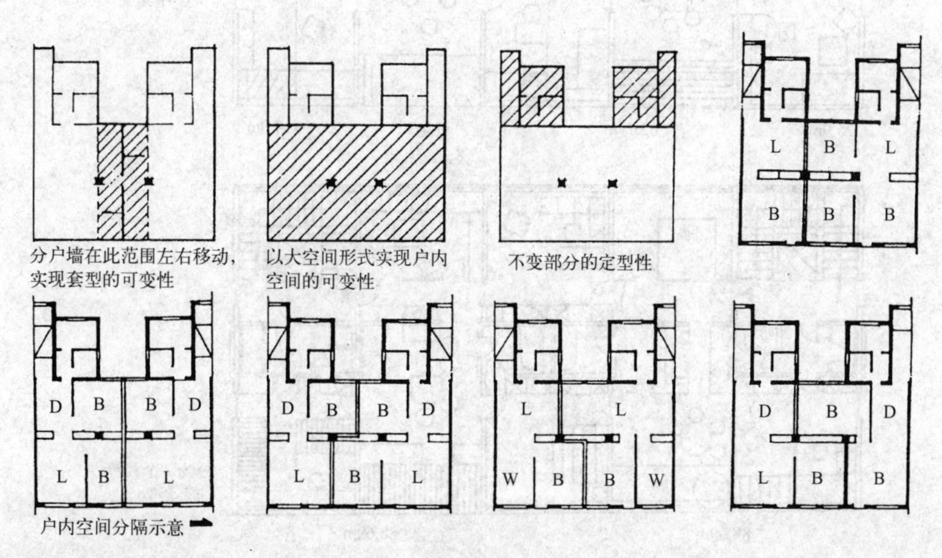

图 3-90 上海住宅

4）单元之内的可分性

在一个单元中由一梯二户分解为一梯三户或四户，各户既要保持独立性，又要具有可分性，用这种办法可设计出不同的面积系列，以适应不同住户在家庭生命循环中各发展阶段不同家庭人口结构的需要。设计的方法是将单元内的厨房、卫生间及隔墙的位置相对固定，利用门的封闭与否及局部加减轻隔墙来调整套型面积大小和房间数量。如图 3-91 所示，同一单元作了 3 种平面划分，设计出了从 14 ~ 110.76m² 的 8 种面积不同的套型。这种方案在建造时标准化程度较高，施工方便，但在使用过程中如果要调整面积，就必须调整住户对房屋的支配权，如相邻住户之间同时调整，或按不同住户的需要，同时搬迁。

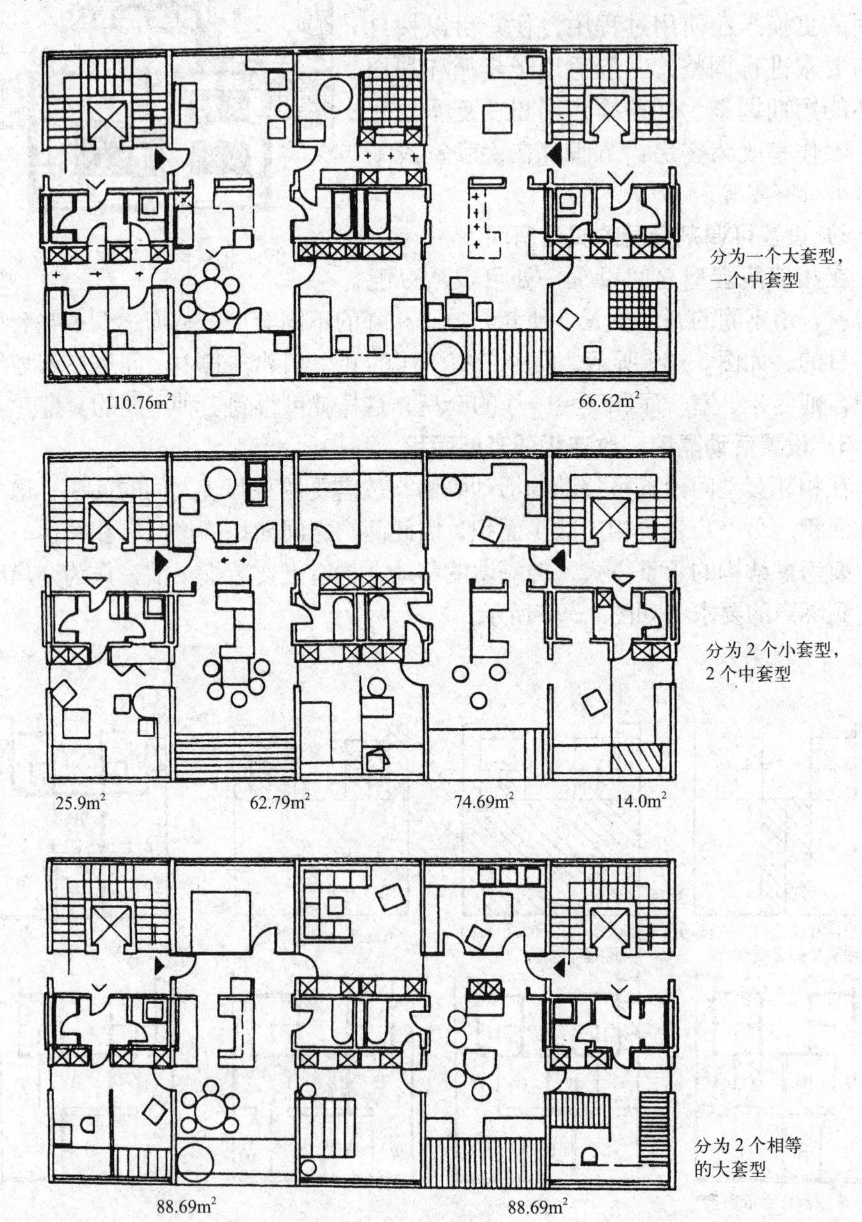

图 3-91　德国单元可分式住宅

5）菜单式套型平面

延用国外支撑体住宅 SAR 的理论与方法，将住宅主体结构及外围护墙固定不变，其他隔墙、设备等可由住户确定。鉴于居民对建筑专业不熟悉，于是由设计人员按住户不同要求设计成不同分隔方式的菜单式平面供住户选择，如图 3–92 所示。该设计将楼梯、厨房、卫生间固定不变，居住部分为一方形平面，按不同的生活行为模式作成不同的平面分隔方式，以适应住户的不同需求。

6）在套型中设置多功能空间

住户在家庭中的生活方式各不相同，也会发生各种变化，因而在套型中设置多功能空间，使套型具有某种程度的适应性，以满足住户的需要。图 3–93 为法

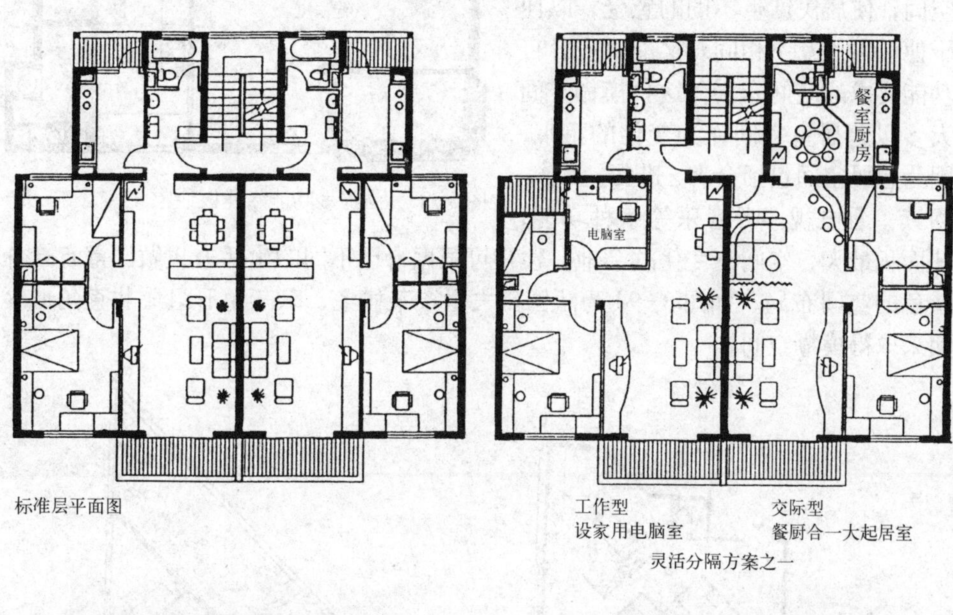

标准层平面图

工作型
设家用电脑室

交际型
餐厨合一大起居室

灵活分隔方案之一

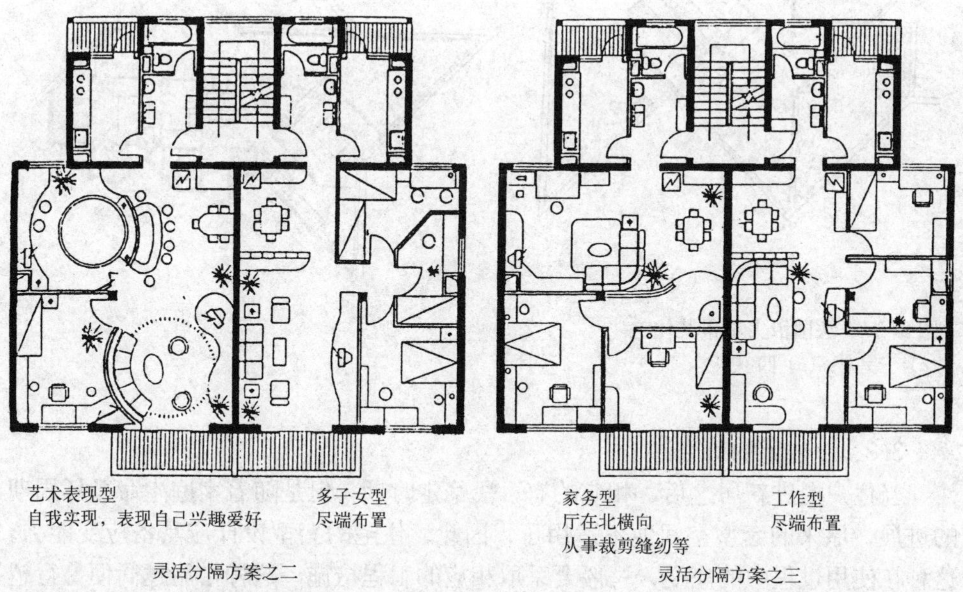

艺术表现型
自我实现，表现自己兴趣爱好

多子女型
尽端布置

家务型
厅在北横向
从事裁剪缝纫等

工作型
尽端布置

灵活分隔方案之二

灵活分隔方案之三

图 3–92 长沙菜单式套型住宅

国多功能新样板住宅，其多功能空间设于住宅入口和子女卧室之间，面对厨房，因此可用作游戏室、熨衣室、工作室、杂物间或临时卧室。该多功能空间位置适中，且兼有交通功能，所以使用效率高。

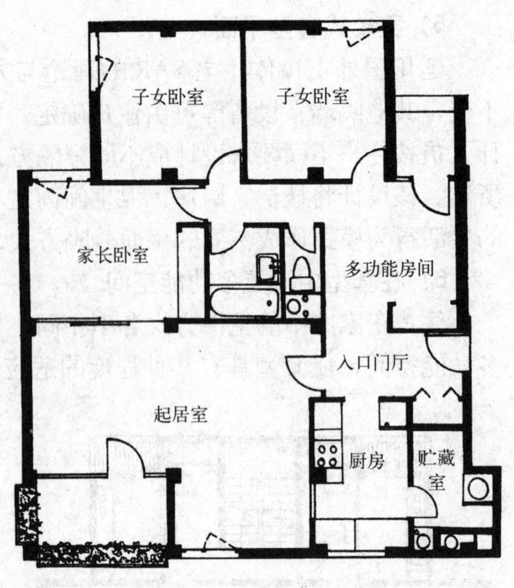

图 3–93　法国多功能新样板住宅

7）套型空间的模糊处理

为避免住宅功能布局僵化，可通过创造一些形体复杂、功能不明确的空间，使居民产生不同的感受，以便于他们采用互不相同却又能适应各自功能要求的空间布局。这种模糊空间大多以起居室空间作为变化的重点，因为起居空间包括会客、进餐、工作、阅读、看电视、听音乐等多种功能，其面积最大，空间有变化的余地，住户可根据自己不同的生活方式做出富有自身特色的空间布局。如图 3–94 为法国伊夫里市某住宅，以三角形组成非直角形平面来取得模糊空间。

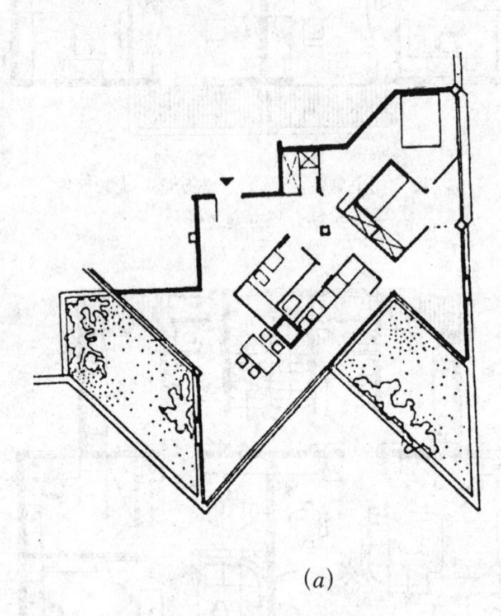
(*a*)

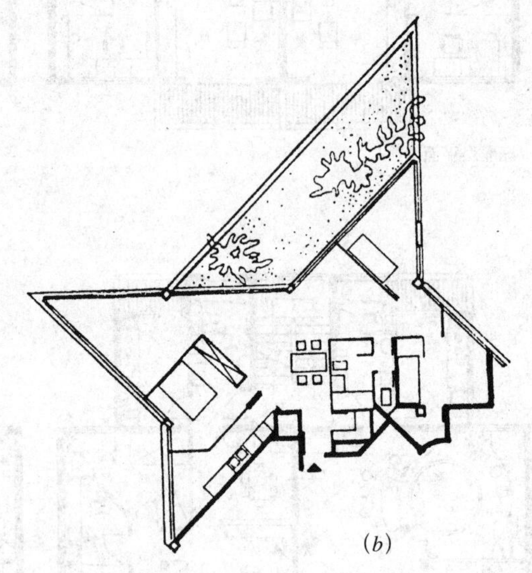
(*b*)

图 3–94　法国伊夫里市某住宅
(*a*) 三室户；(*b*) 四室户

3.3.4　住宅的可变性

当住户搬进新居之后，相应的有一段稳定时期，但是随着家庭生命循环周期的进展，原来的套型空间便不适用了，因此，住宅的套型设计应具备应变能力。这种在使用过程中的应变，一般要采取相应的工程措施，这种措施越简便易行越好，以免干扰和影响住户生活。再者，当住户搬迁的房屋内部布局不合乎自己的要求时，也会产生对旧有套型的改造问题，套型的可改性与可变性，从设计上来说基本具有相同的含义。

1）住户要求套型变化的内容大致有以下5个方面

- 改变居住房间的形状；
- 扩大起居室空间；
- 增加卧室数量；
- 改变房间的组合关系；
- 扩建、改建厨房和卫生间。

要根据居住者的要求来改变套型内的布局，首先要受到住宅结构及设备管线的制约，对于小开间墙体承重结构来说，空间变化的可能性较小，而大开间墙体承重结构和框架结构则空间的变化要灵活得多。厨房和卫生间的设备管线涉及楼上和楼下的管网接口，特别是下水管要求有排水坡度、有存水弯、检查口等问题，处理不好，上层漏水贻害下层，后患很多。因此，在住宅设计中，为了住宅的可变性，应在条件许可时，尽量选用较先进的大跨结构和框架结构。在厨房、卫生间设计中，应尽量使管线集中，布置的位置相对固定，选用排水管从楼面上走的方式较为有利。

2）住宅可变性设计有以下8种方式

（1）小开间结构的住宅可变性

①横墙承重

当套型面积较小时，只需一个开间作居住空间。夫妻刚结婚时，主卧室较大；当婴儿出生后，老人或保姆来家，将大居室作为次卧室兼起居室，夫妻居于隔开的中居室；当孩子上学时，则将大居室靠窗的部分作为儿童睡眠及学习、用餐区（图3-95）。

②纵墙承重

纵墙承重时，横墙作隔墙，因位置的变换而形成灵活分隔，以适应家庭人口

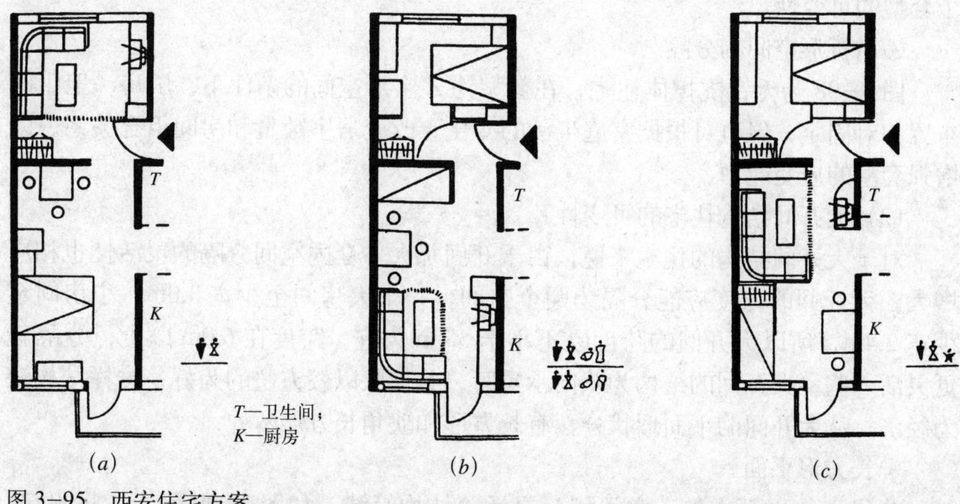

图3-95　西安住宅方案

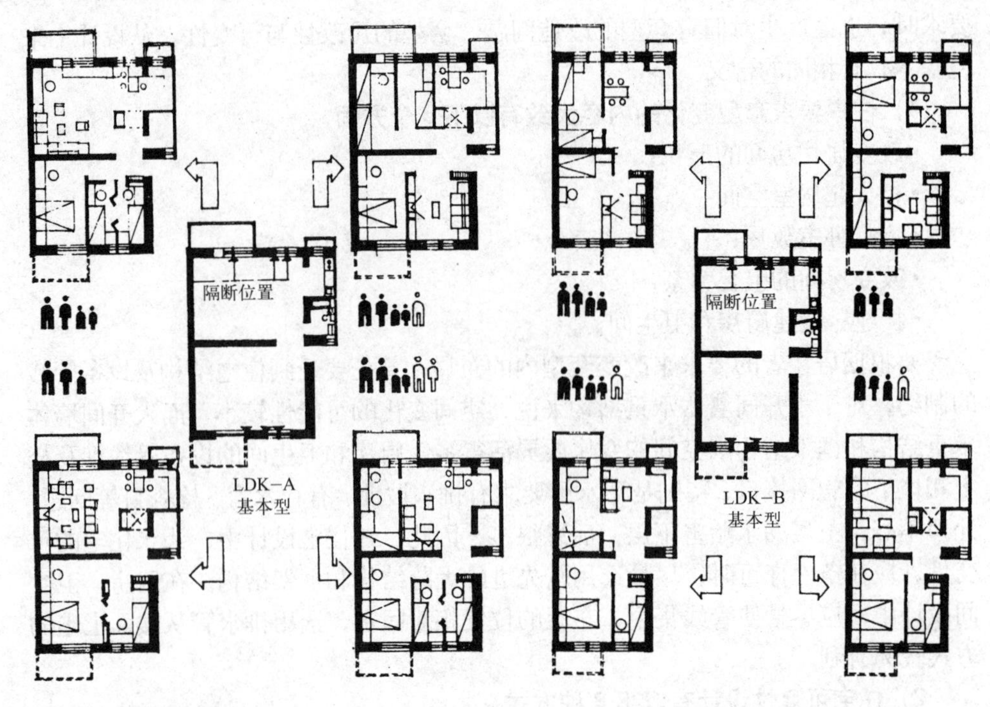

图 3–96　抚顺住宅方案

结构的变化。如图 3–96 所示，根据隔墙的可能设置位置，窗也相应地有大有小，以便于隔墙的安装。由于纵墙临空面较长，分隔的居室可直接采光通风，其分隔的灵活性较横墙承重方案为好。

③纵横墙混合承重

如图 3–97 所示，其为一点式住宅，临空面较多，既有横墙承重，也有纵墙承重，在结构布置上，局部加梁（如图中虚线所示），使空间分隔的灵活性增大，各套型居室数可以变化，起居室、餐室和卧室的组合关系也可以变化，从而增强了套型的可变性。

④曲折形空间的分隔

图 3–98 为无锡支撑体住宅，在套型为 Z 字形空间的条件下，厨房、卫生间布置相对固定，但也可根据家庭生活的变化，改变居室数量和房间组合关系，以增强套型的应变能力。

(2) 大开间结构住宅的可变性

对于大开间结构的住宅来说，由于开间加大，套内空间分隔的灵活性也相应增大。大开间的跨度应能分隔为两个空间，一个大房间至少宽 3.0m，小房间至少宽 2.4m，所以大开间的跨度以不小于 5.4m 为宜。跨度在 6.0m 以上，分隔就更灵活一些。大开间的结构为双向承重时，其形状以较方整的为好，这样结构较为经济。从大开间的平面形状分，有长方形和缺角长方形两种：

①长方形平面

其优点是平面方整，空间划分灵活，结构简洁。如图 3–99 所示，将厨房、

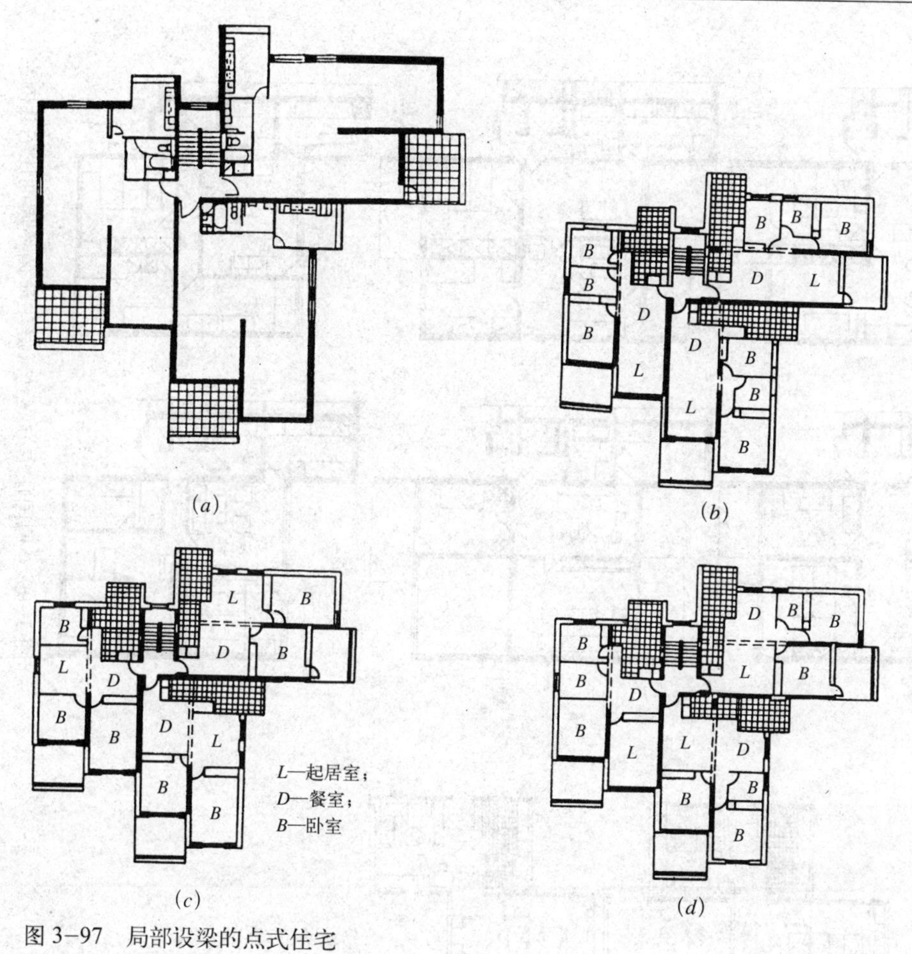

图 3-97　局部设梁的点式住宅

(a) 定型基本间；(b) ~ (d) 套内双向不同划分举例

卫生间固定不变，并与长方形大空间在结构上分开处理，按照家庭的生命循环周期的变化，将套型空间分划成 6 种不同分隔的平面。

②缺角长方形平面

当厨房、卫生间固定或由于楼梯位置的缘故，组合时为使平面紧凑，大开间部分形成缺角，如图 3-100 所示。该方案实施之后，住户按各自的不同需求，对空间进行了不同的分隔，各户之间没有一户是相同的。从选例中可以见到，起居室有的在南，有的在北，卧室数量也有多有少，厨房有的改在阳台上，而将原来的厨房空间改为餐室或小卧室，用餐位置有的与起居室合一，有的另隔出专用餐室，有的放在阳台上。在尽端的单元中，由于在山墙上可以开窗，从而增加了分隔的灵活性。

(3) 框架住宅的可变性

框架轻板住宅由于以柱子传递垂直荷载，墙体只起围护和分隔作用，因而空间分隔的灵活性也较大。柱距小则灵活性小，柱距大则灵活性大。框架梁吊在板下，对空间分隔有影响，如作成扁梁可减轻其影响。不设梁的板柱结构体系顶棚

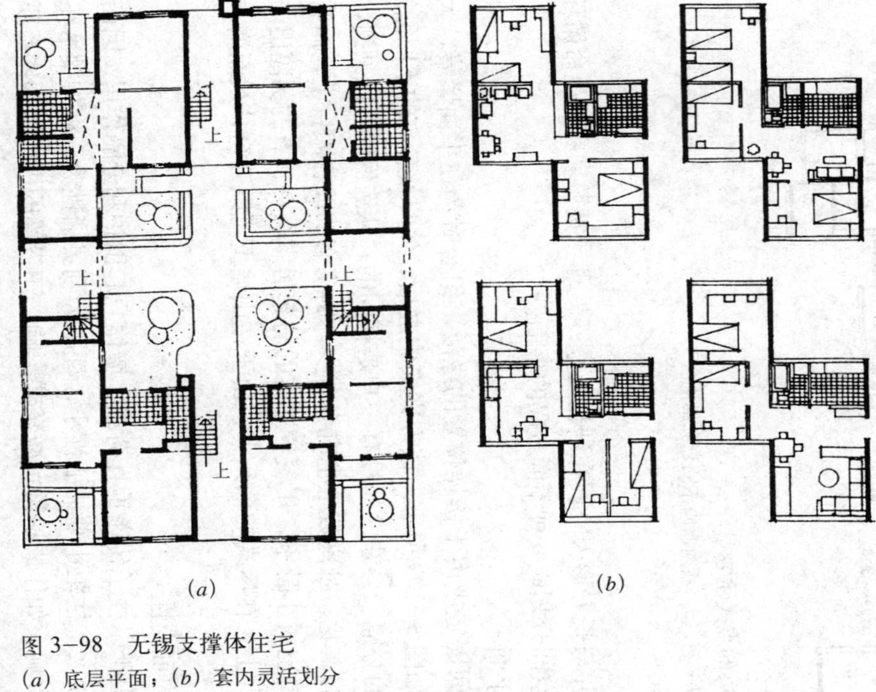

图 3-98 无锡支撑体住宅
（a）底层平面；（b）套内灵活划分

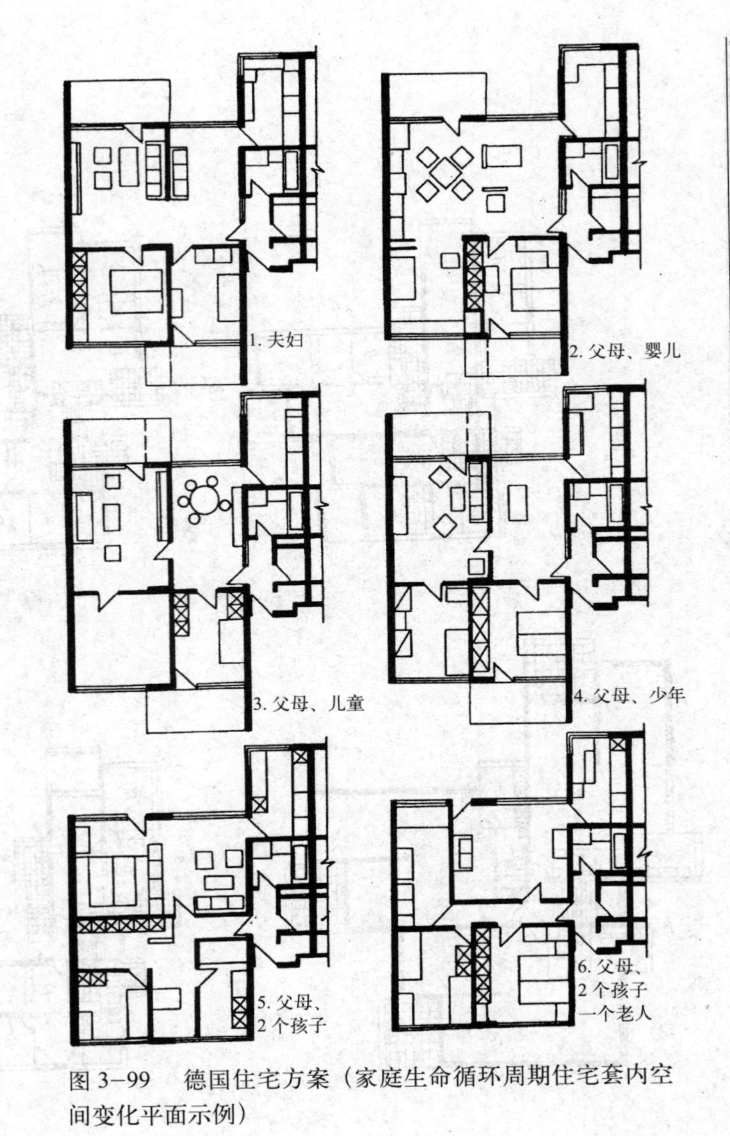

图 3-99 德国住宅方案（家庭生命循环周期住宅套内空间变化平面示例）

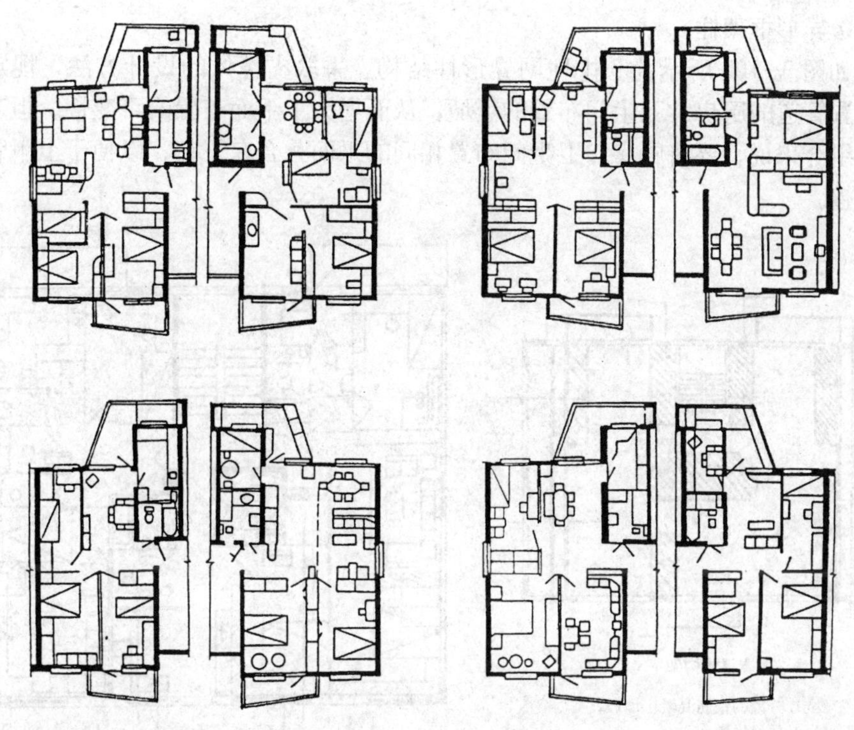

图 3-100　常州大开间住宅

平整，对分隔更为有利。方形框架柱常凸出于室内，对家具布置有一定妨碍。近年来发展了一种异形框架柱结构，有时亦称为“薄壁框架结构”，即将柱子作成 T 形、L 形或一字形，其柱肢厚度与一般墙厚相似，施工完成后墙面与柱面相平，从而克服了柱子对室内布置的影响。

①方形框架柱

如图 3-101 所示为 3 排柱网、大小跨结合的住宅方案。将厨房、卫生间及小卧室设于小跨，居住空间为大跨，楼梯采用单跑直上的回转式，避免了双跑楼梯休息平台对框架柱的影响，从而使结构构件简化，而且可充分利用梯段上下的空间，来增加使用面积。

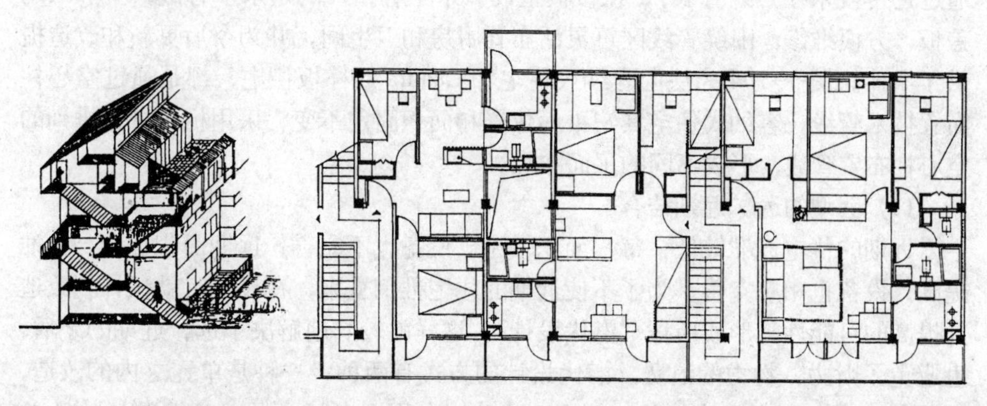

图 3-101　重庆框架住宅

②异形框架柱

如图 3–102 所示为 3 排柱网异形柱结构。采取支撑体的设计方法，规定了可设置管道的厨房、卫生间布置的区域，从而增大了平面布置的可变性。但对于垂直组合来说，要将厨房、卫生间布置相同的平面叠合在一起，以便于上下管网的连接。

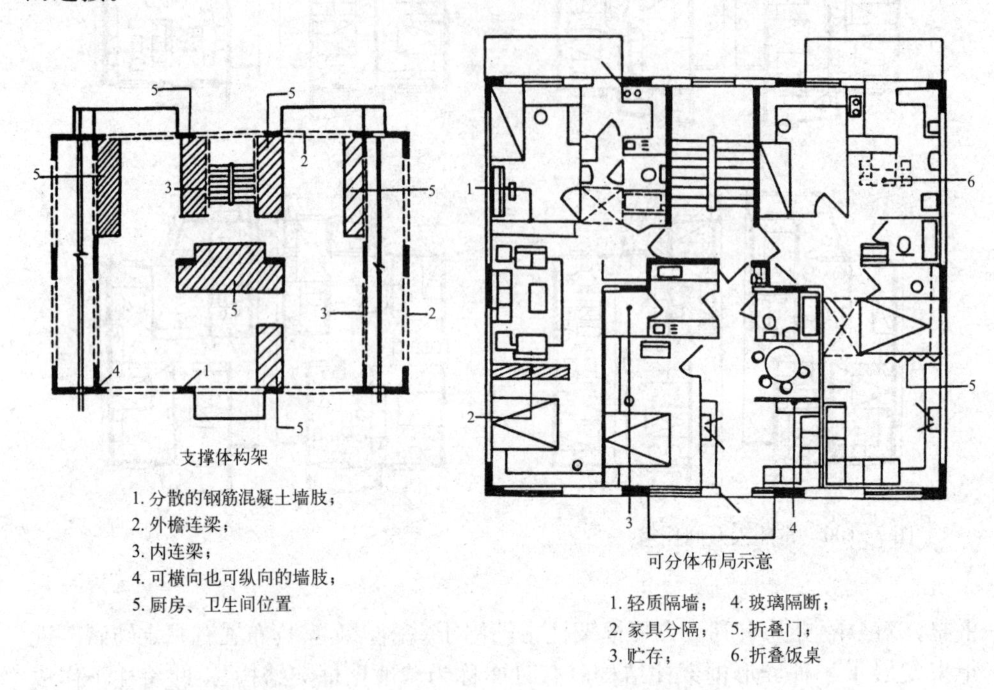

图 3–102　天津框架住宅

（4）厨卫布置的灵活性

为了使厨房和卫生间在平面布置时具有灵活性，并且使管道隐蔽，又便于维修和管理，在建筑设计方案中应统一考虑。如图 3–103 所示为梯间管束式方案，在楼梯间设置立管集中区，布置水、电、气 3 种立管和水、电、气 3 表，既维修方便，又便于户外查表（现在已发展了一种远传技术，水表、气表仍安装在户内，通过远传技术在户外查表），在楼板上设一水平管槽，内走水平管线，上加活动盖板，方便维修，围绕管线区可灵活布置厨房和卫生间，并为今后更新和改造提供了条件。图 3–104 为法国容纳式住宅和 Cuadra 新样板住宅，都是通过空心柱布置技术管线，容纳式住宅其户平面位置和面积固定不变，采用梅花桩式排列的空心柱布置管线，形成不同的平面布局。

（5）套型的远、近期结合

近期的住宅标准较低，每户面积较小，设备也不完善；远期面积加大，标准提高，设备也相应完善。为了不使近期的住宅推倒重来，在设计时就预计到改造与提高的可能性，形成所谓“潜伏设计”，这样就较好地解决了远、近期的矛盾，也避免了财力、物力的浪费。潜伏设计的方式有两种，一种是单元之内的改造，可以是一梯 3 ～ 5 户改变为一梯 2 ～ 3 户，如图 3–105 所示，由一梯 5 户改为

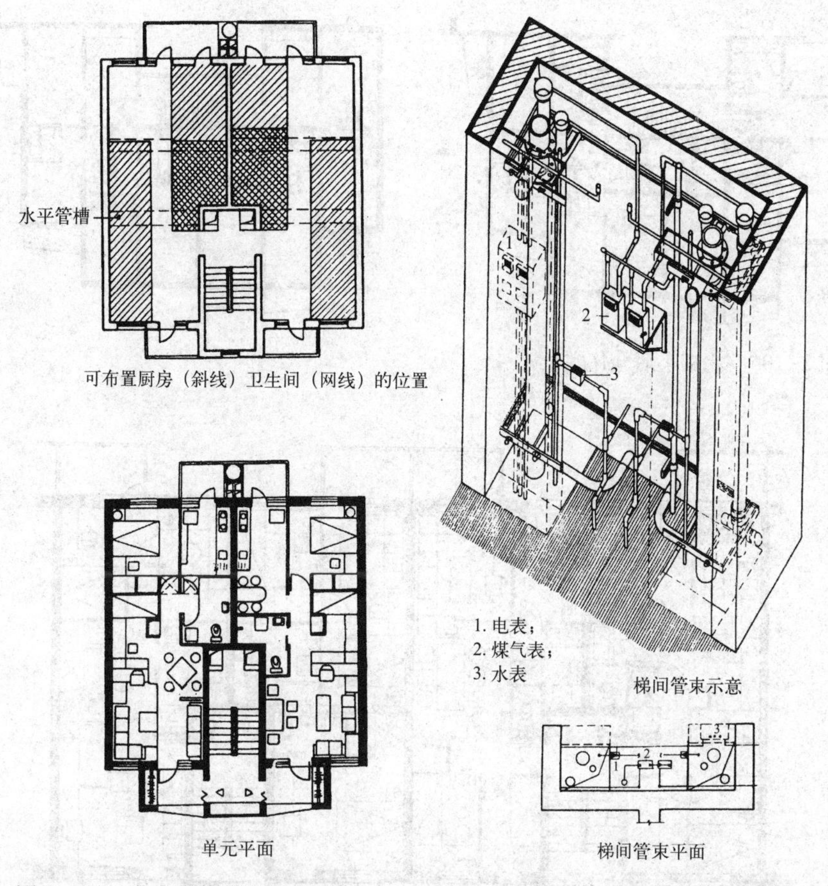

图 3–103　北京梯间管束式住宅

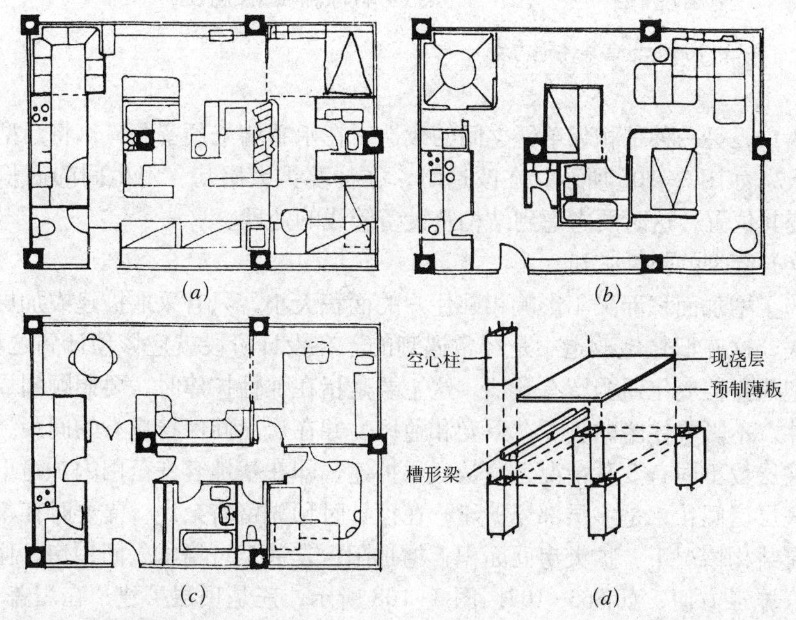

图 3–104　法国空心管柱住宅

(a) 日生活居中型平面图；(b) 夜生活居中型平面图；(c) 传统日、夜功能分离型方案；
(d) Cuadra 住宅空心柱及槽形梁布线结构示意图

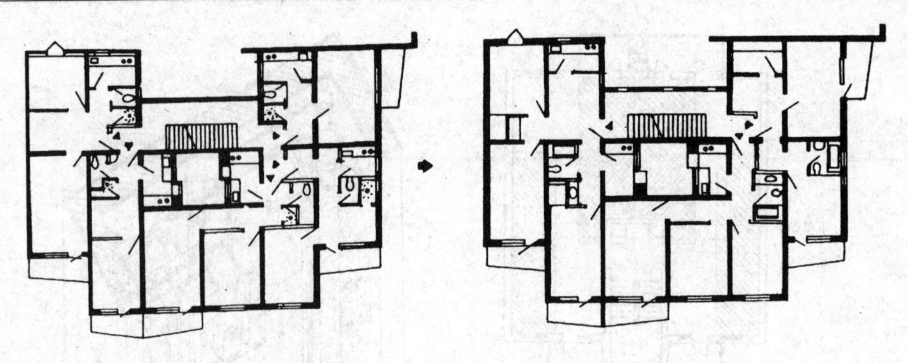

图 3-105　北京小后仓住宅

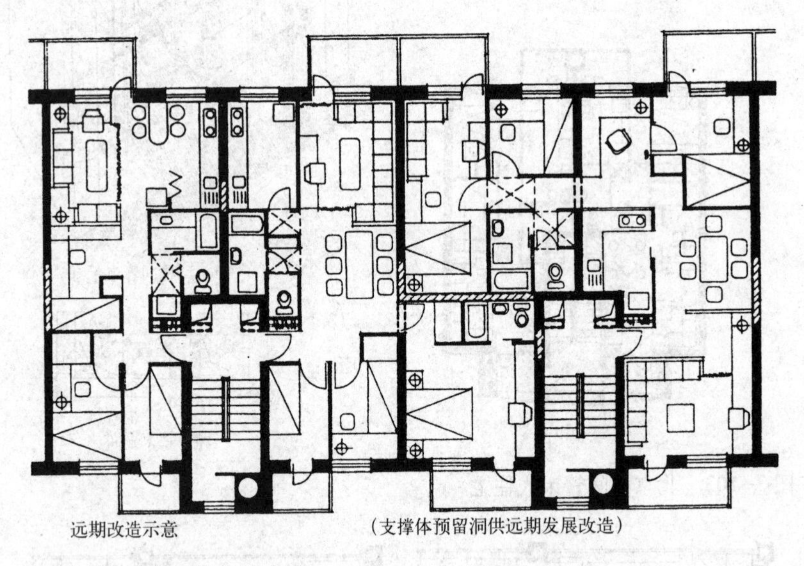

图 3-106　北京某住宅方案

一梯 3 户。另一种是相邻单元之间的改造，在承重墙上预留洞口，将套型面积适当扩大，如图 3-106 所示，在改造时，往往要扩大厨房、卫生间的面积，或适当改变其位置，这时要考虑到结构及设备管线的处理。

（6）套型的弹性扩建

为了增加面积而又不影响相邻住户的面积大小，只有采取扩建或加层的办法来解决，这在旧住宅改造中是经常遇到的。在设计阶段就应该预计到这种需要，给套型的弹性变化适当留有余地。这主要是指在弹性扩建时，要照顾到周围的环境条件，不影响住宅的日照、采光和通风，并在房屋间保持应有的间距。扩建的方式按层数不同有 3 种情况，一是底层扩建，即在基地容许范围内加建平房，以增加底层房间；二是多层部分扩建，在设计时预先留有余地，需要时在不动或少动原有结构情况下，扩大房间面积，增加阳台，甚至可增加一间用房，住户不用搬迁，施工方便，如图 3-107、图 3-108 所示；三是顶层扩建，在屋盖、墙身、基础等结构荷载允许时，在不影响周围住户日照前提下，利用屋顶露台加盖或改建屋顶阁楼层，增加顶层住户的室内使用空间。

(7)“空壳式”住宅

为了给住户更大的灵活自由，只将住宅的主体结构和外围护结构完成，并完成公共交通部分如楼梯、公共走廊以及厨房、卫生间部分的管道系统，而室内隔墙、门窗、厨房、卫生间设备以及装修等均留待住户自己去完成，这样，住户可以根据自己的经济能力和生活方式，并按照自己的兴趣爱好自主地建设自己的家。“空壳式”的结构可以是前述的小开间砖混结构，也可以是大开间或框架结构，其可变性由结构特点及建筑方案而定。

(8) 住宅多步完善式

在自建住宅时，如住户的经济实力不足以一次投资到位，可以采取多步完善的方式。这种方式也称核心住宅，即先建设主体骨架部分和厨房、卫生间管道系统，有一基本居住空间可以满足生活上的基本需求，然后按住户经济的增长幅度，逐步分隔空间、增加居室，完善厨房和卫生间设备，直至最后完善室内外装修（图 3-109）。

为了提高套型的适应性与可变性，除了在建筑设计方案上下功夫外，还要充分注意建筑技术的发展，特别是结构体系的发展对套型的适应性与可变性有重大影响。

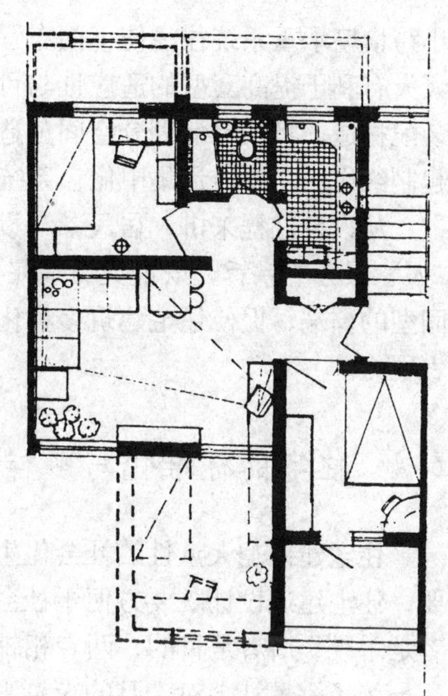

图 3-107　河南住宅方案

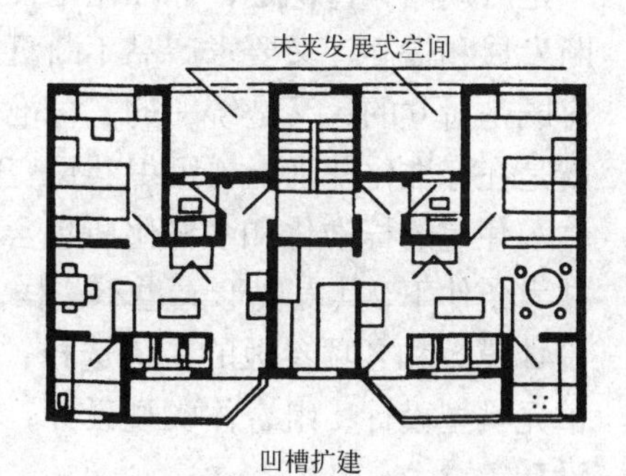

图 3-108　留有发展空间的住宅

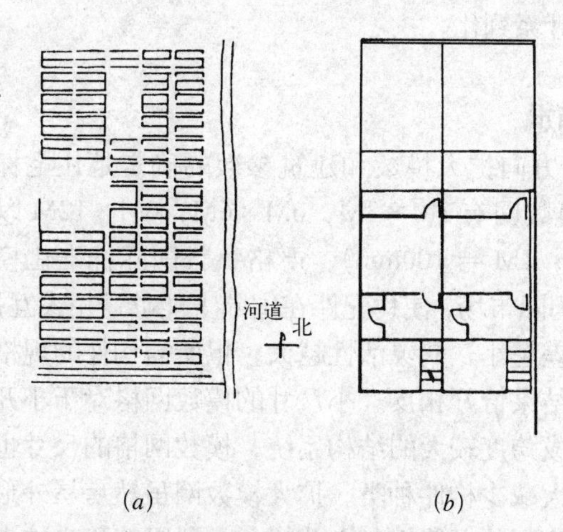

(*a*)　(*b*)　(*c*)

图 3-109　曼谷廊席居住区住宅

(*a*) 总平面图；(*b*) 核心住宅单体；(*c*) 对核心住宅加建的面貌

小跨横墙承重系统往往使平面布置僵化，选用大开间承重系统或框架结构系统将大大有利于提高套型的适应性与可变性。发展轻质高强的隔墙材料，研究灵活的装配构造，将为灵活划分空间创造有利条件。设备管线的配置也对空间灵活划分起制约作用，要尽量集中化、系统化，以利于空间的重新分隔。

从设计过程来讲，居民参与设计将调动使用者的能动因素，真正体现住宅为“人”服务的宗旨，既能充分满足居住者的使用要求，又避免了千篇一律、千房同型的弊端，促使住宅建筑多样化，也会使住宅的乡土性和人情味更浓，更富有表现力。

3.4 住宅的标准化与多样化

住宅建设是大量性的社会化生产过程，为了适应各种家庭不同生活方式的需要，住宅建筑设计既要方便于社会化的大生产，又要满足住户多样化的需求。前者是手段，后者是目的，两者相辅相成。

为了满足社会对产品的大量需求，工业化生产要求产品种类、规格及数量在一定时期内保持稳定，标准化是社会化大生产的前提。社会生产、生活内容的不断发展和提高，又要求产品不断更新，品种多样。所以标准化和多样化的设计内容既是对立的，又是统一的。标准化就是确定规格、品种中的不变因素，多样化就是在标准化基础上，组织其可变的灵活因素，使二者协调统一起来。

住宅的标准化和多样化所包含的内容很广，在不同时期、不同地区及不同的技术条件下，其表现形式也不一样。从我国当前的住宅设计来说，主要内容包括：设计模数和各项参数的最优选择；构配件的定型化设计；套型种类和平面设计；单元类型设计；组合体类型设计；立面及细部处理多样化设计；空间环境多样性设计等。

所谓系列化就是将“一定的质与量”按一定的“规律”排列成序，用以满足多样化的需求，系列化是满足多样化的更高层次。住宅设计的系列化内容主要是套型设计系列化，厨房和卫生间设计系列化。

3.4.1 模数网和建筑参数的确定

住宅的开间、进深和层高 3 个方向扩大模数和建筑参数的确定是住宅标准化的前提。目前国外常用的扩大模数网有 3M × 3M，6M × 6M，6M × 12M 以及 12M × 12M 等（M －建筑模数单位，1M ＝ 100mm）。严格执行国际标准化模数的规定，将有利于建筑构配件进入国际市场，使构配件在国际上能够通用或互换。

扩大模数网的尺寸越小，则级差越小，其灵活性越大，但所需构件的规格就越多；扩大模数网的尺寸越大，其结果恰好相反。小尺寸的模数网格对于小开间的承重结构系统较为合适，而开间或跨度较大的结构系统，模数网格的尺寸也宜采用较大的扩大模数，这样可以大大减少构件种类。扩大模数网虽然房屋外形的组合种类减少了，但房屋内部灵活分隔的可能性却大为增加。所以在确定扩大模数网和建筑参数时，应充分考虑结构体系的选择和内部灵活分隔的使用要求。

从平面扩大模数网来说，我国住宅都采用 3M，即以 300mm 为级数的系列。如选用 12M 则参数系列为 1.2、2.4、3.6、4.8、6.0、7.2m……可以减少许多构件，但一些常用的参数如 2.7、3.3、4.2、4.5、5.4m 等则丢失了。因此，还需要补充这些常用参数，这样就可以兼顾大量现行的小开间结构和某些大开间或大跨结构系统。但是对某一具体地区而言，参数不宜过多，而对一个具体的设计而言，就更应减少参数，以利于标准化。

我国住宅高度方向的模数，采用 1M，即 100mm 的倍数，现在多数地区按现行住宅规范采用 2.8m 层高，北京地区已降至 2.7m 层高。从节地、节能、节材来考虑，降低层高有巨大意义，也是我们努力的方向。

在平面扩大模数网中，我国目前都是以墙的轴线（一般内墙是中轴线）来定位的。但这种定位方法在室内装修中带来了非模数化的尺寸，因为室内净尺寸要扣除墙体厚度尺寸。为了使室内净尺寸达到模数化的要求，则采用净模的定位方法，即将墙的轴线定在墙体边缘。这样室内就是符合扩大模数网的净尺寸，对于装修材料及室内设备的尺寸来说，就都能符合模数，从而有利于设备及装修的标准化。

3.4.2　住宅标准化的设计方法

住宅标准化的设计方法应根据国家规定的住宅标准，结合各地区的技术条件，按住宅类型及工程项目的具体条件来选择。一般而言，有幢设计法、单元设计法、套型设计法、基本间设计法、模数构件法 5 种。定型的单位越大，其灵活性就越小，定型的单位越小，则其灵活性越大。

1）幢设计法

以“幢”为定型单位，“幢”的组成不应过大，如长条形的住宅楼如果定型，其尺度巨大，使用不灵活，结合地形长度也很难恰到好处。但点式或塔式住宅一般体型较小，可根据具体地形环境因地制宜，重复使用，从而成为以“幢”定型的单位。作为标准设计，就要提高质量，在外形上要尽量紧凑，减少面宽尺寸，便于节地。在内部功能上，要保证每户有良好朝向，功能分区明确，使用方便，并注意避免相邻住户间的视线干扰。如点式住宅能在山墙面上不开窗，则增加了相互拼接或与条式住宅拼接的可能性，在使用上更为灵活。

2）单元设计法

以“单元”作为定型单位，这是我国目前使用较多的住宅标准设计法，它通常用于条形住宅组合体拼接。为了拼接方便，作为一套标准设计，应设计成进深相同而长度不同的几种单元，例如可以设计成 3 ～ 6 开间的不同长度，或者设计成较短的单元，再增加插入单元，以改变长度。

3）套型设计法

以“套型”作为定型单位，套型面积和居室数量按一定规律进行变化，从而形成套型的系列设计。套型系列的变化因素从使用对象来说，是家庭的人口构成，从使用空间来说是面积大小及其不同的分间方式，如图 3−110 所示，按家庭人口结构以 4 种开间组成了 8 种套型系列。图 3−111 则是以 4 种开间组成了 4 种不

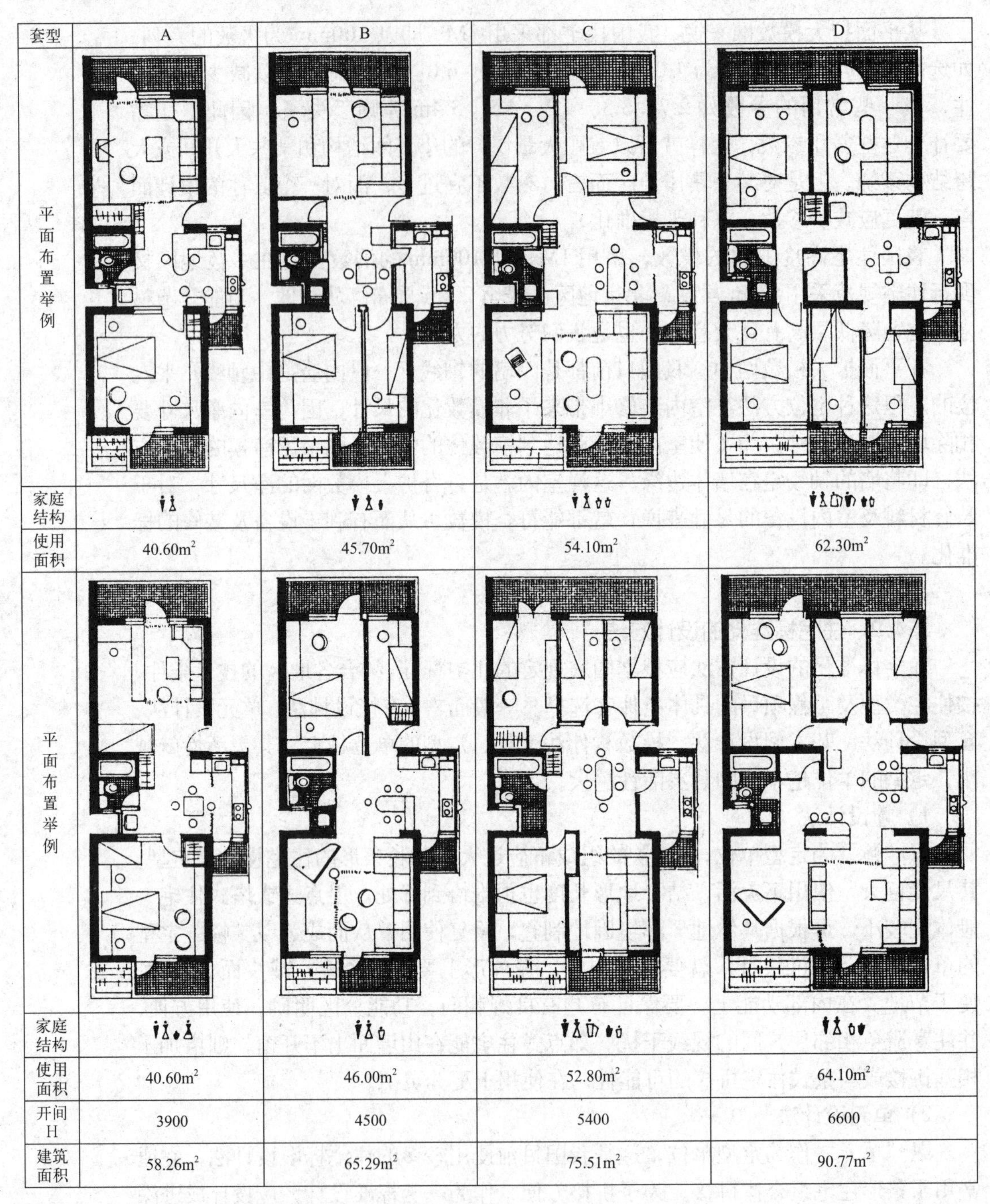

套型	A	B	C	D
平面布置举例				
家庭结构				
使用面积	40.60m²	45.70m²	54.10m²	62.30m²
平面布置举例				
家庭结构				
使用面积	40.60m²	46.00m²	52.80m²	64.10m²
开间H	3900	4500	5400	6600
建筑面积	58.26m²	65.29m²	75.51m²	90.77m²

图 3-110　成都“八五”住宅设计方案

同使用面积的套型，所不同的是其模数网是按净模来设计的。

在套型系列化设计中，为了增加套型种类，除了改变开间尺寸之外，另一法则是利用尽端单元和屋顶、底层的特殊部位来改变套型。如图 3-112 所示，D 套型为尽端，利用山墙开窗，增加了居室数量和面积，由 4 种套型的排列组合形成了 9 种单元系列。又如图 3-113 所示，底层设计为复式住宅，以利用空间，并

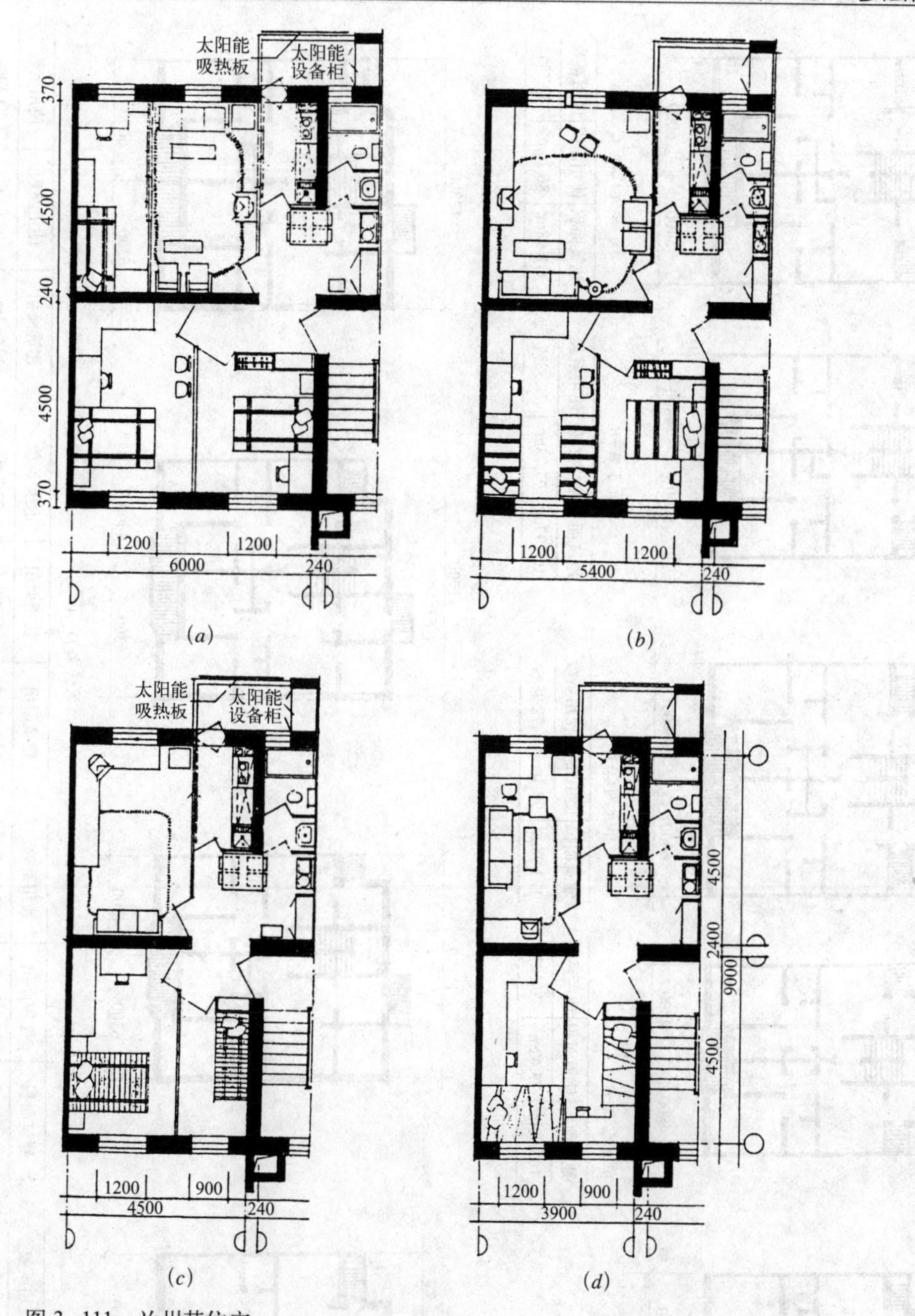

图 3-111　兰州某住宅
(a) 套型A；(b) 套型B；(c) 套型C；(d) 套型D

增大了套型，屋顶为坡顶，充分利用阁楼增加使用面积，成为跃层的套型，并利用坡顶的斜度，不增加房屋间距。

4）基本间设计法

将定型单位进一步划小到“基本间”，即在统一模数制和参数的基础上，优选出固定的基本间，如起居室、卧室、厨卫、楼梯间等，由这些基本间组成套型、

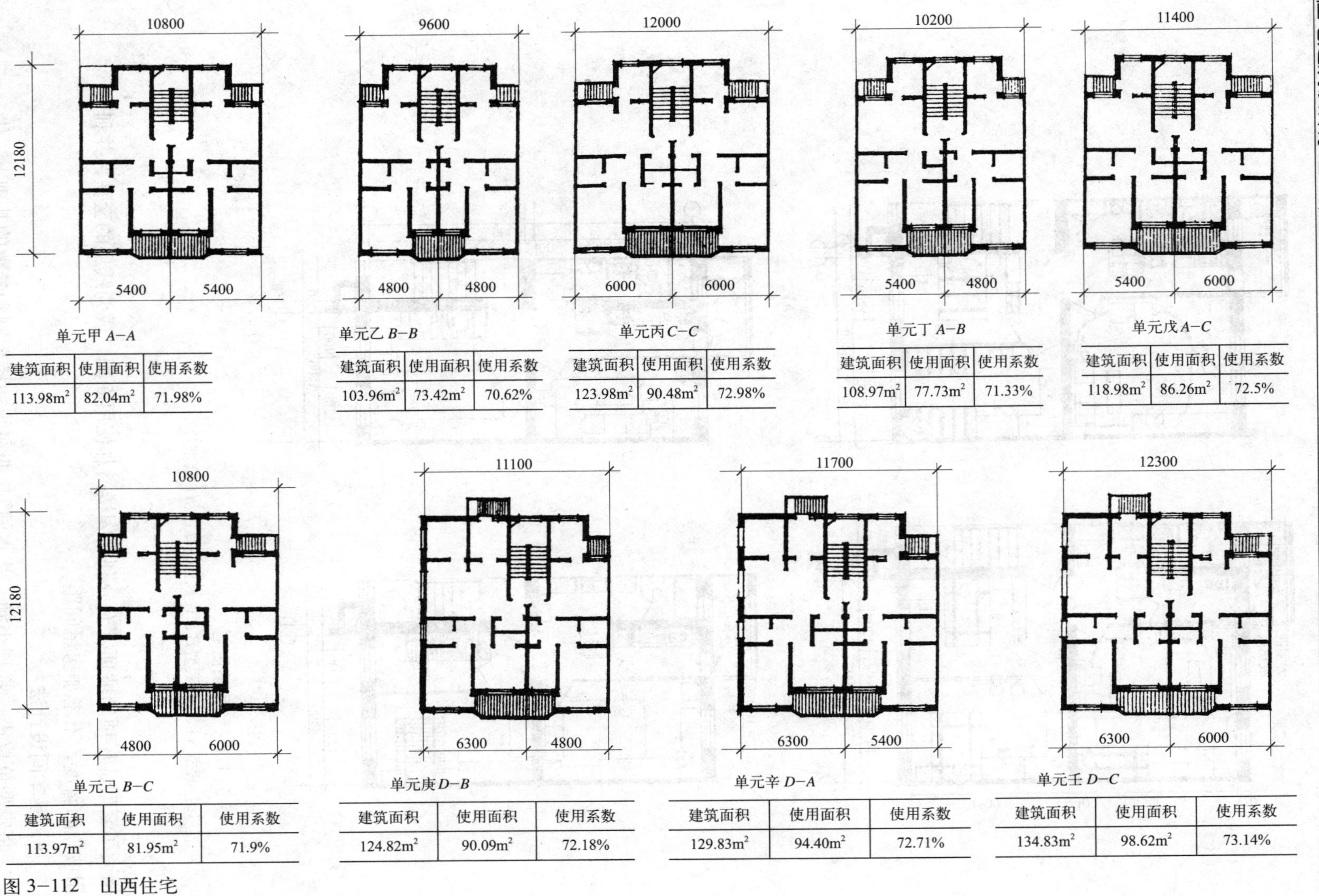

单元甲 $A-A$

建筑面积	使用面积	使用系数
113.98m^2	82.04m^2	71.98%

单元乙 $B-B$

建筑面积	使用面积	使用系数
103.96m^2	73.42m^2	70.62%

单元丙 $C-C$

建筑面积	使用面积	使用系数
123.98m^2	90.48m^2	72.98%

单元丁 $A-B$

建筑面积	使用面积	使用系数
108.97m^2	77.73m^2	71.33%

单元戊 $A-C$

建筑面积	使用面积	使用系数
118.98m^2	86.26m^2	72.5%

单元己 $B-C$

建筑面积	使用面积	使用系数
113.97m^2	81.95m^2	71.9%

单元庚 $D-B$

建筑面积	使用面积	使用系数
124.82m^2	90.09m^2	72.18%

单元辛 $D-A$

建筑面积	使用面积	使用系数
129.83m^2	94.40m^2	72.71%

单元壬 $D-C$

建筑面积	使用面积	使用系数
134.83m^2	98.62m^2	73.14%

图 3-112　山西住宅

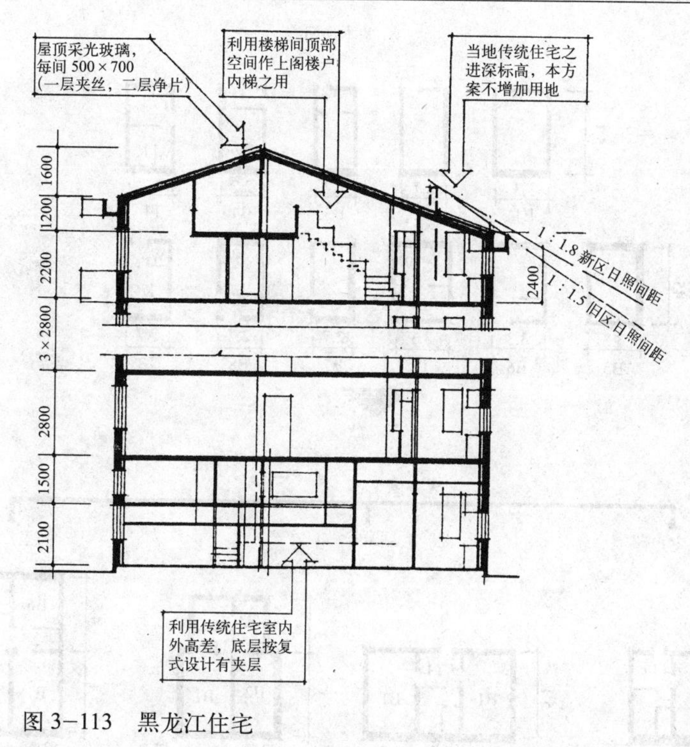

图 3-113　黑龙江住宅

居住单元、乃至个体建筑。这种方法比单元和套型设计法更灵活，因为不仅单元形式可变，套型形式也可按基本间组合来变化，见图 3-114 所示。

5）模数构件法

在工业化程度较高的国家中，建筑构配件均由厂家生产，以这些构配件作为设计的定型单位，即按一定的模数和统一的构造节点来规范这些构配件，然后编制成产品目录，设计时直接选用构配件来组合，因此其多样化的灵活性就更高，这应该是住宅建筑标准化的发展方向。

3.4.3　住宅多样化的设计

住宅的多样化是标准化设计的另一个方面，两者是密切关联的。由于环境条件和需求的千差万别，住宅的标准设计要去适应它。首先在住宅类型上要多样化，即要有各种类型，包括低层、多层、高层；条式、点式、板式、塔式等。从一套单元设计来说，不仅要开间、长度各异，还要有插入单元、转角单元、尽端单元等。由这些不同的住宅类型和不同的单元，可以组成各种不同的体型，从而达到住宅体型的多样化。

套型的多样化与系列化，前面已经提到，即使相同的套型空间，也可以在套型平面布置上做到多样化的设计。

在住宅的立面设计上也应该多样化，即使相同的单元平面组合，在立面造型处理上也应按照不同环境进行各具特色的处理，如图 3-115 所示为 3 个平直单元组合体的立面多样化设计。

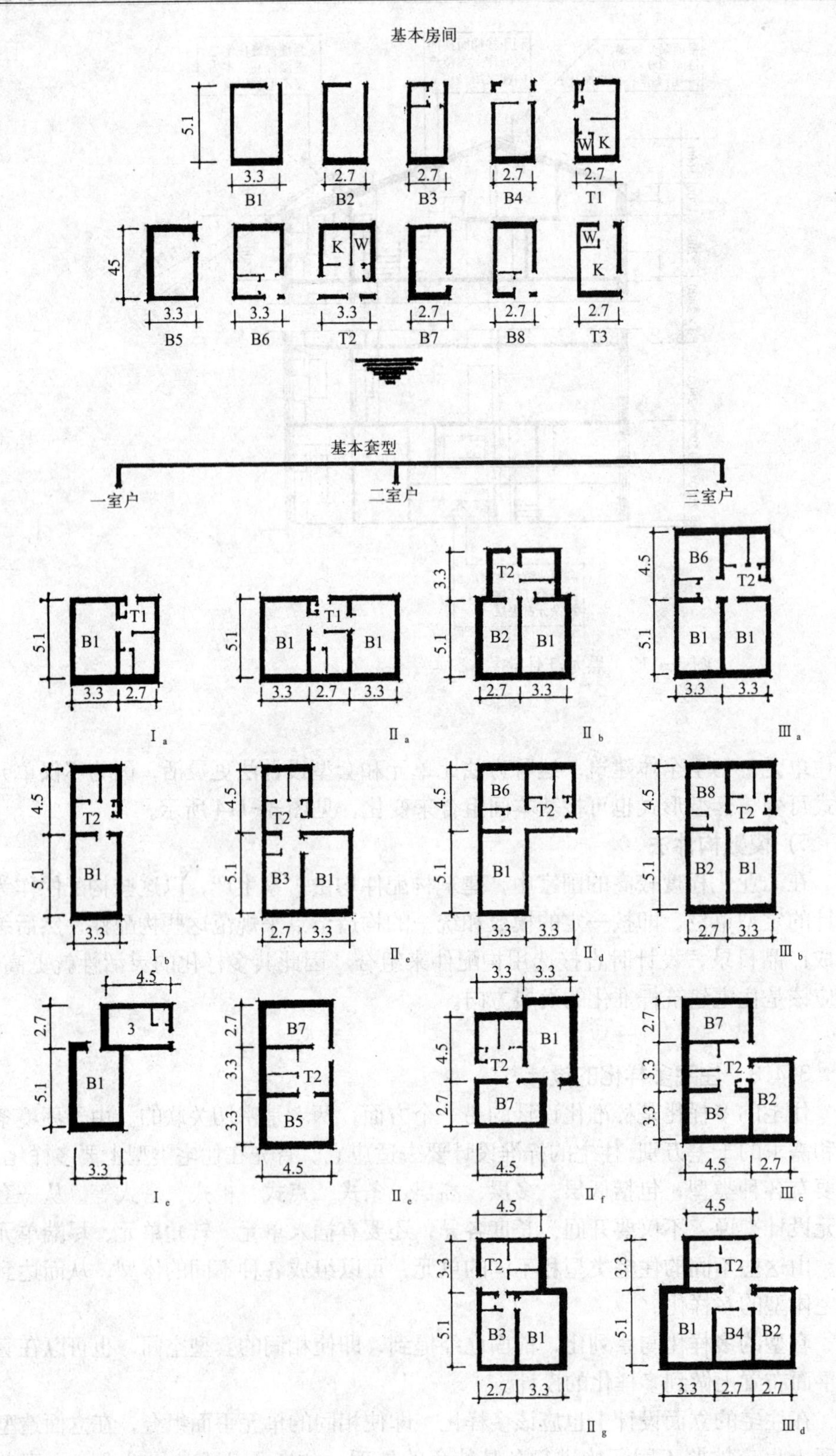

图 3-114　天津“基本间”住宅

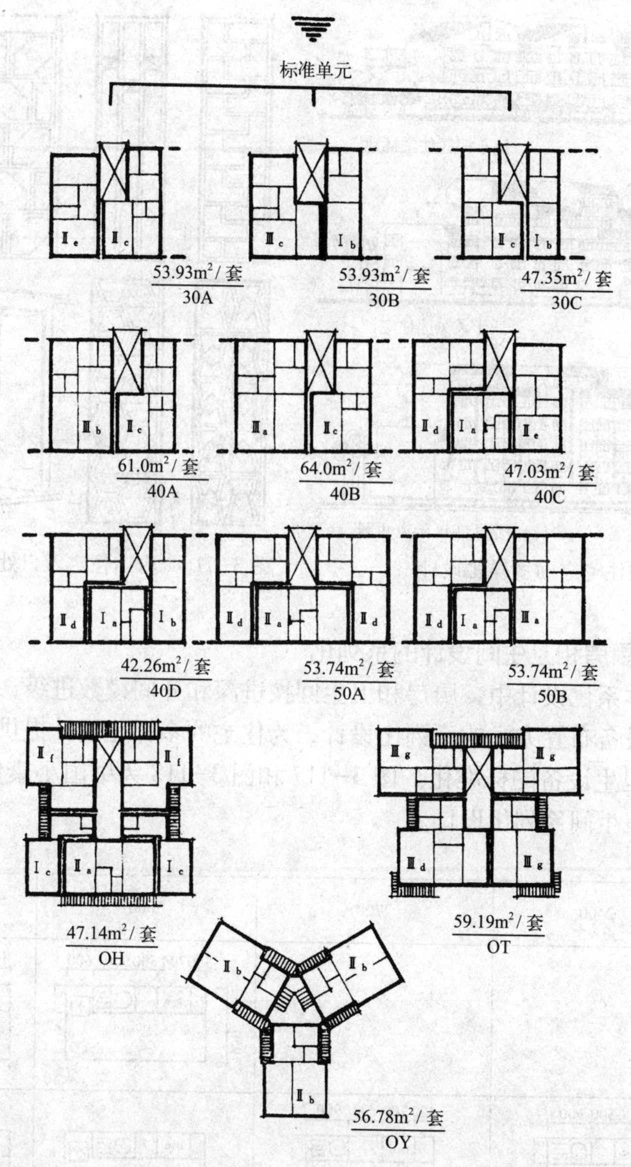

图 3-114　天津“基本间”住宅（续）

在住宅立面细部处理上，也应采用多样化的手法，如屋盖是平顶或是坡顶，檐口是女儿墙或是挑檐，阳台的栏板（栏杆）是虚或是实，还可用结合不同的花台、分体式空调室外机位的形式加以组合。住宅的入口处理更应该是多样化的，以加强识别性，如图 3-116 所示，图中表示了入口的多样化设计。

此外，墙面饰面材料和色彩处理也是多样化的一个重要方面，利用不同饰面材料的质感和不同的色彩，可以使住宅立面处理更加生动活泼，富于个性。

最后，住宅外部环境设计也应该是多样化的，外部环境设计包括道路布置、庭院设计、场地设计、绿化种植、花台坐凳等环境小品的设计等，这些内容还将分别在其他章节中阐述。

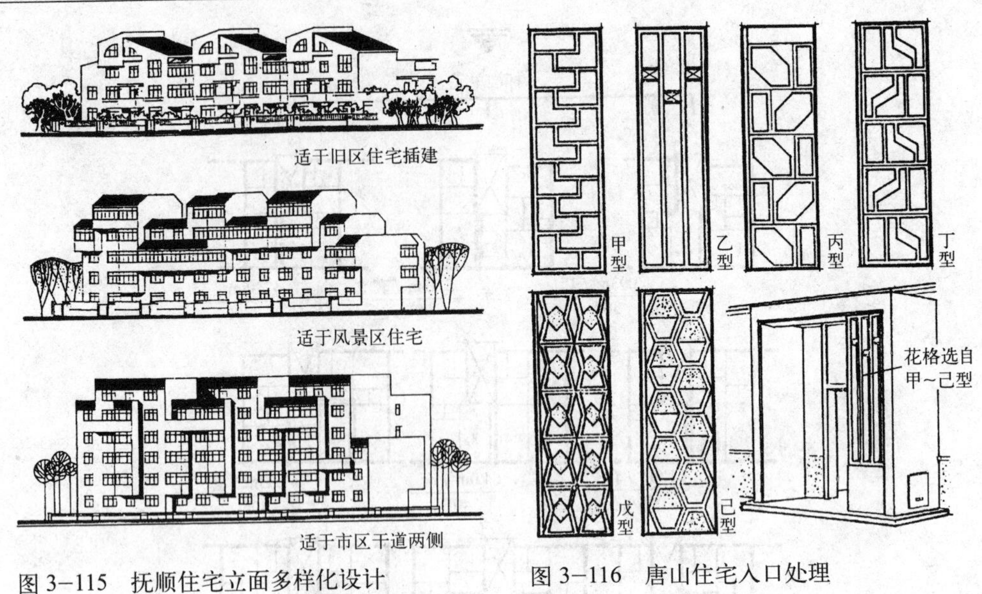

图 3-115　抚顺住宅立面多样化设计

图 3-116　唐山住宅入口处理

3.4.4　厨房和卫生间设计的系列化

在住宅体系化设计中，厨房和卫生间按进深和开间模数进级，形成不同的面积和不同的设备布置方式的系列化设计，为住宅的多样化设计提供条件，这样也便于厨房和卫生设备的标准化。图 3-117 和图 3-118 为中国小康住宅 WHOS 体系的厨房和卫生间系列化设计。

	2400	2700	3000	3300
1500			300 700 500 900 600 550 950 4.50	400 700 700 900 600 4.95
1800	300 700 500 900 550 950 300 4.32	400 700 700 900 4.86	5.40	5.94
2100		550 1550 5.67	6.30	6.93
2400		550 1850 6.48	7.20	7.92

图 3-117　WHOS 住宅体系的厨房系列设计

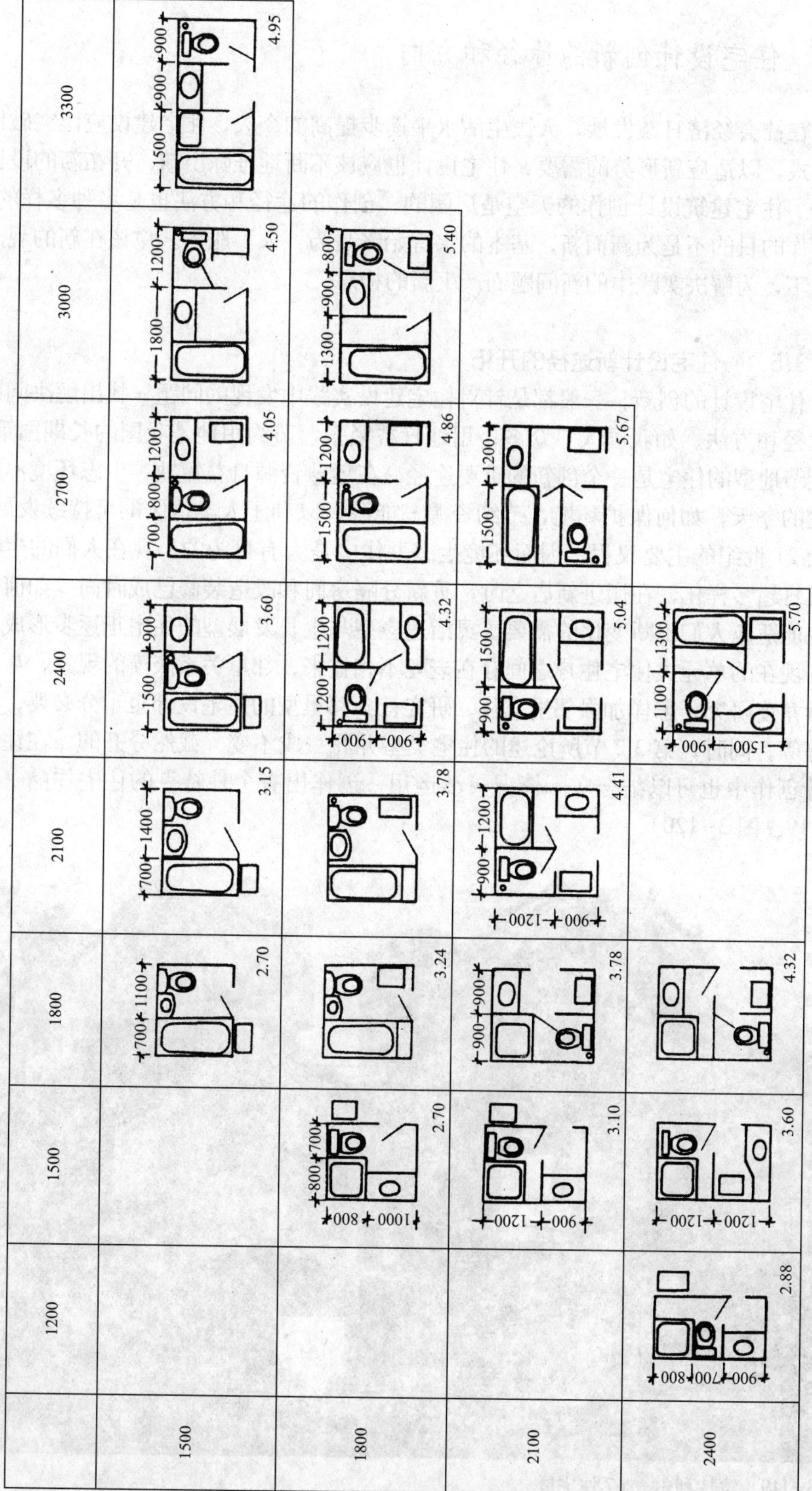

图 3-118 WHOS 住宅体系的卫生间系列设计

3.5 住宅设计创新的途径和方向

在社会经济日益发展，人民生活水平逐步提高的今天，住宅建设应该突破旧的模式，以适应新形势的需要，住宅设计也应该不断地推陈出新，开拓新的设计途径。住宅建筑设计创作的天空是广阔的，创作的途径和方法也是多种多样的，但创作的目的不是为新而新，基本的宗旨始终是为“人”服务。应该在新的观念指导下，为解决实践中的新问题而产生新的构思。

3.5.1 住宅设计新途径的开拓

住宅设计的创新，一般都是针对住宅建设实践中发现的问题，找出解决问题的途径和方法。如我国人口众多，用地日益紧张，节约用地是我国的长期国策，因此节地型的住宅是一个创新的重要途径。在地球资源日益短缺，生态环境不断恶化的今天，如何保护环境，节约资源与能源，以利于人类住区的可持续发展，成为21世纪的主要议程，因而环境生态型住宅是大有可为的。现在人们的生活方式日趋多样化，在搬进新居之时，重新分隔房间和改造装修已成时尚，如何使住宅能适应人们不断变化的需要，灵活适应型与生长发展型的住宅正逐步形成热点。现在的单元式住宅住户之间存在老死不相往来，邻里关系淡漠的现象，从社会学角度研究，怎样加强邻里交往，研究社会邻里型的住宅设计也十分必要，如此等等。同时，第3.2节所论述的住宅类型并非一成不变、截然分开的，在住宅设计创作中也可以结合实际情况灵活运用，创作出有个性特点的住宅作品（图3−119、图3−120）。

图3−119 蒙特利尔－67住宅群

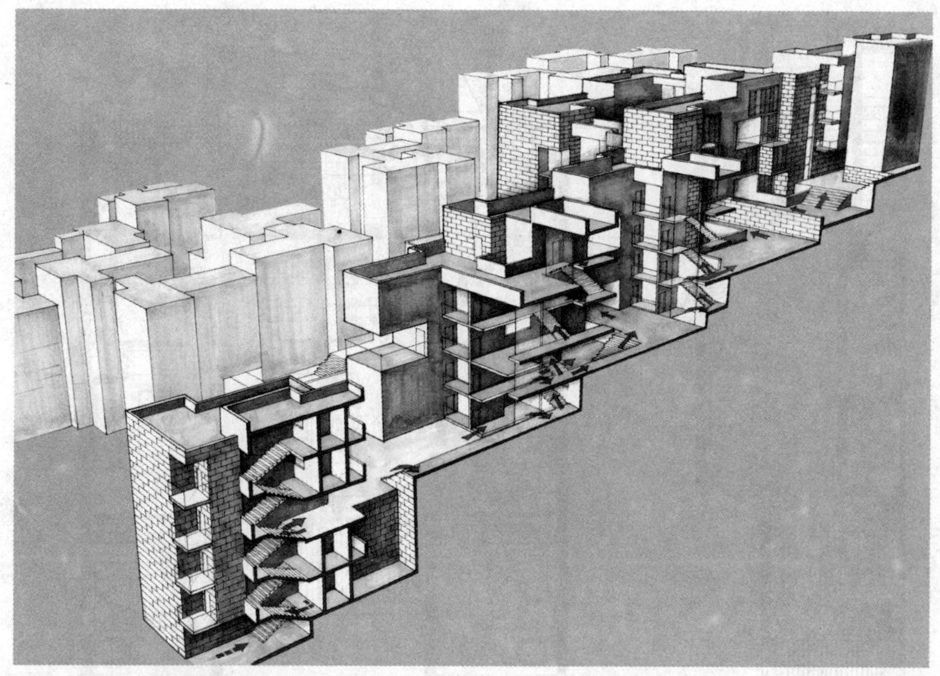

图 3-120　交通结合住宅楼栋与地形

1）节约用地型

要节约用地应加大房屋栋深，减小面宽，如图 3-121、图 3-122 所示，都是采用凹口天井的手法，图 3-123 则采用了内楼梯和内天井的手法，从而加大了栋深，节省了用地。此外，在北向顶层采用退台手法，能有效地减少房屋间距，结合地形特殊处理单元或楼栋设计，将“不可建用地”利用起来（图 3-124）以及围合的周边式住宅也能增加容积率，节约用地。图 3-125 为东西向布置的交叉型住宅，利用斜向开窗使居室能获得良好朝向，在总平面布置中与南北向布置相配合，能有效地节约用地。

2）环境生态型

住宅建设与环境密切相关，对住宅组群所组成的环境要从环境生态学的角度做深入研究。既要节约资源和能源，又要保护生态环境。如图 3-126 所示，从生态平衡的角度考虑了综合节能的措施，有太阳能和风能利用，有盘管降温和地冷利用，有中水道节水措施和沼气利用以及垃圾处理等。

3）灵活适应型

考虑了家庭生活方式变化及服务对象的多样性需求，除了扩大开间，采用框架结构外，利用小开间纵墙和横墙承重的条形空间再分割，也是过渡阶段适应目前技术经济条件的有效方式。

借鉴 SAR 体系的理论与方法，将住宅分为支撑体和填充体两部分，前者属于社会范畴的共建部分，后者属于个人范畴的自建部分，从而能更好地体现居住者的需要。在设计、建造过程中吸收住户参与，是解决住宅适应性与可变性的重要途径，在住房商品化的今天，它更具有很强的生命力。

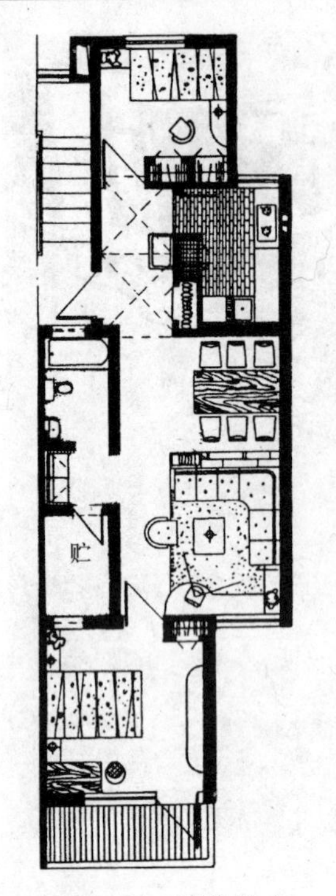

图 3-121　青岛住宅

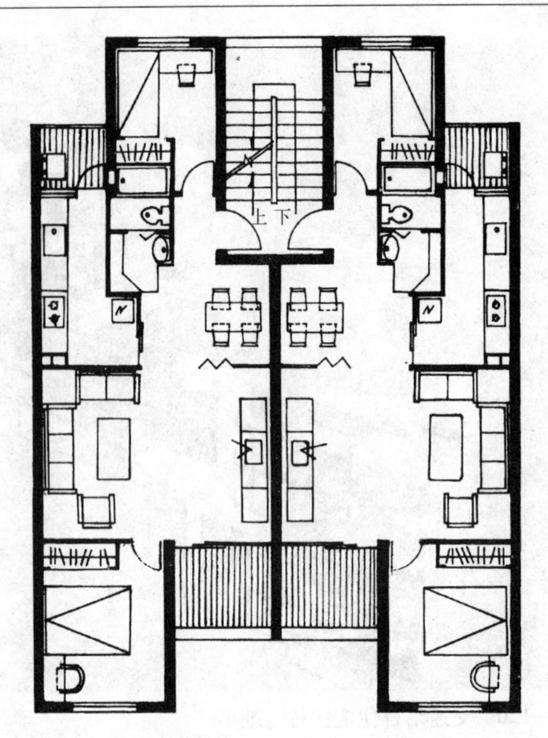

图 3-122　重庆住宅

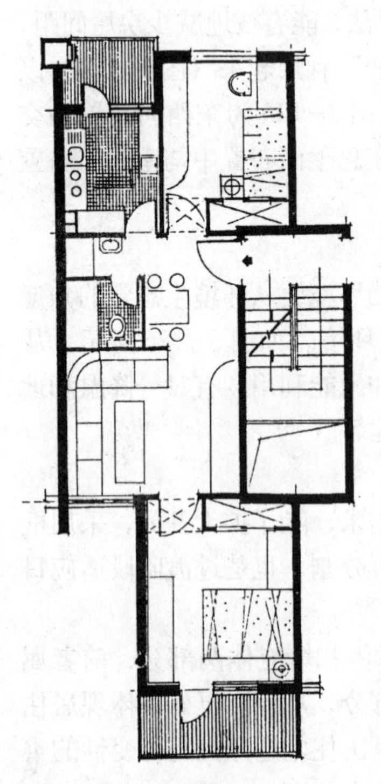

图 3-123　北京住宅

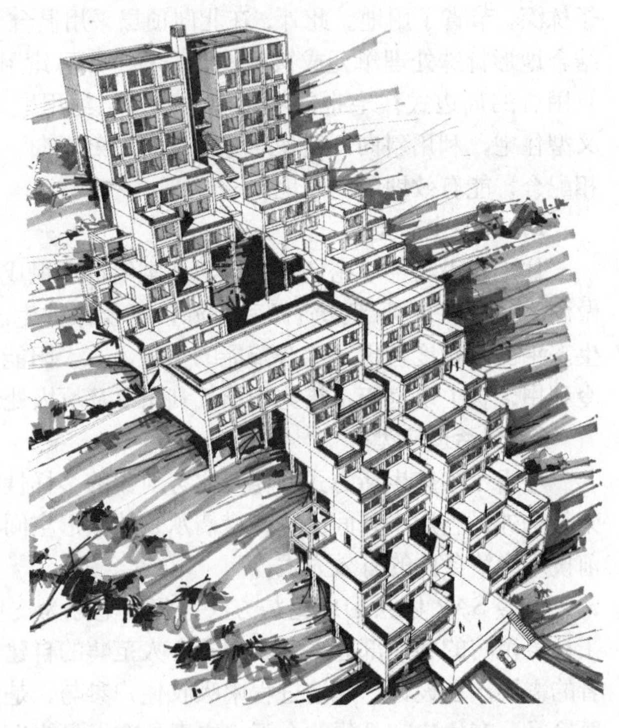

图 3-124　山地爬坡式住宅

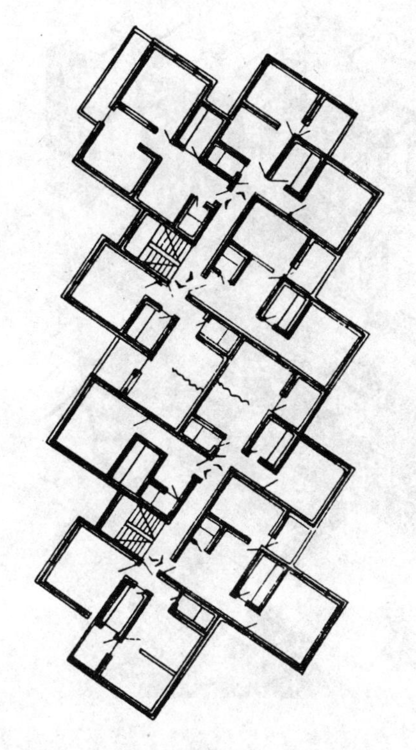

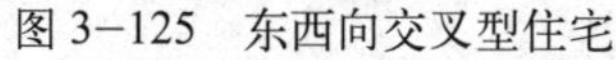

图 3−125 东西向交叉型住宅

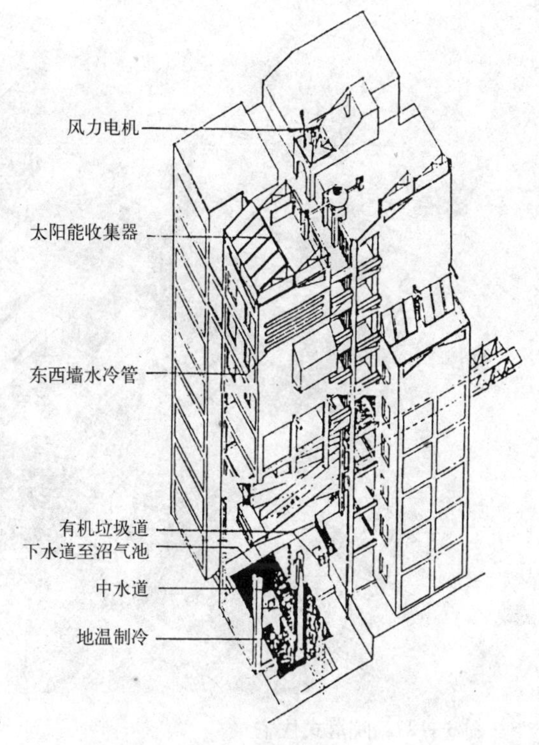

图 3−126 生态住宅方案

4）生长发展型

住宅设计的灵活性除了在每套面积不变条件下的灵活分隔外，将住户的发展与住宅扩建改造作为住户参与的动态过程来考虑，从而形成生长发展型的住宅，正如第 3.3 节中所谈到的这种生长发展式的扩建，必须不影响周围住户的日照、采光、通风等环境条件，而且在建筑与结构体系设计中事先留有余地。在发展中国家，住户根据自己的经济能力而逐步完成的多步完善式住宅即有这一特点。

5）社会邻里型

在住宅建设中，从社会学的角度，引入“社区”的概念，充分考虑人与人之间的交往、互助，进一步密切邻里关系，从而在住宅设计中发展社会邻里型的住宅。如住宅设计中设置邻里交往空间的院落式住宅（图 3−127）；如为了满足老少两对夫妻共同生活，解决好合中有分，分中有合的“两代居”住宅（图 3−128）；为解决当前青年结婚高峰而设计的青年公寓（图 3−129）；为适应今后老龄化社会需要而设计的老年住宅（图 3−130）；以及为方便残疾人而设计的残疾人住宅等。

6）空间复变型

设计不仅从二维空间的平面来考虑，进一步从三维空间的角度来思考，空间需要高则高，需要低则低，两者配合协调，可以充分发挥空间效能，用以节省建筑体积和高效利用空间，这种立体的三向思维是设计手法上的创新。第 3.2 节中的复式住宅和变层高式住宅均属于此类，在创作中应避免楼板错层所带来的结构复杂性和室内高差不同所带来的使用上的不便。

图 3-127　院落式住宅

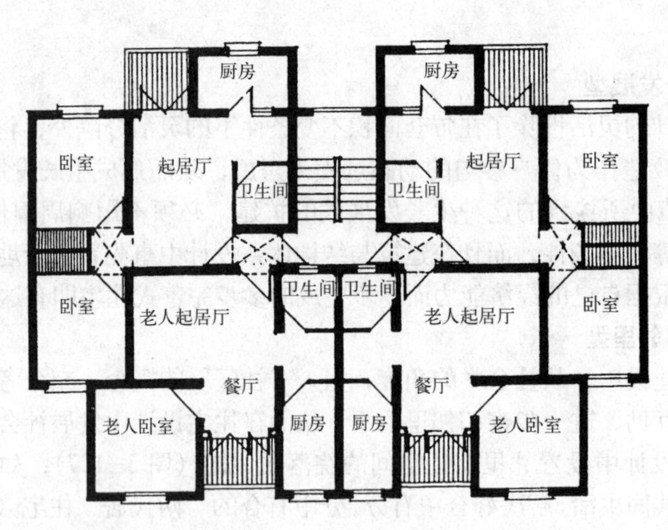

图 3-128　两代居住宅

除此之外，还有为解决住宅行列式的单调布局而设计成体型多变的各种曲线形、折线形、十字形等各种异形体单元住宅或整体设计的集合住宅，如图 3-131、图 3-132、图 3-133 所示。在设计实践中，住户反映较好但存在某些不足的住宅方案，可以进一步改进，特别是厨卫部分常常是改进的重点，这类可以称之为功能改良型。在今后的实践中，还会遇到各种新问题，由此提出新的解决办法，因而住宅设计的创新是动态地向前发展、不会停止不前的。

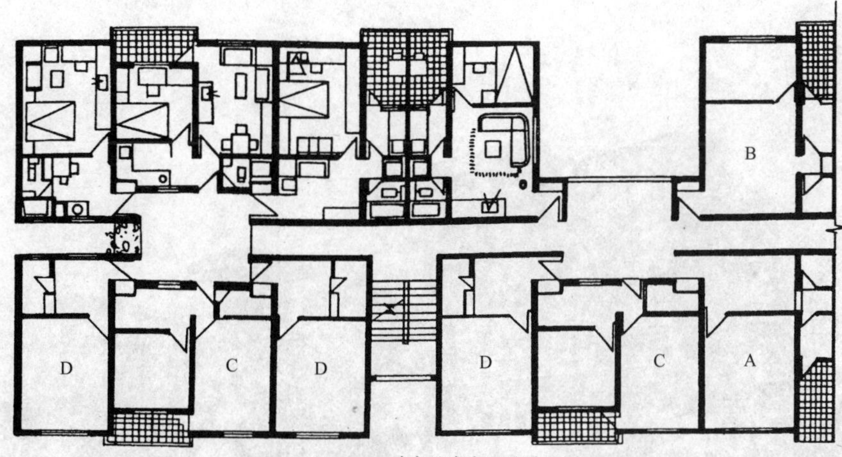

青年公寓套型平面

图 3-129 青年公寓

（A、B、C、D 4 种套型模式组合；通廊局部扩大，“流”、“节”合壁以利邻里交往、儿童游戏。平均每套建筑面积：40.75m²）

A—小厅大室；B—大厅小室；C—大小二室；D—大一室

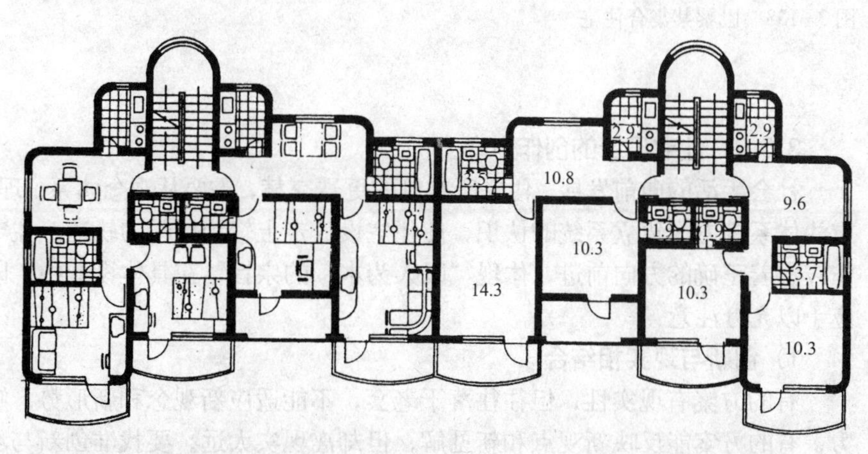

图 3-130 上海老人住宅

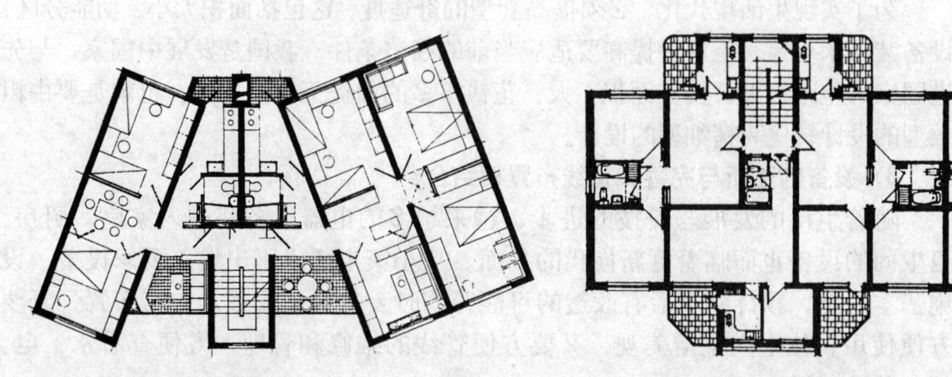

图 3-131 重庆楔形住宅

图 3-132 山西十字形住宅

图 3-133　巴黎某集合住宅

3.5.2　住宅设计的创作方向

社会生活的向前发展，住宅所有制的更迭交替，需要从观念体系、理论体系、方法体系等方面建立系统的认识，使住宅设计走上较为科学的轨道。住宅设计创作应沿着正确的方向前进，体现"以人为本"的宗旨，在具体设计中，以下几点应予以充分注意：

1）创新与现实相结合

有的方案有现实性，但往往落于老套，不能适应新观念和新形势，缺乏生命力；有的方案能反映新观点和新见解，但却离现实太远。要找准创新与现实的结合点，既能在原有基础上前进一步，又是经过努力可以达到的。

2）舒适性与经济性相结合

为了实现生活现代化，必须提高套型的舒适度，这包括面积大小、功能分区、设备装修水平等。但这种提高要适应当前的经济条件。我国是发展中国家，与先进国家的差距很大，要在面积不大、花钱不多的前提下提高质量，也就是要由粗放型的设计转化为精细型的设计。

3）设备的更新与完善和管线布置相结合

随着生活的发展与科技的进步，越来越多的电器设备将进入家庭，厨房、卫生间的设备也面临着更新换代的局面。从小康生活水平出发，要求设备、设施基本齐全，预计到今后有改造的可能，同时妥善考虑管线走向与布置，既要方便使用，使室内整洁美观，又要方便管线的维修和管理，方便查看水、电、气各种设备用表。

4）多元化、系列化与适应性、灵活性相结合

为适应不同对象的各种需求，商品住宅的多元化、系列化不可忽视。但还必须考虑住户自身的发展变化。因此，套型内部要有适应性和可变性，也就是要增加套型本身的应变能力。这是延长住宅的功能和精神老化期所必需的，对于我们有限的国力来说，从长远的观点分析，这也是必要的。

5）住户参与和可发展性相结合

将住户作为使用的主体，吸收到设计与建设中来，让住户充分发挥其能动作用将给住宅建设带来新的活力。在国外，住户或居民参与设计不仅有较深的理论研究，同时也有不少实践。为了适应住房商品化和我国家庭经济水平较低的现状，将部分设备、装修、配件等留待住户自己去完成是很现实的。考虑到家庭的发展和经济能力的提高，适当有增加面积的余地更会给居住环境带来生机。

6）生理与心理需要相结合

住宅除了要满足居住者的生理需求之外，还应充分考虑心理上、精神上的种种需求。私密性、安全感决不可忽视，在套内分隔、装修等方面要能让居住者体现“个性”，在邻里交往上要给予方便等等。

7）节地、节能与环境设计相结合

只考虑住宅单体，不顾及群体，将影响到居住环境的空间布局和用地的节约。若片面追求节地，容积率过高，不但影响到住户的日照、采光和通风，而且造成了恶劣的居住环境。要从经济效益、社会效益和环境效益统筹考虑，不可偏废。全面的综合节能将有助于整体环境的改善和有利于可持续发展。在当前征地费昂贵、房地产开发商业化、用地紧缺的今天，一方面要反对用地的浪费；另一方面要反对忽视环境、不注意节约能源的倾向，力争为创建资源节约型、环境友好型社会做出应有的贡献。

8）时代性与地方性相结合

我们现在处在21世纪经济飞速发展的时期，住宅的建筑创作理应打上时代的印记。我国地域辽阔，各地的气候和地理条件、生活习惯等差别很大，统一的标准和到处适用的万能方案是不存在的。在住宅的平面空间构成中，既要反映时代精神，有现代感，又要体现地方特征，有乡土性。把生活的现代化与地方的乡土文脉相结合，把传统与革新相结合，创造出为我国人民所喜闻乐见的、优美宁静的、富有时代精神和乡土韵味的居住环境。

第4章
高层和中高层住宅设计

Chapter 4
Design of Medium High & High-rise Dwelling House

近几十年来，先进工程技术和新型建筑材料的发展，为住宅建筑向高层发展提供了有利条件。早在 20 世纪 30 年代，我国在上海等大城市就已经建造了一些高层住宅。改革开放以后，在一些大城市如北京、上海、重庆、广州、天津、沈阳等地，开始兴建高层住宅。尤其 20 世纪 90 年代以来，我国城市的高层住宅建设进入快速发展阶段。导致这一现象的原因是多方面的。随着国民经济的持续发展和城市化进程的不断加快，在人民生活水平普遍提高的同时，也出现了城市发展不平衡和流动人口向大城市集中的趋势，导致大城市中人口与土地资源、生态环境的矛盾大大甚于中小城市。另外，城市的住宅层数发展策略不仅影响居民的居住水平，且与带动住宅产业现代化的发展有密切联系。因此，尽管以多层住宅为主的建设模式仍是当前解决我国城市居住问题的主要手段，但这一建设模式逐步暴露出许多问题，越来越难以适应大城市人多、地少、资源紧张、需求增长的严酷现实；高层住宅的建设成为大城市住宅发展进程中必须认真对待的问题。

各国对高层住宅的定义有不同的理解，有的是以建筑高度来划分；有的是以层数划分的。目前，我国《民用建筑设计通则》（GB 50352—2005）把 7~9 层的住宅称为中高层住宅（有的地方也称小高层）；而把 10 层及 10 层以上并设置电梯为主要垂直交通工具的住宅称为高层住宅。

高层和中高层住宅作为住宅的一种类型，除了具备各类住宅的许多共性之外，还具有个性。由于其层数的增加导致容积率提高，因而在节约土地资源、提高空地率方面效果显著；同时体型和高度的变化，有利于形成丰富的城市天际线和城市景观。然而高层住宅也带来一系列问题：

首先，在高层住宅中，电梯取代步行楼梯而成为主要的垂直交通工具。为了提高电梯的使用效率，需要组织方便、安全而又经济的公共交通体系，从而对高层住宅的平面布局和空间组合产生一定的影响。

其次，由于建筑高度增加，使建筑的垂直荷载和侧向荷载大大增加。为了保证建筑结构的安全，需要使用与多层住宅不同的建筑材料和结构体系，对建筑布局会有特殊的要求，不像多层住宅中常用的砖混结构那样灵活和随意。

第三，在给水排水、供电、疏散、防火、防烟及安全上都有新的要求。

第四，由于高层住宅体量巨大，居住人数大大超过多层住宅而出现高密度的居住状况，给居民的心理状态、居住环境、社会环境、城市结构的动态平衡、居住区的空间组织等，都带来了新的问题。

第五，由于高层住宅一次性投资较大，经常性维修、管理费用多，使其总投资大大高于多层住宅，因而在建造时需较多考虑经济因素。同时，高层住宅的大量兴建，使居住区和城市由水平方向发展转化为垂直方向发展，使经济评价方法和范围发生了变化。

第六，随着结构形式的创新带来新的施工方式，同时也影响到设计方法和建筑处理。

第七，中高层住宅还有其特殊的问题，涉及节地、经济和使用舒适性等方面的综合问题。

综上所述，高层和中高层住宅并不是多层住宅的简单叠加，而是具有其自身的特点。认识和掌握这些特点，对进行高层住宅和中高层住宅的设计和研究工作是非常必要的。

4.1　高层住宅的垂直交通

高层住宅的垂直交通是以电梯为主、以楼梯为辅助交通组织起来的。以电梯为中心组织各户时，如何经济地使用电梯，以最少的投资和最低的经常性维护费用争取更多的服务户数，是高层住宅设计中需要解决的主要矛盾之一。在一些生活水平较高的经济发达国家，在多层、低层住宅中也设置电梯。

4.1.1　电梯的设置

在高层住宅中，电梯的设置首先要做到安全可靠，其次是方便，再次是经济。

安全可靠就是要保证居民的日常使用，即使当一台电梯发生故障或进行维修时，也有另外的电梯可供居民使用。因此在《住宅设计规范》(GB 50096—1999)规定，12 层及 12 层以上的高层住宅每栋楼至少需要设置两部电梯，且其中一台宜能容纳担架出入。

使用方便与电梯的数量有关，要方便就得多设电梯，但这往往与经济性相矛盾，因为多设电梯的一次性投资和经常性管理费用都较高；相反，片面地强调经济，少设电梯，则会造成使用的不便。为此，许多国家规定了定量的客观标准，也称为服务水平，即在电梯运行的高峰时间里，乘客等候电梯的平均值(单位是秒)。不同的国家，标准也不同：如美国认为在住宅中，等候电梯的时间小于 60s 较理想，小于 75s 尚可，小于 90s 较差，以 129s 为极限；英国和日本规定在 60~90s 之间。

高层住宅电梯数量与住宅户数和住宅档次有关。电梯系数是一幢住宅中每部电梯所服务的住宅户数，通常每部电梯服务的户数越多，则电梯的使用效率越高、相应的居住标准越低。经济型住宅每部电梯服务 90~100 户以上；常用型住宅每部电梯服务 60~90 户；舒适型住宅每部电梯服务 30~60 户；豪华型住宅每部电梯服务 30 户以下。一般而言，我国的高层住宅电梯设置情况如下：18 层以下的高层住宅或每层不超过 6 户的 18 层以上的住宅设两部电梯，其中一部兼作消防电梯；18 层以上（高度 100m 以内）每层 8 户和 8 户以上的住宅设三部电梯，其中一部兼作消防电梯。电梯载重量一般为 1000kg，速度多为低速、中速（小于 2m/s 为低速，2~3.5m/s 为中速，大于 3.5m/s 为高速)。

对于电梯设置中的经济概念，不能只是简单地压缩电梯数量而影响居民的正常使用，应在保证一定服务水平的基础上，使电梯的运载能力与客流量相平衡，充分发挥电梯的效能，达到既方便又经济的目的。同时为了充分发挥电梯的作用，电梯的设置还应考虑对住宅体型和平面布局的影响（参见第 4.3 节)。如在平面布置中适当加长水平交通可以争取更多服务户数；但如果交通面积过大，也会引起一系列使用和经济方面的问题，两者需要进行综合比较后才能做出选择。

4.1.2 楼梯和电梯的关系

在高层住宅中虽然设置了电梯，但楼梯并不能因此而省掉，它仍可作为住宅下面几层居民的主要垂直交通；作为居民短距离的层间交通；在跃廊式住宅中，作为必要的局部垂直交通；作为非常情况下（如火灾）的疏散通道。因此，楼梯的位置和数量也要兼顾安全和方便两方面。首先要符合《高层民用建筑设计防火规范》（GB 50045）的要求：在板式住宅中，要注意每部楼梯服务的面积及两部楼梯间的距离；在塔式住宅中，楼梯、电梯相近布置的核心式布局较为紧凑，可以采用一部剪刀楼梯，以取得两个方向的疏散口（参见4.2消防电梯的布置）。其次，楼梯位置的选择及与电梯的关系要适当，作为电梯的辅助交通手段，应与电梯有机地结合成一组，以利相互补充（图4–1）。

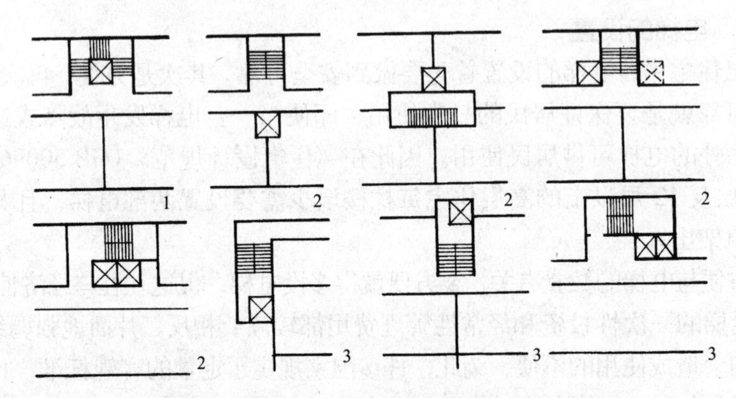

图4–1 公共楼梯与电梯结合布置的几种方案

1—楼梯环绕电梯井；2—电梯布置在楼梯侧面或对面，电梯停靠于楼板标高；
3—电梯布置在楼梯间内靠休息平台一侧，电梯停在休息平台标高

塔式住宅的交通体系比较简单，而板式及其他形式的住宅，在安排楼梯位置时，应考虑主要的楼梯间、电梯间的位置对住宅平面及体型的影响。在有多方向走廊时（如十字形、T形、H形走廊），应尽可能放在走廊的交叉点，以利各方面人流的汇集；当为一字形走廊时，应根据建筑物的长度和防火规范对疏散间距的规定选择适当的位置，以使楼梯的数量尽可能少。

4.1.3 电梯对住户的干扰

在高层住宅中，电梯服务上层，楼梯服务下层，为了避免相互干扰，可以适当隔离，各设独立出入口。此外，电梯容量最大为20人，在上下班人流拥挤时，电梯厅人流集中，比较嘈杂，因而，电梯厅不宜紧邻主要房间，尤其不宜紧邻卧室。电梯厅也不宜过小，以免人群在附近通道中徘徊干扰住户。

楼梯只有人们在走过时才发生零星噪声，而电梯在运转时发生较大的机械噪声，深夜或凌晨对居民的干扰很大，必须考虑对电梯井的隔声处理。一般可以用浴、厕、壁橱、厨房等作为隔离空间来布置。此外电梯服务户数过多对长廊式布局往往也带来一些干扰，必须在设计时加以注意。

4.2　高层住宅的消防和疏散问题

消防疏散问题是高层建筑普遍存在且特别重要的问题。因为，高层住宅中厨房是经常使用明火而又易于失火的地方；住宅内部有许多竖井（设备竖井、排烟竖井、垃圾井、暗厕所或暗厨房的通风井等）对火焰和热烟都有很大的抽吸作用，是火灾蔓延扩大的捷径。同时，住宅内人口虽较其他高层建筑如办公楼、旅馆少，但老幼病残者所占比例较多，一旦发生火灾，难于疏散。因此，在设计方案时必须充分考虑消防和疏散问题。

4.2.1　消防能力与建筑层数和高度的关系

消防云梯高度一般在 50m 以内，我国目前高层建筑的高度即是参考这一情况决定的。高度 50m 相当于住宅 18 层，其防火要求是一个等级；超过 50m 即 18 层以上的住宅又是一个防火等级；如果超过 100m 高，即相当于 36 层以上的住宅，防火要求更高，其防火设施应按《高层民用建筑设计防火规范》（GB 50045）处理。

4.2.2　防火分区与安全疏散

高层住宅内一旦发生火灾，为了不致广泛蔓延扩大，必须将住宅建筑分隔成为几个防火分区，在火势初起时把火灾限制在较小的范围内，使居民能尽快疏散。

各国对防火分区的划分有着不同的规定。在我国，高级住宅和 19 层及其以上的普通住宅属一类建筑，10~18 层的普通住宅属二类建筑。我国《高层民用建筑设计防火规范》（GB 50045—95）规定：防火分区最大允许建筑面积为一类建筑 1000m^2，二类建筑 1500m^2。在布置高层住宅内的电梯时，虽然要使电梯尽可能服务更多户数，但同时也必须考虑到防火分区的面积限制和安全疏散楼梯的数量和位置。

高层住宅每个防火分区和地下室应不少于两个安全出口，以保证双向疏散，当其中一个被烟火堵住时，人流仍可由另外一个出口疏散出去。但在下列情况也可只设一个出口：

1）塔式住宅

18 层及 18 层以下，每层不超过 8 户，建筑面积不超过 650m^2，且设有一座防烟楼梯间和消防电梯的塔式住宅，其疏散路线较短且较简捷，能够基本满足人员疏散和消防扑救，可设置一个疏散出口，即只需设置一座防烟楼梯间。

2）单元式住宅

每个单元设有一座通向屋顶的疏散楼梯，且从第 10 层起，每层相邻单元设有连通阳台或凹廊的单元式住宅，可只设一个疏散出口。

安全疏散间距，是指从户门到安全出口之间的最大距离。位于两个安全出口之间的户门距最近的楼梯间的最大距离应不超过 40m。位于袋形过道内的户门距楼梯间的最大距离则必须限制在 20m 以内。具体计算方法如图 4-2 所示。

疏散通道应适当加宽，以免疏散居民与消防人员互相从相反方向走动时过于拥挤。疏散通道宜直接采光和通风，若无直接自然通风且长度超过 20m 的内走道，或者有直接自然通风但长度超过 60m 的内走道，应设置机械排烟设施。在建筑底部出口处，不能与底层商店、地下室、锅炉房的出入口混合使用。

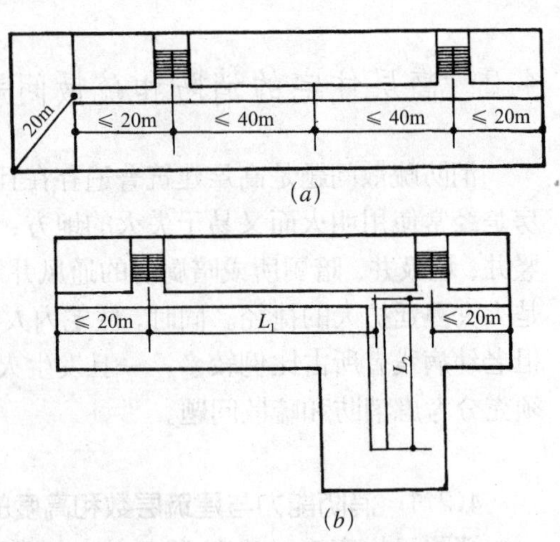

图 4–2　安全疏散口距建筑内各部位的间距
(*a*) 一般情况；(*b*) 位于两安全疏散口之间的袋形走道宜满足：$L_1+L_2 \leqslant 40$m

4.2.3　安全疏散楼梯的设计

根据我国现行的防火规范，长廊式高层住宅一般应有两部以上的楼梯，以解决居民的疏散问题（图 4–3）。在组合式的单元内可只设一部楼梯，为保证双向疏散，还需依靠毗邻单元的楼梯作为疏散通道。因此，楼梯必须通向屋顶，且从第 10 层起每层相邻单元设有连通阳台或凹廊，作为火灾发生时安全疏散的通道之一（图 4–4）。袋形走道末端与楼梯间距离超过规范时，应再增加一部独立的疏散楼梯。

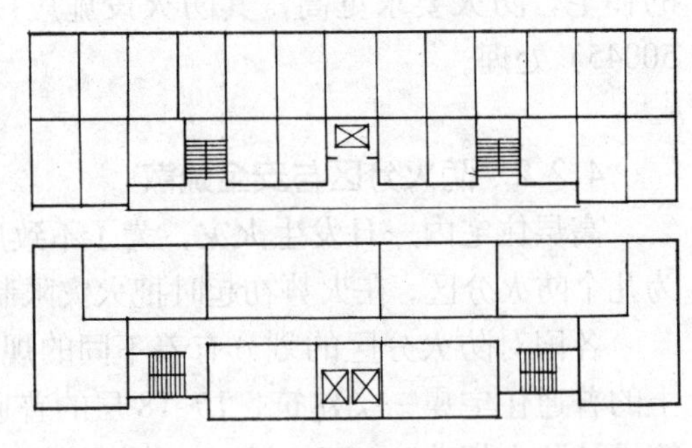

图 4–3　长廊式高层住宅一般设两部疏散楼梯

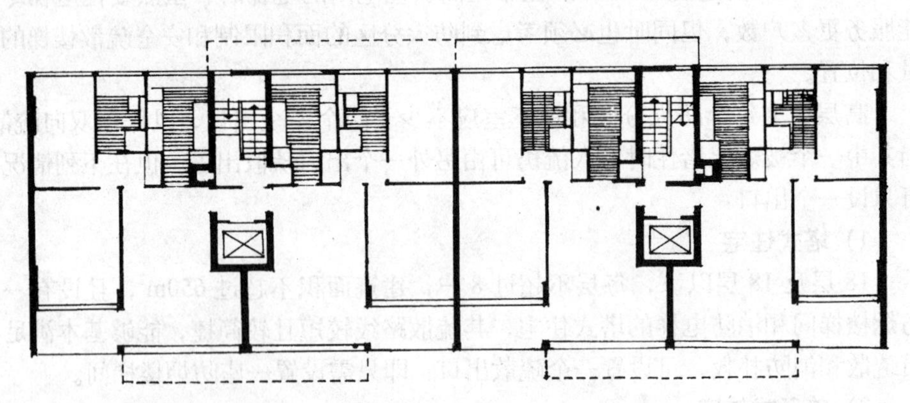

图 4–4　用挑阳台连通毗邻单元（澳大利亚悉尼）

所有一类建筑，除单元式和通廊式住宅以外的建筑高度超过 32m 的二类建筑，以及塔式住宅，均应设置防烟楼梯间（图 4–5、图 4–6）。防烟楼梯间入口处应设前室、阳台或凹廊。前室面积应不小于 4.5m²，前室和楼梯间的门均应为乙级防火门，并应向疏散方向开启。

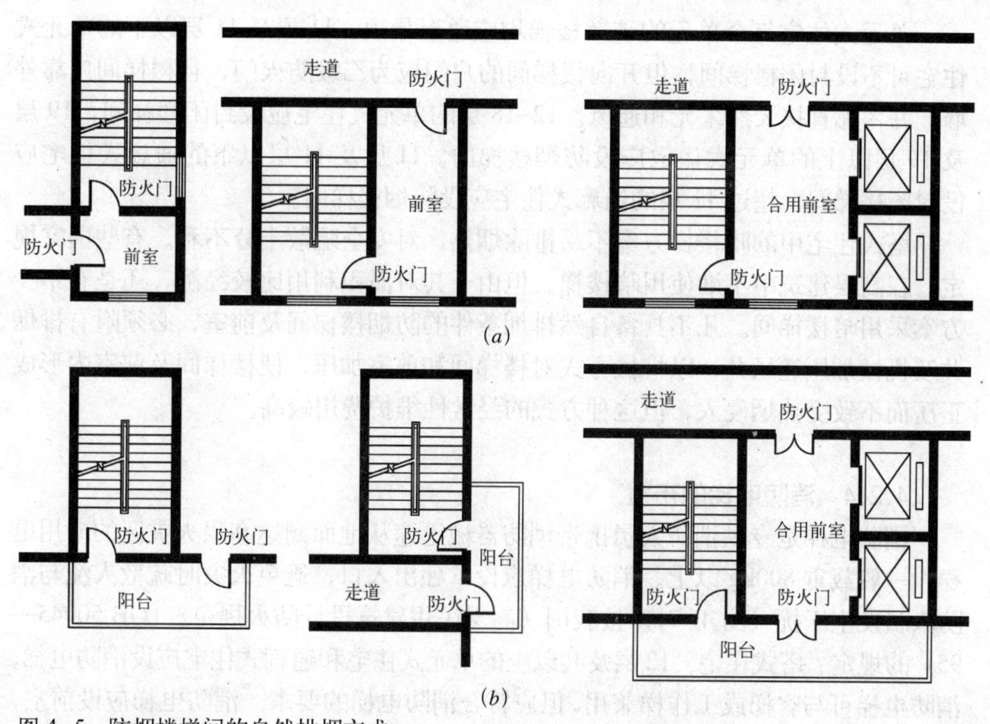

图 4−5　防烟楼梯间的自然排烟方式

(*a*) 利用外墙开启窗排烟；(*b*) 利用阳台或凹廊自然排烟

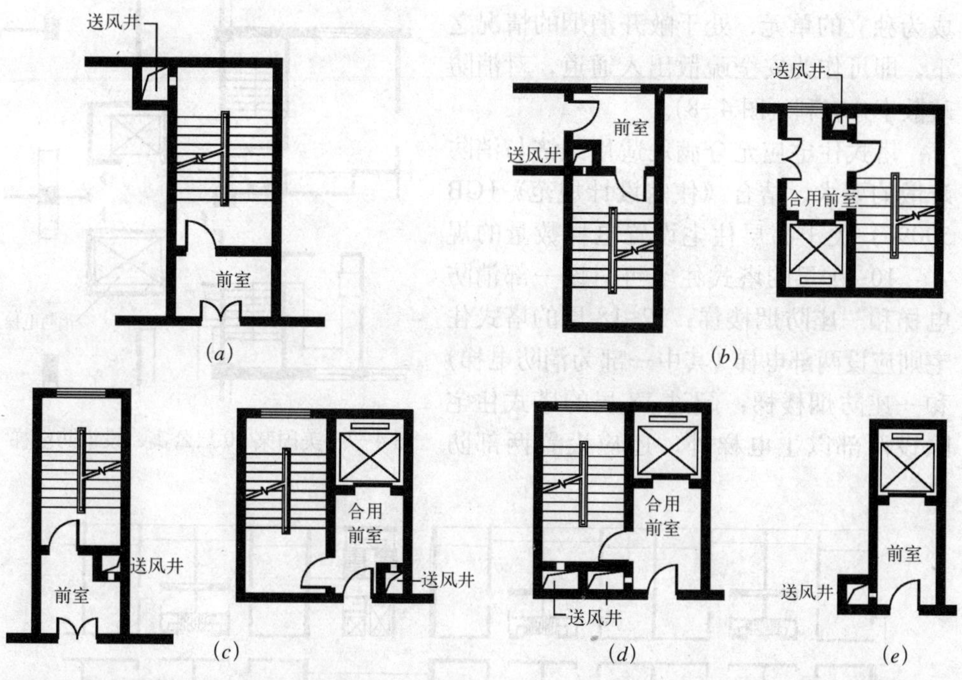

图 4−6　防烟楼梯间机械送风的部位

(*a*) 当前室、楼梯间都不能自然排烟时，只对楼梯间加压送风；(*b*) 当前室和合用前室采用自然排烟，而楼梯间不具备自然排烟条件时，对楼梯间进行加压送风；(*c*) 当楼梯间采用自然排烟，而前室和合用前室不具备自然排烟条件时，应对前室及合用前室加压送风；(*d*) 当楼梯间与合用前室都不具备自然排烟条件时，应同时对两者加压送风；(*e*) 当消防电梯前室不能进行自然排烟时，应对电梯前室加压送风单元式住宅每个单元的疏散楼梯均应通至屋顶，11 层及 11 层以下的单元式住宅可不设封闭楼梯间，但开向楼梯间的户门应为乙级防火门，且楼梯间应靠外墙，并考虑直接天然采光和通风。12~18 层的单元式住宅应设封闭楼梯间，19 层及 19 层以上的单元式住宅应设防烟楼梯间。11 层及 11 层以下的通廊式住宅应设封闭楼梯间，超过 11 层的通廊式住宅应设防烟楼梯间。

塔式住宅中的暗楼梯方案不易排除烟热，对安全疏散十分不利。有些国家规定，在高层建筑中不准使用暗楼梯。但由于其对面积利用比较经济，还是有不少方案采用暗楼梯间。凡不具备自然排烟条件的防烟楼梯间及前室，必须附有排烟井及机械加压送风井，以机械方式对楼梯间和前室加压，使楼梯间及前室内形成正压而不致受热烟侵入，但这种方式的经常性维护费用较高。

4.2.4 消防电梯的布置

消防电梯是专供消防人员携带消防器械迅速从地面到达高层火灾区的专用电梯，一般载重 800kg 以上。消防电梯应设单独出入口，避免火灾时疏散人流与消防人员发生干扰（图 4–7）。按我国《高层民用建筑设计防火规范》（GB 50045—95）的规定：塔式住宅、12 层及其以上的单元式住宅和通廊式住宅应设消防电梯。消防电梯可与客梯或工作梯兼用，但应符合消防电梯的要求。消防电梯应设前室，其面积不应小于 4.5m^2；而当与防烟楼梯间合用前室时，其面积不应小于 6m^2。

在高层住宅中，把电梯和楼梯间布置成为独立的单元，处于敞开消烟的情况之下，即可作为安全疏散出入通道，对消防疏散十分有利（图 4–8）。

塔式住宅应充分满足适用经济与消防疏散的要求，结合《住宅设计规范》（GB 50096）关于高层住宅设置电梯数量的规定：10~11 层的塔式住宅可只设一部消防电梯和一座防烟楼梯；12~18 层的塔式住宅则应设两部电梯（其中一部为消防电梯）和一座防烟楼梯；超过 18 层的塔式住宅除设两部以上电梯外，还应设置两部防

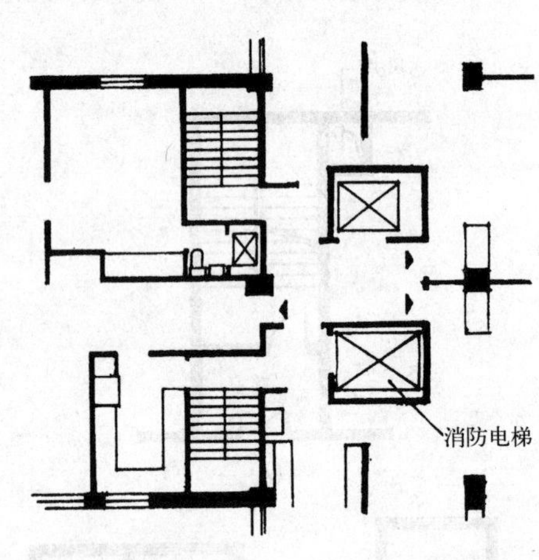

图 4–7 美国某 20 层公寓，设消防电梯

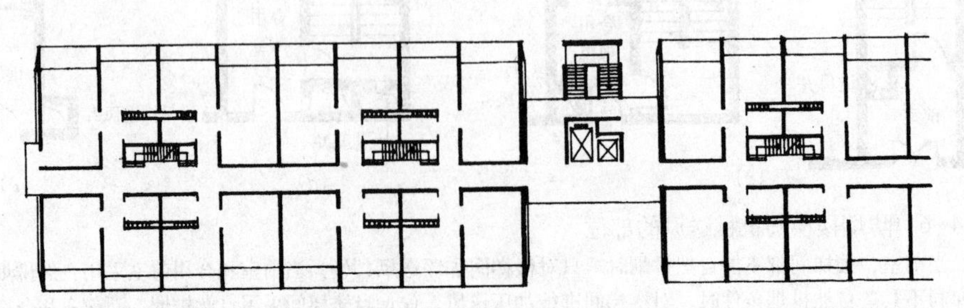

图 4–8 电梯和楼梯间布置成独立的单元，有利于消防疏散
（德国慕尼黑弗里斯顿德住宅）

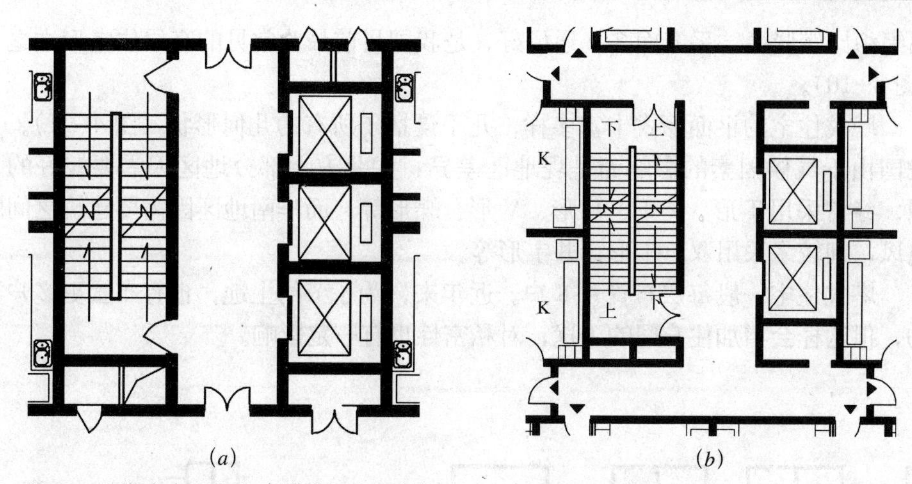

图4-9　塔式高层住宅中的防烟剪刀楼梯
(*a*) 设有一个防烟前室的剪刀楼梯；(*b*) 设有扩大前室的剪刀楼梯

烟楼梯，此时可设为以实体墙分隔的防烟剪刀楼梯（图4-9）。剪刀楼梯应分别设置前室，确有困难时，可设置一个前室，但两座楼梯应分别设加压送风系统。

4.2.5　灭火设备

消防用水应有独立的电源、水泵和远距离开关。室内消防给水管应布置成环状，其进水管不应少于两根，以保证消防水源有足够的水量和水压。消防栓宜设在疏散楼梯或走道附近明显易于取用的部位，其间距应保证同层任何部位有两个消火栓的水枪充实水柱同时到达失火现场。消火栓的间距由计算确定，且高层建筑不能超过30m。

4.3　高层住宅的平面类型

与多层住宅不同，高层住宅的平面布局受垂直交通（电梯）和防火疏散要求的影响较大。世界各地的高层住宅按体型划分主要有板式（墙式）和塔式；按交通流线组织又可分为单元组合式、长廊式和跃廊式高层住宅等。现就其几种主要的平面类型简述如下。

4.3.1　塔式高层住宅

塔式住宅是指平面上两个方向的尺寸比较接近，而高度又远远超过平面尺寸的高层住宅。这种住宅类型是以一组垂直交通枢纽为中心，各户环绕布置，不与其他单元拼接，独立自成一栋。这种住宅的特点是面宽小、进深大、用地省、容积率高，套型变化多，公共管道集中，结构合理；能适应地段小、地形起伏而复杂的基地；在住宅群中，与板式高层住宅相比，较少影响其他住宅的日照、采光、通风和视野；可以与其他类型住宅组合成住宅组团，使街景更为生动。由于其造型挺拔，易形成对景，若选址恰当，可有效地改善城市天际线。塔式住宅内部空间组织比较紧凑、采光面多、通风好，是我国目前最为常见的高层住宅形式之一（图 4-10）。

塔式住宅的平面形式丰富多样，几乎囊括了所有的几何形状（图 4-11）。在我国由于气候因素的影响而呈现地区差异：如北方大部分地区因需要较好的日照，经常采用 T 形、Y 形、H 形、V 形、蝶形等；而华南地区因需要建筑之间的通风，则较多采用双十字形、井字形等。

塔式住宅一般每层布置 4~8 户。近年来，为了节约土地，也有布置更多户数的，但这样会增加住户间的干扰，对私密性也有一定影响。

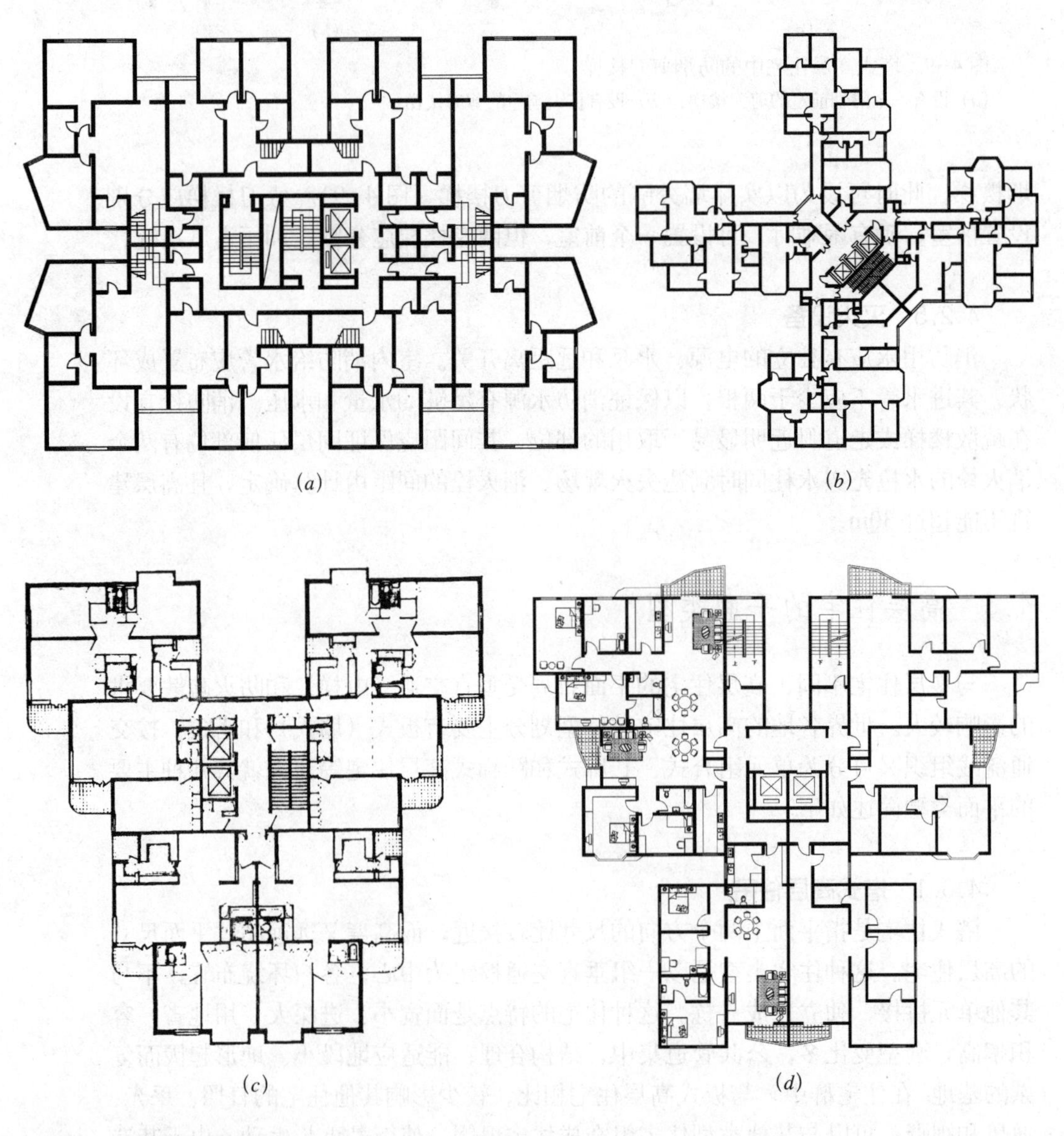

图 4-10　我国常见的塔式高层住宅平面形式
(a) 矩形；(b) 十字形；(c) V 形；(d) 蝶形

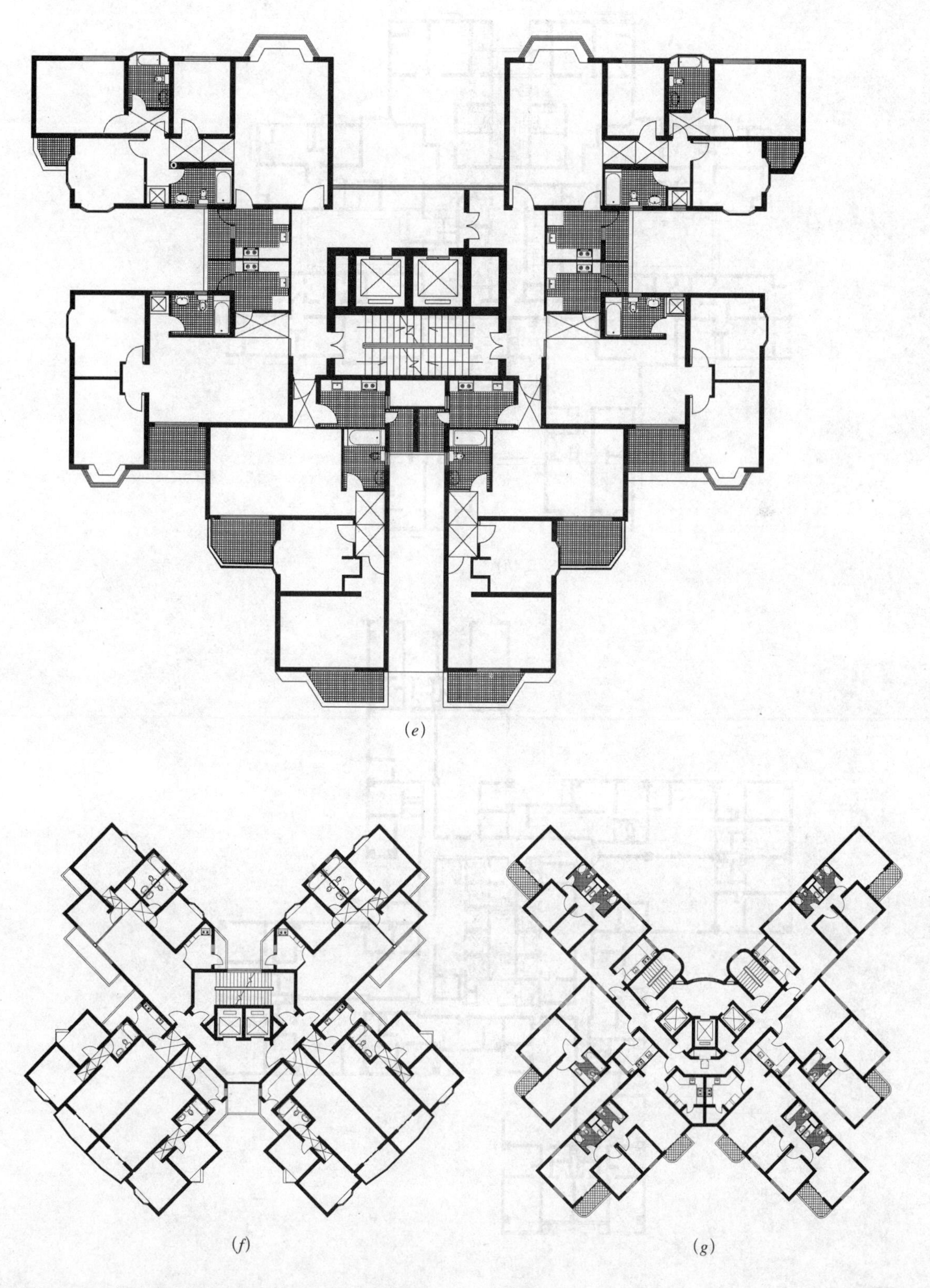

(*e*)

(*f*)　(*g*)

图 4–10　我国常见的塔式高层住宅平面形式（续）
(*e*) 蝶形；(*f*) X 形；(*g*) X 形

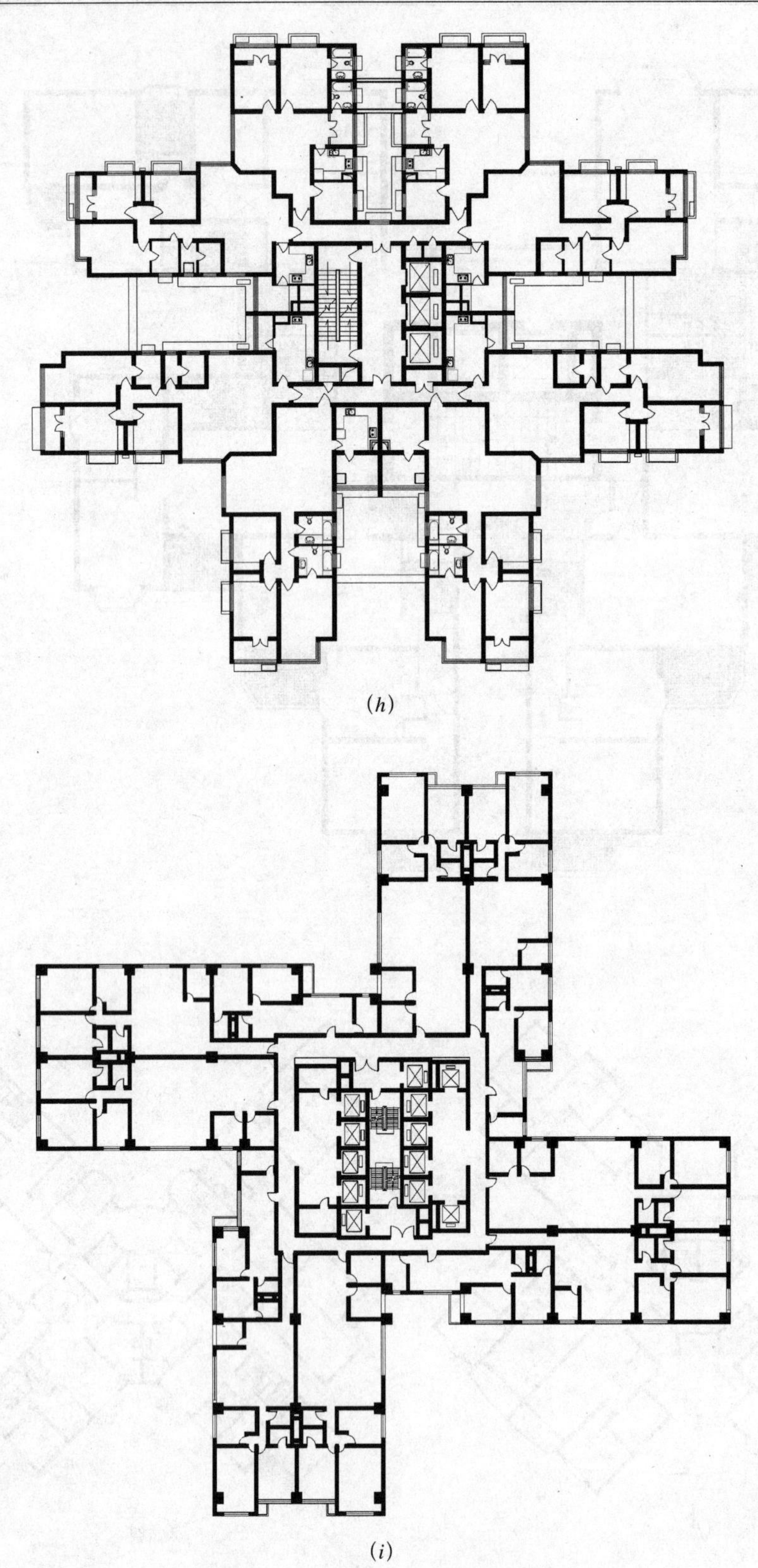

(*h*)

(*i*)

图 4–10　我国常见的塔式高层住宅平面形式（续）
(*h*) 井字形；(*i*) 风车形

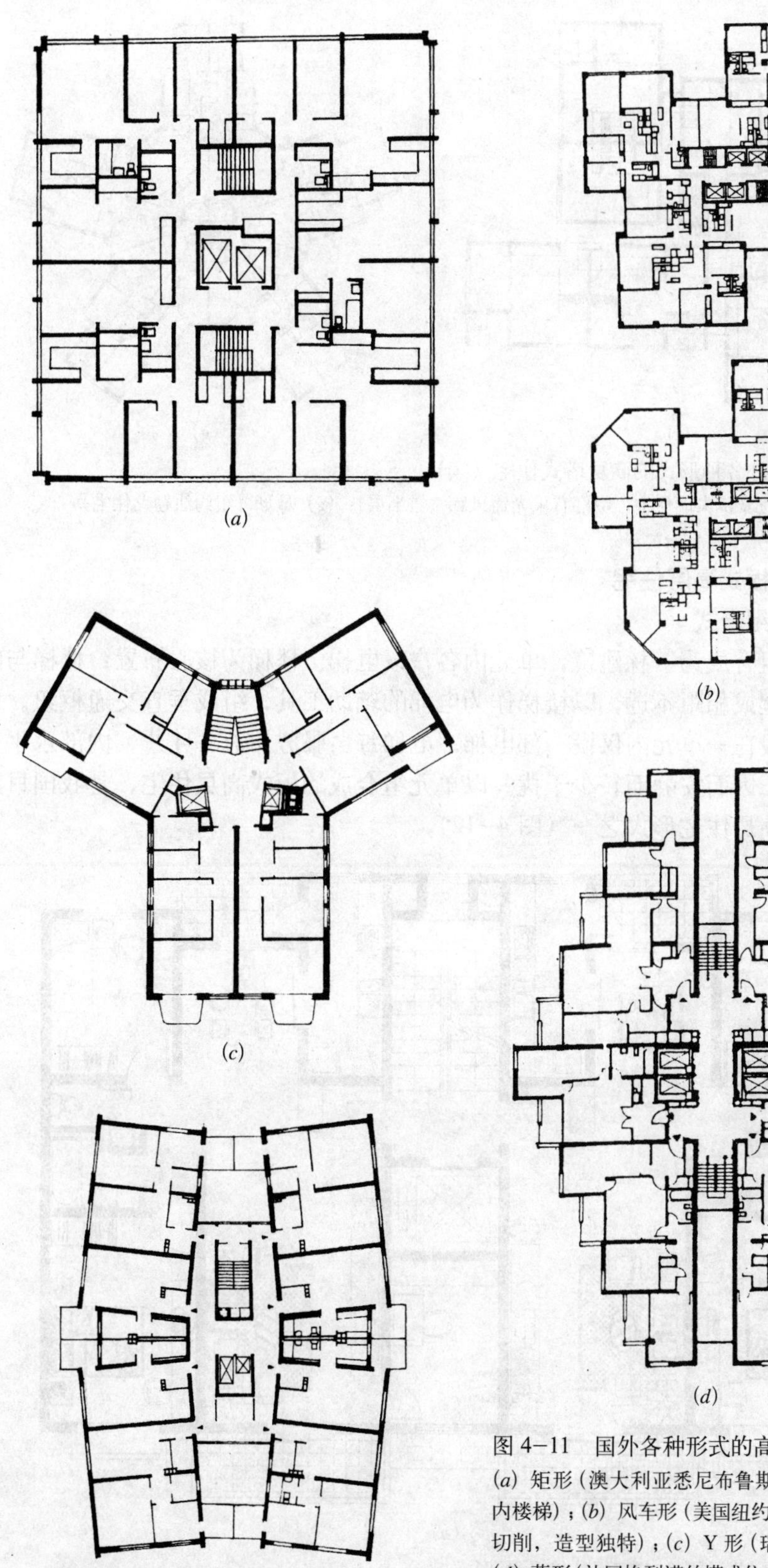

图 4-11　国外各种形式的高层塔式住宅
(*a*) 矩形（澳大利亚悉尼布鲁斯角塔楼，环道、内楼梯）；(*b*) 风车形（美国纽约水滨公寓，四角切削，造型独特）；(*c*) Y 形（瑞士高层住宅）；(*d*) 菱形（法国格列诺伯塔式住宅）；(*e*) 鼓形（意大利 17 层住宅）

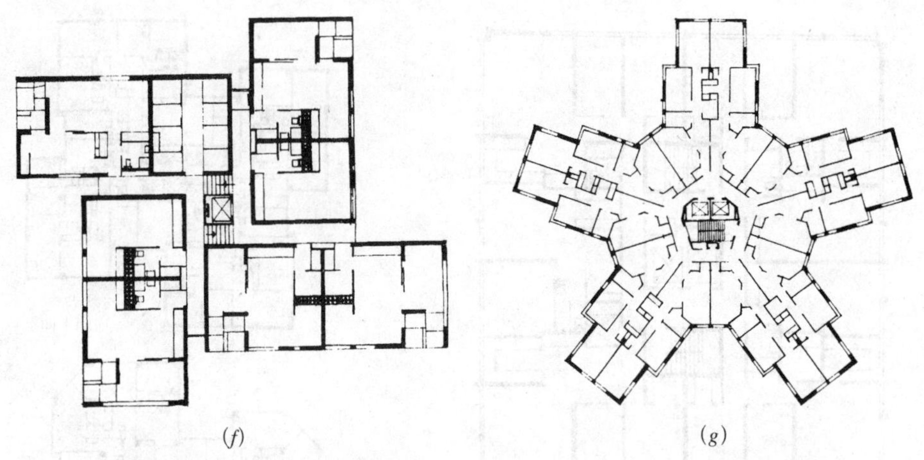

图 4-11　国外各种形式的高层塔式住宅（续）
(*f*) 风车形（巴黎伊夫瑞住宅，中部有采光通风廊，错半层）；(*g*) 星形（纽约法勒戈住宅）

4.3.2　板式高层住宅

1）单元组合式

以单元组合成为一栋建筑，单元内各户以电梯、楼梯为核心布置；楼梯与电梯组合在一起或相距不远，以楼梯作为电梯的辅助工具，组成垂直交通枢组。单元组合式一般在一单元内仅设一部电梯，电梯每层服务户数 2~4 户，内部水平交通面积较少，因而安静而较少干扰。以单元组合成的板式高层住宅，是我国目前较为常见的高层住宅形式之一（图 4-12）。

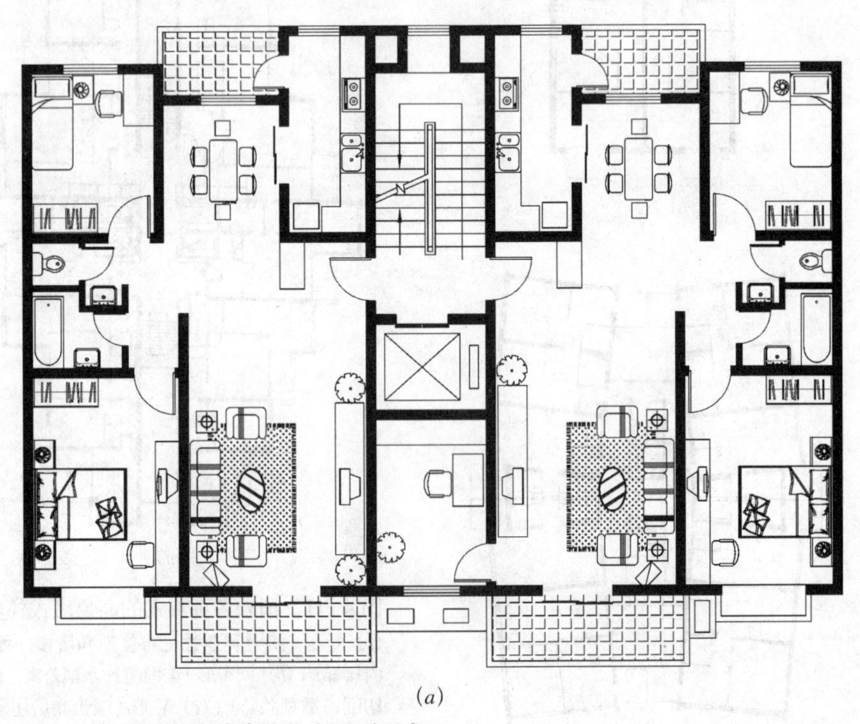

图 4-12　单元组合式高层住宅平面形式
(*a*) 11 层的单元式高层住宅

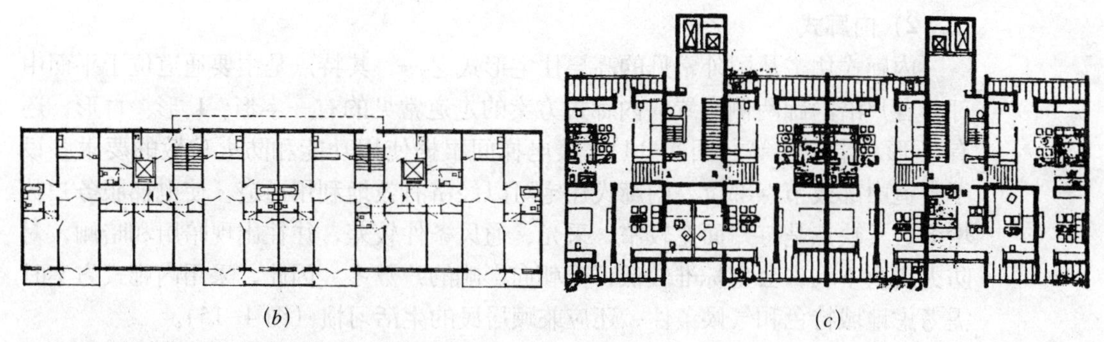

图 4–12　单元组合式高层住宅平面形式（续）
(b) 北京复外 22 号高层住宅；(c) 贝尔格莱德斯特帕公爵大街高层住宅

单元组合式高层住宅平面形式很多，为提高电梯使用效率，增加外墙采光面，照顾朝向及建筑体型的美观等，平面形状可有多种变化。常见的有矩形、T 形、Y 形、十字形等。也有以电梯、楼梯间作为单元与单元组合之间的插入体，这种灵活组合适用于不同地段和各种套型的需要，有利于消防疏散。还有的以多种单元组合成墙式或各种形式的组合体，以围合成大型院落（图 4–13）。

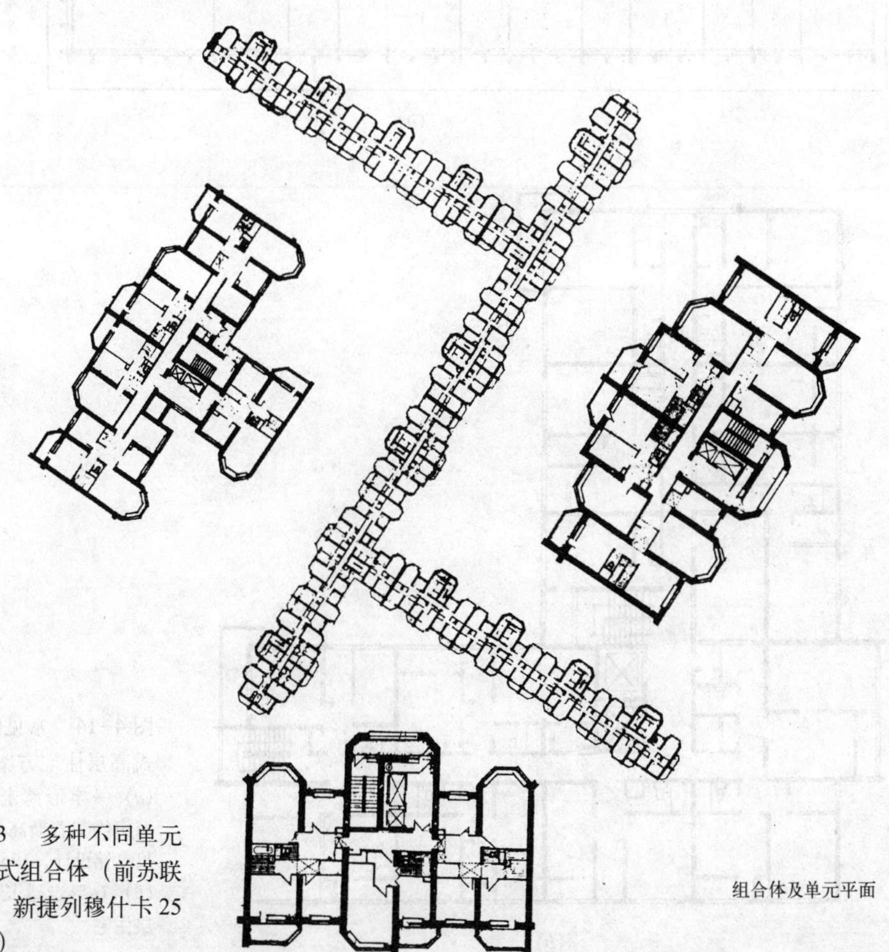

图 4–13　多种不同单元组成墙式组合体（前苏联莫斯科 新捷列穆什卡 25 号街坊）

2）内廊式

内廊式住宅是国外常见的高层住宅形式之一。其特点是主要通道位于平面中部，各户沿内廊两侧布置。内廊式方案的走道常见的有一字形、L形、ㄇ形，还有Y形、十字形等（图4–14）。楼电梯间根据使用功能和防火疏散的要求多设于走道中部或节点部位。内廊式住宅可以经济有效地利用通道，使电梯服务户数增多。其缺点是每户面宽较窄，采光、通风条件较差，往往出现暗厨和暗厕，对防火安全不利；套型标准较低，受朝向影响的户数多。因此，采用内廊式方案时需考虑地域特色和气候条件，还应兼顾居民的生活习惯（图4–15）。

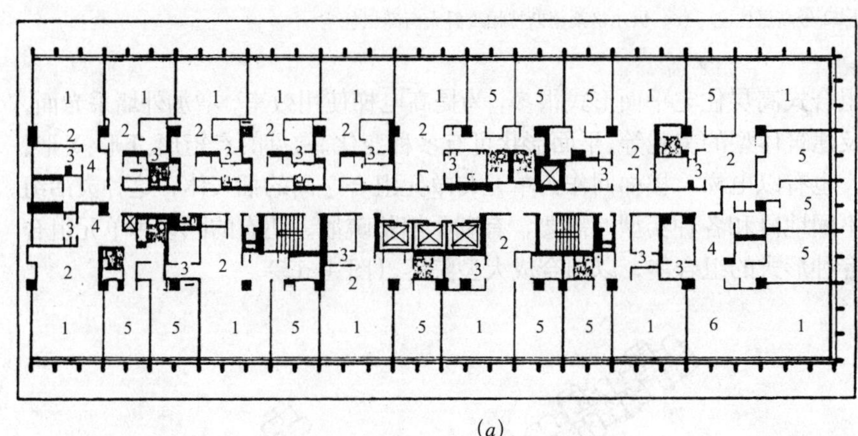

(*a*)

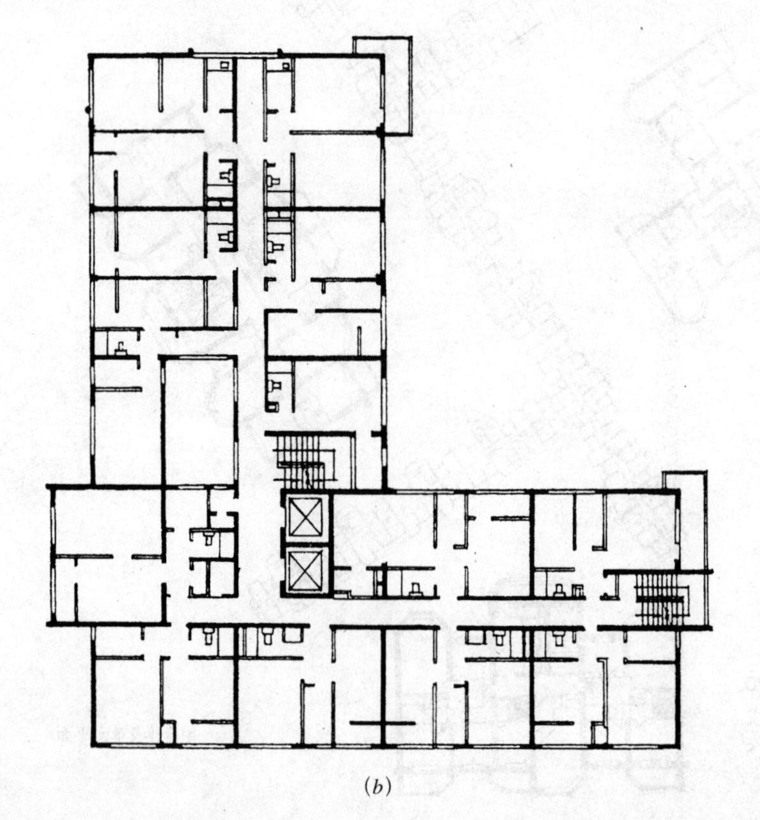

(*b*)

图4–14　常见的内廊式高层住宅方案
(*a*) 一字形湾走道（美国纽约基普斯高层住宅，贝聿铭设计，1962年）；(*b*) L形走道长内廊高层住宅

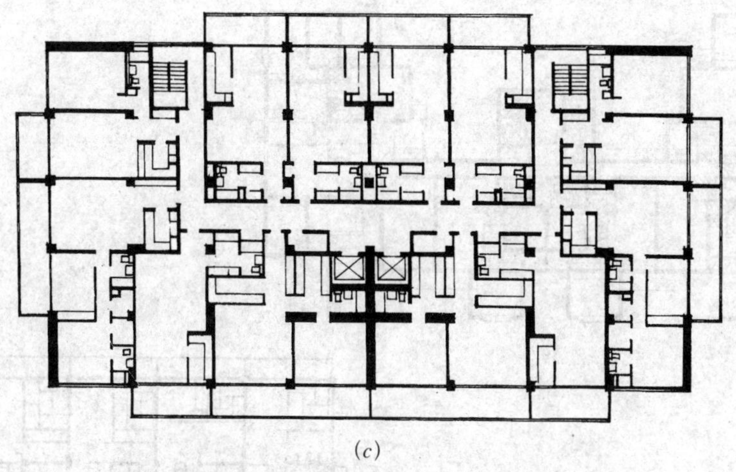

(c)

图 4-14　常见的内廊式高层住宅方案（续）
(c) 门形走道（美国洛杉矶日落大楼）

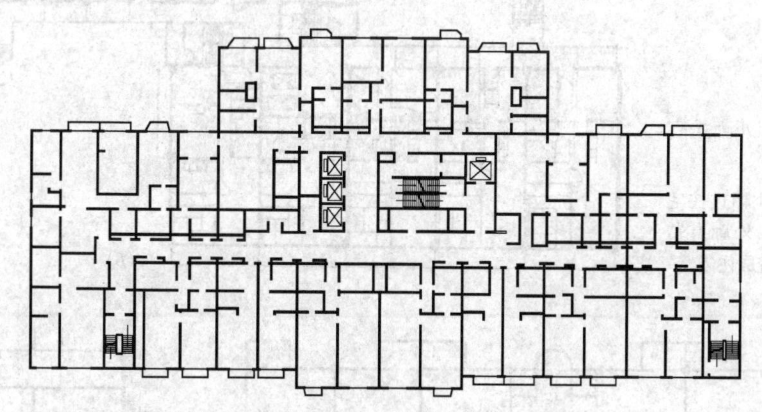

图 4-15　我国内廊式高层住宅（北京丽苑公寓）

3）外廊式

外廊式平面即以外走廊作为水平的交通通道（图 4-16）。在有些国家如日本，外廊式住宅是 14 层以下高层住宅的主要形式。外廊式住宅与内廊式一样，可大大增加电梯的服务户数；若把楼梯、电梯间成组布置成几个独立单元，即可以利用外廊作为安全疏散的通道。与内廊式不同的是，外廊式平面每户日照、通风条件较好，且住户间易于进行交往；其缺点是外廊对住户干扰大。为解决这一问题，可将外廊转折或适当降低外廊的标高，以减少干扰。

4）跃廊式

跃廊式高层住宅每隔一或二层设有公共走道，由于电梯可隔一或二层停靠，从而提高了电梯利用率，既节约交通面积，又减少了干扰。对每户面积大，居室多的套型，这种布置方式较为有利。

跃廊式住宅的组合方式多样，公共走道可以是内廊或外廊，跃层可以跃一层或半层，通至跃层的楼梯，可一户独用，二户合用或数户合用。

内廊跃层式住宅（图 4-17）是隔层设公共内廊，户内跃层；走廊层安排入户门、

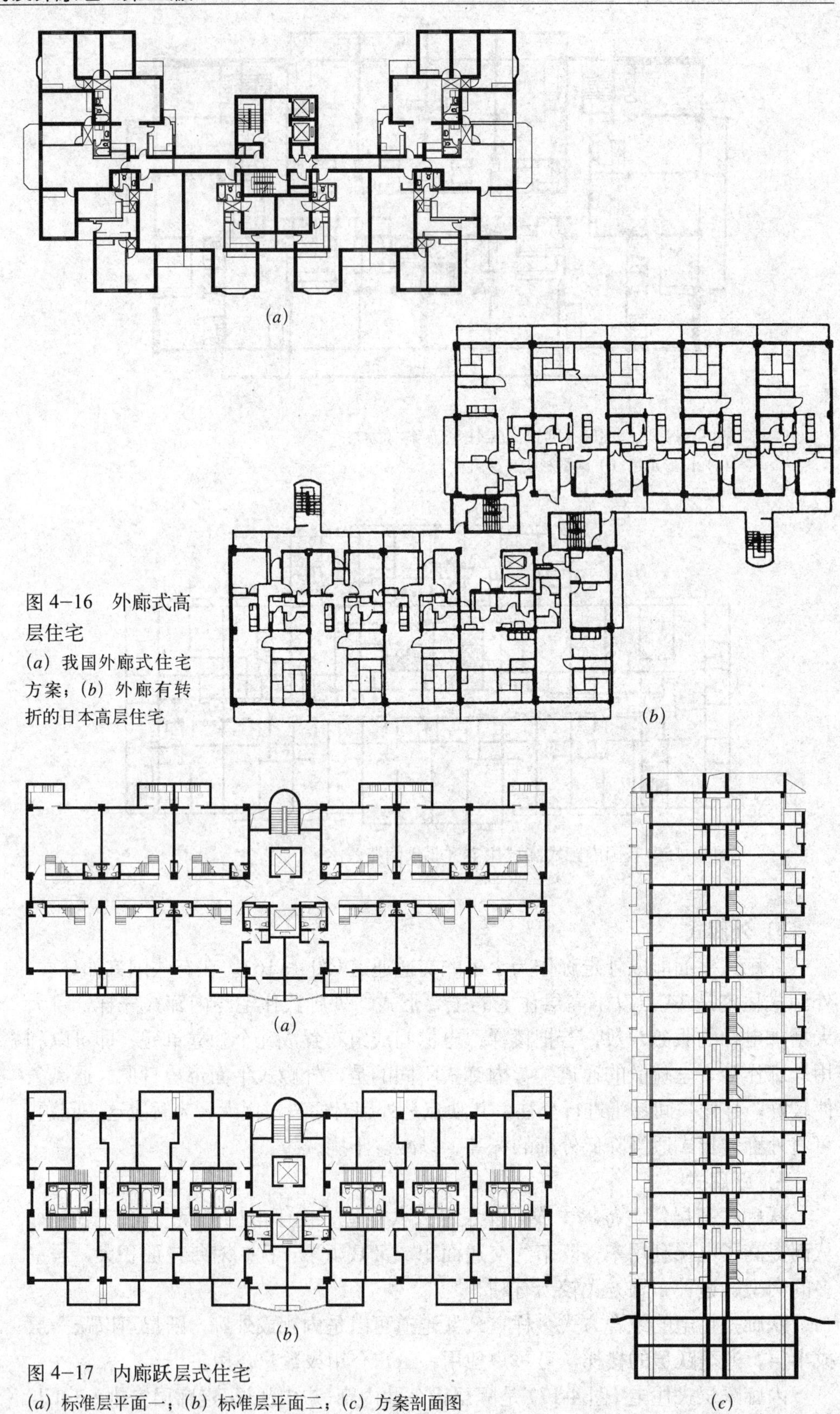

图 4-16　外廊式高层住宅
(*a*) 我国外廊式住宅方案；(*b*) 外廊有转折的日本高层住宅

图 4-17　内廊跃层式住宅
(*a*) 标准层平面一；(*b*) 标准层平面二；(*c*) 方案剖面图

起居、厨、卫、餐厅等与起居相关的空间；跃层则主要安排卧室、书房等。其优点是动静分区明确，走廊对户内干扰小；将户外公用面积转化为户内使用，提高了交通空间的利用率；每户楼上、楼下房间可交叉布置在廊的两边，可有效改善每户的日照和视线；同时也使进深加大，节约土地。

外跃廊式住宅是将通廊设于北向（或西向）两层之间楼梯平台的标高处，通过上、下半跑楼梯之一例入户，走廊则隔层设置，在一定程度上解决了走廊对住户的干扰（图 4-18）。

另一种外廊跃层式住宅是三层设一外廊，廊层平层入户；廊上、下两层从公共楼梯入户（图 4-19）。其优点是廊的上、下层不受通廊干扰，比较安静，日照、通风均较佳；但廊层则尚不能完全解决干扰问题。设计中应尽量将餐厅、厨房临近走廊布置；着力解决厨房排气问题——利用廊上部空间直排室外；开向走廊的

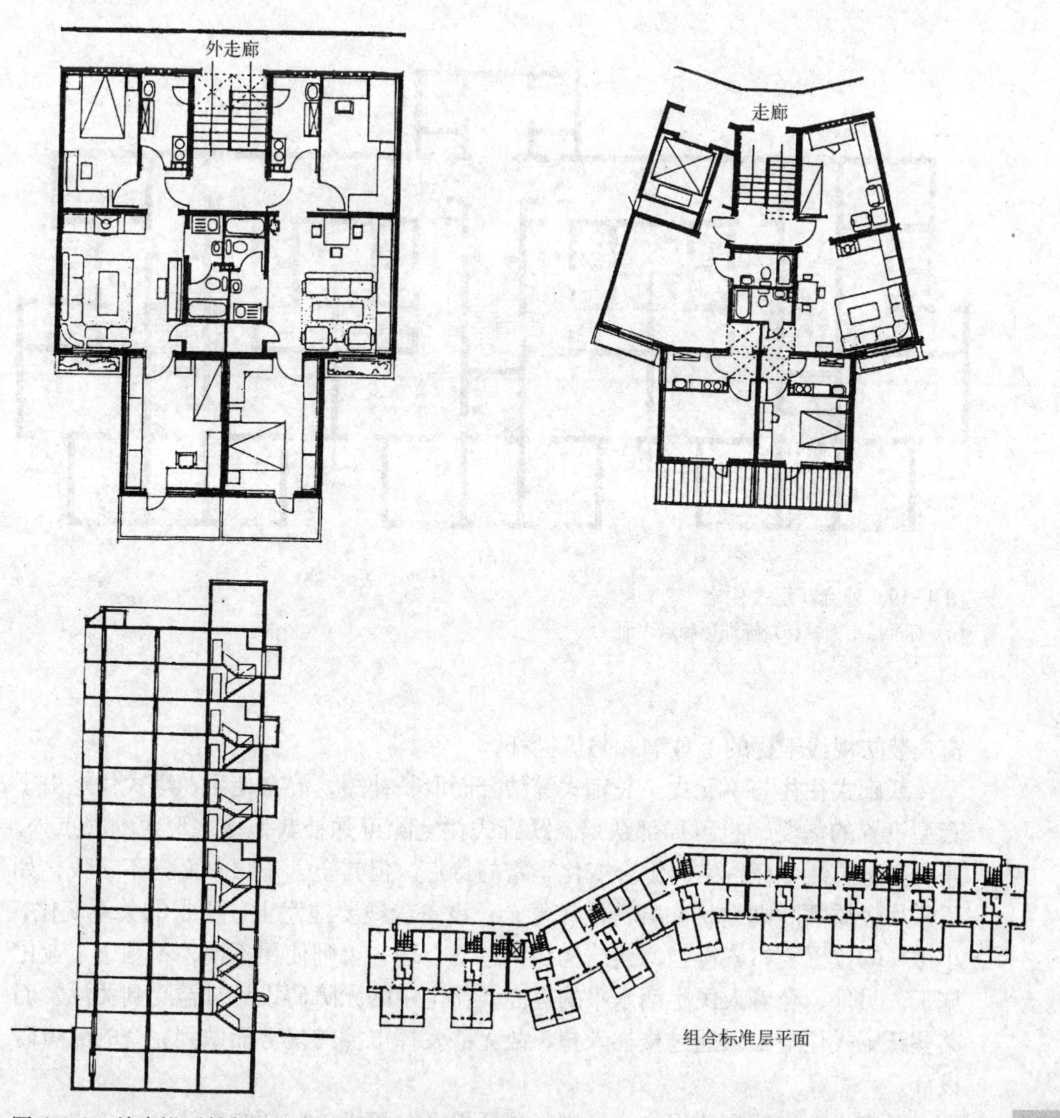

图 4-18　外廊设于楼梯平台标高的高层住宅（北京六里屯静水园 5、6 号楼）

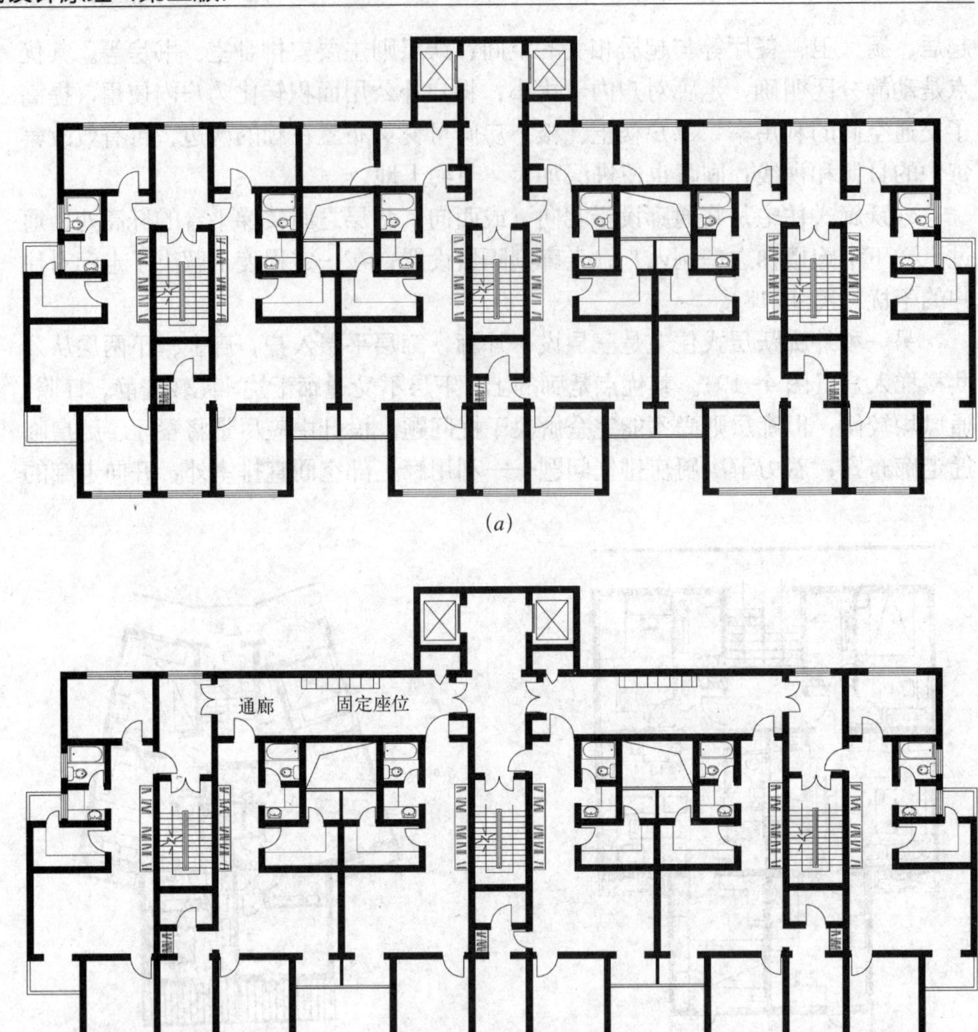

图 4-19 外廊跃层式住宅
(*a*) 标准层平面；(*b*) 标准通廊层平面

窗户装防视线干扰的毛玻璃和防盗栏杆。

跃廊式往往与单元式、长廊式等结合而取长补短，混合使用。塔式住宅由于套型设置的需要，也可局部跃层。跃廊式住宅除可弥补其他住宅形式的缺点外，兼有套型灵活多样、空间组合变化丰富的特点。但其上、下层平面常不一致，如不采用轻质隔断则结构和构造比较复杂；设备管线要注意上、下层的关系变化；小楼梯的位置要布置得当，其结构、构造要合理，否则使用不便，不利于工业化施工。另外，随着人民生活水平的提高，住宅中的无障碍设计日益受到关注。而某些跃廊式住宅必须通过楼梯入户，故无法发挥电梯的优势而做到完全的无障碍设计。

跃廊式住宅的变化很多，可进行灵活组合，探索一些新的手法。

4.4　高层住宅的结构体系及设备系统

4.4.1　结构体系

高层住宅的结构体系不仅要承担一系列垂直荷载，还要承担较大的风荷载和因地震而产生的水平荷载。这种水平荷载，建筑物层数越高影响越大。因而，除必须尽可能地减轻自重，尽量选用轻质高强的建筑材料外，还必须使其结构体系有足够抗侧移和摆动的能力。

早期高层建筑承重结构完全采用钢材，因钢结构重量轻，材料性能均匀，并可根据结构需要制作成各种不同的截面，适应性强，还可制作复杂的大型构件。但用钢量过大不一定经济，只有在层数相当高时才有经济意义。以钢筋混凝土作高层住宅的骨架材料，在我国已有较长的历史，形成了比较成熟、适用的结构体系。

1）框架结构体系

框架结构对高层住宅平面布局、户内空间划分均表现出很强的灵活性，尤其对于底层为商场、上层为住宅的商住综合建筑，采用框架结构易于形成底层的大空间。但结构梁柱在室内的暴露影响了室内空间的划分，应精心处理方能取得好的效果。由于框架结构承受水平荷载的能力不高，因此不能建得太高，常常适用于15层以下的高层住宅，特别是用在高层商住楼中。

由于常规框架柱的截面尺寸往往大于墙厚，其凸出部分对室内空间（特别是小房间）和家具布置造成较大影响。因此，常采用截面宽度与墙厚相等的T形、L形的异形柱，使室内空间更为完整、美观（图4-20）。

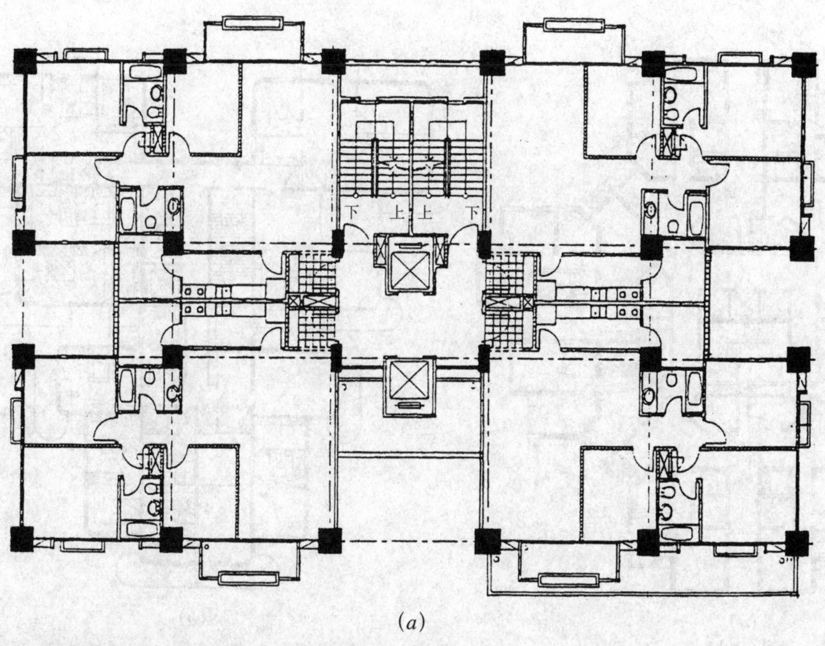

(*a*)

图4-20　高层住宅的框架结构体系

(*a*) 框架结构体系（基隆安乐三期六标国宅，1992年）

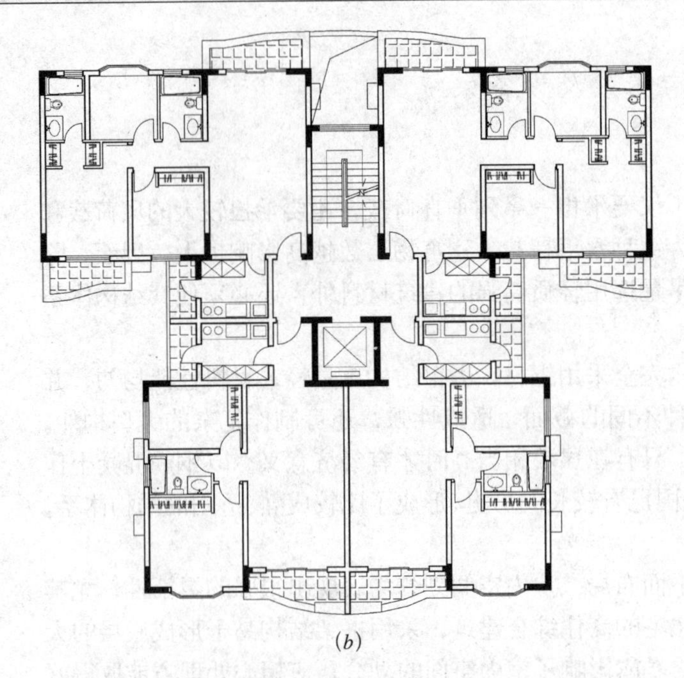

(*b*)

图 4–20　高层住宅的框架结构体系（续）
(*b*) 框架异形柱体系（基隆安乐三期六标国宅，1992 年）

2）剪力墙结构体系

剪力墙结构由钢筋混凝土墙体承受全部水平和竖向荷载，同时兼作分间墙。剪力墙沿横向、纵向正交布置，或沿多轴线斜交布置。由于剪力墙结构体系的承重墙与分间墙合二为一，采用小开间会大大约束住宅平面布置的灵活性，因此可以将开间扩大为 6~9m，尽量利用纵横方向的剪力墙作为分户墙，以免在墙上开洞；在户内采用轻质隔墙，以满足住户灵活分隔空间、增强适应性的要求（图 4–21）。

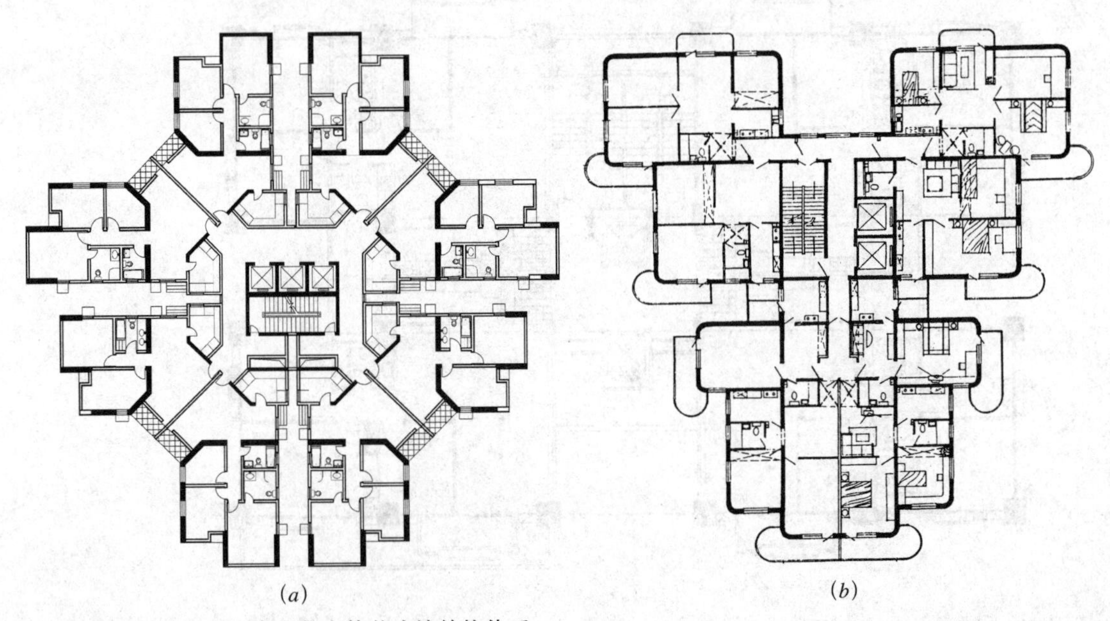

(*a*)　(*b*)

图 4–21　高层住宅的剪力墙结构体系
(*a*) 正交和斜交布置的剪力墙结构体系；(*b*) 大开间剪力墙结构体系

剪力墙可以现场浇制钢筋混凝土墙板，也可以在工厂预制大壁板，在施工现场装配。现在国外把剪力墙体系中的承重结构和外围护结构进行分工，将几种不同的施工方式综合运用，预制具有保温、隔热性能的外墙板，现浇或预制的内承重墙体系以轻骨料或抽心方法使之自重轻而又强度高。由于剪力墙结构体系刚度大，空间整体性好，适用于 30~40 层以下的高层住宅。

3）框架—剪力墙结构体系

在框架结构中布置一定数量的剪力墙，可以组成框架—剪力墙结构。这种结构既具有框架结构布置灵活、使用方便的特点，又有较大的刚度和较强的抗震能力，在国内高层商住楼中使用最为广泛（图 4–22）。住宅部分的剪力墙通过结构转换层将底部转换为框架结构，形成框—支剪力墙，适用层数为 15~30 层。

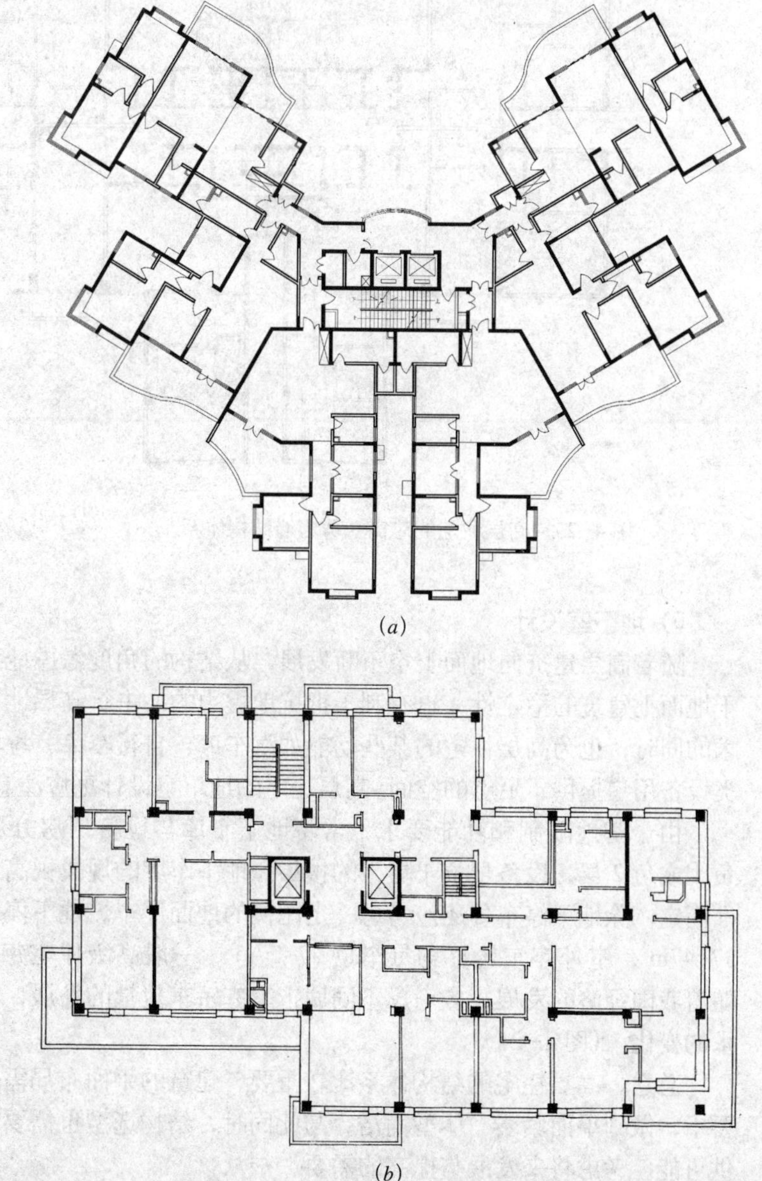

图 4–22　高层住宅的框架—剪力墙结构体系布置示意图（框架、剪力墙及电梯井共同工作）
(*a*) 蝶形高层住宅；
(*b*) 北京 16 层公寓

4）芯筒—框架结构体系

由于高层商住楼大多为塔式建筑，通常将电梯、楼梯、服务用房组成的核心筒做成钢筋混凝土结构，与框架共同工作（图 4–23）。这样，既加强了结构整体刚度，且使平面有效使用部分仍保证了灵活性，一般适用于 40~50 层以下的建筑。

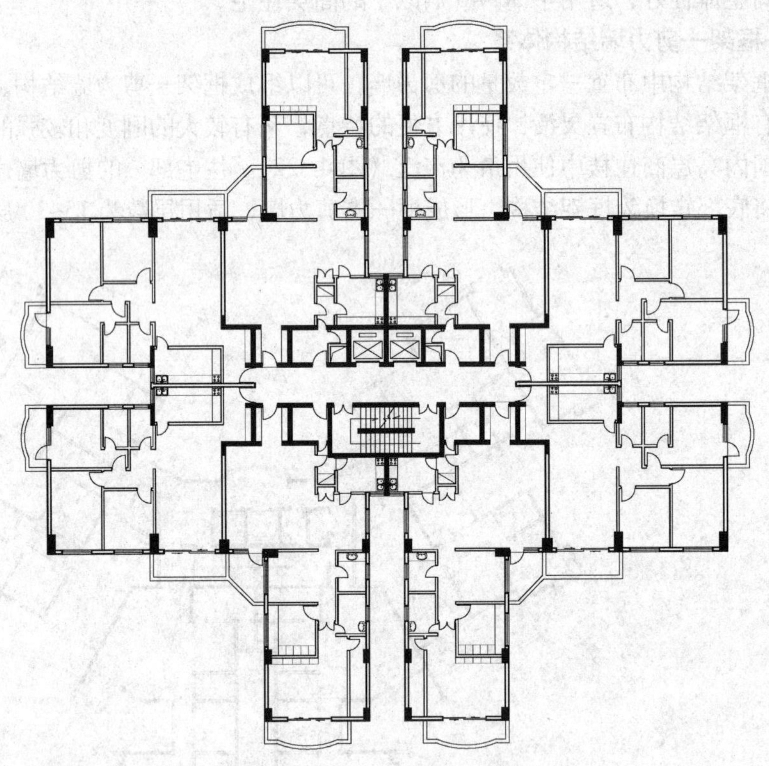

图 4–23　高层住宅的芯筒—剪力墙结构体系

5）地下室设计

随着高层建筑向地面上空不断发展，从结构的角度考虑地下室的设置，有助于地面上建筑的稳定性，也有利于抵抗地震力的冲击。高层地下室在满足结构要求的同时，也为高层住宅的某些功能如汽车库、自行车库、垃圾间、电梯间及各类设备用房提供了足够的空间。高层住宅的地下室设计更应注意防火和消防疏散。

由于基地限制和功能要求，常将地下车库与设备用房分层设置，车库位于负 1 或负 2 层，设备层位于更下的楼层。地下车库的规模视高层住宅的规模和标准而定，除地下停车外还应考虑一定比例的地面停车。地下停车库平均每车位约 37~47m^2，室外停车场平均每车位 27~37m^2。一般高级住宅每户设 0.5 车位；但随着我国经济的发展，应考虑不同城市家庭轿车数量的发展，对高层住宅停车要求的变化。（图 4–24）

总之，高层住宅的结构体系比较重要，建筑的平面布局需较多地适应结构的要求，做到平面紧凑、体型简洁；与此同时，结构选型也需要为建筑的灵活性提供可能，考虑将来发展与提高的需要。

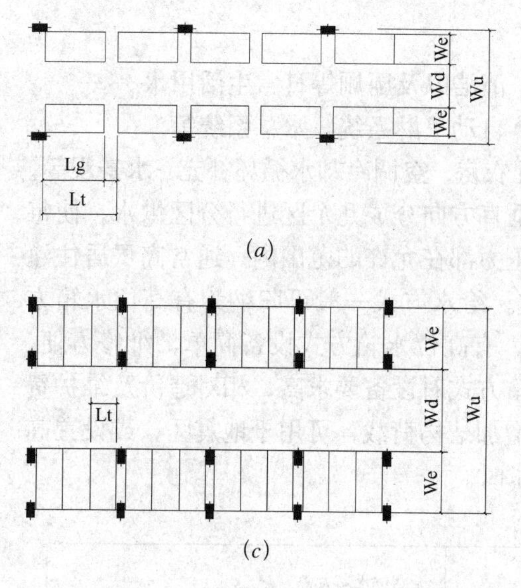

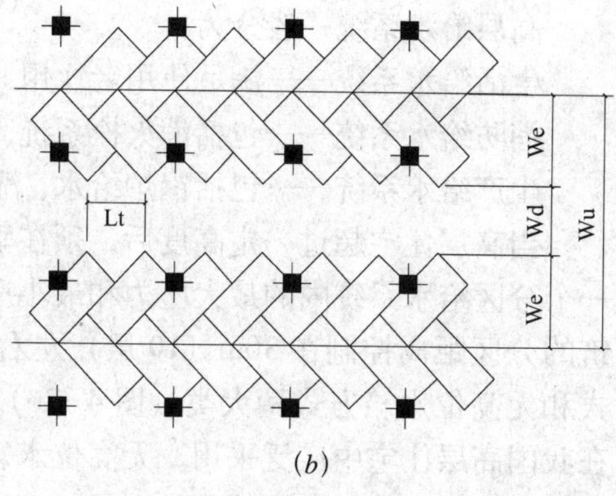

图 4-24　高层住宅地下室的停车方式
(a) 平行式；(b) 斜列式；(c) 垂直式
(图中 Wu — 停车带宽度；We — 垂直于通车道的停车位尺寸；Wd — 通车道宽度；Lg — 汽车长度；Lt — 平行于通车道的停车位尺寸)

4.4.2　设备系统

高层住宅的设备系统有：供暖系统、给水系统、排污水系统、排雨水系统、燃气系统、供热水系统、空气调节系统、电器及照明系统、电视及通信系统、安全防卫系统等。我国住宅标准较低，供热水系统和空气调节系统在一般住宅内都未能采用。如何根据我国高层住宅的特点，将各类管道布置与住宅内部空间组织紧密配合十分重要。

高层住宅较高的部分，尤其在 20 层以上的房间散热量大，管道抽吸力大，耗热量大。采暖系统可以分成上行下给或下行上给布置，但必须考虑风压和热压的相互关系（图 4-25）。

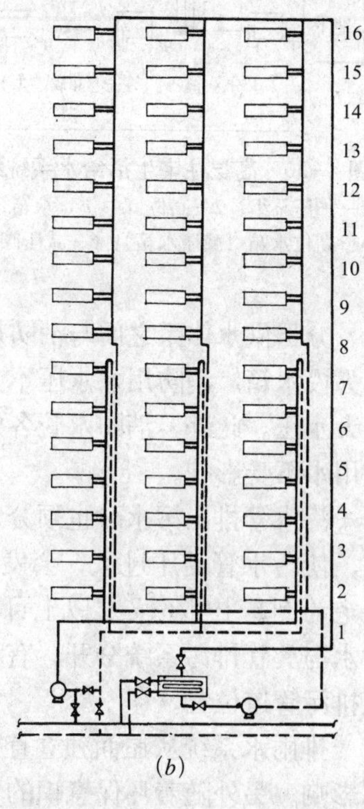

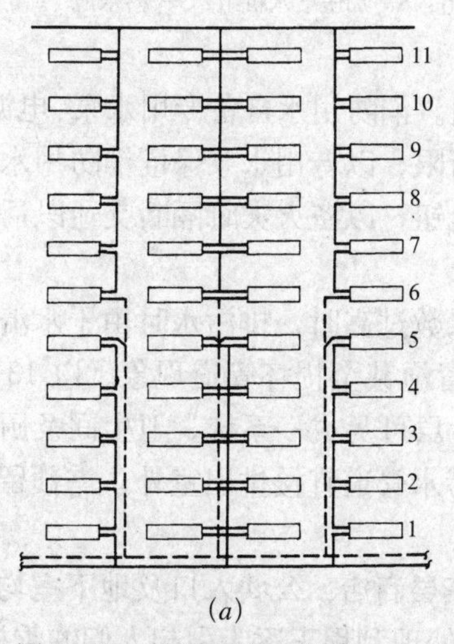

图 4-25　供暖系统示意图
(a) 北京某高层壁板住宅供暖示意图；(b) 北京某 16 层公寓采暖系统图

高层给水系统一般分为：

生活给水系统——满足使用者饮用、清洁以及厨厕等日常生活用水。

消防给水系统——包括消火栓系统、自动喷淋系统、水幕系统等。

生产给水系统——包括锅炉给水、洗衣房、空调冷却水循环补充、水景观等。

当高层住宅超过一定高度后，须在垂直方向分成几个区进行分区供水，使每一个分区给水系统内的最大压力和最小压力都在允许的范围内。通常高层居住建筑的分区距离控制在30m（10层）左右。给水方式一般可归纳为有高位水箱方式和无高位水箱方式两大类（图4–26）。有高位水箱方式设备简单，维修方便，在我国高层住宅中广泛采用。无高位水箱方式对设备要求高，相对造价及维护费用较高；但不占用高层的有效空间，不增加结构荷载，可用于地震区，或设置高位水箱受限时，或对建筑造型有特殊要求时。

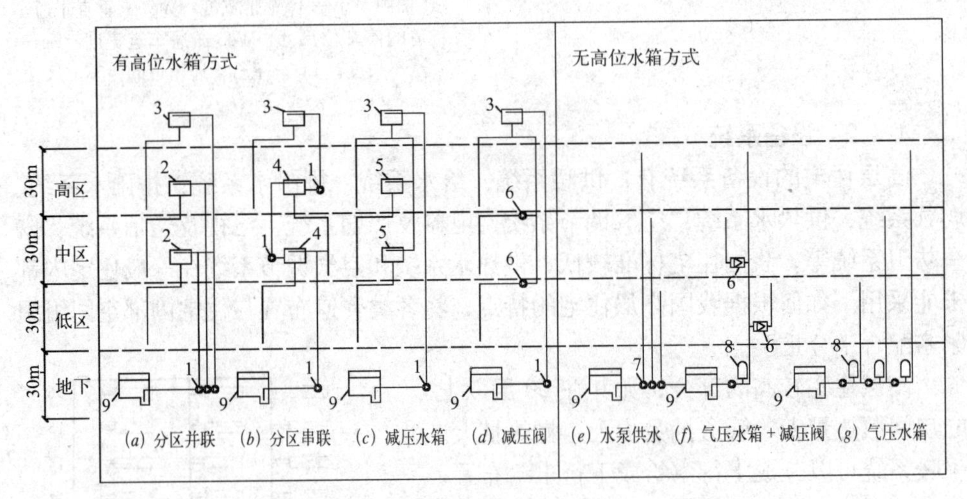

图4–26　高层住宅生活给水系统给水方式示意图

1—加压泵组；2—高位（中位）水箱；3—高位水箱；4—高位水箱（蓄水池）；
5—高位水箱（减压水箱）；6—减压阀；7—变频调速水泵机组；8—加压给水机组；9—蓄水池

分层供水体系之间与消防用水体系必须沟通。消防用水自备专用水泵、电源，不另设水箱。消防用水水压不受生活用水水压所限，以专用水泵保证消防用水的最大水压。此外，消防水管各处应设远程控制电钮，以备火灾时隔断交通以后消防用水不受影响。

污水管排出污水时也须分层处理，尤其在层数过高时，排污水时由于水流加速，使污水管受压过大，会发生反水、冒水、冒泡甚至损坏管道现象。以13层住宅为例，上部6~7层以上可自成一系统，1~6层可另成一系统。卫生间及厨房污水与粪管排污系统分开，有利卫生。各组排污水管道直接排出室外，需预留较多排污管道位置。

排雨水系统从屋面独立直接排到地面，对底层商店、公共入口及地下室均会有影响。另外随着环保意识的不断加强，雨水的处理利用正逐步引起人们的重视。

设计垃圾道时，垃圾管道不得紧贴卧室、起居室布置。垃圾管道直接下达到

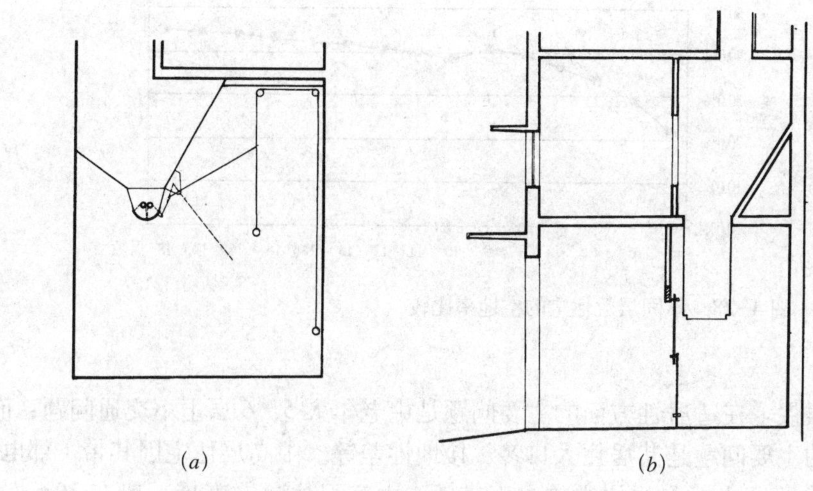

图 4–27　垃圾收集间
(a) 用铁斗储存垃圾；(b) 用垃圾间储存垃圾

收集间，然后装车运走。有条件时可设置漏斗状收集器，以利装车（图 4–27）。要注意垃圾收集间应设在能通达汽车的底层。在不设垃圾道时，宜每层设置封闭的收集垃圾的空间或容器，以保持环境卫生。

在一些高层住宅中，设备管道往往集中在中央井筒内，根据设备管网的技术要求设置设备层，以便于安装和检修。各种动力、电力、热力总管设在井筒内，从设备层、顶层或地沟中分散至建筑物的各部分。各种管道，尤其是污水垂直管道的布置对住宅的平面布局影响较大。跃层式住宅上、下层的平面布局不同，管道位置更需认真考虑。

4.5　中高层住宅设计

中高层住宅作为国内刚刚开始发展的住宅类型，被认为是集多层住宅与高层住宅优势于一身的住宅类型。相关研究表明，从节地性、经济性、居民认同性、灵活性与适应性以及居住环境质量性能等因素的综合来看，中高层住宅具有极大的发展潜力。

4.5.1　中高层住宅的优势

节约用地的手法多种多样，其中适当增加住宅层数可以说是最有效的方法之一。如图 4–28 所示，在容积率相同的条件下，不同层数的住宅会产生不同的空地率，但随着层数的增加，空地率的增长趋势在减缓，并在 10 层的位置出现转折。这是由于现行规范规定 10 层以上为高层住宅，因而其山墙间距加大所致。9 层的中高层住宅与 12 层及 13 层住宅的空地率接近，在一定程度上可说明 9 层中高层住宅的节地优势。

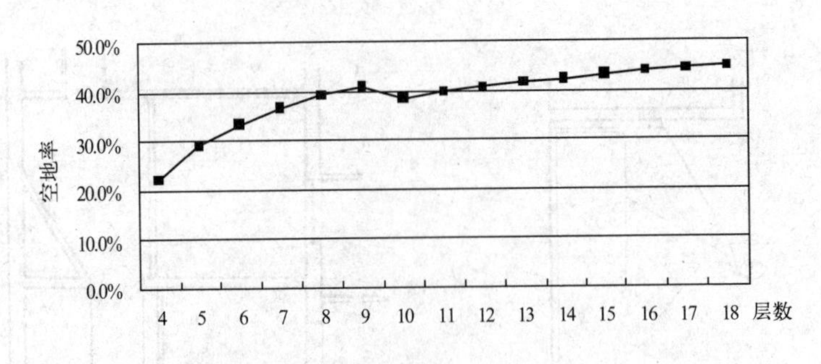

图 4–28　不同层数住宅的空地率比较

多层住宅在适居性方面的主要问题是中老年人 5、6 层上下交通问题；而高层住宅的主要问题是其居住人口多、接地性差等。中高层住宅因其带 1 部电梯，因而较好地解决了多层住宅的上下交通；中高层住宅的高度一般在 30m 左右，恰恰符合中国古代“百尺为形”的外部空间尺度——中高层住宅整体都在人的视线清晰度范围之内，使其体量不致过于庞大压抑；同时，住在较高楼层的居民可以清晰地观察地面的活动（如监控在地面场地活动的儿童等）。因此中高层住宅在心理上较之高层住宅更容易被居民接受。

由于中高层住宅主要采用框架结构，因而可提供较大的室内空间，大大增加了室内布局的灵活性和对生活变化的适应性（图 4–29）。

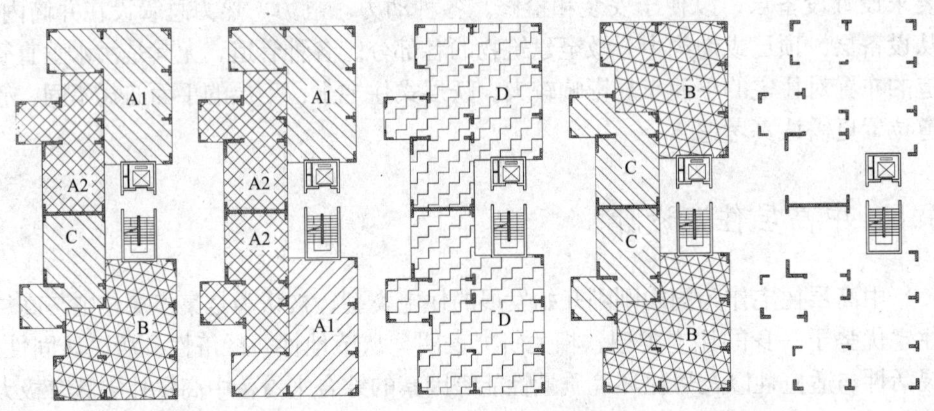

图 4–29　框架异形柱结构可获多种套型平面组合，室内大空间还可灵活划分

4.5.2　中高层住宅的设计定位与原则

虽然中高层住宅的优势十分明显，但其居住舒适性与经济性之间的微妙关系，一直是困扰其发展的主要因素。从前些年 7~9 层住宅不设电梯的现象，到近来的“大套型、高标准、一梯两户”成为许多大城市中“豪宅”的象征，中高层住宅的设计从一个极端走向另一个极端，这不能不引发对中高层住宅的设计定位与原则的深入探讨：

1）以经济适用型康居住宅为主

中高层住宅由于增加了电梯等设施，结构形式与建筑材料等也逐渐更新，使其造价比多层住宅有一定的增加，但这不能成为其向豪华型发展的理由。首先，随着居民居住层次与品质的不断提升，电梯将逐步成为城市住宅中的主要垂直交通工具而进入普通居民家庭。其次，中高层住宅的节地性能、交通方式优于多层住宅，而其套型平面又是对多层住宅的延续，使其能被广大普通居民接受，具有较好的推广普及性。另外，国家康居示范工程是为了引导 21 世纪初期大众居住生活水平而建造的居住小区，在其规划设计中提出住宅宜以多层或中高层为主，提倡发展 7~11 层带电梯的住宅。由此，中高层住宅仍应定位为经济适用型康居住宅。

2）应采用一梯多户的单元平面

当前较为常见的一梯两户型中高层住宅，其电梯的使用效率较低，通常一部电梯只服务 16~20 户左右，而香港地区较经济的电梯服务户数一般为 60~80 户 / 部。因此，为了减少电梯的户均分摊费用，降低户均分摊的电梯管理、使用和维护费用，也为了提高电梯的使用效率，发挥电梯的最大效能，应针对我国的实际经济状况和城市居民的实际购买力，将经济适用型中高层住宅单元平面的设计定位于一梯多户型。

3）应合理控制面积标准

根据不同家庭的规模，制订合理的住宅套型面积标准，提高各项配套设施的功能和质量，以达到控制当前日益增加的城市人均居住区用地面积指标，节约城市用地的目的。近年来，国务院加大对房地产市场的宏观调控，多次出台相关措施调整住房供应结构，其中首要一点就是“重点发展中低价位、中小套型普通商品住房、经济适用住房和廉租住房。”“70% 的新建住宅面积须建设 90m^2 以下小套型”。因此，在平面布局中，应以中小套型为主。

4.5.3　中高层住宅平面类型及其特点

目前，我国商品住宅市场上中高层住宅的类型还比较单一，主要以单元组合式、外廊式和点式（塔式）为主，其各自特点与高层住宅类似。

1）单元组合式

当前中高层住宅单元平面的设计大多沿用多层住宅的思路，只是每单元增加 1 部电梯，因此多数中高层住宅的单元及套型平面与多层住宅基本相同（图 4−30）。

一梯两户型的套型平面布局、采光、通风效果均好，然而电梯服务户数过少，电梯使用效率过低。一梯多户型，虽提高了电梯的服务户数和使用效率，但中间套型通风效果较差（图 4−31）。在设计时可与短外廊式相结合，改善中间套型的通风问题；同时也具有组合上的灵活性（图 4−32）。

在防火和安全疏散方面，单元组合式住宅当户门未采用乙级防火门时，其楼梯间应通至平屋顶。

2）廊式

特点是电梯服务户数多、电梯使用效率高；但相互干扰大，采光和通风效

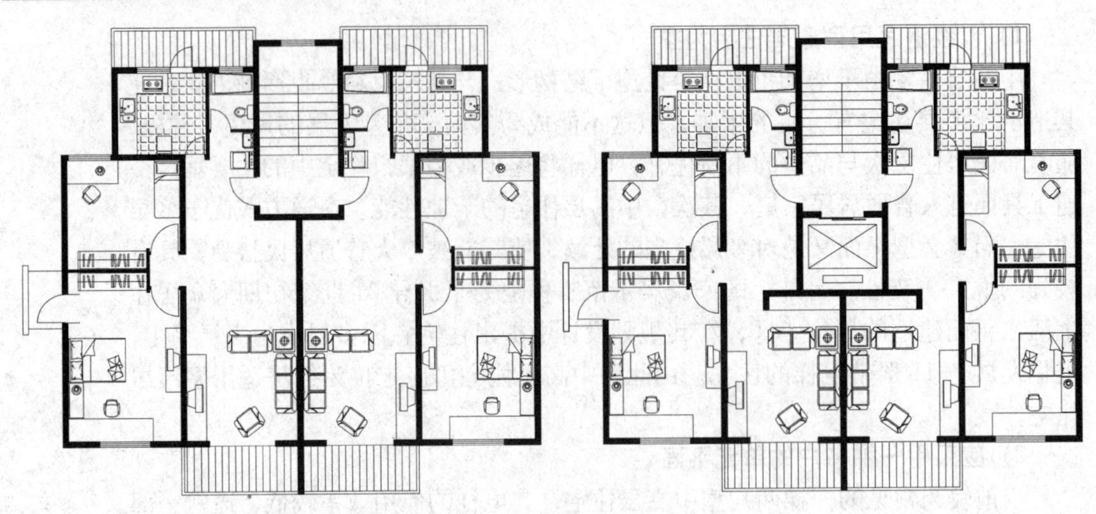

图 4–30　中高层住宅单元平面的设计大多沿用多层住宅的思路

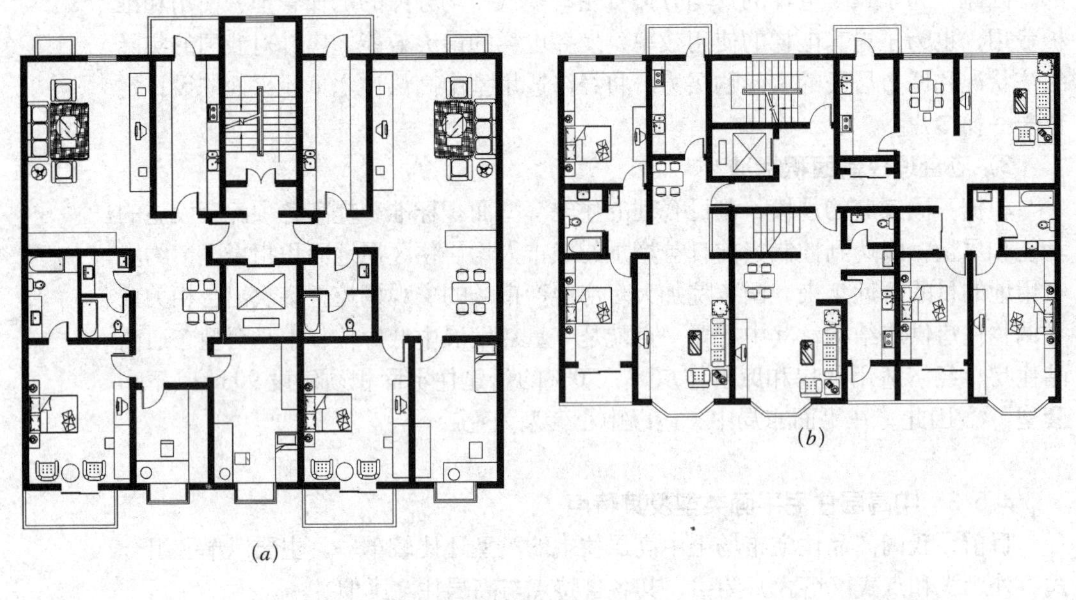

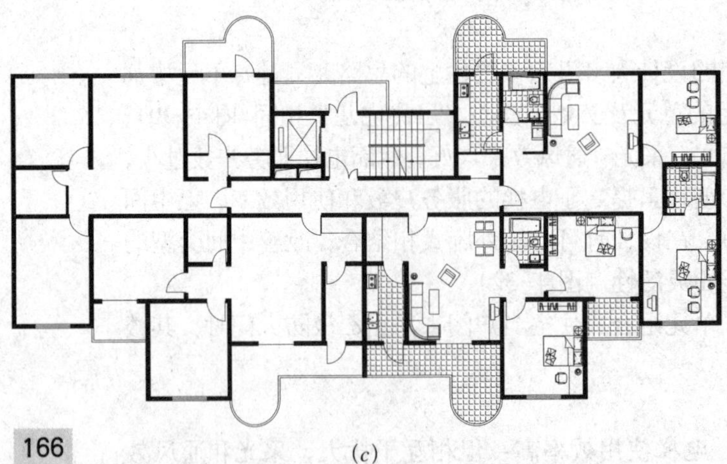

图 4–31　单元组合式中高层住宅的平面布局

（*a*）一梯两户型（套型平面布局好，采光、通风效果好，但电梯服务户数少，电梯使用效率低）；（*b*）一梯三户型（平面布局较好，功能分区明确，但中间套型通风效果稍差）；（*c*）一梯四户型（平面布局较好，电梯服务户数适宜，电梯使用效率较高，但中间两套型通风效果较差，墙体凹凸变化较多）

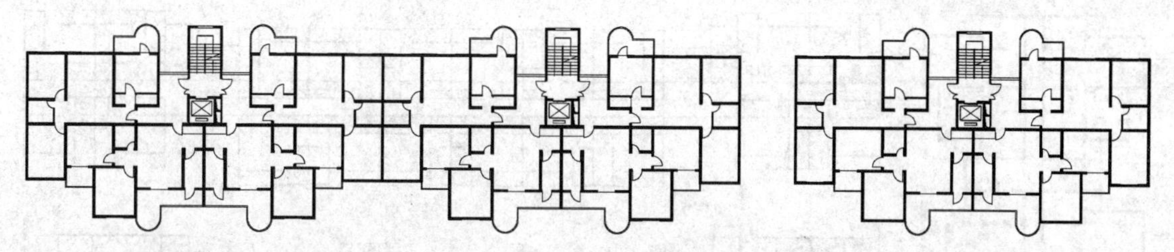

图 4-32　短外廊式一梯四户型单元既可独立布置，也能相互拼接或与其他单元形式组合成板式住宅

果差。其中长外廊式较适宜南方地区；或处理成外跃廊型以减小走廊对住户的干扰（图 4-33）。长内廊式则宜东西向布置，或通过内廊跃层式设计缓解采光、通风问题（图 4-34）。

3）点式（塔式）

点式中高层住宅与塔式高层住宅平面布局相似，但因高度不同故体型不如塔式住宅挺拔。点式中高层住宅按防火规范可以只设一部电梯、一部楼梯，但每层建筑面积不超过 $500m^2$。楼梯应设封闭楼梯间，但如果户门采用乙级防火门时可以不设。

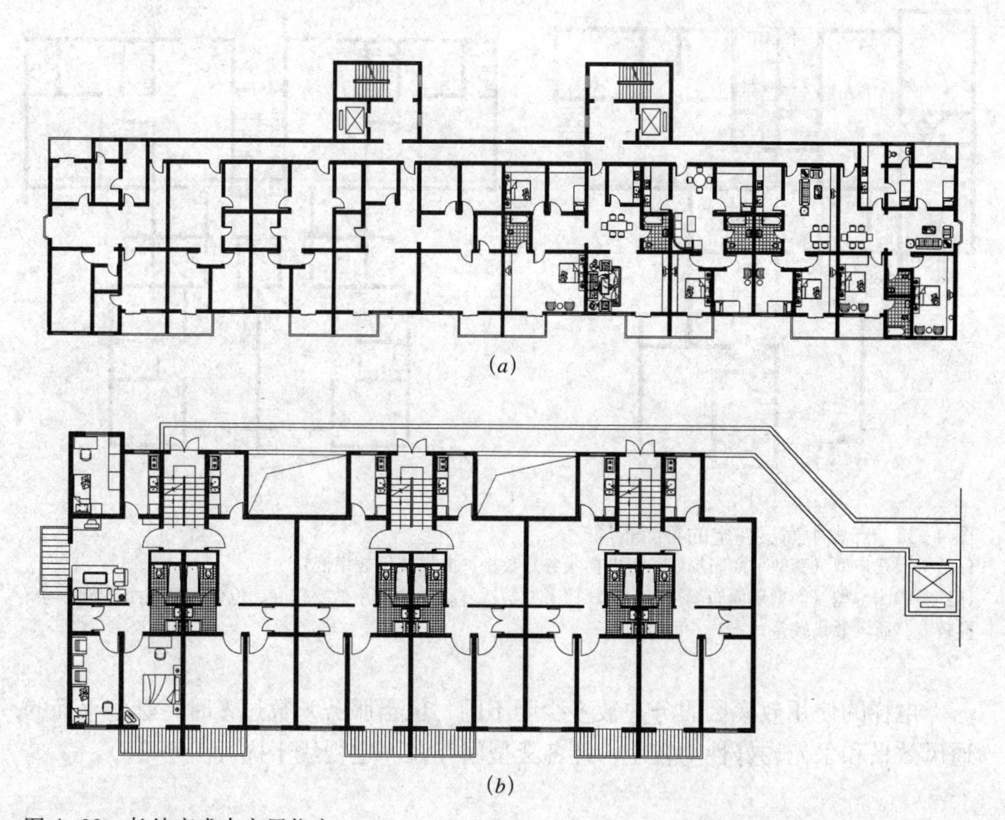

(*a*)

(*b*)

图 4-33　长外廊式中高层住宅

(*a*) 长外廊和垂直交通核设于北侧（可充分发挥电梯的使用效率，但通道对住户干扰大，采光、通风效果差，公摊面积较大，较适宜南方地区）；(*b*) 外跃廊型方案（减少通道对住户的干扰，但每户出电梯后仍需上下半层楼梯，无法做到完全的无障碍设计）

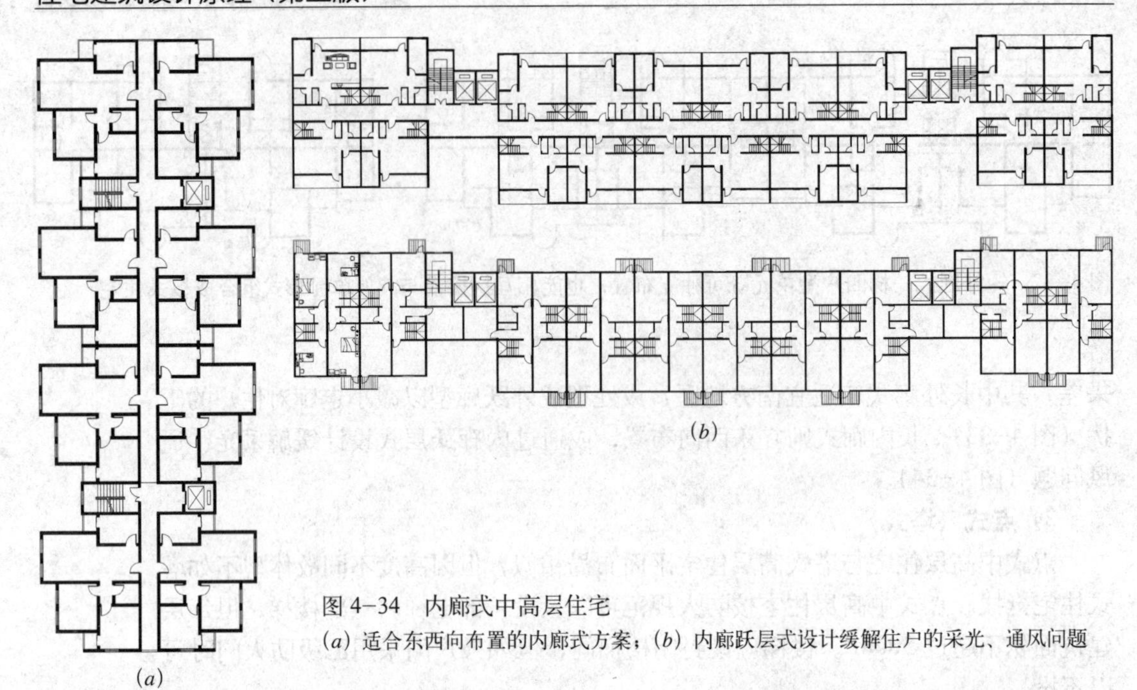

图 4-34　内廊式中高层住宅

(*a*) 适合东西向布置的内廊式方案；(*b*) 内廊跃层式设计缓解住户的采光、通风问题

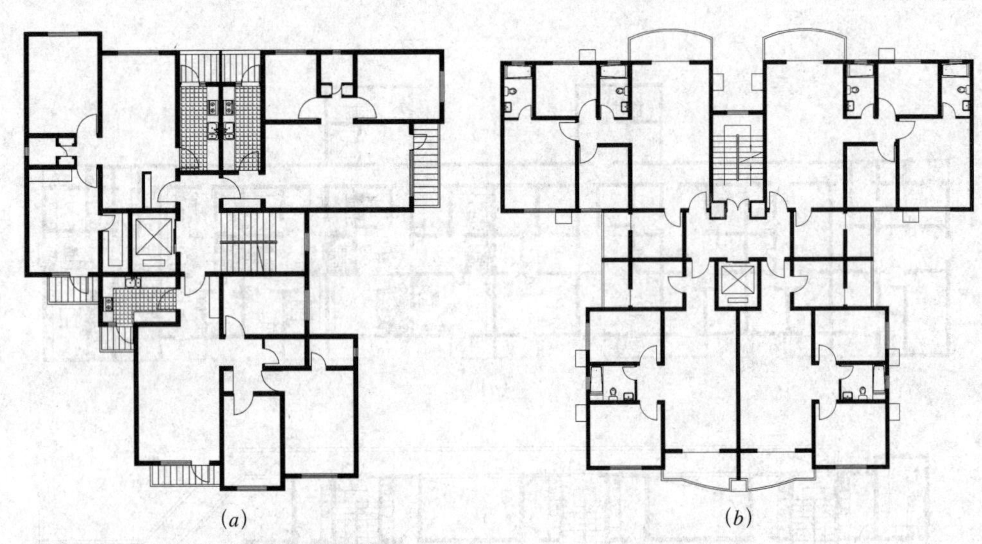

图 4-35　点式中高层住宅的平面布局

(*a*) 一梯三户型（套型平面布局好，但电梯服务户数少，电梯使用效率低）；

(*b*) 一梯四户型（套型平面布局较好，电梯服务户数适宜，电梯使用效率较高，但各套型平面采光的均好性较差，通风效果较差）

电梯的使用效率因服务户数多少而不同，但当服务户数过多时，套型平面的通风效果和采光均好性均较差，且各套型间存在一定视线干扰（图 4-35）。

4.5.4　当前中高层住宅设计中应注意的问题

1）电梯系数问题

4.1 曾提出电梯系数概念，即一幢住宅中每部电梯所服务的住宅户数。有些

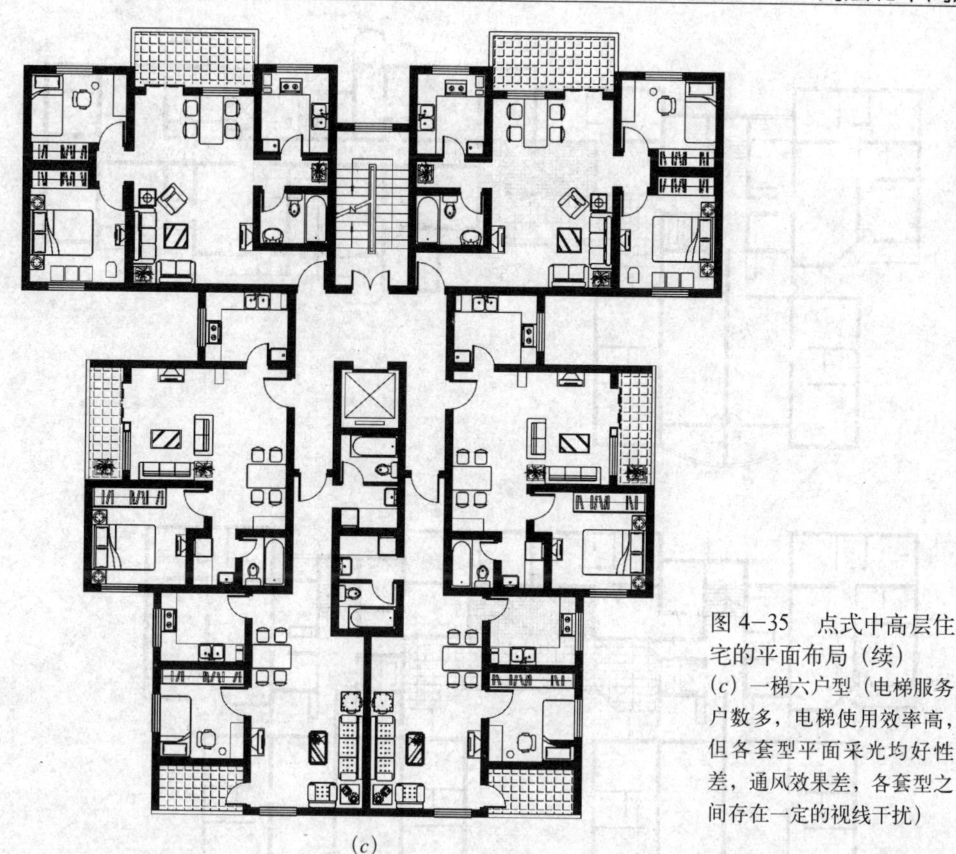

(c)

图 4–35　点式中高层住宅的平面布局（续）
(c) 一梯六户型（电梯服务户数多，电梯使用效率高，但各套型平面采光均好性差，通风效果差，各套型之间存在一定的视线干扰）

城市根据各自的设计经验制定了相应的电梯系数，但其多以两部或两部以上电梯为基准，在使用中存在相互替换的可能。而对于只有一部电梯的中高层住宅来说，需考虑一部电梯在使用过程中的不可替换性。有研究者提出仅限于一部电梯的中高层住宅的电梯系数参考值：经济型住宅每台电梯服务 40~60 户；舒适型住宅每台电梯服务 20~40 户；豪华型住宅每台电梯服务 20 户以下。由此，单元式和点式（塔式）中高层住宅应以一梯三至四户（或更多户数）为主，廊式中高层住宅应以一梯六户为主。

2）一部电梯的使用问题

中高层住宅的特点是只设一部电梯，于是当电梯维修或出现故障或发生火灾进行疏散时，就会给居民的使用方便与安全带来一定隐患，而我国住宅设计规范和防火规范对中高层住宅并无特殊要求。因此应在设计中及早予以重视并合理加以解决。可以考虑住宅单元之间合理增设通道，以备一部电梯出现故障时交换使用；或采用廊式布局形式，合理增加电梯数量；减少电梯停靠楼层，延长电梯使用寿命；对电梯进行定期维护、保养，以提高电梯安全性能，延长使用寿命。

由于目前点式中高层住宅多为独立使用，在解决一部电梯使用问题上还缺少有效的方法。一方面可以增加设置电梯的台数，另一方面可将点式与板式、点式与点式中高层住宅联立组合，以便设置联系通道（图 4–36）。

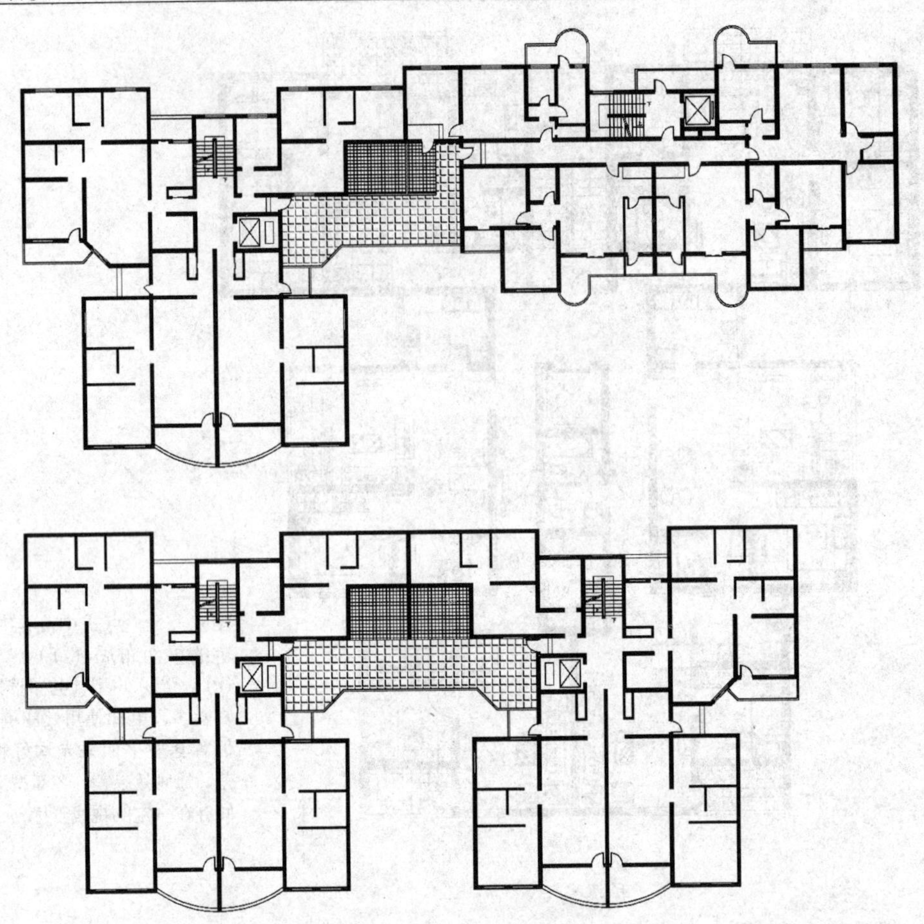

图 4-36　中高层住宅中点式与板式、点式与点式联立组合（解决一部电梯的使用问题）

在实际设计中，中高层住宅可以与多层和高层住宅组织穿插在一起，不仅增加了住宅的类型，而且使城市景观具有层次感，更可以彼此取长补短发挥最佳综合效应。

第 5 章
不同地区和特殊条件下的住宅设计

Chapter 5
Residential Building Design on Different Region or Under Special Conditions

我国幅员广阔，从北到南，在气候上包括了亚寒带到亚热带气候区，在地理自然条件及人民的生活习惯方面，都有显著的差异。因此，住宅设计除了要满足一般使用功能要求外，还应该适应不同地域的气候、地形和使用条件等特点。

5.1 严寒和寒冷地区的住宅设计

以极端气候表现特征划分气候区域，我国《民用建筑热工设计规范》（GB 50176）规定：累年最冷月平均温度不高于 −10℃的地区称严寒地区（简称Ⅰ区）。累年最冷月平均温度不高于 0℃，高于 −10℃的地区称寒冷地区（简称Ⅱ区）。我国有 1/2 的区域属于严寒和寒冷地区，包括黑龙江、吉林、辽宁、内蒙古、河北、山西、山东、陕西、江苏北部、新疆、四川西部、甘肃、宁夏、青海、西藏等十几个省区。

上述地区的极端气候特征表现按《中国建筑气候区划标准》（GB 50178）分别情况如下：

严寒地区的气候特征表现在：冬季漫长而寒冷，夏季短促而凉爽；气温的年较差很大；冰冻期长，冻土深，积雪厚；雨量多集中在夏季；太阳辐射量大，日照丰富；冬季大风较多。我国东北部属严寒区气候，区内主要气候要素的代表性数据是：1 月平均气温 −10℃，7 月平均气温为 16 ~ 24℃，7 月平均相对湿度不小于 50%，日平均气温稳定不高于 5℃的日数在 145d 以上，年降水量为 200 ~ 800mm，年日照时数为 2400 ~ 3000h。

寒冷地区的气候特征表现在：冬季较长，寒冷干燥；夏季炎热湿润，降水相对集中；春秋季短促，气温变化剧烈，且气温的年较差很大，春季少雨雪，多大风和风沙；夏季多雷暴和冰雹，日照比较丰富。我国华北、西北的部分地区属寒冷地区气候，区内主要气候要素的代表数据是：1 月平均气温 −10 ~ 0℃，7 月平均气温为 18 ~ 28℃，日平均气温稳定不高于 5℃的日数在 90 ~ 145d，日平均气温稳定不低于 25℃的日数小于 80d，年平均相对湿度为 50% ~ 70% 以上，年降水量为 300 ~ 1000mm，年日照时数为 2000 ~ 2800h。

对于上述地区特定的寒冷气候条件，人类长期以来一直是借助消耗自然资源来换取防寒保温和热生存条件，发展人类自身。随着社会的发展和科学技术的进步，以及环境污染严重，生态系统破坏，自然资源和能源危机，已迫使人们逐步认识到应重新以一种顺应自然、保护资源、保护能源的姿态来关注居住环境和创造可持续发展的居住环境。其中保护环境、节约能源，按气候设计的理论和方法已成为世界各严寒和寒冷地区城市的重要设计原则。

我国严寒和寒冷地区城市住宅应按采暖居住建筑进行设计。所谓采暖即是通过各种不同方式提供热能，使室内空间能满足人们对热舒适环境的要求。寒地居住建筑设计在满足一般居住建筑设计原理的同时，还要满足冬季保温设计、采暖设计、住宅建筑节能设计和室内空气质量的要求。我国严寒和寒冷地区以往的城市住宅设计虽然已包括冬季保温设计和采暖设计的内容和要求，但存在着原有设计标准过低、热工性能低、又没有节能设计标准和节能目标要求的问题。根据建设部节能工作协调组颁布的“建筑节能‘九五’计划和2010年规划”，不断提高建筑能源的利用率，改善居住热舒适条件，促进国民经济和生活环境的发展，提出以下节能基本目标：新建采暖居住建筑1996年以前，在1980 ~ 1981年当地通用住宅设计能耗水平基础上普遍降低30%，为第一阶段节能目标；1996年起在达到第一阶段要求的基础上节能30%，即这时采暖居住建筑采暖能耗从1980 ~ 1981年住宅通用设计的基础上节能50%为第二阶段节能目标；2005年起在达到第二阶段要求的基础上再节能30%，为第三阶段节能目标。按照“建筑节能‘九五’计划和2010年规划”，严寒和寒冷地区新建和改建的采暖居住建筑必须执行节能标准，进行综合节能设计，实现表5–1所列各典型城市采暖能耗控制标准，这样就使得我国寒地现代城市设计一方面要按当地的节能标准对原有的冬季保温设计、采暖设计的原则和要求进行必要的调整和更新，以实现防寒保温、热舒适性好、节能达标的设计目标。另一方面又要充分满足寒冷地区北方冰雪城市居民的居住意识、生活习俗、居住意愿和居住文化的生活特征需要，提高居住功能，改善居住环境质量，实现居住水平小康化的设计目标。这样，对于严寒和寒冷地区住宅设计就面临着将冬季防寒保温设计、采暖设计、建筑节能设计、居住功能设计、环境质量设计综合为一体，按统一的目标进行设计的新需求。为了有别于传统住宅，这里提出节能型住宅，所谓节能型住宅是采用综合节能设计和应用综合节能措施，使新建住宅冬季采暖耗煤量指标比我国寒地在20世纪80年代所建住宅总体上降低50%，北京地区已提出节能65%的要求，同时居住功能与环境质量要满足不断增长的现代生活需要。节能型住宅的设计应重点突出如下几个方面。

全国主要采暖城市住宅耗热量、耗煤量指标 表5–1

地名	耗热量指标 (W/m^2)	耗煤量指标 (kg/m^2)	采暖期 (天)	地名	耗热量指标 (W/m^2)	耗煤量指标 (kg/m^2)	采暖期 (天)
北京	20.6	12.4	125	济南	20.2	9.8	101
天津	20.5	11.8	119	郑州	20.0	9.4	98
石家庄	20.3	11	112	阿坝	20.8	18.9	189
太原	20.8	13.5	135	拉萨	20.2	13.8	142
呼和浩特	21.3	17	166	西安	20.2	9.7	100
沈阳	21.2	15.5	152	兰州	20.8	13.2	132
长春	21.7	17.8	170	西宁	20.9	16.3	162
哈尔滨	21.9	18.6	176	银川	21.0	14.7	145
徐州	20.0	9.1	94	乌鲁木齐	21.8	17	162

5.1.1 规划布局

住宅规划布局应从建设选址、建筑组合、建筑与道路布局走向、建筑方位朝向、建筑体型、建筑间距、冬季主导风向、太阳辐射和地形、地貌等方面优化建筑微气候环境，为节能型住宅设计创造良好的基地环境。

1）避免选址在山谷、洼地、沟底等凹地里

如图5–1所示，因冬季冷气流和河谷冷风环流在地形低处形成冷气流聚集

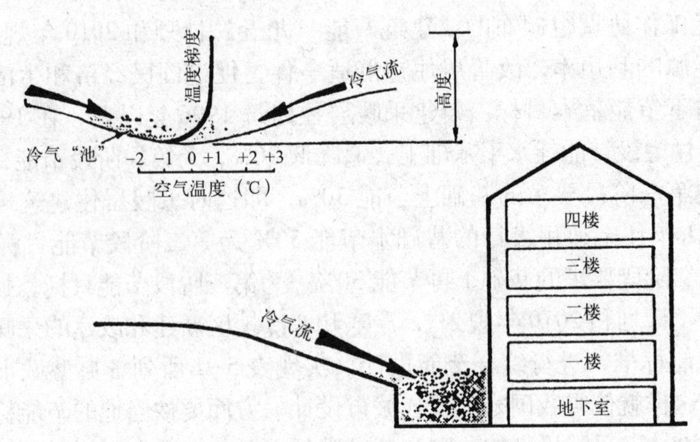

图 5-1 冷气流对凹地建筑物的影响

现象造成对建筑物的局部降温，使位于凹地中下部的楼层为保持室温所耗能量增加。

2）争取日照

人类生存、身心健康、卫生、营养、工作效率均与日照有着密切和直接的关系，在严寒和寒冷地区的冬季里，人们需要获得更多的日照。建筑也应更多地利用太阳产生的能量，故在设计中应力争达到：

• 基地应选择在向阳避风的地段内，为争取日照和利用太阳能提供先决条件。

• 选择最佳建筑朝向。"坐北朝南"是我国北方民居建筑朝向的最佳选择，对于寒地城市住宅来讲，应以选择当地最佳朝向为主，这样可以使住宅建筑外围护结构和居室内获得更多的太阳辐射、更多的日照时间、更多的日照面积和较多的紫外线量。如图 5-2、图 5-3 所示，不同朝向在不同季节里，日照时数和太阳辐射热量的变化幅度是较大的，就是在一天里，太阳的日照量和光线成分也有较大的变化，详见表 5-2。故此，按照当地最佳方位进行建筑布局尤为重要。

• 满足日照间距要求，避免周围建筑的严重遮挡。北方寒地城市，由于地理纬度偏高，一般日照间距系数大，如哈尔滨市按大寒日日照不低于 2h 的卫生标

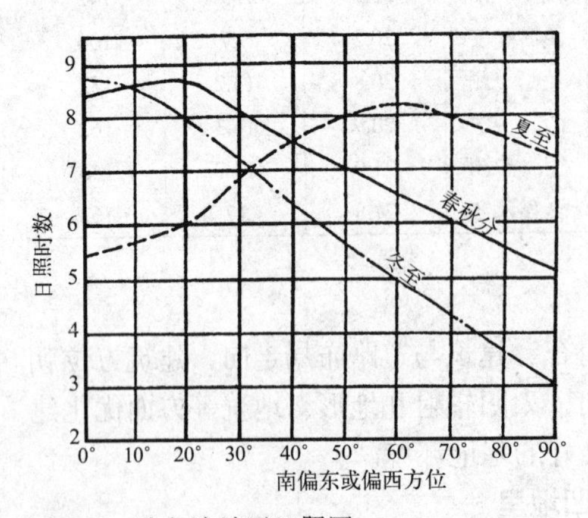

图 5-2 哈尔滨地区日照图

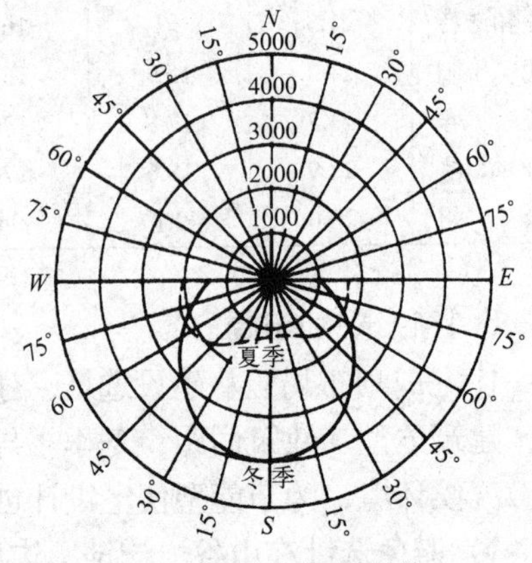

图 5-3 北京地区太阳辐射热日总量的变化（$kcal/m^2 \cdot d$）

准确定建筑日照间距系数为2.15倍建筑高度。全国北方各城市确定的日照间距系数可参见《城市居住区规划设计规范》(GB 50180)。

不同高度角时太阳光线的成分　表5-2

太阳高度角	紫外线	可视线	红外线
90°	4%	46%	50%
30°	3%	44%	53%
0.5°	0	28%	72%

• 利用住宅楼群的合理布局，争取日照。a. 在多排、多列楼栋布置时，采用错位布局，可利用山墙空隙争取日照，如图5-4所示。b. 点状和条状楼栋组合布置时，宜将点状住宅布置在好的朝向位置，条状住宅布在其后，利用空隙争取日照，如图5-5所示。c. 在严寒地区城市住宅布置时，可将南北向住宅与东西向住宅围合成封闭或半封闭的周边式。这种布局可以扩大南北向住宅建筑间距，减少日照遮挡，对节能、节地均有利。围合一般有4种方案，如图5-6所示，比较4个方案，其中方案(*b*)和(*d*)对争取日照，减少遮挡有利。d. 全封闭周边式布局，其开口的位置和方位以向阳、居中为好。

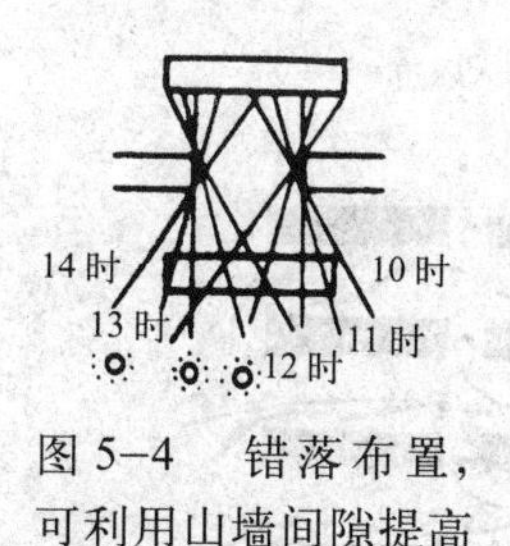

图5-4　错落布置，可利用山墙间隙提高日照水平

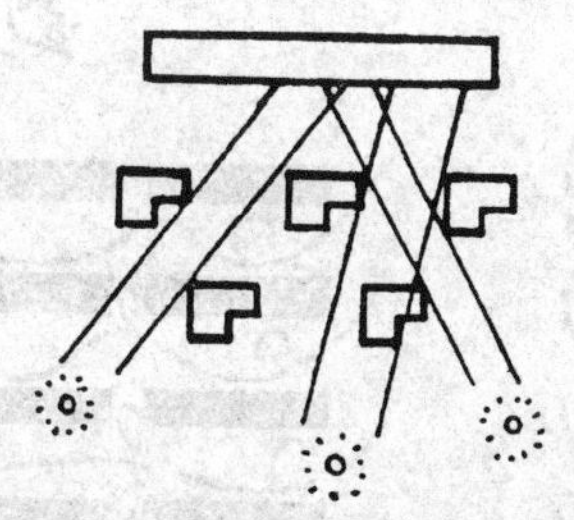
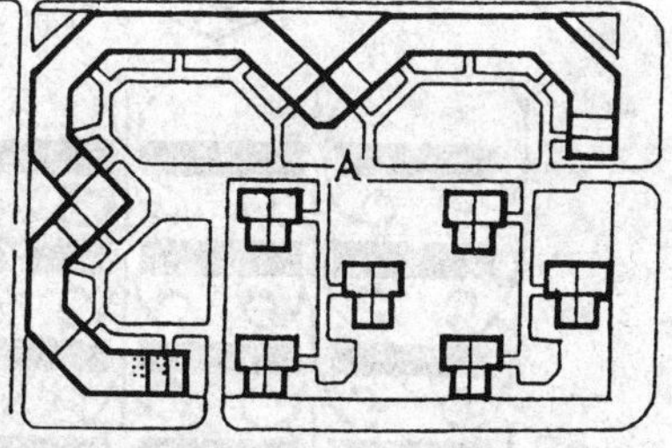

图5-5　条式和点式住宅结合布置改善日照效果

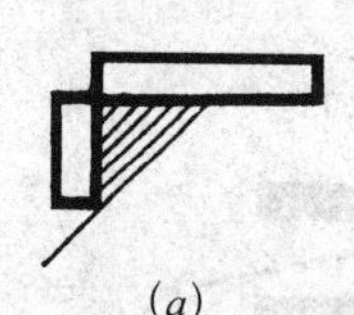
(*a*)

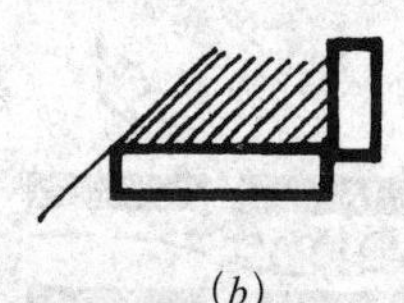
(*b*)

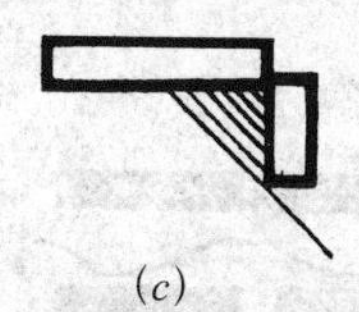
(*c*)

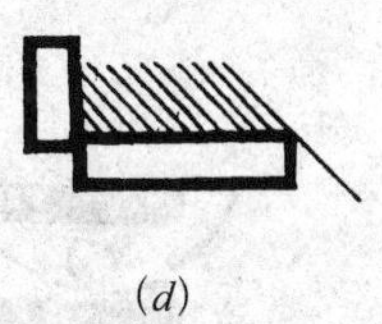
(*d*)

图5-6　东西向住宅4种拼接形式比较

3）避免季风干扰

冬季季风形成强烈的冷风气流，风速强、温度低，对建筑物造成强烈的冷空气侵袭，增加建筑物和场地外表面的热损失，设计中应避免不利风流。我国北方城市冬季主要受到来自西北方向的寒流影响，为此，采取多样、有效的途径避风是设计中的重要问题。

• 利用建筑物紧凑布局，将建筑间距控制在1∶2范围之内，充分发挥“风影效应”，使后排建筑免受寒风侵袭，见图5-7。

• 当考虑避免冬季季风对建筑组群的侵袭时，应减少冬季风主导风向与住宅建筑长边的入射角度。如图5-8所示，当入射角度为0°时，季风只在两栋建筑的山墙间产生“风槽”影响，对背风向的其他建筑侵入较少。

• 避免局地疾风。当冬季季风入侵建筑组群时，不同的建筑组合均会改变季风的风向、风速和风压。在建筑布局时应避免产生局地疾风。局地疾风会加大风

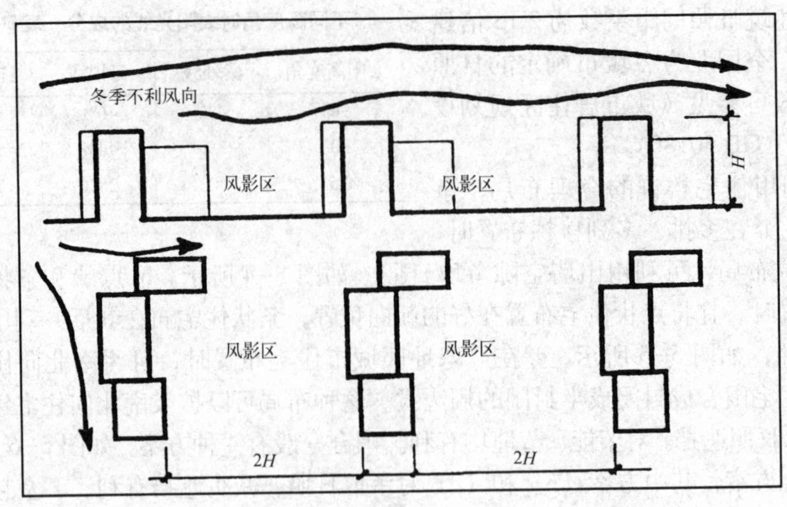

图 5-7　紧凑布局具有良好的防风作用

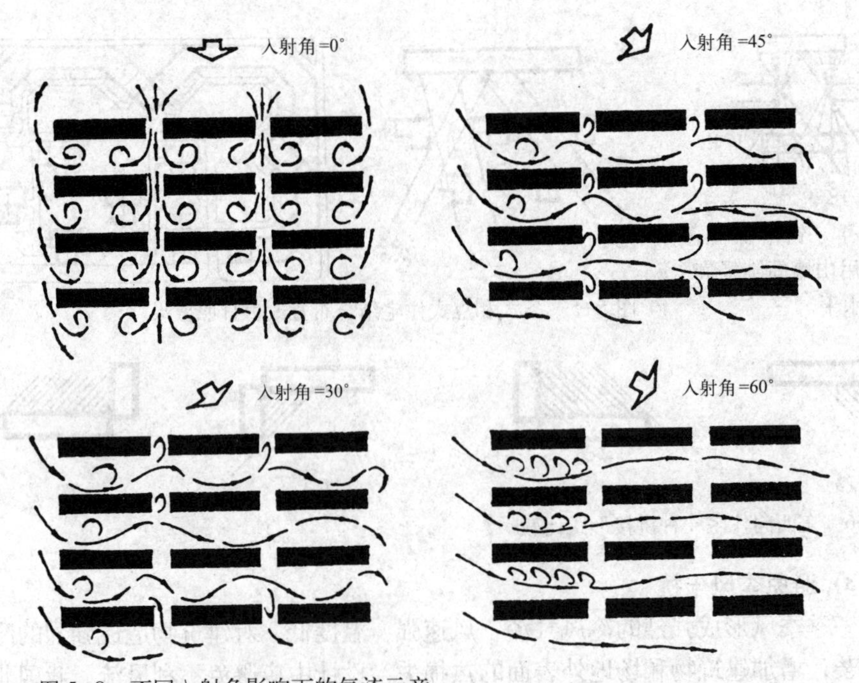

图 5-8　不同入射角影响下的气流示意

速和风压，造成能耗损失加大。例如，a. 低层与高层建筑组合成图 5-9 时产生“风旋”。b. 两栋建筑山墙相对形成“风槽”，见图 5-10。c. 高层建筑前有低层建筑且有开口，易形成“拐角气流”和“风洞”，如图 5-11 所示。上述各种情况造成了建筑物周围在行人高度处的风速与开敞地面上同一高度处自由风速之间的比值加大。表 5-3 所列建筑物附近的风速比说明局部疾风的威胁应该注意。d. 当季风遇到一栋建筑远远高于其他建筑时，将在高低建筑之间产生下冲气流，加大风压。当迎季风方向减少一栋建筑时，也产生由于空地带来的下冲气流，加大风压，如图 5-12 所示。

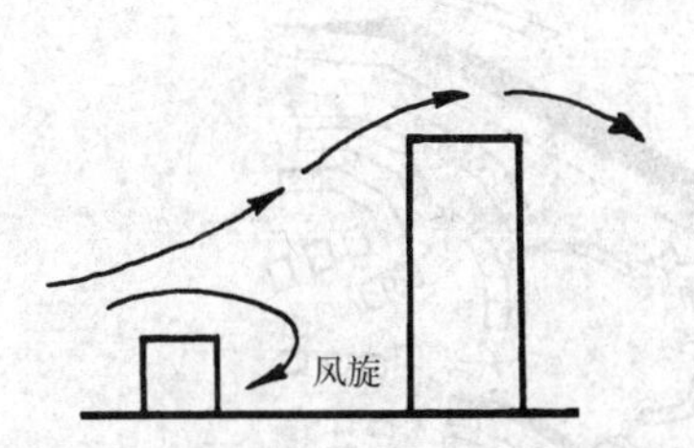

图 5-9　低层与高层建筑组合产生“风旋”

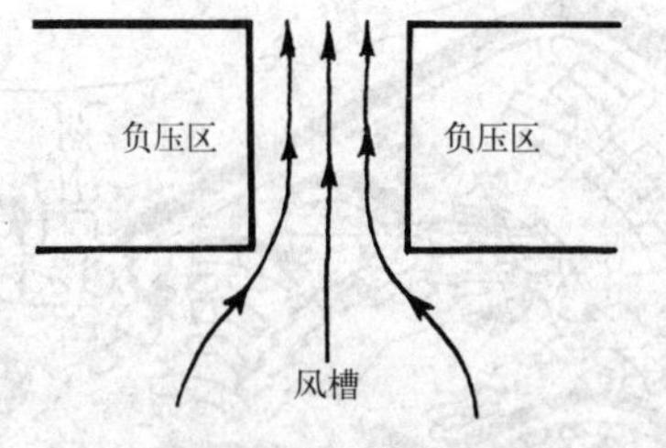

图 5-10　两栋建筑山墙相对形成“风槽”

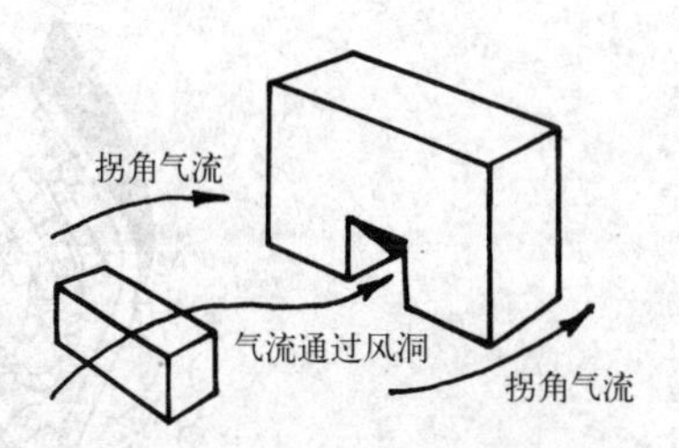

图 5-11　有开口的高层建筑与低层建筑组合易形成“风洞”和“气流”

建筑物附近的风速比　　　　表 5-3

位　置	风速比
建筑物之间的风旋	1.3
建筑物拐角处的气流	2.5
建筑物下方的风洞	3

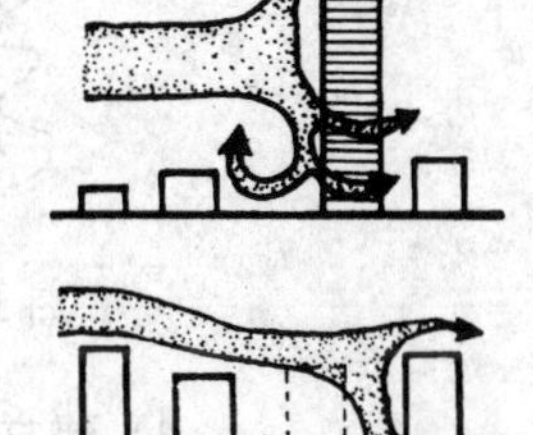

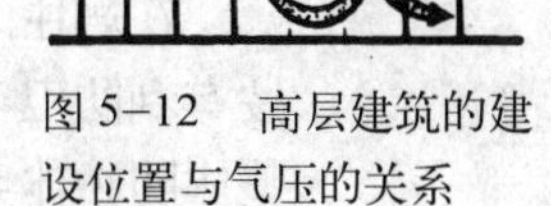

图 5-12　高层建筑的建设位置与气压的关系

·利用建筑合理形态，形成优化的微气候的良好界面，避风节能。选择适宜的住宅建筑形态，形成对季风的屏蔽。如图 5-13 所示，建筑物面宽越大、高度越高、进深越小，其背风面产生的涡流区就越大，流场越紊乱，对减小风速和风压越有利。

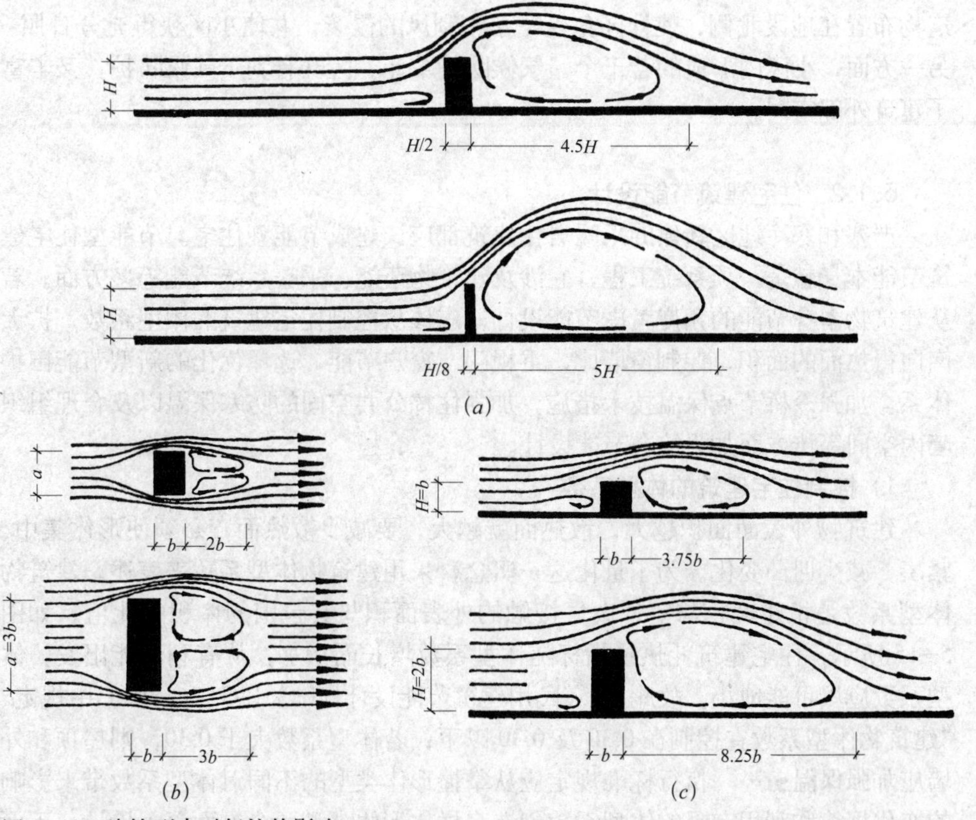

图 5-13　建筑形态对气流的影响

(a) 进深变化对气流影响；(b) 面宽对气流影响；(c) 层高对气流影响

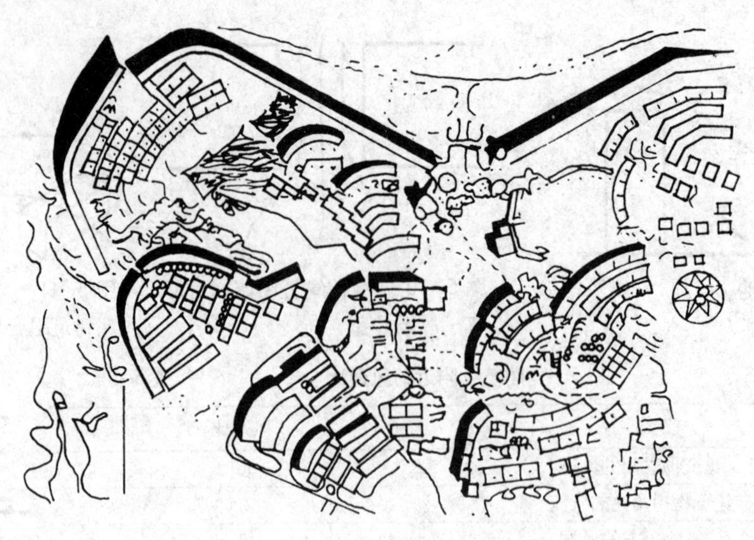

图 5-14　瑞典斯瓦拉瓦尔镇住宅规划设计

4）建立“气候防护单元”

在居住区和住宅小区规划设计中，结合建造地点，把若干栋住宅和防护设施按有利防卫当地冬季恶劣气候条件进行组合，使之成为“气候防护单元”，形成整体防护体系是较为合理的。如图 5-14 所示，该设计一方面利用连续高大的建筑物布置在地段北侧，使社区免受冬季不利风的侵袭，并使小区获得充分日照；另一方面，小区内形成的若干个“气候防护单元”区既有利于气候防护，又丰富了建筑外部空间。

5.1.2　住宅建筑节能设计

严寒和寒冷地区新建的采暖居住建筑都应该建成节能型住宅。节能型住宅建筑节能本身就是一项系统工程，它涉及建筑物节能、采暖系统节能等多方面。若从建筑物本身节能的角度考虑节能设计，应该从控制住宅建筑的体型系数，扩大南向得热面的面积，控制窗墙比，重视门、窗户节能，选择优化的新型节能围护体系，加强冷桥节点保温技术措施，加强住栋公共空间的防寒保温以及合理组织套内空间等诸方面加强综合节能设计。

1）控制住宅建筑的体型系数

建筑物外表面面积越大，散热面就越大，要减少散热面，必须使形体集中、紧凑，减少凹凸变化。为了量化这一概念，采用建筑物体型系数来表述。建筑物体型系数是指建筑物与室外大气接触的外表面积与其包围的体积的比值。如图 5-15 所示，住宅建筑耗热量指标随体型系数增长而增加，从有利节能出发，体型系数应尽可能地小。故此，在《民用建筑节能设计标准》（JGJ 26—95）中规定:“建筑物体型系数宜控制在 0.30 及 0.30 以下；若体型系数大于 0.30，则屋顶和外墙应加强保温……”执行标准规定应从掌握形体类型的不同对体型系数带来影响的变化规律和利用有限的体型系数创造多样化形体类型两个方面深入设计。下面的空间设计对于控制建筑物体型系数是有效的。

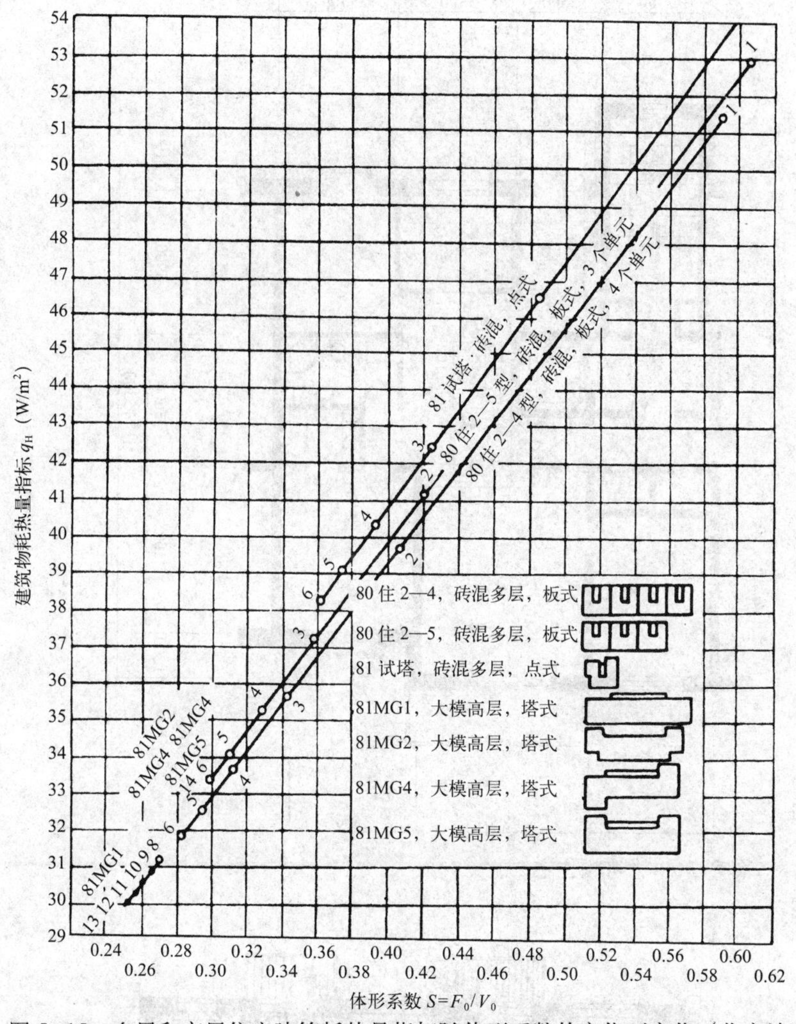

图 5–15　多层和高层住宅建筑耗热量指标随体形系数的变化而变化（北京地区）

(1) 合理扩大栋深尺寸

加大进深尺寸对于多层住宅减少体型系数作用明显，我国传统北方城市进深多由两个参数组成，常用参数有 3.9、4.2、4.5、4.8m。若扩大为 5.1、5.4m 或者更大不仅是可能的，而且也是必要的。如图 5–16 所示，其 5 个单元的组合体体型系数为 0.252。从节能、节地角度将原来的两个进深参数扩大到 3 个或 4 个进深参数，使总进深尺寸加大，有利于减小体型系数，如图 5–17 所示。

(2) 利用住宅类型特征

住宅类型中的小天井式、内楼梯式及跃廊式等均具有明显的类型特征。合理利用不同的空间组合特征，可以做到扩大栋深、扩大容积，以减少建筑物体型系数，如图 5–18 ~图 5–20 所示。

(3) 平面空间组合应紧凑集中，尽量减少凹凸变化

由于每个局部凹凸均增加 3 个外表面面积，导致体型系数明显增加。点式住宅形体更应紧凑，减少凹凸变化，如图 5–21、图 5–22 所示。

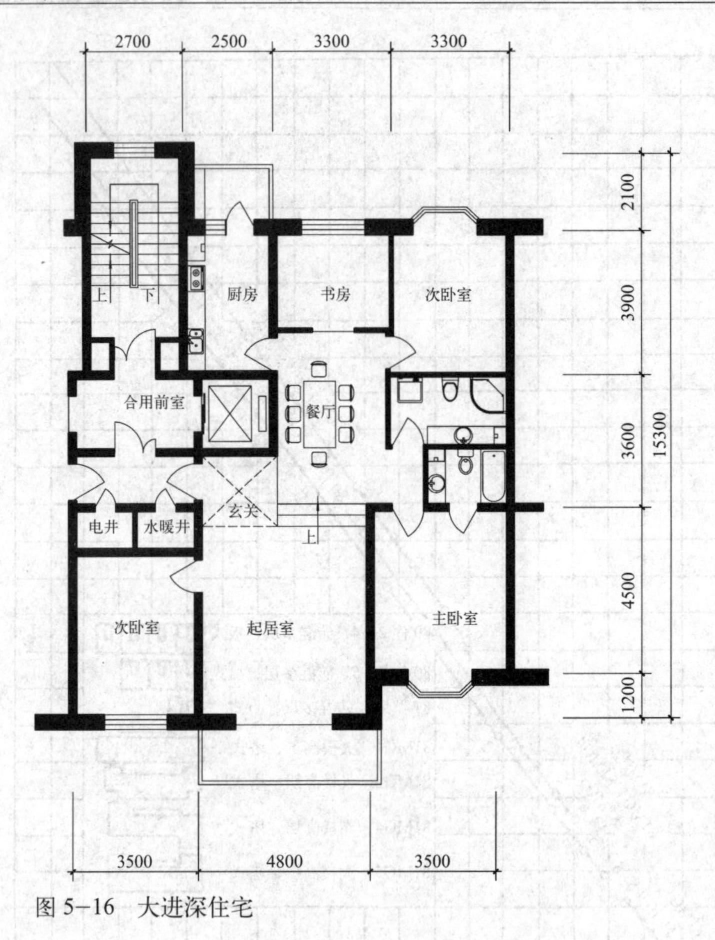

图 5-16　大进深住宅

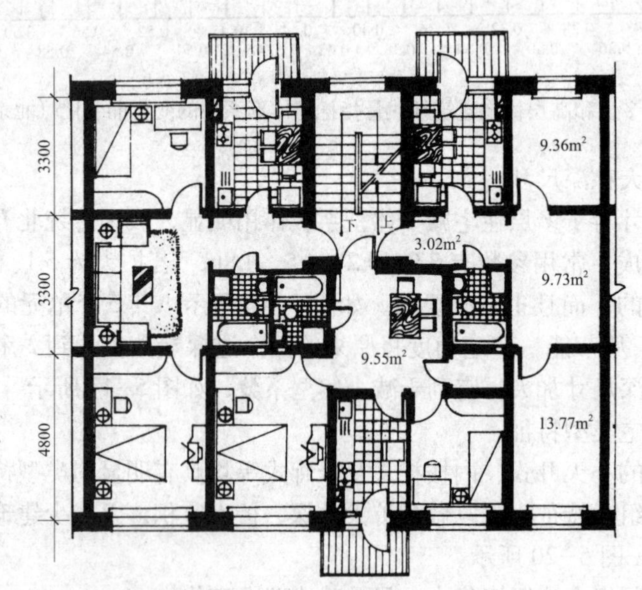

图 5-17　3 个进深参数的一梯三户住宅

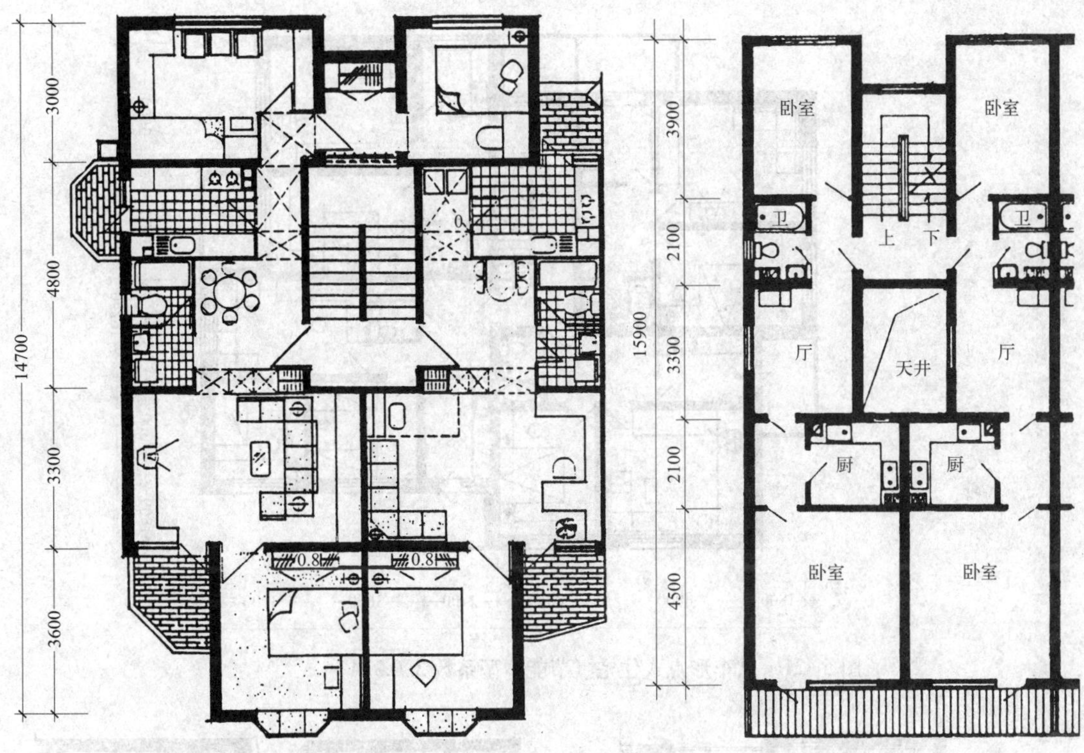

图 5-18　暗楼梯住宅（靠壁柜上高窗采光）

图 5-19　内天井住宅

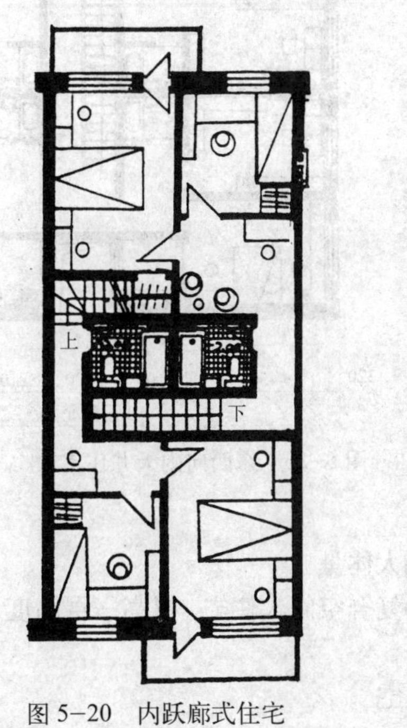

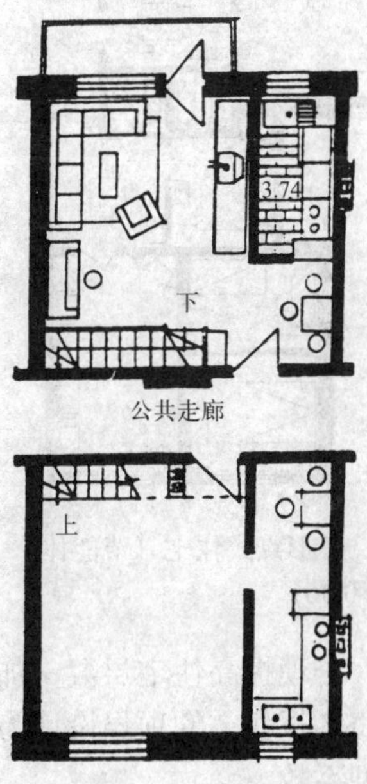

图 5-20　内跃廊式住宅

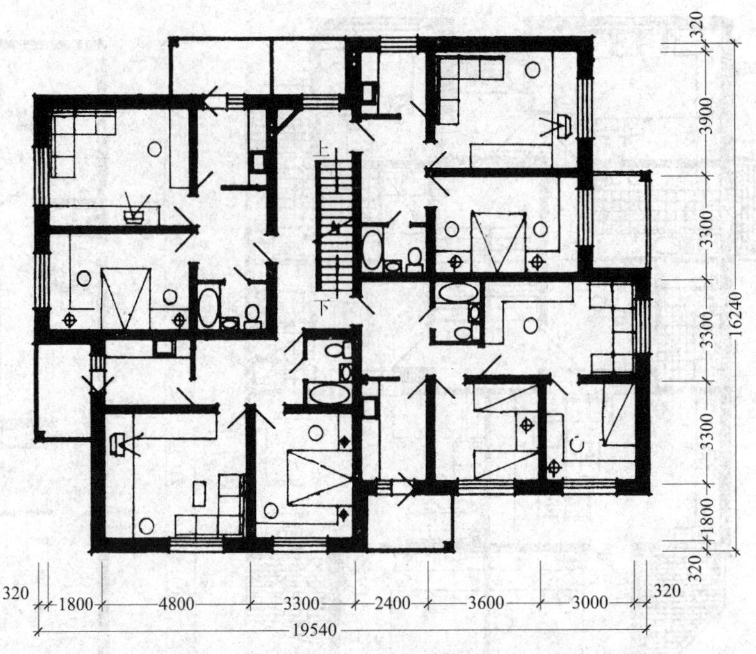

图 5-21　风车形点式住宅（节能体型系数为 0.334）

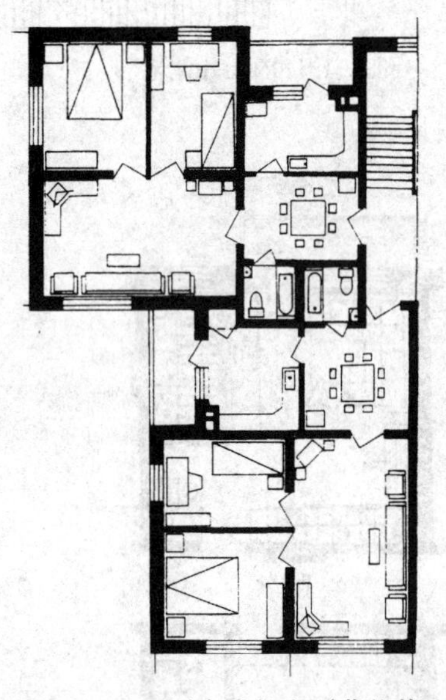

图 5-22　T 形点式住宅（节能体型系数为 0.36）

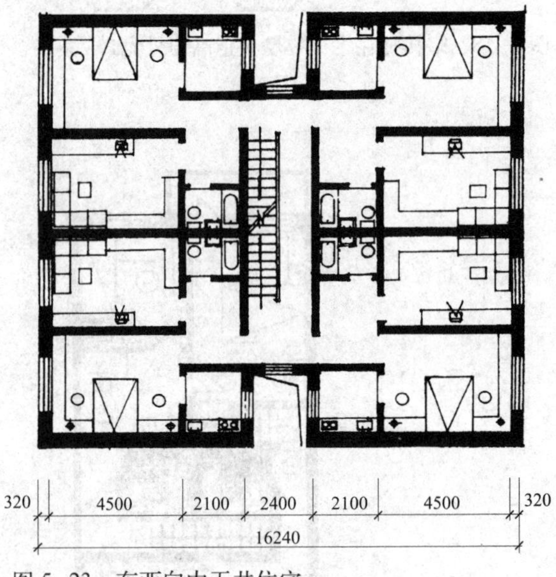

图 5-23　东西向内天井住宅

（4）合理提高住宅层数，加大体量

可将各层住宅的顶层设计为复合空间式住宅，提高一层高度，明显加大容积，减少体型系数。

（5）严寒地区采用东西向住宅

利用高纬度日照条件下东向、西向可以分别列户，形成较大栋深，如图 5-23 所示。由表 5-4 可见，哈尔滨市东向和西向均可满足居住日照要求。

（6）加大建筑物体量

住宅的建筑体量对其单位建筑面积采暖耗热影响很大，两者之间存在一定的曲线关系。从大量的分析得出：在选择体量设计时，应加大建筑的栋进深、提高层数，使体量加大，使节能效果显著。

哈尔滨市冬至日各朝向日照时数和日辐射强度　　表5–4

朝向	日照时数	辐射强度 W/m²
南向	8h32min	2839
东向	2h42min	1023
西向	2h42min	1404
北向	0	568

（7）减少体型系数

缩小建筑物的长、宽、高3边的边长比率，可以减少体型系数。当住宅建筑的体积一定时，边长比率大则体型系数大，热损失亦大。

2）扩大南向得热面的面积

我国北方寒冷地区在严寒冬季里，建筑物南向所获得的太阳辐射强度和辐射总量比其他方位都大很多。南偏东西的角度越大，接受太阳的辐射越小，而且正东、正西所受到最大的辐射强度只有南向的1/3左右，自北偏东60°至偏西60°的范围内基本上接受不到太阳辐射，见表5–5。从争取太阳辐射量进入住宅建筑的外围护体系和深入建筑内部越多越有利考虑，尽量增大住宅建筑南向得热面的面积是最为有效的。当然，在面积等同的情况下，设计的住栋形体长、宽比越大，越有利于获得更多的南向得热面。通过计算得知：正南朝向，建筑长、宽比为5 ：1时，其各向墙面受辐射得热量为方形（长、宽比为1 ：1时）的1.87倍。但随着朝向改变逐渐减小，至偏东或偏西45°时，成为1.56倍，至偏东（西）67.5°时，各种长、宽比体型的得热已相差不多，至东西向时，正方形得热会比长方形得热稍多。如此看来，最佳体型设计还应综合考虑日辐射得热因素的影响。

3）窗户的节能设计

由于每平方米窗面积比每平方米围护砌体的总传热量要大得多，一般外门、窗耗热占建筑总耗热的1/3左右，所以应在保证日照、采光、通风、观景要求条件下，从以下几个重要方面改进窗户的节能设计。

北纬40° 地区各方位垂直墙面所受日射量　　表5–5

方位 时刻	S-0°-E	S-10°-E	S-20°-E	S-30°-E	S-40°-E	S-50°-E	S-60°-E	S-70°-E	S-80°-E	S-90°-E	
8	0.300	0.364	0.418	0.458	0.485	0.497	0.494	0.476	0.443	0.397	16
9	3.190	3. 639	3.978	4.196	4.287	4.247	4.077	3.785	3.378	2.867	15
10	5.758	6.233	6.518	6.656	6.492	6.182	5.683	5.012	4.189	3.328	14
11	7.293	7.526	7.530	7.306	6.859	4.315	5.361	4.354	3.216	1.979	13
12	7.809	7.690	7.338	6.763	5.982	5.020	3.905	2.761	1.356		12
13	7.293	6.839	6.176	5.326	4.315	3.172	1.933	0.635	—	—	11
14	5.758	5.108	4.303	3.368	2.330	1.221	0.075	—	—	—	10
15	3.190	2.644	2.017	1.329	0.601	—	—	—	—	—	9
16	0.300	0.226	0.146	0.061	—	—	—	—	—	—	8
	S-0°-W	S-10°-W	S-20°-W	S-30°-W	S-40°-W	S-50°-W	S-60°-W	S-70°-W	S-80°-W	S-90°-W	时刻 方位

续表

时刻＼方位	N-0°-W	N-10°-W	N-20°-W	N-30°-W	N-40°-W	N-50°-W	N-60°-W	N-70°-W	N-80°-W	N-90°-W	
8	—	—	—	—	—	—	—	—	—	—	16
9	—	—	—	—	—	—	—	—	—	—	15
10	—	—	—	—	—	—	—	—	—	—	14
11	—	—	—	—	—	—	—	—	—	—	13
12	—	—	—	—	—	—	—	—	—	—	12
13	—	—	—	—	—	—	—	—	0.683	1.979	11
14	—	—	—	—	—	—	—	1.073	2.189	3.328	10
15	—	—	—	—	—	0.146	0.888	1.603	2.270	2.867	9
16	—	—	—	—	0.094	0.112	0.194	0.271	0.339	0.397	8
	N-0°-E	N-10°-E	N-20°-E	N-30°-E	N-40°-E	N-50°-E	N-60°-E	N-70°-E	N-80°-E	N-90°-E	时刻＼方位

（1）尽量减小开窗洞口的面积

住宅窗洞口面积的确定应视建筑所处的地理纬度、当地冬季日照率、房间的采光要求、建筑物之间日照遮挡情况以及窗户构件节能性能全面衡量得热和失热的利弊来确定。采暖居住建筑节能设计标准对不同朝向的窗、墙面积比作了严格规定。在《民用建筑节能设计标准》（JGJ 26—95）采暖居住部分中指出，北向窗、墙面积比不应超过 0.25；东向和西向窗、墙面积比不应超过 0.30；南向窗、墙面积比不应超过 0.35，设计中应执行标准规定。对于冬季日照率高的地区，若在 3 层以上的南向居室采用新型节能窗，其南向居室的窗面积可以适当扩大，争取更多的太阳辐射热，减少建筑使用能耗。对于寒冷地区的北向用房的窗口面积在保证采光要求条件下应尽量减少窗口面积，以减少热损失。

（2）提高窗户的气密性，减少冷风渗透

室内外空气渗透也会增加采暖能耗。为了提高窗户的气密性，减少冷风渗透，应该用保温材料填堵门窗框与洞口壁之间的缝隙，内外边缘再用密封胶封严，防止出现裂缝和渗气、渗水。密封条应选用弹性好、耐老化的材料，最好经过硅化处理。推拉窗扇间很容易出现缝隙，除了用密封条密封外还应设风挡，使两扇能够紧紧扣严。另外，应该提高施工人员的水平和改进施工方法保证施工质量。

（3）提高窗户本身的保温性能，减少窗户本身传热量

通过合理配置窗框材料和玻璃的组成，可以提高窗的隔热节能特性。包括：根据不同的使用地点，选择合理的阳光遮蔽玻璃，控制通过窗的辐射散热；加大中空玻璃间隔层内气体比重，降低对流传热；选择低传导的中空玻璃、边部间隔材料和隔热窗框材料，控制通过窗的传导传热等等。

①合理选用原片玻璃，控制通过窗户的辐射传热

在选择原片玻璃时，应该根据不同的地区选用不同的玻璃种类。在较寒冷地区，选择高透过率的白玻璃或镀膜玻璃，尤其是 Low-E 玻璃做原片，可以达到防止室内热量流失，从而提高中空玻璃的使用效果。

玻璃的阳光遮蔽系数是描述玻璃对于太阳透射得热性能的概念，遮蔽系数越

高，则通过玻璃的太阳透射热越多。所以建议在以采暖为主的地区，一般选取较高遮蔽系数的玻璃。建筑窗的节能性应从整体角度考虑，即把窗户全年冬季的得热、热损失与夏季的冷损失综合考虑，从整体提出其年能耗值，作为衡量建筑门窗节能程度的指标。使用 Low–E 镀膜玻璃通常会损失一些太阳光而略微减少阳光热获得，但是通过夜晚优异的隔热性能，这些损失可以大大地得到补偿；另外使用 Low–E 镀膜玻璃还可以减少紫外线的通过，可以减少室内物品褪色的可能。

②改进中空玻璃间隔层内气体性能和密封技术

在中空玻璃内部充入气体，提高隔热性能，是中空玻璃技术的改进。充入气体的条件是具有化学稳定性和不反应性，氩气和氪气是普遍的选择。一般来讲，在中空玻璃间隔层内充入足够比例（约 90%）的氩气，可以降低 U 值约 15%。

将传统铝条更换成暖边 Swiggle 胶条做中空玻璃密封，可以提高近 50% 的隔热性能，而在充入氩气或者采用 Low–E 中空玻璃上改变密封方式，可以提高 15% ~ 20% 的隔热性能。暖边密封间隔条也能够提高内部玻璃表面周边的温度并减少热应力，减少玻璃炸裂，在冬天可以减少 80% 结露的可能。

③选用隔热性能好的窗框材料和形式

窗框材料是窗户节能的重要环节，住宅建筑中整个窗户中约有 1/4 面积是窗框材料，高性能的窗框材和良好的窗框断面设计较传统的窗框材料具有更好的隔热性能。框材应选用导热系数小、框传热阻大的，如木、塑框材。在选用时应选复合型框材。

型材的阻热性能优劣还取决于型材腔体断面的设计，从型材的断面来看，多腔型材由于分格的空间多于单腔型材，其保温隔热性能优于单腔型材。设置断桥隔离层的断面，可以阻隔冷热空气的交流。

对于严寒和寒冷地区来说，框材选用，多选择塑料复合金属材料，型材腔体断面上选择多腔带断桥层的设计是比较合理的。

4）选用高效、节能、经济的外围护体系

在建筑物轮廓尺寸和窗、墙面积比不变的情况下，建筑物耗热量随围护体系的传热系数的降低而减少。采用各类新型墙体材料、新型楼地面、屋顶保温材料及节能门窗形成多样化的高效、节能、经济的新型围护体系，可以减少传热系数，提高保温性能，实现节能的要求。

（1）外墙的节能构造设计

外墙按保温层所在位置主要分成：单一保温外墙、内保温外墙、外保温外墙和夹芯保温外墙 4 种类型。

①单一保温外墙

据资料显示，为达到节能 50% 所要求的外墙平均传热系数的限值，在单一材料墙体中，只有加气混凝土墙体（热桥部位还要做外保温处理）才能满足要求，从西安到佳木斯地区墙体，厚度为 200 ~ 450mm。若采用黏土多孔砖墙体，其厚度在西安地区为 370mm，北京地区为 490mm，沈阳地区为 760mm，哈尔滨地区为 1020mm。可见，单一材料的节能外墙在节能目标为 50% 的条件下是不合理也不经济的。

②内保温外墙

内保温外墙不受外界气候影响，施工时不需搭设脚手架，难度不大，增加造价不多，但是，这种做法受“热桥”影响较大，热量损失严重；还存在占用建筑使用面积，不便于居民二次装修；有些工程还出现在面层产生裂缝等一些问题。在要求节能50%的阶段，在外墙外保温技术趋于成熟的条件下，内保温所占的比例已有所下降。

③外保温复合外墙

将高效保温材料置于外墙主体结构外侧的墙体，为外保温复合外墙，这种墙体具有以下特点：a. 外保温材料对主体结构有保护作用，室外气候条件引起墙体内部较大的温度变化，发生在外保温层内，避免内部的主体结构产生大的温度变化，使热应力减小，寿命延长。b. 有利于消除或减弱热桥的影响。c. 主体结构在室内一侧，由于蓄热能力较强，对房间热稳定性有利，可避免室温出现较大波动。d. 既有建筑采取外保温进行改造施工时，可大大减少对住户的干扰。e. 由于当前大多数的住宅都是毛坯交房，居民们在接房后要进行二次装修。在装修中，内保温层容易遭到破坏，外保温则可避免发生这种问题。f. 外保温可以取得很高的经济效益。虽然外保温每平方米造价比内保温高一些，但只要采取适当的技术，单位面积造价可以高得不多。同时由于比内保温增加了使用面积 1.8% ~ 2%，实际上是使单位使用面积造价降低，加上节约能源及改善热环境等好处，总的效益是十分显著的。附外墙外保温构造作法及热工参数表，详见表 5–6。

外墙外保温构造作法及热工参数表 表 5–6

编号	构造做法（单位：mm）	保温层厚度（mm）	外墙总厚度（mm）	主体部位传热系数 [W/（m²·K）]	外墙平均传热系数 [W/（m²·K）]	主体部位热惰性指标 D
1	1. 专用饰面砂浆与涂料 2. 玻璃纤维网格布 3. 聚苯板保温层 4. 砂浆找平层 15 厚 5. 承重混凝土空心砌块（R=0.20） 6. 石灰砂浆 20 厚	50 60 70 80 90 100 110 120	281 291 301 311 321 331 341 351	0.63 0.55 0.48 0.44 0.39 0.36 0.33 0.31	0.65 0.56 0.50 0.45 0.40 0.37 0.34 0.31	
2	1. 水泥砂浆 25 厚 2. 钢丝网加聚苯乙烯芯板 3. 炉渣空心砌块 4. 石灰砂浆 20 厚	50 60 70 80 90 100 110 120	285 295 305 315 325 335 345 355	0.74 0.66 0.60 0.55 0.51 0.47 0.44 0.41	0.78 0.69 0.63 0.57 0.53 0.49 0.45 0.42	
3	1. 专用饰面砂浆与涂料 2. 玻璃纤维网格布 3. 聚苯板保温层 4. 砂浆找平层 15 厚 5. 钢筋混凝土 6. 石灰砂浆 20 厚	50 60 70 80 90 100	291 301 311 321 331 341	0.67 0.58 0.51 0.45 0.41 0.37	0.67 0.58 0.51 0.45 0.41 0.37	2.61 2.69 2.78 2.86 2.95 3.03

根据以上分析，要达到建筑节能 65% 的目标，发展高效保温节能的外保温墙体是最重要的环节之一。

（2）屋面的节能构造设计

屋面按其保温层位置分有：单一保温屋面、外保温屋面、内保温屋面和夹芯保温屋面 4 种类型，但目前绝大多数为外保温屋面，这种构造受周边热桥的影响较小，对节能有利。

为了提高屋面的保温性能，主要应从采用轻质高效，吸水率低或不吸水的，可长期使用、性能稳定的保温材料作为保温隔热层，以及改进屋面构造，使之有利于排除湿气等措施入手。例如采用轻质高强、吸水率极低的挤塑聚苯板作为保温隔热层的倒铺屋面就取得了较好的保温隔热和保护防水层的效果，以及屋面架空、微通风等构造做法，均有利于提高屋面的保温隔热性能，从而取得较好的节能和改善顶层房间热环境的效果。附外保温屋面构造作法及热工参数表，详见表 5–7。

屋面保温构造作法及热工参数表　　　　表 5–7

编号	构造做法（单位：mm）	保温层厚度（mm）	总厚度（mm）	传热系数 [W/（m^2·K）]
1	1. 保护层 2. 防水层 3. 找平层 1 ∶ 3 水泥砂浆 20 厚 4. 找坡层 5. 聚苯板保温层 6. 隔汽层 7. 找平层 1 ∶ 3 水泥砂浆 20 厚 8. 结构层	70 80 90 100 110 120 130 140	340 350 360 370 380 390 400 410	0.51 0.47 0.43 0.39 0.36 0.34 0.32 0.30
2	1. 保护层 2. 防水层 3. 找平层 1 ∶ 3 水泥砂浆 20 厚 4. 找坡层 5. 沥青珍珠岩保温层 6. 隔汽层 7. 找平层 1 ∶ 3 水泥砂浆 20 厚 8. 结构层	130 140 150 160 170 180 190 200	400 410 420 430 440 450 460 470	0.61 0.58 0.56 0.53 0.51 0.49 0.47 0.45
3	1. 刚性或块体保护层 2. 挤塑聚苯板或闭孔率高的保温材料 3. 防水层 4. 找平层 1 ∶ 3 水泥砂浆 20 厚 5. 找坡层 6. 结构层	60 70 80 90 100 110 120	330 340 350 360 370 380 390	0.49 0.44 0.39 0.36 0.33 0.30 0.28
4	1. 黏土瓦屋面 2. 25 × 25 挂瓦条，20 × 30 顺水条 3. 油毡一层 4. 15 厚木望板 5. 聚苯板保温层 6. 一毡二油 找平层 1 ∶ 3 水泥砂浆 20 厚 7. 结构层	50 60 70 80 90 100 110	225 235 245 255 265 275 285	0.73 0.64 0.57 0.51 0.46 0.42 0.39

(3) 地面的保温做法

地面的保温是往往容易被人们忽视的问题。实践证明，在严寒和寒冷地区的采暖建筑中，接触室外空气的地板，以及不采暖地下室上面的地板如不加保温，则不仅增加采暖能耗，而且因地面温度过低，会严重影响居民健康；在严寒地区，直接接触土壤的周边地面如不加保温，则接近墙脚的周边地面因温度过低，不仅可能出现结露，而且可能出现结霜，严重影响居民使用。

地面的保温措施有两种：一是建筑直接接触土壤的周边地区，沿外墙周边从外墙内侧 2m 范围内采取保温措施，具体做法是在地面垫层以下设置一定厚度的松散状或条板状，且具有一定抗压强度、吸湿性小的保温层；二是对不采暖的地下室或底部架空层的地板的保温，采取的主要措施是在地板的底面粘贴一定厚度的如聚苯板一类的保温材料。

5）加强冷桥节点部位的保温构造设计

窗口与墙身、窗户与窗台板、墙身于屋顶、墙身与地面、墙身与阳台等相连接的部位均是失热最多的部位。特别是在节能型住宅中，由于整体上大面积加强了保温，其冷桥节点失热比传统非节能住宅要大得多。因此，能否处理好冷桥节点部位的保温构造设计是新型围护体系节能技术成败的关键，应引起足够的重视。在设计中，对于每一个冷桥节点均应逐个分析该节点所在部位的结构方案、构造方案及节点所在的不同节能围护体系，选择最佳综合构造技术方案，以保证整体建筑物节能效果良好。

6）加强住宅楼公共空间的防寒设计

住宅楼公用空间包括公共楼梯、公共走廊、单元入口、高层住宅的入口大堂，这些空间中的外门、外窗和围护结构的防寒保温问题很容易被忽视，致使公用空间成为热损失的重要部位。为此，采暖住宅公共楼梯间和公共走廊的门、窗，楼梯间隔墙和单元入口门应采取保温措施；在室外温度低于 −6℃的地区，楼梯间应采暖和设单元入口防风门斗。防风门斗有的利用北梯南入口的走廊或进厅，有的利用北梯北入口处单独设置门斗，如图 5−24 所示。

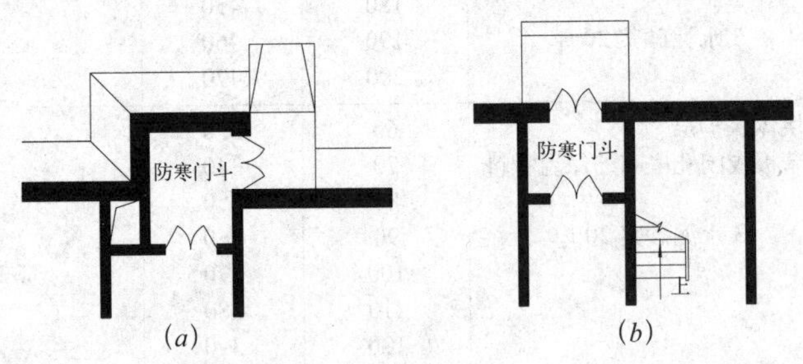

图 5−24　北楼梯北入口防寒门斗

(*a*) 利用楼梯间作单元入口；(*b*) 利用北向房间作单元入口

5.1.3　供暖方式对住宅设计的影响

城镇住宅采暖方式有集中采暖和分散采暖两种。集中采暖是指一个居住小区或一个街坊，乃至一个城市的更大范围内，所有建筑由同一个供热点或锅炉房的集中供热管网进行供热，使住宅室内温度达到人们所需要的适宜的温度。分散采暖是住宅每户独立采暖，其采暖方式包括火墙、火炕、土暖气、燃气小锅炉、电小锅炉和低温辐射电热膜供暖等。分散式采暖存在污染严重，浪费资源和能源，有害人体健康和安全问题，在设计中要充分论证，明智选择。

集中式采暖要求住宅建筑在规划设计时要有一定规模的供热面积，以充分发挥供热设备的使用效率。为了减小采暖带来的环境污染和充分利用供热设备，最好实施城市热力网供热，以便充分发挥其作用，取得较好的经济效果。集中式采暖又包括散热器采暖和地板辐射采暖两种方式。

1）散热器采暖

散热器采暖是指通过供热系统的末端散热器向房间散热供暖的方式。散热器采暖要求住宅平面布局紧凑，以节省管线和减少管网失热而带来的热损失，采暖住宅其套型中各个使用空间均应设置采暖器，建筑设计应综合考虑，与设备专业配合确定采暖器的位置、形状、大小，保证住宅各空间的整体使用功能和环境质量。起居室和卧室的采暖器一般布置在窗的窗台下，如在窗台下布置有困难时，也可以布置在内墙处，但应设置气包罩，以免造成烫伤或其他安全事故。厨房内的采暖器布置，应避开布置橱柜的一侧墙面，在其他墙面布置时，应避开频繁操作的地方。对于开间尺寸较小，并设有阳台门的厨房，一般将采暖器布置在内墙处，并注意不应该将采暖器放在柜体内。设有洗浴功能的卫生间应设置采暖器。由于卫生间的空间较小，布置采暖器比较困难，可把采暖器挂在距地面1.2m以上的墙面上。若采暖器靠墙设置时，可将墙体作凹进处理，采暖器嵌入其中，这样可以减少采暖器占用室内空间，利于摆放家具。

目前，常用的散热器有以下几种：普通铸铁散热器、改良型铸铁散热器、钢制散热器系统、挂镜线或踢脚板式散热器和合金型散热器等，应根据其不同的特性合理选用。

普通铸铁散热器是目前采用较多的为普通柱形铸铁散热器，其优点是不易被系统中的氧气腐蚀、水容量大、热稳定性好、初投资费用较低，但其外形不够美观。

改良型铸铁散热器具热稳定性好、耐腐蚀等，目前研制出的抛光上漆的新型铸铁散热器，其外形美观而又保持铸铁的优良品质。

钢制散热器有钢串片式、扁管式、板式、钢制柱式、排管式等形式，其外形较轻巧、形式多样，可用于不同场合。但其中部分形式散热器要求热水中含氧量不大于0.05mg/L，并要求系统在非供暖期充水保养，这种散热器通常不需要设暖气罩。

挂镜线或踢脚板式散热器是特制铸铁散热器，在房间挂镜线2.5m高处，做高约8cm，宽约3cm的镜线散热器，或在位于踢脚板处，做高约8cm，宽约3cm的踢脚板散热器，看上去就像是普通的挂镜线或踢脚板，在室内看不到管道也看不到普通的散热器。

目前市场上出现了许多合金散热器，如铜铝合金散热器、钢铝合金散热器以及铜制散热器，这些散热器既美观又散热率高。

2）地板辐射采暖

建筑低温地板辐射采暖系统是一种既古老又年轻的采暖系统，它具有对流采暖系统无可比拟的优点。与其他采暖方式相比，地板采暖具有以下优点：较好的舒适度，房间温度场分布均匀；利于营造健康的室内环境；高效节能，由于采暖的辐射面大，相对要求的供水温度低，只要 40 ～ 50℃即可，而且可以克服传统散热器片一部分热量从窗户散失掉，影响采暖效果的缺点；节省空间，有利于建筑装饰，方便家具的摆放；符合政策的要求，有利于分户计量的优点。随着抗老化、耐温、耐压的交联管材和轻质隔热保温材料的出现，使这种采暖系统得到快速发展。但地板辐射采暖也存在一定的问题：地板辐射采暖影响层高，铺装管线最少需占用 6cm 的空间，要维持标准层高，对地面材料就有一定的限制；送暖管道均埋于地下，不宜铺设加龙骨的实木地板，不能随意钉钉子，并且木地板的尺寸要稳定、含水率要低；地板采暖恰恰是直接烘烤地板，由于很多地板中含有有害物质甲醛，温度越高，甲醛释放量越大，因此在选购时必须选用甲醛含量小的产品以保证健康；地板采暖多用一根无接缝管铺设，一旦出现漏水或管道堵塞等问题就必须整个房间翻修，维修不便。

地板采暖分为热水地板采暖和电热地板采暖。实际工程中以热水地板采暖占多数，其全称为低温热水地板辐射采暖，它是通过埋设在地板下的加热管以不高于 60℃的热水作热媒，把地板加热到表面温度 18 ～ 32℃，均匀地向室内辐射热量，从而达到采暖效果的采暖方式。

5.1.4 住宅套型设计

严寒和寒冷地区城市住宅套型设计应该依据按气候设计的原则，充分考虑地域的气候环境对居民的生活习俗、居住文化和居住意向的影响，以及对居住环境质量的要求，因地制宜地着重考虑一些特殊的设计问题。

1）住宅栋深加大带来平面空间组织问题

从有利于节能、节地、充分利用空间、充分利用资源以及充分利用投资考虑，寒地住宅栋深适当加大是必要的。栋深加大自然带来套型中部空间的利用以及通风采光等环境问题，也给平面空间组织带来难度。我国现行的《住宅建筑设计规范》（GB 50096）规定：住宅的起居室（厅）、卧室、厨房应有直接采光和自然通风。无直接采光的过厅的使用面积不应大于 10m²，中部暗空间的利用和空间设计组织通常应采用下列的途径：

• 设置暗卫生间，即把卫生间布置在套型中部，如图 5–25 所示。暗卫生间应设有竖向通风道，并留有安装排风机的位置，以解决暗卫生间的通风问题。

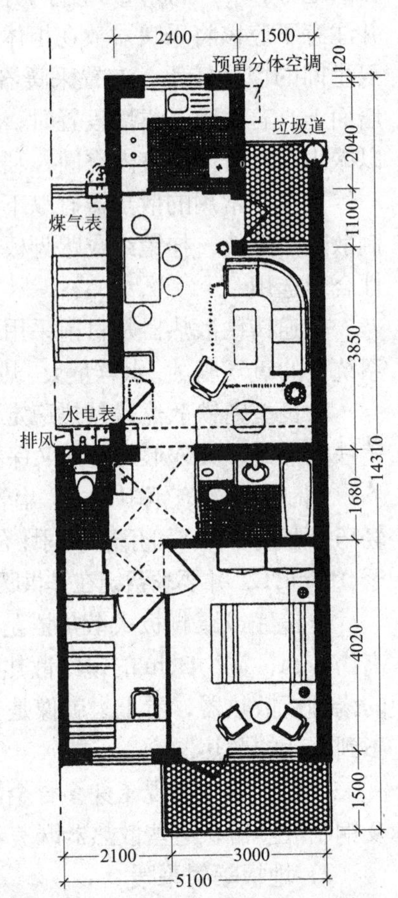

图 5–25　卫生间布置在套型中部

• 将衣帽前室、餐厅、小方厅等功能空间布置在套型中部，可以采用玻璃隔断或博古架等进行空间分隔，使其具有间接采光。如图 5-26 所示。

• 将面积小于 $10m^2$ 的起居厅布置在套型中部，如图 5-17 所示。

• 将各类贮藏空间布置在套型中部，如图 5-27 所示。

2）设置敞开式起居厅，增加使用灵活性

传统的寒冷地区住宅套内空间组织模式一直趋向单一，"封闭感"需求强且居寝不分。随着家庭生活内容的丰富和使用的需要，起居厅不仅应与其他生活空间分隔，而且向开放、宽敞方向发展。如图 5-16、图 5-25 所示，采用大开间，套内起居厅、餐厅、前室为开放空间，根据使用要求可分可合。随着结构形式的发展，也可采用异形柱框架、短肢剪力墙等多种新型结构形式来获得大空间。

3）严寒地区住宅套内空间配置和空间环境要求

在严寒地区，由于冬季气候极为寒冷，冰天雪地，漫长冬季达半年之久，因而该气候区的住宅套内空间配置和空间环境要求还应考虑：

• 每户均需要设置一间朝向最好，面积较大的空间作为起居室，同时卧室也需要有较大的面积和好朝向，以满足户外活动少而户内活动增多的需要。尤其对有老年人和儿童的家庭更是需要。

• 由于室内外温差达 40° ~ 50° 左右，人们进出户必须更换衣帽，因此每户必须设有面积大于 $1.5m^2$ 的前室。

• 由于冬季室外行动不便，因此该地域居民购物的特点是一次性购物量较大，季节性购物量大，这就需要有相应的存放空间，如设专用的食品贮存间。冬季御

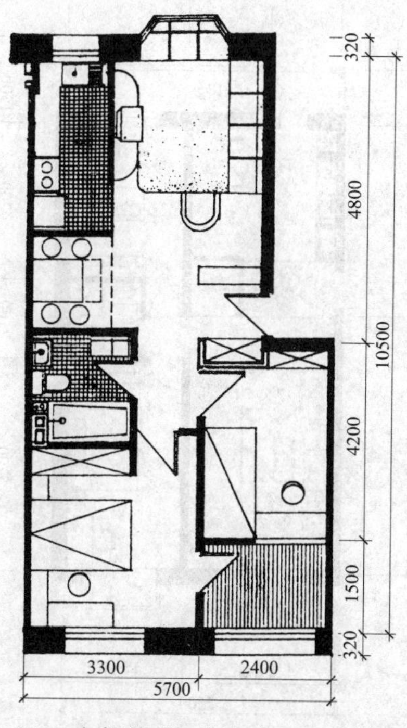

图 5-26　衣帽前室、餐室布置在中部，南向有采光室，节能体型系数 0.271

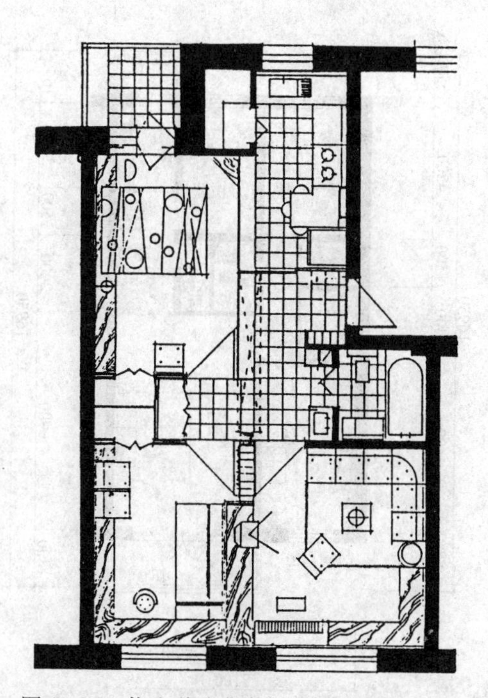

图 5-27　将多种贮藏空间布置在中部

寒衣物较多，每户应设专用衣物间或壁柜。设置多项分类、分部位贮存对于避免套内空间杂乱拥挤是十分必要的，如图 5-28 所示。

• 寒地住宅套内应考虑设置烘干机或晒衣物设施所需要的位置，以解决晒衣难的问题。

• 由于寒冷地区多封窗关门长达半年之久，致使室内空气质量低下，污染严重，因此，套内应设置通风换气设施。厨房应设排油烟机和防串味的共用竖向排烟道；卫生间应设有防回流构造的竖向通风道，并安装排风机；起居室（厅）和卧室宜设供全面排气的防回流构造的自然排气竖井或者在节能窗上开设通气孔，如可以在窗框上设置通过湿度敏感器起调控开启作用的通风孔。

4）套内空间节能设计

人们对套内各空间的热舒适度要求是有区别的，设计中应对热环境进行合理分区。将厨房、走道、前厅、贮藏等空间布置在冬季室温较低的区域内，而把卧室、起居室、卫生间要求较高的空间布置在冬季室温较高的区域内，便于分级调节能源分配。

对于严寒地区城市住宅可以增设“温度阻尼区”，所谓温度阻尼区就是在室内与室外之间设有一中间层次，这一中间层次像热闸一样阻止室外冷风的直接渗透，减少外墙、外窗的热损失。例如，将北向的外墙、外窗全部用封闭阳台封闭，收到良好的节能效果，如图 5-29 所示。

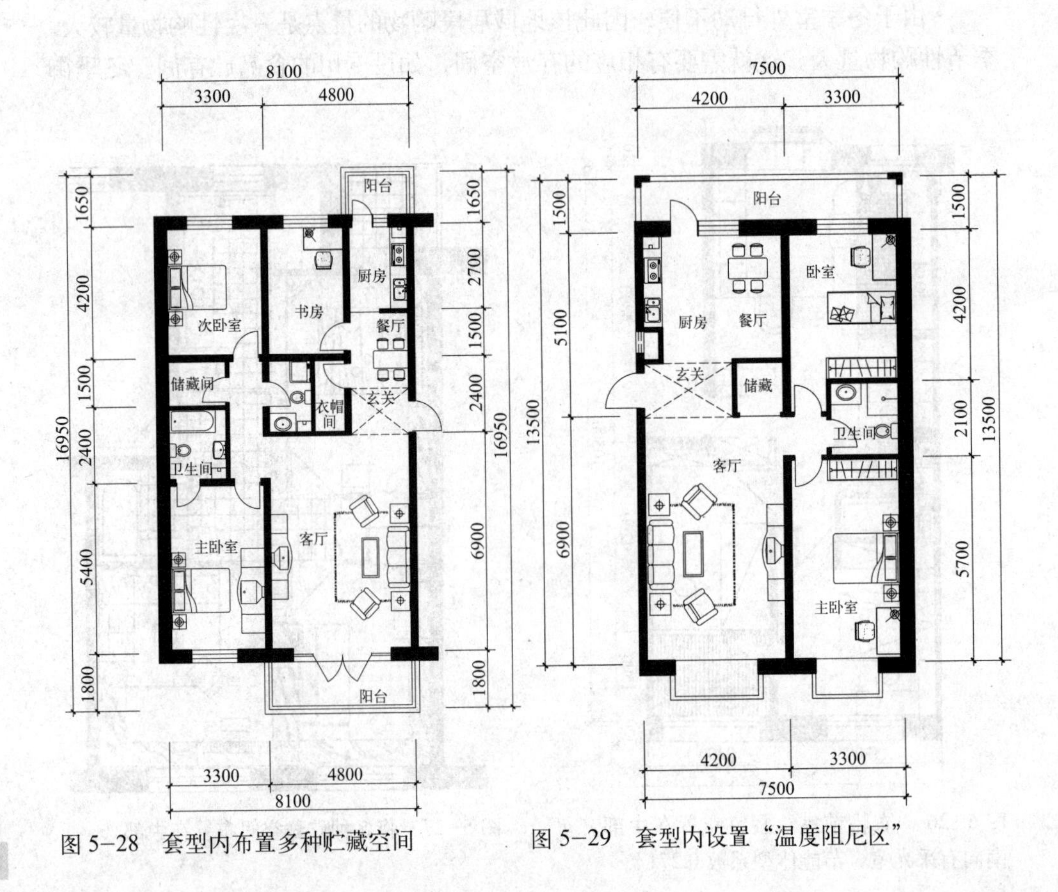

图 5-28　套型内布置多种贮藏空间　　图 5-29　套型内设置“温度阻尼区”

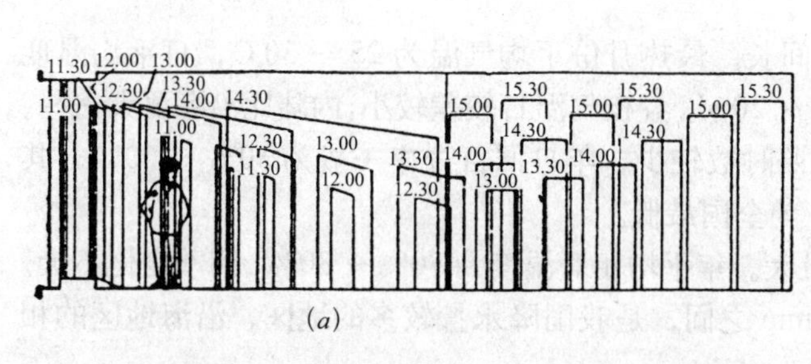

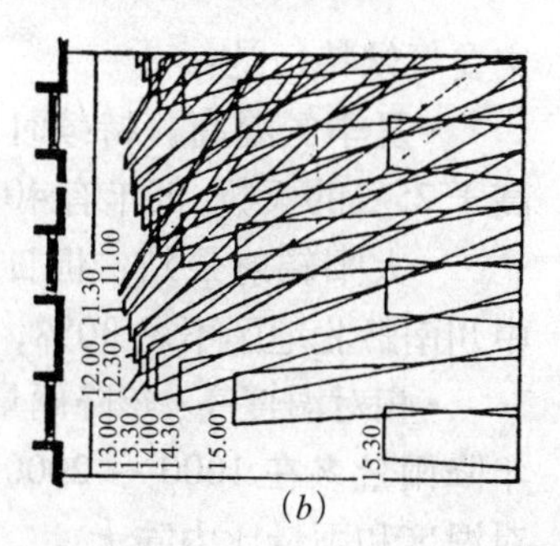

图 5-30　日影墙、地面展示图
(*a*) 日影墙面展开图；(*b*) 日影地面展示平面图

适当减少南向阳台的设置，因为每层南向阳台均产生对下一户的冬季日辐射的遮挡。

由于不同地区，不同方位的外墙，冬季受到的日辐射、冷风侵袭差别大，尤其是南向墙面和北向墙面，南向窗和北向窗差别悬殊，一般宜将南向和北向区别对待，例如把北向墙的保温层加厚，将北向窗做成 3 层玻璃等加强措施，以利节能保温。

在住宅的起居室、卧室及日光浴室设计中，应做出室内日照区块图，该图包括墙面展示图和地面展示图，依据合理的日照要求和争取太阳直接辐射得热，确定层高、窗口位置、窗户高度和几个窗户的不同组合。图 5-30 为冬至日阳光每隔半小时投射到室内墙、地面上的日影变化。

在阳台设计中将南向阳台设计为保温阳台，同时将阳台与室内空间的隔断取消，可以争取太阳直接辐射得热。

由于严寒和寒冷地区城市住宅受地域气候环境的影响很大，能耗高、污染严重。因而，利用按气候设计原则，因地制宜地抓住寒地住宅设计的特殊性问题，开展有针对性的综合设计和综合技术应用研究是十分必要的，如冬季防寒保温、争取日照、平面布局集中紧凑、采用新型围护节能体系、综合节能技术、居住空间模式多样化、设置多项贮藏空间、注重套内空间美化、扩大居住功能、消除空气污染等问题都具有典型性，这些方面对于提高居住水平又很关键，务必认真、精细和求实。

5.2　炎热地区的住宅设计

5.2.1　炎热地区住宅的室内外环境特点

对我国建筑热工分区中的夏热冬冷地区和夏热冬暖地区，在设计上均要求必须满足夏季防热要求，这些地区包括上海、重庆、浙江、江西、湖北、湖南、广东、广西、海南、福建、台湾，以及江苏、安徽、河南、贵州、四川、陕西、甘肃、云南等省的一部分或大部分地区。

1）炎热地区的气候特征

在地理学中，上述地区大多数属于亚热带气候区，部分属于热带气候区，其主要气候特征是：

• 夏季气温高、持续时间长。最热月份平均气温为 25 ~ 30℃，日平均温度高于 25℃的天数，每年有 40 ~ 200d。昼夜气温日较差较小，内陆比沿海要大一些。

• 太阳辐射强烈，但日照时数较少。年日照百分率一般为 30% ~ 50%，其中川南黔北地区不足 30%，为全国最低。

• 相对湿度高、年降雨量大。年平均相对湿度为 70% ~ 80%，四季变化不大。年降雨量多在 1000 ~ 2000mm 之间，是我国降水量较多的地区，沿海地区的相对湿度和雨量比内陆大。

• 季候风较多。夏季主导风多为南或东南向，风速不很大，年平均在 1 ~ 4m/s 之间，一般白天风速又较晚上大。另外，沿海和长江中下游地区的气候，在夏秋常会受到热带风暴和台风的影响。

我国大部分炎热地区属湿热性气候，主要呈现"潮湿闷热"的特点，即在气温较高时，往往风速较小，且相对湿度较大，使住宅在夏天酷热季节时的居住条件受到较大的影响，建筑的隔热和通风显得十分重要。

少数地区如四川渡口等地，相对湿度较小，属于热性气候。对建筑隔热的要求也较高，而通风要求可稍低。

2）影响炎热地区住宅室内环境的主要因素（图 5–31）

人体感到舒适的温度范围在 22 ~ 28℃之间，人体最舒适的温度范围是 24 ~ 26℃之间。现代科学已经证明，影响室内人体热舒适的 4 个客观因素分别是：室内空气温度、空气湿度、室内风速和室内的平均辐射温度。其中，气温对人体的热舒适感起主要作用，当气温在 33℃以上时，出汗几乎成为唯一的散热方式。空气湿度对人体的热舒适感也有重要的影响，特别是高温、高湿对人体的热平衡有不利影响，因为高湿度会妨碍出汗的蒸发，影响人体的散热。在夏季，空气的

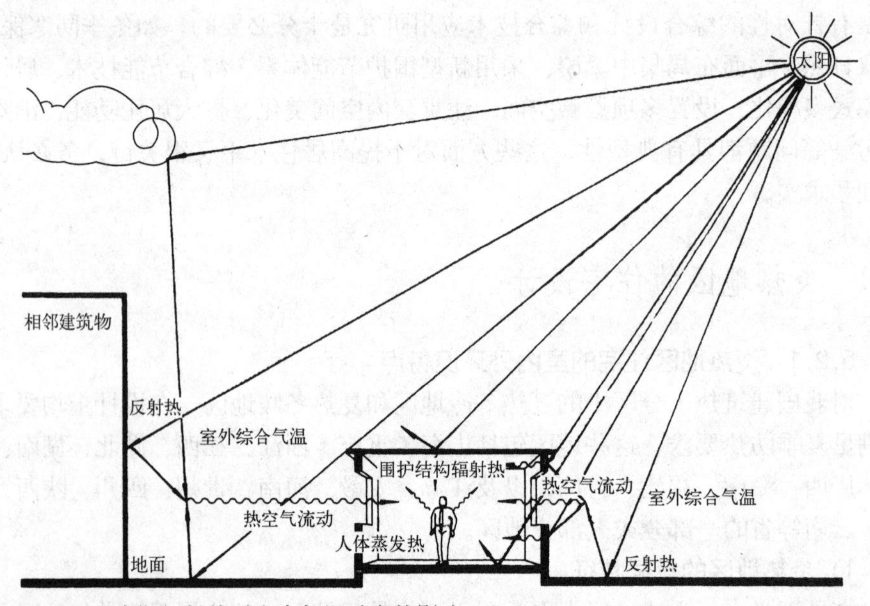

图 5–31　太阳辐射热对室内气温升高的影响

加速流动可明显改善人体的热舒适感，但当室内气温高于人体皮肤的温度时，增加风速对改善人体热舒适感的作用就不大了。室内墙面的温度高于人体温度5℃以上时，人就会明显感受到热辐射的作用。

影响炎热地区住宅室内热环境的外部因素主要有以下几个方面：

（1）太阳辐射强度

炎热地区的夏季太阳辐射强度较大，会造成以下一些影响：

• 使室外气温升高。室外较高的气温向室内流动，使室内气温升高；

• 太阳光及环境反射光通过门窗直接照射室内空气，使室内气温升高；

• 在夏季，太阳光及环境反射光照射建筑的外围护构件（墙、屋顶等），使其温度升高并贮存热量，达到一个较室内气温高的温度，这些围护构件形成一个持续时间较长的热源，并不断向室内辐射热量，即使在没有太阳光的晚间，这些构件仍会向室内辐射热量，造成室内气温持续上升和维持较高的温度。

通过加强围护结构的隔热能力、遮阳等措施，来减小夏季太阳辐射对室内气温的不利影响，是改善炎热地区住宅夏季居住条件的最主要的途径，也是住宅建筑节能非常重要的一个研究课题。

（2）相对湿度

大部分炎热地区相对湿度都比较大，人体的汗水不易蒸发，使人感到闷热难受。另一方面，在我国南方湿热地区，在梅雨季节还往往会发生泛潮的现象。这是因为在一定时间内，外部空气的温度比热惰性很大的室内表面（尤其是住宅底层的地面）的温度高，而空气的湿度又很高，便会在室内表面产生表面冷凝，形成大量的凝结水，造成室内潮湿，会造成室内的衣物、精密设备等物件发霉。住宅的底层因温差大和通风相对较差等原因，这种情况往往会更严重。

（3）夏季季候风

炎热地区季候风的特点，因地区区位的不同，存在着一定的差别。就夏季主导风来说，大多数地区为南向、东南向或西南向，少数地区（如武汉、重庆），夏季主导风为北向。

夏季季候风的风向和风速在不同的季节以及在昼夜之间的不同时间，也会发生不同的变化。建筑与主导风向成角布置，对通风较为有利。但有时因周围环境的影响而产生的微气候风，如水陆风、山谷风、河谷风等，其风向并不一定是与主导风一致，因此在布置建筑时，应因时、因地制宜。

炎热地区夏季长时间潮湿闷热的气候特点，使得组织好住宅的通风成为改善居住条件的重要手段，良好的通风有利于建筑围护结构及室内热源（如炉灶、电器等）的散热，从而降低室内空气的温度，有利于带走人体表面过多的热量，加快汗液的蒸发，增加人体的舒适度。同时，良好的通风还可缓解室内潮湿的不利影响，提高室内空气的清洁度，保持空气新鲜，有利于住宅室内住户的身体健康。

关于防止台风危害的问题，主要涉及建筑结构、建筑体型和建筑构造等方面的处理，与组织住宅的内部通风并没有直接的关系。

5.2.2 炎热地区住宅的平面设计与建筑处理

在现代社会生活背景下，在非常炎热的季节，使用家用空调降温来改善住宅室内的居住条件，已相当普遍。空调可以在较短的时间内，有效地降低室内温度和减小相对湿度。但家用空调的普及并不意味着不需要在建筑上进行合理的处理，其中最主要的一个方面是，如果在设计上不考虑节能而只靠空调来解决降温、降湿的问题，将会使住宅建筑的能耗大大增加，目前我国建筑能耗是非常高的。另外，长时间使用空调还会带来一些不利的影响，如造成室内环境封闭，从而使空气的新鲜度和清洁度受到影响；室内外温差和湿度差明显，容易使人患感冒等“空调病”，不利于人的身体健康等。因此，应使住宅本身具有良好的居住条件，住户只是在特殊的外部环境条件下才使用空调，这样，既有利于节能，也有利于住户的身体健康。

通过合理的住宅平面设计和有效的建筑处理来降低住宅夏季室内过热的气温，是改善炎热地区住宅居住条件的一个重要方面。通常涉及建筑朝向选择，组织良好的通风、遮阳、隔热及改善住宅外部环境条件等方面的问题。

1）建筑朝向的选择

炎热地区住宅朝向的选择，影响到夏季强烈的太阳光对住宅及周围环境的辐射角度、照射时间和“热化”程度；同时也影响到住宅对夏季季候风的利用程度。使住宅位于合理的朝向，有利于减小太阳辐射对住宅的不利影响，同时有利于组织住宅的通风。在这里可以把这种关系归结为外环境的“热化”作用和通风的“冷却”作用。因此，在进行朝向选择时，应考虑使建筑的方位既能较小地受“热化”作用的影响，又能较多利用“冷却”的作用。

东、西朝向对住宅来说是不利的。这是由于太阳光对东、西向墙面及门、窗长时间的直接辐射（主要是低角度的“平射”和较低角度的“斜射”）会造成东、西墙面温度较高，也使夏季太阳光通过门、窗入射室内的深度较大，且持续时间较长，使室内气温升高。东向相对较好，因为室内外气温经夜间的“冷却”温度不高，上午的日照一般不致使室内气温过高。西向是最不利的朝向，由于大阳光白天的辐射使下午空气的温度高于上午，下午太阳光的西晒容易使住宅室内温度过高。

北向受太阳辐射的影响较小，但在夏季早晚都要受到太阳的低角度辐射，早晨东北向的日照对室温的影响甚微，而下午西北向的日晒使室温升高，夜间降温度速度减慢，不利于睡眠和休息。但个别地区如重庆，因主导风为北向，有利于降温，北向仍不失为较好的选择。

南向夏季太阳高度角较高，日光入射室内的深度较小，墙面吸收及门窗透过的热量均比东、西墙面要少，且较东、西向更容易通过遮阳设置阻挡阳光的直接辐射。由于多数地区夏季主导风为东南向，南向也为利用通风的“冷却”作用降低室内气温提供了良好的外部条件。

根据以上分析，炎热地区住宅朝向选择以南偏东15°至南偏西15°范围为最好，偏角增大则条件变差，南偏东或南偏西的偏角不宜大于45°，偏东比偏西好。

北向次于南向，北偏东尚可，北偏西则西晒严重。就东、西朝向的建筑而言，东向优于西向，西向最差，应尽量避免。

2）套型内部通风的组织

主要是通过把夏季季候风及热压差形成的空气流动引进住宅室内，带走室内过多的热量和湿气，改善住户的居住条件。良好的自然通风是炎热地区住宅设计的重要条件，必须充分注意。现从建筑平面设计及建筑局部处理两个方面来加以论述。

（1）建筑平面的设计处理

要取得良好的自然通风效果，必须组织穿堂风，使风能顺畅地流经全室。这就要求住宅要有合适的进风口和出风口，进出风口之间的通风路线畅顺，并能流经人活动和休息的地方(图 5–32)。进风大小,除与室外环境的风速有关,还与进、出风口的大小有关。进、出风口大则进风大，不然则小。通常多利用窗户、门洞做进、出风口，但也要注意不能盲目地通过加大门窗的面积加强通风，这样对节能是不利的。

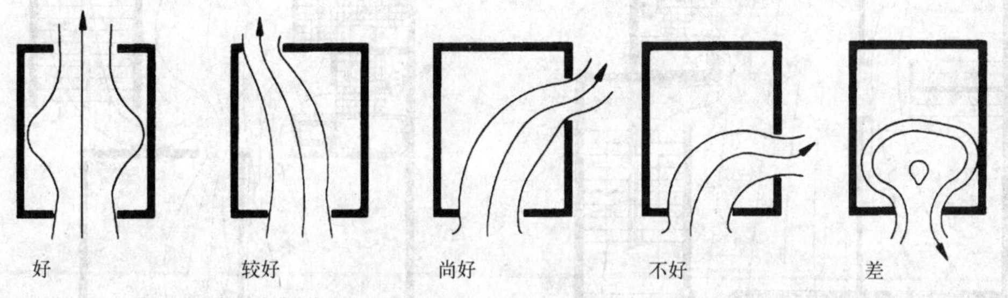

图 5–32　通风在建筑空间内的平面路线

一般来说，高层住宅的室外通风条件较好，风受到的阻挡较少，风速较大。如果达到同等的通风效果，高层住宅所需要的进（出）风口面积比低、多层住宅的要小。反过来说，对低、多层住宅来说，组织好自然通风就对建筑的平面设计要求更高。

另外，推拉窗对组织室内自然通风较为不利，没有导风的作用，而且减少了进（出）风口的面积。但出于视野、安全和建筑外观等原因，使用也较为普遍，通常在高层应用较多。

通风在剖面上的路线不同，产生的通风效果也是不一样的。一般应考虑通风路线可影响到房间的底部（图 5–33）。

从平面设计的角度来说，为使住宅获得较好的通风，一般可采用以下方法：

①设计较为开敞通透的平面

将住宅内较通透的空间（客厅、餐厅）顺着通风的方向形成贯通，并在此方向上尽量不设置较大的横向墙体阻碍通风，使户内主要通风路线较为顺畅（图 5–34)。

采用“敞厅”的处理,使之与套型内其他房间直接相通,通风路线通畅,阻力小、流速快，通风流量大，而且流场分布均匀（图 5–35)。较大的敞口也便于夜间室

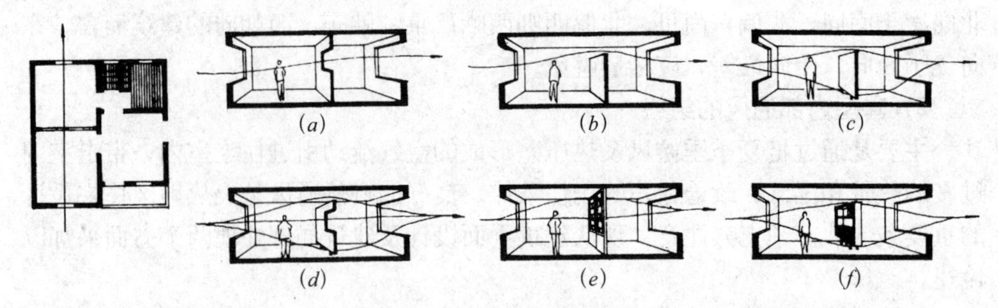

图 5-33　隔墙通风处理

(a) 隔墙上开窗；(b) 采用矮隔断；(c) 隔断上下留空；(d) 隔断上下留空，中间开窗；(e) 活动屏门；(f) 家具隔断

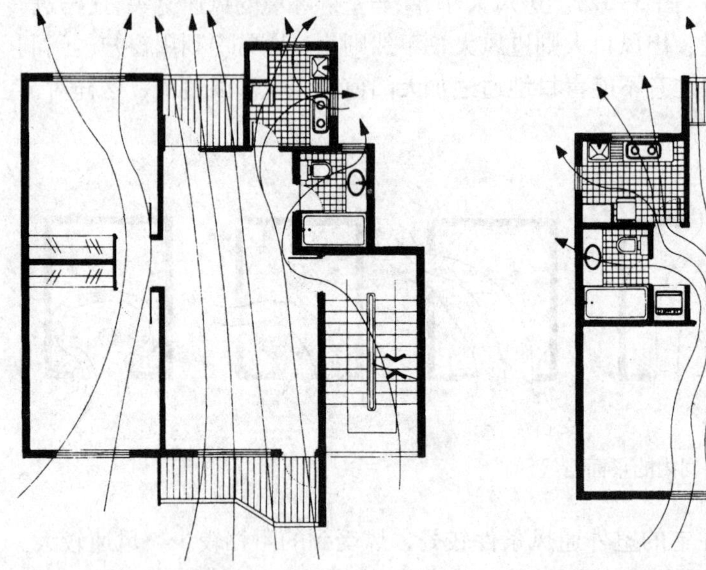

图 5-34　形成贯通的住宅平面通风路线

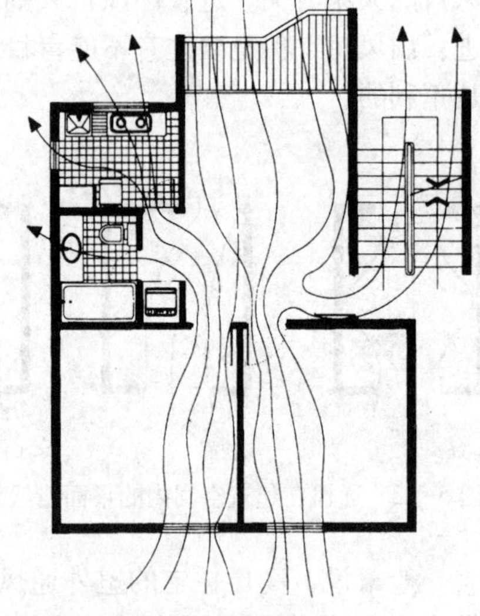

图 5-35　敞厅的通风路线

内热量向室外散发，有利于降温。敞厅与阳台结合，使室内外空间融为一体，部分起居活动也可外移。图 5-36 为伊朗石油公司工人住宅，将敞厅高度设为两层，造成类似室外的空间效果，更有利于通风降温。

②门、窗对位，避免气流的转折和“缩颈”

居室前后组合时，如在横墙上开门则会形成气流转折和“缩颈”的现象（图 5-37），对通风较为不利。图 5-38 中采用门、窗对位的方式，使气流通畅，流场也较为均匀。

③利用天井改善住宅室内的通风条件

天井由于受到建筑较多的遮挡，白天受阳光照射时间较短，天井中的气温一般比室内及建筑周围环境的气温低。在无风或风压甚小的情况下，天井与室内及室外环境的热压差，使天井中的冷空气向室内流动，有利于改善室内的小气候。当外部环境的风压较大时，天井因处于负压区，可起到抽风的作用。另外，天井还有利于加大住宅的进深，节约用地。但当多户共用天井时，易造成声音和视线

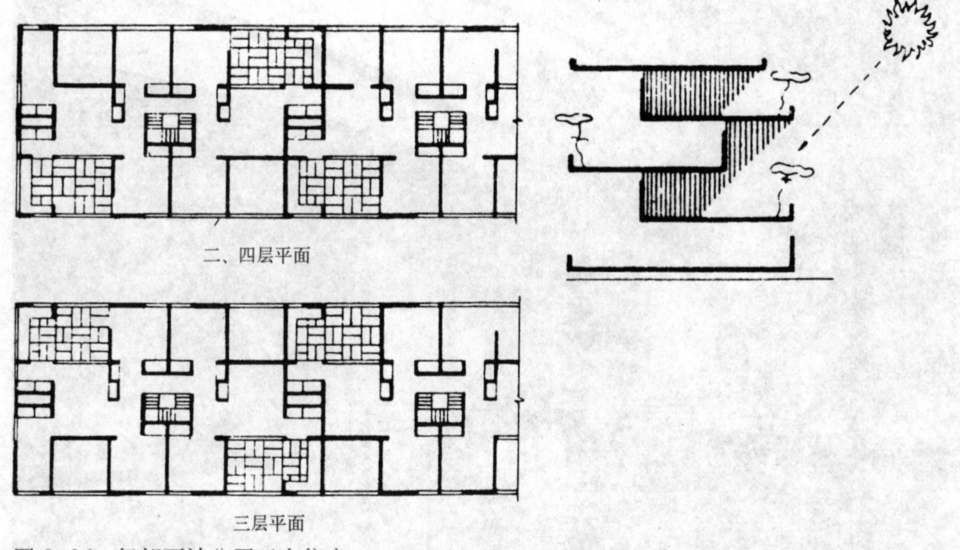

图5-36　伊朗石油公司工人住宅

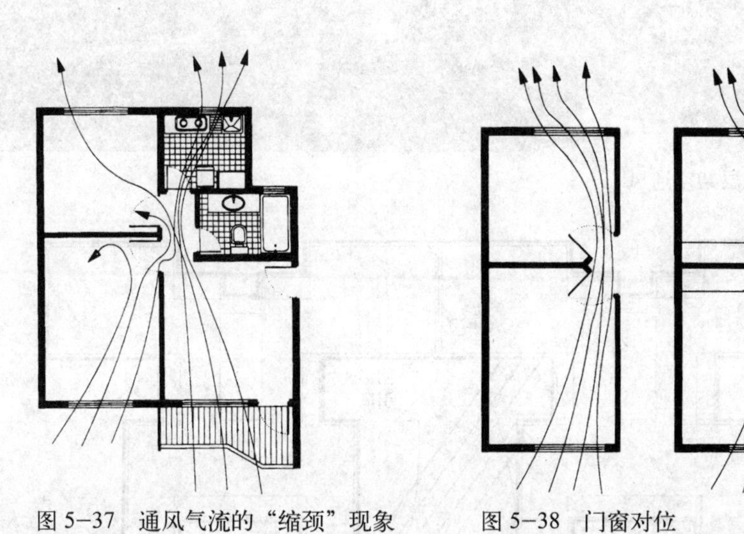

图5-37　通风气流的"缩颈"现象　　　图5-38　门窗对位

的干扰。如是封闭式小天井，当建筑层数较高（4层以上）时，底层采光条件较差，且不利于防火，加之天井底部较阴暗潮湿，不利于保持卫生，近年来较少采用。如果将天井的底部处理成架空的空间（图5-39），会使天井的通风效果更好，但会增加一些公用的面积，可以布置为门厅、休息厅、休闲空间等。

④利用大进深式住宅的特点

形成室内局部空气环流，大进深（一般指进深大于两排房间的深度）式住宅，由于其建筑深度较大，位置上处于建筑中部的房间受环境热辐射的影响较小，因而室内空气温度相对较低，使之获得较阴凉的效果（图5-40）。

广州传统的"竹筒屋"，就是采用很大的进深，并结合天井和坡屋顶来组织通风，利用天井可在无风或微风时在住宅内部形成局部的空气环流，流速、流量虽不大，但通风阴凉宜人。利用坡屋顶的兜风、导风作用，则可改善住宅后部的

图 5-39　住宅底层架空通风

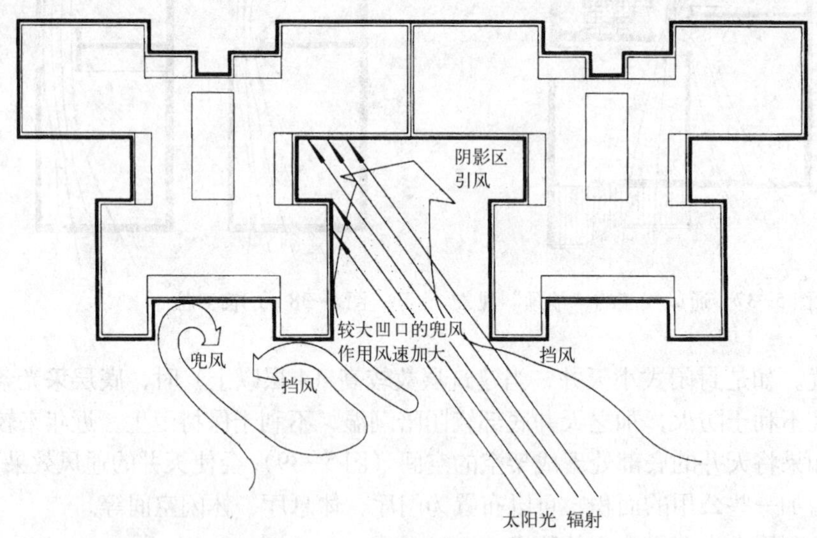

图 5-40　蝶式住宅（一梯四户）拼接体的外部通风环境

通风条件，其实际效果也较为理想（图 5-41）。

⑤居室通风与厨卫通风分流

厨房为室内热源，在平面组合时应尽量避免其对居室的影响。外凸式厨房一方面离居室较远，且可利用临空面的开窗，较好地解决通风和散热问题。由于厨房内的烟、热、味、灰及卫生间的异味会对居室产生不利的影响，在组织套型内部通风时，

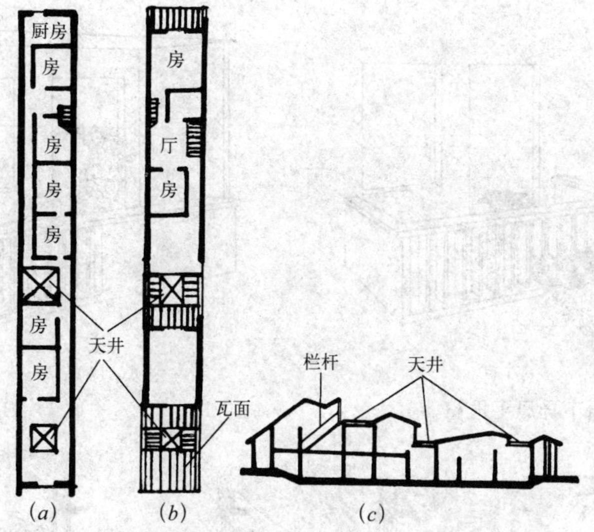

图 5-41　进深达 30 多米的“竹筒屋”实例
(*a*) 一层；(*b*) 二层；(*c*) 剖面

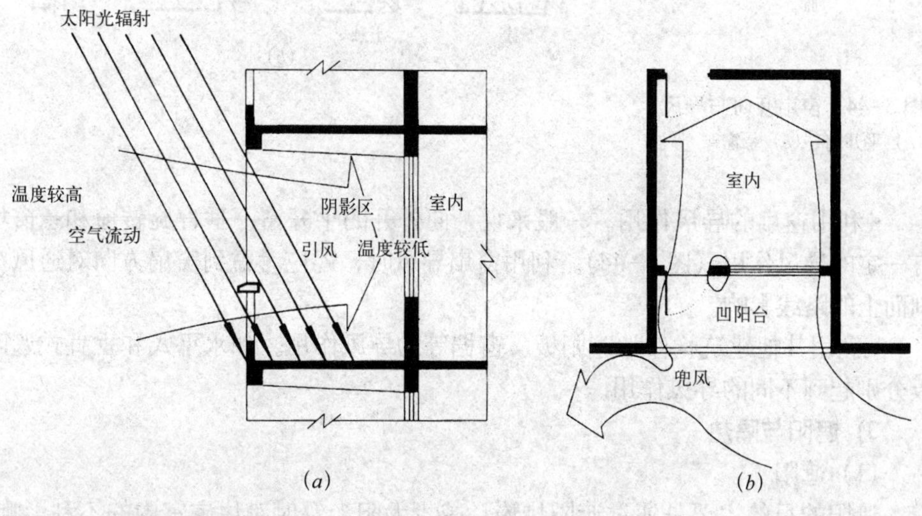

图 5-42　凹阳台通风的特点
(*a*) 热压通风；(*b*) 风压通风

不宜将厨卫放在上风向，但风有时会发生转向或逆转的情况，因此最好能做到居室通风与厨卫通风分流，以保证居室通风的良好条件（见第 1 章图 1-37)。

(2) 建筑的局部处理

利用建筑的局部处理来改善住宅的通风条件，通常反映在以下几个方面：

• 凹阳台有利于引风入室，除了有兜风的作用外，由于凹阳台附近的建筑外墙大多被阴影遮蔽，温度相对较低，与室外较热的空气形成热压差，可将一定量的通风导入室内（图 5-42)。

• 减少阳台挡板的阻风作用，使其较为通透。如处理成平行于主要风向的导风板，可将偏离主要风向的环境风导入室内（图 5-43)。

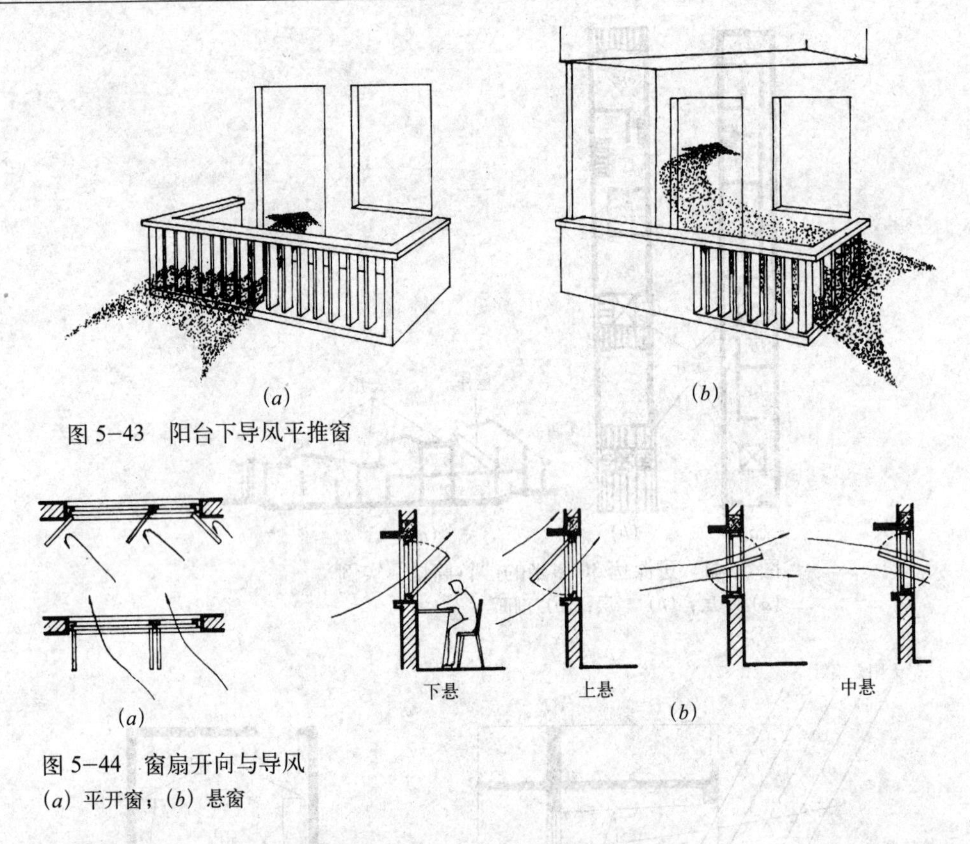

图 5-43 阳台下导风平推窗

图 5-44 窗扇开向与导风
(a) 平开窗；(b) 悬窗

• 利用窗扇的导风作用。一般来说，向外开的平开窗、垂直旋转窗和悬窗均有一定的导风作用（图 5-44）。利用窗扇导风时，还应考虑到窗扇方向对通风在剖面上的路线影响。

• 利用其他建筑构件如遮阳板、窗楣等的导风作用。如水平式和垂直式遮阳板分别起到不同的导风作用。

3）遮阳与隔热

(1) 遮阳

遮阳的目的主要是通过遮阳措施，减少太阳光辐射对住宅室内的不利影响。据测定，在我国南方地区的夏季，通过建筑南向和西向外墙上的门窗（在开着的情况下）传入室内的太阳辐射的热量，分别比通过同面积的墙体传入的热量大 2 ~ 4 倍和 10 ~ 20 倍，其中又以太阳光直接照入室内的辐射热最大。通过门窗传入的太阳辐射热量的大小，与门窗的朝向、大小、位置以及有无遮阳设施等方面的因素有很大的关系。门窗位置较高或位于外墙的中部，和门窗位置较低或位于外墙的一侧，前者较大、后者较小。门窗有遮阳设施，其太阳辐射的透过系数约为无遮阳门窗的 10% ~ 35%，室内气温可降低 1 ~ 2℃左右。因此，对炎热地区住宅的南向和东西向门窗，尤其西向门窗，应进行适当的遮阳处理，这也是降低住宅能耗的一个重要的措施。

遮阳的方式可分为：水平式、垂直式、综合式和挡板式（图 5-45），其各自的特点如下：

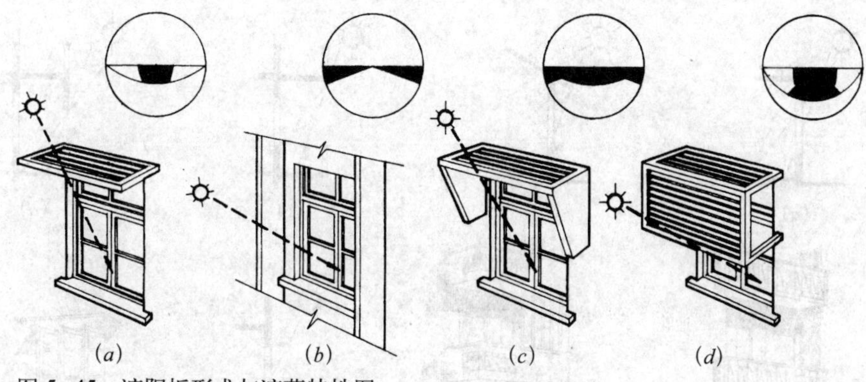

图 5−45　遮阳板形式与遮蔽特性图

(*a*) 水平式；(*b*) 垂直式；(*c*) 综合式；(*d*) 挡板式

①水平式

能遮挡高度角较大、从上方照射下来的阳光，适用于南向墙面和北回归线以南低纬度地区的北向墙面。从地区的角度，更适用于夏季太阳高度角相对较大的南方低纬度地区。

②垂直式

能遮挡高度角较小，从两侧斜射过来的阳光。适用于东北、西北向墙面和北回归线以南低纬度地区的北向墙面。

③综合式

为水平式和垂直式的综合，能遮挡以各种高度角、从上方和两侧照射的阳光。适应于较广泛的地区及一天中的各段时间，遮阳效果较为均匀；适用于南向、东南和西南向墙面以及北回归线以南低纬度地区的北向墙面。

④挡板式

能遮挡高度角较小、从正面照射来的阳光。一般只用于东、西向墙面。

遮阳既可通过设置专门的遮阳设施，也可通过结合建筑其他用途和因素的处理，以及建筑绿化来达到遮阳的目的。后者如利用各种阳台、走廊、墙体的凹凸、迭退和悬挑，以及檐口、窗楣、窗框、窗扇（在玻璃上涂反射阳光镀膜或使用热反射玻璃）等。其中以凹阳台，较大的墙体的凹凸和迭退、悬挑，深度较大的窗楣、窗框及使用反射玻璃的窗扇效果较佳（图 5−46）。

遮阳设施按照材料和构造的不同，可分为固定式遮阳板、活动式遮阳构件和家用遮阳设备。

固定式遮阳板的主要形式有栅板式（或称百叶板式）和实心板式，其中栅板式有利于散热，且向室内辐射的热量较少，但如栅距过大和倾斜角度不合理（宜与所遮挡的太阳光线垂直），则不能有效地遮挡阳光。固定式遮阳板在确定其伸出长度时，应与夏季最热时太阳光入射的角度结合起来。这种遮阳设施的缺点是：容易造成外墙面污染（下雨、杂物等原因），且不易清洁；如果位置和采用形状不当，会影响立面的美观。目前，有部分住宅采用金属遮阳板，效果较好。所以，在采用固定遮阳设施时，应考虑到与住宅的外观设计结合起来。

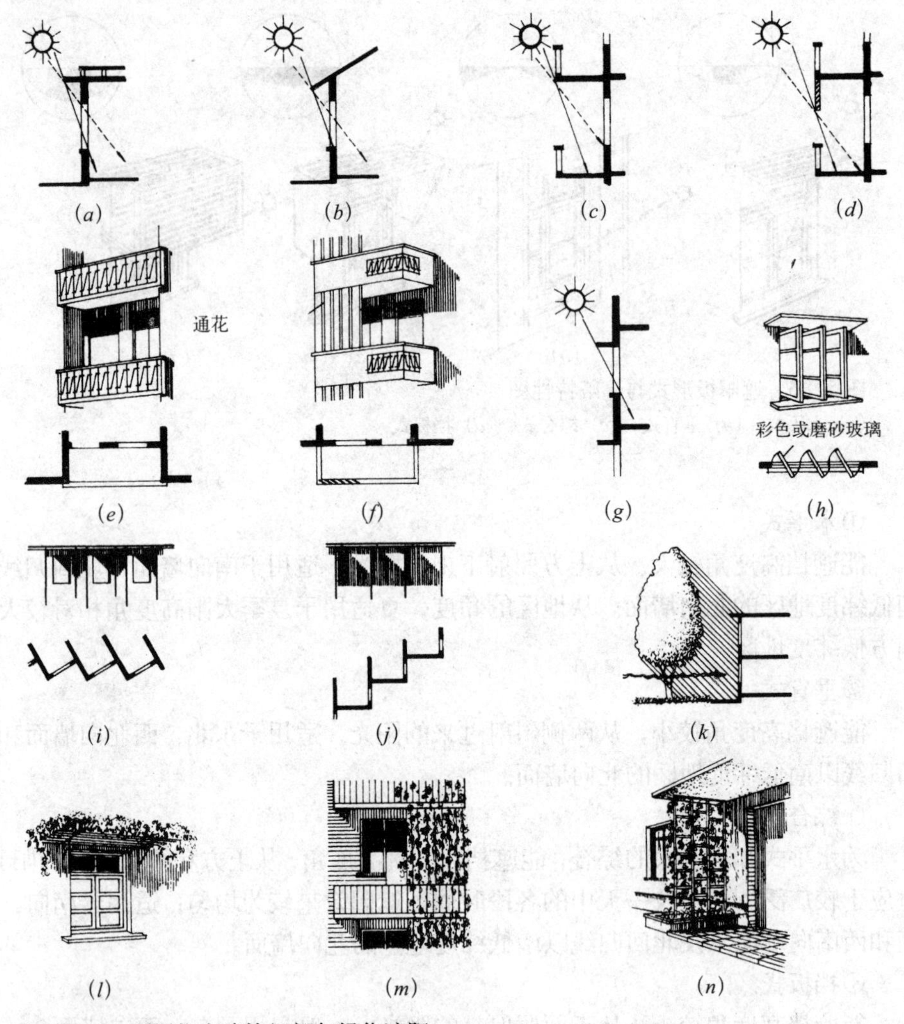

图 5–46　利用住宅建筑细部与绿化遮阳

活动式遮阳构件能随阳光调整遮阳方向，遮阳效果较好。但此种方式尚未普及（图 5–47）。

家用遮阳设备指在夏季主要作遮阳使用的窗帘、百叶窗、活动百叶窗帘等，一般设置在室内（如设在室外，其阻热作用约为设于室内的 1 倍，但使用不便，容易污染），可挡住阳光入室，但不能减缓外面的窗户及周围墙体的受热程度，使其阻热作用不如前两种遮阳设施。而且窗帘使室内封闭，影响通风；百叶窗则在某些角度时可保持一定的通风量。家用遮阳设备的优点是方便灵活、价格低廉，且可起到美化室内环境和在必要时阻挡视线的作用。

（2）隔热

外界温度影响室内的另一途径，就是通过外围护结构（外墙和屋顶）将热传入室内。尤其是屋顶，由于太阳照射时间长，并以直接角度辐射，使其温度一般高于墙体。据测定，在我国南方，下午 2 ～ 5 时，通过平屋顶向室内传入的热量比通过墙体传入的热量多 5 ～ 9 倍。因此，降低建筑外围护结构尤其是屋顶的温

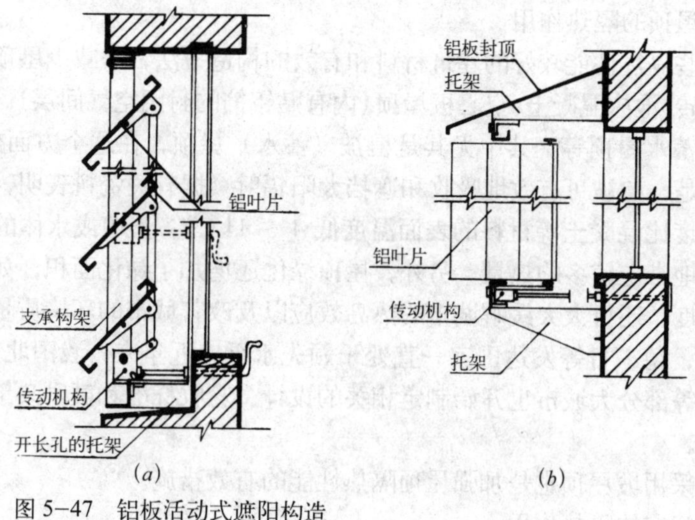

图 5-47　铝板活动式遮阳构造

(*a*) 水平式；(*b*) 垂直式

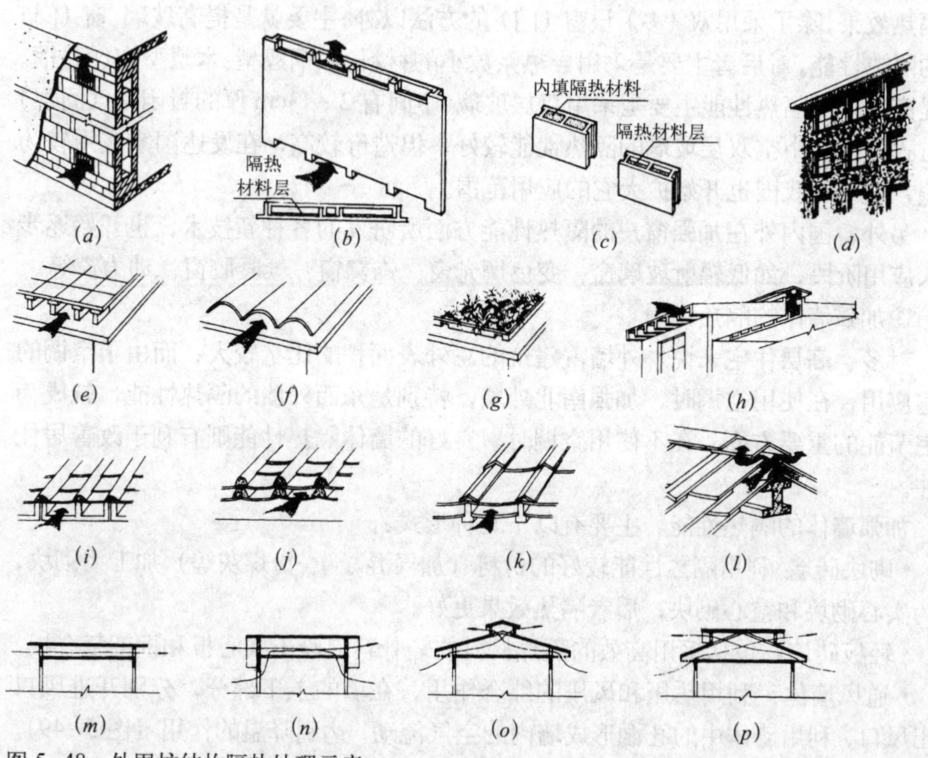

图 5-48　外围护结构隔热处理示意

(*a*) 通风空斗砖墙；(*b*) 大板通风墙；(*c*) 空心砌块；(*d*) 攀墙植物；(*e*) 架空砖隔热屋面；(*f*) 拱顶隔热屋面；(*g*) 铺土植草隔热屋面；(*h*) 大型通风屋面板；(*i*、*j*) 架空粘土瓦屋面；(*k*、*l*) 架空水泥瓦屋面；(*m*) 吊顶通风隔热层；(*n*) 吊顶上下通风隔热层；(*o*、*p*) 坡顶设气楼或老虎窗

度，是降低室内温度最主要的方面，同时也是降低住宅建筑能耗的最有效的手段，主要涉及以下几个方面（图 5-48）：

①加强屋顶的隔热作用

利用一些隔热性能较好的建筑材料和有效的构造方法，来减少屋顶的受热程度。如隔热砖、泡沫混凝土、空心板屋顶(内有贴铝箔的封闭空气间层)、通风屋顶、植被屋顶、蓄水屋顶等。其中尤其是植被（蓄水）屋顶，在这个方面效果很好，其主要原理是，植被可有效地吸收和遮挡太阳辐射（据有关资料表明，草地等植被的表面温度比混凝土等材料的表面温度低 4 ～ 11℃）；土壤或水体的水分的蒸发，可不断地带走较多的热量。另外，屋顶绿化还增加了绿化面积，如果达到一定的普及程度，还可大大缓解城市的热岛效应以及改善城市的环境质量。在屋顶绿化的方面，德、日等发达国家一直处于领先水平。近年来，我国北京、上海、深圳、杭州等部分大城市也开始制定相关的设计、验收标准和鼓励政策，大力推广屋顶绿化。

另外，采用坡屋顶也是加强屋顶隔热性能的有效措施。

②加强门窗的隔热作用

门窗（主要是窗）往往是围护结构中影响隔热效果的薄弱环节，而加强门窗的隔热效果，除了采用双（多）层窗（门）的方法以外，主要就是提高玻璃、窗（门）框的隔热性能。对后者主要是采用导热系数小的材料，如钢塑型、木塑型窗(门)框。而提高玻璃的隔热性能主要是采用双层玻璃(中间有 2 ～ 3cm 厚的封闭空气间层)的方式，这种中空双层玻璃的隔热性能较好，但造价较高，在发达国家应用较为普遍，近年来我国也开始扩大它的应用范围。

另外，国内外在加强窗户的隔热性能方面所研发的各种新技术，也开始逐步进入应用阶段，如低辐射玻璃窗、变色调光窗、蜂窝窗、气凝胶窗、动力窗等。

③加强墙体的隔热作用

对多、高层住宅来说，外墙占建筑的总外表面积的比重较大；而由于空调的普遍应用，在使用空调时，加强南北外墙，特别是东西外墙的隔热性能，就成为住宅节能的重要方面。在不使用空调时，良好的墙体隔热性能则有利于改善居住条件。

加强墙体的隔热性能，主要有以下几种形式：

• 砌块砖墙：利用隔热性能较好的材料（加气混凝土、粉煤灰等）加工为砌块，分为实心砌块和空心砌块，后者隔热效果更好。

• 轻板砖墙：包括采用高效的隔热材料的轻骨料混凝土实心板和框架复合板。

• 通风墙体：利用热压和风压的综合作用，在墙的上下部分，分别开进风口和出风口，利用墙体中的孔洞形成墙内的空气流动，达到降温的作用（图 5–49)。

• 墙体保温（隔热）层：在墙体的外部设置保温（隔热）层（如保温砂浆），加强墙体的隔热性能。

• 墙体垂直绿化在一定程度上可降低墙体的温度，墙体垂直绿化技术不是指简单地利用攀援植物进行墙体绿化，而是指结合建筑外观设计的立体绿化技术。

• 外墙的饰面材料采用浅色和采用可在一定程度上反射热量的材料，减少外墙吸收的热量。但采用这种方法也应考虑到对其他建筑以及外部热环境的消极影响。

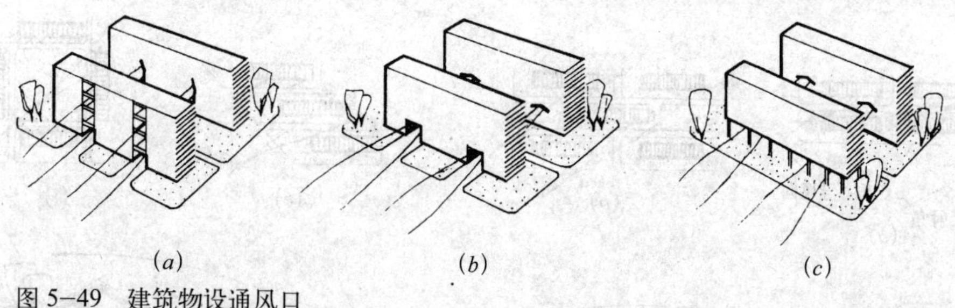

图 5-49　建筑物设通风口

④利用规划组合减少太阳辐射

通过规划组合来减少东西向墙面受太阳辐射的程度。如利用住宅组合的拼接，使建筑东、西墙面的数量减少；又如利用相邻建筑的阴影来遮挡对东、西墙的日晒。

4）改善住宅外部环境条件

主要是降低与住宅有直接关系的室外局部环境的综合温度，以使住宅的周围有一个宜人的“小气候”，减少室外环境对住宅室内的不利影响。一般有以下几种措施：

(1) 处理好建筑的外部通风环境

在通风方面，住宅的外部通风环境直接关系到住宅室内通风效果的好坏。在一个居住区中，应使建筑群中的每一栋住宅都有良好的外部通风环境。为达到这一目的，主要是减小建筑群中前面的建筑对后面建筑通风的阻挡。通常有以下一些做法：

• 前面的建筑采用点式住宅；
• 使前面建筑具有一定的“透风性”，如架空，开洞等；
• 减小前面建筑的高度；
• 使前后建筑错位布置；
• 使建筑群的朝向方位与主导风向形成一定的角度；
• 住宅设计采用大进深及可灵活拼接的住宅平面，同时在规划上进行合理组合，在满足功能、密度等要求的前提下，拉大建筑间距。

建筑物采取一字平直形，一般以长 30m 左右为宜。如体型较长，为改善后排住宅的通风，可在前排住宅适当位置利用楼梯间作为垂直通风口（图 5-49*a*）；或利用底层个别房间作过街楼，增加通风口（图 5-49*b*）；也可将底层全部架空作水平通风口（图 5-49*c*）；或采取既有垂直又有水平的通风口处理等。进行建筑群体组合时，若夏季主导风向与建筑物垂直则前排房屋通风良好，而后排房屋通风受阻，气流产生旋涡和紊流，下风区风力更为减弱（图 5-50），此时拉大房屋间距则用地增大。若风向与建筑物的纵轴能成 60°左右的入射角，较有利于前后各排住宅的自然通风并达到节约用地的要求（图 5-51*a*）。当面对夏季主导风时，建筑物采取前后错列（图 5-51*b*）、

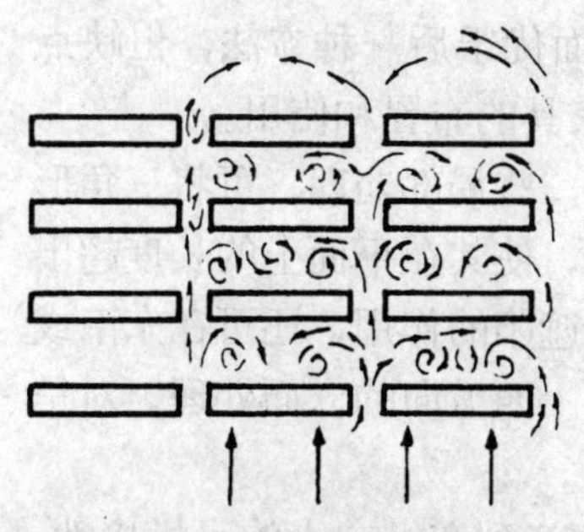

图 5-50　建筑物主轴与风向垂直

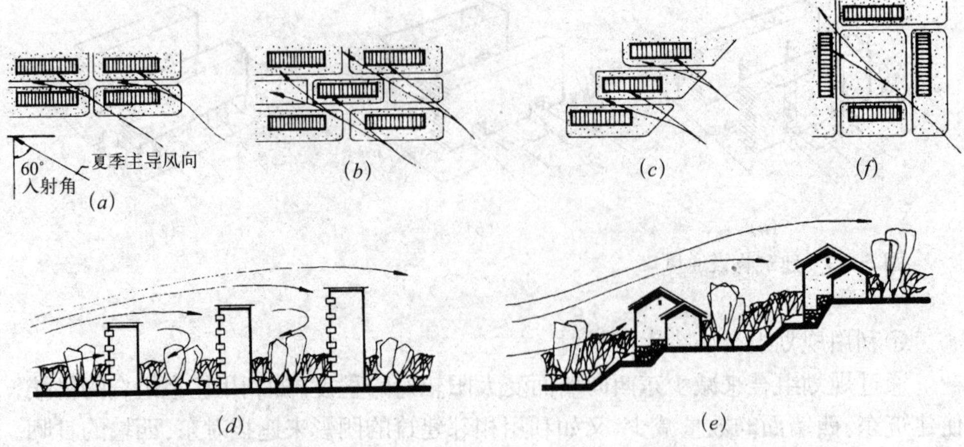

图 5-51　建筑群体布置与通风

倾斜（图 5-51c）、前低后高（图 5-51d），按坡度升高排列（图 5-51e）等群体组合手法，均能在不同程度上改善建筑群中每幢住宅的通风效果（图 5-51f）。

(2) 降低室外地面及环境的温度

在建筑的室外地面设置更多的绿化，减少不必要的硬质地面（道路、铺地等）以及采用可渗水的铺地材料。还可利用相邻建筑、树木、建筑小品等所形成的环境阴影，遮挡和吸收部分太阳辐射热量，使室外地面及环境的温度降低。

5.2.3　东、西向住宅设计

东、西向尤其是西向，在炎热地区是一个很不利的朝向。但因住宅建筑数量大，为节约城市用地和公共设施费用，考虑城市街景需要或用地形状限制等原因，住宅不可避免地要采取东、西向布置。在这种情况下，需在住宅平面设计上进行特别的处理。

东、西向住宅平面形式多采用“锯齿形”平面布局，通常平面的凹凸会形成对主要房间的一定遮挡（但这种遮挡的效果是有限的）。“锯齿形”可将原来面向东、西的朝向调整为（通常为 45°）偏南朝向，从而在较大程度上改善了东、西向住宅的朝向。

“锯齿”的形成一般有两种方式，一是将住宅朝东、西向的阳台或房间的局部进行 45° 旋转，形成“锯齿”（图 5-52）；二是将各个房间处理成呈 45° 错位，形成“锯齿”（图 5-53）。其中前一种方法在用地方面优于后一种方法，但缺点是一般会形成一些“异形房间”，在一定程度上影响家具的布置和使用。

为更好遮挡东、西向的日晒，应对“锯齿”进行一些局部处理。可将三角形阳台面向东北或西北一侧处理成挡板，还可将其延伸，使其在平面上的长度超出阳台，以获得更好的遮阳效果。这种挡板不仅可起到遮阳的作用，还可在东南或西南方向上起到兜风和引风的作用，同时也有利于东、西方向的立面处理。对呈 45° 墙体上的开窗，应采用带有遮阳设施的窗。

另外，在进行东、西向住宅的平面设计时，应注意到在纵向上的可拼接性，

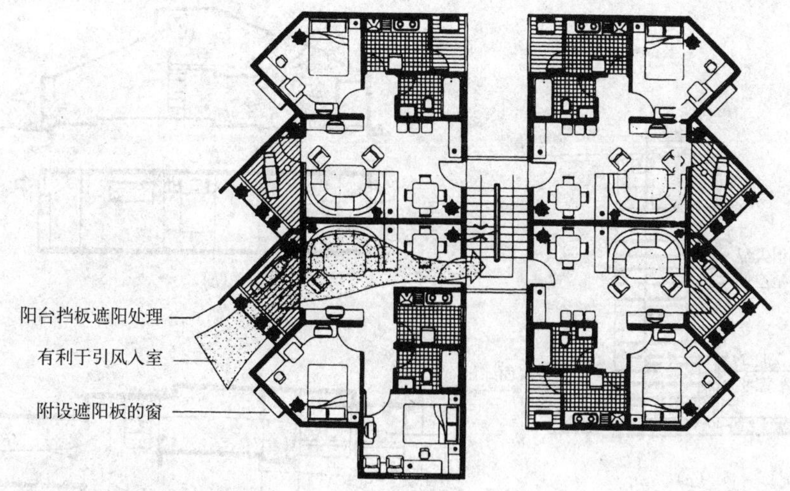

图 5–52　锯齿形住宅例一

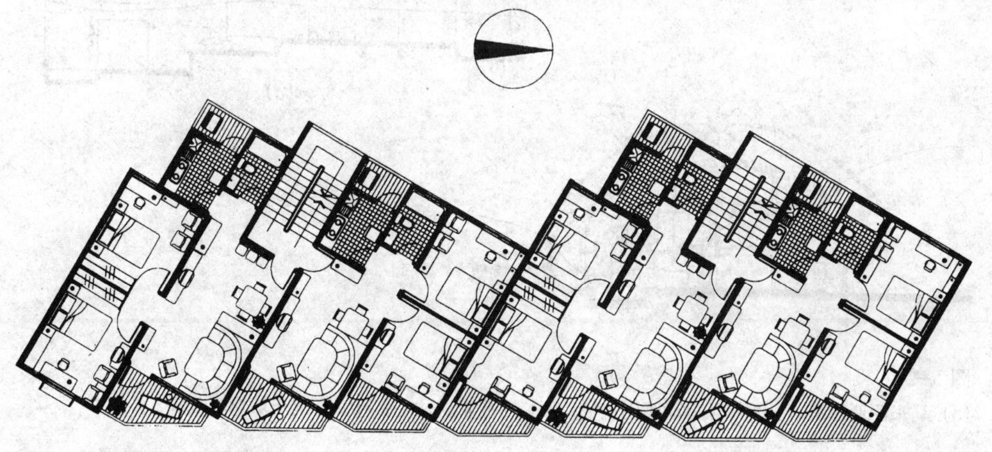

图 5–53　锯齿形住宅例二

因为，如果东西向住宅平面不具有这种性能，将失去其在节约用地等方面的利用价值。

以上是我国炎热地区住宅建筑设计有关防热降温处理的一些基本原则和措施。还应注意炎热地区住宅建筑的防热降温，不能仅从一个构件、一个局部进行，必须从整个规划、群体、建筑设计、材料、构造以及绿化、色彩等各个方面进行综合处理，才能取得较好的防热降温效果。

当今建筑学的发展是以人与自然的和谐统一为指导思想，确立人—建筑—环境互相统一协调的整体设计观念。要适应炎热的气候条件，创造人们所需要的适宜生态环境，应尽量减少能耗，充分利用大自然的物理性能，如空气对流、风压与风速、热压差、热传导、水分蒸发、热量反射等自然规律；运用建筑学的手段，从环境布局、空间建构、细部构造及自然能源利用等多方面入手；还要减少日常经营维护费用，以达到环境效益与经济效益的统一。如马来西亚在高层建筑设计上，将电梯、卫生间等服务性空间布置在建筑外层，以减少太阳对中

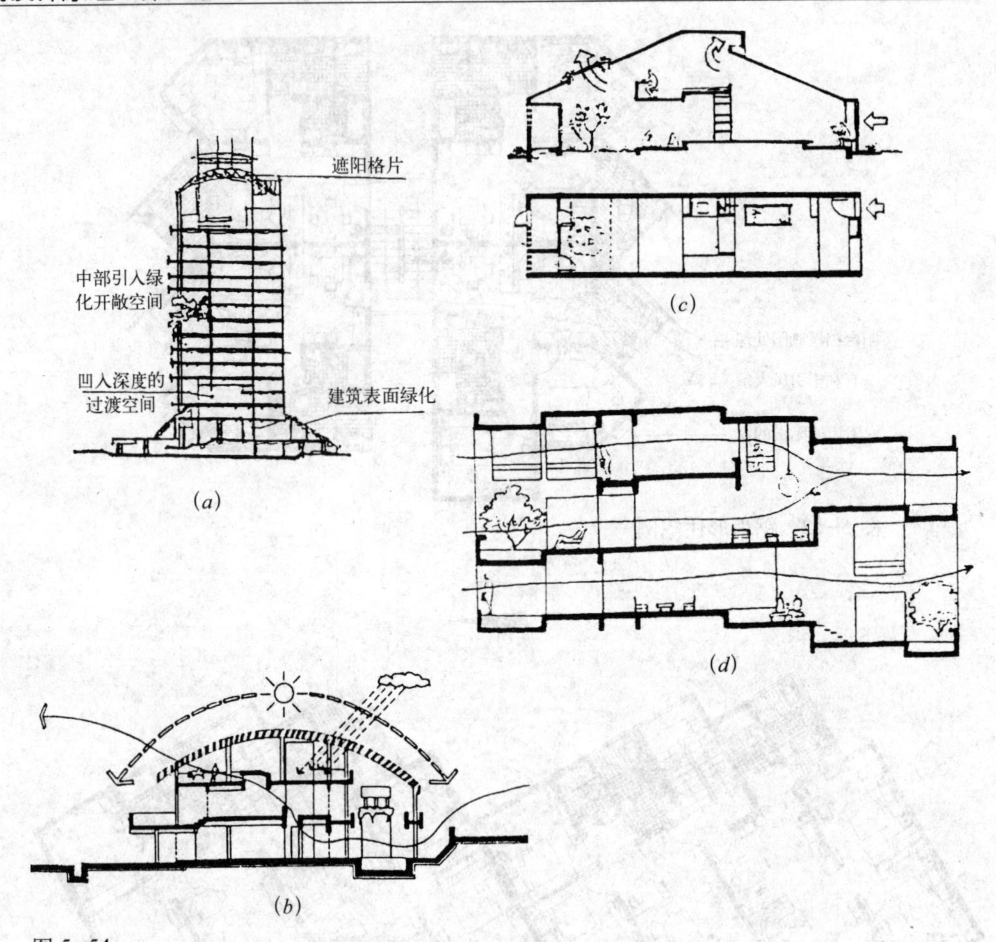

(*a*) (*b*) (*c*) (*d*)

图 5-54
(*a*) 马来西亚建筑；(*b*) 屋顶活动遮阳住宅；(*c*) 印度管式住宅；(*d*) 印度干城章嘉公寓

部空间的热辐射；设置不同凹入深度的过渡空间来塑造阴影空间；在中部引入开敞的绿化空间和在高层建筑表面绿化，以利遮挡热辐射和蒸发降温；采用有空气间层的隔热外墙和水雾喷淋蒸发制冷的外墙构造；利用上下贯通的中庭和“二层皮”间的烟囱效应创造自然通风系统；在屋顶设置可随季节和时间变化角度的遮阳格片，并设屋顶花园和游泳池，以改善隔热性能；外墙轻盈通透的遮阳构造不仅有隔热效果，而且形成有特色的建筑造型语言（图 5-54*a*）。图 5-54（*b*、*c*、*d*）中的屋顶活动遮阳住宅、管式通风住宅和两层高的敞阳台等也是运用气候建筑学的设计手段创造的适合当地气候条件的优秀建筑范例。我们也应该结合我国炎热地区的气候特点，吸取当地民居中的地域技术和优秀的传统技法，运用现代的科学技术创造具有我国特色的气候建筑。

5.3 坡地住宅设计

坡地住宅直观的含义是在坡地上建造的住宅，但其广义的含义应是一切结合地形、地物所建的住宅建筑。因而具有双重意义：我国可耕地匮乏，可不占或少占良田好土；适应地形，避免大量挖填方破坏地表，缓解日益恶化的生态环境。

5.3.1　设计原则

坡地住宅设计，首先着重建筑与地形、地物的结合，综合考虑朝向、通风、地质等条件，使建筑与环境和谐一致，人工环境与自然环境相互交融，居住环境融入自然生态中。

中国传统的“风水”理论注重房屋环境的和谐，从选址到建造的全过程均强调与每一个环境要素的紧密联系，并且以适应环境为先，尽量避免造成建筑对环境的侵害。这样的观念在今天看来，同样具有现实意义，尤其对坡地建筑设计更有其合理的成分，值得借鉴和发扬。

因此，设计坡地住宅时应做到：

• 充分掌握建筑环境的情况，全面了解地质状况（崖层走向、崖层厚度、有无滑坡、有无地下水及溶洞等）；

• 分析地貌特征，确定可资利用的地形、地物；

• 综合环境条件，确定合理的建筑形式。

5.3.2　建筑与等高线的关系

结合地形，关键是处理建筑与等高线的关系。就一栋建筑与地形的关系来说，主要有三种布置方式（图5–55）：

1）建筑与等高线平行

平行等高线布置房屋，优点是道路及阶梯易于处理，当坡度较缓时，土方及基础工程量较省。当坡度很小，如在10%以下时，建筑土方量很小，仅需提高勒脚高度（图5–56），对整个地形无需改造，对地表环境破坏不大，亦是比较经济的方法。当坡度较大，如在10%以上时，坡度愈大，勒脚愈高，提高勒脚的方法就不太经济。此时应对坡地进行挖填平整，分层筑台（图5–57）。采用筑台的方法，建筑应尽可能建在挖方部位，参见图5–53（*c*）所示，这样有利于减少基础埋深和地基处理，还可以把多余的土方就近填坑补洼，既解决弃土问题，又扩大室外用地，给环境绿化和保持地表原貌创造有利条件。

地形坡度大于25%时，平行等高线布置，将大大增加土石方量、基础及室外工程量。因而可纵向错层布置（图5–58），为解决因此产生的底层通风及排水

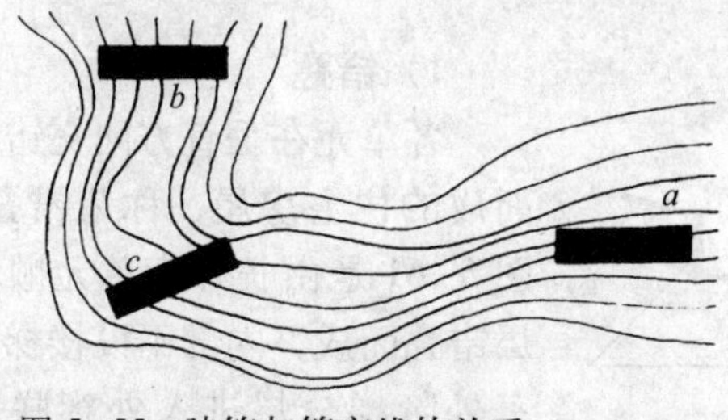

图5–55　建筑与等高线的关系
（*a*）平行；（*b*）垂直；（*c*）斜交

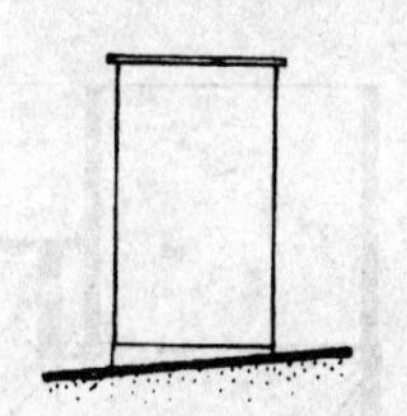

图5–56　提高勒脚，以适应缓坡地

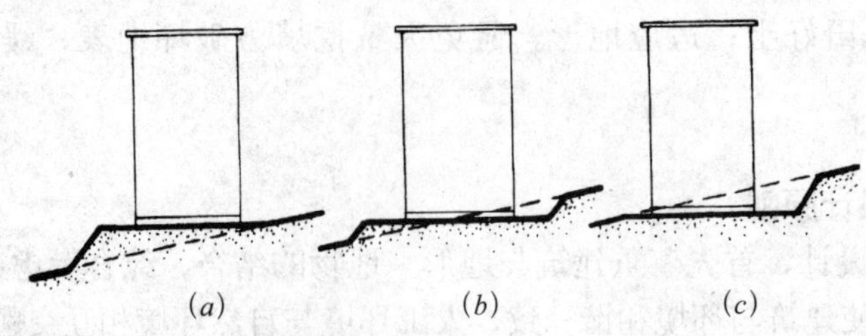

图 5-57　筑台的几种情况

(a) 全填；(b) 半挖半填；(c) 全挖

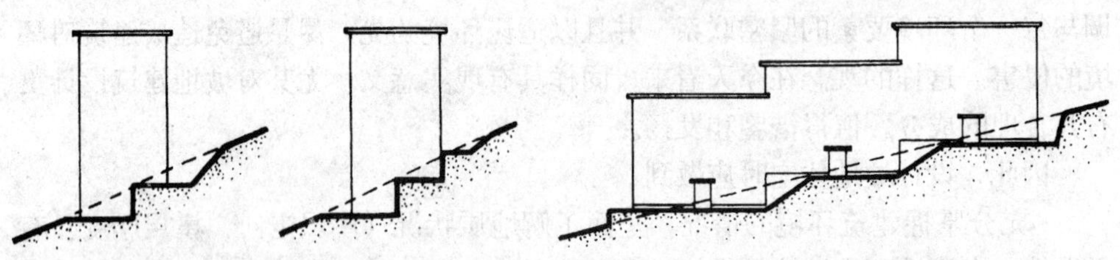

图 5-58　建筑平行等高线的纵向错层布置　　图 5-59　建筑垂直等高线的横向错层布置

问题，宜考虑采用垂直等高线或与等高线斜交的布置方式。

2）建筑与等高线垂直

垂直等高线布置的建筑，土方量较小，通风采光及排水处理较平行等高线布置容易解决，但与道路结合较困难，室外阶梯较多。垂直等高线布置的建筑，一般需采用错层处理，错层的多少可随地形而异（图 5-59），并考虑由此形成的室外景观。

3）建筑与等高线斜交

与垂直等高线布置的方式相近，且有利于根据朝向、通风的要求和地形、地貌的特征调整建筑的方位，营造特定的山地住宅聚落，适应的坡度范围很大，实践中采用最多。

5.3.3　坡地住宅单元的垂直组合

采用提高勒脚及筑台法修建的住宅，与平地住宅的区别主要体现在接地层的处理上，即与地形的结合方式不同，因而也决定了群体布置和群体效果的差异。前者由于随地形错落常常在建筑内部形成无用空间，堡坎增多，防水处理较麻烦（图 5-60），因此在满足结合地形的前提下，处理应尽量简单。具体的组合方式可进一步分为以下几种：

1）错叠

各单元在垂直方向交错叠合而成的住宅房屋，称为错叠式。图 5-61 是由长外廊单元顺坡层层错叠而成，内部不设楼梯，由室外阶梯分层进入外廊联系各户。这种方式虽能较方便地组织

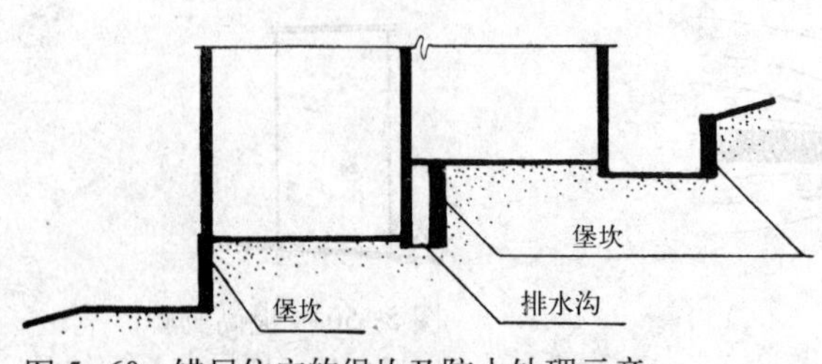

图 5-60　错层住宅的堡坎及防水处理示意

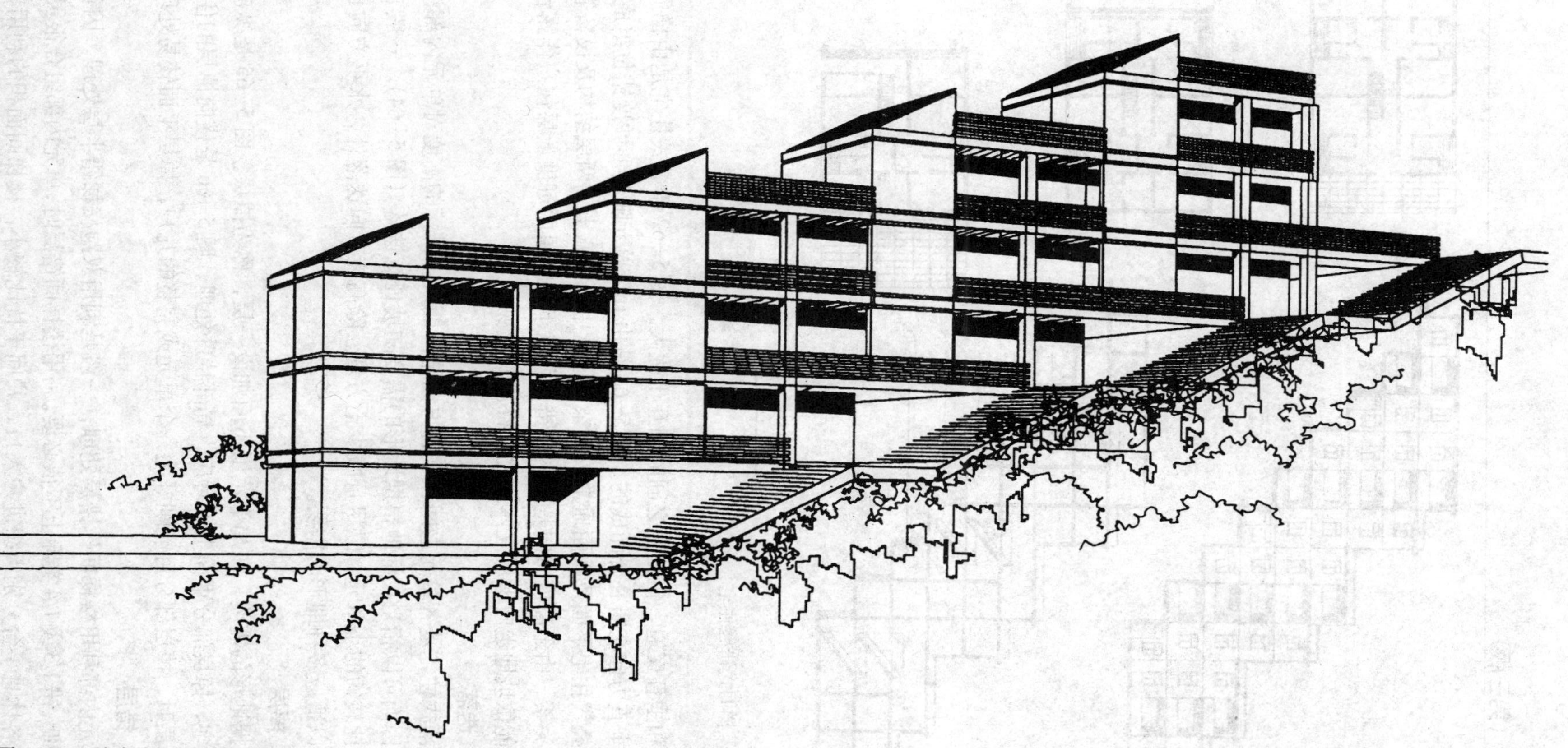

图 5-61 外廊式“错叠住宅”

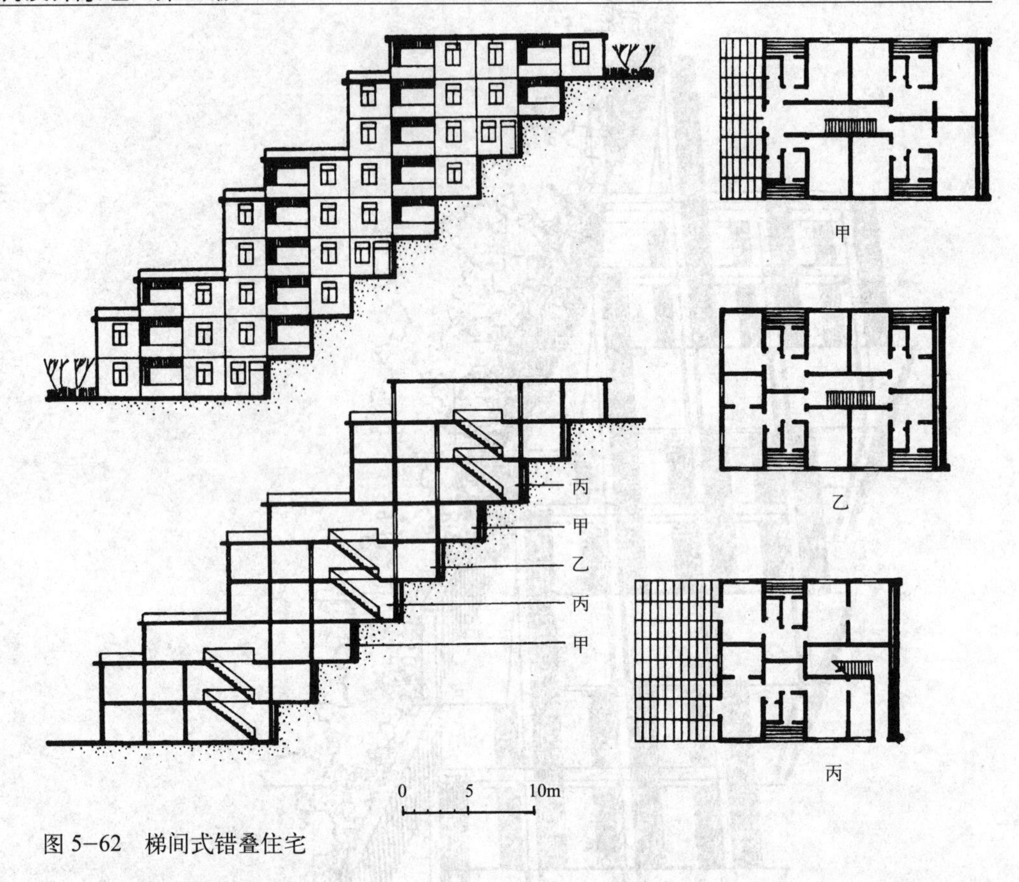

图 5−62　梯间式错叠住宅

室内外和垂直交通，但住户之间的相互干扰大。图 5−62 错叠式住宅是由梯间式单元在垂直方向交错叠合而成的。图 5−63 是由 L 形单元随山形坡度错位组成的。

错叠式住宅平面及楼面通常较复杂，设计中要注意上下两层结构及设备管线的对应关系。由于高度方向是整体相错，所以下层的屋面可供上层住户作露台使用，并能依坡地走向形成立体绿化和特定的景观。

2）迭落

迭落式住宅是各单元之间在垂直方向错落而成。错落的高度对单元内部没有影响。因而可以相当灵活地根据地形的需要随坡任意迭落（图 5−64）。一般宜选用长度比较短的小单元，以尽量减少土方量。除高度方向迭落外，水平方向也可相错，以适应多种地形的需要。

3）掉层

根据地形的需要，在局部范围下面加设一层，称为掉层。图 5−65 是纵向掉层的住宅，掉层部分平面上下对应，局部特殊处理。图 5−66 是横向掉层的住宅。横向掉层时，掉层部分可能刚好为一个单元或完整的几户，掉层平面较易处理。

4）错层

单元内部利用楼梯间作错层处理，一般是利用双跑楼梯错半层处理。因住宅层高较低，错 1/3 或 1/4 实际上不很必要。利用楼梯间错层时，单元内部组合很灵活。楼梯间各休息平台分别组织进户入口，户间干扰比较小，楼梯间面积的利用率很

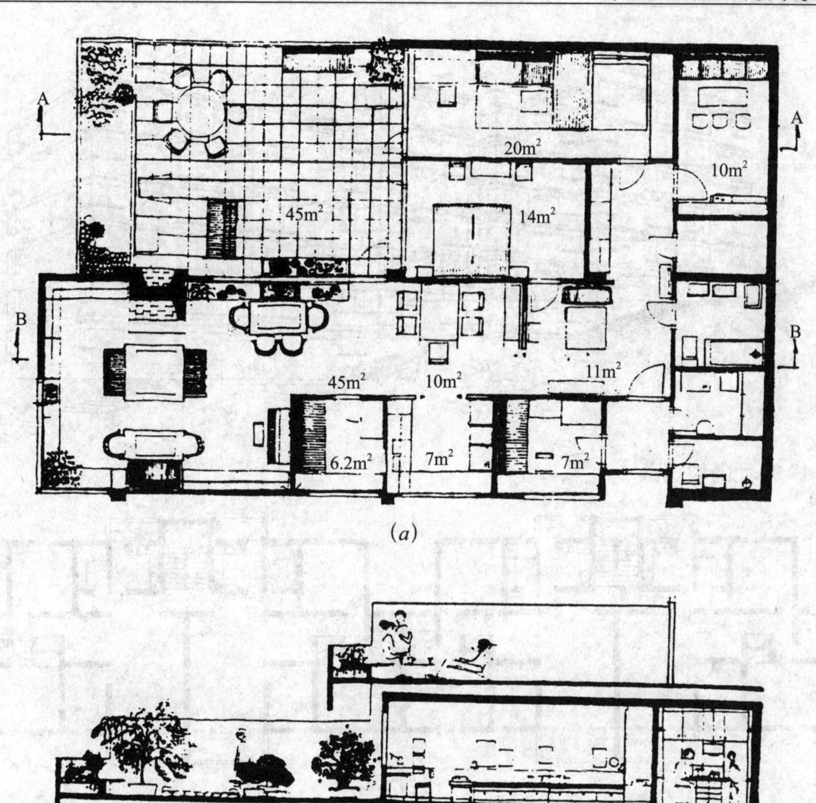

(*a*)

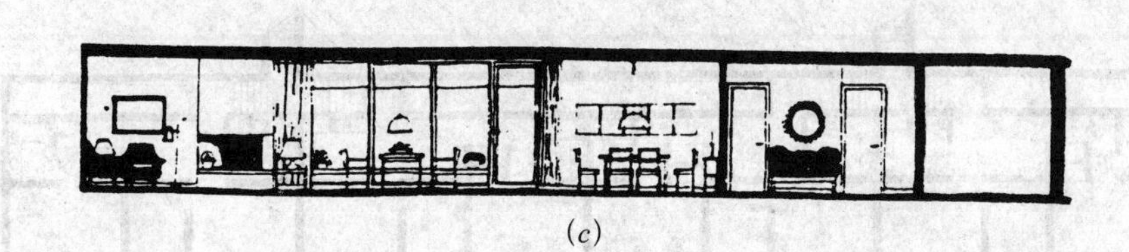

(*b*)

(*c*)

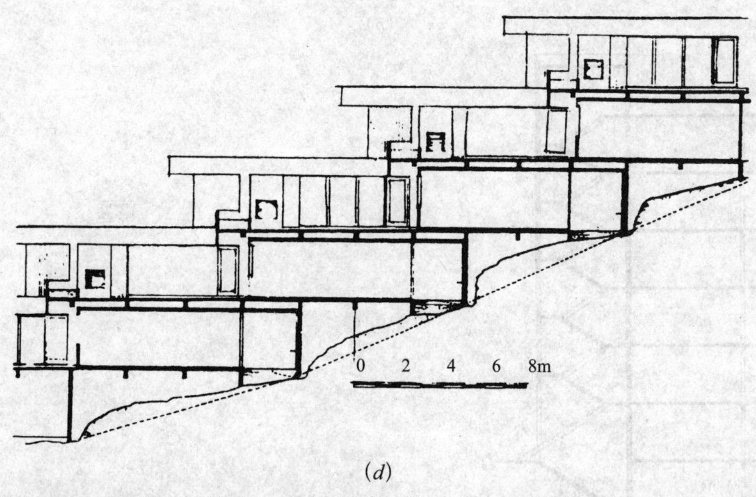

(*d*)

图 5-63　挪威 L 形错叠式住宅

(*a*) 单元平面图；(*b*) A—A 剖面图；(*c*) B—B 剖面图；(*d*) 剖面图

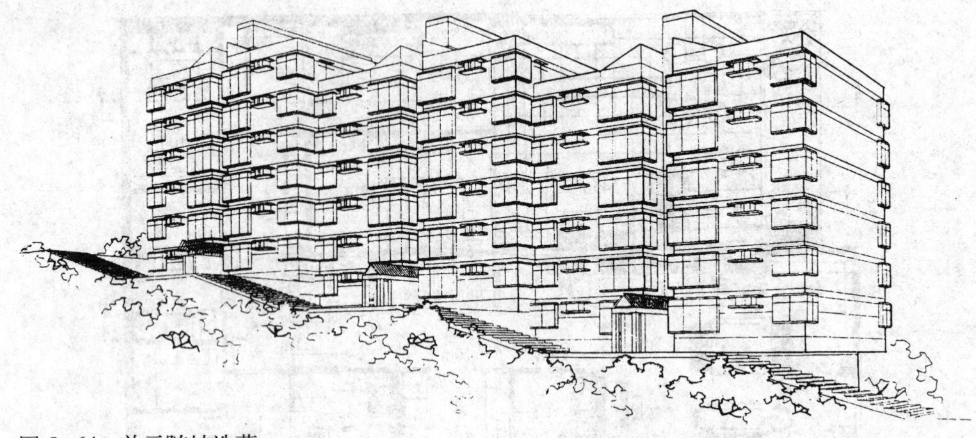

图 5-64　单元随坡迭落

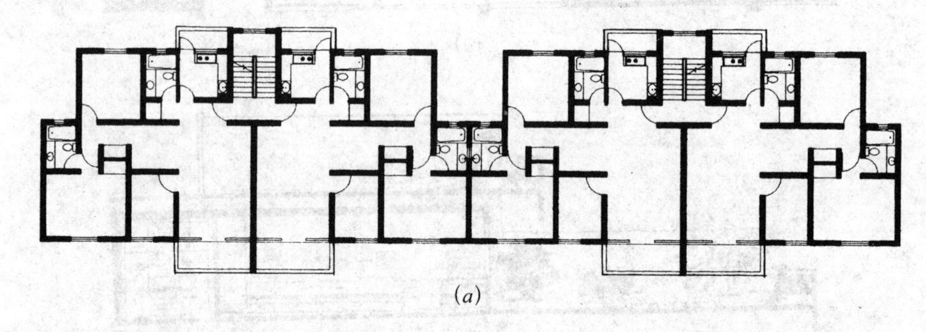

(*a*)

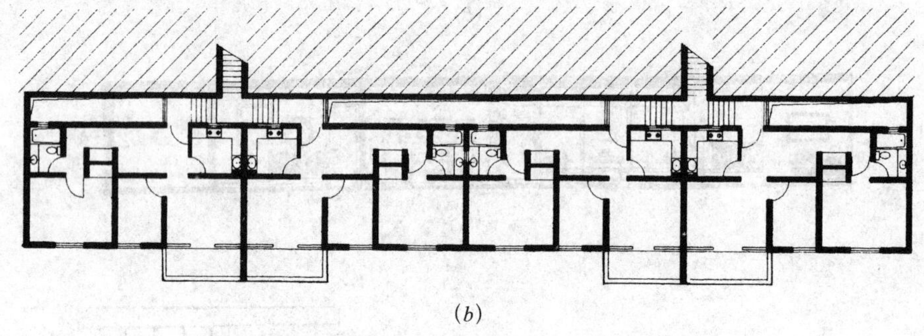

(*b*)

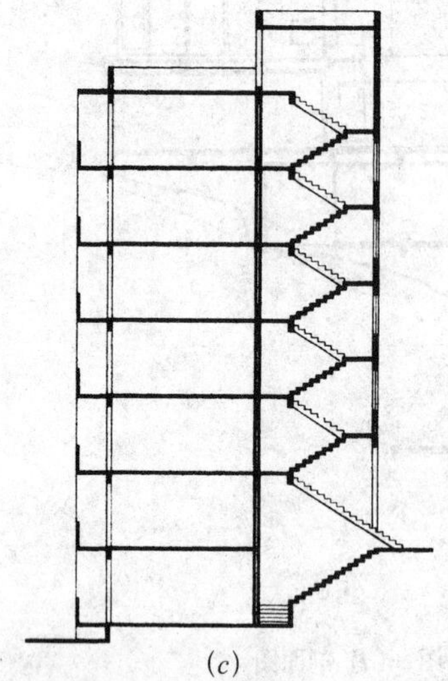

(*c*)

图 5-65　纵向掉层式住宅

(*a*) 标准层平面图；(*b*) 掉层平面图；(*c*) 剖面图

图 5-66　横向掉层式住宅

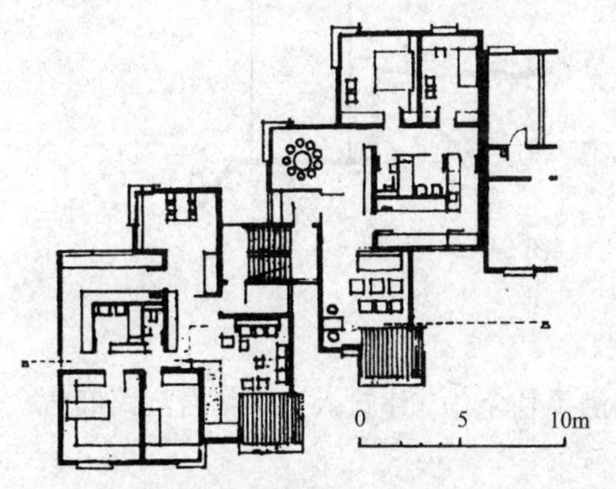

图 5-67　德国错层式住宅

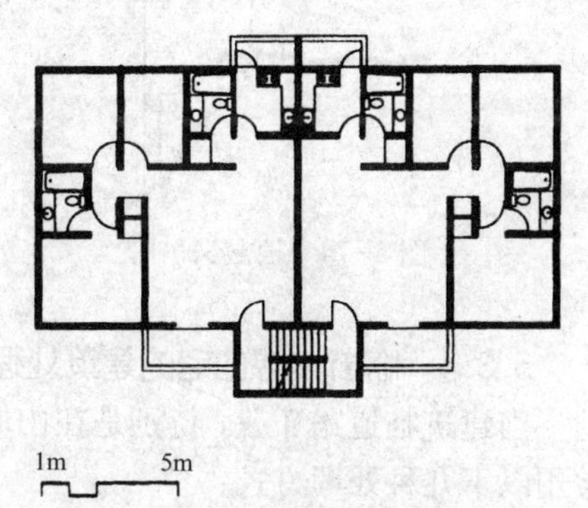

图 5-68　附贴式楼梯错层住宅单元

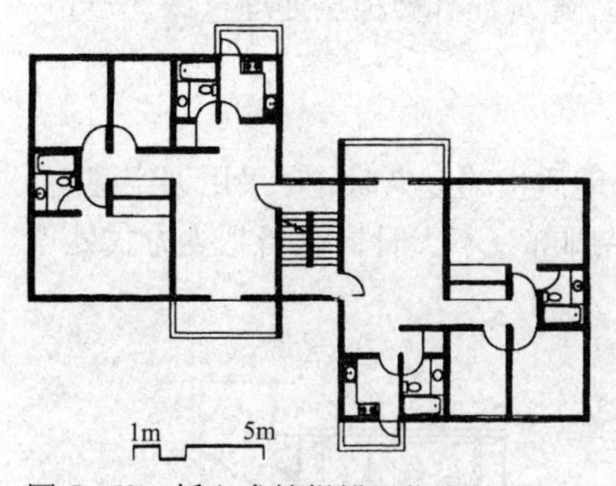

图 5-69　插入式楼梯错层住宅单元

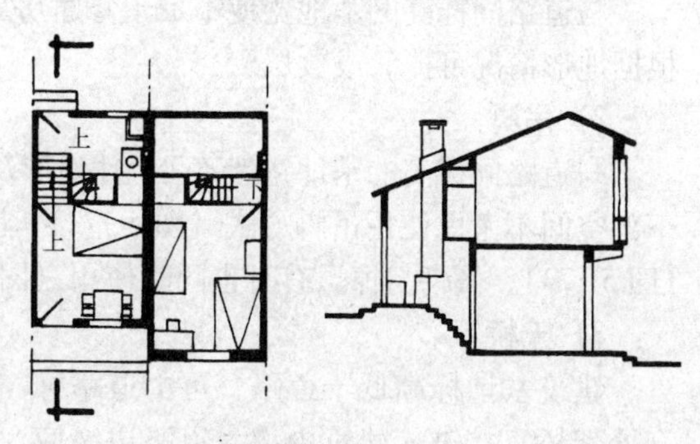

图 5-70　湖北城镇低层坡地住宅

高，因而在坡地住宅中采用得比较广泛。

错层单元楼梯间的布置方式很多，可依据地形灵活采用。图 5-67 是横向错层单元，一梯两户，左右错半层。图 5-68 中的楼梯间附贴于房屋外部，此种布置一般是出于利用地形高差组织入口的需要。图 5-69 中的楼梯间作为插入体，可根据地形情况前后错移，连接很灵活。

在低层住宅中，户内错层及户间拼接更加灵活自由。图 5-70 是户内作错层布置的低层连排住宅，前面居室部分分为两层，后面厨房相错半层，屋面相错半层，屋面前高后低，空间利用很合理。

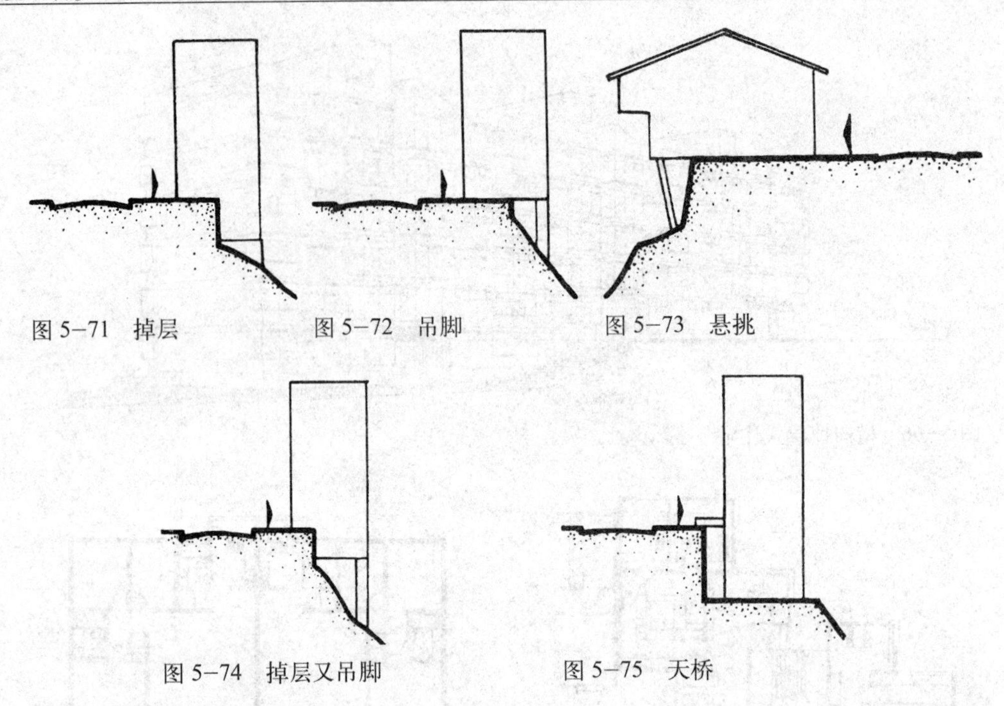

图 5–71　掉层　　图 5–72　吊脚　　图 5–73　悬挑

图 5–74　掉层又吊脚　　图 5–75　天桥

5.3.4　临街坡地住宅的建筑处理

当建筑临道路布置，特别是在山城的沿街住宅中，建筑入口需结合道路布置。常用以下几种处理方式：

1）掉层

与道路同标高的基地宽度不足于修建房屋，建筑局部做掉层处理（图 5–71）。根据地形情况可掉一或数层。

2）吊脚

与道路同标高的基地宽度不足，且地形及地质极为复杂时，宜采用架空建筑，下部空间不考虑使用吊脚方式（图 5–72）。吊脚部分不大时，可用悬挑方式处理（图 5–73）。吊脚与掉层有时也同时使用（图 5–74）。

3）天桥

建筑基地标高低于道路，可由道路标高处架桥直接进入建筑中部。道路边缘应修筑堡坎，建筑与堡坎间留出采光距离（图 5–75）。此种方式可避免先下楼后上楼，因而可以适当提高层数，如重庆有利用天桥方式修建的 10 层住宅（由天桥上 6 层下 4 层）。

4）凸出楼梯间

与天桥相似，用凸出房屋外墙的楼梯间与道路连接，从楼梯休息平台处进入房屋（图 5–76）。

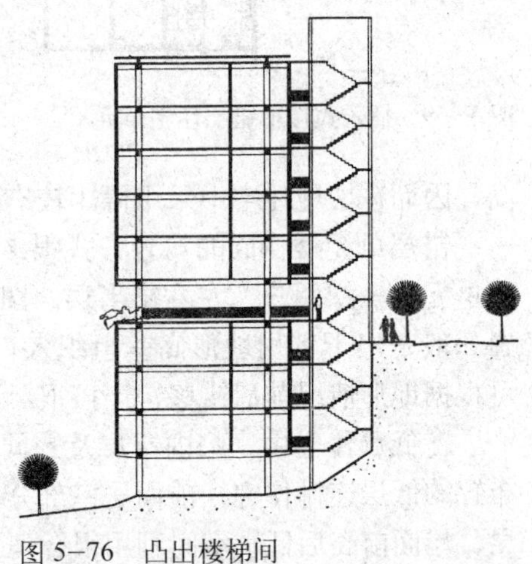

图 5–76　凸出楼梯间

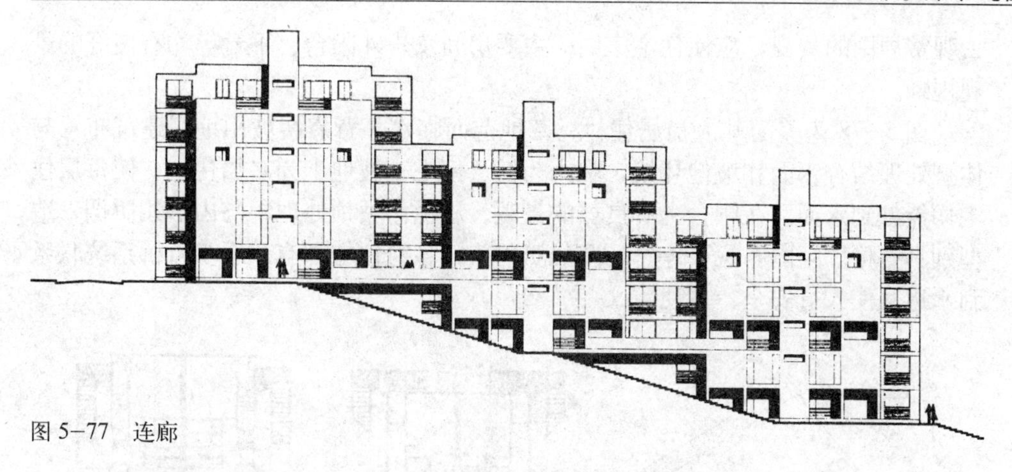

图 5–77　连廊

5）连廊

当建筑山墙临道路时，可在房屋某几层设置连廊，与道路取得方便的联系（图 5–77）。这种处理方式可以减少无效升降的“反坡”现象。

6）室外梯道

室外梯道虽不属于建筑本身，但也是从属于建筑的一个组成部分。在考虑梯道位置时，应与建筑入口有机地组织在一起，注意人流方向的顺畅，避免迂回。前述几种方式也常与室外梯道相配合。当建筑基地高于街面时，多半采用室外梯道来联系。

5.3.5　结合环境与景观设计坡地住宅

结合周围的环境和景观来设计坡地住宅是非常重要的，尤其在规划一片住宅群时，必须对周围的自然环境和人工环境充分重视，并作好景观设计。可以从以下几方面来考虑。

• 建筑组合结合地形，减少土石方工程量，利用地形的有利因素，克服其不利因素，这些已如前述。

• 建筑体型与坡地环境协调，一般体型不宜过大，且常处理成坡顶或退台式，以与山形相得益彰。

• 恰当规划道路系统，小区内车行道坡度要适当，过陡则行车不便，过缓则增加土方和道路长度。如在南方地区，小区级道路纵坡可达 8%，局部可 10%，组团级道路纵坡不宜大于 12%，在北方地区考虑冬季道路结冰等因素，坡度也不能过大，应结合当地情况具体处理。为人行方便，常局部设置室外梯道，以减短行走路线。

• 处理好室外环境工程，一般堡坎造价较高，要合理规划设计，避免过陡、过高，既增加工程量，又破坏环境。

• 作好环境绿化设计，保护好坡地植被，原有树木应尽量保护和利用，堡坎宜与绿化花池等结合处理。

• 重视景观设计，新建筑应成为整体景观的组成部分，并与坡地环境相协调，一方面要考虑到外界视线观赏建筑，另一方面要考虑生活在建筑中的人们有条件去观赏周围的景观，应使住宅室内的主要房间及户外阳台、平台等均有良好的景观视野。

图 5–78 为美国某海员居住村，基地前面临水，背靠缓坡山地，建筑布置与体型处理结合水面和坡地环境，临水为低层住宅，坡地上为多层住宅，使每层住宅均能见到水面，在阳台上有良好的景观。屋顶作坡顶处理，与山形相协调，造型别具一格。区内布置了停车场及船艇码头，各组住宅都有一个步行桥系统联系到水边，使人行安全、方便。

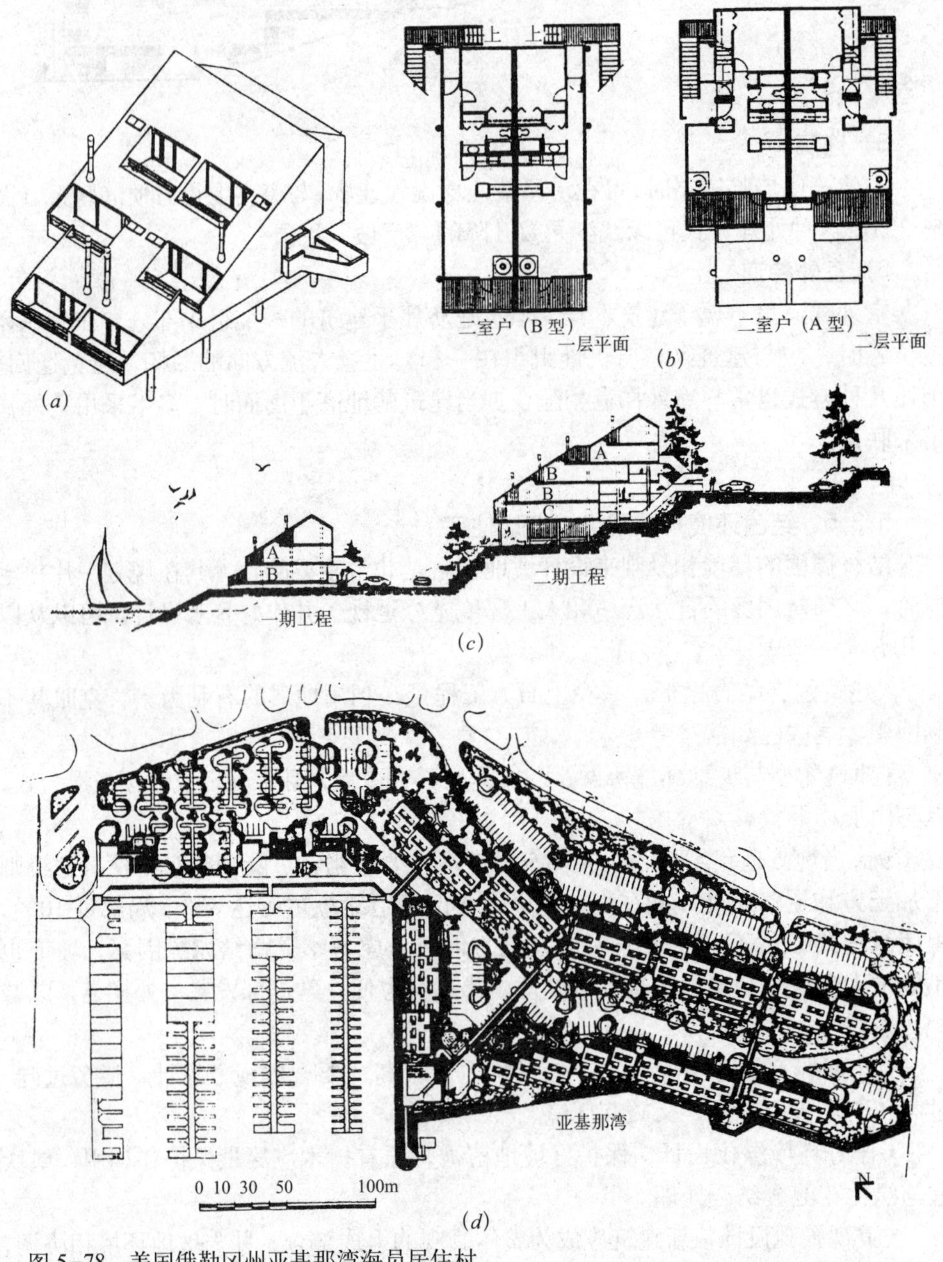

图 5–78　美国俄勒冈州亚基那湾海员居住村

(*a*) 一期住宅轴测图；(*b*) 一期住宅户型平面图；(*c*) 总剖面图；(*d*) 总平面图

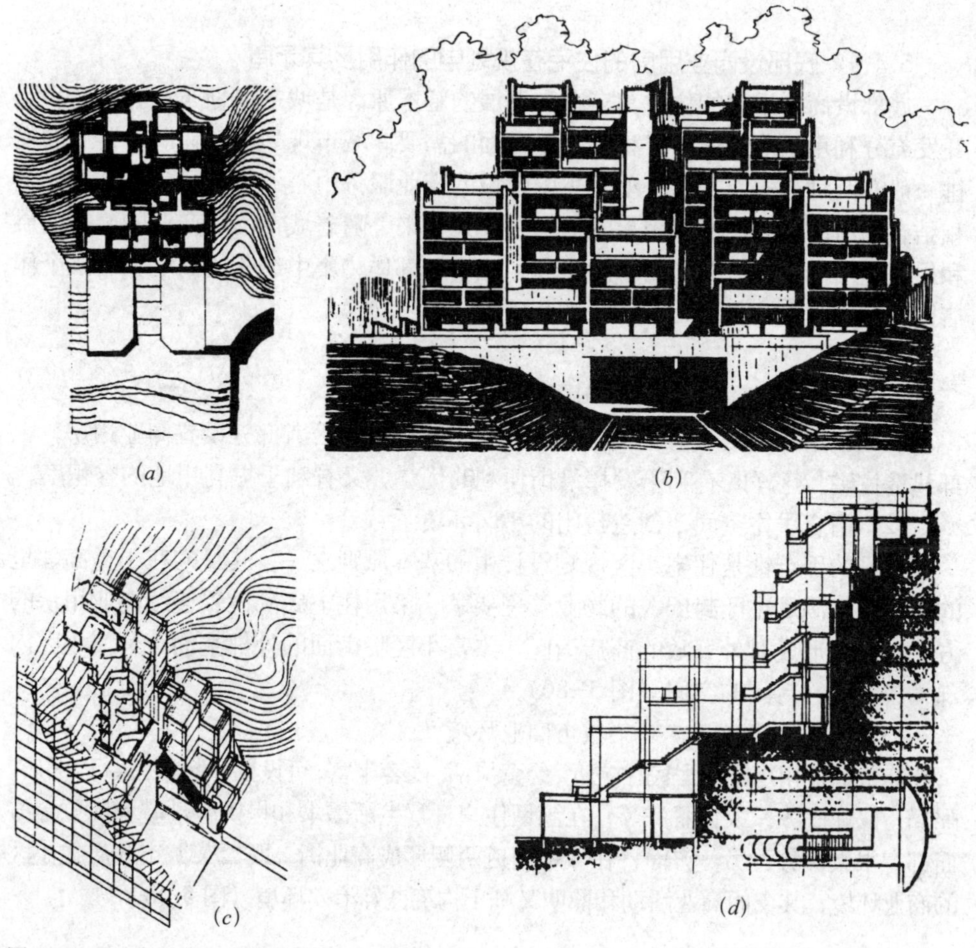

(*a*)　(*b*)　(*c*)　(*d*)

图 5-79　日本神户六甲集合住宅
(*a*) 总平面图；(*b*) 南立面图；(*c*) 剖视轴测图；(*d*) 剖面

图 5-79 为日本某集合住宅，设计力求取得与自然环境的协调，爬坡式住宅布置在两个台地之间的地段上，其纵向坡度达 60°，楼梯是建筑物的主轴，1 ~ 4 层的露天楼梯成为山地景观的组成部分，其第四层地面的大平台是改乘电梯或再登楼梯的过渡空间，并可供住户交往及儿童游戏。5 ~ 10 层的敞开楼梯使周围市区及港湾景色尽收眼底。

结合地形的住宅设计还要注意合理地解决各项工程技术问题，如除了考虑地形表面的高差外，还需考虑地表以下的岩层深度，应使土方和基础工程最省，避免地基的不均匀沉降。还应根据地下水位的情况，考虑排水、防潮措施，如靠堡坎一侧及地下室要考虑排水和防潮处理等。

5.4　底部设商业用房的住宅设计

底部设商业用房的住宅是一种现在较常见的房屋形式，其底部一层或若干层为商业用房，上部为多层或高层普通住宅，在城市的开发建设中应用广泛。

5.4.1　底部设商业用房的住宅在规划中的作用及其矛盾

底部设商业用房的住宅其存在和发展的基本原因是城市规划布局和住宅小区开发充分利用土地、提高容积率等多方面的需要。城市规划中商业服务设施的安排一般有两种方式：一种是独立集中建设的商业服务中心建筑；另一种是和住宅相结合的沿街底部设商业用房的建筑。近几年来，随着城市第三产业的繁荣发展和居民生活舒适、方便性要求的提高，采用底部作为集中经营的商业空间或个体店铺的形式越来越普遍。

1）作用

(1) 节约土地、提高土地利用率

在城市用地紧张的情况下，可充分利用建筑底部沿街部分设置商业用房，上部建造住宅。这样既有利于发挥沿街便利的优势，又有利于提高用地的容积率。

(2) 围合居住空间，创造封闭的小区环境

良好的围合性是住宅小区规划设计中的基本原则之一。其目的在于提高邻里的认同感，满足小区封闭式的物业管理要求。采用住宅底部设置连续商业用房的方法，可以形成对外开放的商店街区，丰富小区临街面的外部空间，又使小区内部构成了安静封闭的空间（图 5-80）。

(3) 方便居民生活，繁荣城市商业环境

底部商业用房距离居民住宅近，经营灵活、内容丰富，可设置小超市、银行、书店、邮局、修理服务、饮食服务等，在满足住户日常生活需求和提供劳动就业岗位等方面都有很大优势；另一方面，在城市街道两侧形成商业街，既繁荣城市和居住小区的商业环境，其夜间商业活动和照明又利于构筑良好治安环境（图 5-81）。

图 5-80　底部设商业用房的某居住小区沿街景观

图 5-81　沿街设商业用房的某居住小区总平面图局部

图 5-82　某居住小区底部商业用房的沿街景观效果图

（4）有利于房地产开发及销售

在住宅小区规划中，沿街地段是商业机会最高的区域，充分利用沿街住宅建筑的底部作为集中的商店或铺面，可以提高该部分建筑的售价或租金，有利于提高房地产开发的经济效益。在一些房地产开发实例中，将小区内部的街道两侧底层全部设计为商业用房，其可作为回迁居民的补偿，也可作为对外招租的店铺用房（图 5-82）。

（5）解决底楼住户受潮的问题

地下水位较高的城市，外部潮气容易进到屋内形成泛潮现象，影响人们居住的舒适度。此外，若防潮层老化会降低防潮效果，维修既不方便又很困难。如果底部设置为商业用房，就可避免因首层潮湿而影响居住使用的情况。这也是带地下室的一楼容易售出的原因。

2）存在的问题

底部设商业用房的住宅有其较多的优点，但也存在着难以避免的问题。

(1) 使用上的干扰

底部设商业用房的住宅多是临街布置，除城市噪声的干扰外，底部商业用房的人流杂、货运多，也会干扰居民的生活。特别是较大型的商店，仅靠沿街作为人流、货流的出入不能完全满足商业使用的要求，有时还需在住宅小区内部开门作为后勤的出入口，这样会给小区内部的居民生活带来很大影响和干扰。

再有，有些行业如餐馆、洗染业等存在排烟、排气及排污水的问题，以及无线电、服装加工等噪声扰民的问题，菜场的气味和噪声等都会给上部住宅居民带来影响，甚至产生纠纷。因此，设计此类商业用房时应充分考虑相关影响因素，比如餐饮烟道可预留直通屋顶。

(2) 不同使用空间的矛盾

住宅建筑的开间进深都比较小，而商业用房特别是营业厅，往往要求的开间进深较大，两者的矛盾需要协调。随着框架柱结构方式在城市住宅中的大量采用，柱跨距相比原来加大很多，如果采用结构转换层的设置，已基本能保证底部营业空间的使用要求。

(3) 结构和设备处理复杂

底部营业厅需要大空间，而楼上住宅居室是小房间，在一般混合结构中，往往要采用梁抬墙、局部框架处理或另外设置结构转换层，并且结构上最好刚性墙落地，地震区还存在抗震设防问题。因此，如何在住宅与商店都适用的同时，保证结构的合理与经济，底部设商业用房的住宅比单纯住宅楼设计需考虑的问题要复杂得多。

住宅的上下水管道多而分散，如果暴露在营业厅中，既不美观，凝结水下滴也不卫生，在库房里还会造成商品损失。有时楼上的下水道检查口设在底层商店内，不便检修，对商店经营也有影响。此外，供暖时间商店与住宅要求不一样，水、电表必须分开，住宅的煤气入户管道为了安全要求明敷，需从底层通过而不影响营业厅和办公室等等，这些功能要求在设计和使用上都存在矛盾。

5.4.2 底部设商业用房的住宅设计特点

由于底部商业用房与上部住宅在使用要求、空间模式和结构设备等方面的矛盾，因而此类住宅在设计的时候要采取适宜的措施，以减少或避免这些矛盾的产生。这就形成了带商业用房的住宅设计特点。

1）厨、卫集中，置于背街面

住宅标准层的厨房和卫生间尽可能集中，并布置在不临街的一面，底层时该部分作为辅助用房或凸出在主体建筑之外；居室设置在沿街一边，底层时作营业厅，以避免或减少住宅管线穿过营业空间（图 5-83）。当地段条件不许可（如朝向不好），厨、卫可能布置在临街面时，可采取其他办法：如将营业厅或大部分

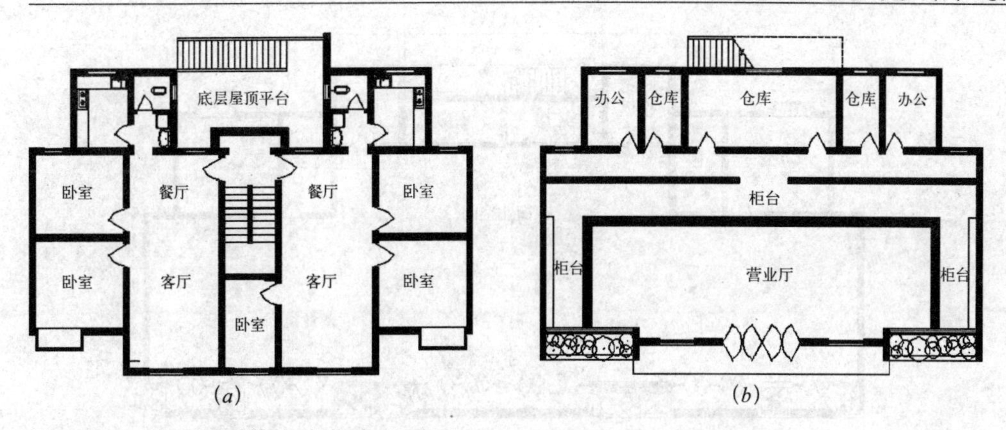

图 5-83 凸出厨卫的底商住宅

营业厅凸出在住宅楼前面，这种处理占地较大；或楼层尽可能做多室户，使厨房、卫生间管线相对较少，底层安排小型商店，营业厅可占若干个开间，避免或减少管线穿过营业厅。

高层住宅时，因柱网复杂，往往在上部住宅与底部商业用房交接处设置结构、设备转换层，因而在住宅平面设计时可不用考虑管线对营业厅的穿越问题。

2）合理设置楼梯，保证营业空间完整

减少楼梯数目或作外凸的楼梯间，以免营业厅被楼梯影响完整。如果楼梯是直通接地的，宜采用长外廊式或点式、塔式的住宅类型，不仅将楼梯、厨卫都布置在背街面，而且楼梯之间距离加大，可减少或避免楼梯间对底层营业厅的分隔，便于形成连续多开间的大空间（图 5-84）。

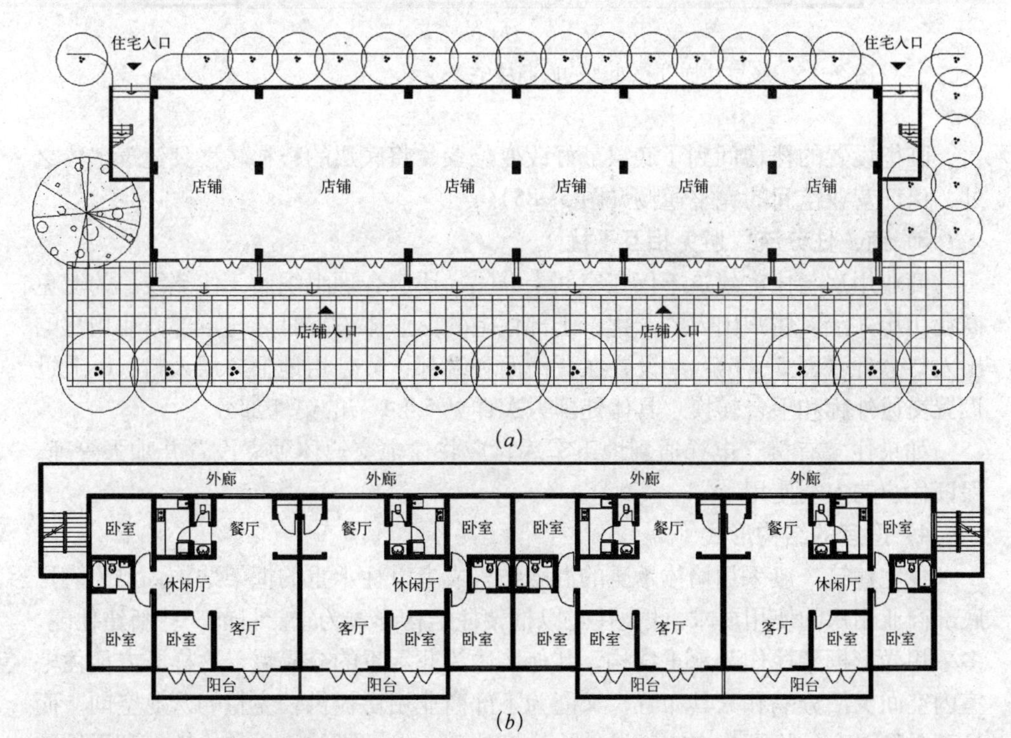

图 5-84 长外廊式底商住宅

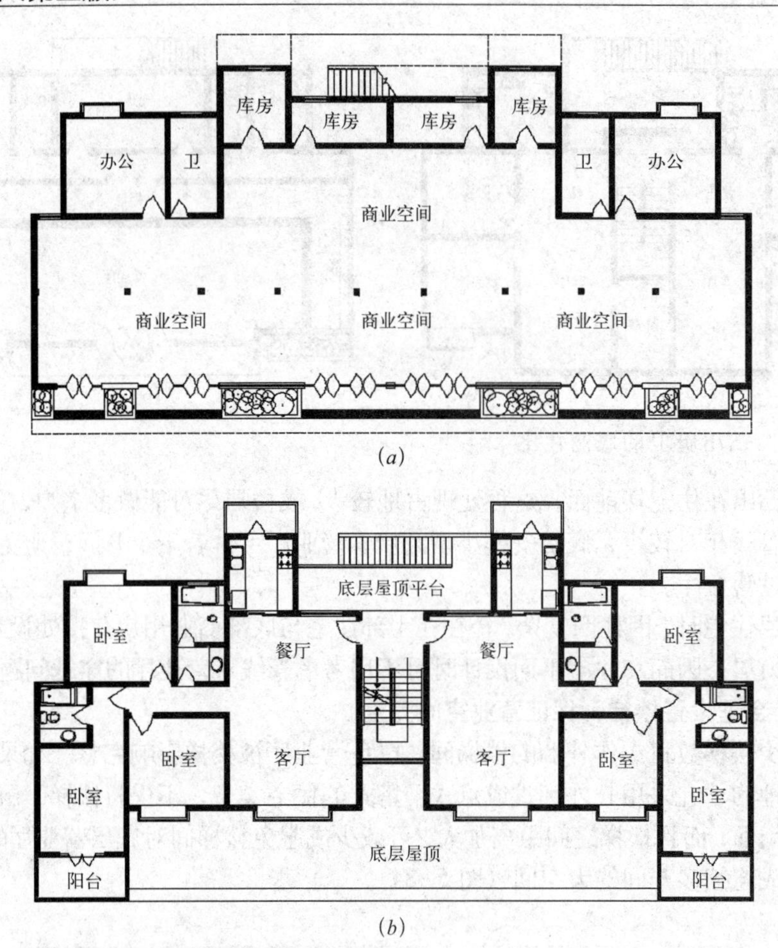

图 5-85　底层楼梯外移处理的底商住宅

临街设置的楼梯间到了底层最好改变位置，将底层的楼梯转移到建筑主体之外，保证营业空间的完整通畅（图 5-85）。

3）商、住分流，避免相互干扰

商业用房与住宅建筑不仅在空间上分隔，还应合理组织商、住流线。为避免商业用房人流对住户出入的干扰，上部住宅的交通体设置时应与下部商业用房的出入口分开（图 5-86）：a. 设置在背街面和端部；b. 利用地形分层入口；c. 通过设置交通外廊和平台转换。具体处理方式详见 5.4.4 节的第 4 部分。

如果住宅有楼、电梯通到地下车库，应将住宅交通体独立设置并加强管理，保证住户的安全使用。

4）适宜的结构形式

住宅建筑一般采用墙体承重的混合结构或者以柱承重的框架结构，但为满足底部商业用房的使用要求，此类住宅以框架柱结构形式为宜。目前一些新建住宅，多采用异形框架柱作为承重结构，其他墙体为非承重的分隔墙，这样既方便住宅室内空间灵活分隔和家具布置，又能为下部商业用房提供较完整的营业空间。而且不需像混合结构那样在底部做结构转换处理，保证了结构的整体性，利于抗震

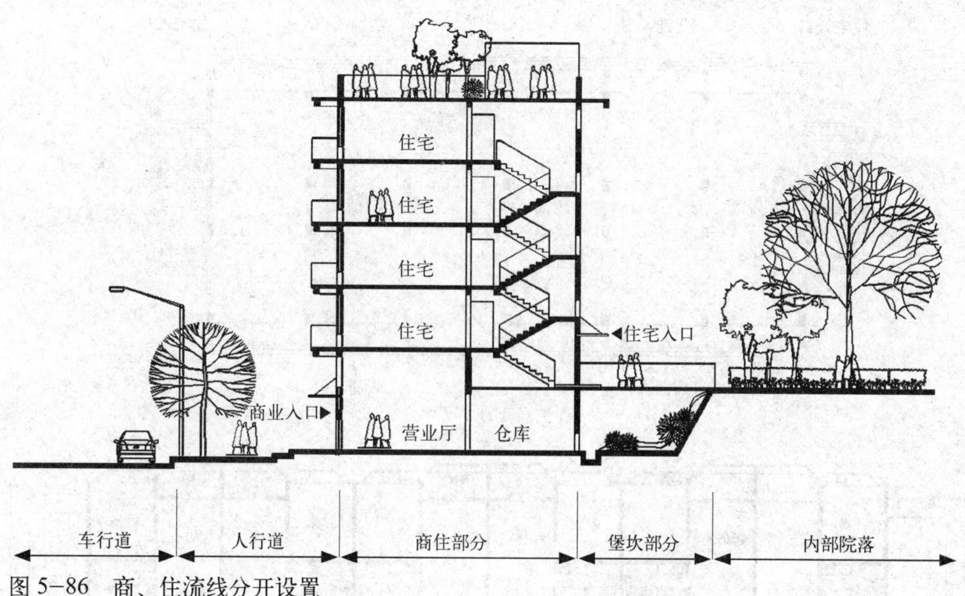

图 5-86 商、住流线分开设置

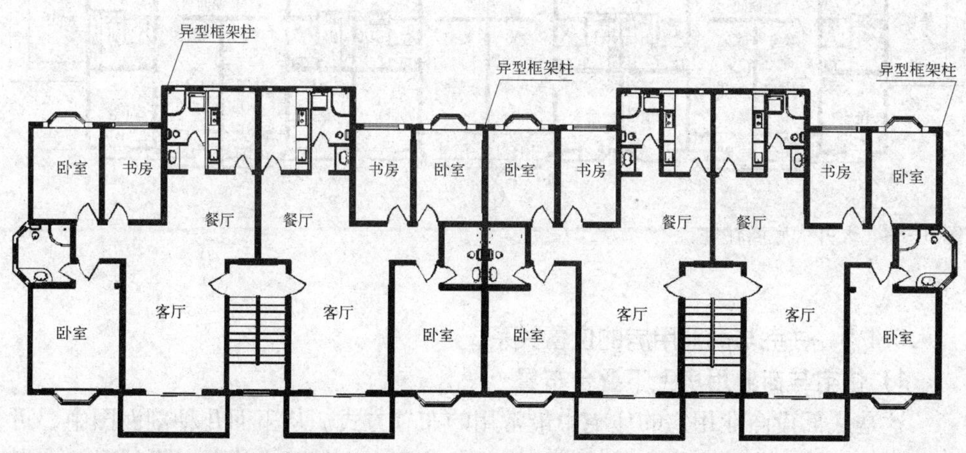

图 5-87 利于底部设商业用房的结构形式

(图 5-87)。高层住宅一般都采用框架结构，平面布置灵活，对底部商业空间的设置很有利。

同时，住宅宜采用大进深的平面形式，以争取底部商业空间的深度，柱网轴线尺寸在满足上部住宅使用的前提下，应尽量规格统一，便于商店的布置。

5）住宅类型的选择

综上所述，结合各地实践来看，较适于作底层商店的住宅平面有以下几类。即“南居北厨”的梯间式、短内廊或短外廊式住宅；楼梯数目较少的长外廊式或点式、塔式住宅；凸出楼梯和凸出厨房、卫生间的住宅平面形式；天井式住宅。采用天井式住宅，可以加大进深，底层将天井封闭，使全部进深供商店使用。厨房、卫生间集中在天井周围，管道沿内墙通下去，但管线及天井排水处理比较复杂（图 5-88)。

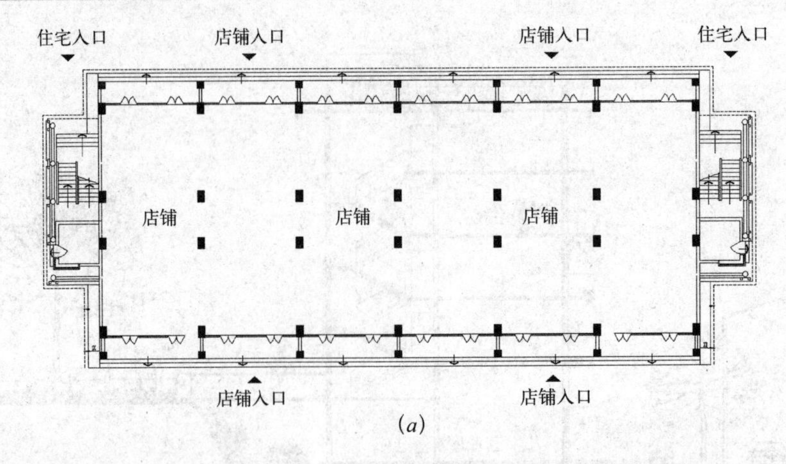

(*a*)

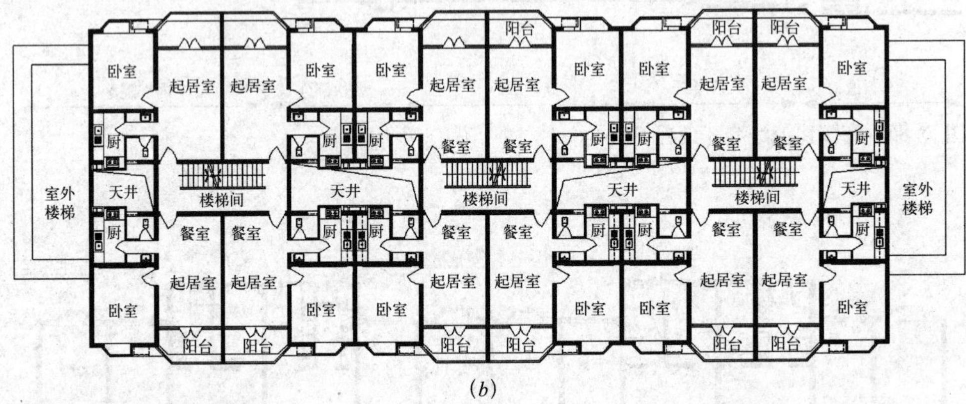

(*b*)

图 5-88　天井式底商住宅

5.4.3　住宅与商业用房的位置关系

1）住宅与商业用房上下叠合布置

这是底部设商业用房的住宅中最常用的布置方式。从下面几种剖面图中，可以看出住宅与商业用房的位置关系，满足营业厅大空间要求的各种方法以及在考虑营业厅采光通风、结构处理方面的不同特点。

(1) 底部商业用房与楼层住宅同样进深

图 5-89（*a*）中间纵墙到底，沿街打通几个开间作营业厅，后面作仓库和办公用房等。营业厅的进深受楼上房间面积的限制，一般在 6m 左右，只能作规模较小的商店，同时通风条件也不好。结构形式以纵墙承重为宜，但上部也可以用横墙承重，底层打通几个开间，用梁承受上部荷载。

图 5-89（*b*）和（*c*）底层前、后跨都作营业厅，面积大、采光通风好。一般采用框架柱结构。图 5-89（*b*）仓库设在营业厅的一侧或两侧，仓库通风好，但是商品供应线较长，且进货时可能与顾客人流交叉。图 5-89（*c*）利用地形，仓库设在地下层，在后院进货，但仓库与营业厅联系较差。

(2) 底部商业用房凸出楼层住宅外墙

底层商业用房凸出楼层住宅外墙包括三种方式。

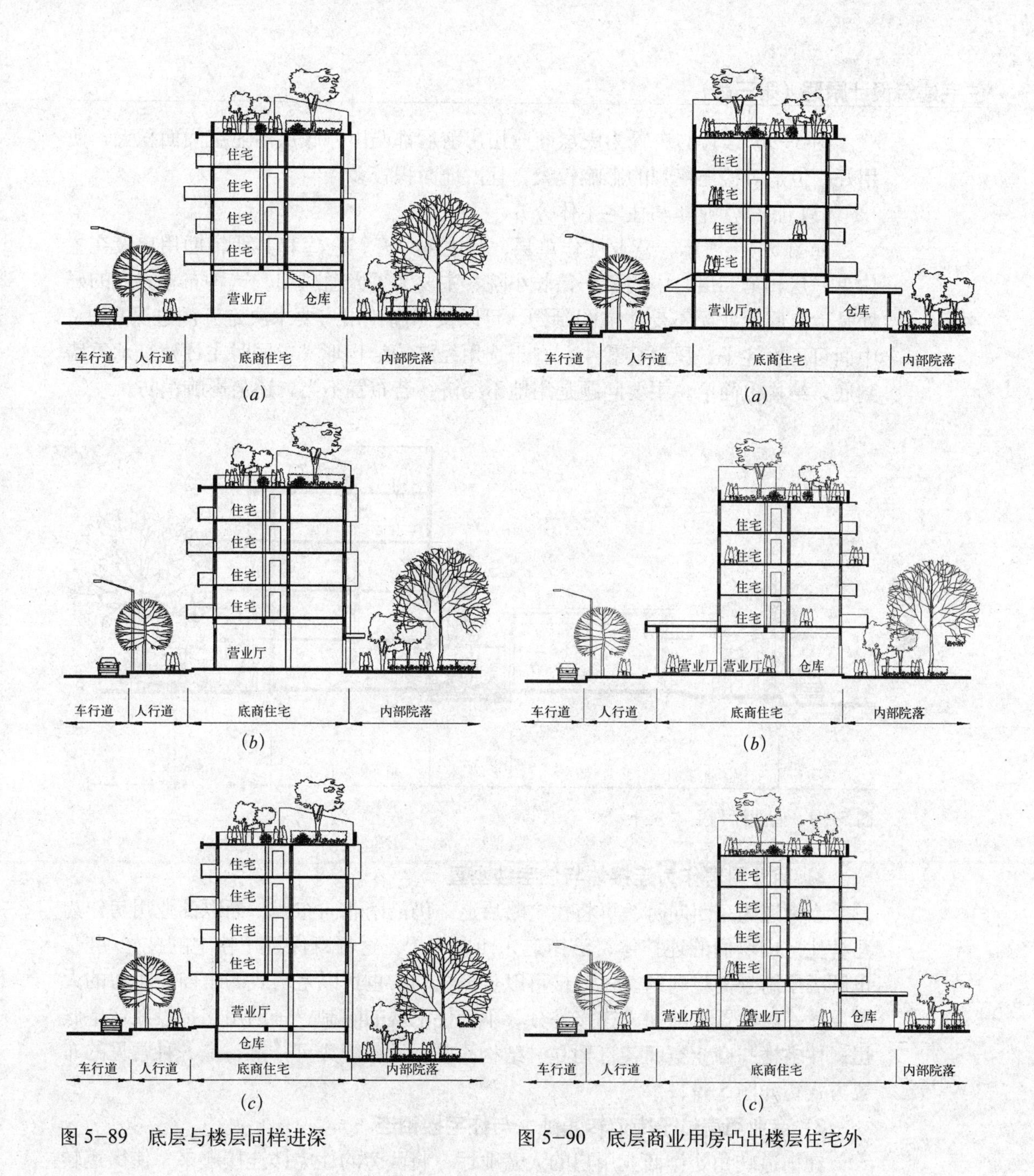

图 5-89　底层与楼层同样进深

图 5-90　底层商业用房凸出楼层住宅外

图 5-90（*a*）底层商业用房后凸。仓库附建在主体后面，仓库与营业厅联系好，又便于与后院组织在一起，管理方便。附建的仓库一般应降低层高，以保证营业厅的通风，仓库与主体建筑之间一般要设沉降缝。有时，由于红线限制而营业厅面积又较大时，也可将营业厅后凸。

图 5-90（*b*）底层商业用房前凸。将营业厅部分前凸，主体底层的后跨作仓库等。主要优点是楼层住宅的上下水等管线可从后跨通下来，不穿过营业厅；住宅比商店略后退，可减少街道噪声干扰；街景比较丰富。此时要注意解决营业厅的采光和通风要求，且凸出部分屋顶的辐射热常影响居室，而且对楼上住户的防盗安全造成隐患。

图 5-90（c）的布置为底层商业用房前后都凸出。底层商业空间面积大，使用好，但是对楼上住户的影响较大，且占地面积较多。

(3) 底部营业厅与住宅主体分开

如图 5-91 所示，营业厅作单层，与主体分开，仓库和其他辅助用房设在主体第一层和第二层，中间留一狭长小院，主要为采光通风用。这种布置方式的好处是大空间营业厅不受住宅的制约，可以按照商业用房要求决定开间进深尺寸；中间可不设柱子；屋顶荷载小，宜于选用经济的结构形式；同时主体建筑承重墙到底，结构也简单。主要问题是用地不经济，若布置不当，还会影响消防。

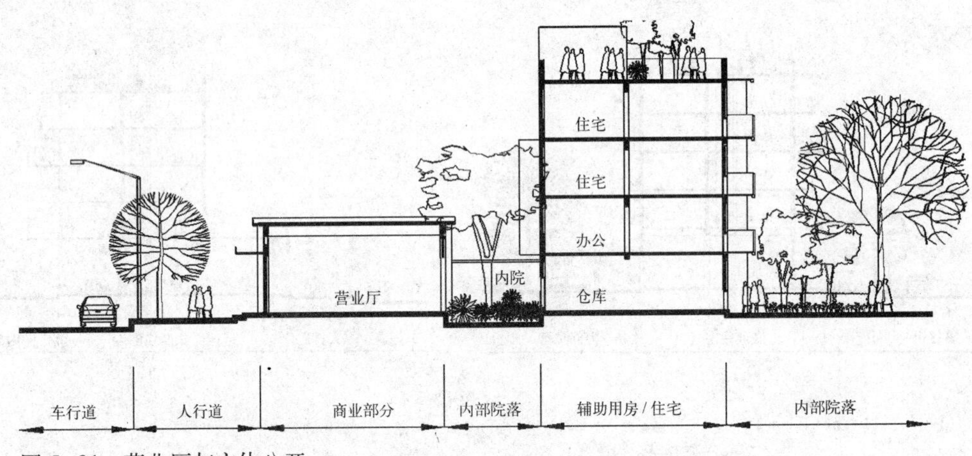

图 5-91　营业厅与主体分开

2）商业用房作为连接体与住宅楼垂直

当街道为东西向时，可将住宅略后退，仍沿南北向布置，而以商业用房作为几栋住宅山墙间的连接体，沿街道东西向布置。这样既保证了住宅的良好朝向，也解决了街景美观问题。住宅楼可以是板式的，也可以是塔式的。商业用房的大营业厅一般设置在前面或连接部分，不受住宅楼的限制。辅助用房可设在住宅底层。住宅楼与商业空间各自独立、结构简单，设备管线可分离，是一种常见的布置方式，如图 5-92。

3）商业用房位于街道转角处，与住宅楼相连

在街道转角处作商业用房的大营业厅，将两旁的住宅楼连接起来，使街道转角处建筑体型丰富，而住宅楼仍保持简洁的形体，不用做转角处理，对使用和结构都有利。按照规划意图，转角处的商业空间还可与两旁的底层商店组织在一起，形成一个整体，利于商业氛围的营造，如图 5-93。

5.4.4　住宅底层出入口方式及楼梯处理

在底部设商业用房的住宅地段上，要安排住宅的出入口和垃圾出口，商店的顾客出入口、仓库出入口、内部出入口及后院。住宅出入口的基本要求是要使居民和商店的各种流线分开，互不交叉干扰，并应注意使流线简捷。由于地段条件和楼层平面的不同，住宅出入口的设置有前出入口、后出入口、分层出入口等不

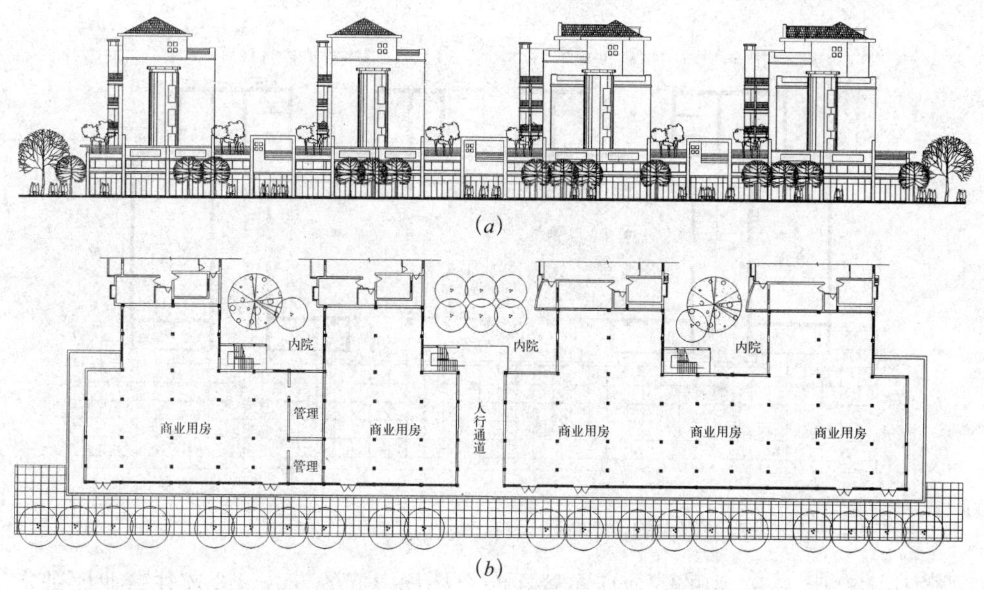

图 5-92　商业用房与住宅楼垂直布置
(a) 沿街立面图；(b) 底层平面图

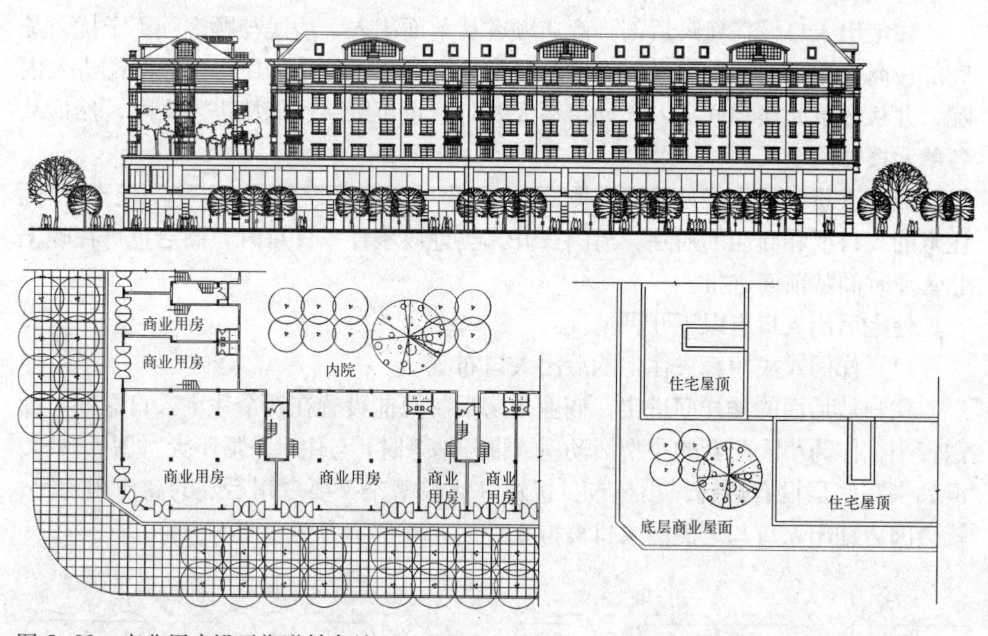

图 5-93　商业用房设于街道转角处

同方式，有时出入口和楼梯间还需要作一些特殊处理。分别叙述如下：

1）前出入口

住户从临街面出入，与顾客人流干扰多，又将商业用房分隔得较小，没有灵活性；住户一出门就是大街，对于安全和晾晒东西、小孩游戏等都不方便。所以一般只有当地段限制，不能设后出入口时才采用。采用住宅前出入口的处理方法应设法加大两个出入口间的距离，以增大商店营业厅的面积和灵活性，适于长廊

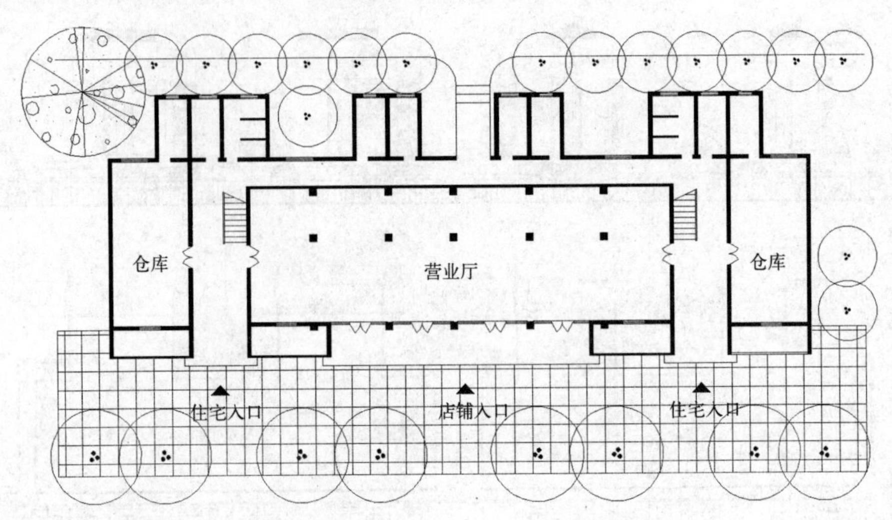

图 5-94　底部设商业用房的住宅前出入口

式的住宅。图 5-94 中的营业厅布置在两个楼梯之间的部分，仓库往营业厅进货另设通道，而住宅出入口处适当扩大成门厅，并需加强管理。

2）后出入口

住宅出入口设在建筑后部，商店顾客从前面出入，居民与顾客互不干扰，是底部设商业用房的住宅出入口设置的最常见形式。一般是居民由房屋两端进入内院，并从各单元楼梯间出入。如房屋太长时，也可以从过街楼进入内院，然后从各单元楼梯间出入。

商店进货最好也能从后面或侧面入口，与仓库和后院组织在一起，便于管理。住宅的入口要和商店的后院、后门分开。当地段条件不许可时，商店也可在晚上非营业时间从前面进货。

住宅后出入口有以下几种情况：

(1) 梯间式或短廊式住宅的后出入口布置

住户从后面的楼梯间进出，商业用房后院只能设置在两个住宅入口之间，面积较小。作为小区配套的小型活动室、服务站等时，与住宅矛盾不大（图 5-95）。但如果在底层设有店铺、小超市、饭馆等比较嘈杂又要占用后院的商业用房时，就会因店铺出入口与居民出入口离得太近，相互都不方便（图 5-96）。

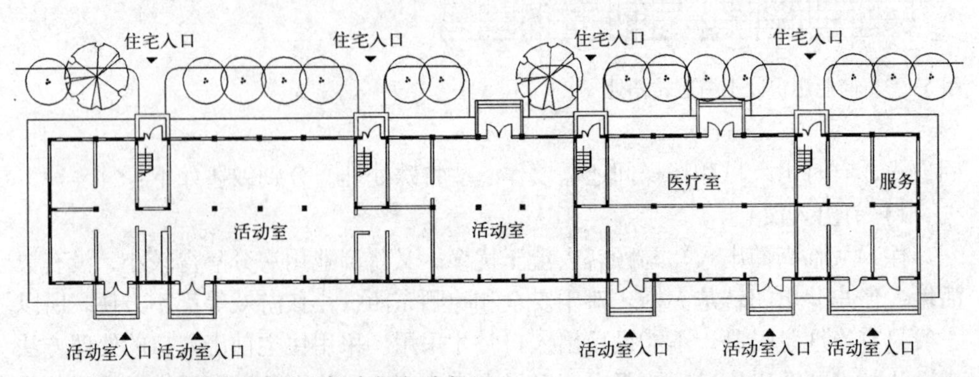

图 5-95　底部作活动用房的梯间式住宅后出入口

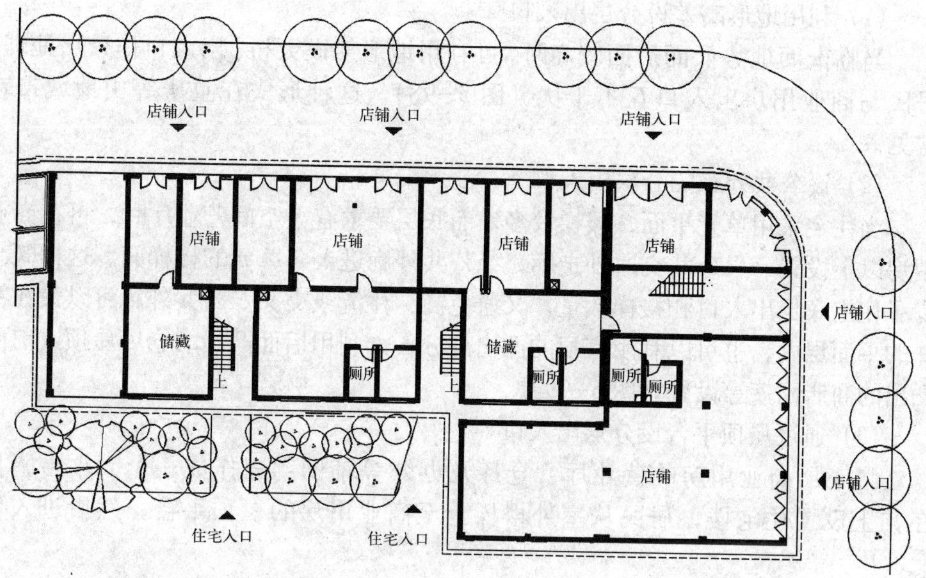

图 5-96　底部作商业用房的梯间式住宅后出入口

（2）长廊式住宅的后出入口布置

住宅出入口和垃圾出口常设在后面或侧面靠近端部的地方，距街道近，出入方便，垃圾不影响街道整洁。而且住宅与商业用房流线干扰少，两个住宅出入口间为商业用房留有较长的空地，便于商业用房安排后院和后门（图 5-97）。

3）分层出入口

结合自然地形高差或通过设置交通外廊、屋顶平台等，将上部住宅与下部商业用房的出入口分层设置，是一种有效的处理方式。

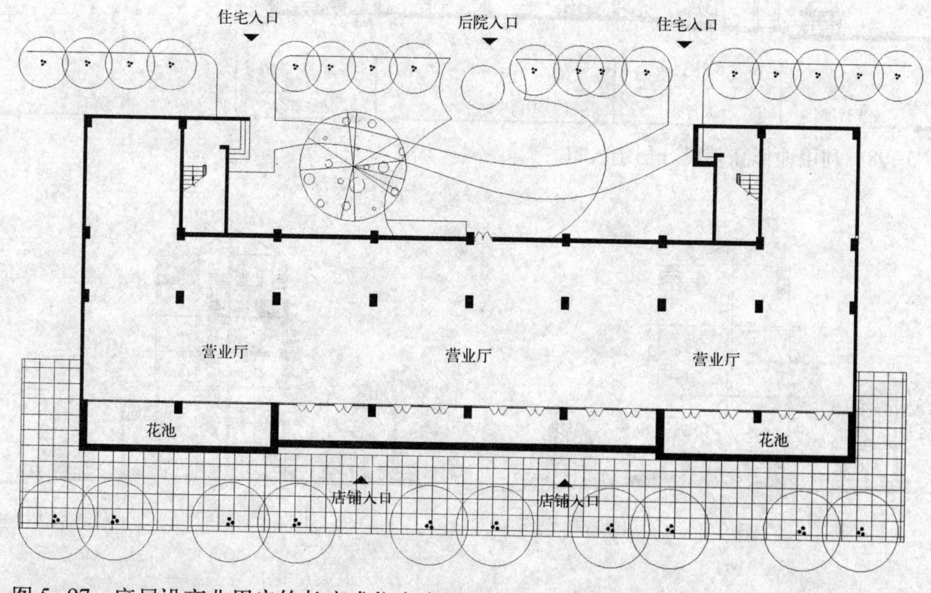

图 5-97　底层设商业用房的长廊式住宅出入口布置

（1）利用地形高差设分层出入口

当临街面地势低而后面较高时，可利用地形架设天桥，出入口作分层处理，居民与商业用房出入口互不干扰（图 5–98），这种形式在重庆等山地城市较常见。

（2）设公共外廊的分层出入口

当住宅采用单元平面，楼梯较多，而底层要求有大空间营业厅时，可在商业用房以上设置一层公共交通外走廊，经公共外廊进入各单元的楼梯间。这样既减少了住宅底层出入口和楼梯数量，又避免商、住流线交叉。公共外廊可以设在特殊的平面层内，也可以利用底层的凸出部分，如利用后面凸出的仓库屋顶或前面凸出的商店雨篷等设置（图 5–99）。

（3）通过屋顶平台设分层出入口

将底层商业用房的营业厅、仓库及办公等辅助部分作成一个大平台，再在其上设置住宅楼，居民从室外楼梯上至商业用房的屋顶平台，然后进入住

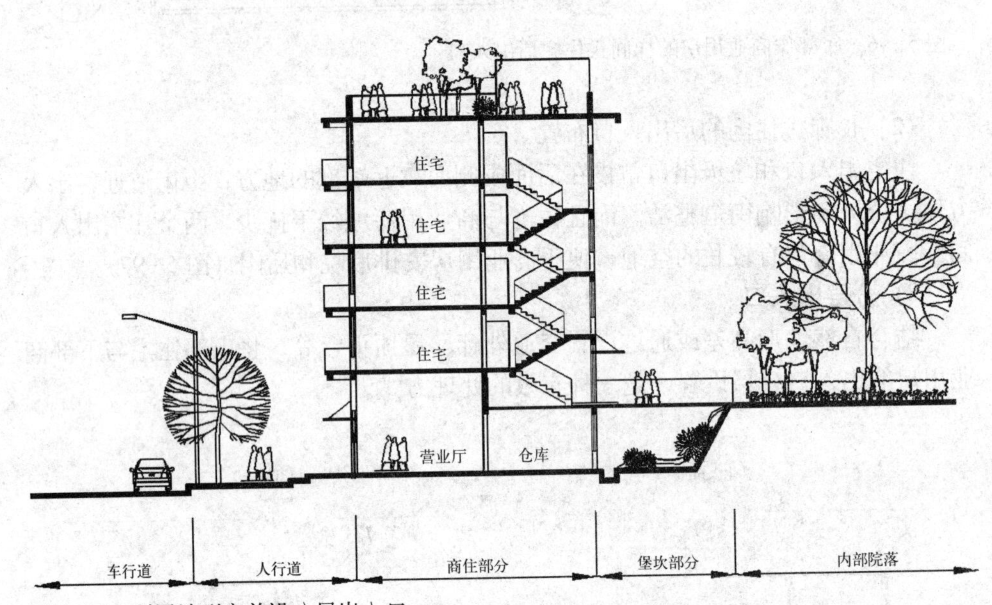

图 5–98　利用地形高差设分层出入口

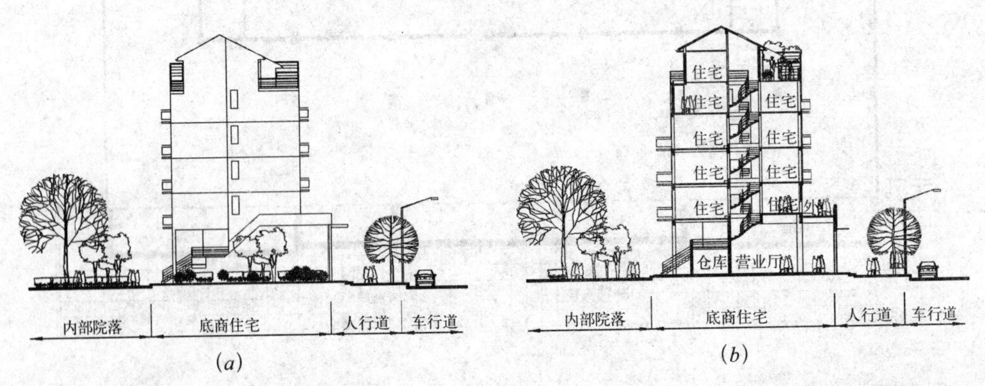

图 5–99　设公共外廊的分层出入口

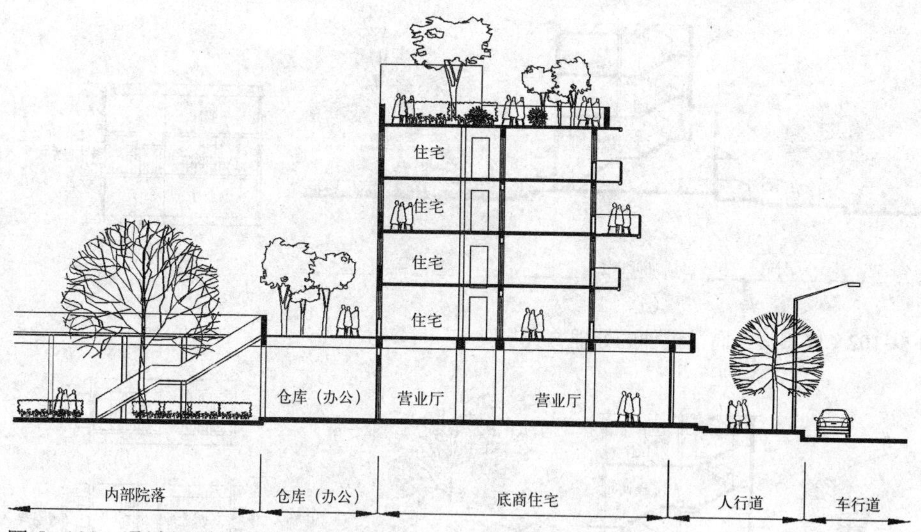

图 5-100　通过屋顶平台设分层出入口

宅的单元楼梯间，这样既可加大商业用房面积，并减少对住户的干扰，又可将屋顶平台作为住户的户外活动空间，为居民提供了绿化和游憩场地（图 5-100）。并且，住宅单元的类型可以不加限制，住宅单元的楼梯也没有必要通至底层商业用房。

4）底层楼梯的几种处理方式

（1）楼梯直通到底

底层商店层高较高，楼梯处理与标准层不能完全一样。最简单的办法是标准层作两跑楼梯，到底层改为三跑，仍可采用标准的楼梯段和休息平台（图 5-101）。

（2）楼梯向前延伸

当住宅底层出入口设在后面，而楼梯由于朝向等原因设在前面时，底层楼梯第一跑向前延伸打通一间房，直通到室外（图 5-102）。

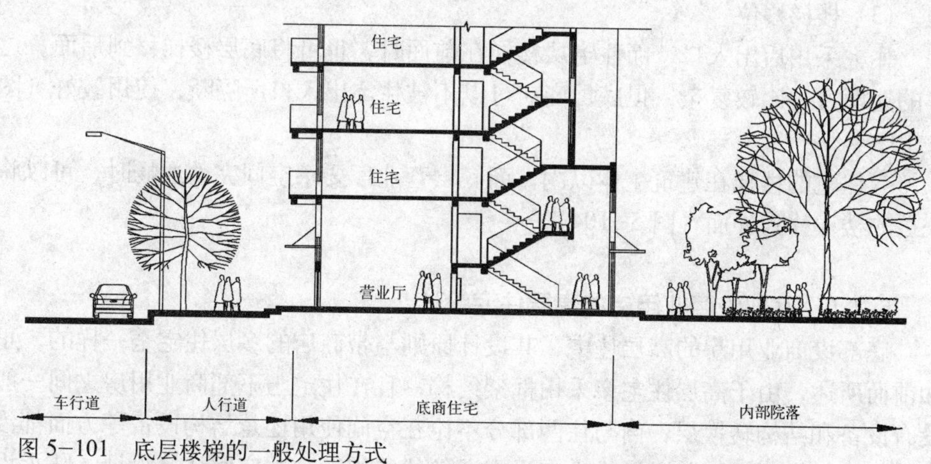

图 5-101　底层楼梯的一般处理方式

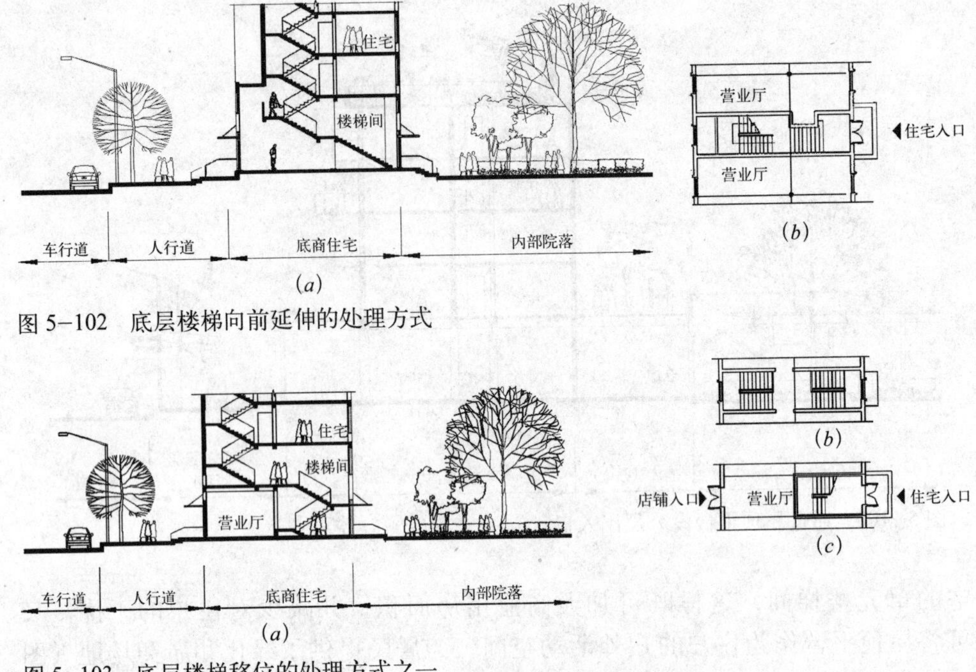

图 5–102　底层楼梯向前延伸的处理方式

图 5–103　底层楼梯移位的处理方式之一

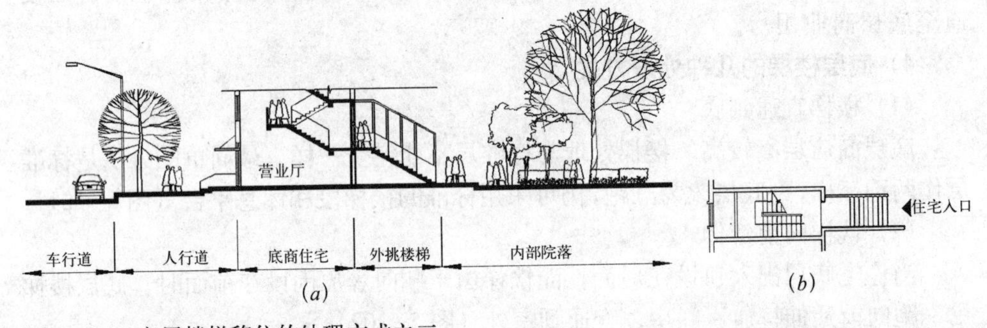

图 5–104　底层楼梯移位的处理方式之二

(3) 楼梯移位

住宅采用后出入口，而住宅层楼梯在前面时，也可将底层楼梯移到后面。这样的处理方式比较复杂，但底层商店可以不被住宅出入口所隔断，使用较好（图 5–103）。

当住宅的楼梯在建筑主体以内，而底层营业厅要求空间完整通畅时，可以将底层的楼梯移到外面（图 5–104）。

5.4.5　底部设商业用房的高层住宅设计

底部设商业用房的高层住宅，其设计原则与带商店的多层住宅是一样的。正如前面所述，由于高层住宅多采用框架结构，且在住宅与下部商业用房之间一般设有设备和结构转换层，商与住两部分不论在空间使用还是结构设备等方面都没有太大矛盾。因而，其设计重点在于交通流线组织、公共空间环境设计、防火设计和停车空间设计几个方面。

1）交通流线组织

（1）楼、电梯设置

底部设商业用房的高层住宅的交通组织，除设置满足消防疏散要求的楼梯外，电梯是其主要的交通方式。当电梯穿越下部商业用房时，为避免商业人流对住户的干扰，上部住宅的电梯不在商业用房的楼层停靠，而是直接通到底层，经门厅出入。若设有地下车库时，应有至少一部电梯通到地下车库，方便住户使用。

（2）出入口设置

此类高层住宅的出入方式，常见的一种是楼、电梯直接通向地面；另一种是通过屋顶平台转换的方式，即楼梯与屋顶平台相连，然后再通过其他室外交通方式通向地面。由于屋顶平台也是楼上住户户外活动空间，为保证出入安全，楼梯出入口宜扩大成门厅，独立设置。特别是一些开放型的居住小区，当商业用房屋顶平台作为公共活动场所（图 5–105），会有下部商业用房的顾客和其他居民共同使用时，还应在门厅处设置管理用房。

2）公共空间环境设计

底部设商业用房的高层住宅多设在城市道路旁、街口处和小区入口旁，外围交通便利，周边配套设施完备。近几年在我国经济较发达地区还出现一种被称为城市住宅综合体的住宅类型，它往往集住宅、商业、娱乐、休闲、餐饮等于一身，内部功能相对比较复杂。因此，处理好公共空间与上部住宅和下部商业用房的组合关系及其空间环境形态，是此类住宅设计的关键。

（1）整体设计，营造优美居住环境

由于在空间密度、功能组合和物理形态上的密集，高层住宅下部的商业用房常采用整体裙房的形式，其屋顶多作为上部住宅的户外公共空间，在解决住户入口问题的同时，为居民提供了一个交往、娱乐、休憩和健身的平台，亦有助于城市和住区资源、环境、基础设施的充分利用。

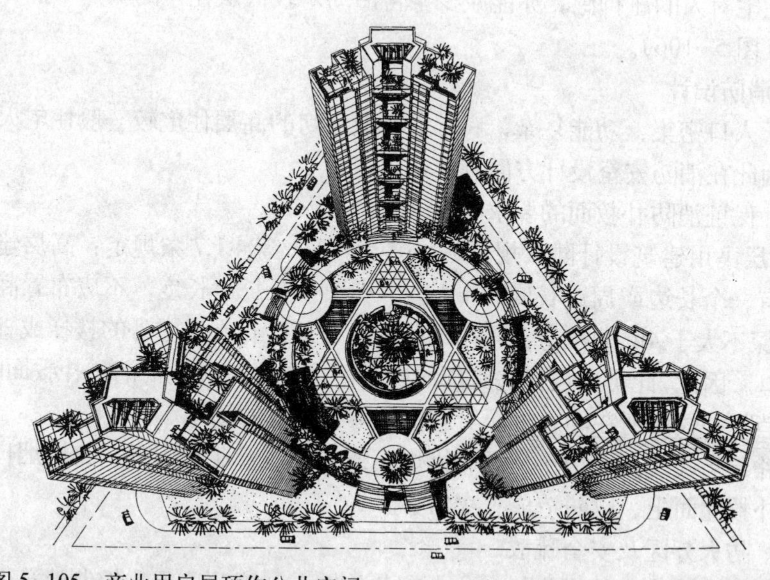

图 5–105　商业用房屋顶作公共空间

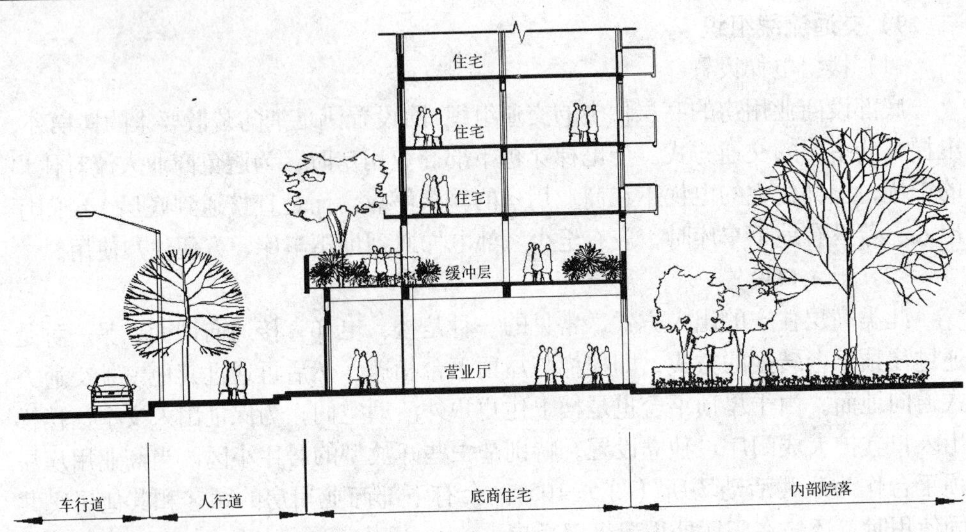

图 5-106　住宅与下部商业用房间设高架空层

优美的居住空间环境包括足够的活动场地，良好的日照、通风和采光，恰当的活动区域划分，完备的社区设施等。强调人们对公共空间环境的可参与性，具有无障碍设计及良好的景观环境等。但同时还要考虑下部商业用房屋顶承重、防排水设计等要求，存在比较复杂的技术问题。

(2) 架空处理，减少下部噪声干扰

下部营业空间和屋顶平台上人的活动必然会对住户产生一定的噪声干扰。而且高层建筑对声音的大量反射易形成回声，延长了噪声的干扰时间和强度。所以有必要采取一定的保护措施，如设置隔声屏障或隔声带等。

在住宅与下部商业用房之间设置架空层，一方面能增加平台空地面积，扩大活动场地，空间敞开，提升居住环境品质；同时能保证平台上通风效果良好，减少高层住宅对人的压抑感；亦能减少平台活动对较低层住户的噪声干扰，提高其私密性（图 5-106）。

3）消防设计

由于人口密集、功能复杂，底部设商业用房的高层住宅较一般住宅火灾危险性大，因此在消防安全设计方面有特别规定。

(1) 保证消防扑救面的要求

《高层民用建筑设计防火规范》(GB 50045）第 4.1.7 条规定：高层建筑的底边至少有一个长边或周边长度的 1/4 但不小于一个长边长度，不应布置高度大于 5m，进深不大于 4m 的裙房，且在此范围内必须设有直通室外的楼梯或直通楼梯间的出口。因此，此类高层住宅底部的商业裙房布置时应满足消防扑救面的要求，并保证消防扑救面所在的总平面对应位置留有足够的场地。

此外，当底部商业用房是设有排烟系统的一些营业空间时，其排烟口不应设在消防扑救立面上，以防造成二次伤害。

(2) 防火分区及安全疏散

底部商业用房人流密集复杂，火灾危险性大，因此应严格控制建筑面积，划

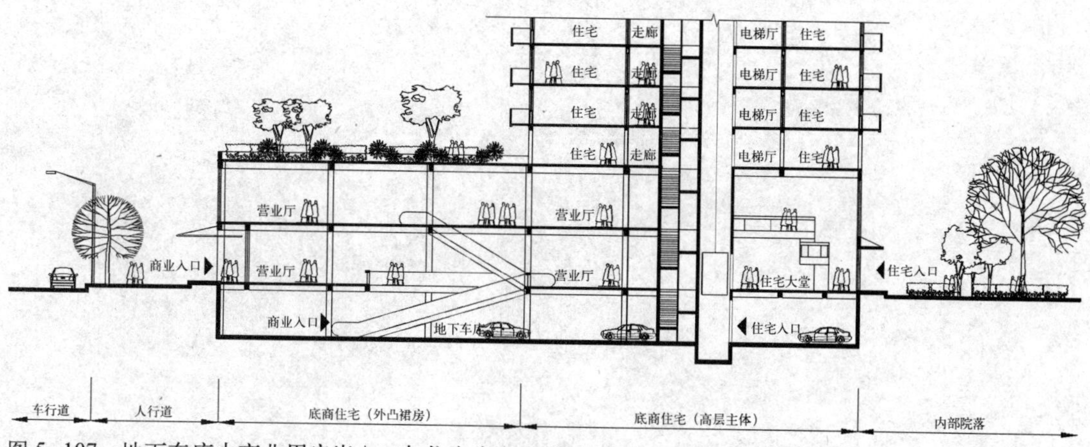

图5-107　地下车库中商业用房出入口与住宅出入口分设

分防火分区。并保证每个防火分区的安全出口不应少于两个，两个安全出口之间的距离不应小于5m，最远点到安全出口的疏散距离不应超过40m。

为防止住宅和底部商业用房共用楼梯，一旦下部商业场所发生火灾就会直接影响住宅内人员的安全疏散。因此，住宅的疏散楼梯应独立设置，使上部住宅和下部商业用房的消防设计分开处理。

(3) 灭火及报警系统设置

此类高层住宅消防设计的常规做法是，住宅全楼设消火栓灭火系统，底部设商业用房的裙楼和地下室增设自动喷水灭火系统。当商业用房作为商场、餐厅等用途时，由于其装修豪华，具有中央空调系统，可燃物较多，火灾的危险性大。所以，在裙楼设置自动报警系统及自动喷水灭火系统，并按要求增加商业用房部分的消防供水量就显得很有必要。

4）地下车库设置

高层居住建筑一般都设有地下室作为住户停车库和结构设备用房。底部设商业用房的住宅由于商业使用的要求，既要提供货物卸货的场地，还要为开车来购物办事的顾客提供停车的空间，特别是处在城市中心地带、较大型的商店，仅靠沿街路面停车是远不能满足要求的。而客、货流对停车空间的使用又会对住户的使用安全和物业管理造成影响。

因此，设计时地下车库面积应按住宅与商业用房两部分指标统筹考虑。同时，部分通至车库的住宅楼、电梯也应独立设置和管理；商业用房另设楼、电梯或自动扶梯与地下车库联系，避免商业部分的人流使用对住户生活造成干扰(图5-107)。

第 6 章
住宅产业化与工业化住宅

Chapter 6
The Industrialization of Residential Buildings & Industrial Housing Design

住宅建造有着数千年的历史，但把它作为一个产业，是与社会经济发展的一定状况和阶段相联系的。当今世界各国都把发展住宅产业作为重大政策加以研究，制订适合本国国情的住宅产业政策。

住宅产业化离不开建筑工业化。20 世纪 50 年代，欧洲一些国家为解决第二次世界大战后城市的重建问题,大力推进建筑工业化。20 世纪 60 年代扩展到美国、加拿大、日本等国家，20 世纪 70 年代，西方国家住宅工业化建设逐渐从数量的发展向质量性能的提高过渡，20 世纪 80 年代以后，更是加大住宅产业科技投入，关注高新技术和生态环境保护，向注重个性化、多样化以及高环境质量的方向发展。而我国的住宅产业化起步较晚,促进住宅产业化的发展具有重要的现实意义。

6.1 住宅产业化及相关概念

6.1.1 住宅产业

在以往的经济学中没有住宅产业的概念。在三级产业分类中，建筑业划为第二产业，房地产业划为第三产业。虽然没有独立的住宅产业分类，但建筑业、房地产业中包含着住宅开发、建造、经营、管理全过程的经济活动。现在一般的共识是：住宅产业是指标准产业分类的各产业领域与住宅相关的各行业的总和，是指以解决居民居住问题为目的而进行开发、建设、经营、管理和服务的产业。即从事住宅项目策划、规划设计、施工建造、构配件生产、设备制造、材料装修、流通交易、物业管理、维修服务、住宅金融等活动的总和。

6.1.2 住宅产业化

确切地说，住宅产业化应是住宅产业现代化。其根本标志是工业化、集约化、专业化、标准化、科技化。以住宅建筑为最终产品，以住宅需求为导向，以建材、轻工等行业为依托，以工业化生产各种住宅构配件及部品，以人才科技为手段，通过将住宅生产全过程的规划设计、构配件生产、施工建造、销售和售后服务等诸环节联结为一个完整的产业系统。做到住宅建设定型化、标准化，建筑施工部件化、集约化，以及住宅投资专业化、系列化。其意义不仅仅在于建造几种新住宅产品，而是一项系统工程，将使住宅建设的规划、设计、施工、科研、开发、产品集约化生产到小区现代化物业管理形成一套全新的现代化住宅建设体系，从而实现以大规模的成套住宅建设来解决居住问题。

国家提出并大力推行住宅产业化，成立了住宅产业化办公室和住宅产业化促进中心，先后下发了“提高住宅产品质量的若干意见”，“商品住宅性能认定管理办法”，《住宅设计规范》（GB 50096），《住宅建筑规范》（GB 50368）“国家康居示范工程实施大纲”等文件；同时提出了完善住宅技术基础工作的诸多目标，如能耗降低率，科技进步贡献率，先进材料使用率和住宅建筑节能等，表明了国家对住宅产业化的重视。国家推进住宅产业化的根本目的是为实现我国住宅建设从粗放型向集约型转变，实现住宅产品、住宅产业的现代化。

中国住宅产业只能选择资源节约型发展模式，应该把保证住宅全寿命周期质量作为设计基本原则，全面推行住宅性能认定制度，实行技术集成，大力推广应用先进、适用的成套技术。在标准化和模数化的基础上，实现部件通用化，最终提高生产效率与品质。住宅产品生产是形成标准化设计、系列化开发、工业化生产、装配化施工、社会化配套供应、规范化管理的社会化大生产，只有一个现代化的产业体系，才能充分满足住宅产业现代化的要求。

6.1.3　建筑工业化

建筑工业化是采用现代化的科学技术手段，以集中的、先进的、大规模工业生产的方式生产建筑产品代替过去分散的、落后的手工业生产方式。目的是要尽量利用先进的技术，用最少的劳动力，以最短的时间，最合理的价格建造适合于人类使用要求的房屋。建筑工业化主要包括建筑设计标准化、建筑体系工业化、构配件生产工厂化、现场施工机械化、组织管理科学化。建筑的工业化是一个国家建筑业技术与管理水平的综合体现。一般来讲，建筑工业化程度的高低主要取决于现场手工操作劳动量占总劳动量的百分比，这个比值越低，表明工业化程度越高。

建筑工业化最重要的特征是系统地组织设计和施工。在实现一项工程的每一个阶段，从市场分析到工程交工都必须按计划进行。建筑工业化的另一个特征是施工过程和构配件生产的重复性。构配件生产的重复性只有当构配件能够适用于不同规模的建筑、不同使用目的和环境时才有可能。构配件如果要进行批量生产，就必须具有一种规定的形式，即定型化。建筑工业化的第三个特征是使用批量化生产的建筑构配件。没有任何一种确定的工业化结构能够适用于所有的建筑营造需求，因此，建筑工业化必须提供一系列能够组成各种不同建筑类型的构配件。这是建筑工业化发展的理想目标。

我国的建筑工业化，早在 1956 年就已提出："建筑工业化是建筑业的发展方向"，"大力开展建筑结构和配件的标准化工作"，"积极实行工厂化、机械化施工"。但经过几十年的发展，建筑工业化仍然存在一些问题：a. 工业化生产体系尚未建立，体现在产业发展模式不明确，缺乏符合国情、因地制宜的建筑体系，尚未完全建立工业化的建筑体系和部品体系。b. 产业化技术不配套、不成熟，标准化滞后直接影响到新技术的推广和应用。需要从标准体系、建筑体系、部品体系、质量保证体系和性能认定体系等方面努力。

6.1.4　工业化住宅

工业化住宅即采用工业化的建造方式大批量生产的住宅产品。工业化的建造方式主要有以下两种：

1）构配件定型生产的装配施工方式

按照统一标准定型设计，在工厂中成批生产各种构件，然后运到工地，以机械化的方法装配成房屋。它的主要优点是：工厂生产构件效率高，质量好，受季节影响小，现场安装的施工速度快。但是装配式住宅首先必须建立材料和构件加工的各种生产基地，一次投资大；各企业要求有较大、较稳定的工作量，才能保证大批量的连续生产；构件定型后灵活性小，处理不当易使住宅建筑单调呆板。

2）工具模板定型的现场浇注施工方式

即采用工具式模板在现场以高度机械化的方法施工，代替繁重的手工劳动。它的主要优点是比预制装配方式的一次性投资少、适应性大、节约运输费用、结构整体性强；但现场用工量比装配式大，所用模板比预制的多，施工容易受到季节时令的影响。由于这些原因，近年来又有预制和现浇相结合的发展趋势。

我国的工业化住宅从1953年开始发展砌块建筑，1958年开始了装配式壁板建筑的试点，在20世纪60年代初期已经有了成片的砖壁板住宅小区。20世纪70年代以后，又在现浇工具式模板工艺方面积累了一些经验。主要是大模板住宅和一些滑升模板住宅。同时，研究试建了一批框架轻板建筑。到1978年底，砌块建筑已在浙江、上海、福建、四川、贵州、广东和广西等省市大量采用。装配式壁板住宅主要在北京、南宁、昆明、西安、沈阳等城市建造。同时，大模板住宅也在北京、上海、沈阳等城市建造。

改革开放以来，在大规模的城市建设过程中，住宅营造中所采用的建筑工业化方式也在发生变化。在工厂生产现场装配的大板住宅体系等因其性能缺陷、交通运输、工厂用地、经营成本等原因，已逐渐萎缩。采用模板现场浇注的各种施工体系，如内浇外砌住宅、框架住宅等施工体系得到了较大的发展。

应该看到，在我国住宅产业化的发展进程中，在中国国情的市场经济条件下，住宅是人们所必需的生活资料，而其中进入市场的商品房又是一种特殊商品。要实现“居者有其屋”的目标，一方面对中等以上收入人群来说，需要由商品房市场来供应，另一方面对低收入人群而言，需要由政府主导建设大量公租房和廉租房来加以保障。而这部分住宅的建设，更需要也更适合采用工业化住宅的大批量建造方式和生产方法。

6.2 工业化住宅设计的基本原理

建筑工业化把分散的、零星的手工业生产方式转变为集中的、成批的、持续的机械化生产，它不只是施工方法的革新，而且是整个建筑业的一次深刻的变革。它要求建筑的设计、制作、施工、管理及科学研究等各个方面都逐步向综合性和现代化的方向发展。因此，建筑设计工作者必须把设计与建造程序看作一个统一的整体，从方案阶段开始，就要有一种更全面、更科学的思考方法与设计方法。

6.2.1 工业化住宅设计的基本方法

按照工业化的方法进行设计，需要遵守构件组合的一定规则，注意组合的规律性。这种规则就是尺寸协调统一原则。应该使建筑物及其各个组成部分之间的尺寸协调统一，构成建筑的各种构配件、材料制品以及有关设备等都必须服从于一定的尺寸系统，才能配合组装。为达到这种尺寸统一协调原则，就必须采用模数制的方法进行设计。

我国《建筑模数协调统一标准》(GBJ 2—86) 中规定：基本模数定为100mm，以M表示；又规定1500mm以上的尺寸要用扩大模数（但住宅层高仍可按 100mm 进级），扩大模数可选用 3M、6M、15M。采用扩大模数作设计，不仅可使建筑各部分的尺寸互相配合，而且把一些接近的尺寸统一起来了，因此可以减少构配件的规格，便于工业化生产。

但是，仅有了模数和扩大模数还是不够的，有时为了更进一步控制规格，还需要研究和限制建筑物最基本的几个空间尺寸，如住宅的开间、进深和层高。这几个尺寸是决定或影响其他一系列尺寸的关键，楼板、墙板、梁、柱、楼梯等构件尺寸多是从这几个基本的尺寸派生出来的。这几个基本尺寸就叫作建筑参数。建筑参数应符合模数制。

近几十年来，国内外在工业化住宅的设计方法上曾积累了不少经验，方法很多，但大多是利用模数、参数的基本方法，进行空间组合。归纳起来大致可分为以下三类：

1）模数网格法

模数网格法是基于几何学方面的一种设计方法，用一种尺寸线布置出空间网格，网格中的网眼的宽度即是模数。绘出扩大模数的平面网格，在网格上作方案。网格线一方面要把主体结构、装修和设备的网格分开，另一方面又要使它们相互一致。一般采用两种模数网格，一种是主体结构网格，或称为轴线网格，它能够标出柱子和墙体的中轴线。另一种网格可以称为轮廓网格，主要用于布置设备和装修设计，它能够标出建筑物的净轮廓，体现墙体的厚度，便于设备的布置和装修材料的利用。这样作出的方案可保证建筑各部分构件符合模数，并且能相互配合协调。模数网格尺寸，主要根据构件的尺寸系列和房间面积决定（图 6-1）。

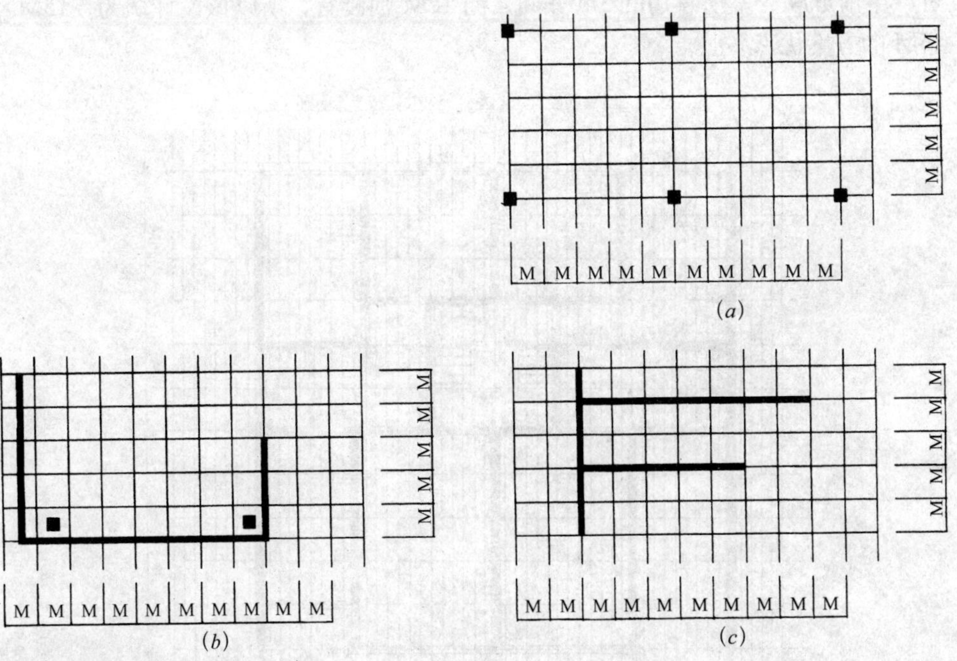

图 6-1　模数网格
（*a*）一种框架结构的轴线网格；（*b*）框架结构的轮廓网格或装修网格；（*c*）板式承重结构的轴线网格

[例一]

如丹麦哥本哈根巴雷罗公寓单元方案采用 3M×12M 模数网格，首先将结构施工方案确定为混凝土大板横墙承重、空心楼板、轻质外墙挂板。然后从巴雷罗构件产品目录中查得各构件规格：空心楼板宽 12M，长 24M、27M、30M……48M；轻质外墙板宽 9M、12M、15M，都是以 3M 进级的。为了使模数网格与构件相适应，确定设计模数为 3M×12M。图 6–2 是巴雷罗工程中公寓单元的一份方案草图。采用这种方法设计，可得出许多种不同的方案，而且都能使用巴雷罗构件产品目录中的构件。

[例二]

前苏联某住宅设计方案是根据每户建筑面积，先算出应占大约多少个模数小格，用这些模数小格作出许多方案，选择其中合适的方案定为标准套型（图 6–3）。用标准套型拼成单元，再用单元组成房屋。因为是用模数网格设计的，所以可保证拼接时互相配合。设计时只要按照统一的结构系统——横墙承重，承重墙和外墙都落在模数线上就可以了。该设计比较了 12m×12m 和 15m×15m 两种网格尺寸(图 6–4)。一般说来，网格越小则构件的规格和数量越多，但产生的方案也越多。从减少规格的角度来看，15M 有 3、4.5、6.0m3 种开间，也就是有 3 种楼板长度；而 12M 有 2.4、3.6、4.8、6.0m4 种开间，产生 4 种楼板长度，所以 15M 比 12M 有利。从方案多少来看，15M×15M 方案要少一些，但也足够了。从房间面积来看，15M×15M 每小格净面积约 $2m^2$，作为房间面积大小的级差是大了一些，但采用大开间时，隔断墙并不需要放在模数线上，因此房间面积是灵活的。此外，15M 可产生前苏联居室所喜用的 3m 开间，而 12M 则没有，所以该设计认为，15M×15M 的方案优点多些。

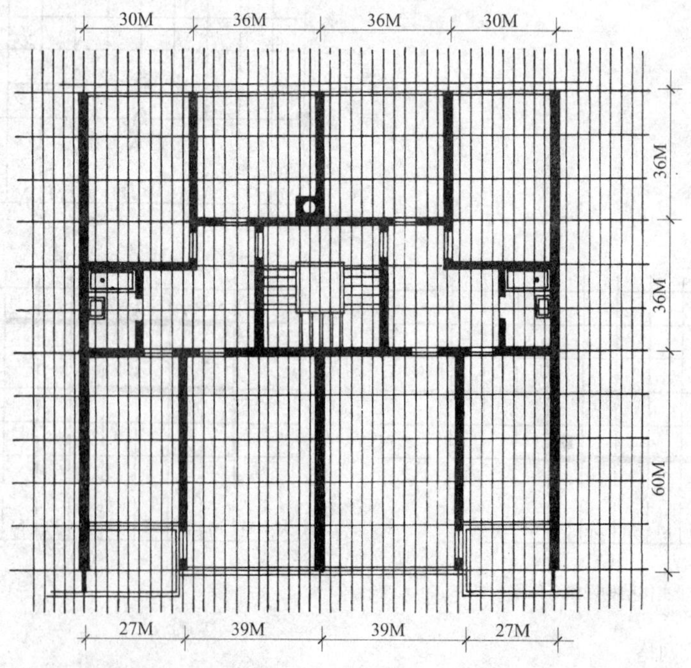

图 6–2　巴雷罗公寓方案

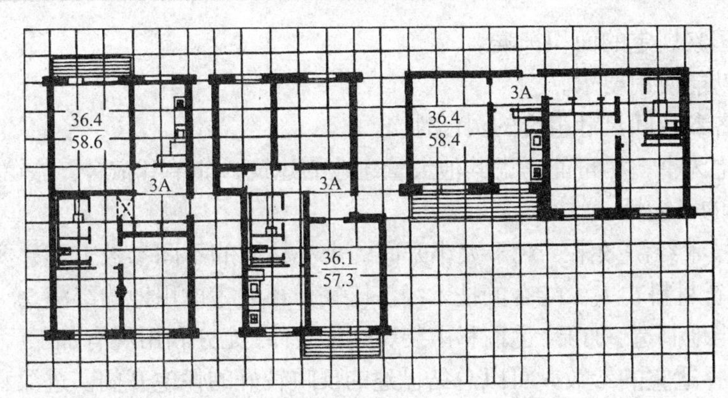

图 6–3　同样网格数的套型方案

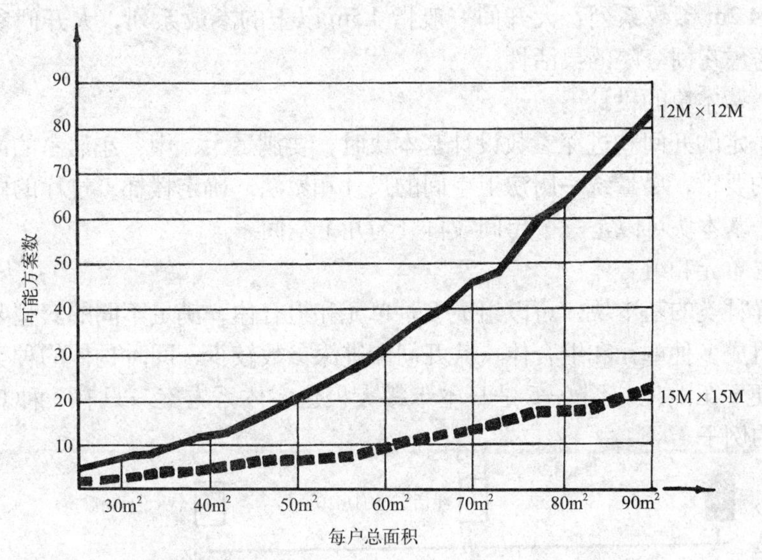

图 6–4　两种网格的比较

从以上两个例子中，可以看出选择网格尺寸时一般考虑的问题主要有：要充分采用定型化的产品构件，构件规格要少，要满足方案多样化的需求，要配合套型面积的要求。如果采用大模板施工，还要结合模板规格考虑，最好作成与网格一样的扩大模数的组合式模板，这样既能满足方案的多样性，又可保证模板的规格化。

2）基本块组合法

首先选定建筑平面参数（开间和进深），将选定的几种开间 × 进深的面积，即四面墙之间或四柱之间的面积定为“基本块”。设计出居室和辅助房间等几种基本块，用基本块组合成套型，然后再用公共交通部分将各个套型组合成各种体型的房屋。

(1) 建筑参数的选择

建筑参数是决定设计方案的尺寸基础，选择建筑参数应考虑下列因素：

• 按照国家标准化统一模数制的规定，开间、进深采用扩大模数的倍数，层高采用基本模数 100mm 的倍数。

• 适合国家规定的面积标准。

• 满足功能使用要求。

• 考虑各参数间尺寸组合的灵活性。

• 以住宅为主，尽可能考虑其他大量建造的建筑，如单身宿舍、旅馆、医院、学校等通用的可能性。

• 考虑技术经济效果。对于大小开间、大小柱网的不同参数方案，要经过结构计算，进行材料、人工综合的技术经济比较。还要考虑用地的经济。

• 根据当地制造、加工、运输和吊装等具体条件，充分利用现有加工厂和设备。

如何选择适宜的参数，可以总结已建的反映较好的住宅开间、进深和设想新的方案，加以分析归纳。开间的选择有小开间和大开间两种系列，小开间一般指2.4m到4.2m参数系列；大开间一般指4.5m以上的参数系列，大开间参数的选择需要考虑房间分隔的灵活性。

（2）基本块的设计

用一定的开间和进深参数设计基本块时，要满足大、中、小居室的面积和布置家具的要求，尽量统一厨房卫生间的尺寸和做法，确定楼梯、过厅的做法和尺寸。每一基本块可以是一个房间或再分为几个空间。

（3）单元和组合体

同样种类的基本块，可以组成多种单元和组合体，满足不同的套型要求，由基本块组成多种单元和组合体，其开间和进深参数较少，同时构件的种类和数量较少，便于工业化。图6–5是日本卡缪大板住宅体系方案，只有一种开间和一种进深的例子。

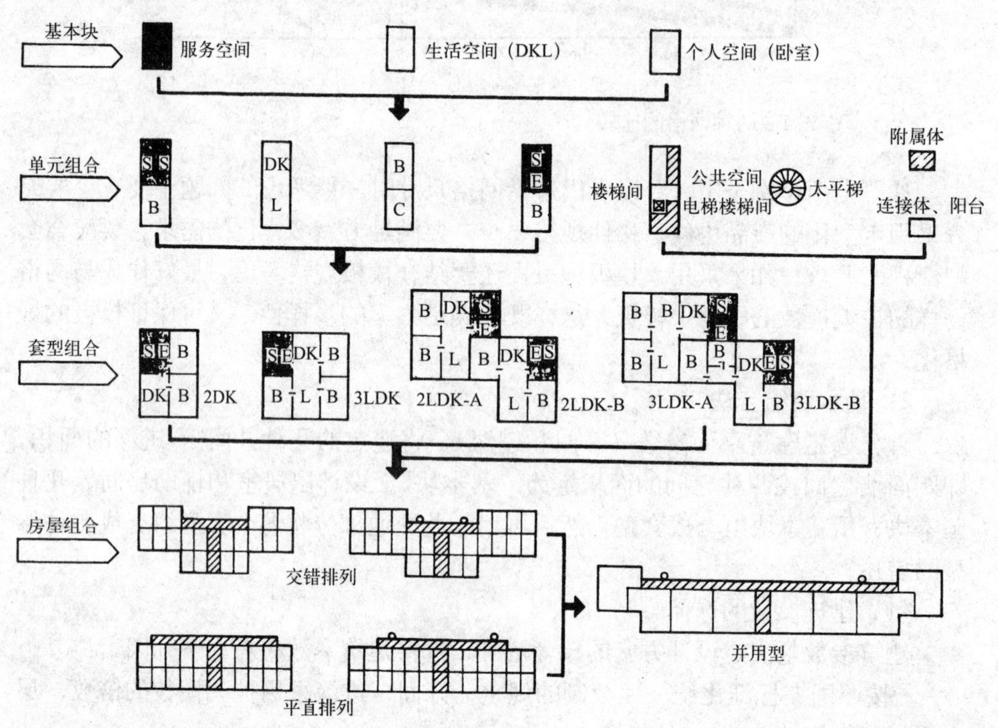

图6–5　日本卡缪大板住宅

3）模数构件法

使用模数构件法进行设计，需要有发达的建筑业市场基础，设计时可以直接考虑模数构件的规格尺寸。在有些国家中，有许多专业化的建筑构配件和建筑制品的厂商，他们的产品都是按照一定的模数尺寸系列生产的。设计人可以查阅产品目录，选用这些模数构件进行设计，而不用经过模数网格设计（图 6-6）。

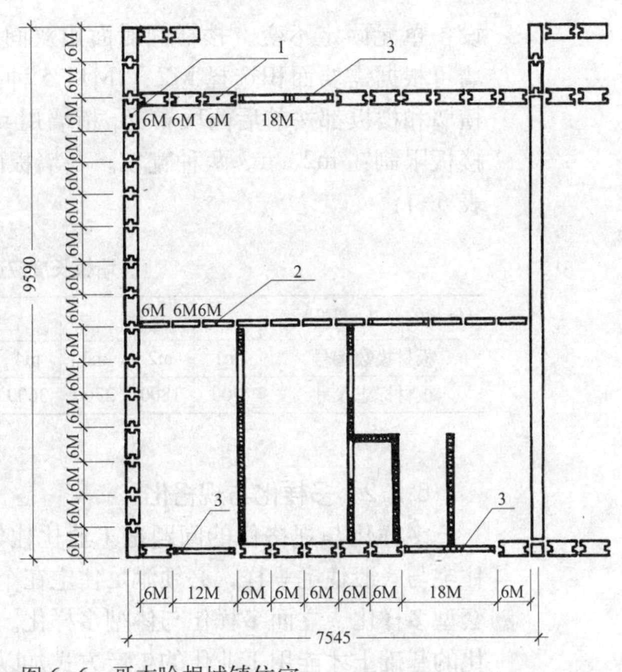

图 6-6　哥本哈根城镇住宅

1—外墙板构件；2—内墙板构件；3—门窗构件

日本东急预制装配方案（图 6-7）是 1972 年日本建设省、通产省、日本建筑中心共同举办的住宅设计竞赛中选的试建方案之一。该方案采用以 9M 进位的内外墙板、楼板的系列化模数构件。设计特点是将平面分为不变部分与可变部分。楼梯间和两侧的立体

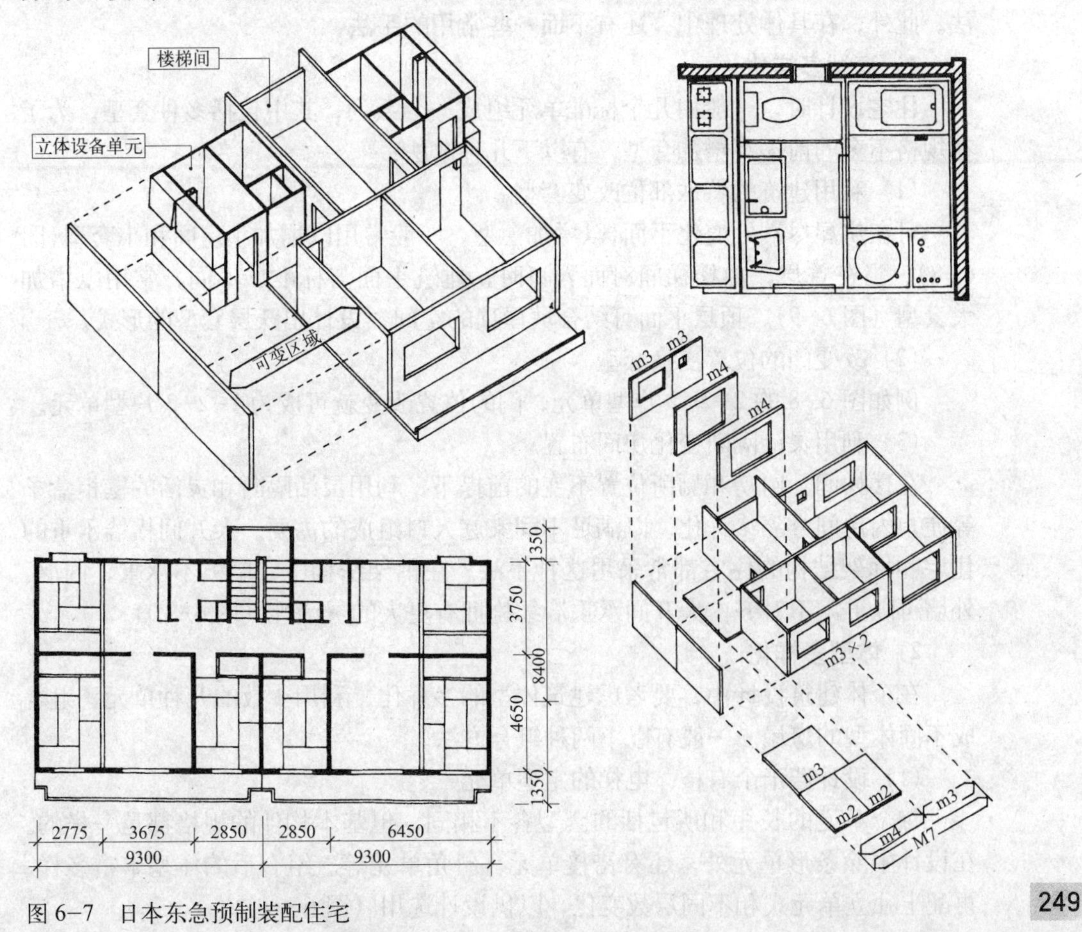

图 6-7　日本东急预制装配住宅

设备单元固定不变，楼梯间对面用双间外纵墙板 m3 也是不变的。然后两侧纵墙可根据需要面积选择 M7 ~ M11 5 种模数尺寸，可以做出 30 种不同的开间。横墙和楼板都按前后两块布置，横墙用 m4 和 m5 2 种模数，可组合出 3 种进深，楼板限制在 m2、m3 两种宽度。各墙板的长度可以适应各种组合。尺寸规格见表 6–1：

各墙板长度应适应各种组合　　表 6–1

每户的总开间和进深							M7	M7	M7	M7	M7
板材模数编号	m1	m2	m3	m4	m5	m6	m7				
板材标志尺寸	900	1800	2700	3600	4500	5400	6300	7200	8100	9000	9900

6.2.2 多样化与规格化

多样化与规格化的问题是工业化住宅建筑方案设计中的基本矛盾。工业化住宅与一般住宅一样，必须满足住宅在个体与规划方面各种多样的要求，主要是套型多样化、立面多样化与体型多样化。但是，多样化的设计，只有建立在规格化的基础上才能用工业化的生产方式加以实现。前述利用模数网格、模数构件和基本块组合的方法是在工业化住宅方案设计中解决多样化与规格化矛盾的基本方法。此外，在具体处理中，还有下面一些常用的手法：

1）套型多样化

住宅设计时，一般由几个标准单元组成一个系列，其中包括多种套型。为了在规格不多的前提下增加套型，有以下几种做法：

（1）利用建筑的特殊部位改变套型

可在房屋尽端处变化平面，以增加套型。一般常用以增加小房间和小套型（图 6–8）。当在首层，由楼梯间对面入口时，建筑平面与标准层不同，常用以增加大套型（图 6–9）。顶层平面可结合坡屋顶的空间，设计出跃层套型的形式。

（2）改变门的位置变换套型

例如图 6–8 的 2–2–2 户型单元，门的位置改变就可成为 1–2–3 户型单元。

（3）利用灵活隔断变化房间布置

在楼梯间、厨房和厕所位置不变的前提下，利用灵活隔断和灵活的壁柜盒子等使户内房间分隔多样化，以满足不同家庭人口组成的需要。大开间横墙承重的住宅和框架结构的住宅都常采用这种手法。在框架结构中，墙板不承重，内墙、外墙可以上下不对齐，大开间承重墙结构拥有更大的灵活性（图 6–10）。

2）体型多样化

在个体建筑设计中，要考虑建筑体型的多样化，利用少数的几种单元，组合成不同体型的房屋。一般有以下两种组合方法。

（1）设计若干个有楼、电梯的定型单元

每个单元的长短和所包括的套型各不相同，但基本构件的规格都是一样的。在设计中除条形单元外，还有错接单元、斜角单元等。组合后的体型丰富多样，再配上独立单元式和不同层数变化，以供设计选用（图 6–11）。

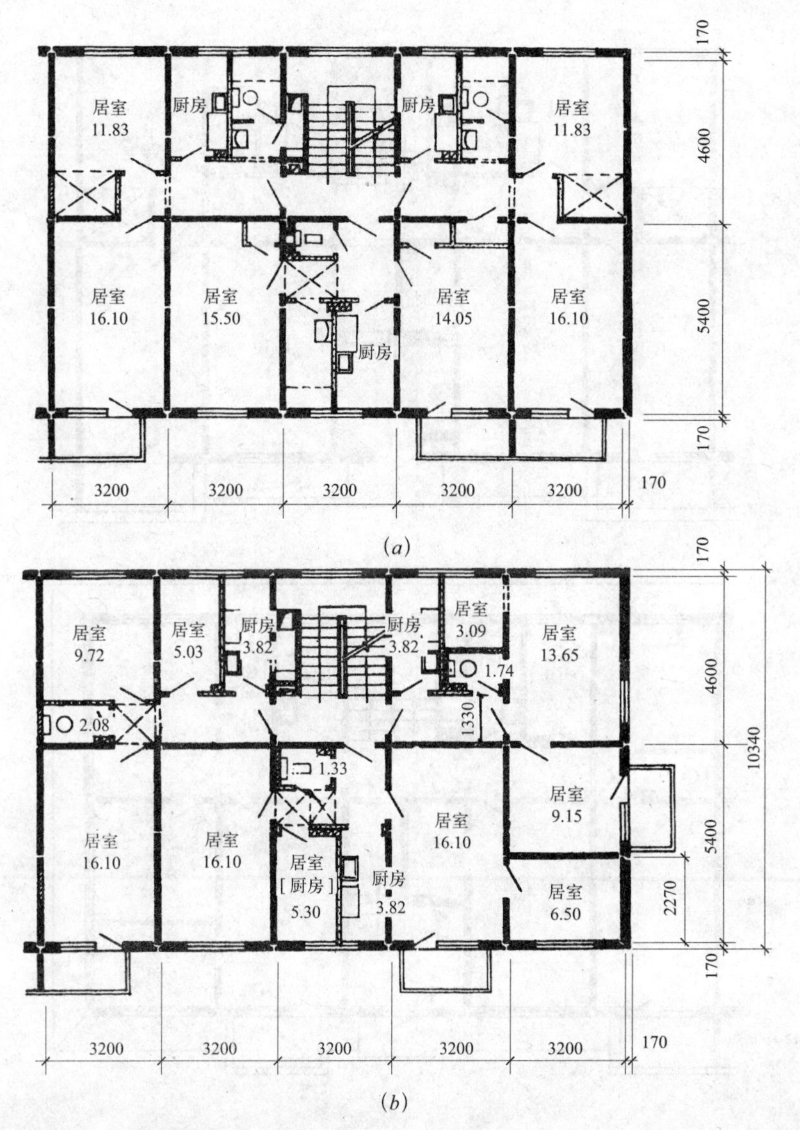

图 6–8　利用尽端改变套型

(*a*) 标准层中间单元；(*b*) 标准层尽端单元

(2) 以套型作为定型单元

然后用交通部分联系起来组成各种体型的房屋，如图 6–5 用多种套型定型单元组成房屋。图 6–12 虽然只有一种套型定型单元，但也可组成不同体型房屋。

3) 立面多样化

工业化住宅的体型虽然可作多种组合变化，但因受构件规格少的限制，门、窗布置又大多匀称一致，变化较少。因此，在满足工业化施工工艺要求的前提下，应该进行必要的艺术加工，而且应该在新的条件下，利用新材料、新技术，努力创造出崭新的现代化的建筑风格。处理手法如下：

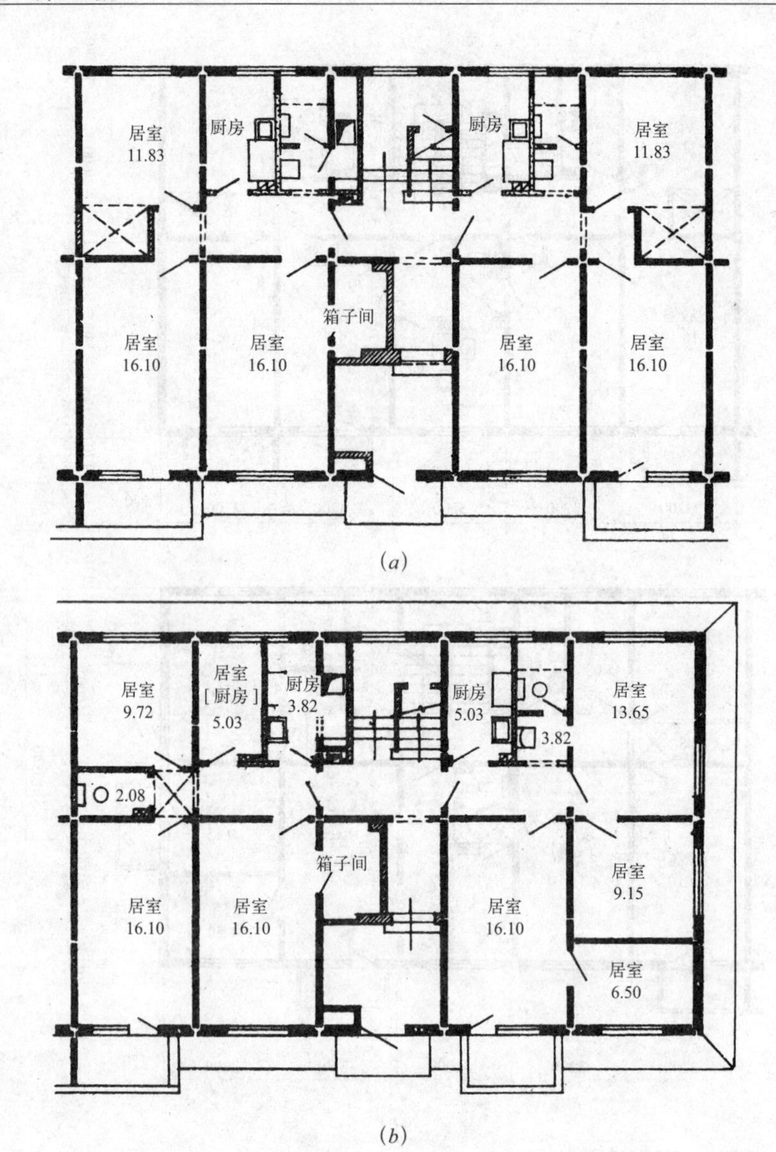

图 6-9　利用楼梯对面入口改变套型
(*a*) 首层中间单元；(*b*) 首层尽端单元

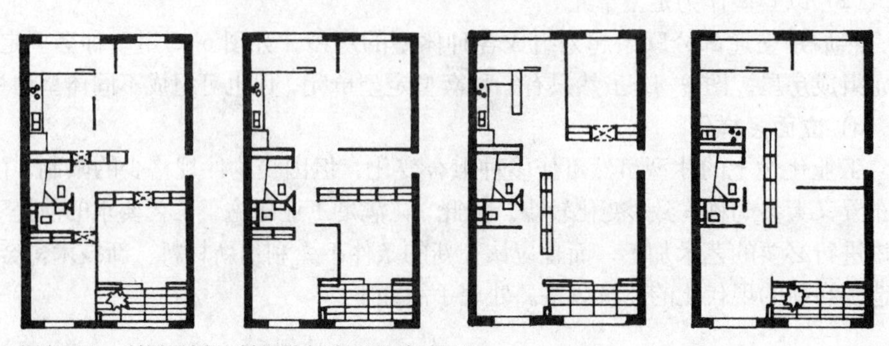

图 6-10　利用灵活隔断和壁柜盒子改变套型

单元			组合体	
平面	层数	套型	平面	立面
1	4 5 9	1-2-3, 1-2-3 (4-3,3-4) (3-5,2-4)	1 3 1	
2	4 5 9	3-4 (1-2-3)	3 2 5	
3	5 9	2-2-2-3 (2-2-3-4)	4 1 4	
4	4 5 9	1-2-2-3 (1-2-2-3)	3 2 2 2 1 1	
5	9	1-1-1-1 (2-1-1-2)	2 3 2 2 3 2	

图 6-11　前苏联某标准住宅设计

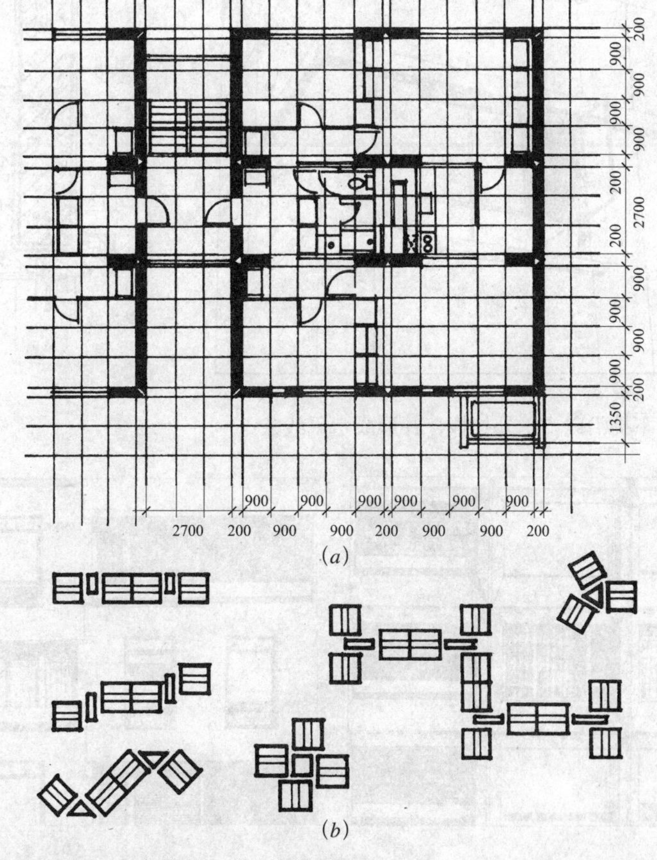

图 6-12　日本某装配式大板住宅

(*a*) 定型单元；(*b*) 各种体型的组合体

（1）利用群体空间的变化

在群体布置中，利用空间变化，结合绿化措施来丰富周围的环境空间。

（2）利用阳台等的阴影效果

利用阳台或凸出的楼梯间等的阴影效果，可改善体型的单调感。若采用挑阳台可保持房屋外墙的平直，不削弱房屋整体性，一般比采用凸、凹阳台时构件规格少，因此在工业化住宅中应用较多。阳台可作成整间的或半间的，单个的或组合的，楼上、楼下可以对齐，也可交错，栏板可作成虚的或实的。

（3）利用结构构件

可以将梁、板等结构构件凸出墙面，作成线脚，把立面划分成水平的、垂直的或形成格网及边框，而不增加构件规格（图 6–13）。装配式墙板住宅，还可利用墙板的不同形式和划分，取得不同的立面效果。图 6–14（*a*）带窗的外墙板与带凹廊栏板的外墙板同样处理，取得统一的效果。图 6–14（*b*）楼上、楼下凹廊交错布置，外墙板也交错布置，并加强了两种外墙板的虚实对比，以取得丰富的变化。

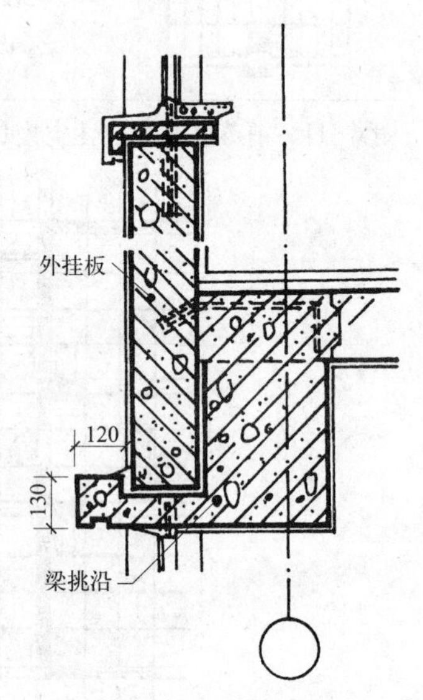

图 6–13　在梁下挑沿以支承外挂板，并形成水平线条

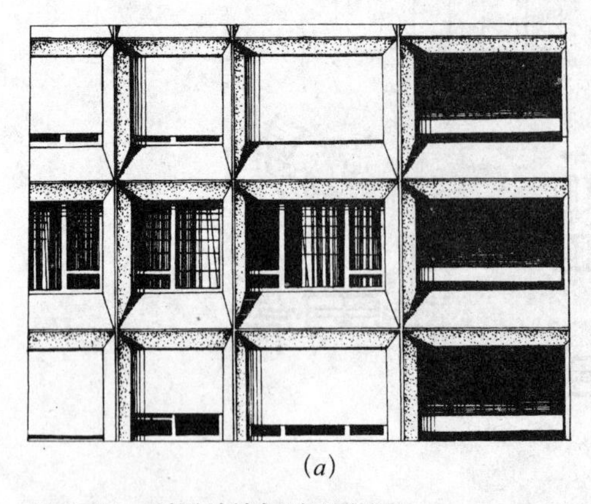

（*a*）

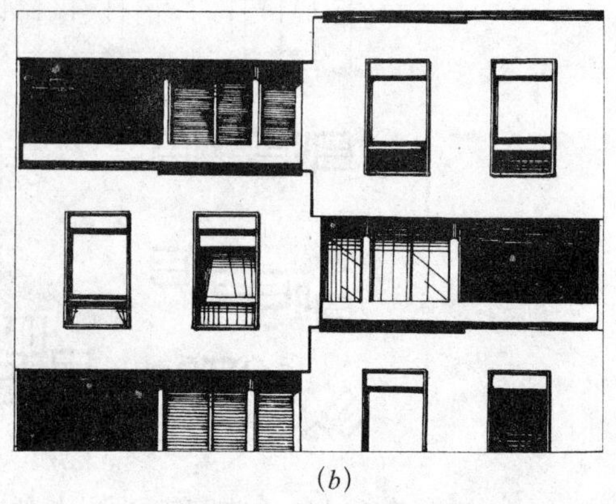

（*b*）

图 6–14　利用外墙板处理立面

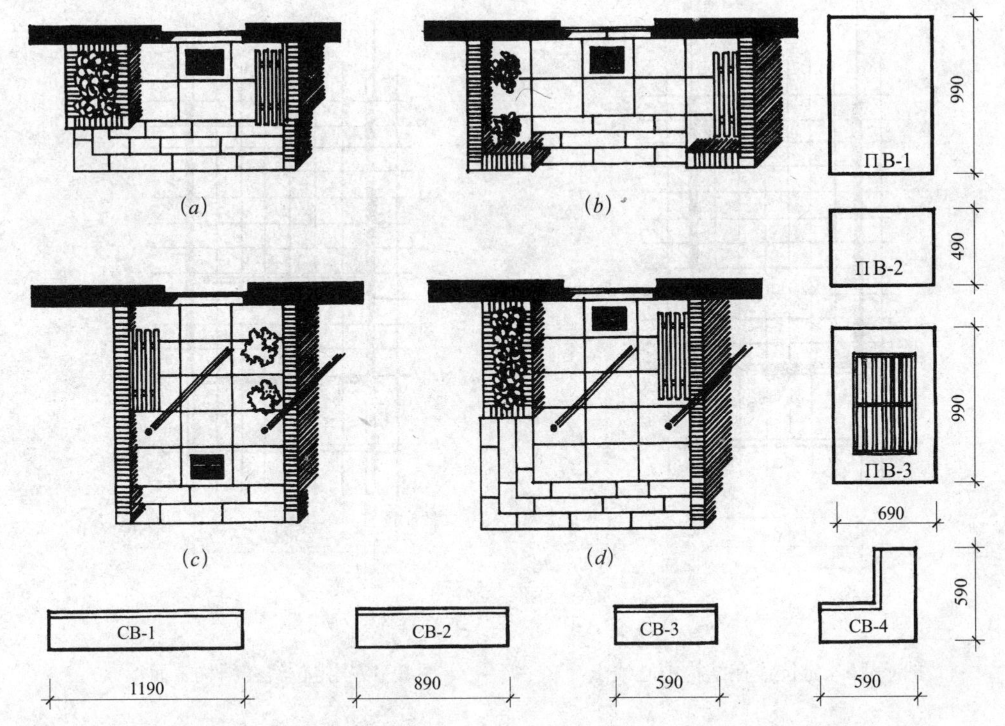

图 6–15　莫斯科 9 号街坊的住宅入口
(a) 2 号楼入口；(b) 12 号楼入口；(c) 11 号楼入口；(d) 1 号和 3 号楼入口
(ΠB- 定型平台板，CB- 定型踏步板)

(4) 利用色彩和材料

山墙与外纵墙用不同的色彩可加强建筑的体积感，使房屋显得挺拔。楼梯间外墙与其他外墙色彩不同，可加强房屋立面的垂直分割。在国外的工业化住宅设计中，有时采用几块不同的色彩处理墙面，可使立面生动活泼、富有变化。将深色外墙板的缝涂以浅色，能突出墙板划分的效果。在阳台、入口等重点部位，将一些小配件标识醒目的颜色，或采用不同的饰面材料，能起重点装饰的作用。

(5) 利用建筑小品

入口、门廊和花台等建筑小品可利用几种小构件组合，作成多种形式。这些小品有时在主体建筑完工后再做，不影响房屋基本构件的规格和快速施工（图 6–15）。

4）构件规格化

在方案设计阶段考虑构件的规格化主要应从两方面着手。

(1) 定位轴线的标注

定位线与结构构件的位置关系是采用模数制设计时首先遇到的问题。在各国已建的工业化住宅中，平面定位线的标注方式主要有两种：

• 一种是把定位线定在结构中心线上，这样可使主体结构构件如楼板、梁及外墙板等都是模数构件。我国工业化住宅大多采用这种标注方式（图 6–16）。

• 另一种是把定位线定在结构构件的表面，使房间净尺寸符合模数(图 6–17)。

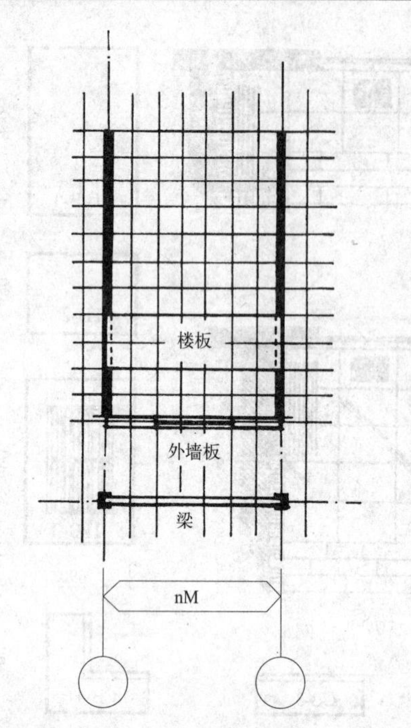

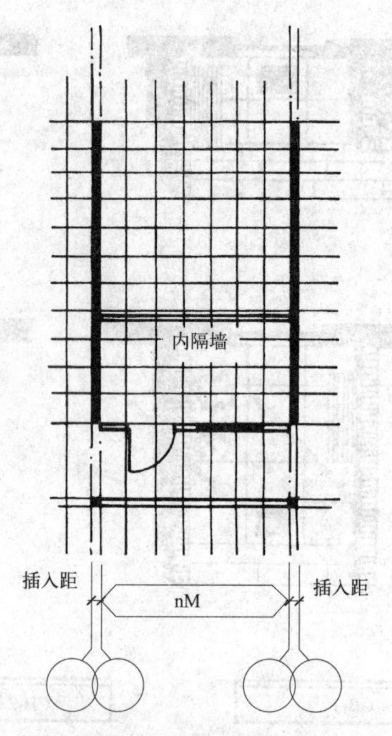

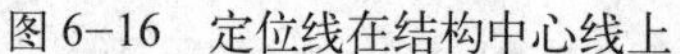

图 6–16　定位线在结构中心线上　　　　图 6–17　定位线在结构表面

这样便于选用按一定扩大模数尺寸定型的、由专业化工厂生产的建筑构配件和材料制品，如内隔墙、固定设备、门窗、装修饰面材料以及家具等。此外，对于大模板施工的住宅来说，房间净尺寸符合模数对模板规格化是很有利的。

标注方式的选择，主要根据如何有利于采用定型构件，尽量减少异形构件（特别是昂贵的异形构件），并考虑使结构构件受力合理，节点构造简单，每一套设计都必须有统一的、互相配合的定位线标注方式，才能达到通用推广的目的。

在建筑的尽端和斜角等特殊部位标注定位线，对构件规格的多少影响较大，要结合节点做法考虑。如图 6–18 巴雷罗公寓凹阳台的节点大样，其定位线与构件的位置关系，保证了外墙构件是定型的。图 6–19 是我国工业化住宅的平面特殊部位定位线标注的两个例子。图 6–19（*a*）尽端山墙的定位线定在墙厚为中间墙一半的位置，以保持楼板及纵向外墙板的规格不变，并且转角节点做法要用山墙板来配合外墙板，因为尽端山墙板本来就需要特殊设计，这样并不增加山墙板的规格。图 6–19（*b*）用组合圈梁考虑定位线，保持梁板构件和跨度不变。

建筑的竖向定位线一般是与楼、地板饰面重合，装修简单时也可与结构表面重合。平屋面上的定位线可定在相应的楼板厚度处，以保持顶层的层高不变（图 6–20）。檐口、女儿墙、勒脚等构件与外墙板交接处，与平面上特殊部位的设计原则一样，也应尽可能保持定型外墙板的规格不变（图 6–21）。

（2）方案布局的手法

①辅助部分集中和定型

在同一套住宅中的楼、电梯间和厨房、卫生间等特殊部分，一般只有一种定型设计，在各单元中重复使用。并且厨房与卫生间最好集中成组，使上下水、煤

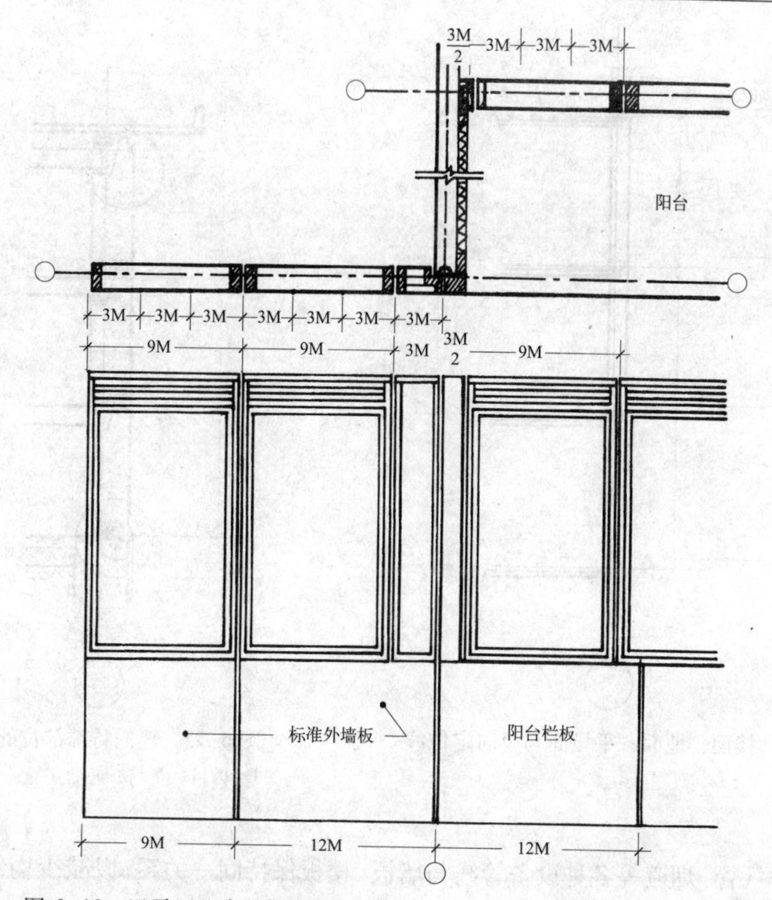

图 6–18　巴雷罗公寓凹阳台的定位线

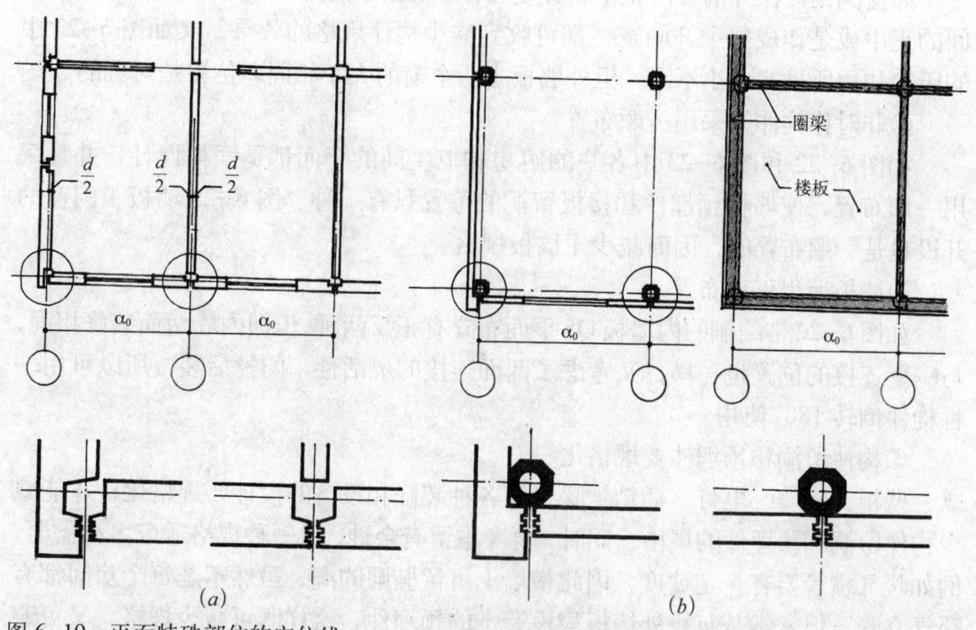

图 6–19　平面特殊部位的定位线

(*a*) 大板住宅尽端处定位轴线标注实例；(*b*) 框架轻板住宅尽端处定位轴线标注实例

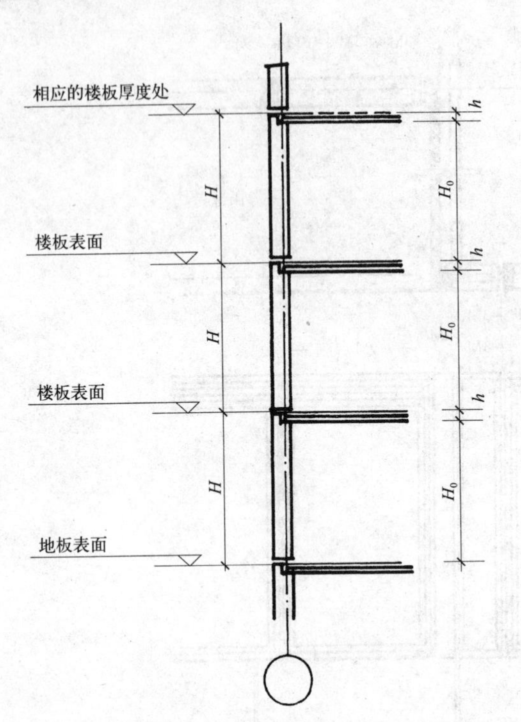

图 6–20　楼面、地面、平屋面与竖向定位线的关系图

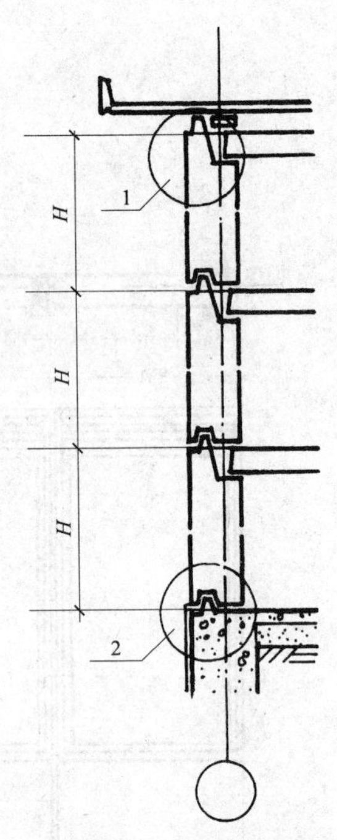

图 6–21　竖向特殊部位的定位线
1—檐口；2—勒脚

气管、排气管、烟道等各种设备管线与墙板、楼板保持同一关系，以减少构件规格。

②尽量设计成对称的构件

如窗洞设计在外墙板的正中，设备留洞，设计在楼板的正中，阳台布置在开间的正中或是作成整个开间宽，都可收到减少构件规格的效果。又如图 6–22 中的厨房和厕所虽然大小不同，但外墙板上两个窗的大小相同，位置是对称的。

③非对称构件，采用一顺布置

如图 6–22 和图 6–23 中各户的厨房和卫生间的平面都是同样设计，并且采用一顺布置，使墙板预埋件和楼板留洞的位置只有一种。图 6–23 墙板上门窗的开设也是一顺布置的，因而减少了墙板规格。

④墙板运用正反布置

如图 6–22 带门洞的内墙板 Q5 平面布置有正反两种，但因内墙两面装修相同，与隔壁连接的位置也一样，又考虑了两面连接的灵活性，门樘后装，所以可用一种构件倒转 180° 使用。

⑤构件留洞和预埋件要规格化

壁柜、隔墙、电灯、插销、暖气等各种装修和设备的设计要规格化，才能减少构件留洞和预埋件的规格。同时，要考虑留有余地，以一种规格适应多种需要。例如暖气横管要有一定坡度，因此横墙上可留椭圆的洞。虽然不是每个房间都有暖气立管，但常常是每块外墙板均设管卡的预埋件，这样既可减少规格，又可避免在施工吊装中出现误差。

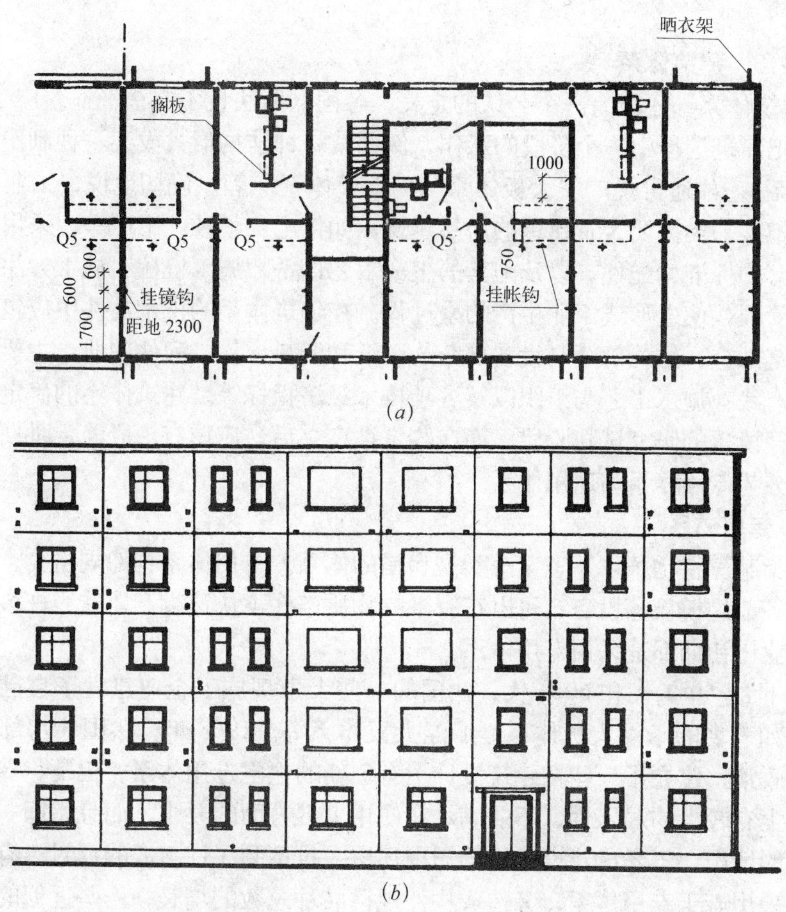

图 6–22　上海某大板住宅
(a) 单元平面；(b) 背立面

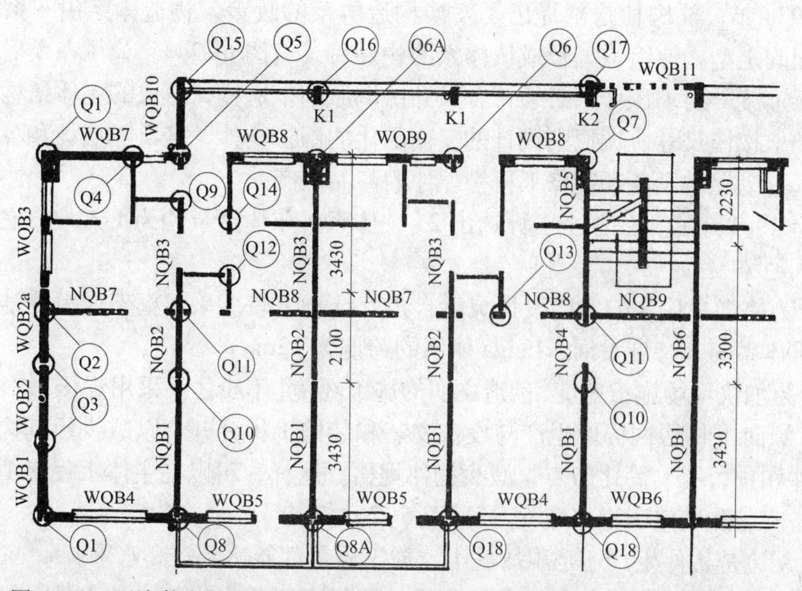

图 6–23　天津某大板住宅

6.2.3 建筑体系

“建筑体系”还没有一个公认的定义，各国的做法也不完全一样。广泛而言，有时常把建筑过程中一个阶段的工作，例如某一种结构形式或某一种制作方法称为“体系”，如通常说的“大板体系”、“大模体系”等。确切地说，工业化建筑体系是把某一类需要大量建造的房屋建筑，如住宅、学校、工厂等，采用标准设计和配套的标准构配件，以及配套的生产工艺设备、施工机械、施工方法和科学的组织管理，使之形成工业生产的全过程。在建筑体系的技术文件中应包括总说明；建筑部分、结构部分与设备部分的图纸和资料；构、配件图册；主要预制构件的生产线、施工工艺与组织以及各项技术经济指标等。建筑体系的确定须经过科学的、慎重的研究试建阶段，而在鉴定推广之后，应该有一段稳定时期。建筑体系可分为专用体系与通用体系。

1）专用体系

是指某一特定条件下，某一类型房屋的体系。专用体系构件规格少，便于批量生产，节约模板等设备，可以在有限的物质条件下快速投产建造。许多国家在建筑工业化初期都是采用专用体系。

20 世纪 50 年代和 60 年代，法国的一些大中型施工企业建立了自己的专用体系，如著名的卡缪大板体系、瓜涅大板体系等。1968 年，法国住房部通过样板住宅政策，建立了一些在建筑设计上有创新的住宅专用体系。但是，专用体系在变化上有较大的局限性，不能满足在使用上多方面的要求。而且，同一模式用于不同的情况，不考虑建设基地的周围环境，也遭到了许多人的反对。有时一个城市要采用若干专用体系，又造成构件规格品种总数的增长，一些近似的构件也不能通用。鉴于这种情况，近年来一些工业化发展较快的国家都在向通用体系方向努力。

1978 年，法国住房部提出了发展构造体系的政策。构造体系由一系列能互相装配的定型构件组成，形成该体系的构件目录（图 6–24）。为了在今后能向通用体系过渡，要求该体系必须符合尺寸协调原则。这样，形成的主体结构还能采用市场上按该尺寸协调原则设计的、商品化的围护构件，轻质隔墙板和各种设备部件，可以促进设备和装修工程构配件的商品生产。

至 1981 年底，法国全国评选出 25 种体系，年建造量约为 1 万户。它们表现出下列趋势：

• 为使多户住宅的室内设计灵活自由，结构上较多采用框架或板柱结构，墙体承重体系向大跨度发展，Leiga 体系的跨度为 12m。

• 为加快现场施工速度，创造文明的施工环境，不少体系采用焊接、螺栓连接。

• 倾向于将结构构件生产与设备安装和装修工程分开，以减少预制构件中的预埋件和预留孔，简化节点，减少构件规格。这样，可以在主体工程交工后再进行设备安装和装修工程（图 6–25、图 6–26）。

• 无论是构件生产还是现场施工，施工质量都能达到较高水平。

• 构造体系最突出的优点是建筑设计灵活多样。它作为一种工具，仅向建筑

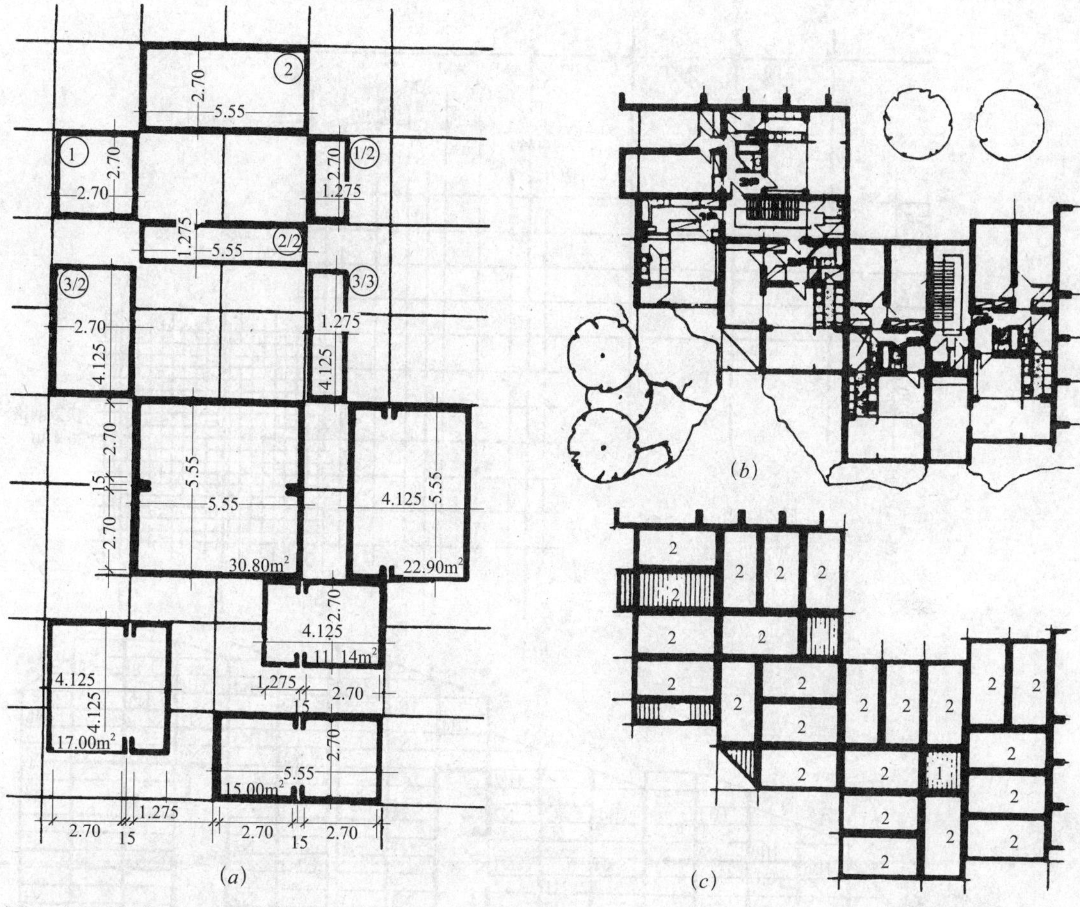

图 6–24　法国 SCOT 盒子体系

(*a*) 基本盒子类型；(*b*，*c*) 由基本类型的盒子可以组成的灵活平面

师提供一系列的构配件及其组合规律，使建筑师有较大的自由进行建筑创作。所以采用同一体系建造的房屋，只要是出自不同建筑师之手，建筑造型会大大地不同。这就比按套型单元或结构单元定型的工业化住宅进了一步。

2）通用体系

通用体系是一种较完美的工业化建筑方式，能将构件标准化、生产社会化和建筑多样化协调起来，形成一种开放式的工业化。这种理论主张将构配件生产与建筑施工分割开来，以建筑构配件为中心，组织专业化、社会化的大生产体系，形成许多新兴的、各自独立但又互相依存的工业部门。由于各厂商都遵循全国统一制定的有关尺寸协调、节点、公差及质量的标准准则，所以各厂商分头设计、生产的构配件可以互相装配，并组合成形式多样的建筑。通用体系具有以下一些优点：

• 通过各个厂商对某种构配件的专业化大批量生产，形成丰富的产品系列，使建筑师可以在大量的产品目录中自由挑选，设计出形式多样、富于个性的建筑，从而实现构配件生产标准化、批量化和建筑多样化的结合。

• 按构配件组织专业化生产，可以充分发挥生产设备的作用，大大提高生产率、降低造价。

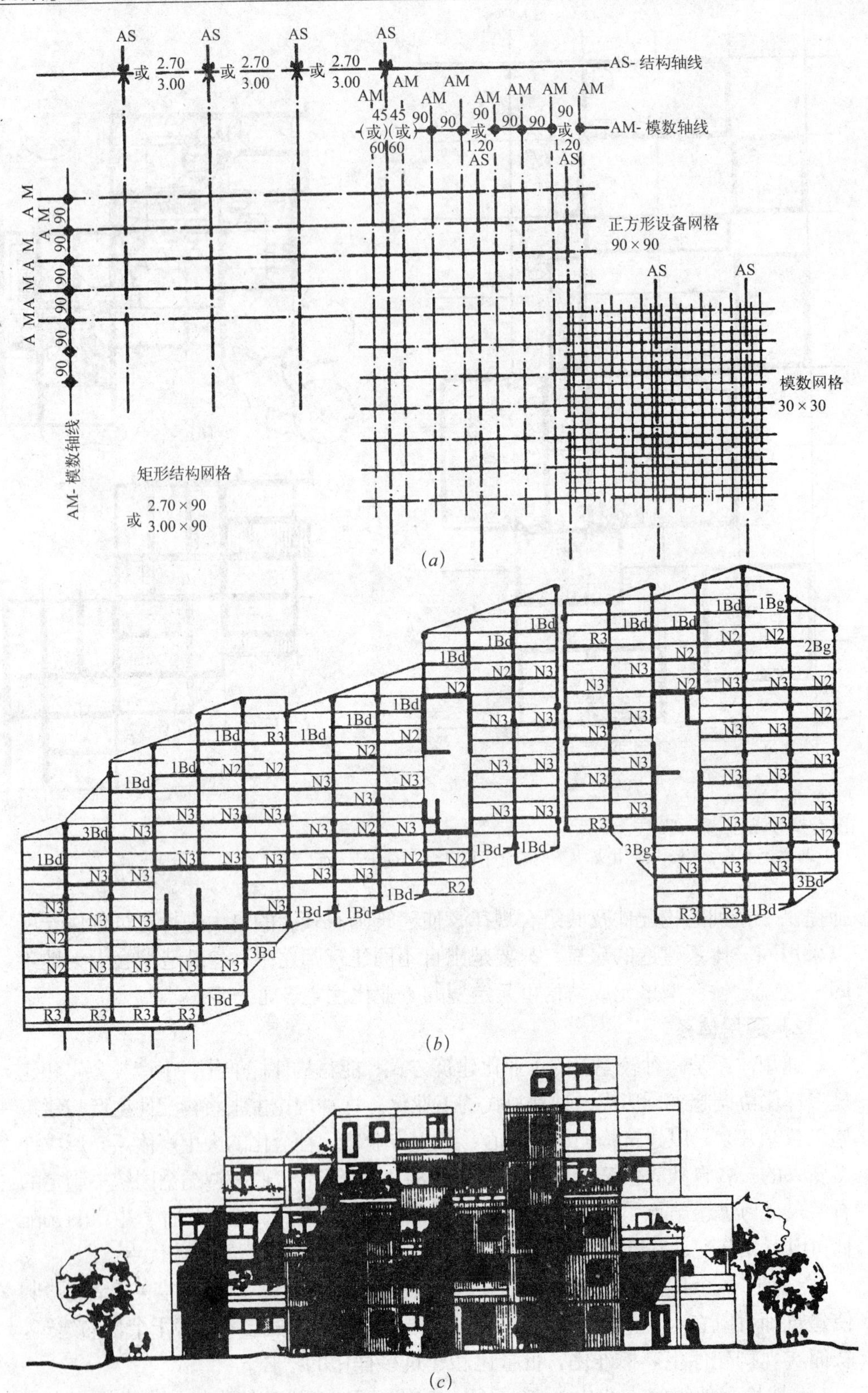

图 6-25　法国 SOLFEGE 体系

(*a*) 结构与设备网格；(*b*) 采用该体系的住宅平面及板型组合；(*c*) 采用该体系所设计的多样化住宅

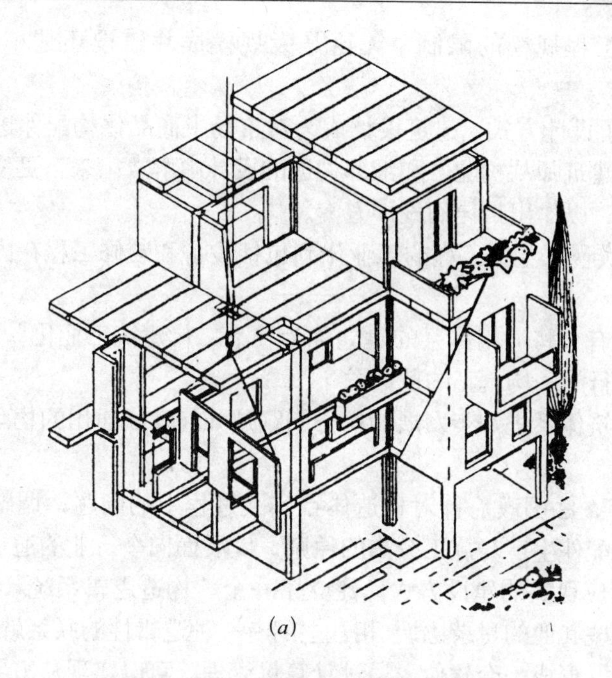

(*a*)

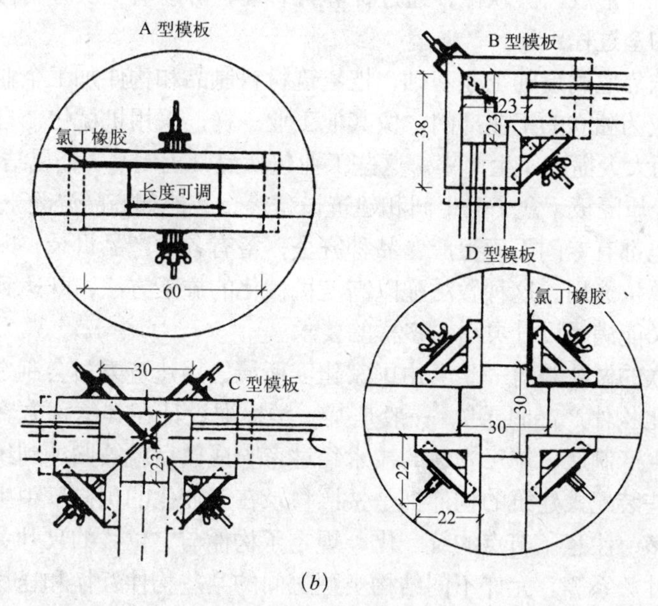

(*b*)

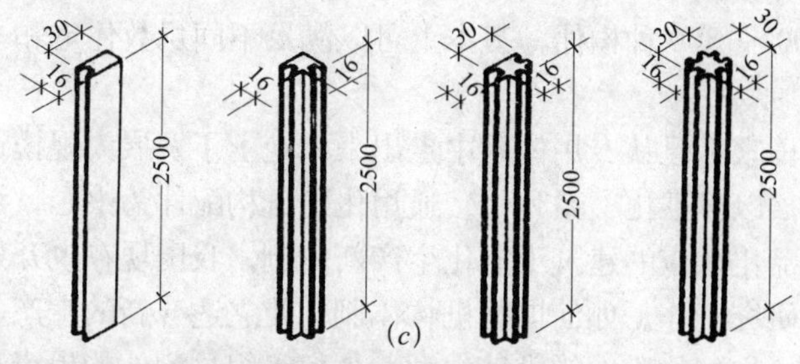

(*c*)

图 6–26　法国 SGE-C 体系的节点构件

(*a*) 透视图；(*b*) 现浇节点；(*c*) 预制节点构件

• 不受工程规模的限制，无论是大规模成片建设还是小单元插建，都可使用。

• 改变了设计方式，建筑设计成为对市场上商品化构配件进行搭配组合的工作，从而使建筑师从构配件和细部构造的设计中解放出来，更多地进行用户分析和方案比较，以作出最佳的设计方案。

• 可以实现从主体工程的工业化到包括设备和装修工程在内的全建造过程的工业化。

因此，有人将通用体系的建立称为“第二代建筑工业化”，是“对建筑技术及经济所进行的一场真正的革命”。

当前建筑体系进一步发展的核心问题是如何发展通用的构配件，这在国外有不同的途径。

1982 年，法国政府针对构造体系实践过程中的问题，调整了技术政策。新政策推行构配件生产与施工分离的原则，发展面向全行业的通用构配件的商品生产。为了适应现实的建设方式，建立了一个“构造逻辑系统”，即一套构配件目录只要与某些其他的目录协调，相互之间有一种逻辑性的联系就可以了。每个“构造逻辑系统”形成一套软件，通过计算机管理，可以实现从方案设计到提供工程造价估算的全过程工作。

美国依靠它高度的工业基础，把建筑材料制品和构件加工企业从施工单位脱离出去，成为独立的工业部门，像其他工业一样，采用机械化、自动化的流水线生产，从而大大提高了生产率。这些工业包括混凝土制品、金属结构加工、门窗、小五金、轻质隔板、盒子卫生间和建筑设备等。其他如商品混凝土、钢筋、模板、脚手架等也都有专门工厂生产，品种齐全，备有各种产品目录，以商品形式供设计和施工单位选用。这种做法配以高度机械化的施工方法，既达到了先进的工业化水平，又能满足设计灵活、多样的要求。

前苏联的做法是有一整套由国家建委所属民用建筑委员会制定的“民用建筑统一模数化构件产品目录”。一般是某一类标准设计在其结构方案、节点、细部构造以及生产制造、施工安装的技术经过考验成熟后就被归纳到统一的产品目录中去。这些装配式建筑的构件都是按照目录在专业化的预制厂中生产。为避免构件规格过多，注意了节点的统一化，规定了构件与定位线的尺寸关系和构件接头处各种尺寸关系等。允许不同结构类型之间的某些构件互换和通用，为逐步由专用体系向通用体系发展创造条件。前苏联的一般中、小城市选用 300 ~ 400 种，大城市选用 600 ~ 800 种构件，基本上可以满足不同层数住宅和一般公共建筑的需要。

现在许多国家都已从专用体系中走出来，走上了发展大规模通用构配件市场的道路。即发展以标准化、系列化、通用化建筑构配件为中心，组织专业化、社会化生产和商品化供应的建筑工业化生产新体制。我国现在也开始了建筑体系与住宅产业化的研究工作。如何调整机构体制，使之适合新的生产关系要求；如何选择建筑体系，作好构配件的设计定型；如何组织构配件的生产和供应，实现住宅生产的产业化等，都是亟待研究解决的问题。

6.3　工业化住宅的主要类型与设计特点

工业化住宅主要有砌块建筑、大型壁板建筑、框架轻板建筑、盒子建筑、大模板建筑、滑模建筑等类型。但工业化方法是不断发展变化的，是与特定时期的社会经济条件相适应的。这里只就常见的几种工业化住宅的设计特点，分别加以叙述。

6.3.1　砌块住宅

在过去的砖混结构住宅中，水平构件楼盖、屋盖等基本上已实现了预制吊装工业化，但墙体仍沿用小型普通标准砖，劳动强度大、效率低。砌块住宅把小砖改为大砌块，以机具吊装，初步走向了工业化。砌块比砖墙节约用工33%～50%，并能就地取材，利用工业废料，不用黏土，不破坏农田，生产工艺简单，具有造价低等优点（图6–27）。但砌块住宅存在着构件小，现场湿作业多，抗震性能差，工业化程度低等局限性。

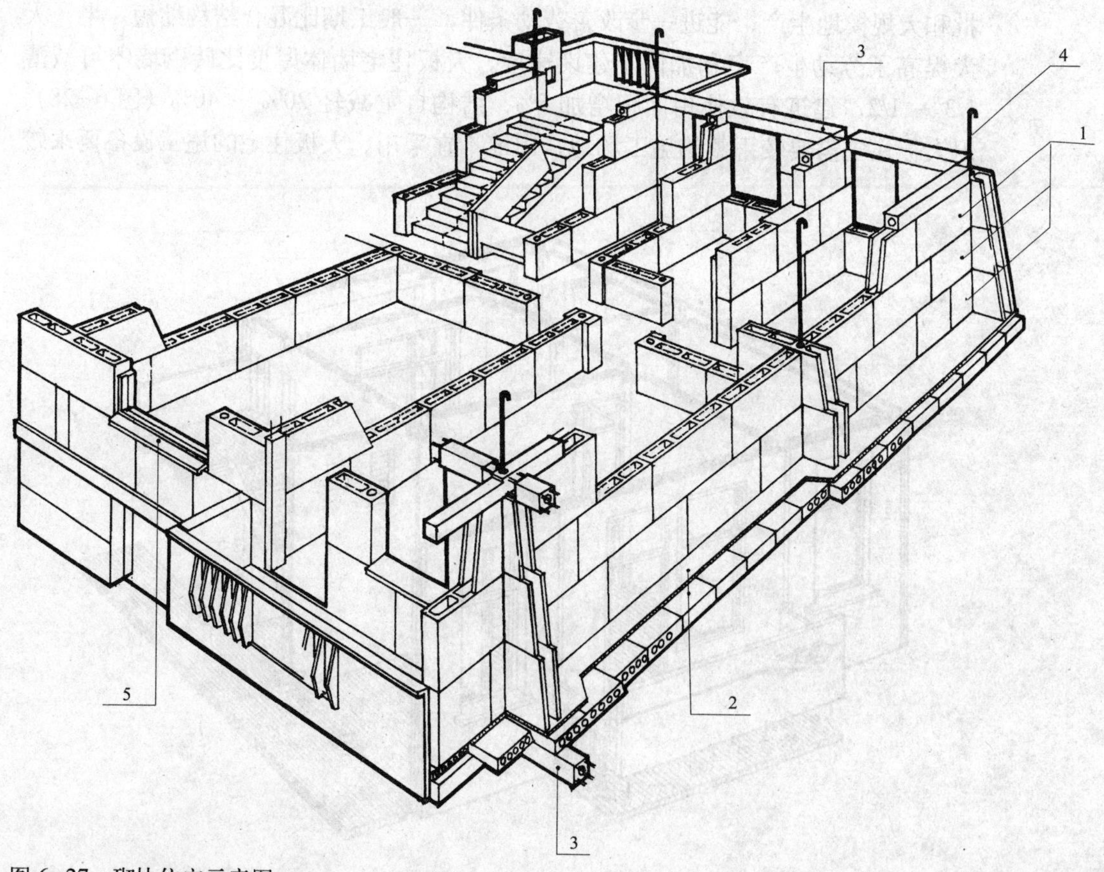

图6–27　砌块住宅示意图

1—砌块；2—楼板及面层；3—圈梁；4—插筋；5—窗台板

注：本砌块编号即其长度的标志尺寸，按dm计。

小型砌块住宅与一般砖墙混合结构相似，而大、中型砌块住宅在设计上的不同之处主要在于如何使建筑墙体各部分尺寸适应砌块尺寸，以及如何满足构造上的要求，加强房屋整体性。砌块住宅因其工业化程度不高，抗震性能差，随着社会发展进步，已基本被淘汰。

6.3.2 装配式壁板住宅

装配式壁板住宅是将各种构件如墙身、楼板、屋顶等都在预制厂中做成大尺度的预制板材，然后运到工地，用机械化方法装配成房屋，通常简称大板住宅。构件尺寸加大，意味着数量减少，因此可以减少吊装次数，减少连接处理，提高工业化程度。而且有的板材还做好内外装修饰面，甚至各种设备管道也可预埋在构件里，吊装后只要处理好节点和接缝，安装上设备，就完成了全部建造工作。

大板住宅因纵墙承重时刚度差，且承重外纵墙立面处理受限制，故一般采用横墙承重。墙板尺寸通常以房间开间和层高划分，楼板尺寸通常以房间开间和进深划分。平面需尽可能做到纵横墙拉通对直，结构布局规则匀称，这对于减少构件规格，简化节点构造，特别是加强结构整体性十分重要。

大板住宅由于充分发挥了工厂化生产和现场机械化组装的优越性，便于成批和大规模地生产，能进一步改善劳动条件，一般工期比混合结构缩短一半，大大提高了劳动生产率和加快了建设速度。大板住宅墙体厚度比砖砌墙体可减薄1/3 ~ 1/2，建筑有效使用面积增加5%，结构自重减轻20% ~ 40%（图6–28）。但大板住宅需要较平整的施工场地，山地不宜采用。大板住宅的施工设备要求较

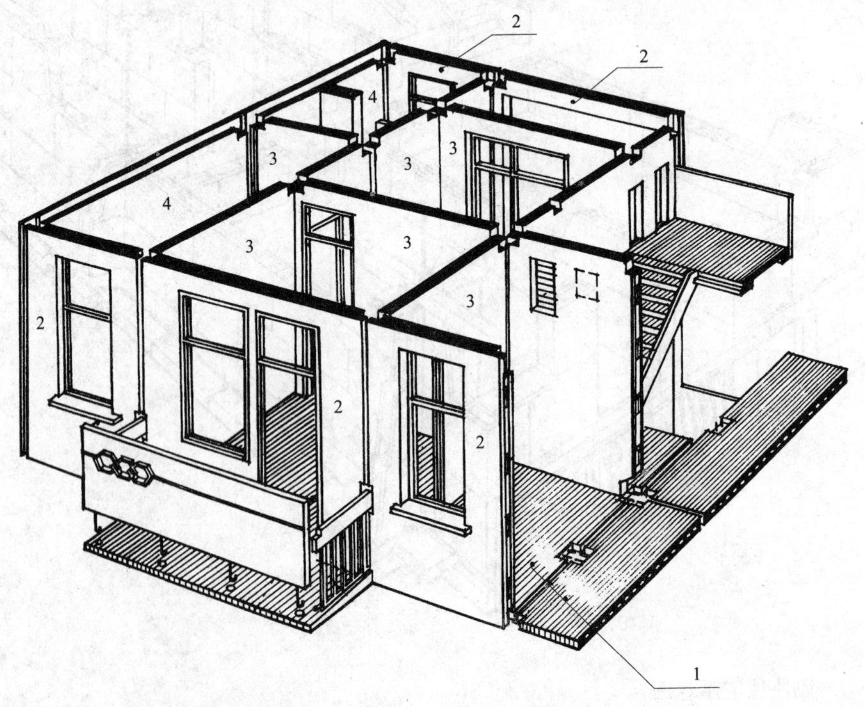

图6–28　大板住宅示意图

1—楼板；2—外墙板；3—内墙板；4—山墙板

高，需要大型机械吊装设备，其建设造价也较高。同时构件规格化和建筑多样化存在矛盾，并且其隔声、隔热性能和接缝处理均存在较大问题，目前已基本被淘汰。

6.3.3　大模板住宅

大模板住宅是用定型的大面积模板在现场浇筑混凝土墙体的住宅。这种工具式模板用钢板、胶合板或塑料等材料作面层，可重复使用。浇筑时使用工厂制作的钢筋网片，集中搅拌混凝土，通过混凝土泵或料斗进行浇灌，这样就以高度机械化代替了繁重的手工劳动，把现场变成了临时的房屋工厂，所需设备简单，没有笨重构件的运输，比预制壁板住宅的整体性好，节约钢材，而且方便施工（图6–29）。

大模板住宅的建筑设计特点基本上与大型壁板相同。无论是结构、平面布局，或是多样化与规格化问题都很相似。因为大模板住宅的门、窗模板是后组装在墙体模板上的，故门、窗位置较自由，比大板住宅灵活。但是由于施工工艺的不同，在建筑设计上也有一些特殊问题需要考虑。

1）大模板住宅设计的特殊问题

（1）选用建筑参数时须考虑模板规格

国内外的大模板就其组合的灵活性来分，大致有以下两类：

①整体式大模板

即大块模板的规格是按照某几种定型的房间尺寸而配置的，无论模板的构造有何不同，即不管是平模、角模或筒子模，对设计的限制都是一样的。这类模板因为尺寸定型、面积大，所以构造较简单，大面积墙面光洁，施工质量容易保证，但设计的灵活性小。由于模板耗费钢材较多，不能每次都按照新的设计要求配置新模板，所以设计时往往只能选用施工部门现有定型模板的开间、进深和层高，若要增加新的模板规格，一般比较困难。

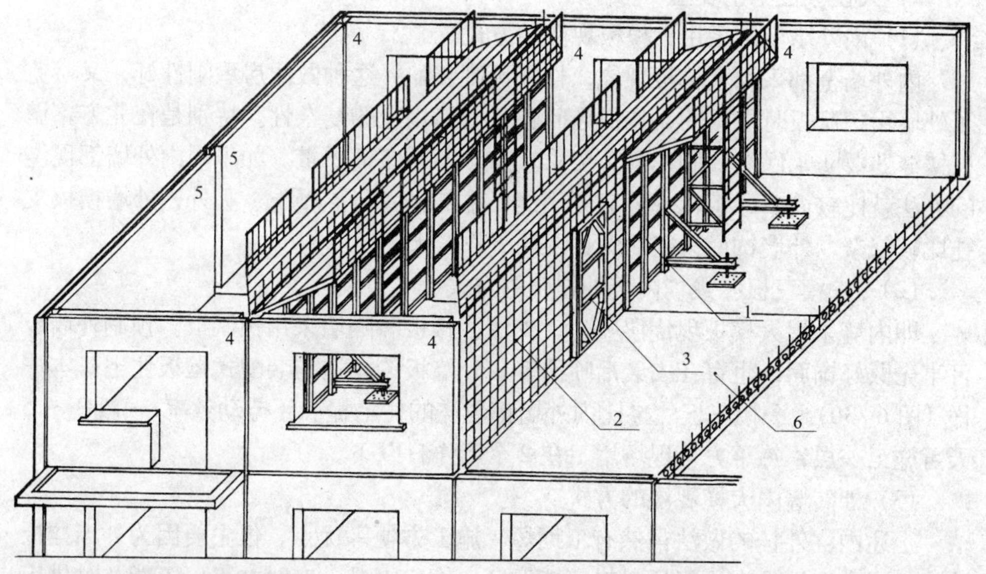

图6–29　大模板住宅示意图

1—工具式大模板；2—钢筋网片；3—门口模板；4—预制外墙板；5—预制山墙板；6—楼板

②拼装式大模板和模数式大模板

其特点都是只有几种标准板件，根据设计尺寸可以解体和重新组装。其中模数式模板是按照一定的模数制订模板尺寸的。这类模板除了构造较前者复杂以外，主要问题是不易做到组装后的板面平整无缝，难以确保浇筑后墙面光洁，但给建筑设计提供了较大的灵活性。所能组装的模板规格，除住宅外还应考虑一般民用建筑通用的可能性。例如开间以住宅常用的2.7m、3.3m为基本模板型号，进深以4.8m为基本模板型号，可再加拼30cm、60cm宽的小板即能组成多种开间、进深。层高也以住宅标准层的高度为基数，再加上60cm、120cm的横板，以便地下室以及旅馆、学校等公共建筑通用。这类模板都要在吊装前事先拼装，组成需要的大小，每个工程按设计重新组合配套一次。

以上两种基本的模板类型由于其本身的规格给设计带来一定的制约。设计大模板住宅的建筑参数时，要考虑到配备模板规格的可能性。

(2) 要便于组织施工流水

大模板很笨重，起吊、堆放都不方便。因此，希望在施工过程中，模板可以不落地或少落地，即从一个流水段拆模后，直接吊到下一个流水段去支模，尽可能避免吊上吊下，因此就要求每个流水段所需模板的块数和规格基本一致。如果房屋间距小，可在塔吊臂距范围内组织前后两栋住宅流水施工；如果房屋间距大，只能在本栋分段流水时，简单的长条形平面和小单元拼接平面的布局对大模板施工是有利的。例如北京用小单元拼接的建筑平面，适于每单元作一流水段，只要配备有两套一个单元所需的模板，轮流浇筑养护和支拆模板，就可组织施工。塔式住宅因每层面积很小不能分段流水，在总图布置时应考虑将几栋平面一样的靠近在一起，或板式住宅与塔式住宅选用基本相同的几种模板规格，以便组织流水施工。

2）大模板住宅的类型

(1) 内外墙全部采用大模板现浇的方式

内外墙全都采用大模板现浇，楼板预制装配。这种做法房屋刚性好，又避免了外墙用预制板时壁板的制作供应问题和接缝构造的复杂性。特别是在北方，壁板接缝处要防水保温，制作施工要求较高，不易保证质量。如采用内外墙都现浇的办法就比较简单，但北方外墙要用能保温的轻骨料混凝土。另外，外墙模板支挂比较复杂，外墙饰面只能后做，现场工作量大。

(2) “一模三板”或“内浇外挂”的方式

即内墙采用大模板现浇混凝土，外墙、楼板和隔墙采用预制板。预制外墙板可事先做好饰面，也可在安装后喷涂等。外墙板的构造与装配式壁板住宅基本一样（图6-30）。一模三板住宅比内外墙都现浇的住宅提高了劳动效率，一般3～5天可施工一层，每平方米现场用工在2个工作日以下。

(3) 外砖墙内大模现浇的方式

上述内浇外挂的做法虽然有工期短、施工方便等优点，但主要因为外墙挂板造价高，水泥用量大，轻质材料不能保证，推广困难；有时加工厂不能及时供应墙板构件，还会产生窝工现象。因此，又发展了一种外墙用小砖现砌的大模板住

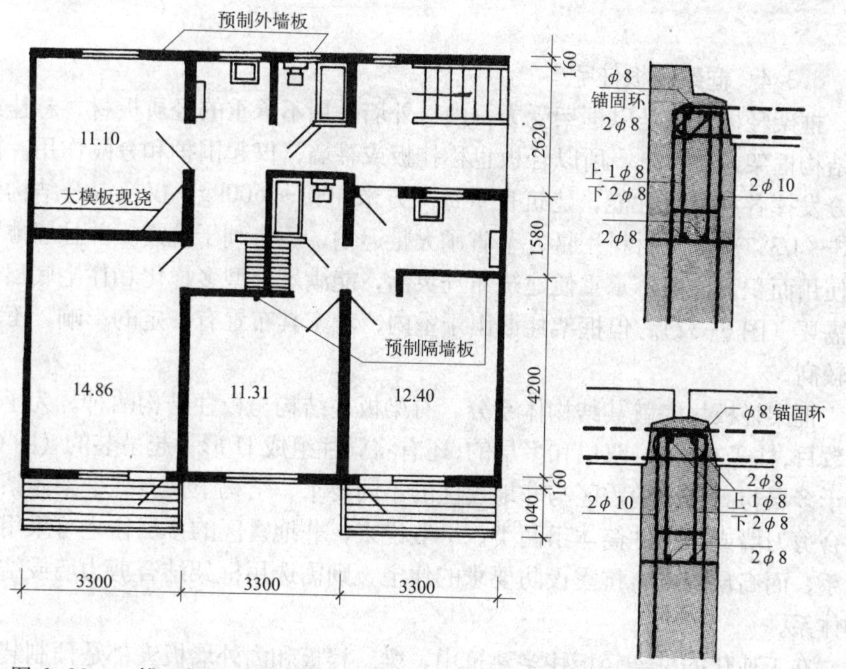

图 6-30　一模三板住宅（上海）

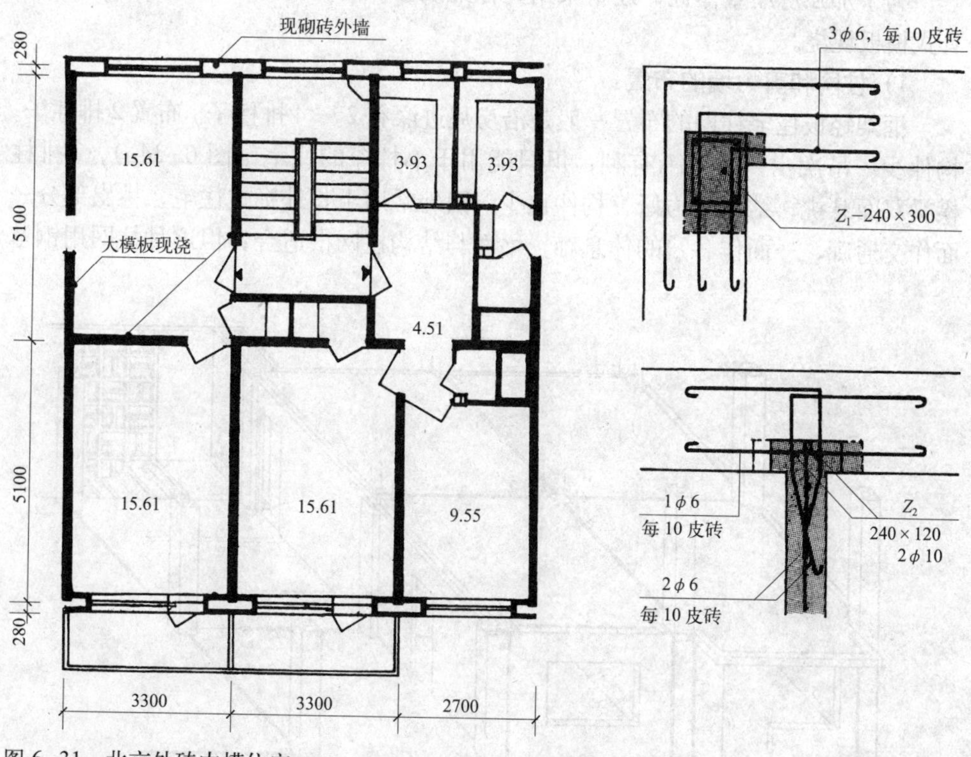

图 6-31　北京外砖内模住宅

宅（图 6-31），这种外砖墙内大模住宅，在用钢量和造价方面，都已做到与一般混合结构接近或相当。但现场仍保留了一定数量的砌砖抹灰工作量，而且砌砖与大横板两种工艺在一起，组织施工不便。

6.3.4 框架轻板住宅

框架轻板住宅是以框架受力，内、外墙采用不承重的轻质板材，悬挂或支撑在结构框架或楼板上，所以轻板也称挂板或幕墙，仅起围护和分隔作用。由于能充分发挥各种材料性能，建筑自重每平方米 400 ~ 600kg，仅及混合结构住宅的 1/2 ~ 1/3，减少了材料用量，节省了大量运输，还有利于抗震。并且墙薄可以增加使用面积，墙板不承重使建筑布局灵活，能满足套型多样化和住宅底层作商店的需要（图 6–32）。但框架柱凸出于室内，对家具布置有一定的影响，工程造价也较高。

框架轻板住宅就其结构体系分，有梁板柱结构与板柱结构两种。为了减少构件数目,柱子有单层、双层和多层的,还有将梁柱组成 H 形一起吊装的（图 6–33）。由于多层与高层、地震区与非地震区的不同要求，结构上又有纯框架体系和框架结合剪刀墙或结合井筒体系两类。一般说来，非地震区的多层住宅可采用纯框架体系，而高层的或有抗震设防要求的住宅，则需选用框架结合剪力墙或结合井筒的体系。

在工业化的框架轻板住宅建筑中，梁、楼板和内外墙板大都是预制装配的。

为了加强房屋整体性，还常采用叠合梁或叠合楼板。柱子可预制，也可用工具式模板现浇。

1）柱网和剪力墙的布置

框架轻板住宅柱网的布置一般是沿房屋进深有 2 ~ 4 排柱子。布置 2 排柱子，构件少、吊次少，对施工有利，但只能用于小栋深的住宅（图 6–34*a*）。2 排柱横梁双面悬挑，结构受力好，构件也少，国外常用于长外廊式住宅，挑出部分一面作交通廊，一面作各户的休息廊，平面与结构柱网很适合；但这种柱网用钢量

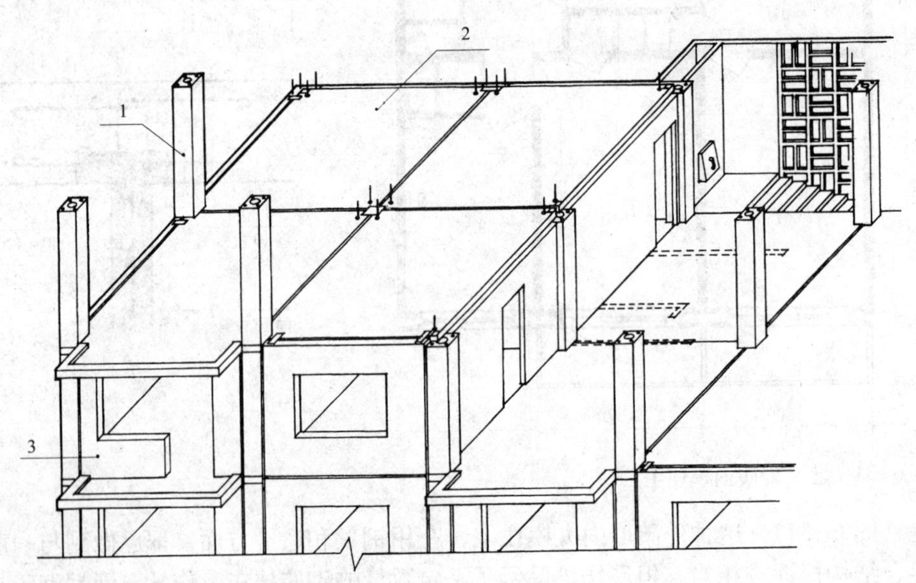

图 6–32 框架轻板住宅示意图（板柱体系）

1—柱；2—楼板；3—外墙板

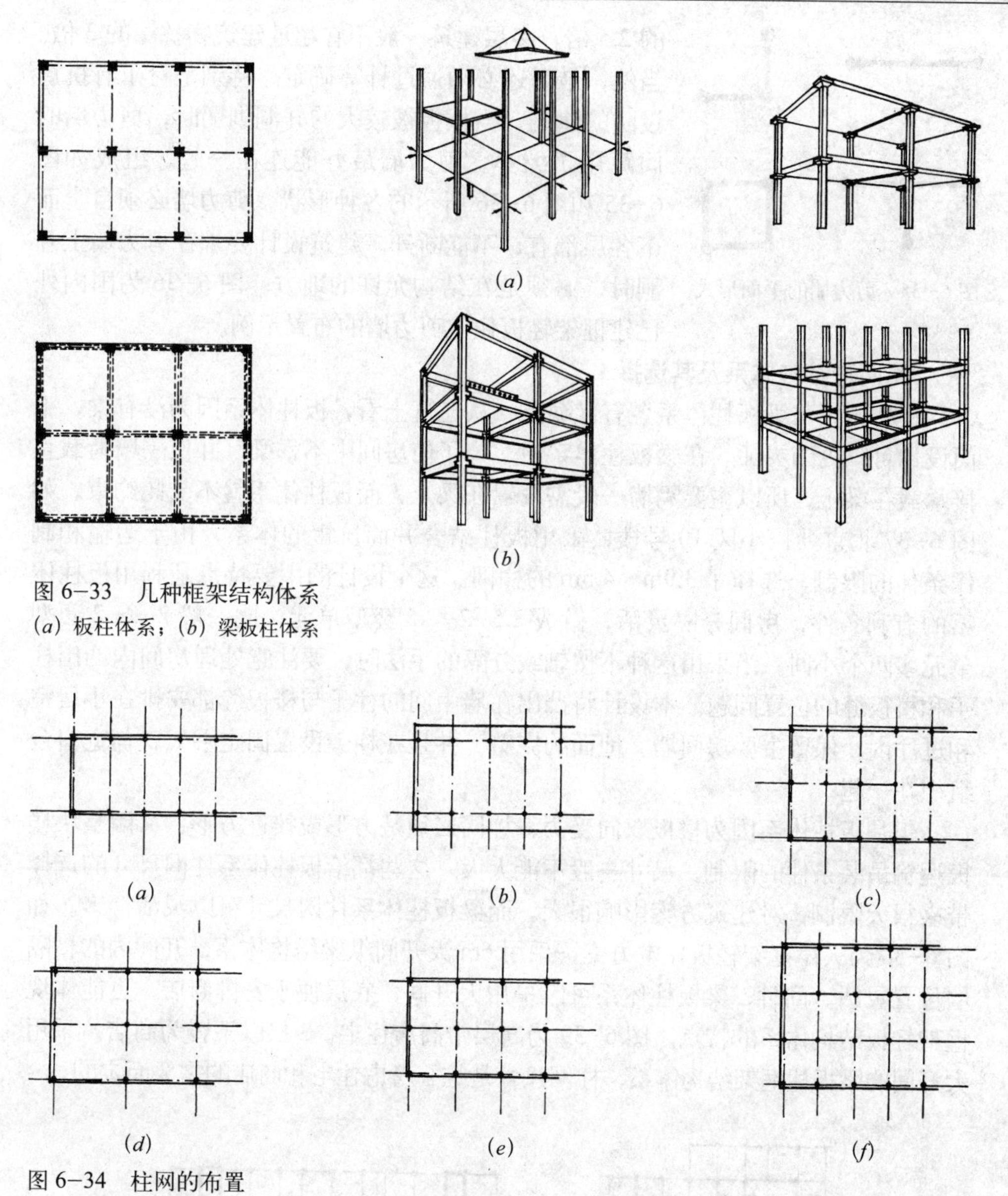

图6-33　几种框架结构体系
(a) 板柱体系；(b) 梁板柱体系

图6-34　柱网的布置

较大（图6-34*b*）。3排柱的布置采用较多（图6-34*c*、*d*、*e*）。一般以横向作主梁，纵梁仅起联系作用（图6-34*c*）。但当开间加大超过横向柱距时，可采用纵梁方案，这样楼板比较经济（图6-34*d*）。如图6-34（*e*）所示，那种方形或近似方形的柱网适用于板柱体系。4排柱的布置适用于栋深较大的平面，如内楼梯住宅、塔式住宅和内廊跃层式住宅等（图6-34*f*）。

当采用框架剪力墙结构体系时，建筑布局要配合剪力墙合理安排。剪力墙应该沿两个方向布置。纵横剪力墙宜均匀对称地布置在结构区段的两端、楼电梯间和在平面上形状与刚度有变化的附近以及恒载较大的地方。横向剪力墙的最大间距，对于装配式钢筋混凝土楼板的结构来说，高层建筑一般不宜超过建筑物栋深

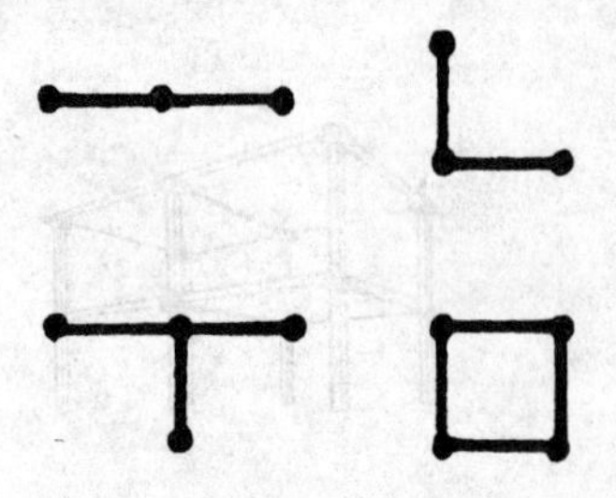

图 6–35　剪力墙的平面形式

的 2.5 倍，多层建筑一般不宜超过建筑物栋深的 3 倍。当然，最后还必须通过计算确定。特别是对于有抗震设防的建筑，当楼板被较大的开洞削弱时，剪力墙的间距应予缩小。剪力墙最好能连在一起，组成如图 6–35 和图 6–36 所示的各种形状。剪力墙必须自上而下各层都有，不能断开。建筑设计要求在剪力墙上开洞时，必须是在结构允许的地方。图 6–36 为国内外已建框架轻板住宅剪力墙的布置示例。

2）两种结构体系及其选择

板柱体系与梁板柱体系各有优缺点。从建筑上看，板柱体系因为没有梁，平面设计可以更为灵活。在梁板柱体系中，为了使房间中不露梁，并使隔墙荷载直接承载在梁上，所以主要隔墙一般需设置在梁上，而板柱体系就不受此约束。如图 6–37 北京劲松小区 10 号楼，采用板柱结合井筒抗震的体系，由于运输和制作条件的限制，选择了 3.9m × 4.5m 的柱网。这个设计的主要特点是利用板柱体系的有利条件，房间分隔灵活，做成 2.5–2–2.5 套型单元，比一般 2–2–2 套型单元多两个小间。当采用这种不按轴线分隔的手法时，要注意处理房间内凸出柱子和楼板缝的位置问题。本设计将凸出在墙中间的柱子与楼板缝都安排在小居室和过厅内，保留主要房间墙、地面的完整。并且在柱旁设置固定书架，与宽窗台组织在一起。

但是板柱体系因为楼板双向受力，柱网必须是方形或接近方形；又因整块楼板运输吊装条件的限制，尺寸一般不能太大，这些都给板柱体系柱网尺寸的选择带来很大限制，对建筑方案影响很大，而梁板柱体系柱网尺寸可以灵活得多。如图 6–38 为天津框架轻板住宅方案，采用 6m 大开间纵梁结构体系，开间内的横隔墙位置灵活。同时，梁板柱体系可以采用大开间，底层便于安排商店，更能体现框架轻板结构体系的特点。图 6–39 为高层带商店住宅，3 层以下皆为商店。采用大开间的梁板柱框架结构体系，柱网尺寸是综合考虑住宅和商店的需要而定的。

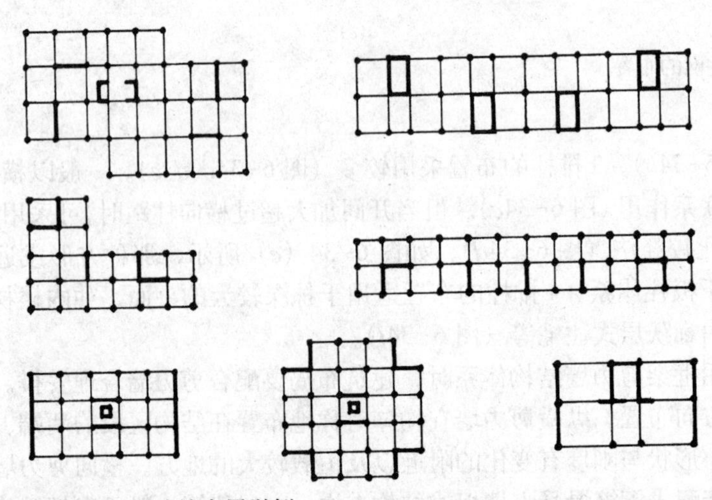

图 6–36　剪力墙布置举例

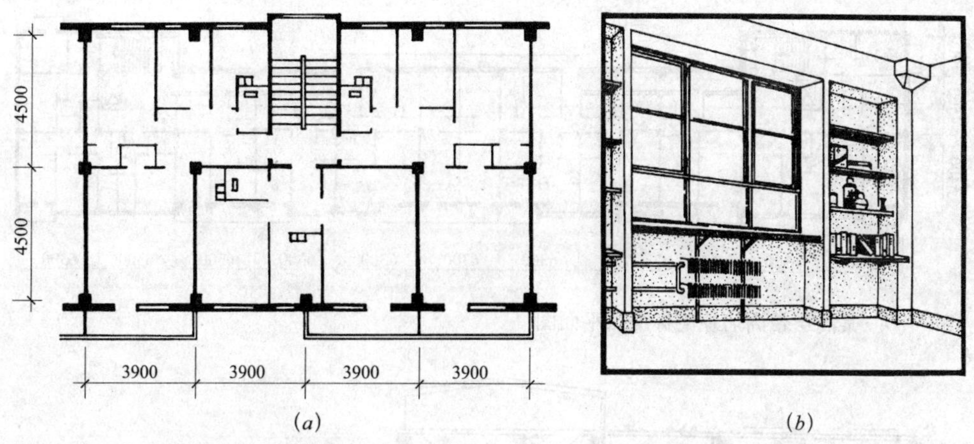

图 6–37　北京劲松小区 10 号楼
(a) 甲单元平面；(b) 柱旁的固定家具

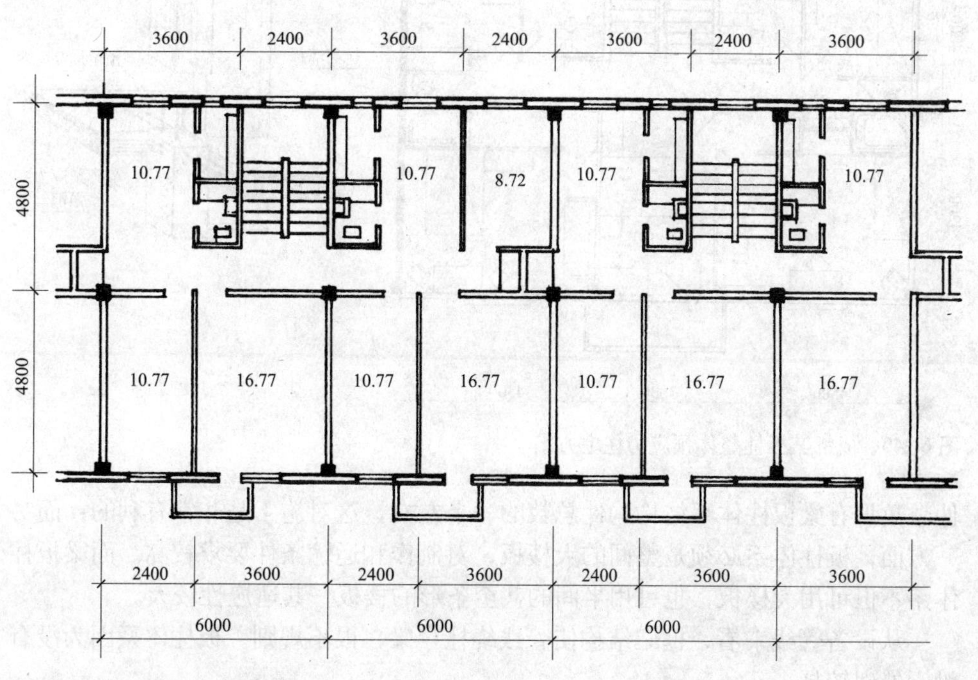

图 6–38　天津框架轻板住宅

从结构上看，板柱体系不如梁板柱体系的空间刚度好。至于节点构造，则视具体设计而异，应力求简化。如前南斯拉夫的板柱整体预应力 IMS 体系，标准柱高 3 层，用高强钢丝索双向预应力张拉楼板缝，利用摩擦力将楼板与柱做弹性固结，无需牛腿或焊接，节点构造简单。其板缝沟槽做预应力钢丝索通道，板内留出钢筋现浇形成整体，有利于抗震。图 6–40 为参照 IMS 体系设计的成都某板柱整体预应力住宅方案。

从施工角度看，板柱体系的构件少、节点少，可以加快施工速度，这是板柱体系最主要的优点。以同样柱网的两种设计相比较，假定都按每格柱网一块大楼板计算，梁的数量一般约等于柱与楼板数量之和。也就是说，板柱体系的结构构

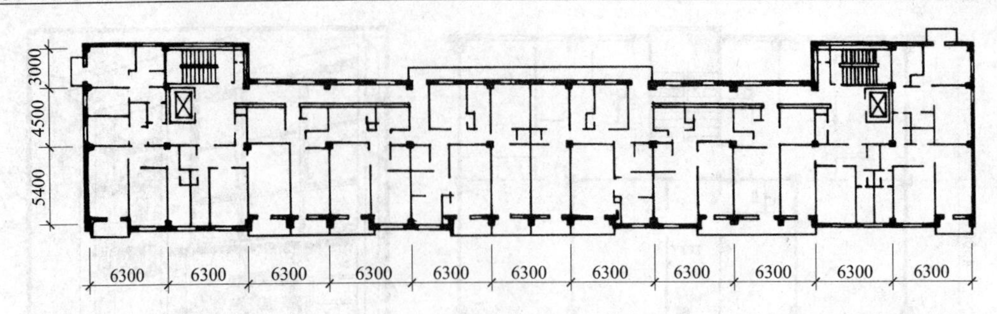

图 6–39　某高层带商店住宅标准层平面图

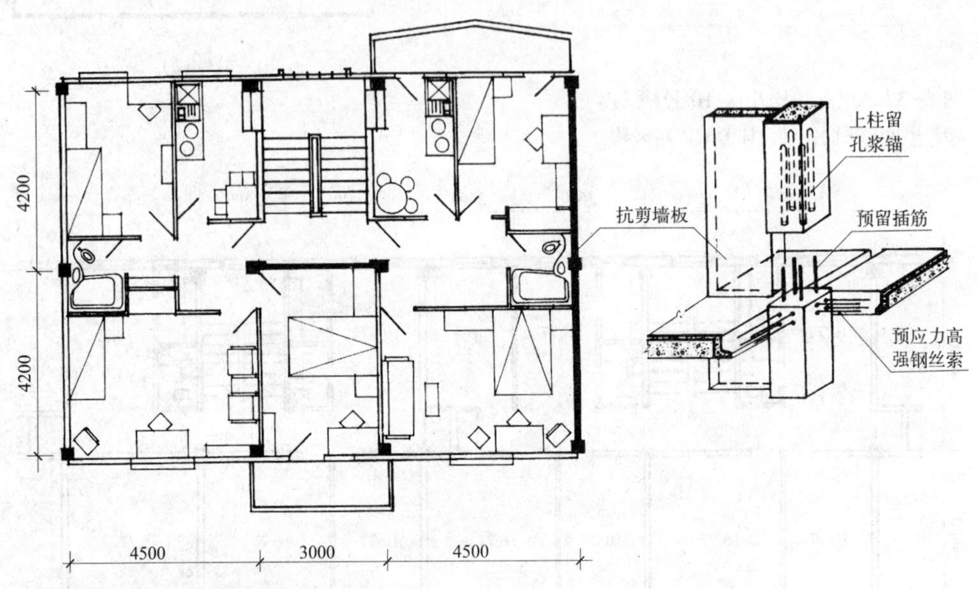

图 6–40　成都某板柱整体预应力住宅方案

件总数只有梁板柱体系结构构件总数的一半左右，这对施工是非常有利的；而另一方面，板柱体系必须是整间的大楼板，对制作和运输条件要求较高。而梁板柱体系不但可用大楼板，也可用半间的甚至条形的楼板，其适应性较大。

从设备管线来看，框架结构使管线绕柱穿梁，很不规则。板柱体系因为没有梁，处理较易。

总之，两种体系各有优缺点，设计时要根据具体情况选择。另外，无论哪一种框架体系，因为墙比柱子薄，都有室内凸出柱子的问题，处理比较困难。

除了上述的砌块住宅、大板住宅、大模板住宅和框架轻板住宅以外，国内外还有一些其他类型的住宅工业化方法。在预制装配的工业化方法中，把预制构件扩大到整个房间的盒子构件，被称为盒子建筑。其最早只是盒子卫生间和盒子厨房，以后逐渐发展到整个居室甚至将整个开间预制成一个盒子，并做好内外装饰和设备，到现场组装。由于采用薄壁空间结构，结构自重较壁板住宅可降低一半左右，钢材、水泥节省 20% 左右，现场工作量少、工期短。但这种工艺对构件加工、运输和吊装等一系列设备投资要求高，某些技术问题有待解决，由于设计的灵活性受限制和造价较高，发展比较缓慢。而盒子卫生间和盒子厨房的体积较小，设备管线集中，做成整体的盒子进行装配既能提高质量，又加快了施工进度，在国内外均有应用。采用工具式模板的工艺除浇筑墙体的大模板外，还有用来浇筑楼板的“台模”和墙板与楼板同时浇筑用的“隧道模”。此外还有一种滑升模板工艺，就是用千斤顶不断提升 1m 多高的工具式模板，连续浇筑混凝土墙，滑升速度每小时约 100 ~ 200mm。这种工艺适用于简单的垂直构成物，在住宅中常用来浇筑高层的楼梯、电梯间井筒，建筑的其他部分仍采用框架或预制壁板等方式建造。

近年来在我国还发展了一种钢筋混凝土异形框架柱或剪力墙结构住宅，为了克服框架柱凸出于室内妨碍布置家具的缺点，将柱子做成 L 形、T 形、十字形甚至一字形等使柱面与墙面相平，框架梁也尽量做成扁梁或隐梁，使隔墙的分隔更灵活。这种异形框架都采取现场浇筑方式，围护结构采用加气混凝土等轻质保温隔热、隔声材料砌块。这种结构体系使住宅平面分隔的灵活性得到提高，从而增加了住宅的适应性和可改性。目前在我国南方和北方都在逐步推广使用。

6.4　配套部件的工业化

随着主体结构工业化的不断发展，其他配套部件如设备、装修、基础等等的工业化问题也已提到十分重要的地位。因为这些配套部件不但在造价上占有相当大的比重，而且用工多，还往往成为拖延工期的主要原因。因此要提高工业化程度，配套部件的工业化已经成为当务之急。其中设备和装修的工业化，直接涉及建筑方案，在建筑设计时应该综合考虑。

6.4.1　厨房和卫生设备的工业化

厨房和卫生设备的工业化影响厨房和卫生间的安排，是考虑建筑方案的一个重要因素。其工业化的途径，主要是向预制构件的方向发展，可分为管道墙与盒子两大类。

1）管道墙

将各种设备立管预制在墙体构件内，称管道墙。水平管有的预制在管道墙内，也有部分水平管露在墙外后安装的。各种卫生器具如洗脸盆、大便器等大都是在吊装后安装的，也可固定在管道墙上一起吊装。

(1) 管道墙的做法

①管线预埋在管道墙中

设备管子浇筑在管道墙内，只留出接头，吊装后将管子接通再安装卫生器具。这种管道墙制作复杂，必须由专业的工厂制造。根据起重能力的大小，管道墙宽度有 1m 左右的，也有整个房间长的，高度一般是每层一块，材料主要用钢筋混凝土。近年来随着建筑材料的发展，已有用塑料制作的。图 6-41 是我国最早的管道墙构件，用陶土管浇筑在混凝土板内，以节约铸铁管，其预制管道墙与预制大便槽配合使用，造价低廉。图 6-42 是位于两层之间的管道墙。这样使接头处操作方便，不影响主体工程施工。上下管道墙之间留出空隙，管路接通后用混凝土填实，然后安装横管和器材。

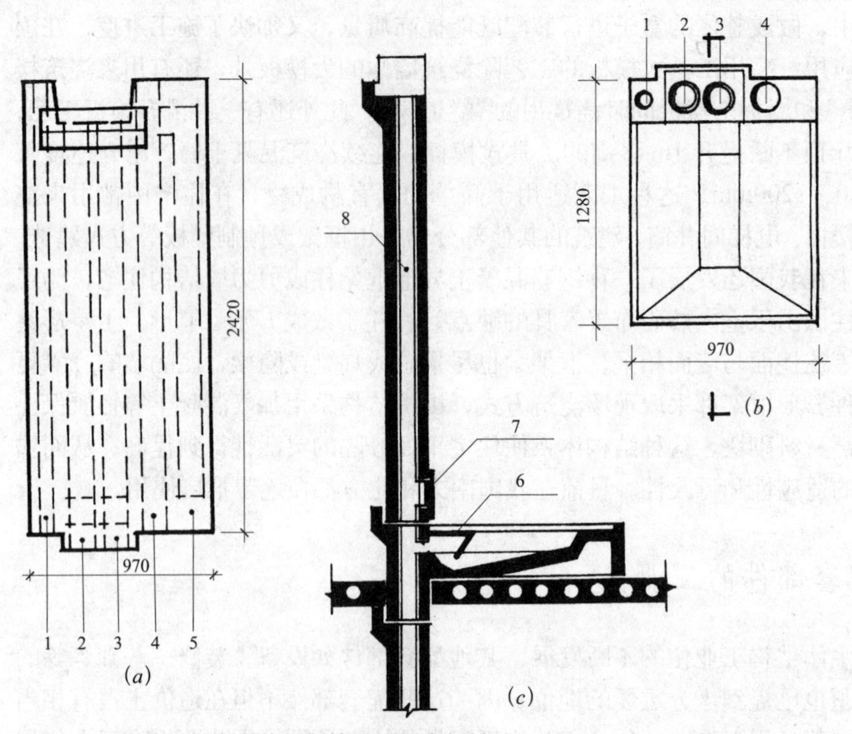

图 6-41　广西大板住宅的预制管道墙和大便槽
(*a*) 预制管道墙；(*b*) 预制大便槽；(*c*) 剖面图
1—排气孔；2—排污孔；3—排便孔；4—主烟道；5—副烟道；6—水封；7—检查孔；8—陶土管衬里

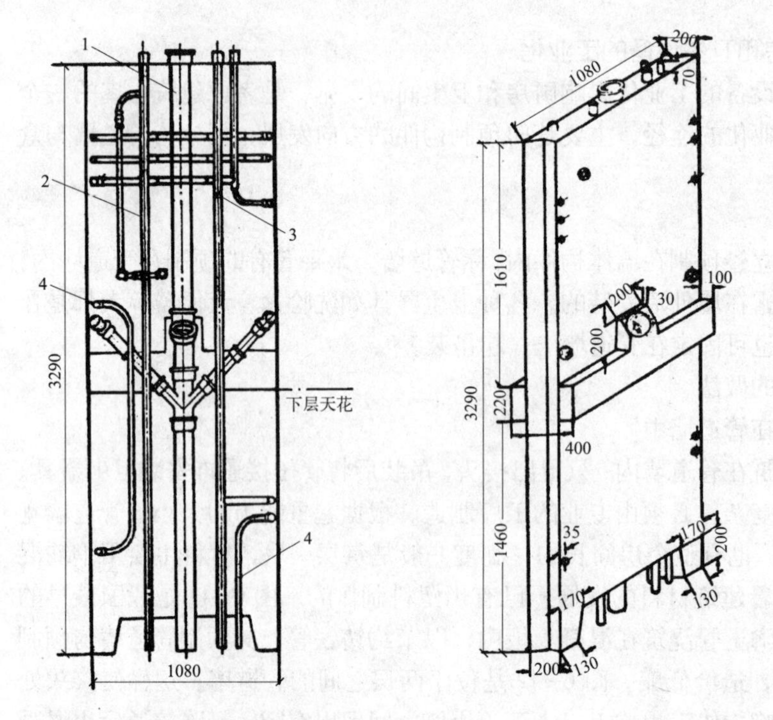

图 6-42　位于两层之间的管道墙
1—污水管；2—冷水管；3—煤气管；4—暖气管

②轻质的设备板与独立的管束组装

设备板可用混凝土薄板、塑料板、防水的胶合板等材料制作，与管束组装成管道墙，可以单独使用，也可作为设备盒子的一部分。这种组装的管道墙装备完善，比浇筑在墙内的做法重量轻，制作、安装和维修都比较方便（图6-43）。

（2）管道墙的布置

管道墙应沿楼板受力钢筋的方向布置。可以放在板缝中，或作为异型楼板预留管道墙的孔洞。因此，布置厨房、卫生间和安排管道墙时要考虑结构的合理性。管道墙可兼作隔墙，以节省空间和材料。在采用管道墙时，一般采用后排水的大便器，并抬高浴盆，使水平的下水管位于地面之上，与管道墙中的下水竖管连接，可不穿楼板，以避免打洞。

2）卫生间或厨房盒子

将整个卫生间或厨房，包括室内装修和器具安装都在工厂内做好，然后运到工地上整间吊装，这种构件称为卫生间盒子或厨房盒子。这样做可减少吊次，节省劳力和提高速度。同时，把现场劳动移到工厂里来，可创造更好的劳动条件和生产条件，保证产品质量。现在欧洲一些工业发达的国家以及日本、俄罗斯等国都已广泛使用。但这样必须有专门生产这种盒子的设备完善的工厂，同时还要具备较高的运输能力和吊装设备。

卫生间盒子采用较普遍。为了使卫生间盒子的重量与房屋其他构件的重量相适应，应尽量设法减轻盒子的重量。墙壁材料有轻混凝土薄板，以玻璃纤维加强

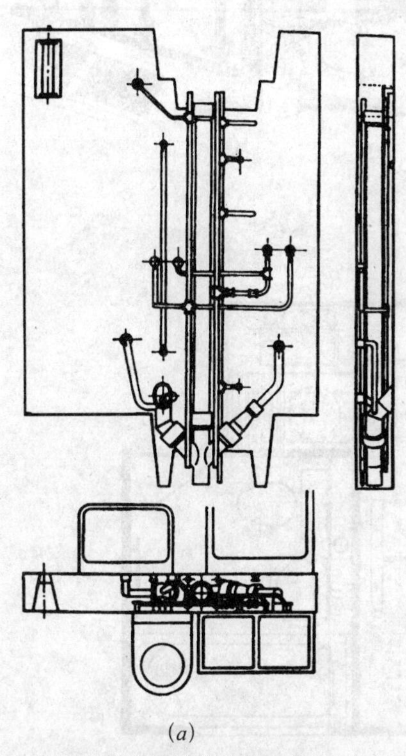

(*a*)

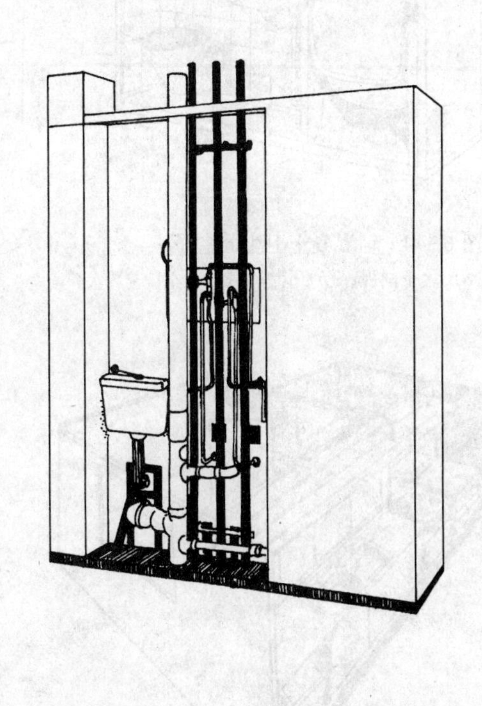

(*b*)

图6-43　组装的管道墙两例

的聚酯材料或用金属骨架配以能防水的胶合板等等。

（1）设备盒子的做法

图 6–44 是附有 3 件设备的卫生间盒子，用 5cm 厚的轻混凝土构件做墙壁。以角钢组装，全部安装好卫生器具后吊装。墙上贴面砖，地面铺瓷砖，面积 $3m^2$，重 2.7t。浴盆与大便器的水平下水管在地面以上与立管相接。

近年来还出现了一种卫生间墙后附厨房设备的盒子。这种做法重量轻，集中解决了厨房和卫生间的设备需要，而且厨房中除了设备位置不能改变以外，其大小、形状包括与其他房间的关系等在设计上有很大灵活性，优点很多，因此发展很快（图 6–45）。

(*a*)

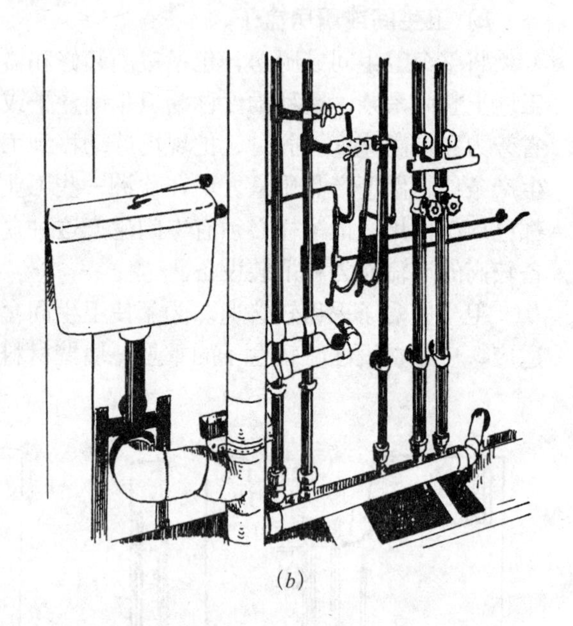

(*b*)

图 6–44　轻混凝土卫生间盒子

(*a*) 盒子剖视；(*b*) 管线装置

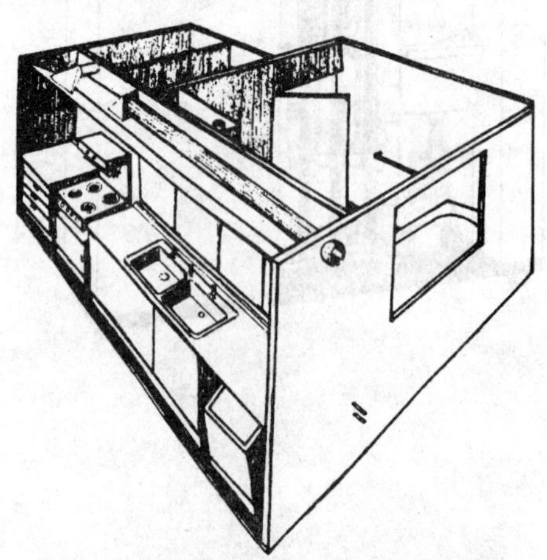

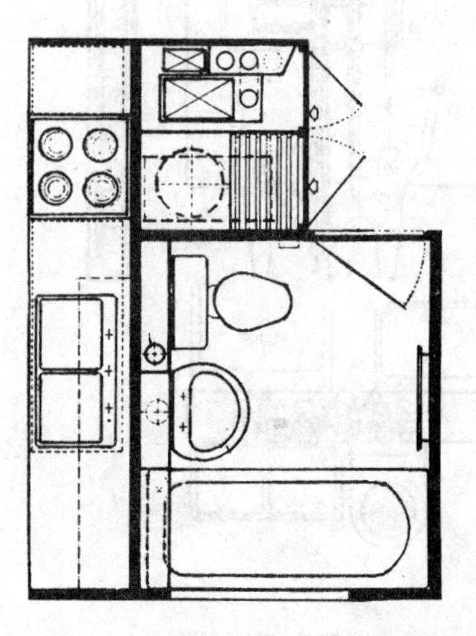

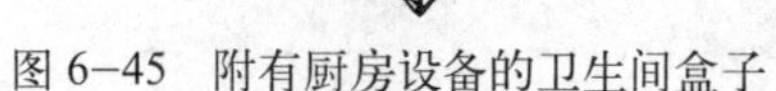

图 6–45　附有厨房设备的卫生间盒子

(2) 设备盒子的布置

①用盒子分隔空间

随着不承重、轻质的各种设备盒子的发展，国外工业化住宅平面布置中有一种新的倾向，即用卫生间、厨房等设备盒子和壁柜盒子来分隔房间，代替一部分隔断墙。这种设备盒子常布置在套型平面中间，除了节省采光的外墙面外，还具有其他优势：避开了主体结构，便于施工安装；盒子不与主体结构的墙体靠在一起，避免了双层的墙；建筑空间灵活（图 6–46）。

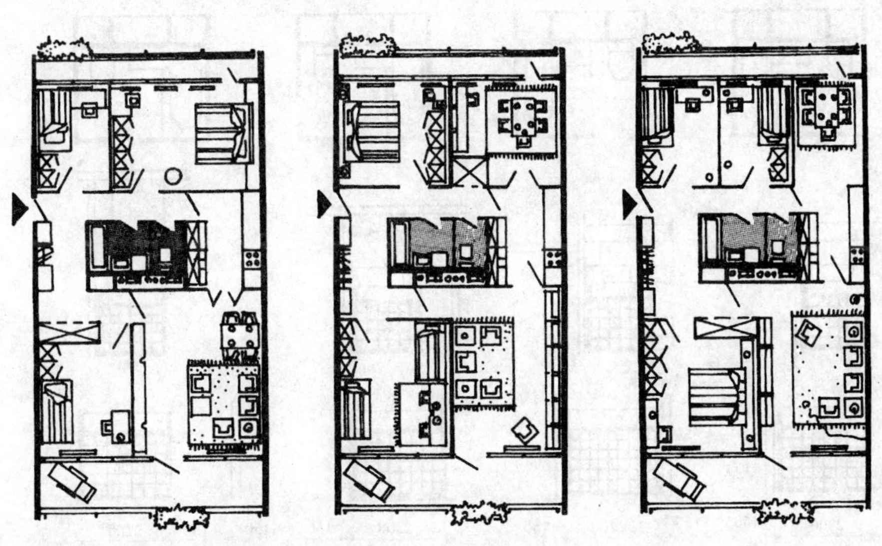

图 6–46　德国汉诺威体系套型单元

②厨房和卫生间多样化

在采用定型的设备盒子时，怎样达到厨房和卫生间设计多样化的要求，有以下一些做法：

图 6–47 是前东德 WBS–70 体系采用同一种附有厨房设备的卫生间盒子，厨房的面积和形状可有多种变化。利用开门位置的不同，给建筑平面设计带来很大的灵活性。

图 6–48 是在同一体系之中配备几种不同大小的盒子，以供选用。卫生间盒子尺寸也采用了模数制的原则，以 300mm 为扩大模数，盒子长度有 2100、2700、3300mm。

6.4.2　暖气设备的工业化

除了厨房和卫生间外，对工业化影响较大的还有暖气设备的处理问题。暖气设备的处理方式有两种：一种是预留孔洞埋件，后装暖气管，应尽量做到规格化；另一种则是将暖气管预先浇筑在墙板或楼板里，与主体结构同时吊装，以便提高工业化程度。图 6–49 是装在墙板上的混凝土双面散热器，采用双面散热比单面散热可减少散热板长度。在散热器大小不变的前提下，可变换混凝土里面

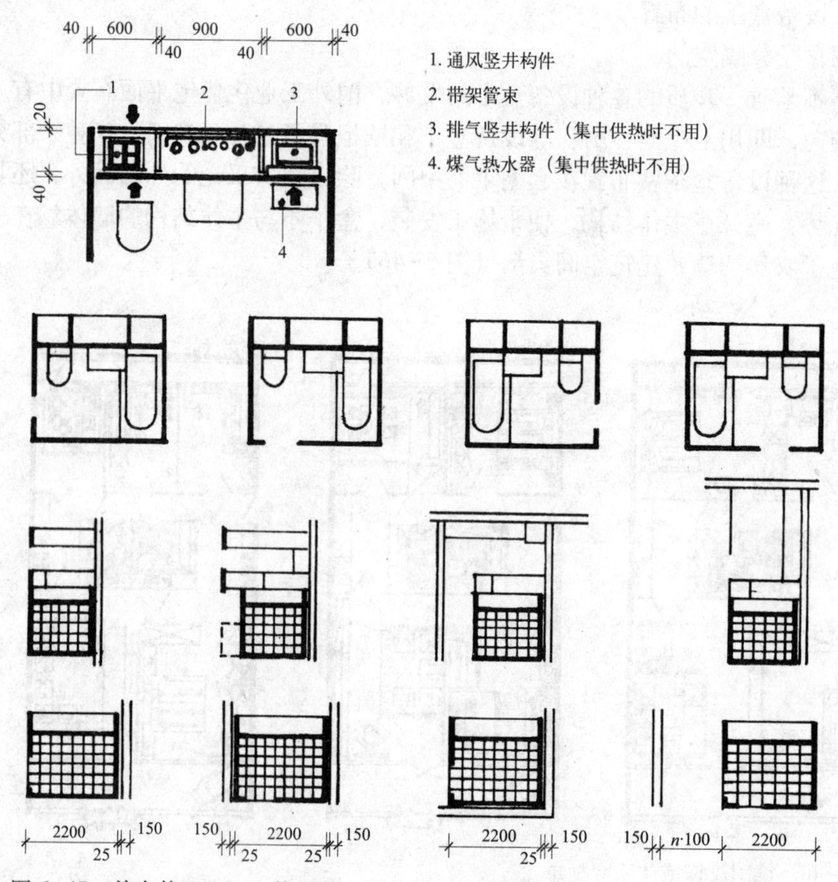

图 6-47　前东德 WBS-70 体系的卫生间盒子和平面布置

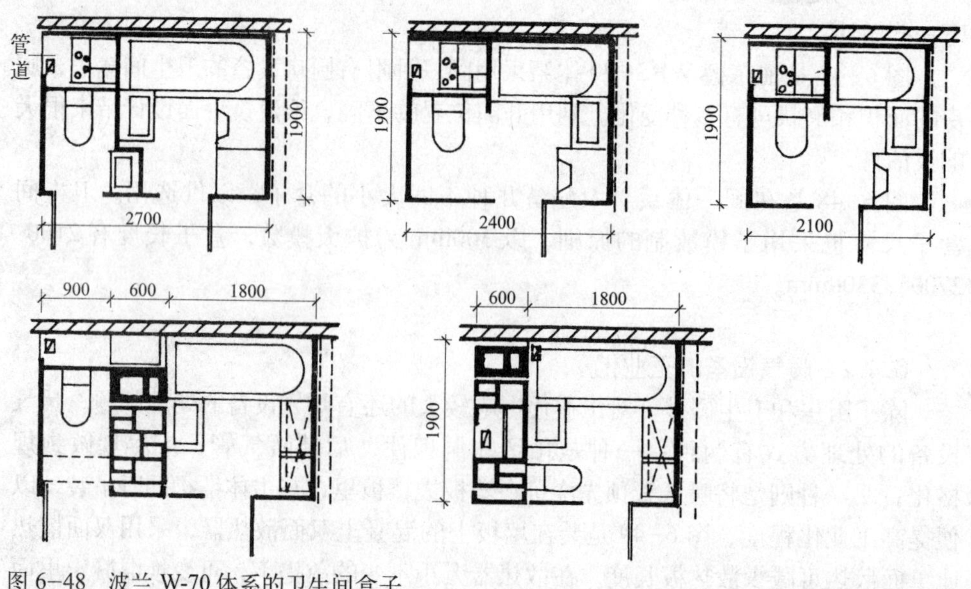

图 6-48　波兰 W-70 体系的卫生间盒子

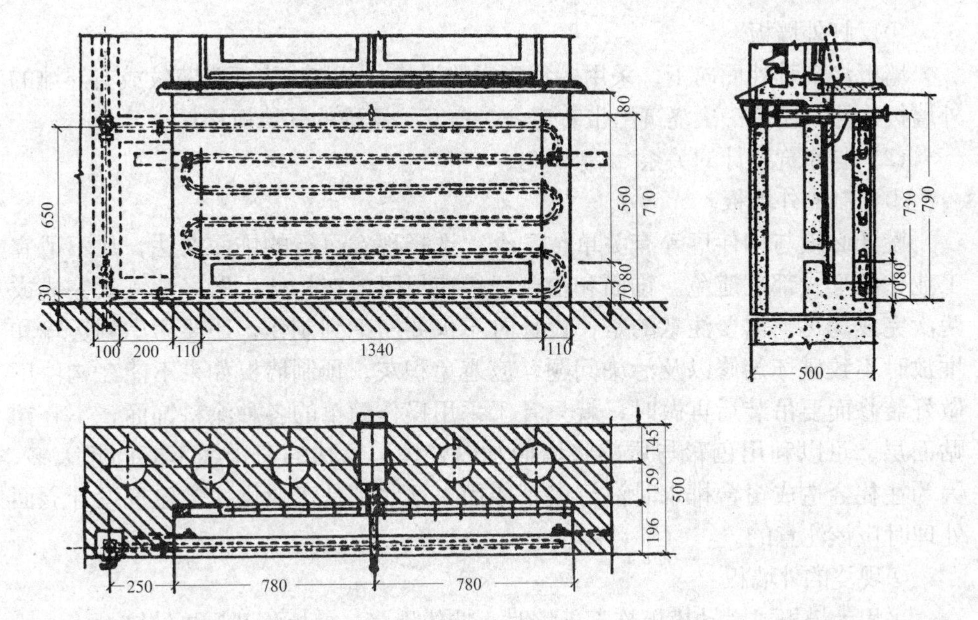

图 6–49　安装在墙板上的混凝土双面散热器

盘管的长度，以取得不同的散热表面。图 6–50 是采暖盘管浇筑在楼板内的实例。钢管还要起一部分受力钢筋的作用。近年来，已有用塑料管做在楼板内的实例。

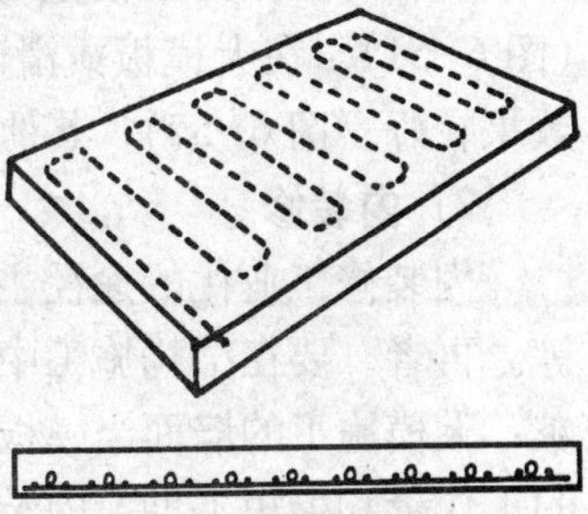

图 6–50　楼板内预埋采暖管

6.4.3　装修的工业化

装修工程工业化的主要趋势：用干法施工代替湿法施工；发展带有饰面的构件以减少现场的工程量；隔断墙和各种零星装修向预制装配和定型构件组合的方向发展。

1）外装修

(1) 外装修的做法

①镶贴各种陶瓷面砖、陶瓷锦砖、人造石板

一般都是在构件上预制好。在欧洲有用砖做外表面的预制外壁板，试图保留当地传统的建筑外貌。

②干粘石、机粘石、喷粗砂

可以在构件厂预制，也可以安装后再用机械方法喷粘。

③采用各种聚合物涂料

应用最广泛的是石油化学工业副产品乳胶涂料，可加入水泥或不加水泥，用喷涂或滚涂方法形成 0.3 ~ 10mm 厚的麻面涂层。还可以在涂料中加入装饰性细骨料，如各种颜色的石英粉、大理石碴、玻璃碴等，按一定比例，涂成不同色彩和不同质感的外表面。

④反打外墙板

墙板浇筑时外面向下，采用各种形式的衬模，可打出表面带花纹或有浮雕的外墙板构件。还可一次浇筑出带有窗台、窗套、腰线的外墙板构件。

(2) 与建筑设计的关系

①预制的外墙板

设计必须与构件厂等有关单位配合，选择现实可行的饰面做法，凡不适宜工业化的形式都应避免。饰面和窗台线等应尽可能在构件上做好，一次完成或两次完成均可。需要注意的是，设计时不仅要考虑到制作，还要考虑到运输和堆放时不致碰坏装修以及污染问题，应避免积灰。预制墙板如果不能在构件厂做好装修而要吊装后再做时，就只宜于采用操作简单的各种涂料饰面，不宜镶贴面层。可以利用色彩与质感将墙面加以处理，后抹的窗台线不能凸起太多，因为往往会造成窗台排水时沾污窗下墙面，这些都是工业化住宅建筑设计立面处理时应该注意的。

②现浇的外墙板

采用大模板或滑动模板施工外墙时，墙体现浇，模板移开后再做饰面，一般宜采用操作简单的涂料饰面。如果要求较高，国外常采用各种轻质材料的饰面板，可取得较好效果。滑模施工时如设计特定的衬模，随着模板滑动可做出竖向线条（图 6–51）。在大模板或滑动模板施工的外墙上以采用后安装的预制窗台板立面效果较好（图 6–52）。其他都与预制外墙板后做饰面的情况差不多。

2）内装修

内装修工业化的途径主要是由湿法向干法发展，如采用塑料墙纸、塑料地面等。再者，要在结构施工中及时做好装修，比如预制两面光的大楼板，不用再抹灰；大模施工的墙面当模板移开后及时整修以保证光洁，都可以大大地减轻装修的工作量和缩短工期。内装修改进后由于楼板和墙面不再抹灰，接缝处就比较明显，设计划分构件时，要注意室内的美观问题及楼板缝漏水的处理等。

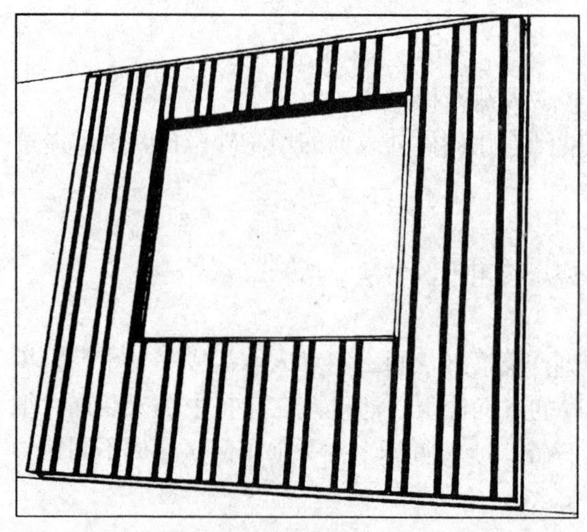

图 6–51　竖向条纹的反打外墙板

图 6–52　后作装修的外墙板

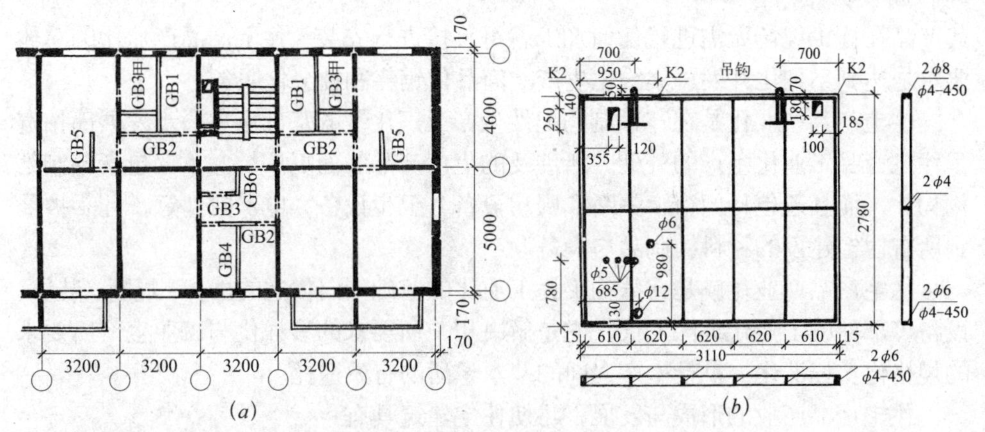

图 6–53　北京大板住宅湿碾矿渣混凝土整块内隔墙

(a) 隔墙板平面布置图；(b) 隔墙板 GB1

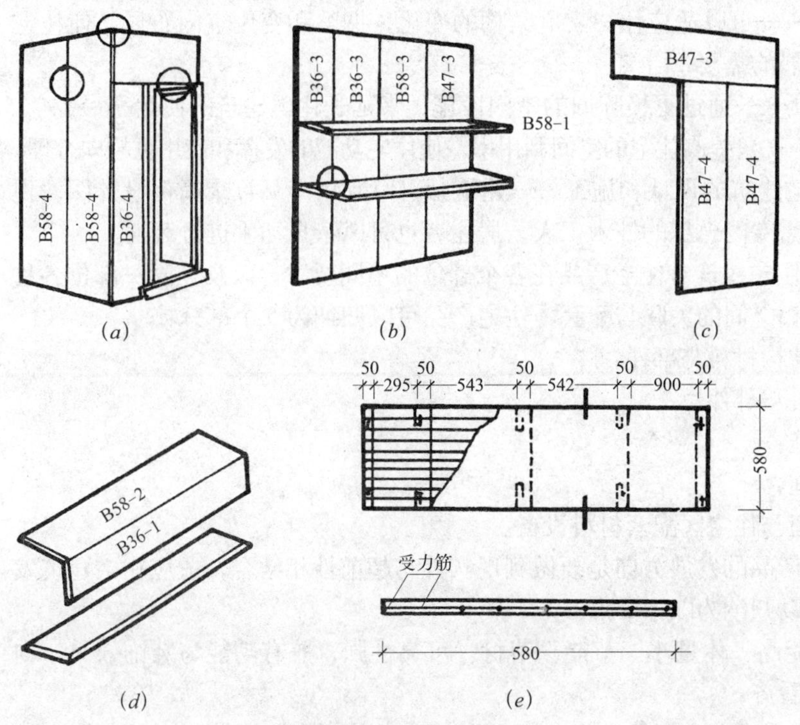

图 6–54　广西大板住宅钢筋混凝土小块薄板构件

(a) 甲单元厕所隔板；(b) 甲单元壁柜；(c) 乙单元厕所隔板；(d) 烟罩及灶台；(e) B58-1 壁柜搁板

6.4.4　住宅产品的产业化

上述的各类住宅配套设施，在现代住宅建设过程中都属于住宅产品类。住宅产品的含义比住宅配套设施的含义更广泛，是指用于住宅的各种材料、部件和设备。

住宅产品产业化就是将构成建筑物的一部分，具有一定功能的部件，分成若干个单元或组合件，进行工业化生产，并通过标准化、系列化、配套化，使各个生产企业所生产的住宅产品具有很强的互换性与互补性，实现社会化的商品供应，其产品在施工现场无需进行任何加工就可直接进行安装。住宅产品产业化的总体要求是达到系列化开发、集约化生产、商品化销售和社会化服务。

住宅产品产业化是在“预制构配件生产工厂化”的基础上进一步发展而拓宽了住宅产品工业化生产的外延，所涉及的生产产品的面更广。它不仅包括预制结构构件，而且还包括门窗、隔断、厨房设备、卫生设备、电器附件等，几乎扩展到所有住宅建设的材料、制品与设备。

住宅产品产业化就是在结构工程工业化的基础上向住宅的围护、隔断、装修、设备等部件的工业化纵深发展。它是解决用户所要求的多样化与工业生产所要求的规格化、标准化、批量生产之间的基本矛盾的有效途径。

住宅产品产业的形成与发展，将使住宅建筑具有：

• 多样化——居住者可以根据自己的喜好、经济能力，在市场销售的各种各样产品中进行选择，以满足个性需求和丰富居住环境；

• 可变性——可以适应住户家庭结构的变化，调整和变化室内布局，使住宅适应可持续发展的需要；

• 可改造性——通过更换陈旧的室内设施，来延长住宅建筑的使用寿命；

• 合理性——可提高住宅的空间利用率，使住宅功能的发挥和使用更趋向合理；

• 简化住宅建筑的设计和施工——建筑师可以利用产品目录简化设计图，现场安装甚至无需专门熟练的技术工人，居住者也可以亲自动手进行装配。

为了体现住宅建筑对住宅产品在各个部位的不同要求，以及在同一部位各种住宅产品的互相之间的关联与配套，住宅产品可以归纳为5个部分：

• 外围护结构材料与部件；

• 装修材料与部件；

• 生活设施；

• 供排设施；

• 物业管理与住宅区配套材料设备。

我国住宅产品的发展方向是要做到现实性与超前性相结合，适应住宅建筑发展的要求。可以归纳为以下3点：

• 产品性能高、体量小、节能、节材、可靠性强，兼有功能与装饰效果，向国际先进水平看齐；

• 品种配套齐全，实现标准化、系列化、配套化，适应小康住宅标准的要求，适应现代生活的需要；

• 产品生产实现规模化和产业化，达到先进的技术指标和良好的经济指标。

住宅产品的开发和生产，具有较高的科技含量。1994 ~ 1998年间，由原国家科委和建设部牵头组织了多批住宅产品技术评估与推荐。产品门类包括：厨房的设备与产品、卫生间设备与产品、门窗、墙体材料、管道材料、采暖空调、电器产品、防水与保温、装饰等九大类。分期出版了“小康住宅建设推荐产品手册”，在实施的示范小区建设中，大量使用了这些新技术、新产品，初步体现了我国小康住宅建设中以科技为先导，适度超前的目标，为21世纪初期的住宅建设作出了示范要求。

第 7 章
住宅造型设计

Chapter 7
The Residential form Design

住宅是居民生活、休息的场所。与人们的生活息息相关的不仅是住宅的使用功能，其美观问题也是住宅设计的一个重要方面，尤其当人们的生活和文化素养达到一定的水平，人们对住宅外观的要求也会日益提高。设计优秀的住宅，不仅可以为家庭生活提供舒适的物质环境，还可以营造亲切、温暖、宁静的家庭气氛，给人以精神、感官上的愉悦。

7.1 概述

在我国目前的条件下，适用、经济依然是住宅设计的出发点。因而住宅，尤其是大量建造的城市住宅，其形式受到内部空间和经济条件的严格制约，功能和经济的条件约束了进深、开间、层高和内部空间的组织，同时也相应地约束着住宅的外部造型。

建筑材料及结构体系对住宅的形式也有很大的影响。建筑物整体比例及其外形上的虚实处理，一般较少受建筑材料的约束和影响；但是，不同的建筑材料仍会表现出不同的，甚至差异很大的外形。如石材、木料、砖、钢筋混凝土平屋顶与木构瓦顶(适应不同气候有多种形式变化)，能表现具有不同特征的住宅外形(图7-1)。砖、钢筋混凝土混合结构、大型壁板、大模板以及框架轻板等不同体系，也可产生不同的住宅形式。这些材料的质地、色泽不尽相同，构成的建筑外形也以其特有的质感、材料对比和色彩变化，给人以不同的印象。

(*a*)

(*b*) (*c*)

图 7-1 不同的建筑材料对住宅外形的影响

(*a*) 砖、钢筋混凝土平顶住宅（瑞士必恩纳）；(*b*) 木构坡顶住宅（美国）；(*c*) 木构坡顶住宅（无锡）

此外，地理、气候等自然条件对住宅外观的影响，使之产生了山地、平原；寒冷地区、热带地区等等的差异。

除了自然条件对住宅外观的制约外，人们生活的社会条件对住宅的造型也有很大影响。这些社会因素如社会的居住形态，人的思想意识，地区的和民族的历史文化、宗教信仰，以至于人们的审美观念等等，都会在很大程度上影响到住宅的外观造型。由于在一定的历史时期，社会的意识形态和历史文化都具有一定的特点，因而住宅的造型也具有时代性。

无论在古代还是现代的城市中，居住建筑都是大量性的，而为数相对较少的公共建筑却往往扮演着城市舞台的主角。因此，为了"衬托"公共建筑的主要地位，住宅在城市中应起到"底"（背景）的作用，即追求统一的基调、质朴的风格和亲切的气氛，尤其是大片建造的居住区更应如此。但是，这样并不等于住宅只能设计成单一的外观形式。应根据其坐落位置和对景观的影响作用不同，而采取相异的处理。同时，高层、多层、低层住宅的造型处理，也因其重点不同而有所差别。

这一章虽然着重介绍住宅单体的造型设计，但是目前住宅的发展趋势表明，住宅单体与群体越来越密不可分。对于大片新建的居住区，建筑的群体形象比单体的造型更具有鲜明的特点和效果。对闲暇生活的重视，使人们的生活空间由室内向室外扩展，环境设计已经成为建筑设计的一个重要方面。人们对邻里交往、社会交流的渴望，更要求建筑师重视建筑以外的环境与群体。这方面的内容将在第8章详细论述。

7.2　住宅的整体形象

7.2.1　体型与体量

住宅的体型是多样的。独立式、并联式和联排式低层住宅的体量特征是小巧、丰富。多层、高层住宅则体量较大，体型相对简单，并富有较强烈的节奏感。

住宅设计一般采用均衡体型，即静态造型，包括对称的和不对称的均衡，这种体型给人以稳定感（图7–2）。对于一些独立式小住宅，为了突出个性或吸引人的视线，有时采用不均衡的体型以产生运动感，或创造矛盾、冲突等强烈的视觉效果（图7–3）。

人对均衡体型的心理体验，主要是通过对轻重的感觉来实现的。一般来说，垂直线条比斜线感觉重；圆形比方形感觉重；粗糙的比光滑的感觉重；实体比通透的感觉重；红色比蓝色显得重；令人感兴趣和出乎意料的比平淡无奇的显得重。在处理住宅立面的视觉中心和整体造型的均衡关系时，合理巧妙地运用这些心理体验，有时可以取得事半功倍的效果。

城市集合住宅的基本体型大致可以分为横向和垂直两种（图7–4）。住宅体型的设计，在平面设计时就应同时考虑。如将塔式高层住宅的平面处理成矩形、Y形、十字形、井字形等，其体型往往比较挺拔（图7–5）。当结构、层数等多方面的原因，体型比例不好时，应尽可能加以处理。如点式中、高层住宅体型处理不好会使之笨重，可适当改变层数并且加以垂直处理，打破其笨重的方形比例

(*a*)

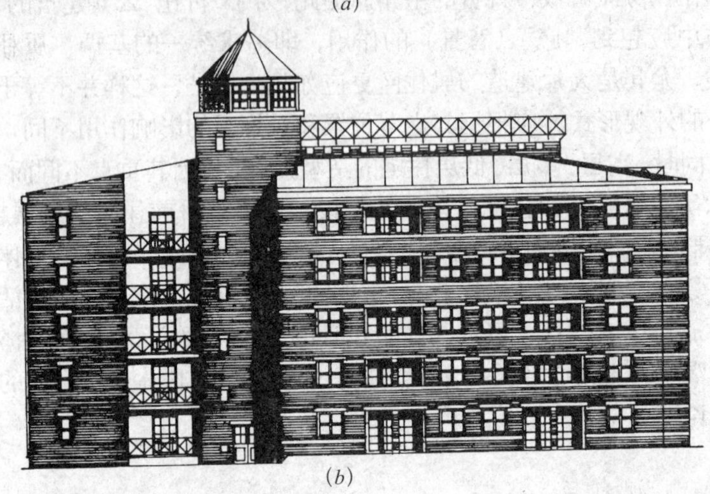

(*b*)

图 7–2　均衡造型的住宅

(*a*) 对称均衡（法国拉瓦雷新城古典式公寓，波菲尔设计，1983 年）；
(*b*) 不对称均衡（德国柏林蒂尔加藤集合住宅，罗西设计，1985 年）

图 7–3　采用不均衡造型，富于个性的小住宅

(图 7–6)。又如，横向体型的住宅因透视的关系，在水平方向往往感觉缩短；垂直体型的住宅受透视影响，在高度上常常感觉降低。考虑到这种视觉效果，一般需要在尺度和比例上加以修正。

许多住宅设计经常通过体型的变化和体量的对比，来创造丰富的视觉效

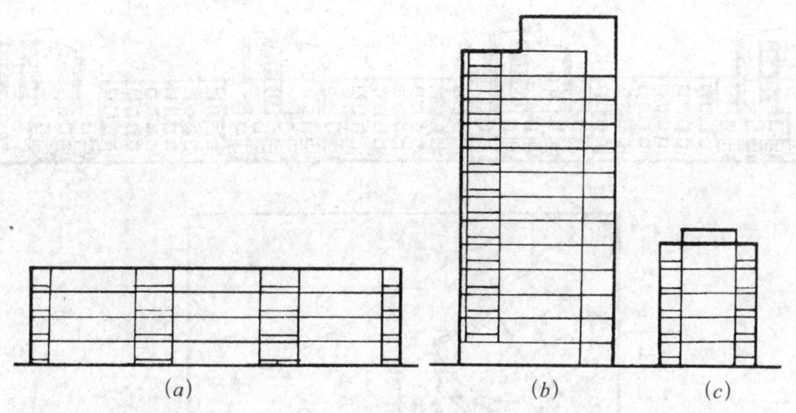

图 7–4　横向和垂直方向两种体型的住宅

(*a*) 横向体形的住宅；(*b*) 垂直体形的住宅；(*c*) 墩式住宅

图 7–5　垂直体型的高层住宅

(*a*) 厦门光华大厦；(*b*) 1993 年北京住宅设计方案

果（图 7–7 ~ 图 7–12），其前提是住宅的面积、功能、结构等对住宅的限制相对较少。我国住宅目前虽仍较多地受经济、标准等条件的制约，但还是可以通过内部套型和面积的调整来实现体型的变化（图 7–13、图 7–14）。在体量对比方面，可以通过单元之间不同的连接方式实现，也可以局部构件的凹凸（如阳台、梁、板、柱、檐口等）与大面积的直墙形成对比（图 7–15）。

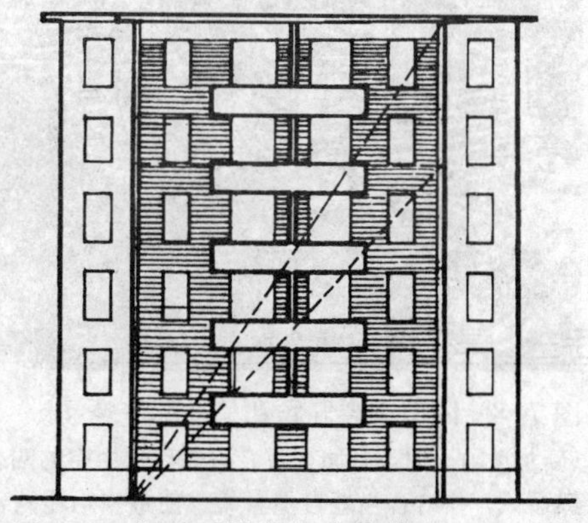

图 7–6　调整后墩式住宅的体型

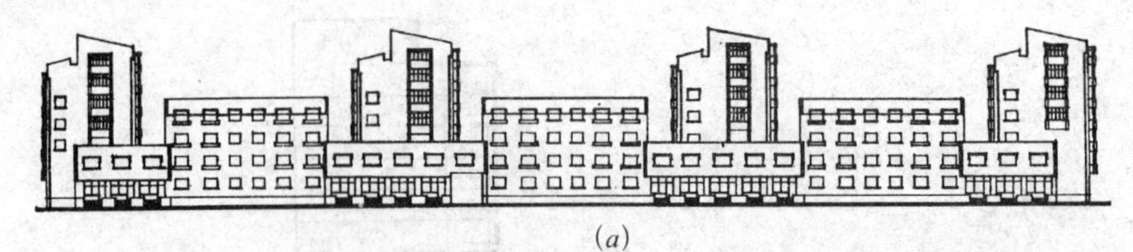

(*a*)

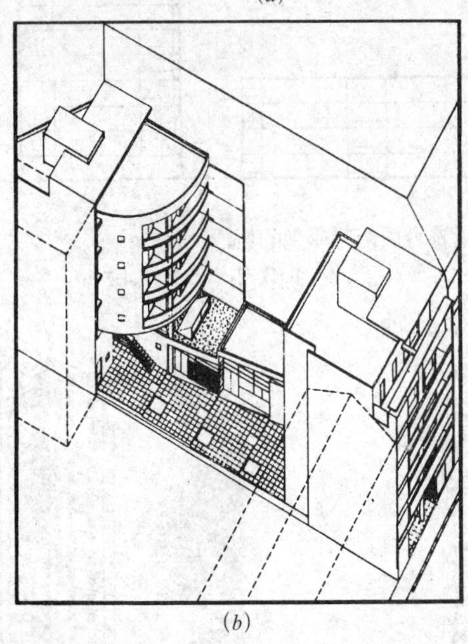

(*b*)

图 7–7　体型的对比变化
(*a*) 高低的对比变化（哈尔滨嵩山节能住宅实验小区 2 号街坊立面）；
(*b*) 弧形与直线方形的对比（法国巴黎第 20 区勃希西翁路住宅）

图 7–8　体型适应气候和结合环境
（新加坡阿卡迪亚花园公寓，以弧线形中空的四合院加强自然通风，并结合当地自然环境，使每户均能欣赏四周的自然风光）

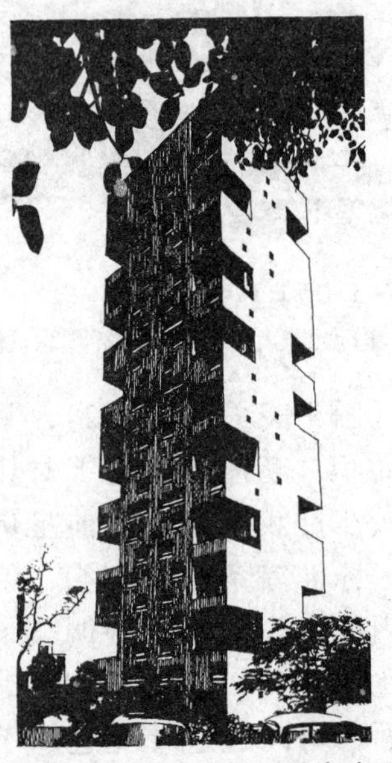

图 7–9　印度孟买干城章嘉公寓
（柯里亚设计，以适应湿热地区气候的二层高的花园阳台，造成体量的雕塑感）

图7–10　阳台错位出挑，形成雕塑感（印度新德里雅穆纳公寓）

(a)

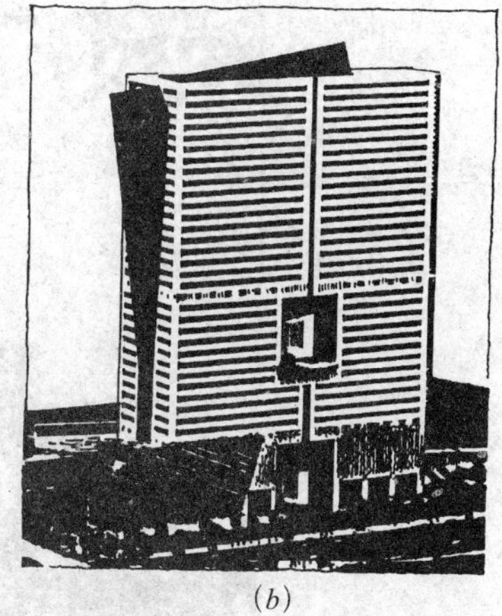

(b)

图7–11　结合空中花园或活动空间的处理，将中部挖空
(a) 香港浅水湾高层公寓；(b) 深圳帝王大厦高层公寓

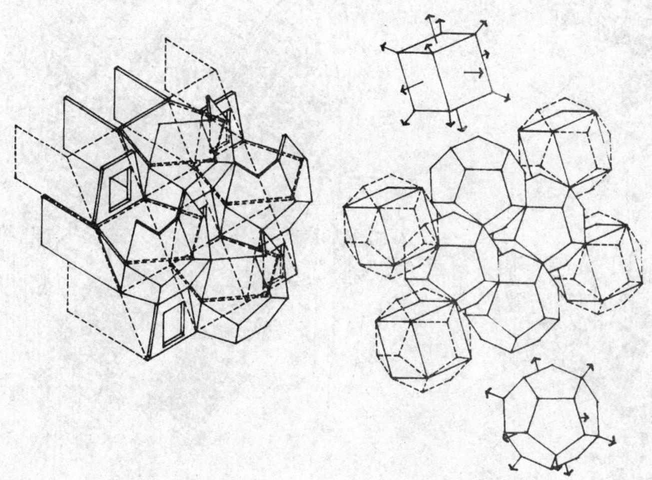

图7–12　结构与施工的影响
(以色列耶路撒冷Ramot住宅，由专门开发设计并预制的12面体、6面体和结合体组成了独特的住宅外观，海科尔设计，1980年)

图 7-13　调整各层套型数量形成退台，使每户有露台花园
(天津川府新村花园台阶式住宅)

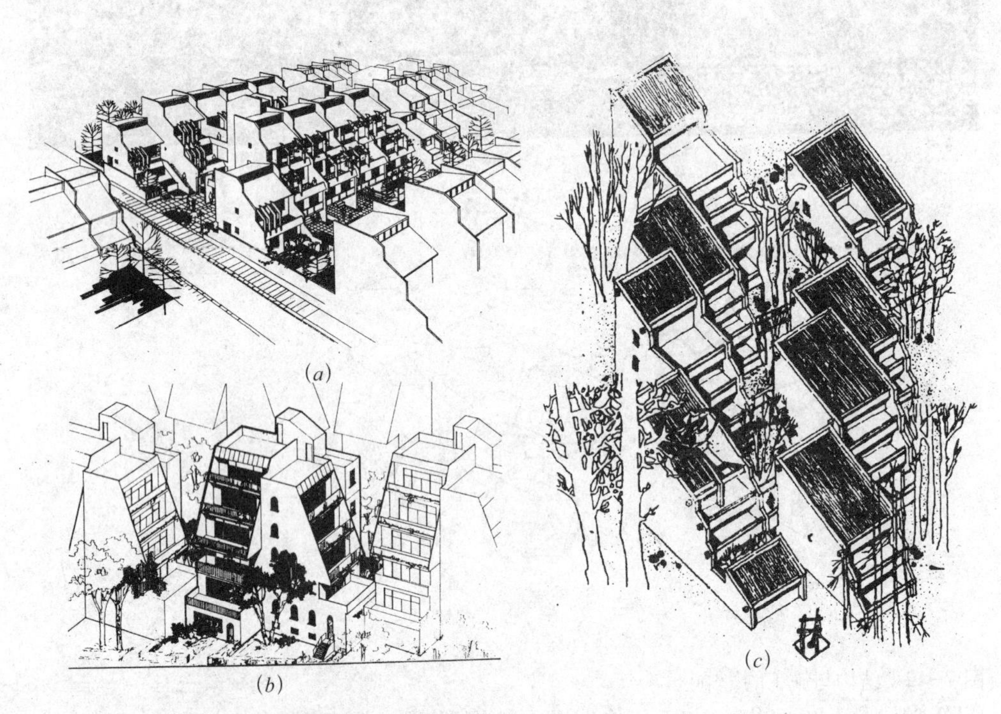

图 7-14　逐层递减套型面积形成变化的体型
(*a*) 条式住宅北向退台，端部降低层数（重庆）；
(*b*) 点式住宅逐层退台，山墙作斜面处理（广西）；
(*c*) 合院式住宅南向退台，并拼联成连续的四合院（重庆）

(*a*)

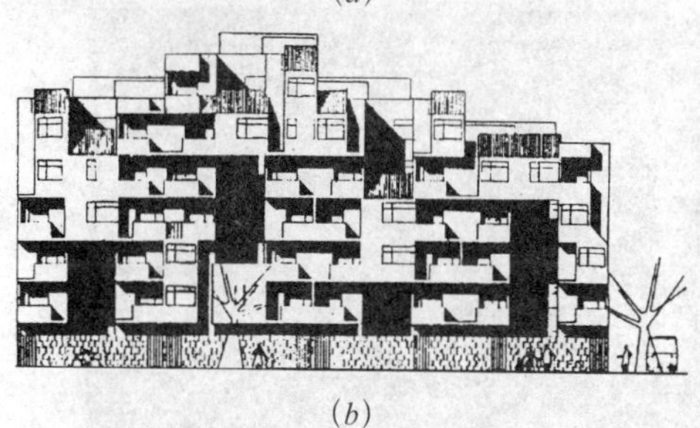

(*b*)

(*c*)

图 7-15　体量的对比

(*a*) 端单元的特殊体型处理与其他单元形成对比（德国柏林某住宅）；
(*b*) 以层数变化及坡顶和阳台的巧妙安排形成对比（青岛杭州路住宅）；
(*c*) 窗口和阳台的局部凹凸与墙面形成对比（荷兰阿姆斯特丹 100Wozoco's 住宅）

7.2.2　尺度的把握

住宅的尺度就是建筑物与人体的比例关系。尺度较大的建筑，给人的感觉是庄严、神圣、气派、难以接近；而尺度较小的建筑则使人觉得亲切、易于接近和具有人情味（图 7-16）。古代民居一般都为单层或低层，尺度较小，适于人居住

(*a*)

(*b*)

图 7-16　建筑的尺度

(*a*) 巨大的城市尺度（北京）；(*b*) 小尺度的建筑（美国温克勒和戈茨住宅，赖特设计，1939 年）

图 7–17　云南一颗印住宅

（图 7–17）。而现代建筑的层数大大加高，若细部处理不当，就会给人以冷漠无情的感觉。因此，住宅建筑在设计中应该选择适宜的尺度。

为了缩小住宅的尺度，可以采用化整为零的方法，即通过材料、质感、色彩的变化和构件、洞口的凹凸，使大的墙面尺度变小（图 7–18）。另外，将单一的外形轮廓改变为曲折复杂的外形，也可以起到减小尺度的作用（图 7–19）。

图 7–18　化整为零，缩小住宅尺度

（*a*）荷兰 Prinsenhoek 公寓；（*b*）石家庄联盟小区住宅；（*c*）天津梅江居住区住宅

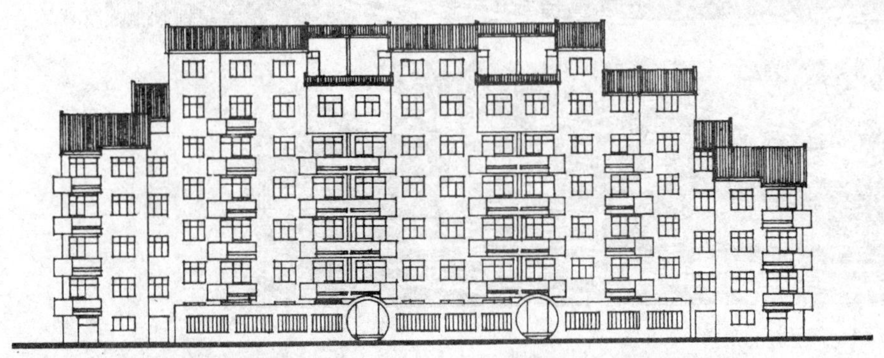

图 7–19　改变住宅单一外形，减小尺度（常州红梅西村小区住宅）

7.2.3　个性的体现

住宅的个性体现首先应遵循住宅总体的性格原则，即城市的背景和亲切宜人的尺度。但是这并不等于住宅都是单一的面孔。在不同的环境中，要求住宅体现不同的个性或风格。

我国住宅的风格可谓多姿多彩，既有亲切淳朴，也有创新独特；既反映时代特征，也反映不同文脉继承。文脉继承倾向的表现又分为地域文化倾向和西方古典风格倾向。所谓地域文化倾向，主要是从我国传统民居中吸收营养，体现地域的文化特征（图 7–20）；具有西方古典风格的住宅建筑多分布于一些特殊的城市，如上海、天津、青岛、哈尔滨等（图 7–21）。同时在越来越多的旧城住宅改造设计中，亦充分注意使住宅风格与周围环境相协调（图 7–22、图 7–23）。

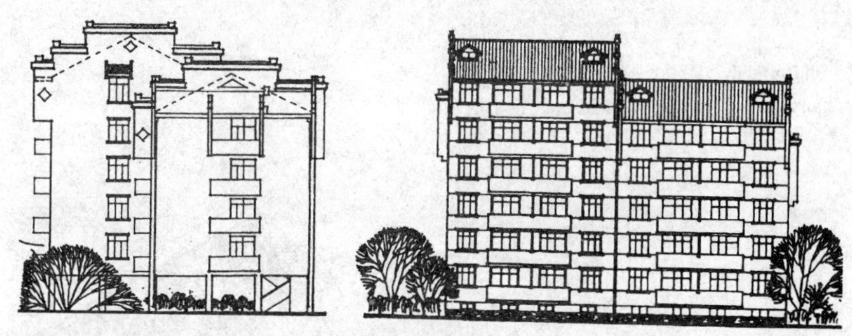

图 7–20　地域文化倾向（合肥琥珀山庄住宅）

（*a*）

（*b*）

图 7–21　西方古典风格倾向

（*a*）青岛四方小区住宅；（*b*）天津华苑居住区第九小区住宅

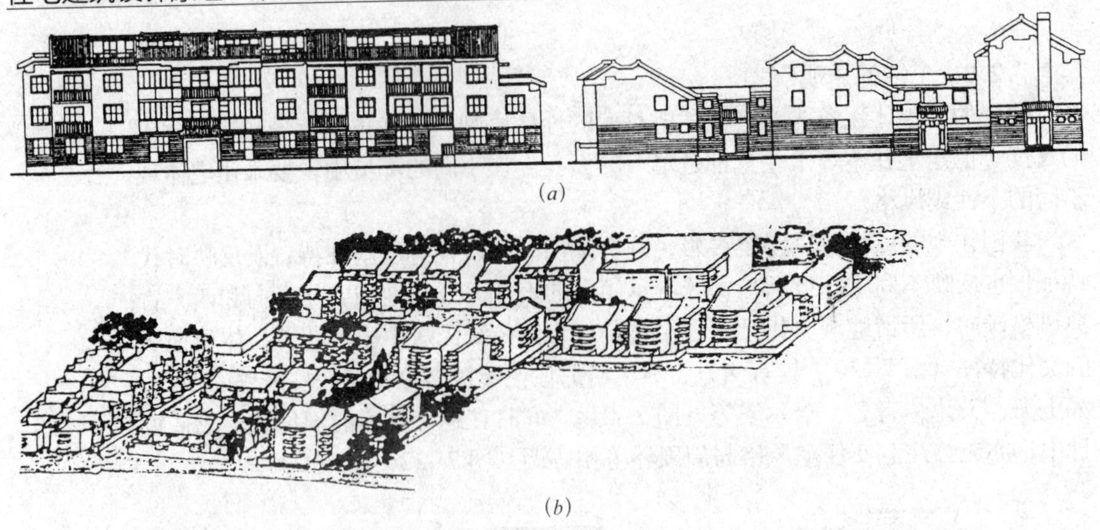

图 7-22 旧城改造实例
(*a*) 北京菊儿胡同（低层四合院）；(*b*) 北京小后仓胡同（多层混合式）

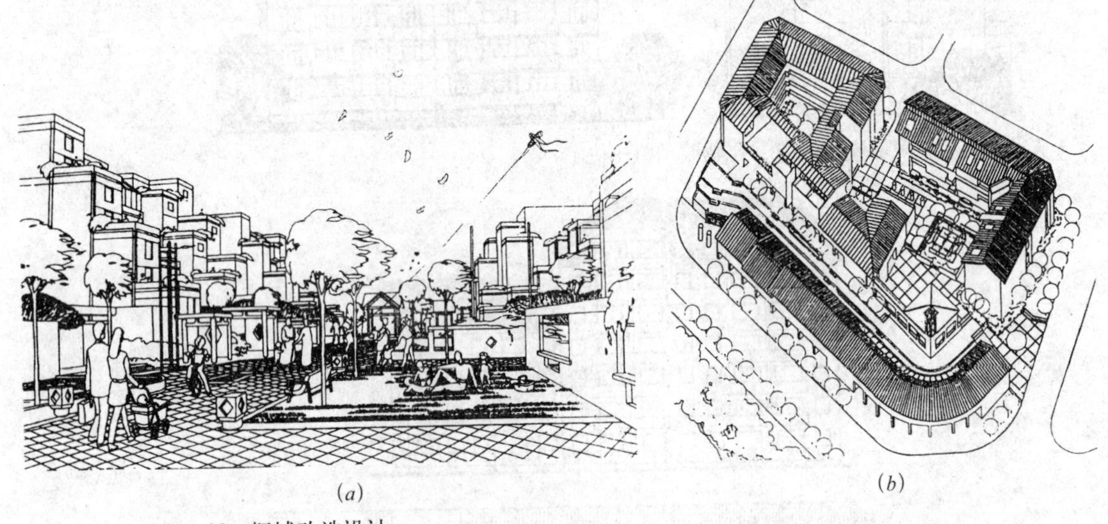

图 7-23 旧城改造设计
(*a*)“今日多层住宅”国际学生住宅设计竞赛第一名，天津大学，1995 年（多层四合院台阶式）；
(*b*)“康居住宅”国际学生住宅设计竞赛第一名，重庆建筑大学，1997 年（多层坡顶合院式）

值得注意的是，住宅设计中的关键是适度，在强调个性的同时，更应注意整体的其他方面。尤其是对传统民居的借鉴，不能忽略尺度的把握，既不能简单地按比例放大，也不能以原尺寸堆砌，否则效果会适得其反，更应该提倡在继承的基础上有所创新。

7.3　立面构图的规律性

7.3.1　水平构图

水平线条划分立面，容易给人以舒展、宁静、安定的感觉，尤其是一些多层、高层住宅，常常采用阳台、凹廊、遮阳板、横向的长窗等来形成水平阴影，与墙面形成强烈的虚实对比和有节奏的阴影效果；或是利用窗台线、装饰线等水平线条，创造材料质地和色泽上的变化（图 7–24）。

(*a*)　(*c*)

(*b*)

图 7–24　住宅的水平构图

(*a*) 带形窗等水平线条划分立面，给人以宁静感（法国萨伏依别墅）；

(*b*) 连续不断的阳台、凹廊形成水平分割线条（上海华盛路住宅 1977 年）；

(*c*) 水平遮阳板、窗台线、花槽等水平线脚分割立面的效果（法国巴黎某住宅）

7.3.2 垂直构图

有规律的垂直线条和体量可令建筑物形成节奏和韵律感，如高层住宅的垂直体量以及楼梯间、阳台和凹廊两侧的垂直线条等，均能组成垂直构图（图 7–25）。

(*a*)　　(*b*)

图 7–25　垂直线条构图

(*a*) 北京亚运村汇园公寓；(*b*) 德国鲁尔某住宅

塔式住宅为垂直的体型，对这种体型的住宅加以水平分割处理，可以打破垂直体型的单调。将遮阳板、阳台、凹廊等水平方向的构件组合处理后，可以得到垂直方向的韵律。(图 7–26)

图 7–26　水平构件组合形成垂直方向的韵律（澳大利亚悉尼沃尔多夫公寓，1983 年）

7.3.3 成组构图

住宅常常采取单元拼接组成整栋建筑。在这种情况下，外形上的要素，例如窗、窗间墙面、阳台、门廊、楼梯间等往往多次重复出现，这就是自然形成的住宅外形上的成组构图。这些重复出现的种种要素并无单一集中的轴线，而是若干均匀而有规律的轴线形成成组构图的韵律（图 7–27）。

7.3.4 网格式构图

网格式构图是利用长廊、遮阳板或连续的阳台与柱子，组成垂直与水平交织的网格。有的建筑则把框架的结构体系全部暴露出来，作为划分立面的垂直与水平线条（图 7–28）。网格构图的特点是没有像成组构图那样节奏分明的立面，而是以均匀分布的网格表现生动的立面。网格内可

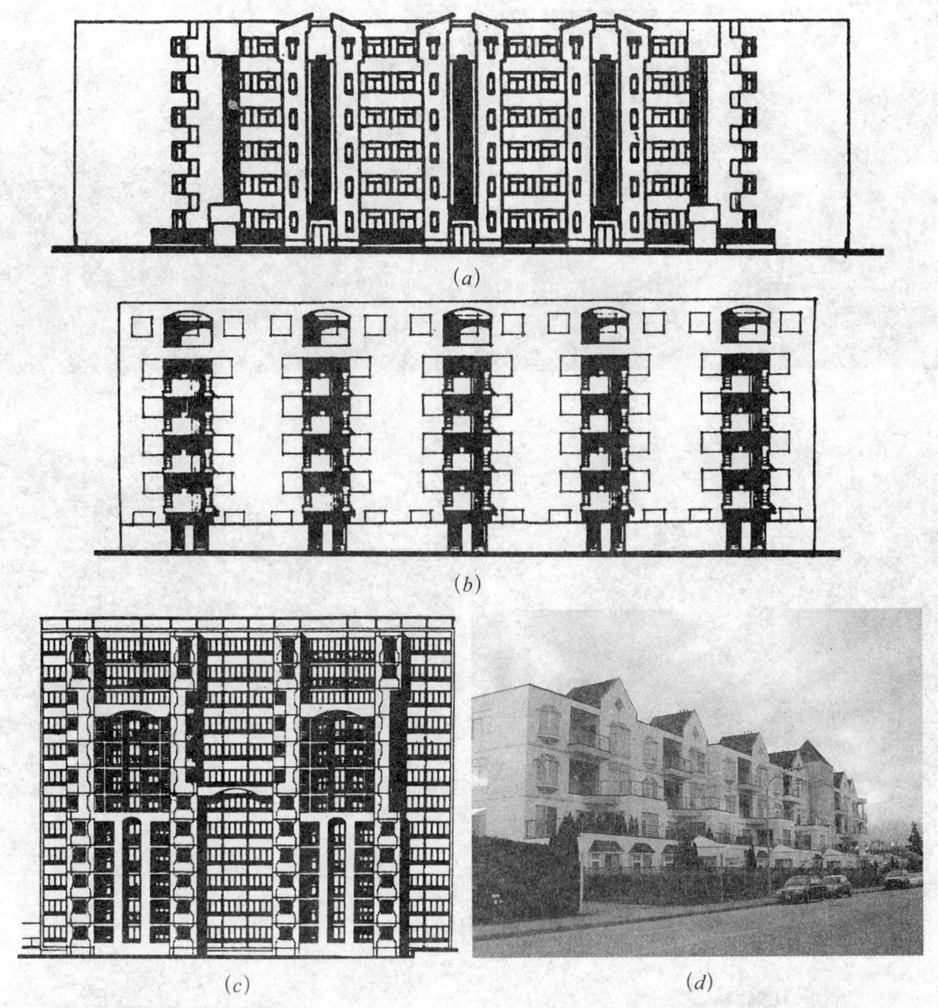

(*a*)

(*b*)

(*c*)　(*d*)

图 7–27　成组构图

(*a*) 成都棕北小区住宅；(*b*) 上海某多层住宅；(*c*) 法国巴黎高层住宅改建（安莎、克鲁等设计）；(*d*) 加拿大列治文某多层公寓

能是大片的玻璃窗、空廊或阳台，也可能是与网格材料、色彩、质感对比十分强烈的墙面，墙面中央是窗。

7.3.5　散点式构图

在住宅建筑外形上的窗、阳台、凹凸的墙面或其他组成部分，均匀、分散地分布在整个立面上，就形成散点式构图（图 7–29）。这种构图方案一般可能表现得比较单调，但如果利用色彩变化，或适当利用一些线条与散点布局相结合，即可打破这种单调的立面。在一些错接或阶梯式住宅中，由于不便把整栋住宅的阳台、窗、墙或其他组成部分组织在一起，只有在其复杂、分散的体量上进行这种散点处理。某些跃层式住宅的外形，由于内部处理使得阳台是间隔出现，而非连续地大片布置在立面上，从而也会在立面上形成散点状的阳台布局，打破了一般

(*a*) (*b*) (*c*) (*d*)

图 7–28　网格构图的住宅

(*a*) 德国汉诺威某多层住宅；(*b*) 德国杜伊斯堡内港多层住宅；
(*c*) 加拿大温哥华某多层公寓；(*d*) 日本东京东云居住区高层住宅

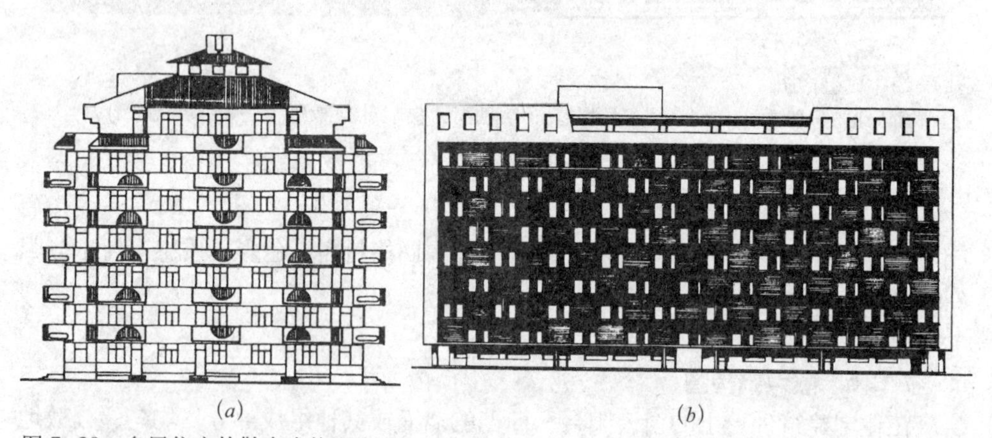

(*a*) (*b*)

图 7–29　多层住宅的散点式构图

(*a*) 利用阳台形成散点构图（无锡芦庄点式住宅）；
(*b*) 利用材料对比与质感组织散点式立面（英国拜晚浦桥大街公寓）

常见的成组构图处理手法。这种散点布置的阳台，如在阳台栏板上施以不同色彩会更为生动。垂直体型的塔式住宅也可以不加水平线条处理，而任其自然地分散布置窗、阳台等，这种分散布置也给住宅外形以生动的效果（图 7–30）。

(a)

(b)

图 7-30　高层住宅的散点式构图

(a) 跃层式住宅间歇出现的阳台形成散点（巴西沙奥派洛 9 ; 17 层住宅）;
(b) 以悬挂的外墙板与叠落的阳台形成散点（法国格列诺伯的塔式住宅）

7.3.6　自由式构图

现在，随着住宅多样化的发展趋势，越来越多的住宅不拘拟于简单的形式，或将以上各种构图手法混合使用，或采用自由式构图以体现住宅的个性，或由于某些特殊的原因而形成了特殊的外形，令住宅的造型和立面更加丰富多彩（图 7-31）。

还有许多顺坡建造的住宅，亦可组成各种韵律，表现出节奏感（图 7-32）。此外，还有按照规划、地形的需要设计的曲线形带状住宅，形成柔和而弯曲的优美外形（图 7-33）。

(a)

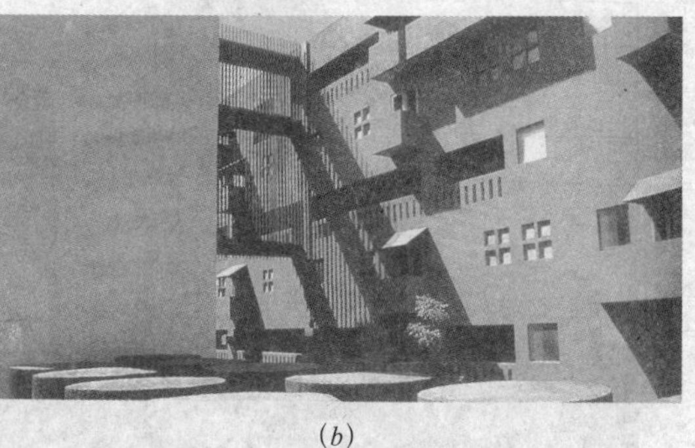

(b)

图 7-31　住宅的自由式构图

(a) 日本东京羽根木之林，坂茂设计；(b) 墨西哥 Pasaje Santa Fe 住宅

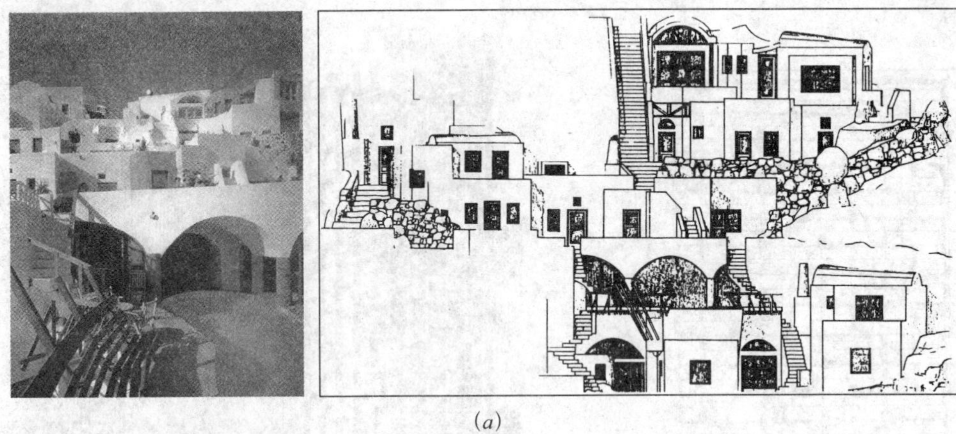

(*a*)

(*b*)

图 7–32 顺坡建造的住宅
(*a*) 希腊桑托里尼岛公寓；(*b*) 坡顶低层住宅（美国洛杉矶余晖公寓）

图 7–33 曲线形住宅（深圳白沙岭住宅）

7.3.7　住宅外形处理中构图规律的应用

住宅内部空间的比例和尺度，一般取决于家具尺寸和人体活动的需要。所以长、宽、高合适的空间给人以舒适感，反映在外形上也是美观的。局部如门窗的高、宽和比例尺度，也是由功能的需要来决定的，因而一般不致产生尺度、比例失常的现象。

在进行住宅外形设计时，无论是水平、垂直、成组、网格、散点等构图手法，还是自由式外形，都必须首先推敲处理好整体及各组成部分之间的比例关系。同一建筑，由于不同的构图处理，可以获得不同的立面效果（图 7-34），同时还可以利用这种方法来调整建筑物的整体比例。

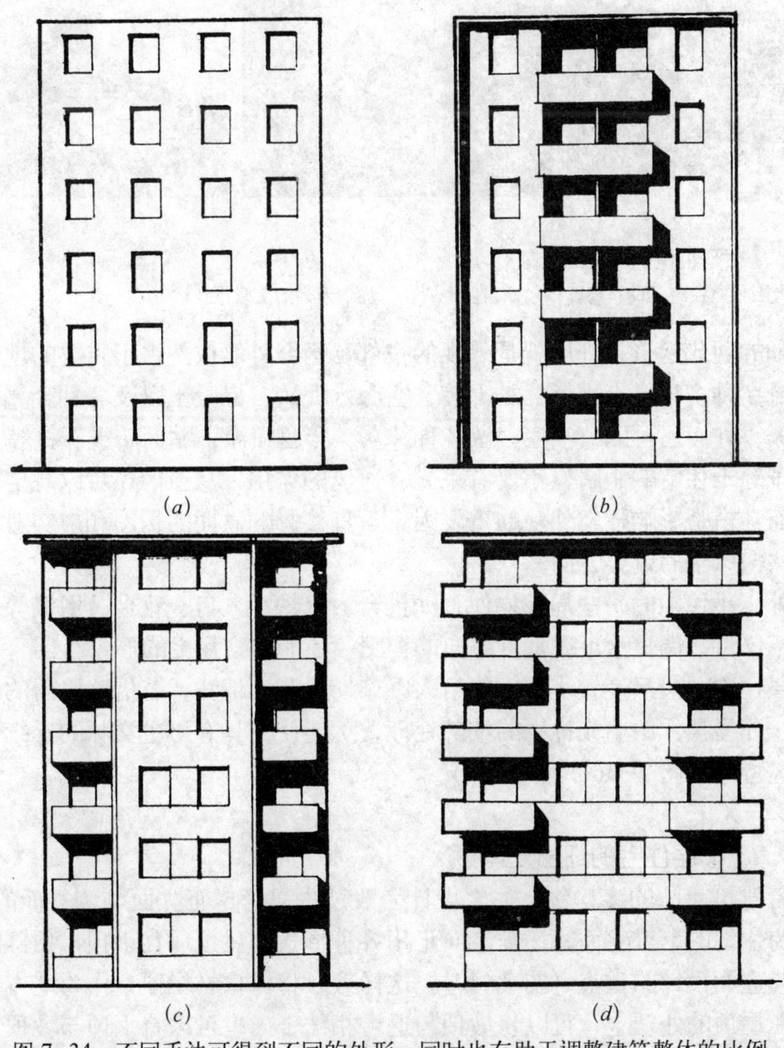

图 7-34　不同手法可得到不同的外形，同时也有助于调整建筑整体的比例

（*a*）无阳台，窗散点布置时的体型；（*b*）半凹、半凸阳台把立面划分为三垂直狭条，使体型感觉较高；（*c*）两边虚中间实，削弱了宽度，体型更感高耸；（*d*）转角阳台及水平线条，体型感觉矮而宽

7.4 住宅的细部处理及材料、质地和色彩设计

7.4.1 低层住宅的细部处理

对于低层住宅来说，屋顶、外墙、门窗、入口等都是细部设计的重点。

我们看到一幢小住宅的外观时，印象最深的就是屋顶。屋顶除了防雨、遮阳、隔声的功能以外，还可以表示该住宅的个性，是住宅的象征（图 7–35）。常见的屋顶形状有单坡形、小檐形、双坡形、四坡形、弧形、蝴蝶形、平顶形、自由形等。屋顶材料中最普及的是瓦和彩色铁板。

(*a*)

(*b*)

(*c*)

图 7–35 屋顶是小住宅个性的象征

(*a*) 日本大阪独立住宅；(*b*) 德国鲁尔低层住宅；(*c*) 加拿大列治文联排住宅

早期的现代建筑，外墙就是外观的全部，至今外墙依然占很重要的地位。外墙的材料多种多样，有木材、黏土砖、空心水泥砖、混凝土以及各种金属板、复合材料板，外面还可以喷油漆、做各种抹灰、彩色喷涂、贴面砖或石材等。

窗子等于住宅的眼睛，不仅有采光、通风的作用，从窗内还可以眺望外面的景色，而且窗是影响住宅外观的重要因素，直接影响立面的构图和虚实对比，也是影响住宅风格的重要方面。

另外，小住宅的一些局部构件，如挑台、壁炉、入口、花台、围墙等若处理得当，不仅可以调整水平或垂直方向的构图，还能丰富住宅的形象。

低层住宅一般尺度较小，常能给人以亲切感和人情味，若借鉴民居的传统处理手法，如屋顶、山墙或挑檐的细部处理，更能使其具有历史文脉的延续性和明显的地区特征（图 7–36 ~图 7–39）。

7.4.2 多层住宅的细部处理

随着建筑手法的多样化，住宅设计一改过去只考虑正立面与侧立面的做法，屋顶成为住宅的第五立面，逐渐趋向于用各种形式的屋顶取代平顶，顶部的设计日趋成为立面设计的重点（图 7–40）。这样可以将檐口（屋顶）作为地方特色的标志。在屋顶的处理上，可以将坡顶与退台相结合，也可以将平顶与坡顶结合成变层高屋顶，屋顶内部的空间一般作阁楼加以利用（图 7–41）。

以往的住宅山墙处理比较平淡，因此许多山墙沿街的立面为避免单调，不得不布置一些东西向住宅。目前国内常见的山墙处理手法有：利用坡顶使山墙的轮

图 7-36 加拿大温哥华联排式住宅
（利用异形转角窗、斜撑及跌落的花台等使其别具一格）

(*a*)

(*b*)

图 7-37 美国洛杉矶住宅
（利用实墙面、小方窗及不同的墙面材料形成对比，以栏杆与墙面的对比以及异形的花台突出入口的重点处理）
(*a*) 全貌；(*b*) 入口细部

(*a*)

(*b*)

图 7-38 具有民居韵味的低层住宅
(*a*) 四川某低层住宅（以山墙、小檐瓦顶、窗楣、门楣、穿枋等形成特色）；(*b*) 福建莆田临川镇海头村小康住宅（以坡顶、屋脊、曲形山墙、窗楣和阳台使住宅具有福建民居风格）

图 7–39　德国亚琛某联排住宅
（以并联的弧形山墙、坡顶、老虎窗、露台等显示其造型特征）

图 7–40　多层住宅的坡顶用作屋顶绿化
（瑞典 Boras 实验住宅）

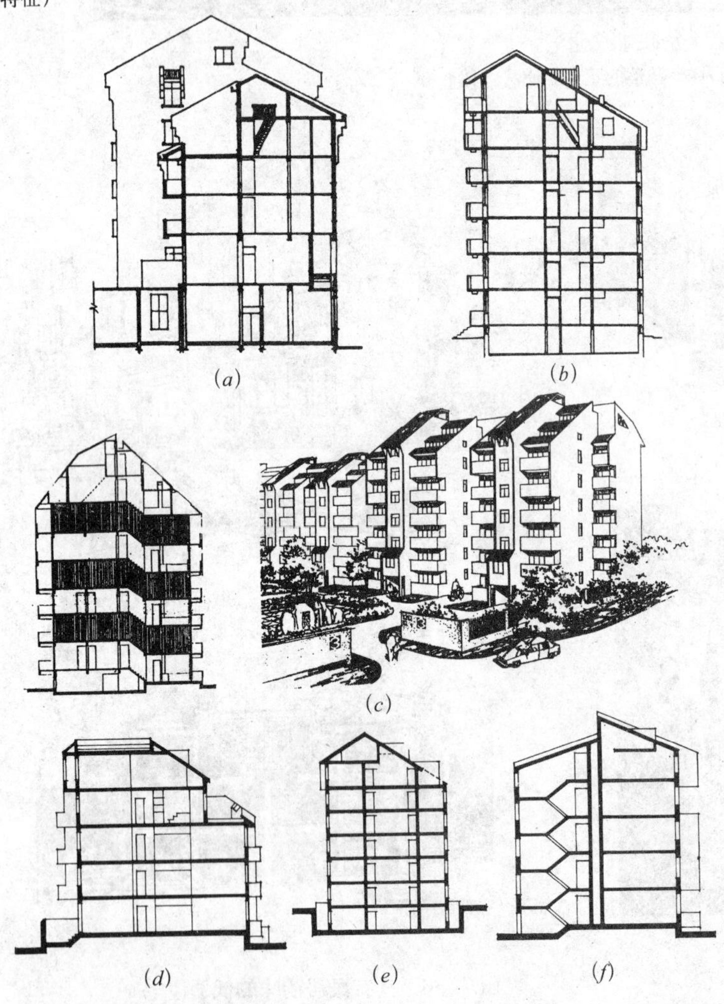

图 7–41　顶层空间的处理
(*a*) 局部退台和跃层（合肥琥珀山庄住宅）；(*b*) 坡顶、退台和跃层（石家庄联盟小区住宅）；
(*c*) 错层、坡顶和跃层（浙江某住宅）；(*d*) 局部坡顶与退台；(*e*) 双坡顶与局部平顶；
(*f*) 双坡错接与局部阁楼

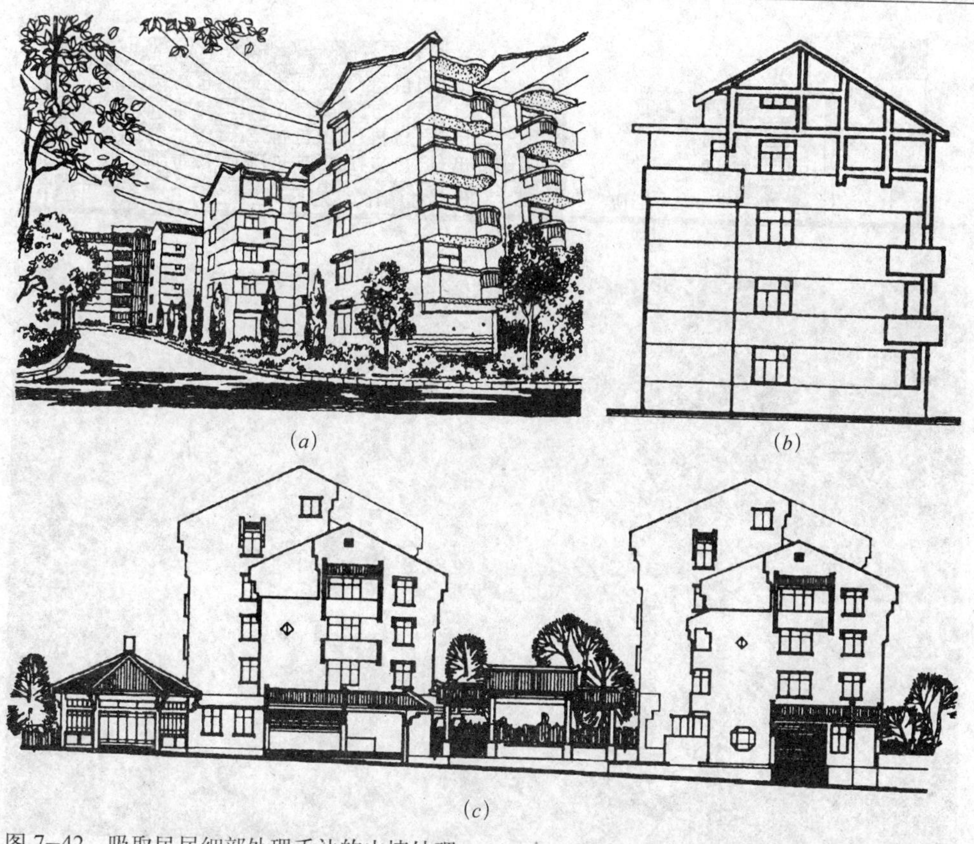

(*a*)　(*b*)

(*c*)

图 7–42　吸取民居细部处理手法的山墙处理
(*a*) 无锡芦庄小区住宅；(*b*) 常州红梅西村住宅；(*c*) 合肥琥珀山庄住宅

廓更活泼生动；吸取传统民居的细部做法，创造出具有地方特色的山墙设计（图 7–42)；利用边单元的特殊布置，调整单调的山墙设计，使之成为正立面的延续，从总体布局上对住宅形体进行创新，打破原有的立面概念（图 7–43)。

阳台也是立面的重要构成元素，阳台凹凸的体量可以形成光影变化；阳台的不均匀设置，色彩的不规则处理，都可为立面创造平面构成的效果；阳台护栏设施的变化，可以创造活泼的个性。此外，阳台还可以作为立体绿化的载体（图 7–44)。

住宅的单元入口应鲜明突出，具有识别性。单元入口可以与楼梯间统一设计，并与周围的环境相融合（图 7–45)。有的住宅单元入口设于二层，可与室外楼梯、坡道、平台相结合（图 7–46)。为了使入口景观更佳，应注意避免垃圾道出口给人的脏乱感觉。

在考虑住宅单体造型设计的同时，也要考虑室外环境及其与住宅的关系。统一设计可以说是增强住宅识别性的有效途径。统一设计的范围主要是住宅细部和环境小品的设计，如单元入口、阳台、檐口、垃圾道、烟道、院门、自行车棚、路灯、座椅、花坛、铺地、栏杆等。住宅的统一设计一般以组团或庭院为一个邻里单位，一方面增加识别性，另一方面可以加强领域感。

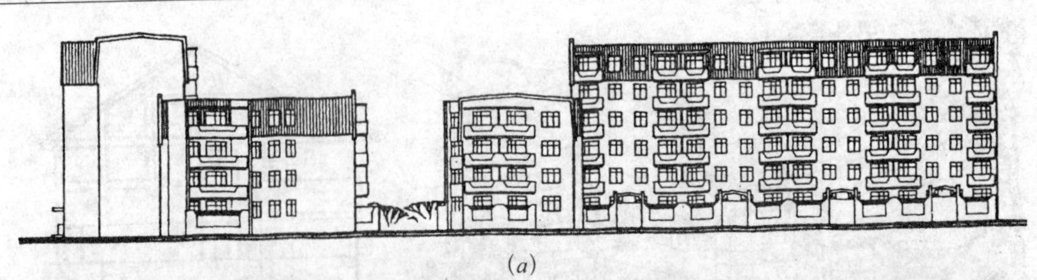

(*a*)

(*b*)

图 7-43　山墙成为正立面的延续

(*a*) 唐山 11 号小区住宅；(*b*) 加拿大列治文维多利亚花园公寓

(*a*)　　　　(*b*)

图 7-44　阳台的变化

(*a*) 红、黄、蓝、白、灰色的挑阳台成为住宅的亮点（德国杜萨尔多夫某多层住宅）；

(*b*) 弧形的阳台富于变化，又是垂直绿化的载体（荷兰马斯特里赫特某住宅）

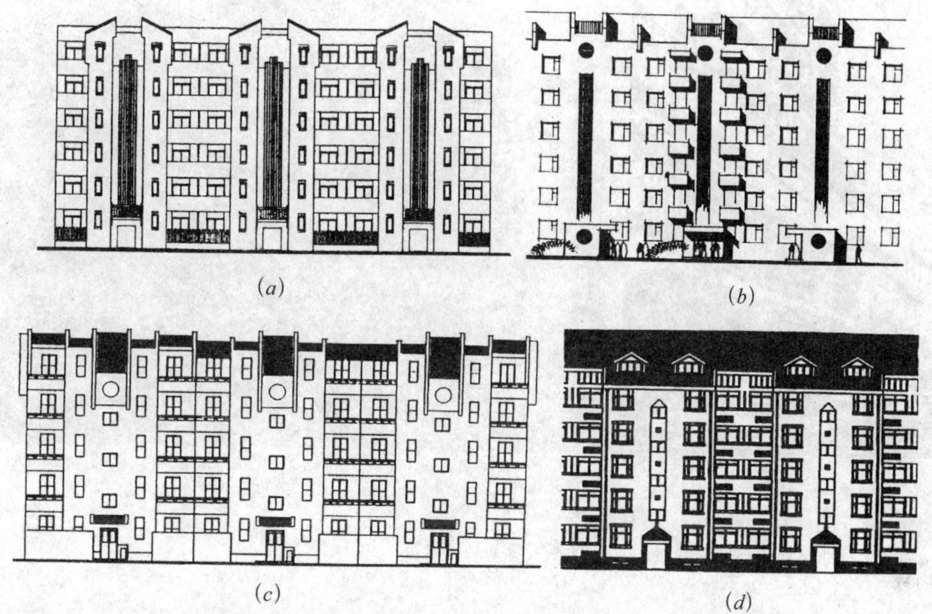

(a)　(b)　(c)　(d)

图 7-45　单元入口与楼梯间结合处理

(a) 成都棕北小区住宅；(b) 哈尔滨“八五”住宅；(c) 任丘明珠新村香菱里住宅；(d) 北京燕化新城住宅

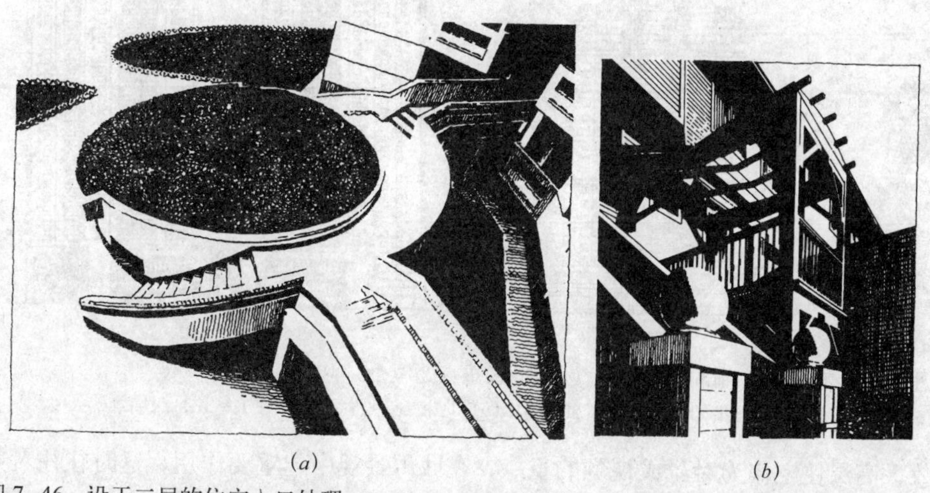

(a)　(b)

图 7-46　设于二层的住宅入口处理

(a) 成都棕北小区住宅，由楼梯平台入口，花坛下设半地下自行车库；

(b) 美国 San Mateo 的 Meadow Court 住宅入口

7.4.3　高层和中高层住宅的细部处理

高层住宅体量巨大，在细部设计中与低层和多层住宅不同。高层住宅的底部几层，因与人较接近，需要作重点处理。一般通过细部设计使其尺度减小，而入口处是重点处理的部位（图 7-47）。高层住宅顶部在视觉上给人以“第一印象”，是识别性的重要标志，也是形成城市天际轮廓线的组成部分。有时因为选址的缘

（*a*）　　　　（*b*）

图 7–47　高层住宅的底部入口处理

（*a*）澳大利亚悉尼沃尔多夫公寓；（*b*）日本宝塚某高层公寓

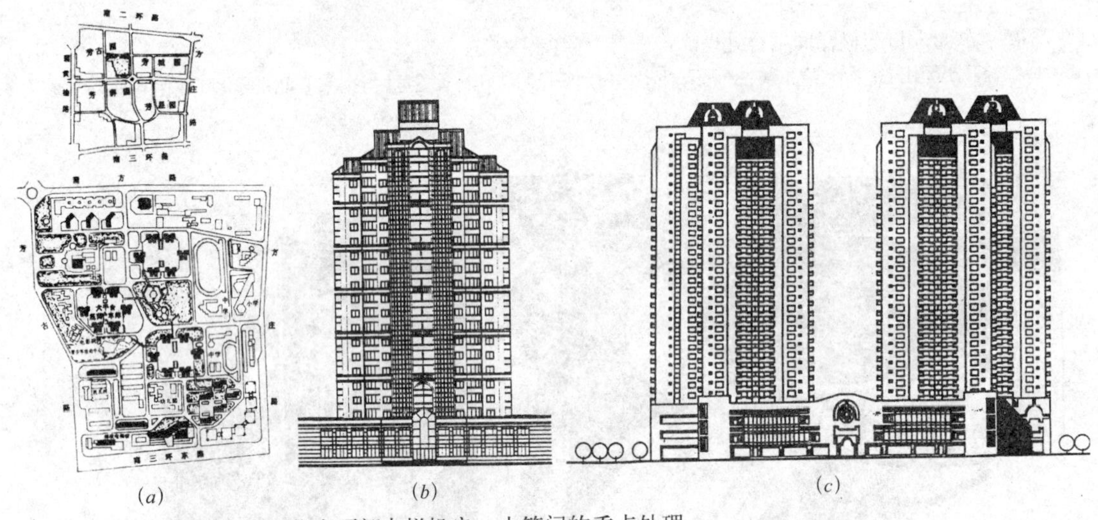

（*a*）　　　　（*b*）　　　　（*c*）

图 7–48　高层住宅顶部电梯机房、水箱间的重点处理

（*a*）北京方庄居住区方星园一区塔式高层住宅；（*b*）北京小营居住区高层住宅；（*c*）深圳景鹏大厦

故，高层住宅作为对景或视觉的重点，在城市景观中起重要作用，这时往往对其顶部进行重点处理，使其具有独特的个性和鲜明的标志性。高层住宅顶部的处理一般有这样几种手法：将电梯机房和水箱间进行重点处理，使其具有标志性（图 7–48）；住宅顶部几层结合电梯机房等作特殊处理，或层层退台，或改变材料和颜色（图 7–49、图 7–50）。

高层住宅的中部从整体上看是视觉的过渡部分，一般以开窗的比例与墙面的对比关系以及阳台的布置形成节奏与韵律，要特别注意整体的统一与协调（图 7–51）。

中高层住宅由于和多层住宅的尺度接近，因而在细部设计上可以借鉴多层住宅的处理手法（图 7–52、图 7–53）。

图 7-49　综合处理的高层住宅顶部
（天津体院北高层住宅，顶部层层退台，改变材料和色彩）

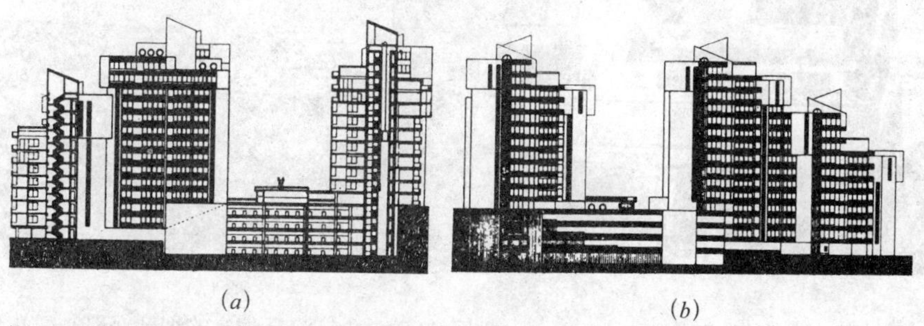

（a）　（b）

图 7-50　委内瑞拉，加拉加斯奥利茨科居住综合体
（楼梯间与电梯机房作成斜顶，局部退台或出挑）

（a）

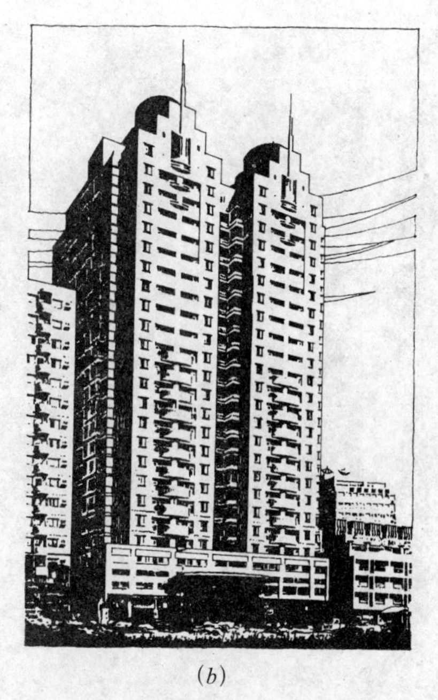

（b）

图 7-51　高层住宅的中部处理
（a）法国巴黎欧特—佛姆街住宅；（b）台湾台南皇龙第一园（1992 年）

(*a*)

(*b*)

图 7−52　中、高层住宅的细部处理（一）

图 7−53　中、高层住宅的细部处理（二）

(*a*) 深圳华侨城锦绣公寓；(*b*) 德国柏林某中高层住宅

图 7−54　外墙的质感表现住宅的性格

(荷兰马斯特里赫特 La Fortezza 公寓，博塔设计)

7.4.4　住宅建筑的外部材料、质地和色彩设计

住宅建筑的材料色彩和质感，对住宅建筑的外形美观起着很重要的作用(图 7−54)。世界上有些国家如墨西哥等，因其特殊的地域和文化背景而对鲜艳的色彩情有独钟。然而多数国家和地区的住宅，一般都以较浅的、明快的调和色（如浅黄、浅灰、浅绿等）或木材、砖墙等自然色为主要基调，而不将对比色或对比强烈的色彩大面积使用；强烈的、鲜艳的对比色可以作为局部的重点装饰，而与大面积的墙面色彩形成对比。浅色的大面积调和色调比较容易取得亲切感；而深色墙面如红砖墙面、棕色面砖等配以深浅不同的窗台、窗框等作为

(a)

(b)

图 7−55　外墙的色彩和质感设计

(a) 自然的浅色调局部装饰鲜艳蓝色，与内庭水院十分协调（加拿大戴尔塔某多层公寓）；
(b) 灰、棕色墙面与玻璃和钢的质感，使住宅整体稳重大方（德国杜伊斯堡内港住宅）

对比，也常常为人们所喜爱。有些住宅墙面上饰以深浅和色调不同的水平或垂直色块、色带，可以使住宅的外形更为生动。国外有的住宅建筑，使用丰富多彩的色块装饰阳台栏板、凹阳台内侧墙面，从透视中可以得到很好的效果（图 7−55）。

充分利用材料本身的色彩和质感，如红砖与白水泥的门、窗套，浅而光滑的阳台栏板与粗糙的深色大板粘石面层对比，都有很好的效果。但是，住宅建筑材料毕竟不如公共建筑丰富，而且，一般使用单一材料的情况较多，墙面变化不大，建筑材料的质感对比不多。住宅建筑的外墙面粉刷和色彩，以不需时常维护为宜，用不褪色的颜料可减少维护费用。

第 8 章
住宅外部空间环境设计

Chapter 8
Design of Out Space & Environment in Residential District

8.1　住宅外部空间环境的设计理念

8.1.1　住宅外部空间环境的涵义

居住是人类最基本的生存需求之一，住宅是城市建筑中重要的组成部分，住宅及其外部空间环境是实现人类这一基本需求的重要载体。住宅外部空间环境的演变与发展对整个城市环境的不断丰富与发展起着相当大的作用。

从空间角度来讲，外部空间是指由实体围合的住宅室内空间之外的一切活动领域，房前屋后的庭院、街道、绿地、游憩广场等可供人们日常活动的空间均属外部空间。随着人们生活方式的转变、建筑空间概念的拓展以及技术水平的提高，室内、外空间的界限也日渐模糊，敞廊、露台、屋顶花园等设计手法的采用，有效地促进了室内、外空间环境的相互渗透，也使住宅外部空间的概念具有了新的内涵。

从环境方面认识，外部环境就是作用于人类生活的外界影响力量的总和，也是人们通过各种方式去认识、体验和感知的外界之总体，既包括自然形成的环境，也包括人工构筑的环境，以及影响人类生活的社会环境。

《华沙宣言》指出："人类聚居地，必须设计得能提供一定的生活环境，维护个人、家庭和社会的一致，采取充分手段保证私密性、并且提供面对面地相互交往的可能"。

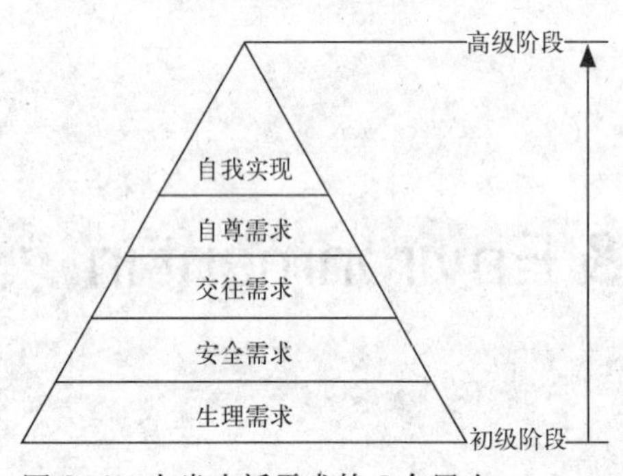

图 8–1　人类生活需求的 5 个层次

美国著名心理学家马斯洛在"需求层次论"中将人类生活需求分成 5 个层次，即生理需求、安全需求、交往需求、自尊需求和自我实现需求。这 5 类需求由低到高依次排列成一个阶梯（图 8–1）。一般而言，在低层次需求获得满足后，才有可能发展出下一个高层次的需求，而且随时间、地域以及不同的政治、经济、文化背景的差异，各类需求的关系也会发生变化，出现不同的需求结构。因此，住宅外部空间环境的营造也要根据居民需求的不同层次和不同特点，进行合理有效地规划设计。

在我国，人们对居住生活的需求正逐渐由有房住、住得下、住得宽敞这些基本的生理需求，向追求住房宽敞、环境宜人、优美舒适的居住环境过渡。随着对居住环境研究的深入，住宅外部空间环境设计的内涵也在不断深化，它不仅涉及自然科学也涉及社会科学；不仅包含有土木工程的内容，也包含着对自然生态、景观艺术、环境心理、社区组织以及社会文化等方面的关注与研究，已逐渐发展成为一门建立在多学科基础上的综合性学科。

8.1.2　住宅外部空间环境的特点

和住宅内部空间环境相比，其外部空间环境更具有构成要素的复杂性、使用需求的综合性以及发展变化的持续性等特点。

1）构成要素的复杂性

住宅外部空间环境是由自然的和人文的、有机的和无机的、有形的和无形的多种复杂要素构成，对环境中的主体——人，产生综合作用。其中的主要要素决定了空间环境的基本品质，次要要素处于空间环境中的陪衬和烘托的地位，能够加强或削弱空间环境的氛围，影响空间环境的质量。因此，提升住宅外部空间环境的质量不只体现在对自然的理化性能的关注，也包括对居民生活质量、社区文化建设以及视觉景观艺术水平的提升等方面。

2）使用需求的综合性

住宅外部空间环境应具有适应不同使用者多样化需求的综合性特征。不同的社会阶层、文化背景、年龄结构、生活习惯的使用者，其在住宅外部空间环境中的活动内容、使用频率、交往形式都存在着差别。因此，住宅外部空间环境应满足住区中不同使用者的多样化需求，有针对性地创造各种活动场所，为居民提供较强的可选择性。

3）发展变化的持续性

住宅外部空间环境的发展越来越注重主体与客体环境的协调与平衡，使环境质量在自然生态和人文生态两个方面都能得到可持续的发展。自然环境是人类赖以生存的基础，人文环境则是社会不断进步的动力，居住环境的可持续发展有赖于对自然环境的保护、对传统文化的继承以及住区建设的不断完善。因此，住区外部空间环境的发展变化还应具有可持续的特征，外部空间环境的营造，也应改变传统意义上的规划建设一次完成的观念，在住区不断发展过程中，根据住区居民生活的实际需要的丰富与变化，形成一种可持续性的外部空间环境营造理念。

因此，住宅外部空间环境创造的根本目的就是为生活在其中的人服务，体现"以人为本"的设计宗旨，要强调其功能上的合理、便捷，视觉上的清新、愉悦以及心理上的安全、舒适。创造与地方文化相结合、促进邻里交往、体现文化特色、适应社会习俗的住宅外部空间环境，并体现与城市环境的统一协调，使其既有相对独立性，又与城市环境有机结合，相互影响，融为一体。

一般来讲，住宅外部空间环境设计的基本内容应体现在三个主要方面：外部空间环境认知研究、外部空间环境规划设计以及外部空间环境用后综合评价。其中外部空间环境认知研究是外部空间环境规划设计的重要基础，外部空间环境用后综合评价是进一步完善外部空间环境品质的必要途径。通过对住宅外部空间环境认知研究，了解住区居民的基本需求和行为规律，使外部空间环境规划设计更加具有针对性；通过用后综合评价，对住宅外部空间环境使用中出现的问题进行修正和完善，以期达到外部空间环境质量最大程度上符合住区居民使用需求。

本章论述的重点是住宅外部空间环境规划设计。

8.1.3　住宅外部空间环境的构成要素

住宅外部空间环境根据其属性大体可分为物质环境要素和非物质环境要素两个方面。其中物质环境要素可分为自然要素、人工要素和空间要素等；非物质环境要素可根据其对空间环境的主体——人的作用概括为社会要素、文化要素和心

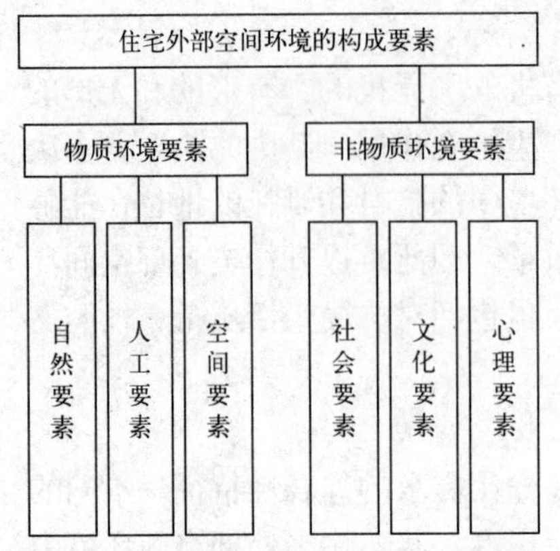

图 8-2　住宅外部空间环境构成要素的属性划分

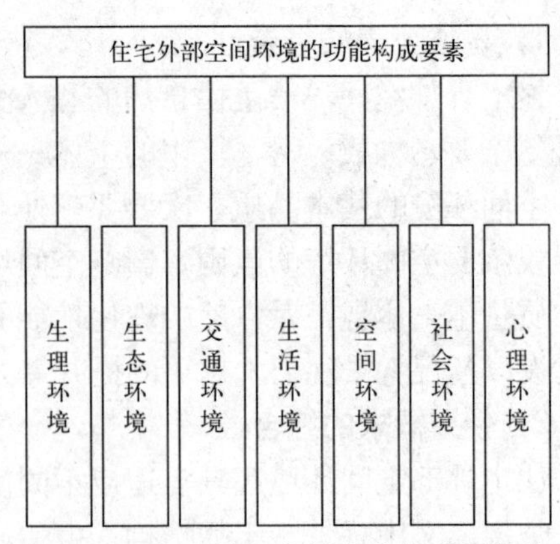

图 8-3　住宅外部空间环境构成要素的功能划分

理要素等。根据其功能特征，住宅外部空间环境则可归纳为生理环境、生态环境、交通环境、生活环境、空间环境、社会环境和心理环境等（图 8-2）。

1）按基本属性划分

物质环境是指服务于居民，作为居民行为活动载体的各种物质要素的总和。它是一种有形的环境，包括自然要素、人工要素和空间要素是由住宅建筑群体、道路广场、绿地设施以及各种活动场地设施构成，是住宅外部空间环境的重要物质表现。它既要适应广大居民多方面的不同需要，又要为实现居民社会文化心理需求提供物质保证。

非物质环境是指为居民利用和发挥物质环境系统功能而产生的一切非物质要素的总和。如与物质环境相协调的社会网络系统、居民行为特征以及文化心理影响等，具体体现为居民社区组织、邻里交往、生活情趣、情感归属等。它表现了居住环境中对地域文化的传承性和现时社会文明的渗透性，也体现了空间环境、景观意象对居民心理产生的影响和对居民行为方式的激励与抑制。

2）按功能特征划分

依据住宅外部空间环境的功能特征，通常可以把它分成以下几个方面（图 8-3）：

（1）生理环境

生理环境是住宅外部空间环境的最基本功能特征。能接受充足的阳光、有良好的空气流通、享受安静的居住气氛是居民对住宅外部空间环境最基本的生理需求。日照、通风、防噪是生理环境中三个最重要的方面。

（2）生态环境

生态环境包括自然生态与人工生态。自然生态是指空气、阳光、水体，土地和基地周围原有的植被等；人工生态是指人对地形、地貌的改造以及人造水体、人工种植绿化等后天的改造的环境。生活在其中的人，与这两种生态条件共同构成了生态环境的主体。

（3）交通环境

严格地说，交通环境也是生活环境的一部分，对住宅外部空间环境质量有着极大的影响。居住形态的演进、生活方式的变化以及户外空间环境的组织无不伴随着对住宅外部交通环境的重新规划与安排。在各级道路系统中，人车混行、人车分流等交通方式的探讨，都是力求根据住区行人、自行车、小汽车、公共交通以及消防、救护等方面的要求，建立一种便捷、舒适、安全的交通环境。居住区的交通构架和组织方式由总体规划决定，但人行流线及形式的具体设计，在某些项目中宅前车道的多功能使用以及停车场地结合环境美化的详细设计，都是交通环境构成的重要因素。

（4）生活环境

住宅外部空间环境为居民提供了户外居住活动的基本条件，满足居民进行物质生活需要的环境就是生活环境，主要包括以下几方面：

①游憩场地

游憩环境是住宅外部空间环境的重要方面，包括儿童游戏、青少年活动、全民健身以及老年人休息场地等，是适合儿童生长、促进邻里交往和居民身心健康的有利保证。

②商业服务

各级商业服务网点的配置，农副产品市场的规划是满足居民消费活动，活跃和繁荣居住区经济，为居民提供就业岗位的必要条件，也是评价居住环境便捷、舒适的重要因素。与之相关的外部空间环境设计中应充分考虑住区商业活动的基本特点，进行空间环境的营造。

③文化教育

合理规划中小学校、幼儿园、托儿所、社区活动中心等文化教育活动设施，满足居住区居民的文化教育和住区活动的要求，是丰富居民业余生活，建设精神文明的物质基础。与之相关的外部空间环境设计既要满足其各自不同的功能需要，还应充分考虑与居民文化活动相结合，与社区公共游憩场地相联系，形成重要的住宅外部空间环境中心区域。

④基础设施

基础设施配套齐全是提高居住生活环境质量的基本保证。除道路交通的组织外，给水、排水、电力、电讯、煤气、热力、垃圾清运及公共卫生等都是要在居住区室外空间内必须满足其敷设要求的，并需要合理协调地下埋设与绿化种植的关系，统一考虑地面上设备用房的位置与外观设计，力求不影响室外环境的整体视觉效果。

（5）空间环境

空间环境按其基本属性划分属于物质环境的一部分。居住区的用地一般由不同性质的功能区域组成，包括居住用地、公建用地、道路用地、绿化用地等，它们有各自的范围又相互联系。因此，空间环境设计的基本目标是将住宅外部空间环境依不同的范围划成不同的空间领域与层次，并赋予不同的使用功能，同时化消极空间为积极空间，为居住小区的安全防卫创造条件。

除了空间的领域与层次的划分之外，认真推敲居住空间的宜人尺度，以改善景观效果，并赋予空间不同的特征，如动态空间、静态空间等，常常也是住宅外部空间环境设计的重要内容。

(6) 社会环境

在居住环境中，相对于居民对私密性的要求之外就是对社会交往的渴望了，绝大部分住区居民在满足物质需求以外还会有强烈的精神需求。除了固定的社区活动中心之外，宅前、路边、公共游憩场都会成为增进居民社会交往的积极场所，使其在闲暇时间体会有意义的精神生活。

物质环境的创造，如住宅群体的组织、交通环境的规划、空间领域的划分，都应有利于形成良好的社会网络、交往场所和安全环境等。创建具有良好条件的活动场所是形成成熟、稳定、积极的社会环境的重要条件。

(7) 心理环境

居住环境的独特风格、宜人环境，能够促进社区形成清晰的社会网络、丰富的社区文化、亲切的邻里关系、浓厚的生活气息，这些都有利于使人对居住环境产生强烈的归属感、认同感和依恋心理。而这种“家园感”的形成是居住环境所要追求的深层心理环境的根本目的，也是促进社会文明进步的积极动力。

8.1.4 住宅外部空间环境的设计理念

在住宅外部空间环境设计中，“以人为本”、“人与环境共生”的可持续发展观是最基本的设计理念。一方面要全面满足人们居住的物质上的需求，做到居住使用方便，同时也要从社会交往、文化心理等方面满足人们精神上的需求；另一方面要保护环境，充分利用地形地貌，减少土石方，采取各种措施节地、节水、节能、节材，并减少废弃物排放，发展低碳经济，保持环境生态的可持续发展。

改革开放以来，随着住宅房地产业的快速发展和大量的住区规划实践带来的对住区营造理念的进一步思考，住宅外部空间环境品质逐渐成为衡量一个住区居住品质的重要指标，成为人们选择居所的重要因素之一。对于住宅外部空间环境品质的要求包括合理方便的游憩服务功能、优美宜人的景观环境设施、朴素和谐的自然生态环境以及独特浓郁的地域人文特色等。

其中，住宅外部环境的自然特质和文化品位营造逐渐成为关注的重点。住宅外部空间环境设计从对不同文化表象的简单模仿和场景营造，深入到对内在的自然和文化资源的挖掘、保护和利用。这些共享的自然和文化资源作为社区中最有价值和魅力的部分，结合这些资源营造的住区外部公共活动空间，吸引并促进了社区居民的生活交流。通过回归本土和地域文化，实现了住区历史感的延续和场所精神的创造，有效地促进了住户对社区文化的认同感、自豪感。

1) 自然生态环境的保护

自然环境特质是指使该地域不同于其他地域的独特的自然环境因素，以及这些因素的结构组织方式。这些独特的自然环境因素包括地形地貌、气候条件、河湖水体、自然植被等。在一些山地或滨水环境中，独特的岩石类型和形态景观特点可能成为某一地域的环境标志和场所氛围的支撑点；河湖水体的形态、岸线、景观特征、甚至水流特性都是滨水空间的景观环境核心。在住宅外部空间环境营造过程中，因势利导，加强对自然环境特质的保护，既可实现对原生的自然景观环境的保护与利用，也可以营造出独特的住区景观环境。

（1）外部空间环境中的“自然观”

住宅外部空间环境营造的“自然观”是一种以自然为主题的景观环境风格追求，这种环境营造理念趋向背后深刻的历史渊源、文化价值和哲学思辨，是一种主观世界对客观世界的感知标准。

对自然、田园生活的追求贯穿了古今历史，涵盖了中西文化。这种理念在古希腊的田园诗风景、古罗马的乡间别墅和中国山水画中的山居草庐中得到了完美的体现。中国传统的文人墨客总是从自然无形的环境、田园生活去寻找心灵的解放，去完成“身耕天下，心寄田园”的生活理想。

同时，住区外部空间环境营造中的“自然观”也有着强烈的现实背景。随着人们生活节奏的加快和快速城市化所带来的居住密度的日益增加，人们在日趋人工化的生活环境中，对自然资源和生态环境的保护意识逐步提高，居住环境中阳光、空气、水及自然风越来越受到重视。人与自然和谐共生、与自然环境融合、亲近自然、回归自然，渐渐的成为一种令人向往的生活方式。因此，住宅外部空间环境中的自然生态环境创造也成为现代城市环境营造中“自然观”理念的集中体现。

（2）外部空间环境中的“生态观”

住宅外部空间环境营造的“生态观”是一种以生态为主题的景观环境营造目标和相应技术措施，是将自然环境的保护利用纳入整体的住区生态系统营造之中，与人工环境融合并加以生态化的保护与改造，由此形成适应现代生活居住环境标准的住区生态系统。

住宅外部空间环境的“生态观”是人居环境生态发展模式的具体体现。针对人类社会面临的自然资源枯竭、生态环境破坏以及人类生存空间所受到的威胁，人居环境科学提出了兼顾人口、社会、经济、环境和资源永续利用的可持续发展之路，提出了社会经济的发展向符合生态整体效益的生态化发展模式转变。作为未来人类聚居的主要形式，作为人工生态系统的一个重要组成部分，城市住区生态系统的研究已经成为人居环境生态化发展模式探索中的主要内容。通过对城市住区生态系统的各种自然生态因素、技术物理因素和社会文化因素的综合研究，我国有关部门在生态城市（eco-city）概念的基础上提出了“绿色生态住区”的建设目标。绿色生态住区的目标是运用生态学原理，将住区的居住生活各项内容（居住、交通、休闲、购物等）与自然生态系统融为一体，建设自然系统和谐、人与社会和谐，并最终实现人与环境整体和谐的人居环境。

这种理念下建设的住区具有较强适应性和生命力，具备自我调节功能并能最大限度减少对资源环境影响的人居环境。住区中强调“水的流动性、风的畅通性、生物的活力、能源的自然性以及人对自然的适应性和低的风险”[1]，体现了人类科技的发展和思想的进步。

住区生态建设在环境景观方面包括三个方面的重点内容，一是将住区环境作为其所在的整体地理环境一部分的保护规划；二是将住区生态环境作为广域生态

1　王如松．城市人居环境建设的生态转型理论与方法

环境的有机组成部分，通过生态建设规划对住区综合生态系统进行的整合规划；三是努力实现对住区原生态环境的保护和重建。

（3）外部空间自然生态环境的保护实践

住宅外部空间环境中的自然资源保护概念不断发展，从对住区地段内部原生树木的保留，到对住区原生态环境的保护和利用，将住区用地范围内的土地、水系、植被、建筑以及人的活动形成整体，并有效整合于新建立的生态和景观系统中。这种理念与方法早在20世纪50年代I. 麦克哈格所著的《设计结合自然（*Design With Nature*）》一书中早已得到充分的阐述。

①原生树木的生态保护与景观营造

原生树木是住区地段内最具生命力的景观资源，原生树木的保留不是简单的现状保留，而是将保留树木组织到住区的绿化体系之中，成为住区活动广场、休憩花园、组团绿地的一部分，甚至成为住区外部空间环境中的核心景观。住区的规划结构、路网系统和断面设计往往都要因原生树木的保留而进行相应调整，形成更为有机的整体。沈阳万科花园新城和上海万科华尔兹项目（图 8–4）是较早在住区规划中对原生树木进行保留的项目。天津万科水晶城也对原地段内的大部分乔木予以保留，并在原生树木较密集的区域规划了外部公共空间的核心，包括入口商业在内的各种公共活动空间围绕作为地段标志物的保留大树进行组织，形成了该住区中最具生机活力和场所精神的区域。此外，北京嘉铭桐城、北京华润橡树湾等住区也都对地段内大量乔木进行了保留，并作为住区外部环境营造乃至住区整体的特色和主题。

②河道水系的生态保护与景观营造

水是生命之源，也是自然环境的核心要素，水体景观常常成为住宅外部空间环境营造的重要组成部分，乃至景观中心。因此，除了对原生树木的保护，对住区原有河道水系的生态保护，避免过度人工化的景观营造手法，对于体现住宅外部空间环境的自然生态景观特征，具有特殊的意义。

上海万科春申假日风景是一个占地 40 多公顷的大型居住区，规划充分利用

图 8–4　上海万科华尔兹项目中对地段原有绿化的保护

地段中天然的环境条件，保留江南水乡地区常见的沟渠水道、岛屿地貌和大量的原生树木，并有机地组织到住区外部景观环境之中。这种保留原始河道的环境整治方法，不仅避免了大量人工化措施的使用，还延续了河道自然的雨水收纳和自然排放功能。形成的水体景观强化了自然风貌，形成的自然生态景观与住区生活环境有机地融为一体，同时也为鸟类保留了栖息地，形成一幅人类与自然共生的良好生态图景（图 8–5）。

图 8–5　上海万科春申假日风景项目中对水体绿化的生态保护

③自然地形的生态保护与景观营造

以山地起伏为主要特征的自然地形是住区自然环境资源的重要组成部分。顺应地形、地貌的住区外部空间设计，通过土地整理和生态恢复措施，不仅有利于住区解决山体滑坡、山洪截留、排水组织等工程技术问题，还可以减少地形改造的土方工程量。通过与自然起伏地形、地貌相适应的住区规划在为住宅提供更良好的日照通风和景观视线条件的同时，也为住区的地景营造提供了更为丰富的空间围合方式和景观设计要素，为社区居民创造了富于趣味、隐喻山水自然的优美居住环境。

即使在地形起伏较小的一些平原地区的住区项目中，如果对原有地形、地貌处理得当，不仅可以较好地解决地下空间的利用，还可以营造出独具特色的外部空间环境出来。北京望京地区的“果岭”住区项目中，利用住宅建筑标高的不同和地下停车空间顶部覆土的起伏变化，成功地在平坦地貌条件下形成外部环境的高低起伏变化，并形成与住区景观环境设计的有机结合。

2）历史人文环境的延续

对住区地段的场所记忆不仅存在于自然生态环境的保护中，也存在于历史人文环境的保护以及场所遗迹的保留之中。这些历史人文环境和场所遗迹无论是具有重大历史文化价值的历史建筑，还是记载文明进程和社会发展的最基本物质要素，在新的住宅外部空间环境的营造过程中都会起到延续历史、传承文脉的作用。

（1）历史街区中人文环境的保护

住宅外部空间环境中的历史人文环境保护思潮，来源于国际上一些具有居住功能的历史街区保护的成功案例，这些历史街区通过对住区环境中历史遗存的保护促进了社区环境品质的提升和社区的良性发展。

在这些历史街区中，除了列入文化遗产的历史建筑，社区外部空间中不起眼的物质遗存——小路、水闸、树木、废弃的轨道等，都得到了充分的珍视和完整保留，并有机组织到社区的空间环境中，形成了那些孤立的历史标志物所不能替代的场所精神和历史文化氛围，也形成了独特的社区文化和社区认同感。位于美国华盛顿特区西北部、波托马克河北岸的乔治镇（Georgetown）是美国早期殖民地时期历史城镇，美国政府不仅保护了沿山一侧美国许多早期历史名人的故居或其他历史建筑，对带来小镇繁荣的运河及其周边环境进行了全面保护，运河上的小型船闸、河边的小路，以及两侧的民居、工业仓库都得到了完整地保护（图 8–6）。位于费城中心区的社会山社区（Society Hill）也是费城殖民地时期的历史街区，位于社区中央的电车站虽然早已废弃，但站房和街道中央的轨道仍然保留完整，成为历史街区中重要的社区中心，给住区带来了强烈的历史性和归属感（图 8–7）。

图 8–6　华盛顿乔治镇（Georgetown）的老运河保护利用

图 8–7　费城社会山社区（Society Hill）中老轨道交通站的保护利用

（2）住区环境中场所遗迹的保留

城市住区在开发过程中的土地，相当大部分来自对传统旧工业用地的搬迁改造，与此同时，旧工业改造过程中对工业遗产保护也逐渐成为城市保护中的新热点，对于重要工业文明遗迹给予珍视与保留正逐渐成为一种社会文化传统。对工业遗产的保护利用可以从美国纽约曼哈顿城中的 SOHU 区、德国鲁尔工业区后工业化改造案例、英法等国的老工业区保护利用案例中追根溯源。中国在近些年的城市保护与更新中也出现了包括北京 798 地区、上海苏州河地区等一系列工业遗产成功保护实践。这些实践活动都对住区开发过程以及对住区环境中场所遗迹的保留给予了启示。

天津万科水晶城位于天津历史悠久的天津玻璃厂原址，是一处具有代表性的，经过 50 多年生产和建设的传统工业基地。住区规划过程中对地段肌理进行了仔细的梳理和组织，对场所遗迹进行了精心的保护与利用：老厂区的几条主要道路形成了新规划中的交通骨架，有效地保留了道路两旁行道树；原厂区内一大片枝叶繁茂的树木被完整地保留下来，原有建筑物拆除后的残墙意象和地面肌理也被融入景园设计中，一条晶莹的“玻璃小溪”蜿蜒于草坪和林木之间，共同组成了一个别具一格的社区公园；从住区入口一直延伸至中心运动会所的林荫步道上，一条被完整保留下来的带有旧枕木的铁轨穿插其中；大跨度钢制框架的吊装车间原封不动地保留钢结构和原有办公楼一起被改造成为住区的会所和其他公共设施；一些旧的卷扬机、室外消火栓、钢架等重新刷漆后被置于郁郁葱葱的景园之中，产生出犹如现代雕塑般的效果；很多保留下来的耐火砖也被用作小区内的铺装。住区外部空间环境中对场所遗迹的保护让人们能从中解读早期工业发展的历史脉络，感受这些场所具有的独特文化含义，使老厂区的场所精神在周围崭新的住宅街区和葱绿的环境当中重放异彩，在强烈的新旧对比中焕发出了新的生命活力（图 8–8）。

图 8–8　天津万科水晶城项目中对场所遗迹的保护利用

3）住区与城市的融合

城市住区作为城市系统中的重要组成部分，是城市社会、经济和文化等活动的重要载体，住区生活内容实际上就是城市生活特征的直接反映。从这种角度出发，近些年的一些住区提出了住区的“开放性”概念，即在住区外部空间环境的营造过程中强化城市功能和城市空间特征，在住区环境营造特有的城市生活感，在保证住区应有的宁静、安全的同时，实现住区生活、住区空间环境与城市生活、城市空间环境的有机整合。

住区不是独立于城市空间、城市交通体系之外的“城中之城”。住区外部空间环境的开放性和城市生活感营造不只是简单地打开住区的围墙，而是要体现住区是城市整体环境的有机组成部分，住区的生活和空间应当形成与城市进行一体化的交流与互动。从城市建设角度，开放的住区、合理的路网密度、公交的引入、公共设施的繁荣本身就意味着城市新区的成熟。适度开放的居住社区可以吸引人气的集聚，增强人们对该区域的认知，提高该区域的价值，帮助荒芜的郊区成功地转化为繁荣成熟的城市片区。

（1）与城市街区肌理融合的住区结构

传统的城市格局肌理，特别是平原城市的城市格局肌理往往以方格网为主。我国在 20 世纪 50 年代曾经建设了一批周边街坊式住区，这些住区不仅有着良好庭院空间尺度，而且常常采用开放式的管理模式。近几年来，在城市方格网基础上进行的新区细化路网规划结构，相对更加容易实现住区路网结构与城市街区肌理的融合。尤其对于规模较大的住区，应改变全封闭的管理模式，需保持城市道路网畅通，为方便居民出行，还可局部引入城市公交线路，设置公交停车站，使住区居民更方便地融入城市生活。

(2) 与城市公共生活兼容的商业设施

住区公共配套设施一般包括中小学、托幼、商业服务设施、文化体育设施、社区管理设施等，并以千人指标进行各类公共设施规模的测算，根据城市环境特征分别采用邻近住区中心、住区入口和住区周边的布局模式。着眼于城市生活感营造的开放性住区，应当更加有意识地将商业配套设施作为联系社区和城市公共生活的纽带进行规划，从而依托商业公共空间在住区内营造更为丰富的城市生活。这些以商业功能为主导的公共服务设施，往往采用步行街道的空间形式进行组织，或者将沿街底层商业在住区入口处向住区内部适当延伸。

为营造步行街的城市生活氛围，沿街公共设施往往采用多功能混合的形式。包括经营业态混合和商住功能混合两种方式：a. 经营业态的混合，这些业态包括商业零售、银行邮局、饮食服务等类型；b. 商住功能的混合，下商上住混合功能建筑是传统城市建筑的重要类型，合理的商业功能设置和合理的建筑方案设计可以在满足住宅噪声控制的前提下，提升商业建筑的夜晚人气，避免夜晚商业街人气不足的“死城”现象，也可以提升商业设施的利用效率（图 8-9）。

(3) 住区的公共空间向城市开放

住区的公共空间如中心广场、中心绿地、公共景观设施、会所及公共活动场地等与城市共享，这就为住区的居民与城市其他居民之间创造了动态交往的条件，既活跃了住区与城市的联系，也使住区居民更广泛地融入城市生活。

(4) 特定景观主题的创造

在住宅外部空间环境的营造过程中，采用特定景观主题的营造手法在住宅商品化和社会化进程之初就已经产生。借助住宅建筑风格和环境小品，外部空间环境的“欧陆风”最早出现，并一度成为“豪宅”的代名词。随着住宅房地产市场的逐步发育成熟、房地产市场竞争的加剧，以及购房者视野的扩展和个性化需求的增加，特定景观主题和特定风格营造也成为住宅外部空间环境设计经常采用的手法。在“欧陆风”基础上，不论是发端于地段场所内在精神的地域主义风格，还是对于异域风格的“拿来主义”，越来越多的特定景观主题的环境营造手法被引入到住宅外部环境的营造实践中。

这些特定景观主题既包括了中国传统风格或乡土特色，也有体现异域风情的东南亚风格和欧美风格等等，甚至有的住区就是具有特定景观特色的主题公园式

图 8-9　某住宅区开放式商业步行街布局沟通了住区与城市的联系

(*a*)

(*b*)

图 8-10　具有特定景观主题的居住区
(*a*) 南京中国人家的新中式风格住宅；(*b*) 深圳华侨城（东部）的茵特拉根小镇

旅游地产项目的组成部分。于是我们可以从住区的名称中看到世界各地风景区和著名城镇的名称，如："泰晤士小镇"、"纳帕溪谷"、"橘郡"、"芙蓉古镇"、"茵特拉根"、"观唐"等等（图 8-10）。

8.2　住宅建筑群体空间的规划设计

住宅建筑群体空间的构成是住宅外部空间环境构成的重要组成部分，是不同居住形态的基本反映，也是社会历史发展的产物，受到了诸如社会生产力因素、地理气候因素、家庭结构因素、社会习俗文化以及科学技术因素的影响，形成了住宅建筑群体规模的或大或小，空间形态的开敞或封闭，从而演进为不断发展变化的各种居住形态，体现出不同特征的住宅外部空间环境。

8.2.1　住宅建筑群体空间规划的基本要求

1）功能要求

（1）日照

一般情况下，住宅建筑群体空间规划应满足房屋日照间距的基本要求，在尽量保证住宅每户主要居室获得国家规定的日照时间、日照质量的同时，还应使室外活动场地有良好的日照条件。

（2）通风

不同的地区、不同的季节主导风向都会发生变化，住宅建筑群体空间规划应使住宅内部以及住宅之间形成良好的自然通风条件。

（3）防噪

安静、不受外部噪声的影响是居住环境的基本要求，国家也有相应的控制标准。住宅群体空间规划应避免大量过境人流、车流穿越居住组群，并与植物设计形成良好的配合，防止外部噪声的不良影响。

（4）便捷

住宅建筑群体空间的规划应充分考虑居民出行、购物、休闲等活动规律，使组群结构清晰、易识别，便于组织交通，出行便捷合理。

（5）安全

住宅建筑群体空间规划应给居民以安全感，便于居住组群的安全防卫，并满足防火、防震、防洪等要求。

（6）舒适

室外环境设施的数量与质量应保证居民活动的合理、舒适。住宅建筑群体空间规划在注意对空间领域与层次进行必要划分的同时，应使居民与各级公共活动场地有适宜的联系。

（7）交往

物质环境对居民的活动产生很大的影响，住宅群体空间的规划应注意为居民提供适宜的交往场所，增进生活气息，使居民产生对邻居环境的归属感和认同感。

2）经济要求

土地和空间的合理利用，适宜的容积率和建筑密度是衡量住宅建筑群体空间规划经济性和舒适度的最主要指标。其中，容积率是指用地上总建筑面积与用地面积之比，是反映土地开发强度的重要指标；建筑密度是指用地上建筑基底面积之和与用地面积之比，是反映建筑群体空间环境质量的主要指标之一。此外，还应考虑道路、铺装、绿化、小品、标识等环境设施的工程造价和建设标准。

3）美观要求

居住建筑是城市重要的物质景观要素之一，居住区的景观质量不仅仅取决于建筑单体的造型、色彩和尺度，更重要的是住宅建筑群体空间与绿化、小品等环境设施的整体设计。因此，住宅建筑群体规划要力求避免室外空间构成千篇一律、单调呆板，应创造出富有变化，舒适宜人的住宅外部空间环境。

8.2.2 住宅建筑群体空间的规划结构

社会经济的发展、生活方式的变化以及城市居住区规划思想的日渐成熟和手法日益丰富，在不同的时期形成了不同的住宅建筑群体规划模式、不同的空间规划结构和居住形态。北京的“街道—胡同—四合院”和上海、武汉等地的“街道—里弄”是我国具有代表性的传统居住形态。建国初期，我国的住区规划结构受前苏联住宅规划的影响，大多采用居住街坊的布置方式，并在长期的计划经济条件下形成了以居住区—居住小区—住宅组团为主的住宅建筑群体的规划结构模式。随着改革开放的进程和住宅建设模式的转变，城市的不同地区、不同规模、不同类型的住宅建设过程中，住宅建筑群体的规划结构模式，也在发生着巨大的变化，呈现出更加丰富多样的规划模式。

1）街坊式的布局结构

成街的组合方式是住宅沿街组成带形空间，成坊的布置方式是住宅采用周边式的布置，配置少量的公共建筑。街坊道路间距 200 ~ 300m，街坊内部有较强的邻里感，而对外又有较强的开放性，儿童上学、居民购物等活动一般需穿越街坊道路。20 世纪 50 年代初，我国一些住宅小区采用了居住街坊式的布

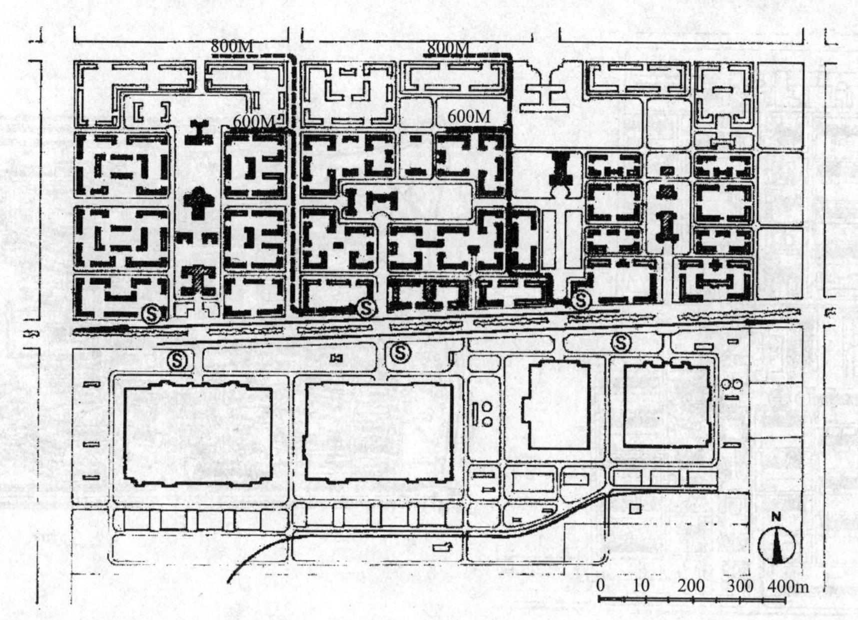

图 8–11　北京百万庄的街坊式住区

置结构，如北京幸福村、酒仙桥居住区及百万庄居住区（图 8–11）等。近些年来，随着住区建设中用地条件的影响，以及对城市商业发展、公共活动新的认识，这种具有开放特征的街坊式布局结构，在很多新建的住宅建筑群体规划中重新被加以采用。

2）居住区—居住小区—住宅组团布局结构

居住小区一般采取“居住小区—住宅组团”两级结构。居住小区是被居住区级道路或自然分界线所围合，并与居住人口规模（7000 ~ 15000 人）相对应，配建有一套能满足该区居民基本的物质与文化生活所需的公共服务设施的居住生活聚居地。住宅组团是指一般被小区内部道路分隔，并与居住人口规模（1000 ~ 3000 人）相对应，配建有居民所需的基层公共服务设施的居住邻里单元。住宅组团常与相应的居民委员会及物业管理的组织单位相对应，形成一定的管理模式。

20 世纪 70 年代到 20 世纪 80 年代，我国建成了一些较新型的居住小区，如北京塔院小区、富强西里以及山东孤岛新城等（图 8–12）。在 20 世纪 80 年代开展的住宅小区试点工作过程中，又建成了像北京恩济里小区、天津川府新村、石家庄联盟小区和上海三林苑等一批有特色的居住小区，也使“居住小区——住宅组团”这一规划模式得以深化和发展。而到了 20 世纪 90 年代，我国开展的“2000 年小康住宅示范小区”的规划，带动了我国居住小区规划理论向更新的领域发展，也逐渐突破了单一的“居住小区—住宅组团”结构模式，淡化了组团级结构，结合邻里交往、安全防范和物业管理等要求，强化了院落式的单元组合，在丰富变化中，突出了每个小区的地方特色和环境特征（图 8–13）。

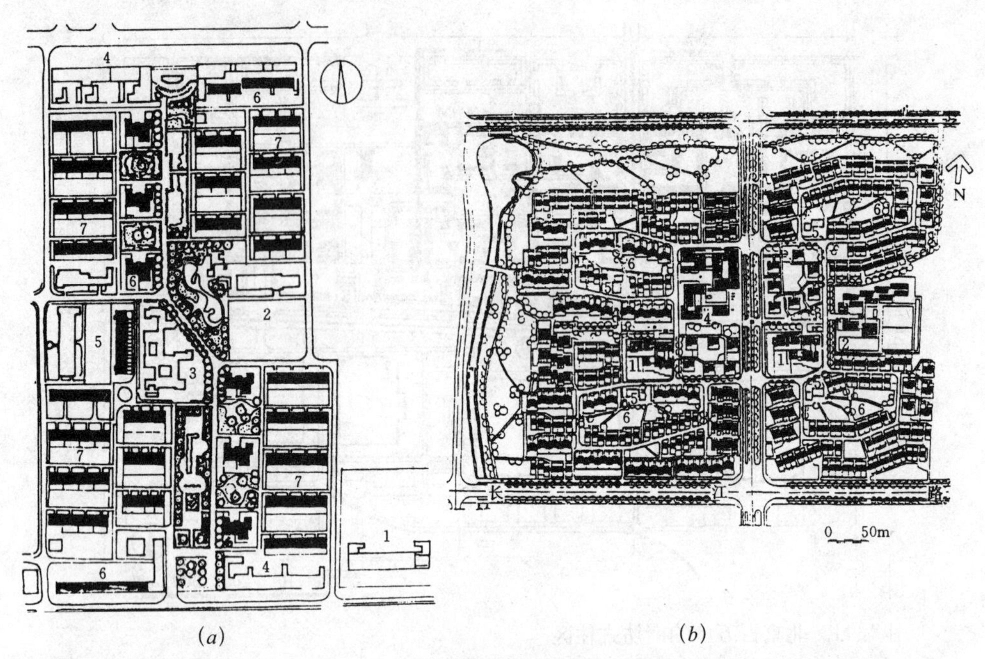

图 8–12　20 世纪 70 年代到 20 世纪 80 年代我国建成的较新型居住小区

(a) 北京塔院小区规划总平面图；(b) 山东孤岛中华村规划总平面图

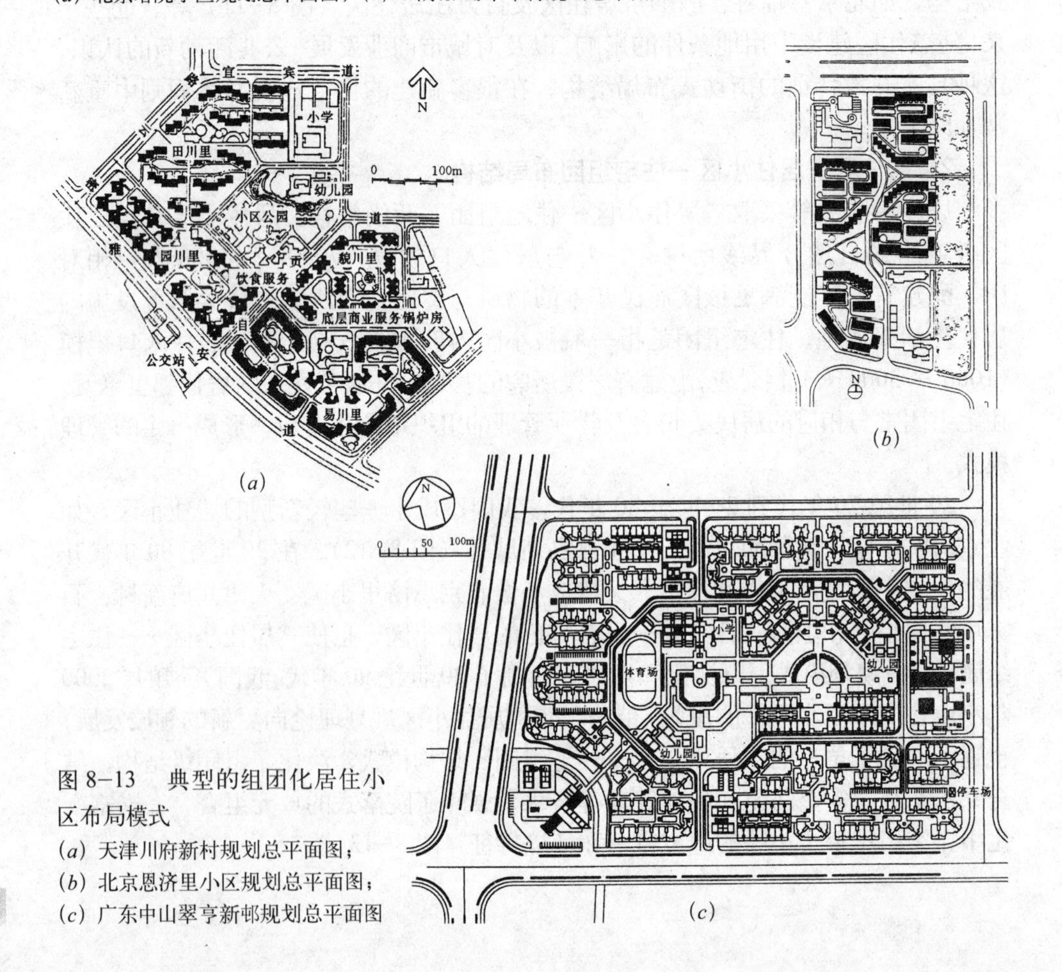

图 8–13　典型的组团化居住小区布局模式

(a) 天津川府新村规划总平面图；

(b) 北京恩济里小区规划总平面图；

(c) 广东中山翠亨新邨规划总平面图

当居住区规模较大时（30000～50000人）一般采用“居住区—居住小区—住宅组团”三级规划结构。居住区划分为若干个居住小区，居住小区再划分为若干居住组团。如：北京的劲松居住区、方庄居住区和天津体院北居住区等。

现在，由于住宅区建设模式的快速转变，建设规模的参差不齐和住宅产品的多元化定位，住区规划不再简单地强调居住区、居住小区的规划模式，但从住区规划的角度和群体空间的组织上，上述规划布局模式对居民日常活动、邻里安全防卫以及公共服务管理还是具有一定的参照价值（图8-14）。

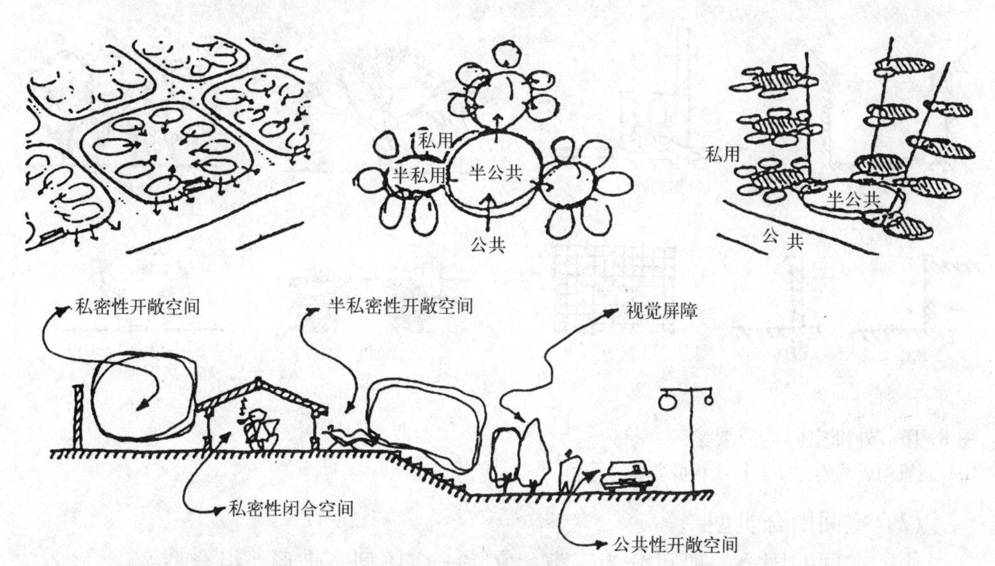

图8-14　居住组群布局模式对于空间领域划分的影响

3）开放多元的住区形态

住宅建筑群体空间结构的演变随着城市建设的进程，必然还会产生新的变化。这种由小到大、从简单到完善的发展是随着社会生产力的发展水平、社会政治制度、公共服务设施水平、城市交通环境等多种因素的发展而不断进行的。城市住区形态也会随着城市住区建设的多元模式和生活形态的多元需求，呈现出更加开放、多元的形态特征（图8-15）。

(*a*)

(*b*)

图8-15　开放多元的住区形态

(*a*) 北京紫玉山庄；(*b*) 北京枫林绿洲

8.2.3 住宅建筑群体的空间组合

1）群体空间构成

(1) 空间构成要素

空间的构成要素一般分为硬质要素和软质要素两类。硬质要素一般包括建筑物、围墙、铺装广场、建筑小品等；软质要素则主要包括诸如高大乔木、灌木丛、成片草地、水体水系等（图 8–16）。

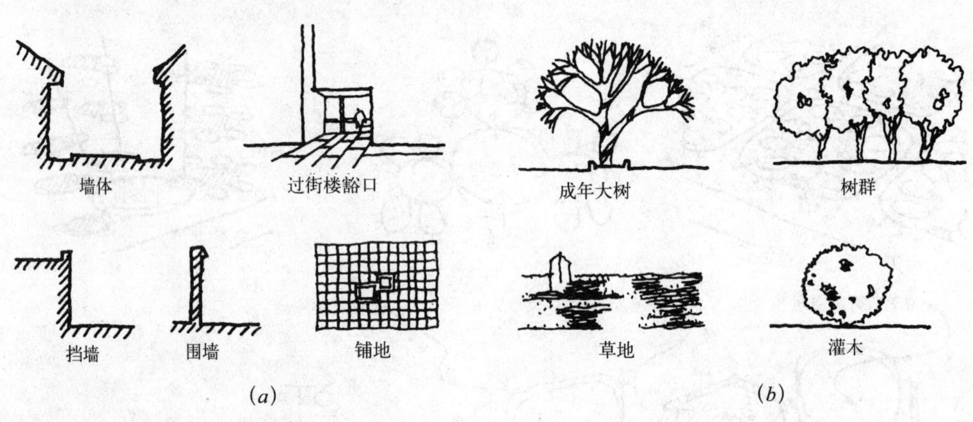

图 8–16 外部空间构成要素
(a) 硬质构成要素；(b) 软质构成要素

(2) 空间围合类型

住宅空间的围合一般可分为三类，庭院—广场型、带形、组合型。

(3) 空间尺度比例

在一定条件下，建筑物高度和空间宽度之间适宜的比例，易于形成良好的空间尺度感。带形空间的高宽比一般以 1 ∶ 1 ~ 1 ∶ 2.5 为宜，而庭院和广场型空间的高宽比最大不宜超过 1.∶ 4（图 8–17）。

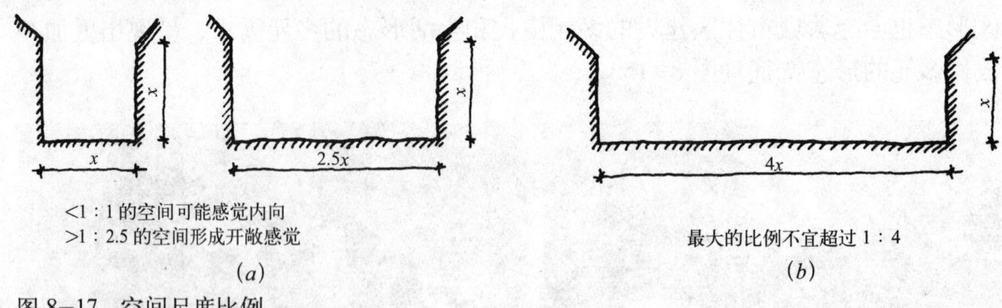

图 8–17 空间尺度比例
(a) 带形空间的尺度比例；(b) 庭院 – 广场的尺度比例

(4) 空间构图手法

空间构图是创造建筑群体清晰、优美和富于变化的空间景观的基本手段，如在总平面构成的过程中，加强空间对比、注重空间的节奏与韵律以及创造鲜明的空间主题等，都会为创造舒适、优美富有特色的室外环境，提供优良的先期条件（图 8–18）。

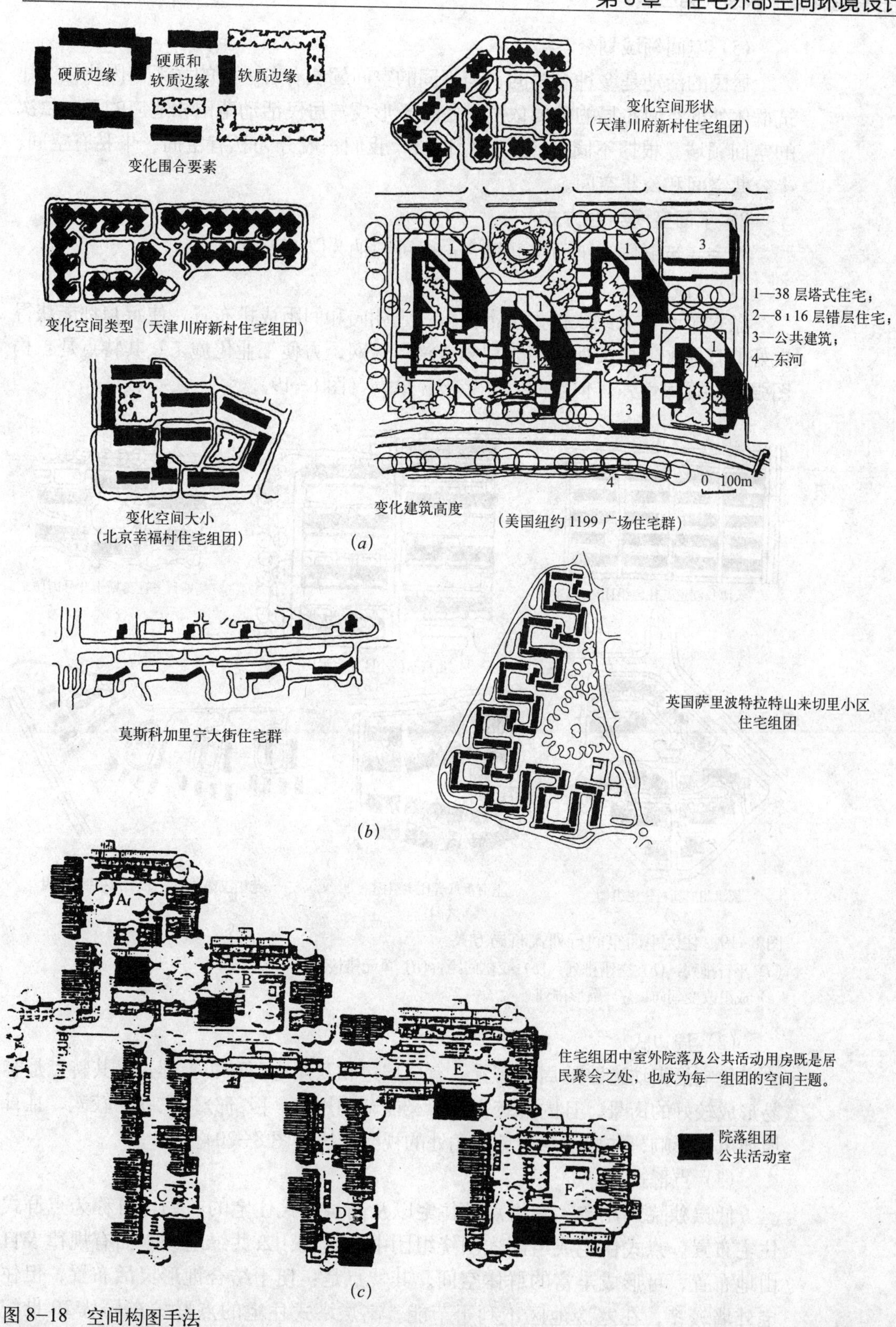

图 8-18　空间构图手法

(*a*) 空间对比构图方法；(*b*) 空间的节奏与韵律；(*c*) 空间主题构图方法

(5) 空间领域划分

居民的活动是多种多样的，与不同的空间领域有着一定的联系。因此住宅建筑群体外部空间布局的重要依据就是易于形成与居民活动范围相适应的不同层次的空间领域。根据不同领域的使用性质，我们一般分为私有空间、半私有空间、半公共空间和公共空间。

2）平面空间组合方式

住宅建筑群体的平面空间组合一般可归纳为以下五种：

(1) 行列式

条式单元住宅或联排式住宅楼按一定朝向和间距成排布置，使每户都能获得良好的日照和通风条件，便于规划道路、管网，方便工业化施工。其特点是：构图强烈、规律性强，但空间容易呆板、单调（图 8–19）。

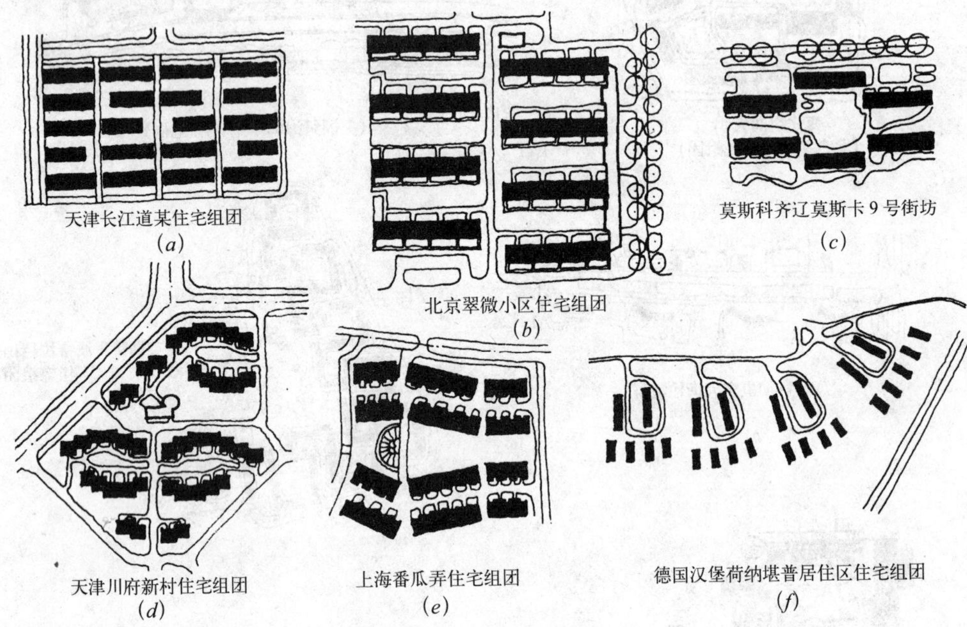

图 8–19 住区平面空间行列式布局方式

(*a*) 平行排列；(*b*) 交错排列；(*c*) 变化间距；(*d*) 单元错接；
(*e*) 成组改变朝向；(*f*) 扇形排列

(2) 周边式

住宅沿街坊道路的周边布置，有单周边和双周边两种布置形式。其特点是容易形成较好的街景，且内部较安静，又能节约用地，但部分住宅朝向较差，且日照通风受影响，并应注意避免转角处的视线干扰（图 8–20）。

(3) 点群式

低层独院式住宅、多层点式住宅以及高层塔式住宅的布局均可称为点群式住宅布置。点式住宅成组团式围绕组团中心建筑、公共绿地或水面有规律或自由地布置，可形成丰富的群体空间。其特点是：便于结合地形灵活布置，但住宅外墙较多，在寒冷地区不利于节能。高层塔式住宅的点群式布局从 20 世纪 90 年代起以其较高的容积率、较好的日照条件和较大的电梯单梯服务户数，成

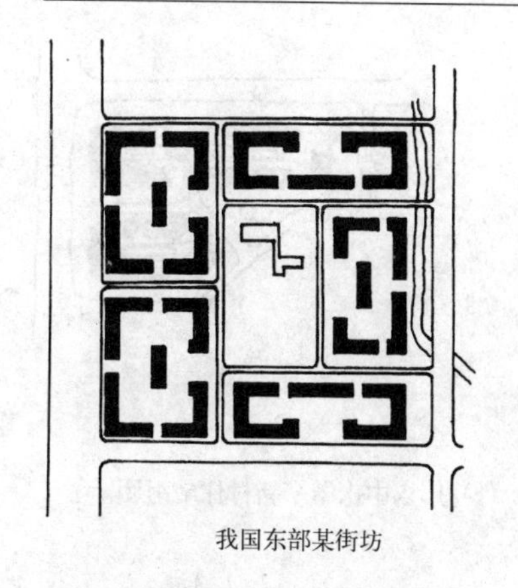

我国东部某街坊

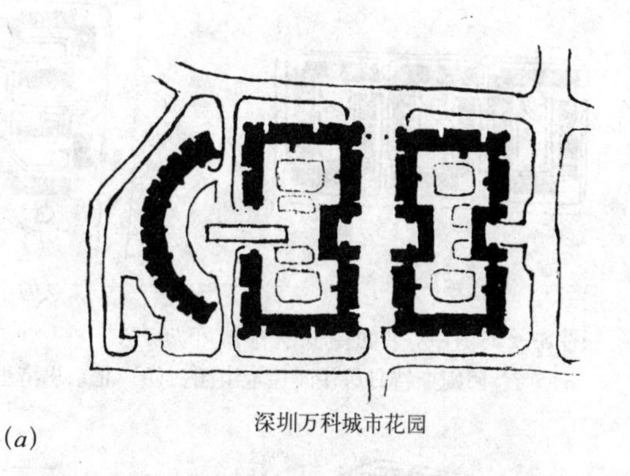

深圳万科城市花园

(*a*)

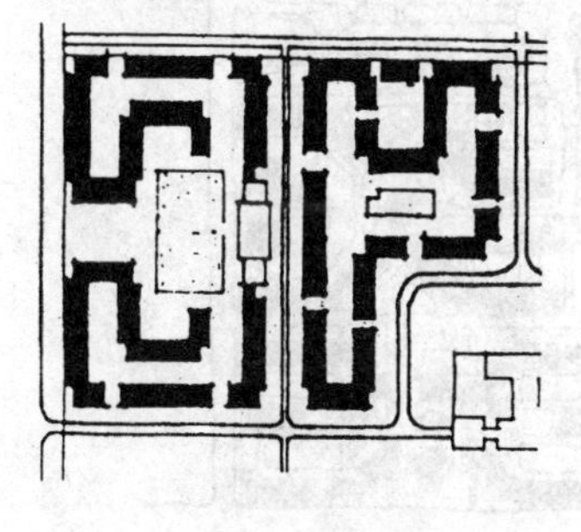

北京百万庄住宅区

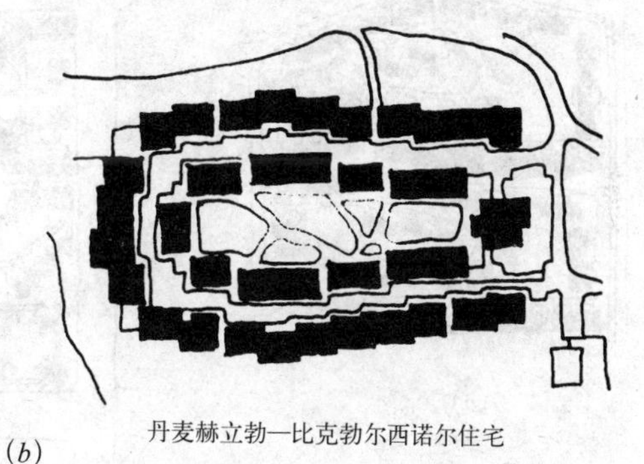

丹麦赫立勃一比克勃尔西诺尔住宅

(*b*)

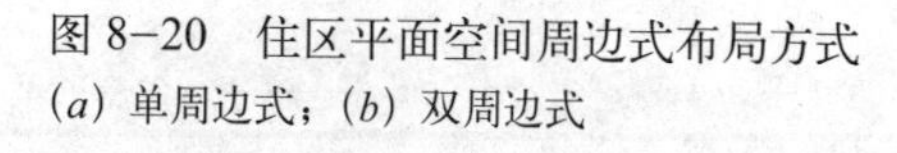

图 8-20　住区平面空间周边式布局方式
(*a*) 单周边式；(*b*) 双周边式

为北京地区主导性的住区平面空间组织方式（图 8-21）；只是近些年随着住宅朝向、通风、内部空间布局等要素重要性的提升，以及社会经济条件的持续改善，高层塔式点群式布局在新建住区中比例大幅度下降。

(4) 院落式

将住宅单元围合成封闭的或半封闭的院落空间，可以是不同朝向单元相围合，可以是单元错接相围合，也可以用平直单元与转角单元相围合，其特点是在院落内便于邻里交往和布置老年与儿童活动场地，有利于安全防卫和物业管理，并能提高容积率。近年来一些住区从自身内部空间的创造，逐步向城市—住区相融合的关系扩展，院落式布局与周边式布局的结合，为传统城市街道空间的创造和传统庭院住宅空间的回归提供了条件，

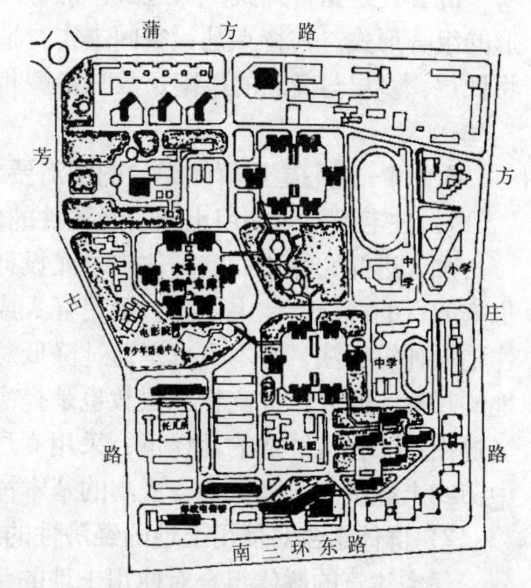

图 8-21　北京方庄居住区芳星园是较早采用高层点群式布局的居住小区

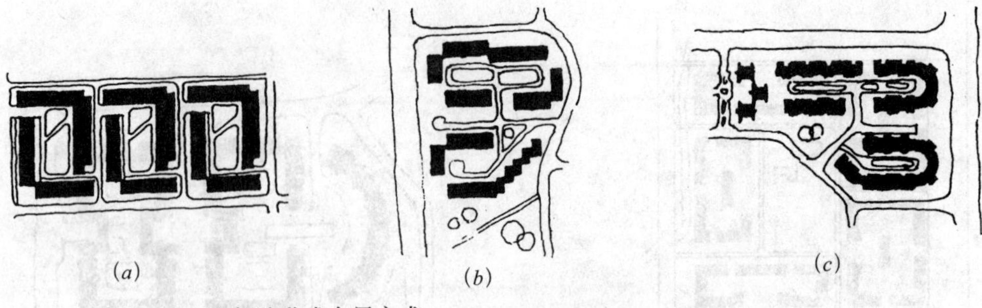

图 8-22　住区平面空间院落式布局方式

(*a*) 荷兰阿姆斯特丹居住区住宅组团；(*b*) 北京恩济里住宅组团；(*c*) 广东中山翠亨新村住宅组团

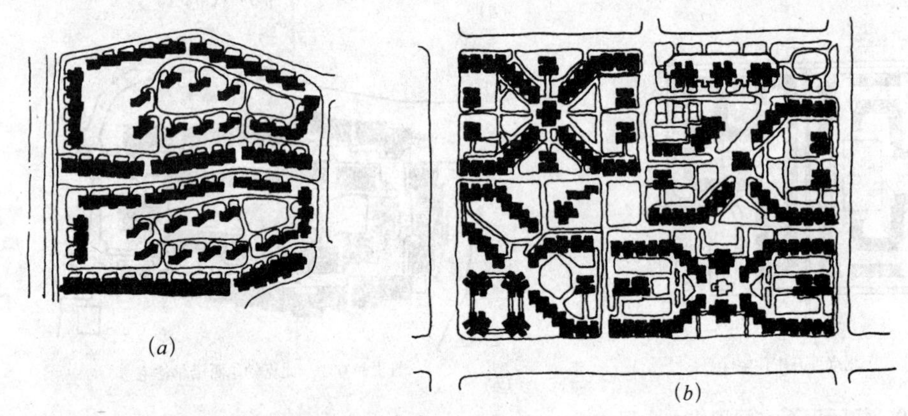

图 8-23　住区平面空间混合式布局方式

(*a*) 天津经济开发区 4 号路居住区；(*b*) 深圳园岭居住区

成为近年来采用较多的住区平面空间组织方式（图 8-22）。

（5）混合式

混合式是指行列式、周边式、点群式或院落式，其中两种或数种相结合或变形的组合形式。其特点是：空间丰富，适应性广（图 8-23）。除此之外，还可以将低层、多层与高层的不同层数与类型相结合，组成空间多变的住宅组群。

8.2.4　住宅建筑群体组合的经济要求

1）住宅设计对使用土地的经济性的影响

加大进深，缩小面宽的住宅单元设计在群体组合时可起到节约土地，提高容积率的目的。降低住宅层高、采用复式或夹层住宅设计、北向退台式住宅或坡顶住宅设计等手法，基本上也是通过降低总高度，缩小日照间距的办法达到节约土地的目标。此外，提高住宅层数也是提高容积率、节约土地的常用办法，在满足交通出行和密度舒适的前提下，采用高层住宅的建设模式，已经越来越成为城市中节约土地资源，降低综合成本的基本模式。

2）群体组合对使用土地的经济性的影响

住宅建筑的群体组合对使用土地的经济性有较大影响，群体规划中可采用多种组合方法达到节约土地的目的。如建筑空间的综合利用，采用高架平台和过街楼，适当增加住宅拼接长度，以及采用周边式规划布局、不同层数住宅的混合布置等。

8.3　住宅外部交通系统的设计

8.3.1　住宅外部交通组织的基本方式

住区道路系统规划通常是在交通组织规划下进行的，住宅外部交通组织规划可以分为“人车分行”和“人车混行”两大类，并以这两大类交通规划为基础综合考虑住区生活需要和规范要求进行住宅外部空间交通系统的组织。住区的道路系统在联系方式上一般可分为互通式、尽端式和综合式三种。

1）人车分行交通组织方式

“人车分行”体系力图保持住区内的安全与宁静，保证社区内各项生活与交往活动不受机动车交通的影响，可以正常舒适地进行。住区内的人车分流可以通过多种方式实现，一种方式是对车行道进行明确分级，一般情况下，将车流限制在住区或住宅组群的外围，以尽端式道路伸入住宅组群内，并在尽端路的尽端设置停车或回车场。步行道则常常穿插在住区内部，将绿地、户外活动场地、公共建筑和住宅紧密联系起来，形成人行、车行相对独立的外部空间环境；另外一种方式是将住区机动车的停车场全部设置在地下车库中，车库出入口设置在住区边缘，在紧急情况下，消防和救护需要机动车可以进入住区内部，到达各个住宅单元，日常机动车流不对住区内部的地面人流产生任何影响（图 8-24）。

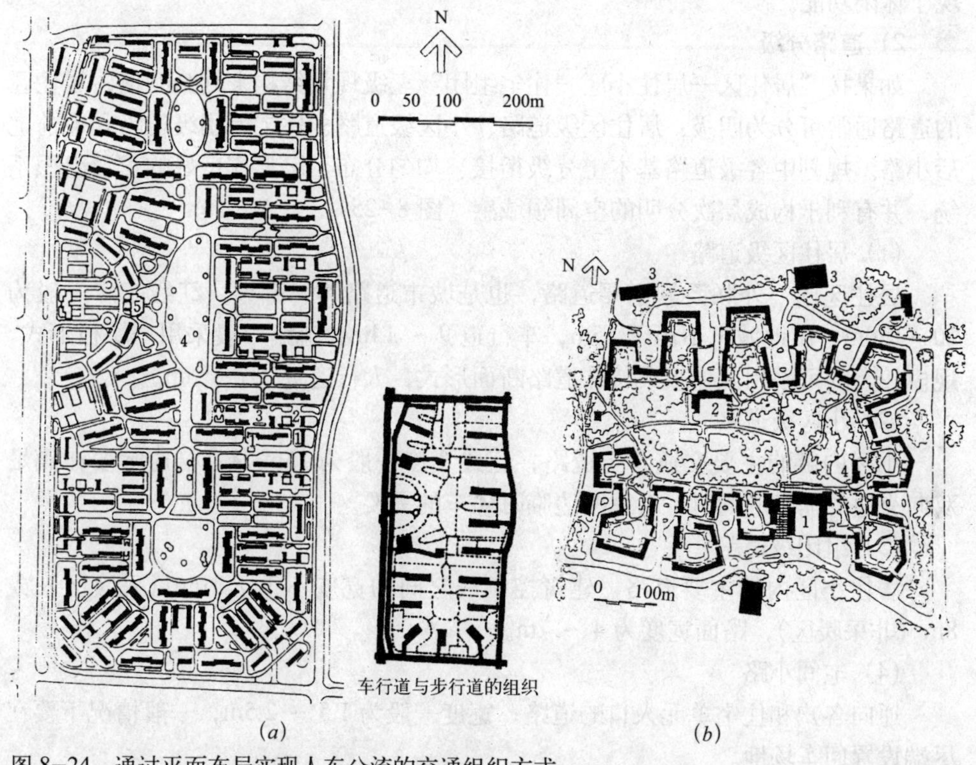

图 8-24　通过平面布局实现人车分流的交通组织方式

(*a*) 美国某住区的人车分流交通组织；(*b*) 瑞典某住区的人车分流平面布局

2）人、车混行的交通组织方式

“人车混行”是一种最常见的住区交通组织体系，与“人车分行”的交通组织体系相比，在私人汽车不多的国家和地区，采用这种交通组织方式既经济又方便。住区内车行道分级明确，均匀分布于住区内部，道路系统多采用互通式环状路、尽端路或两者结合使用，并解决好住区机动车停车问题。

住区的道路交通组织除平面上的处理之外，还可以通过立体空间的处理方式减少机动车对住区内部行人的影响。一般的人、车混行的交通组织通过将步行系统整体或局部的高架处理，做一些步行平台或步行天桥，可以使人行和车行在立体空间上得到分离，同时达到解决住区内部机动车停车和交通组织的目的。

8.3.2 道路类型、等级及停车场地设施

1）道路类型

住区内部道路一般有车行道和步行道两类。车行道担负着住区与外界及住区内部机动车与非机动车的交通联系，是住区道路系统的主体。步行道往往与住区内各级绿地系统相结合，起着联系各类绿地、户外活动场地和公共建筑的作用。

在人、车分行的交通组织体系中，车行交通与步行交通互不干扰，车行道与步行道各自形成独立、完整的道路系统，步行系统往往兼有交通联系和休闲活动双重功能。在人、车混行的交通组织体系中，车行道承担了住区内外联系的所有交通功能，而步行道基本是作为绿地、户外活动场地的局部交通联系，更多地体现了休闲功能。

2）道路分级

如果按“居住区—居住小区—住宅组团”三级规划结构来划分的话，居住区的道路通常可分为四级：居住区级道路、小区级道路、住宅组团级道路和宅前宅后小路。规划中各级道路基本上分级衔接、均匀分布，以形成良好的交通组织系统，并有利于构成层次分明的空间领域感（图 8–25）。

（1）居住区级道路

居住区内、外联系的主要道路，也是城市道路的一部分，红线宽度一般为 20 ~ 30m，山地城市不小于 15m，车行道 9 ~ 14m。道路一般采用一块板形式，规模较大的可采用三块板或特殊道路断面形式，人行道宽 2.5 ~ 5m。

（2）小区级道路

小区内部的主要交通骨干道路，红线宽度一般为 15m 左右，通常要在满足双向交通的需求的同时，考虑路边临时停车的需要。

（3）组团级道路

居住小区内的主要道路，建筑控制线之间的宽度不小于 10m（采暖区）或 8m（非采暖区），路面宽度为 4 ~ 7m。

（4）宅间小路

通向各户和住宅单元入口的道路，宽度一般为 1.5 ~ 2.5m，一般情况下要在尽端设置回车场地。

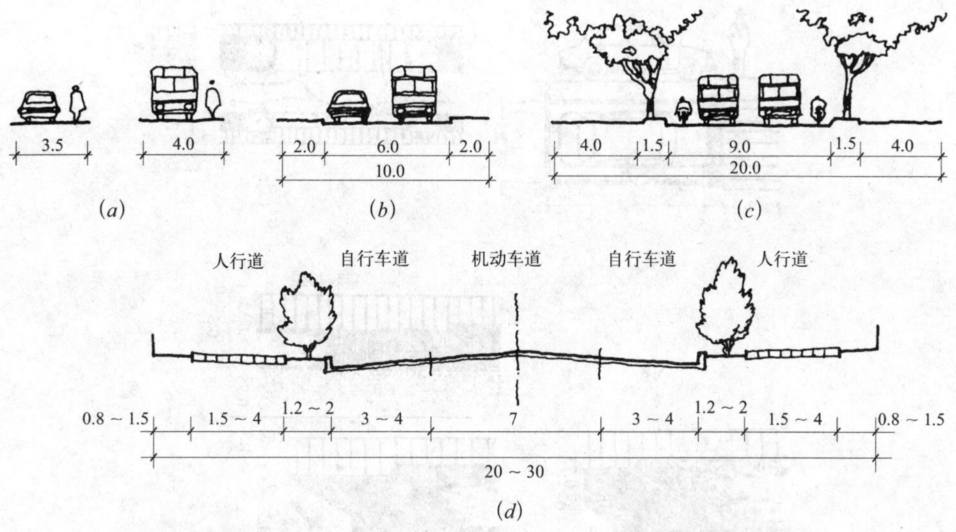

图 8-25　住区道路的基本尺寸

(*a*) 组团级道路（最小通车道）；(*b*) 居住小区级道路；(*c*) 居住区级道路；(*d*) 居住区级道路一般断面（m）

3）自行车停车

居住小区的自行车停车设施有停车棚、独立停车库、住宅底层地下或半地下停车库等几种常见方式。停车方式有集中停放和分散停放两大类。

规模较大的独立停车库一般设于居住组团中心或主要出入口处，服务半径要适中；规模较小的集中式停车棚则设于公共建筑前后或住宅组团内；小型分散的存车棚、住宅底层的地下或半地下停车库等常与住宅楼较紧密地结合在一起。

上述各种不同的停车方式各有利弊，小区规划中应结合外部空间环境的特点，采用适宜的解决方式，方便、经济、安全是规划的基本原则。

4）机动车停车（图 8-26）

进入 20 世纪 90 年代以来，随着家庭经济收入的增加，我国城市居民私人购车的潜力也在逐渐增长，住区环境内的机动车停放及道路交通环境的组织已成为日渐突出的问题。因此，在既要保持较高的建筑密度、容积率，又要配置必需的公共居住绿地，以提高居住环境水平的前提下，合理确定机动车停车规模，解决停车问题，创造和保持良好的居住环境质量，已成为当前住宅外部空间环境规划设计中的一个重要课题。

住区机动车停车位的规划布置应根据整个居住区或小区的整体道路交通组织规划来安排，以方便、经济、安全为规划原则。有分散于住宅组团中或绿地中的露天停车位，也有集中于独立地段的大、中型停车场。集中的停车场一般设于居住区或小区的主要出入口或服务中心周围，以方便购物，限制外来车辆进入居住区；住区内分散的停车位一般设于住宅组团或组团外围，靠近组团出入口，以方便使用。目前，越来越多的住区内开始采用地下停车方式，车库内部联系各居住单元，车库出入口则与小区外围道路紧密结合，车库顶部常设计成为覆土屋顶花园，成为室外绿化环境的重要组成部分。

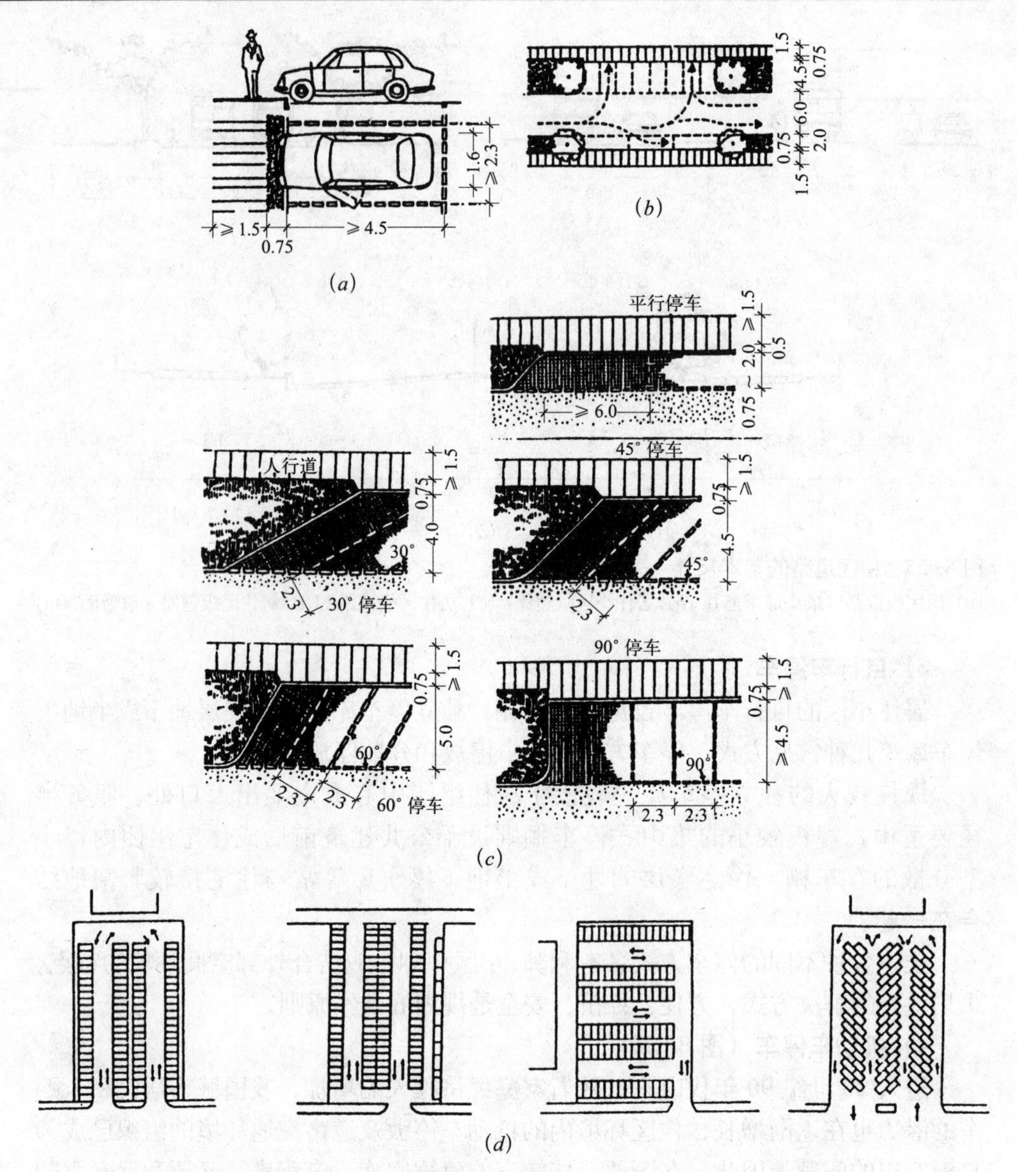

图 8-26　住区机动车停车库（位）的基本形式

(*a*) 路边停车与人行道的关系；(*b*) 通道与停车位尺寸；

(*c*) 各种路边停车的基本形式与尺寸（小型客车）单位：m；(*d*) 停车场的基本形式

8.4　绿地、活动场地、环境设施及景观设计

8.4.1　绿地的规划

1）绿地环境的构成

住宅外部绿化环境通常指在居住区用地上栽植的树木、花草所形成的住区集中公共绿地（居住区公园、小区游憩绿地、组团绿地）、宅间绿地、街道绿地以及公共服务设施所属绿地等。

2）绿地环境的功能

绿地环境的功能包括两大类，一是生态和基本环境功能，二是景观和环境美化功能。

住宅外部绿地环境是小区生态系统的重要组成部分，对居住环境质量的改善起重要作用，一般具有遮阳、防尘、降温、防风、防灾、防止噪声以及调节空气等功能。同时，绿地环境是住区景观的最重要组成部分，以住宅外部绿地环境为主体形成的住区开放空间，常常也是住区居民最好的交流、休闲和游憩的场所。

3）绿地标准

我国衡量住区绿地的指标，主要有以下两种：

人均公共绿地面积——是小区公园、组团绿化以及街道绿带等公共绿地面积的总和除以居住人数，以“m^2 / 人”为计算单位。

绿地率——指居住区用地栽植乔、灌木以及花卉、草坪等地被植物的各类绿地（含水面）的面积与居住总用地面积的百分比。

4）各类绿地的规划要求

住区内公共绿地一般是根据居民生活的需要以及住区规划结构分类、分级进行规划。通常包括居住区公园（居住区级）、小区游园（居住小区级）以及邻里休闲场地（住宅组团级）等。具体规划特点可以参照下表所示（表 8-1）：

住区各类公共绿地的分级、使用对象及主要设施内容　　表 8-1

分级	居住区级	居住小区级	住宅组团级
类型	居住区公园	小区游园	邻里休闲场地
使用对象	全区居民	主要是老人和儿童	组团内居民
设施内容	树木、花卉、草地、水景、凉亭、花架、雕塑、座凳、儿童游戏活动场、成人游憩健身场等	树木、草地、花卉、水景、凉亭、花架、座凳、游憩健身场地等	树木、草地、花卉、座凳、儿童及成人游憩活动场地等
用地规模	大于 1 公顷	大于 0.4 公顷	大于 0.04 公顷
布局要求	园内有明确的功能划分	园内有一定的功能划分	灵活布置

5）绿地植物配置

植物在绿地景观中犹如建筑材料，也可作为地面、墙面、顶棚，变化丰富多彩；同时它们又富有生命，会随着季节生长变化，展现出丰富多彩的季相特征。作为住宅外部空间环境的重要构成，被称之为软质景观，它们与住宅建筑和环境设施等硬质景观相互补充、衬托，形成生动的住区景观环境。

在绿化环境中，植物既是造景的素材，又是观赏的要素，还具有很强的功能作用，其大小、形态、色彩千变万化，因此植物配置和树种选择是创造居住区绿化环境的关键。

(1) 植物的形态

不同植物其体形尺度有很大区别，因此绿化空间环境的塑造，应充分考虑它们的不同特点。如乔木体形高大、主干明显、分枝点高、寿命长，常成为绿化空

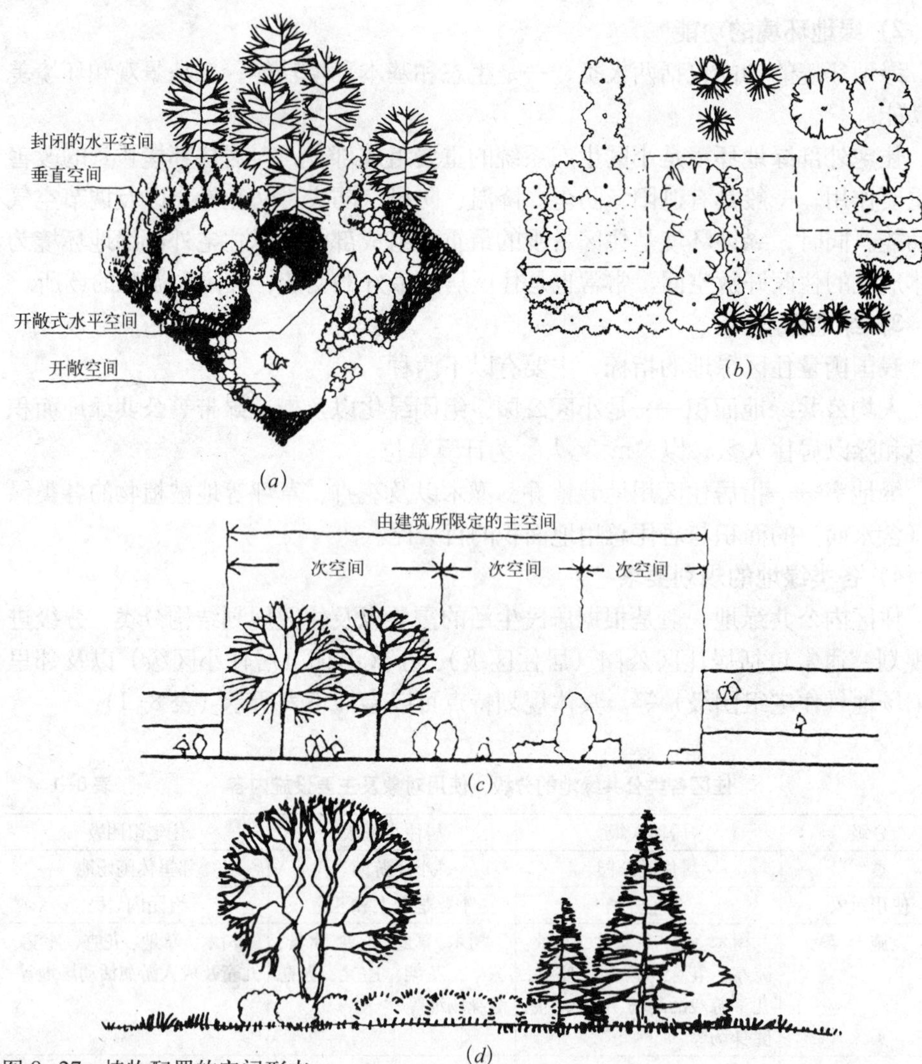

图 8-27　植物配置的空间形态

(*a*) 植物配置组成多种空间；(*b*) 植物配置引导与联系空间；(*c*) 植物配置对空间的分隔作用；(*d*) 植物配置形成的空间轮廓变化

间构图的中心；灌木没有明显的主干、呈丛生状态或自基部分枝、较易形成衬景或起到围合空间的作用；地被植物低矮、蔓生、有开花与不开花、木本与草本、落叶与常绿等不同特征，常作为室外空间的衬景和暗示空间边界的作用。起伏的地形与地被植物的结合，是近来常被用到的种植手法，整体效果更加富有自然的变化。草坪是构成较为完整的开敞空间的重要形态，而花卉的组织，常常是种植设计中画龙点睛的一笔，无论是作为色带装饰在重点视觉焦点，还是以花箱、花钵、花坛的形式点缀在公共活动空间中，都具有更鲜明的特征（图 8-27）。

（2）植物的色彩

不同的植物有着不同的色彩，同一种植物在不同的季节又展现出不同的风韵。植物配置除了强调绿化环境的体形、尺度的和谐外，还要注意色彩布局的对比与统一。

（3）植物的质感

质感通常是指单株植物或群体植物的粗糙感和光滑感。植物的质地受植物叶生的大小、枝条的长短、树种的外形、生长习性等多方面因素的影响。同时随距离的远近、四季的变化均会产生不同的质感。

（4）植物的空间构成

植物作为一种软质景观，与硬质景观一样具有不同的构成方式，可以塑造出不同的空间特征。空间的开敞与隐蔽，空间尺度的变化与序列的形成，也都可以通过植物的合理配置、恰当的树种选择来加以实现（图 8–28）。

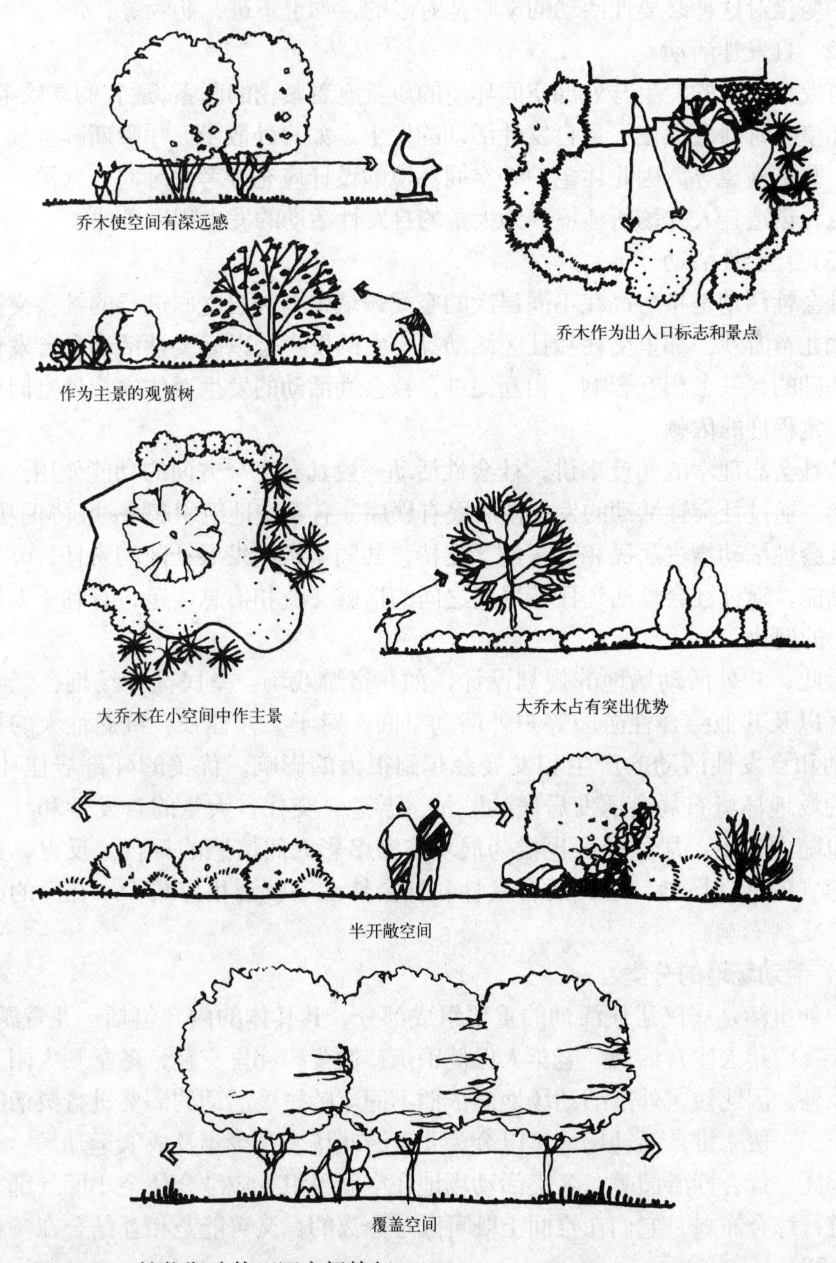

图 8–28　植物塑造的不同空间特征

8.4.2 活动场地的布置

1）居住活动的类型

居民的居住活动基本上可以概括成三种类型：必要性活动、自发性活动以及社会性活动。每一种活动类型与其相应环境都存在着或多或少的联系，也反映了各种活动类型的不同特征。

(1) 必要性活动

必要性活动是指那些为满足日常生活的基本需要必须进行的居住活动。居住环境的变化对这种必要性活动的影响是有限的，如上下班、购物等。

(2) 自发性活动

自发性活动的发生与外部空间环境的质量有着紧密的联系。适宜的气候条件、场所环境与时间会促使大量自发性活动的发生。如户外散步、呼吸新鲜空气、晒太阳、驻足观望等。因此住宅户外空间环境的设计应充分考虑时间、气候、条件等特点，创造宜人的场所环境，为大量的自发性活动的发生创造条件。

(3) 社会性活动

社会性活动是指居民在不同层次的空间领域中与邻居之间进行的社会交往活动。如儿童游戏、邻里交往和社区活动等。它的发生是以必要性活动和自发性活动为基础的，三者相互影响、相互促进，社会性活动的发生对住宅户外空间环境也有一定程度的依赖。

从社会心理学的角度来讲，社会性活动一般具有三个方面的功能作用：a. 组织功能，通过社会性活动的发生使居民有秩序、有系统地组织起来；b. 协调功能，通过社会性活动增进居民相互了解、支持，共同承担起发展社区的责任；c. 身心保健功能，通过社会性活动保持居民之间的情感交流和信息传递，有利于人们保持身心的健康。

因此，户外活动场地的规划设计，如儿童游戏场、全民健身场地、老年人休息区以及其他综合性游园等户外活动空间，对于条件性强、机遇性大的社会性活动和自发性活动的产生和发展会起到很大的影响。优美的外部居住环境、适宜的场地环境布局会诱发居民的驻足、游憩、交往，大量的自发性和社会性活动也随之发生，居住社区也成为展现丰富多彩人间情感的舞台。反之，如果没有适宜的活动场地，居民的自发性和社会性活动就会相应减少，社区的活力也就会受到影响。

2）活动场地的分类

户外生活是居民居住活动的重要组成部分，其具体的内容包括：儿童游戏，青少年及成年人体育活动，老年人保健锻炼、散步，邻里交往，冬季晒太阳，夏季乘凉等。因此住宅外部活动场地应依照不同年龄居民活动的需要进行灵活的规划设计。一般来讲，活动场地可以分为儿童游戏场、青少年及成人运动场、老年人休闲区、综合性游园等。各类活动场地在空间组织上应结合住宅小区外部空间环境进行综合布局，它们在空间上既可以是分离的，又可能是相互结合在一起的（图 8–29）。

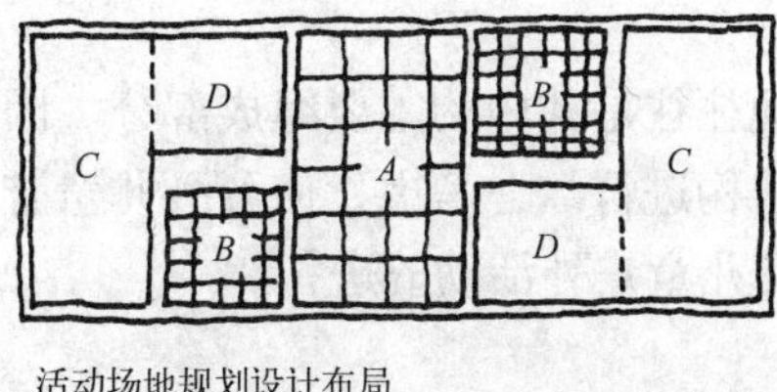

活动场地规划设计布局
A—大尺度硬质铺装，开敞性活动广场；
B—小尺度硬质铺装，半开敞性活动场地；
C—大尺度软质铺装，安静、隐蔽性活动区域；
D—小尺度软质铺装，半隐蔽、过渡性活动区域

A 区活动（动态）

B 区活动（动态 + 静态）

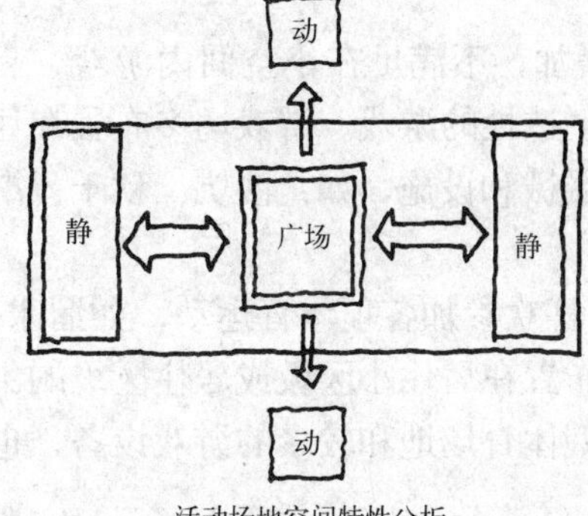

活动场地空间特性分析

C 区活动（静态）　*D* 区活动（静态）

(*a*)

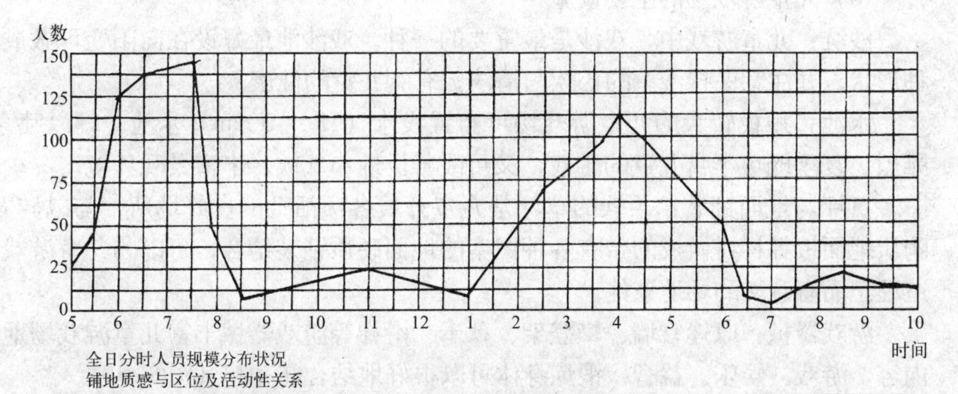

全日分时人员规模分布状况
铺地质感与区位及活动性关系

地面质感	大尺度硬质地面	小尺度硬质地面	大尺度软质草坪	小尺度软质草坪
活动区域	（*A* 广场区）	（*B* 平台区）	（*C* 草坪区）	（*D* 凉亭区）
活动性质	动态活动 ———			静态活动

(*b*)

图 8-29　居住小区的活动场地
(*a*) 台湾某居住区活动场地规划布局；(*b*) 游人活动时态分析

3）儿童及青少年活动场地设计

(1) 年龄分组与行为特征

儿童在成长过程中，在不同的时期，表现出不同的体力特征、心理特征和行为特征。儿童及青少年一般按年龄可以分为婴幼儿期(6周岁以前)、童年期(7～12周岁)、少年期（13～18周岁）几个年龄组。应根据不同年龄组的不同行为特征进行儿童及青少年活动场地规划设计。

(2) 儿童游戏场地分布

在各种住宅外部活动场地中，儿童游戏场地往往是其中的主要组成部分。因此，在进行规划布点时，应结合居住区的规划结构进行综合考虑，使各级儿童游戏场地与绿地能够覆盖整个居住区，以便居民及儿童户外活动的进行。

(3) 儿童游戏场地规划

儿童在幼儿时期明显好动，独立活动能力差，游戏时常需家长伴随。拍球、掘土、骑童车等是常见的游戏活动。游戏场地一般在住宅院落内，无穿越交通，在住户能看到的位置，结合院落绿化统一考虑草坪、沙坑、铺地和休闲桌椅的布置。

7 ~ 12 周岁的学龄儿童户外活动量大大增加，不满足在小空间内游戏，喜欢到较宽阔的地方活动。开始喜欢有竞技性、创造性的游戏。游戏场多布置在住宅组团中心地区的组团绿地内，设有多种游戏器械和设施，如：沙坑、秋千、滑梯、攀登架等。

13 周岁以上的青少年独立活动能力增强，喜欢参加各项体育运动，如溜冰、球类等运动型及冒险型的游戏。活动场地多数布置在居住小区级或居住区级的集中绿地内，以不跨越城市干道为原则。设有小型体育场地和较多的游戏设备，也可修建少年文化、体育、科技活动中心等。

(4) 儿童游戏场的主要设施

沙坑：儿童游戏中，戏沙是最重要的一种。戏沙池最好设在向阳处可做成各种形状，并注意保持沙上的松软与清洁，有利儿童的健康。

水池：规模较大的儿童游戏场可布置浅水（15 ~ 30cm）水池，辅以喷泉、雕塑。夏季既可丰富儿童的游戏，又可改善场地小气候，丰富景观环境。

草坪与地面铺装：柔软的草坪是儿童开展各项活动的良好场所，与以砖石、陶质地面板等材料做成的带有各种图案的地面硬质铺装结合，可以为儿童游戏创造理想而有意义的场地条件。

游戏器械：以迷宫墙、攀登架、秋千、滑梯等游戏器械丰富儿童游戏场地的内容，游戏、娱乐、益智、锻炼身体可以很好地结合在一起（图 8–30）。

图 8–30　儿童活动场地游戏设施示例

4）体育运动场地

居住区体育运动场地是居住区公共活动场地的组成部分。场地的布局根据居民活动需要和用地条件，可以分为二级或三级布置（表8-2）。目前很多城市居住区都有全民健身器械的配置，合理安排场地大小，选用适宜的器械，也是场地规划中的一项重要内容。

居住区体育运动场地的分级分类　表8-2

体育运动场地分级	三级	居住区体育运动场地——居住小区体育运动场地——小块体育运动场地
	二级	居住区体育运动场地——居住小区体育运动场地 居住区体育运动场地——小块体育运动场地

8.4.3　环境设施的配置

1）地面铺装

经过精心设计的地面铺装能够产生宜人的场地环境和富于变化的道路景观。常用的铺地材料有柏油路面、混凝土板、彩色地砖及石块、片石、卵石等。铺地的图案设计应考虑铺地材料的尺度、色彩和质感，力求创造丰富而有特色的艺术效果。在为残疾人设置无障碍设计时，盲道的铺设、轮椅坡道等均应与周边地面铺装环境统一规划设计。

2）座椅

座椅常布置在住宅外部空间环境中人们便于停留休息的地点，其材料、造型、尺度也应结合环境特点，与游戏场地设施、绿化植物、水体环境巧妙配合，形成宜人的休息场所。

3）花台

花台在居住区户外空间常起到点景美化的作用，除独立放置成为住宅外部空间环境中的主要视觉景点外，还可以与其他绿化、休息设施结合设计，应造型简洁、尺度恰当、色彩宜人。

4）雕塑

雕塑能创造赏心悦目的景观效果，使用得当能为室外环境带来品质的提升。但造型低劣、材质廉价、易于破损的景观小品，反而会造成一定程度的视觉污染。居住环境中的雕塑设置，其选题应重点强调其浓郁的生活气息，尺度宜人，位置适当，常放置在小区或组团入口，集中绿地间等，选材应经济耐久，可以与喷泉水池相结合，统一设计。

5）灯具

住宅外部环境中的路灯设置，应结合小区的位置、环境选择功能不同、气氛有别的灯具形式，把满足功能要求与营造环境气氛有机地统一起来。

6）栏杆

不同交通环境的分隔，空间领域的划定常常借助栏杆来实现。它可以保证行人的安全，与道路照明、标志设置相结合，利用栏杆的尺度、材料质地、色彩及韵律感，形成独特而有实效的空间分隔功能。

图 8-31　某住区中的水景庭院环境

7）围墙

围墙主要起住宅与街道空间分隔的作用，但同时会对住宅外部空间景观产生较大影响。因此，在围墙高低、材料选择、虚实造型、色彩图案等方面均应与环境协调。

8）水景喷泉

外部空间设计中，应充分利用各种人工水体如湖面溪水、水池喷泉、人工瀑布等来丰富外部空间的环境景观。平静的水面或流动的水体都能美化环境，并给人带来愉悦（图 8-31）。喷泉是水景的一种形式，可以形成动态景观，活跃气氛，夏季又可改善气候条件，常成为人流聚集的视觉焦点，可以与雕塑或嬉水池结合设置。

9）标志标识

文明的小区环境离不开地点醒目、标注清晰、内容亲切的环境标志。它可以增加小区环境的可识别性，也可在某种程度上规范小区内人的行为活动，增进有关社区文化与园林植物的知识传递，有利于住区精神文明的建设。

10）废物收集

设置废物收集箱是保持住宅外部空间环境清洁卫生的主要手段。因此宅前、路边合理设置一定数量造型优美、色彩鲜明、居民使用便利又能起到点缀景观作用的废物收集箱，是住宅外部环境设施设计的又一重要环节，现在越来越多的居住社区开始采取垃圾废物分类收集的方式，减少对环境资源的负面影响、促进可回收物品的循环利用。

8.4.4　外部空间环境的整体景观设计

景观设计是与建筑群体空间组合、道路交通组织、活动场地安排、绿化及各类环境小品设施的布置密切相关的。在进行外部空间设计时，应对这些因素予以统一考虑，并从景观设计的角度对空间布局和细部处理加以调整和深化。

居住区外部空间环境的整体景观设计，要遵循总体规划，与整体建筑风格相协调。有明确的主题立意，在统一的设计思路下，组织各类必须满足的功能要求，合理规划活动区域与流线，最终达到使用方便流畅、空间富于变化、视觉效果美观的整体效果（图 8–32）。

景观空间的组织有序列组合、重复组合、自由组合和混合式组合等多种方式。序列组合即按“起 – 承 – 转 – 合”的基本逻辑秩序组合空间及景观；重复组合即以少量定型单元为母题，加以重复运用，形成一定的节奏和韵律；自由组合即结合地形特征，或串联、或错列，采取自由布局的方式而不拘一格；混合式组合即以上述各种方式中的数种相结合。

此外，还应结合地形、地貌、地物的特点以及室外的环境工程设施，进行艺术加工，使之成为具有适用、观赏、识别等多种功能的景观，如室外有较大高差的地方，可以将挡土墙处理成雕塑墙或人工瀑布；室外踏步的形式可以作多种变化，还可以结合水池、花台、回廊及建筑小品进行景观设计，使之达到美化环境的效果。

景观设计中可以采用不同造园风格的元素，营造独特的环境气氛。比如中国古典园林具有一整套从布局到造景的手法，可以在居住区庭园设计中加以借鉴，或利用典型的亭廊组合、叠山理水以及松、竹、梅等典型植物的配置，来体现中式园林的韵味（图 8–33）。又如在一些建筑风格偏向西洋的居住环境中，也可以用欧式的喷泉、水池、雕塑和整齐的修建植物、开阔草坪等手法来构成具有异国情调的室外景观。

总之，外部空间环境的整体景观设计风格应该与整体的建筑背景相协调，在满足功能的基础上，力求体现当地的历史文脉和文化特色，使之具有更深刻的文化内涵（图 8–34）。在建筑材料选择上，要因地制宜，选用美观实用、绿色环保的建材种类，并合理控制工程造价。在植物素材的选择上，尽量保留现场的原有树木，优先选用本土树种，选择适当的树木规格，使新种植的树木能最大限度的成活、成景。

图 8–32　深圳某住区的庭院整体景观设计

图 8-33　北方某体现中国传统园林风格的住区景观设计

图 8-34　绿城合肥桂花园的住宅外部空间环境的整体景观特色

第 9 章
住宅的质量与经济问题

Chapter 9
The Standard and Economic Issues of Residential Buildings

在城市建设中，住宅建设量约占 50% ~ 70% 左右。由于住宅建设量庞大，已成为社会经济活跃的重要组成部分，并且与人们的生活有直接的关系，因此设计的经济与否、建设的质量如何，影响面很大，是一个必须予以高度重视的问题。

近年来，住房市场的房价不断上涨，严重影响了人民居住水平的提高与改善，国家出台了一系列的调控政策与措施，如住宅套型以中小套型为主，严格控制套型的面积标准和套型比例，实行商品房与保障房的双轨制，大力建设公租房、廉租房等，使住宅建设逐步走上健康发展的轨道。

住宅的质量和经济问题是一个综合性课题，在规划、设计、施工一直到维修、管理等一系列过程中，都包含着经济因素。考虑经济，就是要在保证必要的质量标准的前提下，最大程度发挥投资效益，使一定的投资获得最大的使用效果。考虑经济，还应综合考虑房屋的使用年限与维修管理，今后的发展趋向与理想的居住环境等因素，确立长远的、全面的经济观念。

在社会主义市场经济条件下，国家可以通过对住宅建设的质量和面积标准进行适当的控制来合理调配住宅建设投资，既保证当前的一定居住水平，又防止对住宅投资方向的偏斜而加剧两极分化，使全社会的居住水平得到均衡合理的提高。住宅建筑的质量标准一般是从住宅结构安全性、材料和施工工艺、内部环境、设备与设施等方面来规定，以保证居住环境达到应有的水平。

我国在发展社会主义市场经济的同时，也在通过多渠道、多途径解决社会的住房问题。对于居民不同的经济情况，应采取实事求是的态度，区别对待。作为解决居住公平问题的基础，保障性住房是由国家、政府或单位出资建设，主要用于解决低收入阶层住房问题的一类特殊住宅建筑类型。这类住房不同于一般的改善型商品住房，更多的是解决低收入人群的基本居住问题，因此一般应由政府来制订明确的建设标准（包括面积、套型和质量标准）且必须严格执行。市场上其他的商品住宅则主要由市场行为进行调节，可在满足相关规范低限标准的基础上自由发挥。

随着经济发展和国际形势的变化，建设领域也出现了很多新情况、新要求。自 20 世纪 60 年代兴起的"绿色文化"运动以来，可持续发展、生态建筑、低碳建筑等理念逐渐为世人所接受。1993 年国际建协大会"芝加哥宣言"提出"建筑及其建成环境在人类对自然环境的影响方面扮演着重要角色；符合可持续发展原理的设计需要对资源和能源的使用效率、对健康的影响、对材料的选择方面进行综合思考"。作为建设量最大的住宅建筑也必然需要在提高材料和资源的使用效率、节约能源、减低建设和使用中的碳排放等方面作出响应，建设中需要从设计、建设到使用全过程考虑资源节约问题。由于住宅建设量巨大，资源的浪费不仅直接会影响到住宅建筑本身的造价，而且从宏观上将影响整个国家、社会的健康发展。

本章将分别探讨住宅建筑设计中的质量标准和资源节约两个方面的问题。

9.1 住宅质量标准及控制造价的措施

经济的概念是投入与收益的统一矛盾体，涉及节约与效益两个方面，经济投入少而获效高或投入与效益相当。住宅的质量标准是指在目前我国的经济状况下，保证社会经济对住宅有限的投入，能够收到相应的最好效应。这包括了应该达到的建设质量与达到这样的建设质量对造价的控制两个方面。当然，住宅质量标准仅是针对大量城市普通型住宅制定的。在实际设计中应根据各地、各种类型和类别情况参照执行。

求得一定的质量，必然要消耗相应资金。为了使不同的设计具有可比性，通常采用平均每平方米建筑面积的资金投入作为一项经济指标，也就是造价。造价一般指钢材、水泥、木材和砖块等主要建筑材料，以及施工费用等的总和。其中材料消耗量，由于受市场的直接作用，是影响造价的主要因素，因而也是控制造价的关键。

9.1.1　住宅质量标准

国家在总的社会经济水平基础上，为了保证有效解决国民整体的居住问题，保证全民的居住水平维持在一个相当的程度上，同时又能控制住宅建设不消耗过多社会资源，制定了住宅质量标准。同时强调了标准的宏观控制作用，各地区可以视发展情况、地理位置和生活习惯参照执行，在总的方面应该达到起码的建设质量，而在一些具体内容上可以突破。住宅质量标准主要有三大项内容，即功能与室内环境标准、设备与设施标准和建筑结构与安全防卫标准（“全国城市住宅建设标准”报批稿）。

1）功能与室内环境标准

• 独立门户：新建住宅应保证每套独门独户；
• 层高：不宜高于 2.8m；
• 阳光：至少一间卧室或起居厅（室）能获得有效日照；
• 通风：每套住宅具备良好的自然通风，厨房与暗卫生间必须具备机械换气条件；
• 隔热保温：满足建筑气候区划标准的隔热保温要求，并采取节能措施；
• 隔声：外墙、分户墙和楼板应满足隔声标准要求；
• 装修：宜采用普通装修，并且必须防止装修对建筑结构的破坏。

2）设备与设施标准

• 每套住宅内设置厨房抽油烟机位置；卫生间洗、便、浴及洗衣设施位置；阳台及晾晒衣设施；共用电视及电话通讯接口、电气插口和接地装置等。

• 住宅应综合设计各类管线，集中分户设置各套住宅的各种计量表；在共用部位设置信报箱和密闭垃圾处理设施；采暖地区采用集中采暖系统；公共照明宜采用节能、自熄开关装置等。

3）建筑结构与安全防卫标准

质量标准要求住宅建筑结构体系应满足安全、合理和经济，安全等级不应低于二级。并应尽量推广使用新型墙体材料和节能墙体，限制使用实心黏土砖。为适应住宅空间的灵活性和可改性，提倡使用新技术。建筑结构配件应标准化并符合模数协调的要求。

在其他安全性方面，规定住宅防火等级不宜低于二级，住宅户门应采用安全防护门，底层外窗及开向公共走廊的窗应设安全防护设施，在有条件的地区还应在出入口设置对讲系统、电控总门等等。

9.1.2 设计中控制造价的措施

对于住宅建设造价的控制，应在达到住宅质量标准的基础上实施，而且大部分反映在质量标准中。集中体现在对于层高的控制和提倡、鼓励采用新技术与新材料的条款中。就设计而言，应该尽力做到节约投资、减少工料消耗。具体可有以下措施：

1）节约钢材、水泥、木材和墙体材料

设计中在尽量降低钢材、水泥、木材三大主材的消耗指标的同时，应进行综合分析和具体情况具体对待。因为许多因素是互相牵扯的，如楼板跨度大，空间划分灵活性大，所用钢材、水泥指标就比较高；反之楼板跨度小，所用钢材、水泥少，墙体（主要指承重墙）用材就较多，空间的灵活性相对也较小。

在平面设计中，用于每平方米建筑面积的平均墙体长度（m/m^2），可以作为衡量造价的指标之一。这个指标能够较快地被计算出来，所以用于不同设计方案的评价是比较方便的，计算时，对内墙、外墙、隔墙可以分别统计，以利比较。房屋立面装修，在寒冷地区由于热工要求，外墙造价一般比内墙高，因此缩短外墙周长带来的经济效果显著。具体设计时应在不损害环境效果的前提下，力求平面形状简洁，减少凹凸变化。在基地许可时，尽量采用多单元拼接，增加房屋长度，可节约山墙，一般以 3 ~ 4 个单元或房屋长度在 60m 左右较为合适；更长时，因温度缝要求设置双墙，经济效果就不显著。当然，受小区整体特点和环境效益的影响，经济与否应综合权衡。

在剖面设计中，降低层高可以节约墙体材料，并缩短管线长度。但降低层高，不应损害基本的使用功能。

2）充分利用材料强度，推广新结构、新技术、新材料

按照各层荷载大小，尽可能减薄墙身，减少结构自重，也可以节约基础用材。混合结构住宅，开设门窗洞口时应注意避免危险断面，使荷载分散，做到砌体强度储备均衡。

少搞特殊类型的构件。在建筑及结构布置时尽量使各种构件的实际荷载接近定型构件的荷载级别，充分发挥材料强度，减少建筑自重。

在住宅设计和施工中推广新结构、新材料、新技术，如在结构构件中采用高性能混凝土、高强度钢等轻质高强的建筑材料，在提高住宅内部空间划分灵活性的同时，加强住宅建筑定型化和工业化程度，可以收到降低材料损耗和施工费用，加快建设速度和获得较好使用效益的作用。在住宅建筑中，采用新技术、新材料，目前最需要解决的是砌体的材料及其构造技术。传统的黏土实心砖由于两方面的原因，已经禁止或建议不采用，首先是因为其自重较大，而更重要的是制造实心黏土砖将大量挖取地表土层，加剧破坏自然生态和可耕地减少的恶性势态。取代黏土砖的新材料目前种类很多，在自重轻、隔声、稳定性及加工机械化等方面均优于黏土砖，但在构造手段、材料自身价格等方面还需进一步加强研究，以降低材料损耗，减少现场用工，提高劳动生产率。

3）因地制宜，就地取材

因地制宜进行设计，减少拆迁，减少土石方及基础工程量。山地建设中，基地选择应尽可能避开冲沟、滑坡、水塘、垃圾坑等不利地带，以利于地基处理及基础设计，并可减少室外工程设施。

充分利用地方材料和工业废料，可以大大节省运输量，降低造价。综合利用工业废料，还有利于环境保护，是可持续发展的重要战略内容。

4）选择适当的建筑材料和构造方案

在设计中要根据不同的部位及使用功能来选择适当的建筑材料和构造方案。既节约用材、方便施工，又提高建筑的耐久性，减少经常性的维修费用。如门窗、屋面防水，下水系统等常常是薄弱环节，设计施工均应特别注意保证工程质量。

5）注意管线设备的集中布置

此外，合理选用施工机具对造价影响也很大。

9.2 节约资源

我国建设规模十分巨大，近几年每年建成房屋达16～20亿平方米，相当于欧洲和美国每年新建面积的总和，其中住宅占很大的比重。如此巨大的建筑规模，已经并将继续带来资源大量消耗以及对环境的重大影响，尤其在我们这样一个资源并不富有，能源产出和储备并不十分富足的国家，影响更为巨大。因此，在住宅建设和使用中如何降低资源的消耗，已经成为影响我国经济社会可持续发展和保护环境的重要因素，是住宅设计中必须考虑的重中之重。

正因为上述原因，现代住宅的规划设计基本理念以及原则已经发生了根本性的变化，从单纯的以“功能—空间”为目标转向“功能—空间”“环境—资源”并重的双重目标，强调“可持续发展”，即“以人为本”的设计理念必须与“以环境为中心”的设计理念相结合。为此，世界各国均对此做了大量的研究及实践，我们国家也制定了一系列的法规和规范指导设计和建设，其中很大一部分还是专门针对住宅建设的，如2006年颁发实施的“住宅性能评定技术标准”、2005年制定的“健康住宅建设技术标准”等。主旨就是要使建筑做到节能、节地、节水、节材，并且最低限度地影响环境，即所谓“四节一保”。同时也将住宅的经济性能评价与是否做到对资源的节约和有效利用联系起来，其中的一些条文目前已经成为设计时必须做到的强制性规定。虽然不同地区或城市由于当地的不同情况有所侧重，但作为一种先进的设计意识和理念，努力寻求各种手段，尽量节约各种资源，保护环境，已经成为住宅设计和建设的基本要求。

本节将就资源节约进行讨论，重点讨论与住宅建筑设计关系密切的节能与节地问题。

9.2.1 节约能源

1）节约能源的意义

能源是现代社会正常运行的动力，是发展的根本保证。资源的获取很大意义上就是能源的获取，资源的节约很大程度上也可以说就是能源的节约。根据统计，建筑能耗是能源消费的重要组成部分，占相当大的比重，在发达国家已占到能源消费总量的35% ~ 40%以上；在我国也已占到能源消费总量的27.8%以上，其中住宅能耗约为商用建筑的2倍。如此巨大的消耗，影响不言而喻，节能迫在眉睫！

住宅的节能设计不但对于减少全球矿物能源的大量消耗有着极其重要的作用，对于提高能源利用率进而减少CO_2等温室气体的排放，保护环境也有着重要的积极意义。在住宅消耗的全部热量中，在寒冷地区用于空间取暖的占到61%，而在炎热地区用于空间制冷的比重也超过了6成。空调制冷剂中的含氢氯氟烃（HCFC）、用作保温材料的发泡剂是破坏大气臭氧层的主要原因，其中有50%来源于建筑的使用和建造。因此，住宅节能对建设可持续发展的环境意义非常大。

2）节约能源的措施

住宅建筑的节能涉及的领域很广，是一项需要花大力气并需要持续努力的工作。如仅从建筑设计的层面看，问题相对简单，但是要真正获取更大的成效，则需要从宏观的角度入手，建立长期的机制，进行广泛深入的研究。具体来说，第一应提倡和鼓励采用合理的建筑形式和先进的生态技术，持续开展研发；第二在住区的开发模式、居住功能的整体布局、运营模式等方面应符合整体的可持续发展战略，与城市的发展模式相契合。可以从以下方面努力：研究改善居住建筑的设备规划与管理；从能源和资源的角度考虑，探索设计出效率更高的建筑，进行设计技术的革新，以减少污染和垃圾；改善城市规划布局和开发的布局、风格，减少土地的占用，减少用于运输的能源和污染；优先使用可再生能源。

就住宅建筑设计来说，在我国现有的技术和经济条件下，节能是在保证舒适的居住前提下，低代价使用能源的活动。应该倡导一种"低成本规模化的节能技术"，就是说技术的采用必须考虑经济实用性，同时应该考虑能够在所有住宅项目上使用。这里包括两方面的内容，降低建设和使用期间的能耗（设计尤其要关注的是后者）与提高能耗的使用效率。以下将就此讨论夏热冬暖、夏热冬冷和温和地区的住宅节能方式和措施（严寒、寒冷地区的住宅节能见严寒、寒冷地区住宅设计篇章）。

（1）合理的规划布局

住宅使用期间的能耗主要是建筑内外热交换的结果，能耗的多寡取决于内外空间环境要素的差异，当建筑物处于一个温度、光线变化相对较小，空气流动的外部环境就显得极为重要，也就是说建筑的合理布局是极为重要的。以下是布局设计中需要考虑并应该力求妥善解决的问题。

①朝向

建筑朝向对于住宅的能耗影响巨大，涉及采光、通风、日照等几乎所有与能耗有关的因素。对于我国大部分地区，住宅的南北朝向是首选。南北朝向与东西朝向受阳光直射导致的辐射传热差很大，而且南北朝向全天光线变化的幅度也最小。因此朝向南北能够保证最大限度地获取优良的采光，减少人工采光能耗。在夏季能避免因西晒而造成的制冷能量的额外消耗，同时在夏热冬冷地区冬季还能降低采暖能耗并保证日照时数。根据地区差异，以南北向为主的情况下，向东西偏转一定的角度是允许的，有些地方偏转甚至还优于正南正北，比如深圳地区就是以南至南偏东 15° 为最佳朝向，设计时应因地制宜。

②通风

布局设计中另一个需要重视的问题是建筑及周围环境的通风，应尽量避免由于建筑相互的遮挡而导致外部环境形成热岛。所谓“热岛”,即由于空气不能流动，引起环境中一定区域温度高于其他地方，这个区域称为“热岛”。热岛效应虽然直接影响的是室外环境的舒适性，但同时也是建筑能耗的诱因。据热工测算，室外热岛强度下降 2 ~ 3℃，建筑节能 10%；或者说室外温度降低 1℃，建筑节能效率提高 3.5%。自然通风是降低热岛强度最有效的措施，布局中处理好建筑之间的关系，组织好自然通风不但能营造舒适的外部环境，也是降低建筑能耗最直接的措施之一。

(2) 合理的形式

住宅建筑通过一定的技术手段围合空间，以营造舒适的居住室内环境。从围合的空间体积与物体表面积构成的几何关系可以知道，一定的体积可能有多个体表面积数值，因此外表面积与体积之比可以用来衡量建筑形体围合的效率，称为建筑物体型系数。体型系数越大说明体表面积越大，建筑与外界接触的面积也越大，那么在保持室内空间一定舒适条件下所耗能量加大的可能性也越大。研究表明,体型系数每增大0.01,耗能量指标就增大2.5%。所以设计时应选择合适的形体，既保证建筑的造型、通风、采光和使用的合理性，又尽量控制体型系数在一个较低水平上。各地现已根据当地情况制定了符合当地建筑节能设计标准的体型系数规定值，应遵照执行。

(3) 强化建筑外围护的热工性能

建筑的外围护包括外墙、外窗、屋顶等，是与室外环境热交换的主要途径，加强这些部分的热工性能是节能的一个重要措施。

外墙按现有的砌体材料（如加气混凝土和水泥灰砂砌块等）加外装饰材料，基本满足节能要求。在某些冬冷地区，有必要增加保温层。但设计时应该按照各地节能标准经计算后组织外墙材料,并尽量使用热工性能更好的新型材料和组合。

外窗通常多采用普通玻璃作为主材，热工性能大大低于实体墙部分，是夏季空调能量流失的主要通道，也是建筑室内获得光照、光线、通风和自然视野的主要途径，因此既要保证有一定的面积，又不能过大。从节能的角度出发，必须控制窗墙比，一般外窗面积以保证室内采光要求为控制原则，如采用普通玻璃，窗墙比不应超过各地具体的规定值；当超过规定数值时，应该采用 Low−E 玻璃、中空玻璃等热工性能更好的材料。同时要改善和加强窗户和其他向外户门的气密性，不应超过国家和地区规定的节能标准值。加设窗户遮阳也是减少夏季太阳辐射热进入室内的有效措施，遮阳形式和材料的选用要结合具体情况计算，遮阳系数 Sw 按《夏热冬暖地区居住建筑节能设计标准》（JGJ 75—2003）的规定选取。

住宅屋顶是受阳光直射时间最长、面积最大的部分，因此加强屋顶的隔热通风能够极大地提高节能效率。选用隔热性能更好的材料以及设计通风层是惯常采用的措施；此外，采用种植屋面和蓄水屋面也是很有效的，尤其在有多种层数的住区内效果更好，因为低层住宅屋面反射的太阳辐射热大部分会被绿化吸收。

(4) 加强自然通风

自然通风对于减少室内空调使用时间、减少空调使用空间是十分有效的。穿堂风组织良好的住宅，在夏季很多时候可以不用或少用空调。如果组织得当，有效地组织对流和风道，公共空间（楼体间、电梯厅等）完全可以不设置人工降温设备。但在冬冷地区要注意冬季寒风的影响。

(5) 有效合理的设备设施

设备设施的选用更多的是相关专业工程师的职责，但建筑设计应配合各专业提高设备设施的使用效率。特别应注意以下几点：合理安排室外设备的位置和建筑部件配置，如空调室外机，既要使其不被其他建筑部件妨碍效能的发挥，同时要防止对室内产生热污染和噪声污染，还要不影响建筑的观瞻；合理安排室内设备的位置，使其能发挥最大效能，如灯具的位置等；组织好建筑的开窗，减少人工照明的能耗，尽量做到白天各功能空间不用人工照明。对于冬冷地区还要注意在冬季获得更多的阳光照射时间；组织好公共空间和安全疏散空间的开敞度，尽量减少机械设备的使用，如高层建筑的前室和疏散楼梯，可以直接对外开口的就不设置机械正压送风。

(6) 尽量采用可再生能源

建筑中采用可再生能源是所有设计专业应该拥有的意识，建筑设计应该引导并配合相关工种做好建筑的处理，使能源的利用发挥最大效能。目前在我国最常采用的是太阳能热水设备，由于采热板面积较大，特别需要注意位置的安排和与建筑外立面的结合。尽可能做到太阳能设备与建筑构件有机结合，形成一体化的设计。国外有很多建筑案例，尝试采用单晶硅集热发电、风能发电供给照明用电，大进深和地下住宅采用新型的阳光照明系统等等，虽然由于一次投资过高，成本回收周期长还不能推广，但探索不应因此而停止。

9.2.2 节约用地

1）节约用地的意义

我国人口超过世界总人口的1/5，耕地面积却不到世界总耕地面积的7%。节约用地是关系整个国民经济的一件大事。节约城市用地，不仅关系到少占农田，维护生态平衡，而且也影响到城市建设本身的投资。在我国，土地归国家所有，土地的使用为租赁制，也就是国有土地的开发使用由国土规划部门统筹安排，根据在城市中的位置、地位、环境等决定土地使用的性质、指标和价格，然后投入市场。同时由城建部门统一建设和管理城市基础设施。而各种交通运输设施（包括道路、桥梁、车辆、地下铁道等）和管网设施（包括电力、电讯、给水、排水、煤气、热力管网等）的投资和维修费用都是十分庞大的。此外，土地的征用还可能包括各种赔偿费等。由于住宅用地在城市用地中占比重很大，因此合理地提高居住密度，节省用地是有重要意义的。当然，居住区也应该保持必要的建筑间距，以保证良好的日照、通风卫生条件，有方便的交通及必要的公共服务设施和绿地，保证良好的居住环境。

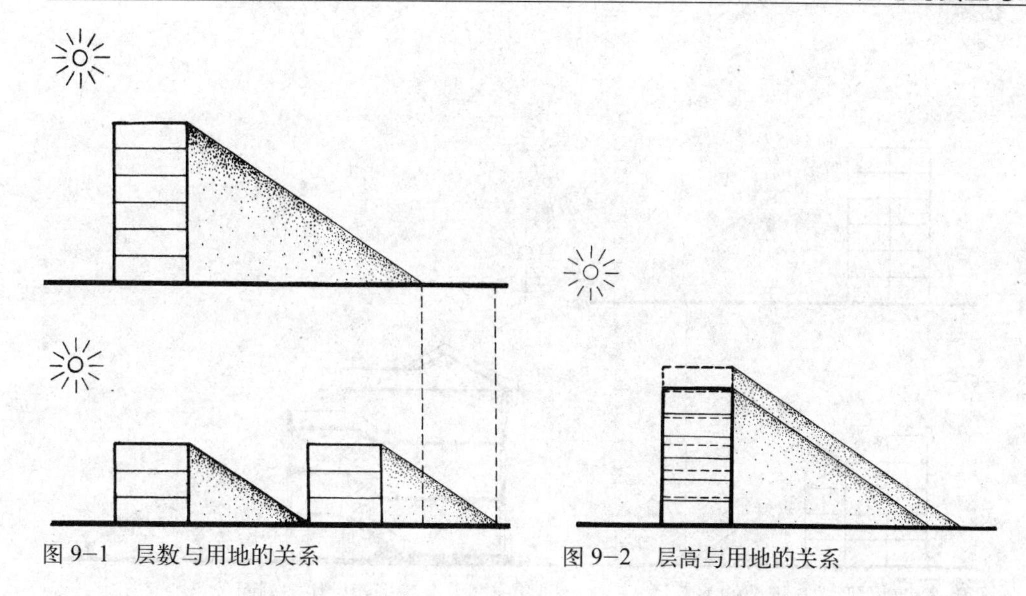

图 9-1　层数与用地的关系　　图 9-2　层高与用地的关系

从城市规划课程中知道，表明用地经济性的指标有很多种计算方法。在住宅设计规划中，最主要的指标是居住建筑面积密度$\left(\dfrac{\text{居住建筑面积}}{\text{居住用地面积}}\ \mathrm{m^2/ha}\right)$表示在每公顷用地上所建的住宅面积的总数，密度愈高说明用地愈经济。

节约用地要从多方面着手，无论从住宅个体设计还是群体布置方面都应采取有效的措施。以下就节约用地的途径进行分析。

2）住宅个体设计中节约用地的措施

(1) 住宅剖面设计与用地的关系

①层数与用地的关系

住宅层数愈多，单位面积上所分担的房屋基底占地面积愈少，因而用地愈经济。对于多层住宅，一般的长条形平面房屋层数较少时，增加层数对节约用地影响比较显著（图 9-1），即 8 层以下的住宅，增加层数能节约较多的用地。高层住宅节约用地的效果显著。但高层住宅建筑造价、维修、管理费比多层高，居住效果亦不如多层，因此在节约用地与是否建高层之间应合理分析。

②层高与用地的关系

层高影响到房屋前后间距的大小，尤其是当日照间距系数比较大时，层高的影响更为显著（图 9-2）。多层住宅房屋前后间距大于房屋栋深，降低层高对节约用地的影响有时比单纯增加层数更为有效。如根据一些资料分析，住宅层数从 5 层增加至 7 层，用地大致可节约 7.5% ~ 9.5%，而层高从 3.2m 降至 2.8m，可节约用地 8.3% ~ 10.5%（日照间距系数为 1.5 时）。

③剖面形式与用地的关系

因为日照间距是根据前面一幢房屋的檐口阴影来计算的，如果房屋剖面作为台阶状则有利于缩小房屋间距(图 9-3)。如旧式里弄住宅中常将层高较矮的厨房、浴厕、小居室等放在房屋的北部，形成前高后低的体型（图 9-4），对节约用地是有一定作用的。多层住宅的顶层也可以采用这样的剖面形式。同理，较低的女

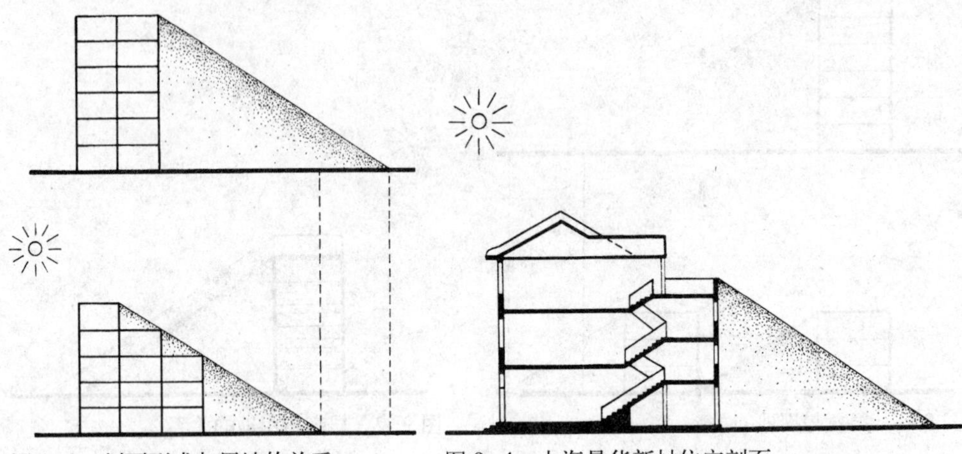

图 9–3 剖面形式与用地的关系　　图 9–4 上海景华新村住宅剖面

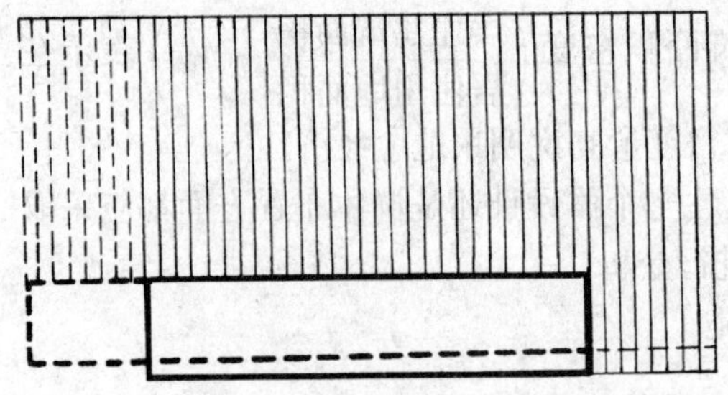

图 9–5 房屋栋深（或每户面宽）对用地的影响

儿墙或较小的挑檐，对节约用地也是有利的。

(2) 住宅平面设计与用地的关系

在平面设计中，房间长宽的不同比例和组合关系会影响房屋的栋深和每户所占面宽。一般来说，增加房屋栋深，缩减每户所占面宽，对节约用地有相当显著的作用（图 9–5）。

缩小房间的开间，增加进深，避免采用横向布置的房间，有助于减少每户面宽。但这种做法收效是有限的。在面积定额比较低的情况下，房间不可能做得很大，开间尺寸的选定与家具布置有很大关系，过分窄长的房间在使用上会产生不良的后果。

当每户可作单朝向布置，在房屋两个朝向都布置大房间时，可以增加房屋栋深，减少每户面宽，但这种布置应在气候条件允许的情况下才能采用。当每户占相对两个朝向时，朝向较差的一面往往集中布置小房间，从而限制了房屋的栋深。

如果在房屋的栋深方向作前后三间或多间的布置，可以大大增加栋深，缩减每户面宽，但中间房间需靠人工或间接采光。为了改善中间房间的采光通风条件，可以采用开口天井的平面布置或在房屋内部设置天井。开口天井平面体型及内天井形成平面内的空缺，其增加的用地与由于缩小每户面宽而节约的用地，可通过计算给予评定。

3) 住宅群体布置中节约用地的措施

(1) 间距系数

间距系数对节约用地的作用是很大的（图 9–6）。间距系数因各地气候、日照、地形、房屋朝向不同而有差别。在提高建筑面积密度的同时，对建筑密度（建筑

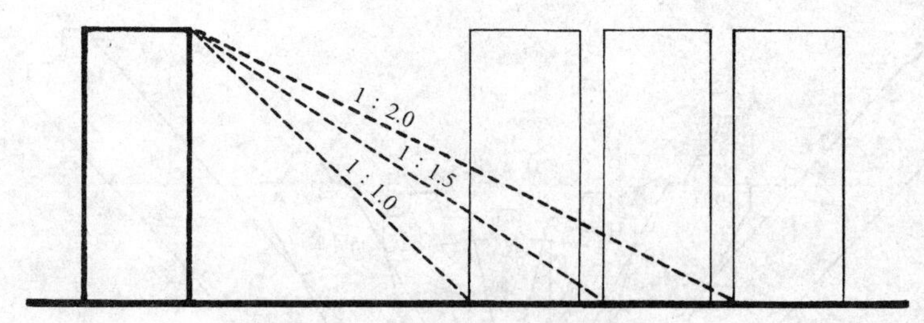

图 9–6　间距系数对用地的影响

基底面积／居住用地）应控制在合理的范围内，以保证必要的居住卫生条件。我国目前制定的住宅日照卫生标准，一般以冬至日或大寒日投至后排房屋底层窗台面的日照时数（按地区分别为 1 ～ 3h）来进行设计，这在国际上来说都是一个相当高的标准（实际采用的较此为低）。如何从理论上进行研究，在满足一定卫生条件的情况下，尽量采用较小的间距系数是很有意义的。

在住宅区规划及群体布置时，不一定采取正南、正北的朝向。正南向就我国大多数地区来说都是很理想的朝向，但正南必然带来正北，正北向在北方地区则是最差的朝向，在南方地区夏季日落前正北房屋室内日照深度也很大。适当采取偏斜的角度，对照顾到房屋两面朝向是有利的。房屋朝向与子午线成一定的角度，会有利于缩小间距系数。在坡地修建时可利用向阳坡以缩小间距系数。

此外，前后排房屋错列布置，可减少遮挡，适当压缩间距。

（2）房屋间距用地的重叠

在群体布置中，在日照阴影范围内，房屋前后左右间距空地若能重叠起来，也可以进一步节约用地。

适当增加东西朝向的住宅，可使其与南北朝向的房屋的间距重叠起来（图 9–7）。但造成部分东西向房屋，南方地区在个体设计中应采取适当的措施来避免东西晒。在南北向布置的条形住宅端头空地上，布置一些点式住宅（图 9–8），对克服西晒及减少对日照通风的遮挡比较有利。

高层塔式住宅体型瘦长，日照阴影移动快，如图 9–9 所示，37 层塔式住宅后面空地的日照时间不足 2h 的范围和 6h 内无日照的范围都只有很小一块，与一栋 5 层住宅差不多。在居住区内适当插建部分高层塔式住宅对日照通风一般无很大影响，并可显著提高土地利用率。

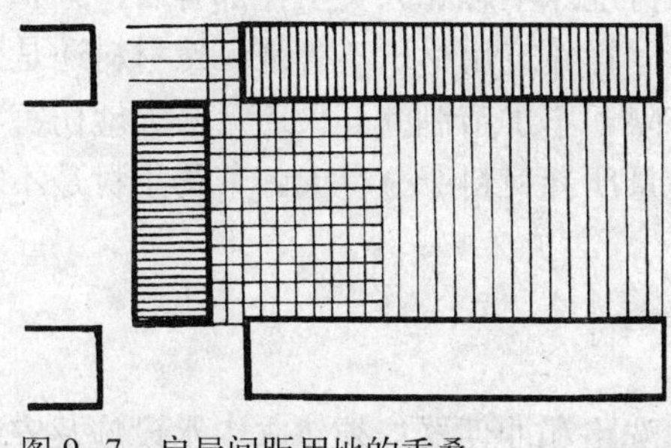

图 9–7　房屋间距用地的重叠

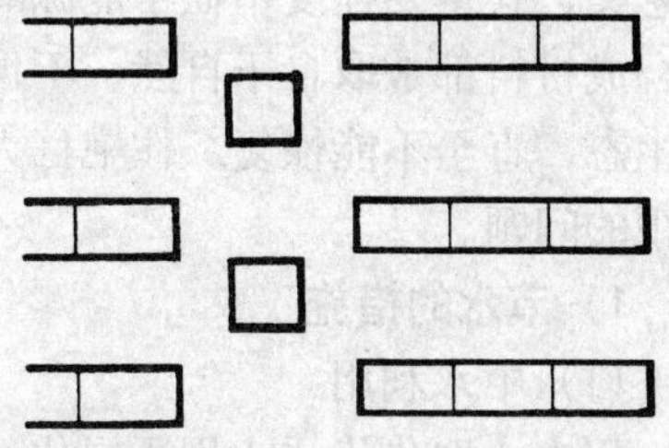

图 9–8　点式与条形住宅结合布置

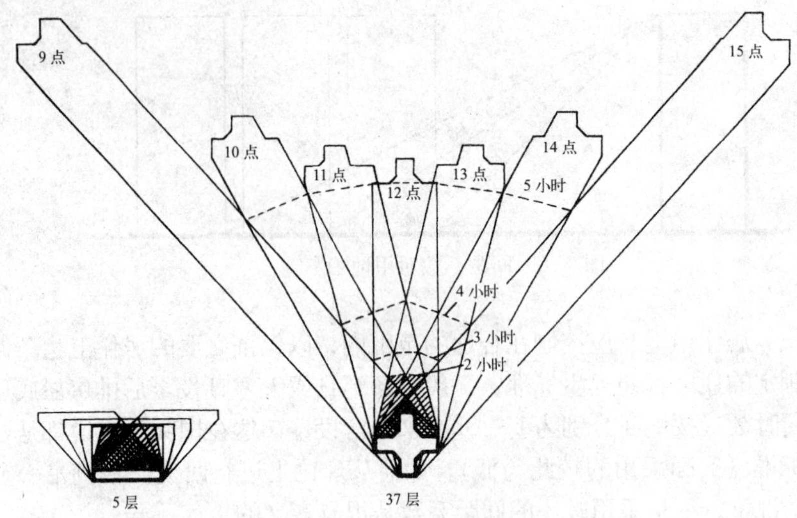

图 9-9　5 层及 37 层住宅对后面空地的日照影响比较
（上午 9 时至下午 3 时的 6 小时内）

(3) 房屋间距用地与道路用地相结合

道路宽度主要根据交通量大小来决定，居住区内部道路布置应尽可能与房屋间距用地相结合。较宽的道路两侧应布置层数较多的住宅。在城市干道两侧的住宅建筑应充分利用道路宽度，适当加高层数，特别是东西走向道路的路南一侧的建筑层数与道路宽度相配合，对节省用地是有一定意义的。南北走向的道路，为了照顾朝向，住宅常以山墙临街，但这样布置未能充分利用道路宽度，对节约用地不利，可以穿插布置平行于道路的住宅，既考虑使用条件，也要照顾街景和节约用地的需要。炎热地区东西向住宅可适当采取遮阳措施，或专门设计适应东西向的单元（如平面呈锯齿形等）。这样做从一栋住宅本身来看要增加些投资，但从节约用地来看可能是必要的，总的来说是合理的。

9.2.3　节水节材

淡水资源的匮乏已经成为世界性的问题。我国情况更为严峻，人均水资源拥有量仅为世界平均水平的 1/4，600 多个城市中有 400 多个缺水，其中 110 个城市严重缺水，十分可怕的是这种状况还在持续恶化。住宅用水是整体耗水的重要方面，因此在住宅设计中考虑节水对于维持地球生态和人类生存都有着十分积极的意义，其重要程度不亚于能源的节约。同样建筑用材，不管是天然材料还是人工合成材料都是取自于自然，不但数量有限，不加节制的开采还会极大地伤害环境生态，直至不能恢复。住宅巨大的建设量所耗材料十分巨大，节约用材是不容小视的问题。

1）节水的措施

(1) 中水利用

用中水取代优质水用于绿化、洗车、洗路和冲便器，须建立中水设施及安装中水管道系统，并涉及水质安全及增加成本的问题，但这是发展方向，应该提倡。

(2) 雨水收集与利用

为使雨水回渗，采用透水地面用于停车场、道路的铺设，以补充地下水，有利于生态环境；有效收集处理和利用屋顶雨水与地表径流，经处理后利用，如沿道路边缘设置盲沟，将雨水收集到蓄水池，加以沉淀、过滤处理后，用作绿化及景观用水等。

(3) 采用节水器具

卫生间用水量占家庭用水量60%～70%，便器用水为家庭用水的30%～50%，采用节水器具十分重要，如采用6升的水箱和节水龙头是十分有效的节水措施；公共场所的卫生间也应采用延时自闭或感应自闭水嘴或阀门等节水器具。

(4) 节约景观用水

为防止绿化灌溉用水的浪费，要避免大量种植草坪，在干旱缺水地区，应限制大面积草坪；推广使用喷灌、微灌等高效节水灌溉方式；避免采用大面积的人工水面；利用中水、雨水作景观和绿化用水。

(5) 采用循环用水

如景观用水和小区游泳池用水采用有循环设备的水，使水资源得以充分利用。

2) 节材的措施

在上一节中已经论述了节材的措施，除此之外，还应积极探索和大胆使用可回收和再生材料，在建筑设计中选用可再循环的建筑材料，如利用废旧汽车轮胎和玻璃瓶等做墙体，使用再生合成的木板、竹子等做装饰或围护用的材料。同时，应大力推进土建与装修工程一体化设计施工，不破坏和拆除已有的建筑构件及设施，避免重复装修，减少，重新装修时的材料浪费和垃圾产生，既节约了建筑材料，又降低对环境的损害，有利于保护生态环境。

第 10 章
农村住宅设计

Chapter 10
Design of Residential Buildings in Rural Area

我国有80%的人口住在农村，如何经济合理地解决农村住房建设问题，无论从当前还是长远来看，都是一件大事。因为它不仅直接关系到广大农民居住条件的改善，而且对于节约土地、促进农村经济发展、逐步缩小城乡差别、加快乡村城市化进程和对21世纪初亿万农民生活实现小康水平，都有着重要意义。

进入21世纪，国家要求在实践中切实加强村庄规划工作，安排资金支持编制村庄规划和开展村庄治理试点；加强宅基地规划和管理，大力节约村庄建设用地，向农民免费提供经济、安全、适用、节地、节能、节材的住宅设计图样；引导和帮助农民切实解决住宅与畜、禽圈舍混杂问题，搞好农村污水、垃圾治理，改善农村环境卫生。村庄治理要突出乡村特色、地方特色和民族特色，保护有历史文化价值的古村落和古民宅；要本着节约原则，充分立足现有基础进行房屋和设施改造，防止大拆大建。

我国乡村传统民居和解放初期的农村住宅之所以不同于城镇住宅，是由一定的生产方式和历史条件形成的。它们大都保留着在小农经济基础上所形成的分散、零乱的村落和在住房上反映出个体经济活动所需的一些内容。

改革开放以后，随着我国农村经济的蓬勃发展，农民生活条件迅速改善，农村住宅建设正处在历史上前所未有的发展时期。农村人均住房面积由1978年的10.7m^{2}增加到2008年的32.4m^2。同时，房屋质量也有了很大的提高，楼房、钢筋混凝土结构住房所占比重逐年增长，到2008年，新建农村住宅中钢筋混凝土结构住房已占到当年新建住宅的66%。

很显然，随着农村经济的快速发展和国家小城镇建设工作的顺利推进，农村的生产方式、生活方式将发生深刻的变化，这必将促使农村住宅和居民点的建设也随之产生相应的变化。这些年来虽然农村住宅建设量比较大，但质量还不够理想，甚至有一部分质量较差，今后的工作应该由解决数量的问题转化为质的提高，抑制和变革以往规划、设计中存在的某些不合理的习惯做法和不切合实际的观念，提高农村的住宅建设质量和水平。新的农村住宅建筑应向设计标准化、构配件定型化、施工装配化的方向过渡，以逐步实现农村建筑工业化、农村建设城镇化。但是，工业化与城镇化的内涵并非一味简单追求城市化，这就要求为农村服务的建筑设计工作者，认真地研究和探讨农村和小城镇新住宅设计中的诸多问题，以使我国的农村住宅设计工作提高到一个新的水平，以适应农村社会现代化发展的需要。

10.1 农村住宅的特点及组成

10.1.1 农村住宅的特点

新型的农村住宅建筑不同于传统的民居，它一般具有以下几个主要特点：a. 体现农村住户根据所从事产业的性质（一般农业户、专业生产户、个体工商服务户、企业职工户）以及其他住宅功能变化的趋向，选定多层次、多元化的住宅类型与标准，以满足不同层次的居民家居生活行为的需求。b. 突破传统格局，生产与生活空间分离，提高居住纯度，提倡建设楼房，科学合理地确定住宅的层数与层高，以求节约土地和节省建房资金；同时，要改进和突破农村传统落后的建造技术，选择坚固耐用、施工简便的新型住宅结构。c. 注重住宅的室内外环境质量的适居性、安全性和舒适性。住宅的朝向、间距要满足日照、通风、防灾、卫生等要求。而且，为保证住宅建筑主体与设备产品之间有机配合，必须采用国家制定的统一模数及各项标准化措施。d. 创造与环境相协调，并充分体现不同地区、不同民族、不同用材以及不同的建造方式所形成的具有鲜明地方特色的建筑形式。同时，还要注意村镇风貌的整体性和住宅群体形态的识别性。

新型的农村住宅规划设计，应以小康型村镇住宅居住水准为目标，充分体现以现代农村居民生活为核心的设计思想，以科技为先导，创造出高度文明、设施完善、环境优美的新型农村住宅。

10.1.2 住房的组成

新型的农村住宅的组成与传统民居构成上既有其相同的部分，也有其不同部分。由于农民生产方式的改变及生活水平的提高，农民的住宅功能发生了变化，并增添了一些新的内容。若从住宅套型设计上看，每套住宅都应做到功能齐全、方便实用，各功能空间应确保不同程度的专用性和私密性要求。而且，各功能空间应根据家居生活的各种要求以及各地区不同的生活习惯等特点，确定适宜的空间尺度和良好的视觉感受。合理安排设备、设施和家具，以保证各功能空间的相对稳定。其基本组成有居住部分、农副业生产部分、辅助部分、交通部分以及附属建筑、服务院落等。每一部分都包含着农村家庭生活的必备内容。

1）堂屋

农村住宅的堂屋，是具有生活、生产、贮存等多功能的房间。它既是接待亲友、节假日团聚、办理婚丧的场所；也是平日学习、休息和工作（开家庭会）的地方；在一些地方它还兼作晾晒农作物、贮放小农具、从事家庭农副业等活动之用。

从现代农村生活的需求来看，堂屋仍是农村住宅的重要组成部分。在新的住宅设计中，还应充分吸取传统民居以堂屋作为家庭对外接待和内部生活起居中心的原则，合理布置堂屋的位置。户内的通道、楼梯应与堂屋有便捷的联系。

通常堂屋要求室内宽敞，开间尺寸比卧室要大。楼房住宅中，可根据建筑面积大小，分层设置两个堂屋，底层的作为对外接待和老年人起居用，二层的堂屋可作为青年人起居活动用，以满足各自不同的要求。

随着生活的变迁，有些住宅室内空间分隔根据功能要求的变异情况，可采用灵活的推拉、折叠等隔断，以满足其可变性的要求，尤其是堂屋的空间变化较多，但应预先在结构方面采取某种措施，以确保安全。

2）卧室

卧室主要是睡眠和休息的地方，也兼作学习、梳妆等用。不同年龄段的人，其生活规律和睡眠时间不同，以及由于辈分不同和异性子女等原因，都要求房间予以分设。因此，农村住宅的卧室设计应考虑有老年人住房、成年人住房、子女住房以及客人住房。做到既住得下，又要分得开；以求分配灵活，减少相互干扰。但应避免由于片面追求宽敞而造成空房多、搁置不用的浪费现象。

卧室应该具有较好的采光、通风条件。主要的卧室（特别是老年人的卧室）应该争取较好的朝向。

3）厨房

农村住宅的厨房与城市住宅的厨房虽然其基本功能是相同的，但因其室内设施差别，二者在厨房的布置方面有所不同，面积大小也不一样。经济发达地区的农村住宅正逐步向现代化过渡，其厨房的设计也正向城市化靠拢。而经济欠发达地区，农村住宅变化则不大，其厨房不仅要满足住户饮食炊务的需要，同时也要作为饲养家畜、蒸煮饲料之用，像这样的厨房便兼有生活与生产两种设施，成为生活与生产之间的联结点。有的还兼作贮存杂物和柴草的地方，而且充分利用其室内空间设置壁橱、橱龛和搁板等来增添贮存空间。从厨房的布置方面也反映出，由于气候差别和生活习惯不同的地方差异。

厨房的设计是居住文明的重要组成部分，应以实现小康居住水平为目标。考虑到今后小康生活的标准，每套住宅除了建筑方面的需求外，应有一个能够满足安装成套设备的厨房。

4）餐室

用餐空间的设置十分必要，它必须与厨房邻接，以便对厨房的面积和功能起补充作用。用餐空间可与堂屋合一，也可利用过厅兼作用餐，有条件时宜设置相对独立的餐厅，且与厨房相邻，并尽可能布置在靠近客厅处。当餐厅与堂屋（或起居室）合一时，应采用在空间上既分又合的处理方法。

一般就餐时，常需要能使全家人用餐的空间和家具，或者补充一个供偶尔不规律进餐时使用的桌子、餐具柜、椅子等。以便使家庭主妇工作起来轻松一些，同时也要注意不要加大工作面的长度。

5）卫生间

卫生间就是一般所指的厕所和浴室等的统称。其设施标准各地差别很大。过去不少地方的农居中无专门的浴室、厕所。在新建的住宅中，有的利用楼梯下部等局部空间设置了专门的浴厕房间，较之以往的农居有了改善。后来，由于农村经济的发展，出现了许多自来水进户的文明村，为进一步改善农居厕所条件和安装冲洗式卫生设备提供了有利条件。

随着现代化的卫生设备进入了卫生间，要求卫生间应有足够的面积，同时，应综合考虑设备布置与安装、管线走向以及通风、贮藏等要求。有两层以上的住宅套型应该分层设置卫生间。

6）贮藏室

贮藏室在新、旧农村住宅中都是必不可少的组成部分。传统民居多利用阁楼做贮藏空间；在一些新建楼房住宅中，有的利用楼梯间顶部与下部空间作贮藏室，也有单辟小间作贮藏用。

从住房功能发展上看，住宅设计中根据各功能空间的不同使用要求，增加相应的贮藏空间也是非常必要的。

一般新住宅平面比较紧凑，为了更好地扩大使用面积，需要充分利用室内空间。常见的有下面几种做法：一是利用坡屋顶内的空间设置阁楼，即在缘条上铺设苇箔和适当厚度的麦草泥，作为贮存粮食和杂物用，同时又能起到隔绝辐射热的作用，既简单又省料。也有的地方在钢筋混凝土檩条上铺设木板，这种阁楼经久耐用，能担重物，但用料较费。另外，在建楼房住宅时可利用楼梯间上下空间设置贮存间。

7）农机具库房或车库

农村务农户应布置可存放一辆机动车或农机具的库房。并在交通组织上使人流、车流尽可能地分开。但考虑到车辆对居住环境的污染问题，以及避免和减少人、车的相互干扰，应该由集体在村庄规划中考虑尽可能集中安排车库点，并统一进行维修、管理，是比较理想的做法。

8）庭院

我国的传统民居，绝大多数都设有庭院，而且有的北方地区占地相当大。庭院内可饲养畜禽，堆放柴草、杂物，晾晒粮食、酱菜，还可作为处理自留地的农产品和进行必要的副业加工场地。有条件时，也可种植蔬菜和其他农作物。考虑到一些地区目前农民生产和生活的实际需要，庭院对北方大多数农村生活来讲是完全必要的。至于庭院面积大小，采用什么样的形式，要因地制宜，适于当地的农村生活特点和民族风俗习惯。但对庭院的面积也应严加控制，防止过多地占用土地。住宅庭院的大门和围墙设计要特别注意尺度适宜，形式多样，并应和周围环境尤其左邻右舍的形式相协调，应避免采用过高、过大的门楼和完全不通透的实心砖墙砌成的封闭围墙。

9）其他设施

（1）太阳能利用

太阳能是一种天然、无污染而又是取之不尽的能源，应尽可能利用它。

太阳房是用太阳能采暖或空调的建筑，一般分为主动式和被动式两类。使用机械装置收集、蓄存太阳热而提供热能的建筑，称主动式太阳房。基本不增设附加机械设备，而是通过建筑布局、构造和材料等的处理，使建筑本身能吸收、蓄存太阳热，称为被动式太阳房。农村住宅常用的被动式太阳房则采用集热蓄热墙体作外墙；南面居室窗户用直接受益窗；外廊用玻璃封住，成为日光间。当它们受到阳光照射时成为得热构件，收集、蓄存阳光热能供给室内，在阳光充足而燃料匮乏的西北地区宜采用。

（2）沼气池

人、畜、禽的粪便、垃圾、有机废弃物都可在一定浓度及厌氧条件下，通过特殊微生物的作用转换成沼气。利用沼气对于节约煤炭，解决农村烧柴、照明问题，促进常年积肥，消灭寄生虫和病源菌，改善农村住宅与环境卫生等都有着重要的意义。

现在，我国农村普遍推行的是水压式户用沼气池。水压式沼气池分圆筒形、球形和椭圆球形三种，池壁可采用混凝土现浇，混凝土预制块拼装或采用砖石砌筑。各种池形构造可详见国家标准图集（GB 4750—4752—84）。通常是结合当地条件建造。一般沼气池的位置要向阳、避风，以保证冬季可在一定温度下产气多，并应接近肥源和厨房。

10.2 平面布置

我国农村新、旧住宅少数为楼房，绝大多数是平房。平房住宅比起楼房具有使用方便、结构简单、施工简便、取材较易等优点，但占地较多。

各地区传统民居的平面组合简洁，功能分区明确，使用方便，易为农民所接受，也适应当地农村经济水平和满足农民生产、生活的实际需要。因此，新型住宅的设计应当吸取传统平面形式的优点，改掉缺点，在采光、通风、卫生等方面使之科学化（图 10–1）。

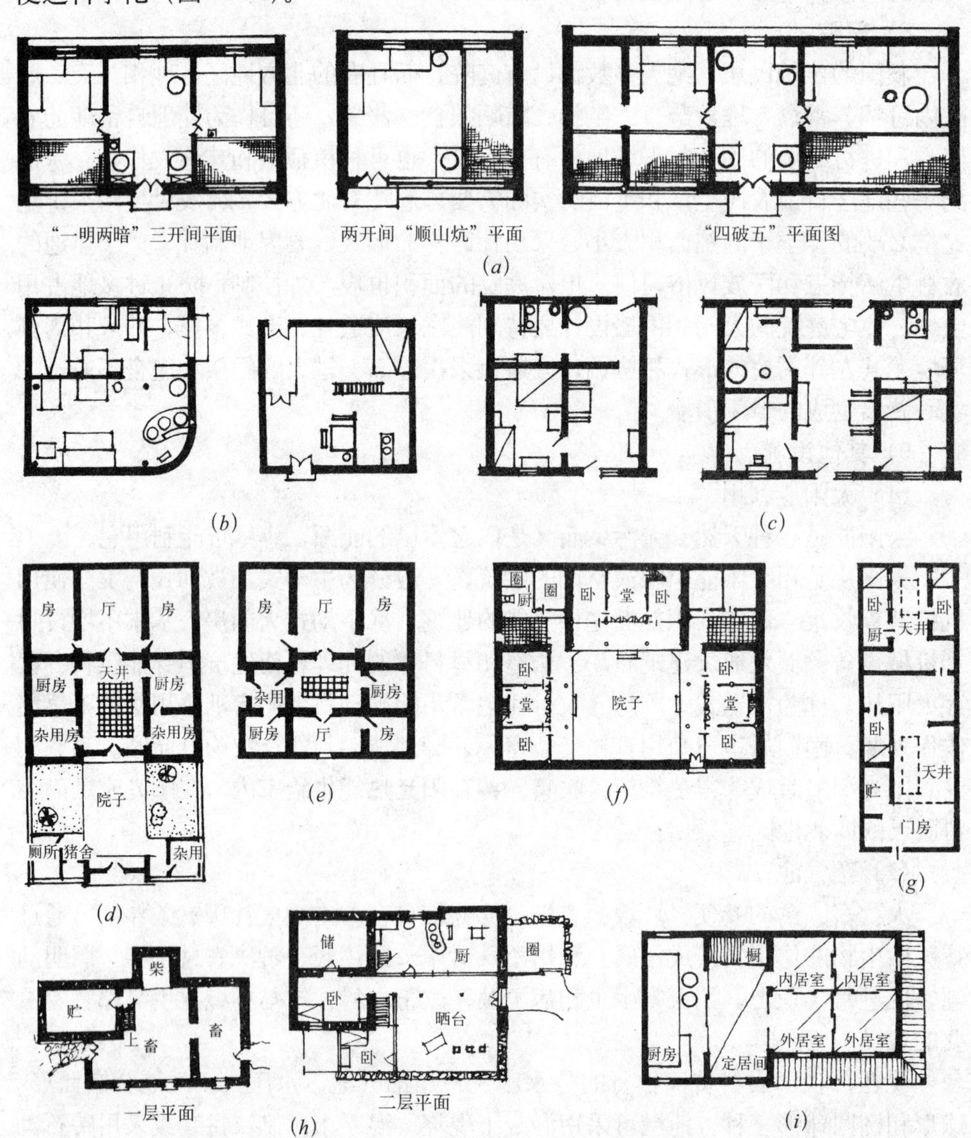

图 10–1　传统住宅平面形式

(*a*) 民居开间形式；(*b*) 浙江民居东阳住宅平面；(*c*) 江苏江阴华西大队住宅；(*d*) 广东三间四廊住宅；(*e*) 广东四点金住宅；(*f*) 云南洱海白族民居；(*g*) 陕西关中蒲城民居；(*h*) 四川阿坝金川八步里藏族民居；(*i*) 吉林朝鲜族民居

10.2.1　堂屋的布置

农村住宅的堂屋比起城市住宅的客厅（起居室）在功能方面要复杂一些。一般乡村家庭的堂屋，设置在底层的主要是对外接待和从事家庭副业活动的场所，它也是室内交通的中枢。传统民居中堂屋家具比较简单，主要以桌、椅、条案为主，并留有临时布置他物所用的空间（图 10–2）。而设置在楼层上的堂屋，主要是家庭内部团聚、青年人日常起居、消遣娱乐的空间，其室内设置的家具比底层堂屋要多样一些，如沙发、茶几、组合家具等等。

堂屋按其功能要求，一般布置在两边卧室的中间或者在卧室的一侧。要注意开门的位置，不要把堂屋穿破，尽量使堂屋面积得到充分的利用，而且使平面形式比较多样化。一般布置堂屋时要注意堂屋与卧室、厨房、楼梯、院子及凹室等的关系（图 10–3）。

图 10–4 是平房中以堂屋为活动中心组织平面的例子。其中间一户的堂屋与左右两间卧室联系，堂屋前部侧向开门通向门廊，后部开门经走廊与厨房、厕所、猪圈及内院相通，平面布局灵活自由。

图 10–5 的例子中，堂屋经过道与卧室、厨房联系，楼上的卧室则经过楼梯与底层堂屋相联系，但家人上楼必须穿堂屋。

图 10–6 是 20 世纪 90 年代江苏地区的楼房住宅，底层的堂屋与厨房相连，故堂屋兼有餐厅的作用，而二层设的起居室主要供家庭起居活动用，其相对的平面位置也有所变动。

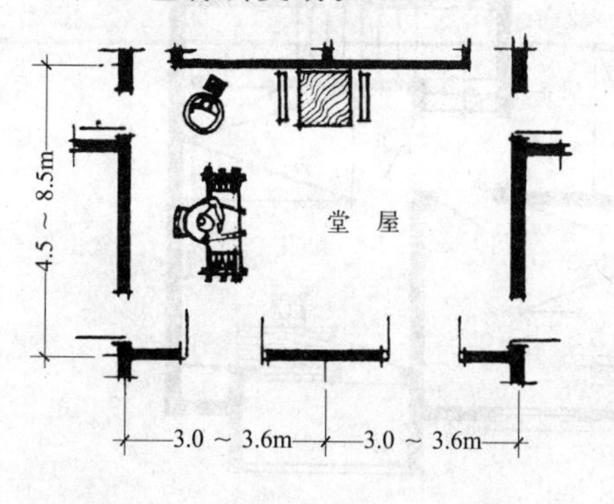

图 10–2　堂屋布置示意

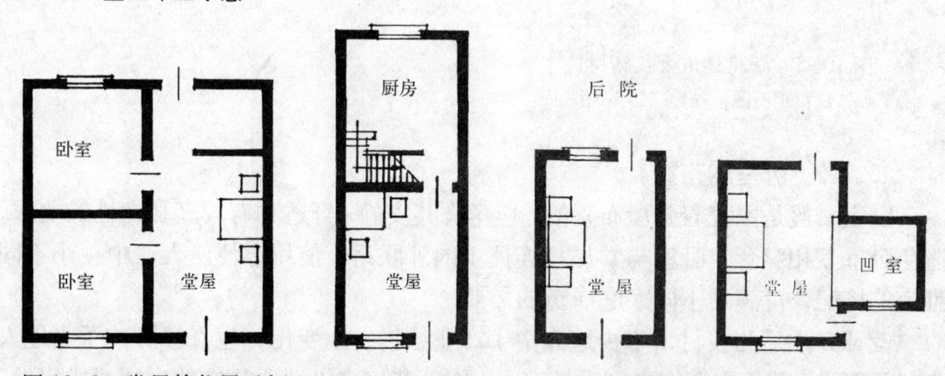

图 10–3　堂屋的位置示例

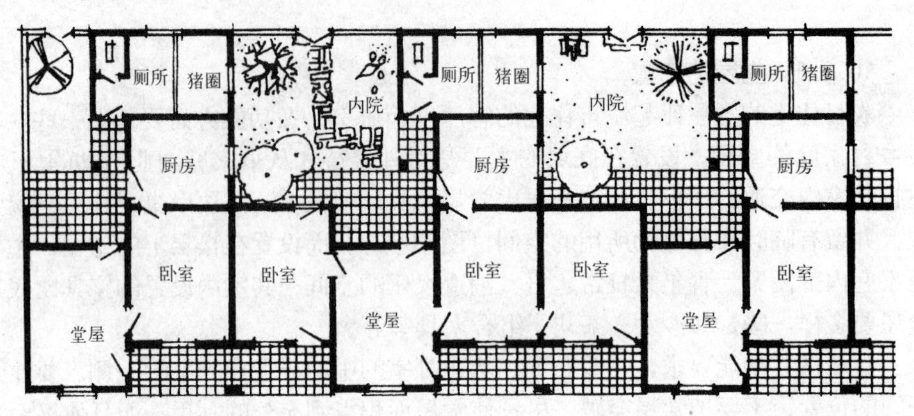

图 10-4　湖南宁乡双峰大队住宅

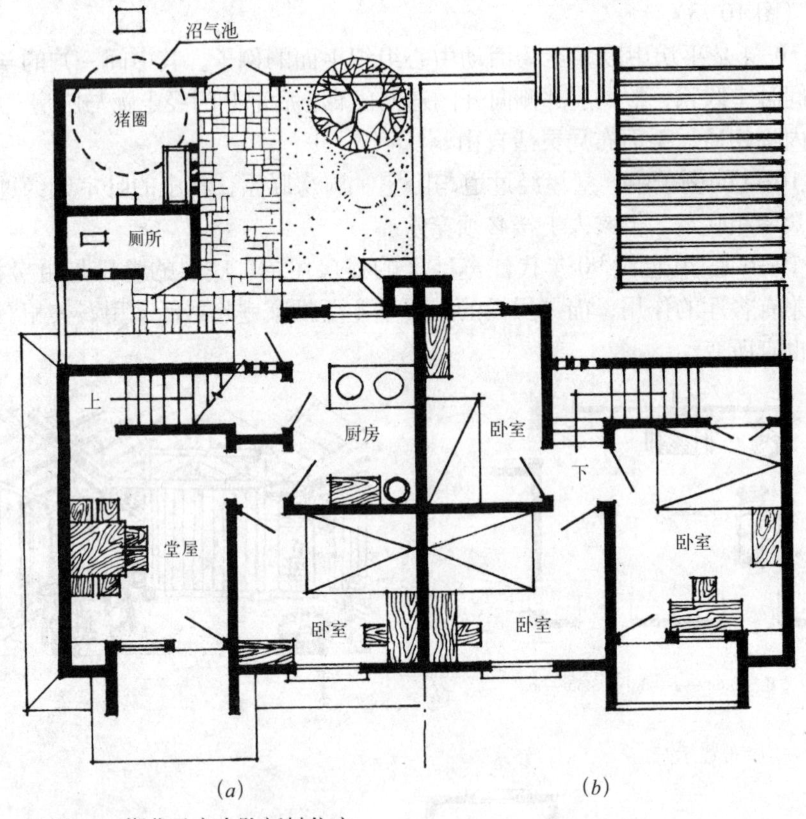

图 10-5　湖北马市大队新村住宅

(a) 底层平面图；(b) 二层平面图

10.2.2　卧室的布置

卧室一般是围绕着堂屋布置的，应考虑其安静、舒适和有较高私密性的要求，避免卧室互相穿套。卧室与堂屋相连便于内外联系，使用方便。大、中、小不同卧室的搭配，可满足不同家庭成员的需要。

改革开放后的农村，不少地方由于产业结构发生变化，也直接影响了当地人们居住形态，其住宅套型类别也较繁多，因而其住宅设计要从实地生活要求出发，

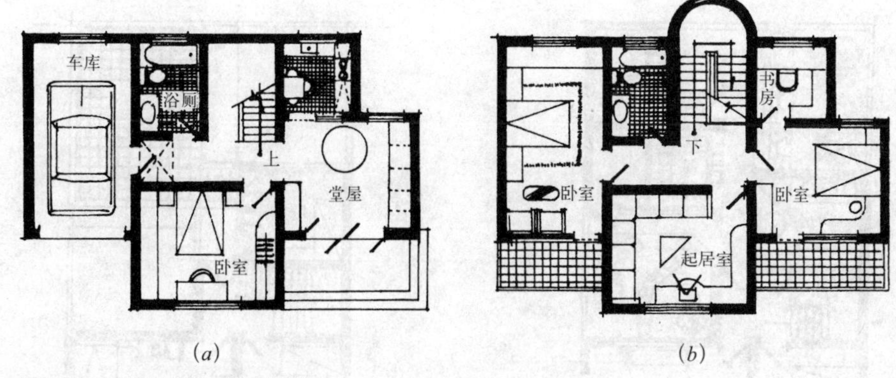

图 10-6　江苏独户型住宅设计
(*a*) 底层平面图；(*b*) 二层平面图

因地制宜。

按照房间数量的多少可以分为：a. 一堂一室（即 1 间堂屋、1 间卧室）；b. 一堂两室（即 1 间堂屋、2 间卧室），一般可供 4 口人以下的两代人居住（如果是楼房垂直分户亦称“两上两下”）；c. 一堂三室，一般可供 5 ~ 6 口三代人居住（如果是楼房垂直分户亦称“两上三下”或“三上两下”）；d.“一堂四室”一般可供 7 口三代人以上居住。一些富裕地区也有打破这种套型格局的，减少 1 间卧室而增加 1 间起居室。各类型的套型面积，可按人的活动面积和家具占用面积来确定。当然，还应考虑到居住者家庭经济条件等因素，并适当考虑发展的需要。

图 10-7 为京津地区农村楼房住宅。底层设带温室的堂屋 1 间，卧室 1 间，带有浴盆与洗脸盆的卫生间及在底层核心部位设一多功能小厅，并兼作餐室使用。而厨房与储藏室则设于单层平房中，其屋顶可做晒台使用。二层有 3 间卧室，大卧室设集热墙采暖。

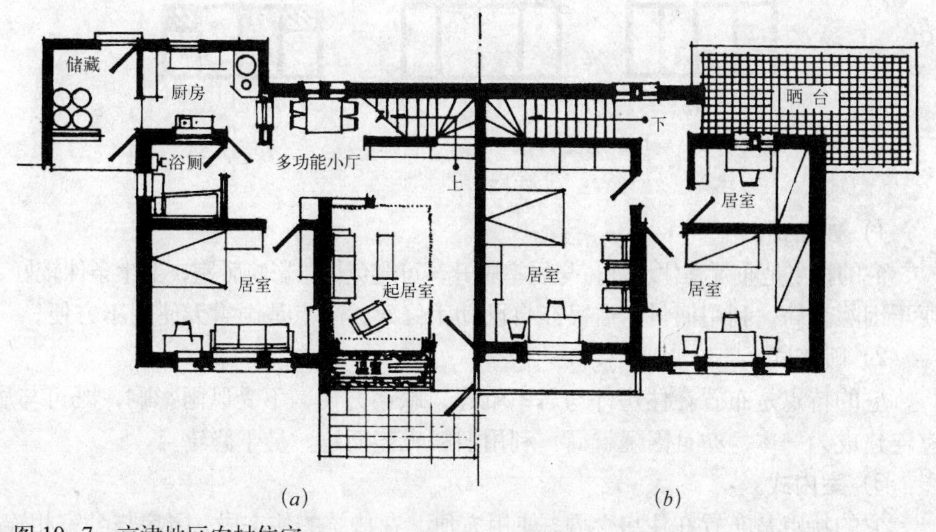

图 10-7　京津地区农村住宅
(*a*) 底层平面图；(*b*) 二层平面图

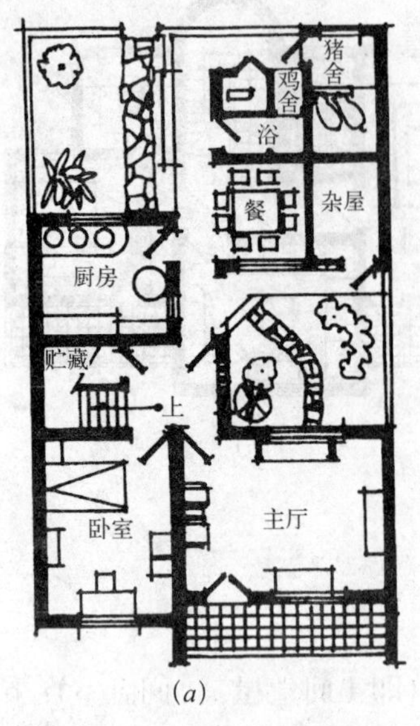

(*a*)

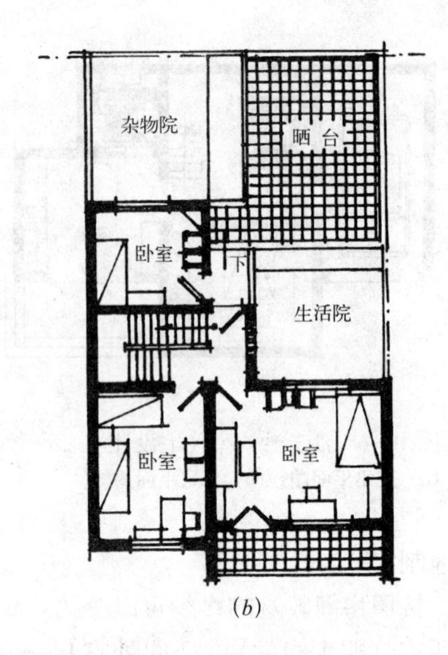

(*b*)

图 10–8　广东地区农村住宅

(*a*) 底层平面图；(*b*) 二层平面图

图 10–8 结合广东沿海经济发展状况，在平面布局上，堂屋、卧室、楼梯间结合紧凑，各用房面积宽敞，大、中、小卧室搭配适宜、朝向较好、尺寸适用，它可以两户或多户组合，便于小区规划，是当地常见的住宅平面形式。

10.2.3　厨房的布置

厨房的布置形式大致可归纳为三种（图 10–9）：

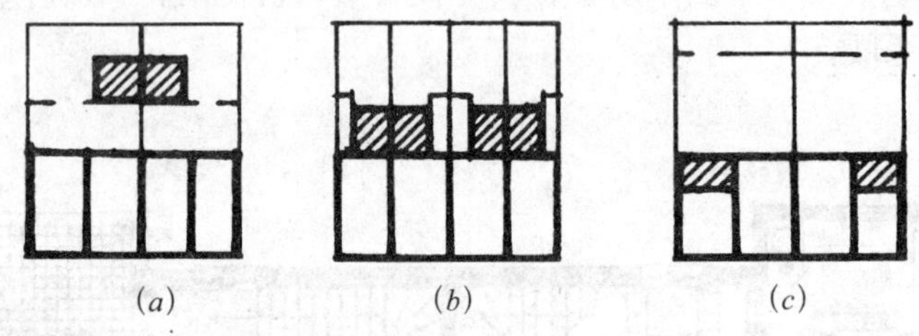
(*a*)　(*b*)　(*c*)

图 10–9　厨房的布置方式

(*a*) 独立；(*b*) 毗连；(*c*) 室内

1）独立式

它的特点是布置在住房外，与居室脱开，可避免烟气影响卧室，卫生条件较好；便于因陋就简，利用旧料，居民能自己动手修建。缺点是雨雪天使用不方便。

2）毗连式

它的特点是布置在住房外与居室毗连，联系方便，不受风雨影响，既可与居室连建成为一体，亦可因陋就简，利用旧料毗连而建，易于修建。

3）室内式

它的特点是布置在住房之内，使用方便。在传统的住宅中，厨房与卧室相连，便于利用“一把火”锅连炕，以节省燃料，多在东北与华北地区采用。缺点是通

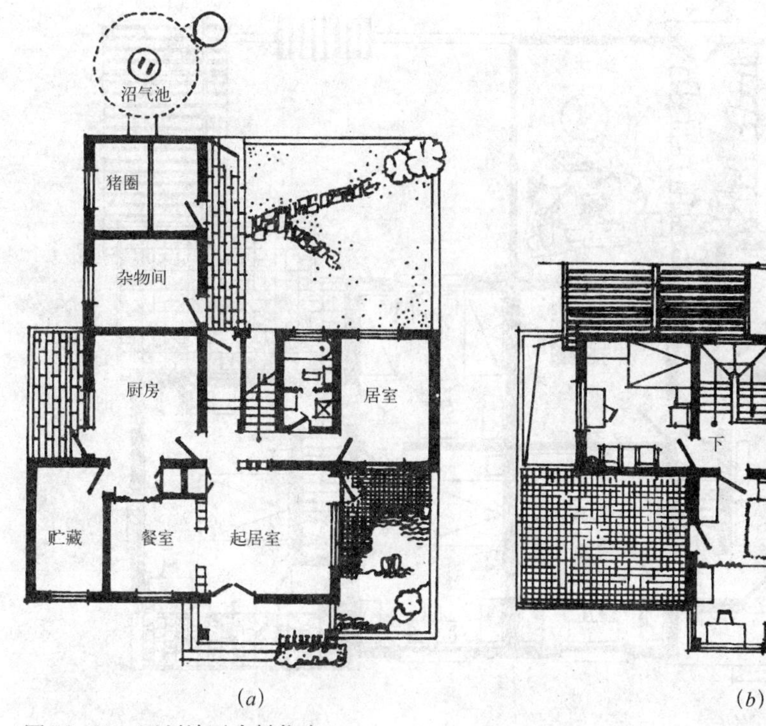

图 10-10　四川地区农村住宅
(a) 底层平面图；(b) 二层平面图

风组织不当时，烟气易影响卧室。施工时要与居室一次建成。

设在室内的厨房，一定要把厨房的位置，灶台、烟囱及通风的技术设计搞好，重点是解决排烟气问题，应根据需要加设机械排烟通风设备或预留位置，以避免出现在室外又另搭锅灶的现象。

一些以农、牧业为主的地区，在住宅的厨房中要进行饲料加工，所以还要考虑厨房与圈舍有方便的联系。同时，也应注意加工饲料的气味对居室的影响，图10-5住宅的厨房采取内外分别设门的方式来解决。独立式的厨房在南方和北方均是一些农村住宅中比较常见的布置方式。

图10-10为现代农民的生活方式和传统的生活习惯相结合的四川地区农村住宅。其功能分区明确，房间互不穿套，采光与通风良好，楼上、楼下均设置卫生间，并附设家用水箱。堂屋与餐室之间设落地罩，厨房餐室间以通道相连，使公共生活部分成为连续的流动空间。

图10-11为浙江地区农村住宅。平面布置紧凑，功能分区明确，交通面积少，卫生条件好。主要房间朝向、采光、通风好。底层设堂屋、卧室、厨房、杂物各一间。厨房与堂屋、杂物间及后院的联系均较方便。但楼层卧室有穿套，影响使用，宜用轻墙隔开。

图10-12为云南瑞丽地区的农村住宅。其建筑风格继承了传统干阑式民居形式，并有所改进。底层分隔为作坊、储藏、敞廊三部分，而厨房布置在住房外，与底层相毗连，厨房炉灶上部加设了气窗，以避免烟气对二层居室部分的污染。

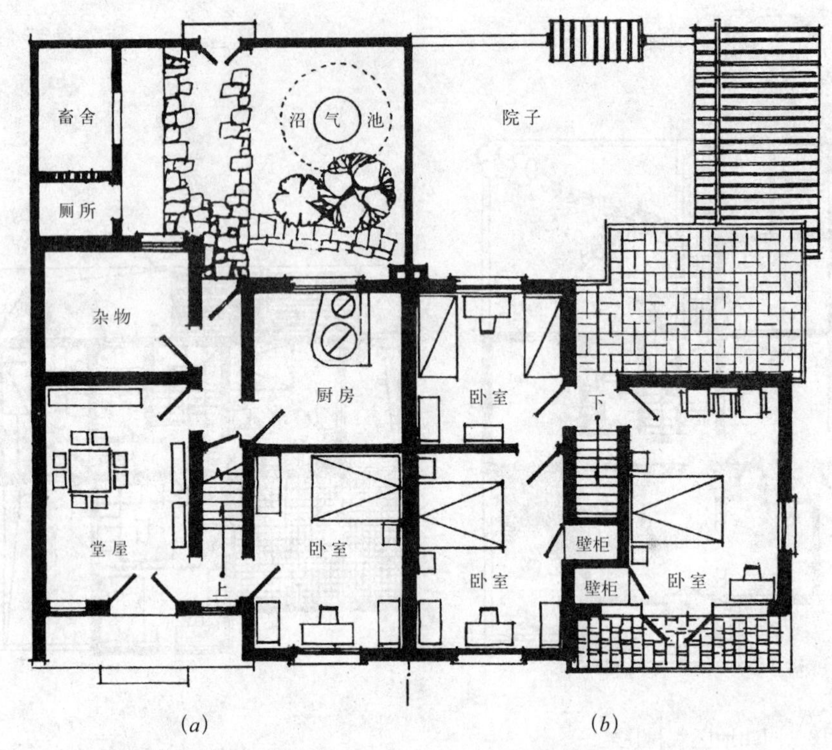

图 10-11　浙江地区农村住宅
(a) 底层平面图；(b) 二层平面图

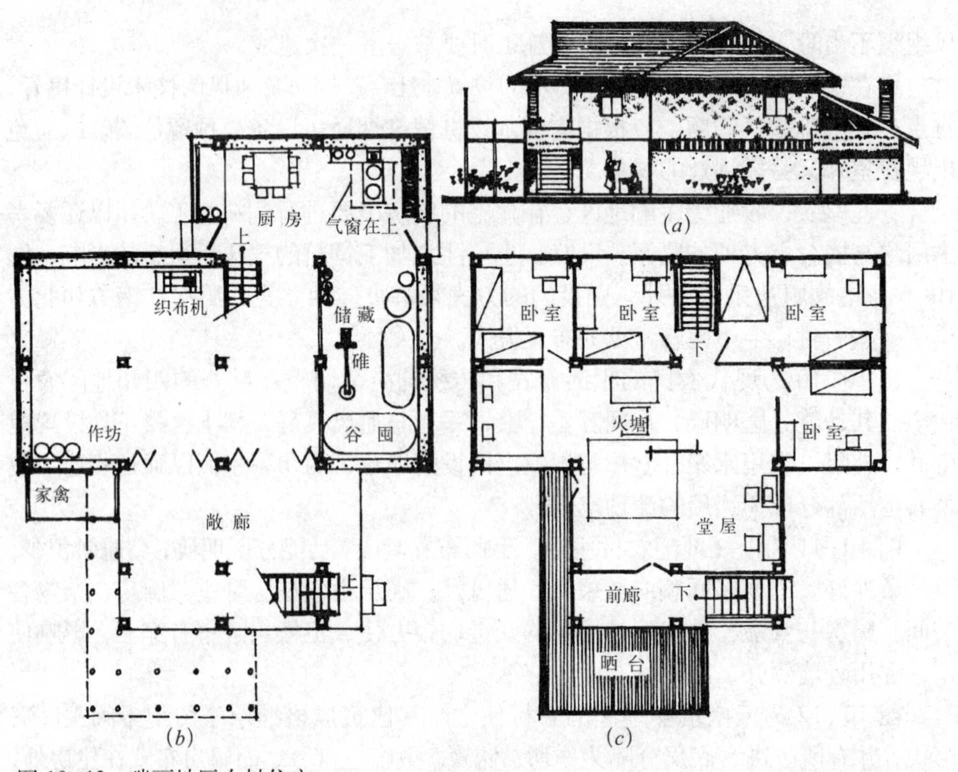

图 10-12　瑞丽地区农村住宅
(a) 侧立面；(b) 底层平面图；(c) 二层平面图

10.2.4　庭院布置

在低层住宅设计一章中已经介绍过庭院在组织住宅平面中的作用。在农村住宅设计中，在主要从事农、牧业生产的地区，由于农副业生产的需要，庭院所起的作用格外显著。尤其是在平房住宅中，庭院常常成为整个住宅平面组合的中心。一般农村的庭院布置要根据住房与生活院、杂物的位置关系而定，通常院落分为以下几种类型：前院型、前庭后院型、前侧院型、后院型及天井院型等。图 10–4 住宅的堂屋适当错落，形成一块平台，使庭院、平台与房屋有机地结合在一起，既有划分，又有联系。

结合平面布置，庭院可作适当的功能划分。

图 10–13 继承了北京地区农宅以堂屋、厨房为核心的布局特点，并使其相对独立而又紧密地联系在一起，采取前庭后院布置，以改进功能分区，既方便生活，又改善了卫生。

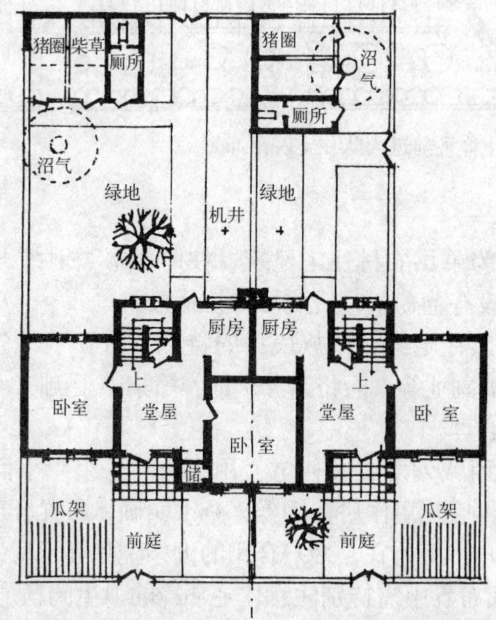

图 10–13　北京地区农村住宅庭院

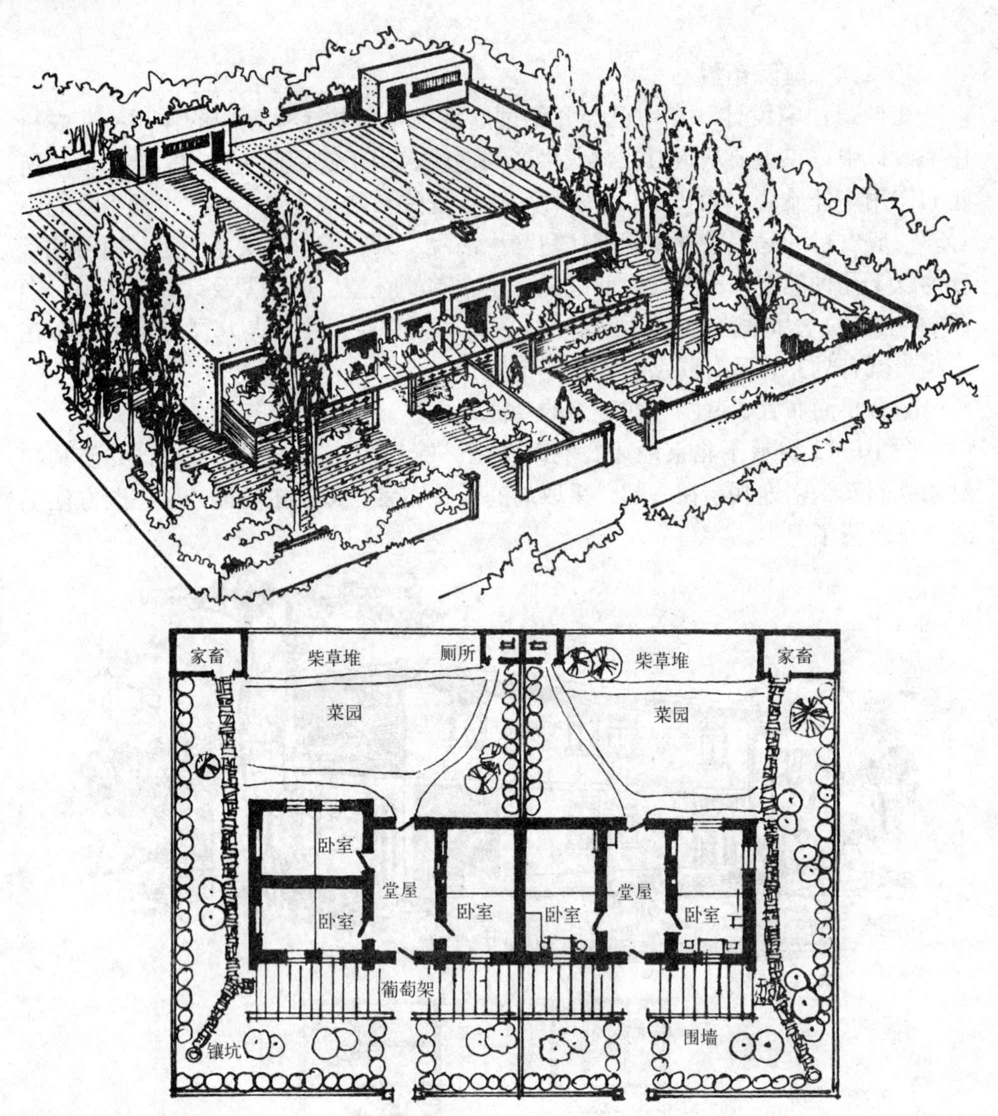

图 10−14　新疆吐鲁番前进大队住宅院落布置

图 10−14 为单层农村住宅建筑，按照新疆当地维吾尔族人喜爱培植花木的风俗，其前院设有葡萄架，后院可种植蔬菜。

图 10−15 该住宅结合白族民居的特点，布置了一个较大的前庭，用于家庭休息、娱乐和搞副业等，而将杂务、饲养等集中于侧院，并以门相隔，做到了洁、污分开，布置合理。

图 10−16 西藏列麦农民住宅，用三个院子组织平面，前院可作晒场，内天井院是生活院，后院用作耕畜饲养。分工明确，布置合理。

院落以独户使用为宜，多户合用的大杂院相互干扰大，不受农民欢迎。

此外，平面布置中需特别注意住宅环境的卫生问题。其中圈舍布置十分重要。猪圈宜与厕所相近，以便积肥；牛羊圈宜靠近柴草贮存处；要注意卫生条件，避

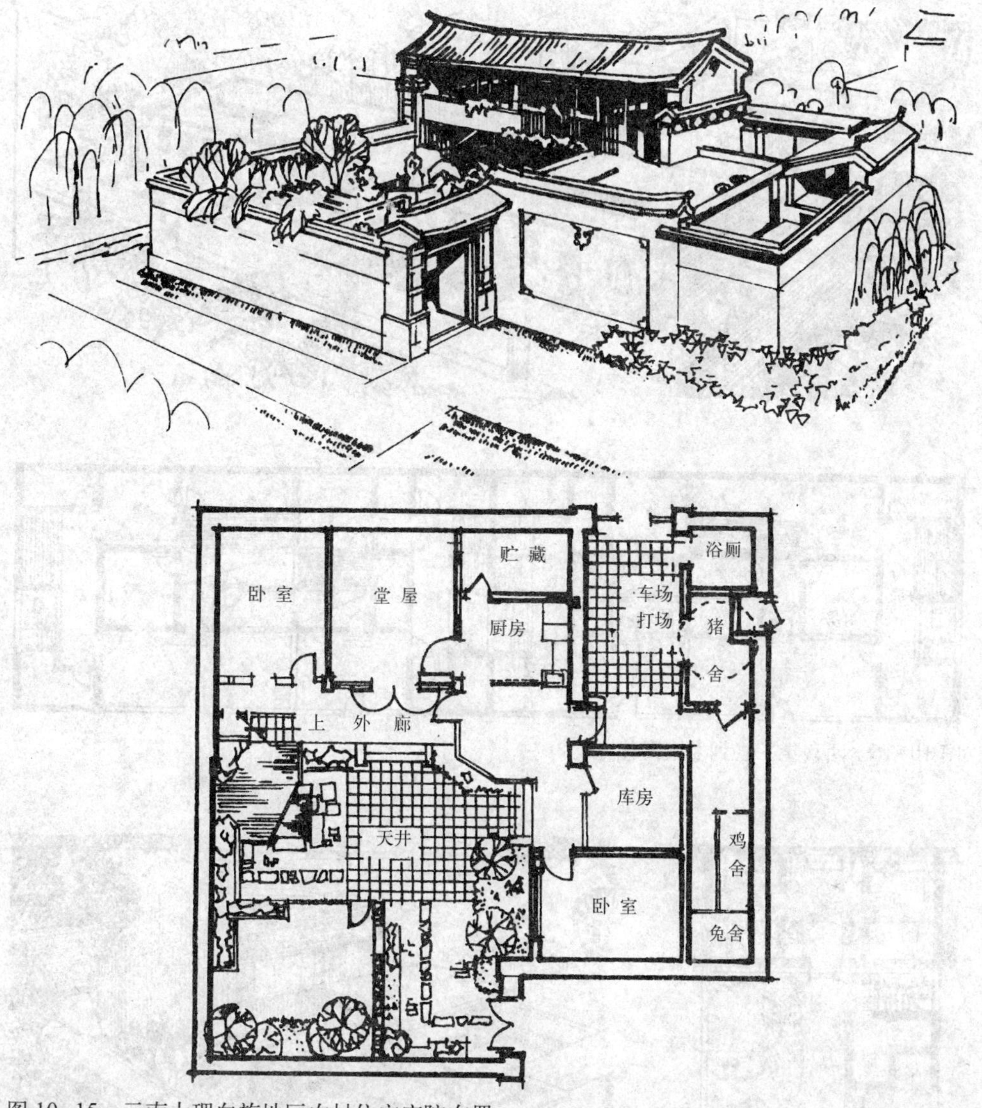

图 10-15 云南大理白族地区农村住宅庭院布置

免畜禽圈舍对居室的干扰和影响（图 10-17）。此外，还要注意气候特点、地方条件和民族生活习惯等对平面设计的影响。如黄土高原，气候干燥寒冷，雨量甚少，传统的窑洞建筑既冬暖夏凉，又简朴经济。在吸取民间经验基础上，结合现代农村生活的要求加以科学改进，解决好通风和防渗水的问题，仍然是可以利用的一种居住形式（图 10-18）。

在农村住宅设计中，为适应住宅空间的灵活性、多样性、适应性的设计要求，除确定房间平面尺寸应采用国家制定的统一模数及各项标准化措施外，还提倡采用适于在当地农村推广的新型结构体系。近年来，楼房住宅逐渐增多，房屋的结构设计必须具有足够的抗灾性能，以确保安全性、合理性、经济性，并应根据当地的实际情况，做到施工简单、操作方便，有条件时尽可能采用

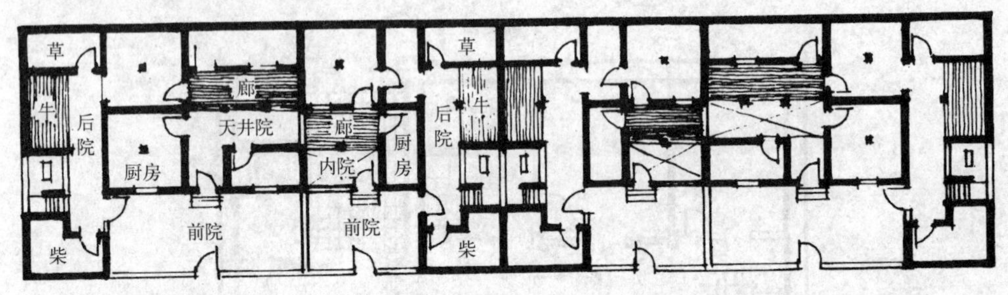

图 10–16　西藏隆子县列麦农民住宅

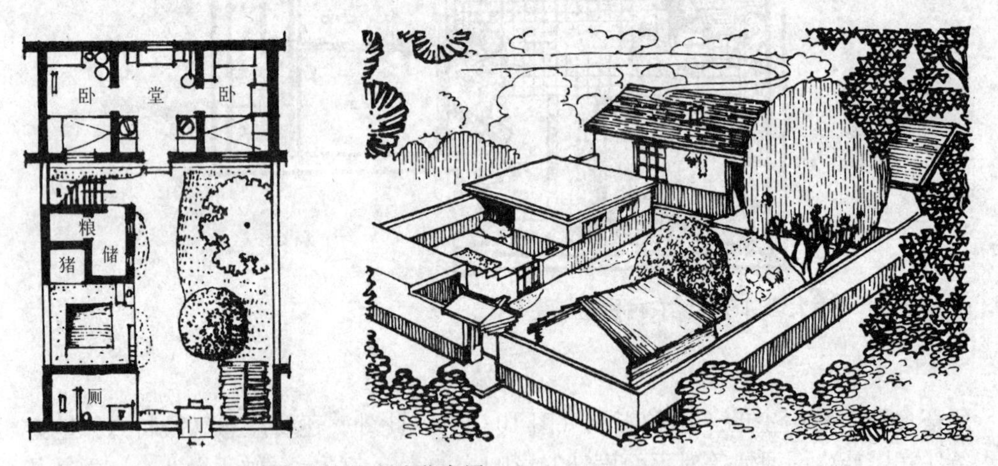

图 10–17　山东胶南县官亭大队住宅院落布置

轻便的预应力混凝土小构件等，特别是提倡使用新型墙体材料，适当限制使用实心黏土砖。在寒冷地区应采用新型保温节能外围护结构；在炎热地区，应做好墙体和屋盖的隔热措施。总之，要因地制宜，就地取材，充分利用当地资源，注意集约利用土地，尽可能采用现代新技术，把农村住宅设计作好（图10–19）。

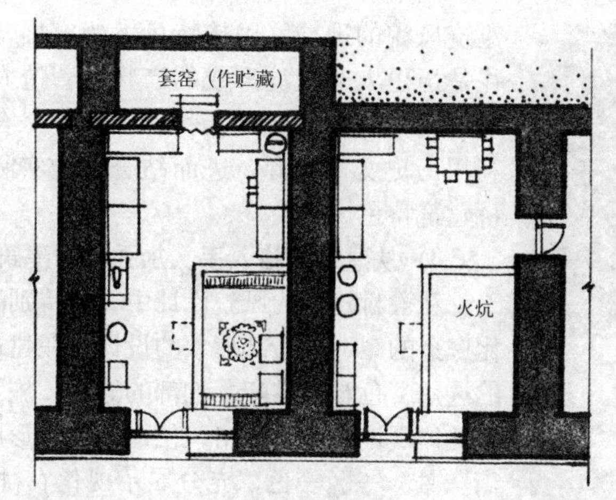

图 10-18　山西厚庄大队窑洞住宅

图 10-19　农村集中建设的多层住宅

10.2.5　建筑风貌设计

目前，我国农村住宅在国家大力推动小城镇建设的背景之下已从过去独家、独户单独建设，建筑散落于田间地头、湖畔山巅的完全分散状态逐步演变为分散建设与村镇聚落集体建设相结合的方式。其建筑风格、形式对于我国广大农村和小城镇的风貌形象形成具有重要的影响，也是广大设计工作者应该格外重视的一个方面。"生产发展、生活宽裕、乡风文明、村容整洁、管理民主"是我国"建设社会主义新农村"的内涵要求，其中"村容整洁"就是对于社会主义新农村在村镇风貌上的基本要求。因此，农村建筑的风貌建设是建设社会主义新农村中重要的工作内容。简单地说，农村住宅建筑风貌设计不仅要积极探索农村建筑的"城市化"，更要积极研究其"农村现代化"，突出农村特色、地方特色和民族特色（图 10-20 ~图 10-22）。具体而言，可以从以下几个方面入手：

1）从总体规划入手，加强农村建筑特色的研究

农村建筑特色是建筑聚落形态、物质景观、人文积淀、建筑艺术的有机融合，包含经济特色、布局特色、生态特色、人文特色和建筑特色等各方面内容。农村、小城镇如果具有良好的风貌，公众必然会对该地区的经济行为产生认同感和信赖感。这就要求在农村建筑特色风貌建设上必须具有战略观念，作好长期发展规划。

2）从文化资源入手，加强农村建筑特色的挖掘

建筑既是人类遮风避雨、赖以生存的居所，又是凝聚着人类智慧和文化结晶的艺术作品。我国幅员辽阔、民族众多，广大少数民族地区又多处农村，其

图 10-20　北方新民居

图 10-21　南方新民居

图 10-22　藏族新民居

建筑风貌的地域、民族特色尤为突出，其建筑形式往往是历史人文积淀形成的产物，营造农村建筑特色必须挖掘当地的文化内涵，切实保护、合理开发、充分利用历史文化资源，进而结合本地实际，创造新的农村建筑特色风貌。

3）从建筑风格入手，加强农村建筑特色的塑造

在农村建筑的风貌设计中，要特别注重建筑内在文化底蕴的塑造和外部形象的设计，在建筑的造型、建材的选用、色彩的搭配、细部的处理、施工的工艺等方面处处体现地域建筑风格，使建设项目形成一屋一格、一街一景、一区一色，充分展示现代农村建筑的自然观、空间观和文化观，使我们的新农村建设经得起人民群众的“评头论足”，经得起历史的检验。

4）从生态环境入手，加强农村建筑特色的保护。

良好的自然生态、田园风光是农村住宅最宝贵的生态和人文环境资源，要充分保护和合理利用，不能目光短浅，牺牲环境效益来换取经济效益，必须要坚持可持续发展战略，要充分考虑当地的环境条件和环境容量，确保农村经济、社会、环境协调发展。在农村及小城镇住宅建设中，对自然生态、田园风光保护是提高建设品位并创造新的农村建筑与小城镇风貌的重要手段。

10.2.6　旧住宅改造

尽管我国农村经济在改革开放中有了较大的发展，但地区差异、个体差异还是相当明显。在新农村建设的热潮中，我们不能忽视对一些建筑功能基本完善、结构寿命尚存数年的既有住宅建筑的改造工作。这既是对党中央“在推进新农村建设工作中，要注重实效，不搞形式主义；要量力而行，不盲目攀比；要民主商议，不强迫命令；要突出特色，不强求一律；要引导扶持，不包办代替”精神的具体体现，也是对资源节约和可持续发展理念的追求和具体实践。在具体实践中，旧住宅建筑的改造要把握以下几个要点：

1）对有传统特色的老建筑采取基本保护的策略

可以对建筑的外观进行修缮，对室内设施加以改造使其满足现代化的生活要求，如增加卫生间、改造室内设备管线等。

2）对现状质量较好、修建年代较新的建筑采取外观改造的策略

按照项目所在地区传统民居的外观要求可进行造型、材质和建筑元素的改造，使其具有一定的传统建筑的地域特色风貌。改造中可以根据经济可行性原则，将旧建筑改造方式分为理想型、适用型、经济型等高、中、低三档。

改造前

改造后

图 10-23　理想型风貌改造

改造前

改造后

图 10-24　适用型风貌改造

（1）理想型

以建筑风貌改造为首选，参照传统样式，尽善尽美，加建或改建坡屋顶，传统木质构件，尽量全面恢复传统风貌（图 10-23）。

（2）适用型

基本保持建筑原貌，结合传统样式，局部改建，增加简单构件，在节约成本的基础上，取得良好风貌（图 10-24）。

（3）经济型

以最经济节约的改造方式对旧建筑进行简单的外观色彩和形式处理，达到整个村落建筑风貌的统一（图 10-25）。

3）建筑改造导则

在对村镇片区住宅进行改造设计的过程中，应针对具体项目的具体情况进行分析研究，从建筑功能、设施设备、屋顶形式、墙面材料与色彩、门窗式样与细部等各方面提出既有针对性又有操作性的“建筑改造导则”来指导改造工作，以达到“改动不大、投资不多、效果不错”的结果。

现状照片

风貌改造

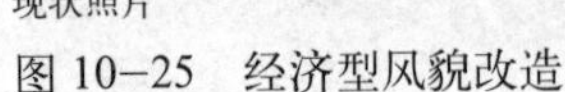
图 10-25　经济型风貌改造

10.3　住宅群布局

新村建设首先应进行居民点的建筑规划。其规划原则概括起来应注意下列几点：

• 新村居民点的建筑规划不应脱离现阶段的农村经济基础，应结合农业发展的远期规划，并在本地区山、水、林、田、路综合规划的指导下进行，充分利用原有自然村的基础，对原有房屋、道路、水井、绿化等方便有利的因素要尽量保留和利用；而对其影响今后农业发展的有阻碍和缺陷的地方，应采取逐步改造的方针。

• 从有利生产、方便生活出发，全面、合理地安排居民点内部的规划布局。对公共福利用房、农副业产品加工及农村其他小型工业的用房、用地，要统一规划，留有余地；从实际出发，以近期为主，适当考虑远期，防止今后生产与生产、生产与生活之间发生互相干扰和矛盾。

• 农村居民点内部，包括居住、公共、生产等各项用地的安排要因地制宜，注意节约，不占或少占良田耕地。要认真分析好居民点各项用地的比例关系。例如要分析农民家庭人口的组成和经济条件，制订出近期与远期发展规划，妥善解决各种套型比例、数量及用地大小，还应当根据生产的发展、人口的增长和经济水平的提高，考虑远期发展的可能性。

此外，由于集体经济的资金、材料、劳力等条件所限，应采取分期逐步建设的方针。

农村居民点住宅区内建筑群的布置应结合地形、环境和气候条件。常见的布局方式有沿道路或河流布置，成块布置及随地形自由布置等。

10.3.1　沿线排列

房屋沿道路或河流排列，用地经济，布置紧凑、整齐。每栋住房都能争取到南北朝向，在南方河网与平原地区采取这种形式较多，地势平坦，排列较易，但显得呆板。其中又可分为：

1）左右排列

当居民点沿东、西向河流或道路排列时，住房和少量的公用设施可依次相邻，左右排列在河流或道路的一边或两边，形成带状布局。

这种布置形式比较简单，农民下地距离较近，用水方便，通风采光条件好，且整齐卫生。一般在居民点规模较小，住房不多时，可采用这种布置形式。当规模较大时，居民点拉得过长，使住户相互联系不便，对于公共福利设施的布置和新村电灯、自来水管线的配备也都不利，外观上也给人以单调呆板之感，且不利于防火（图 10–26）。

2）前后排列

当居民点位于南、北向河流或道路旁边时，其居住建筑布置在河流的一侧或两侧前后排列，在某些河网地区甚至是一户人家一排房。它的特点是保证了住宅的居室能够获得良好的日照及通风，使用方便、整齐卫生。但是，当居民点规模较大时，住户相互联系不方便。这种排列，从外观看，带有城区居民点的特点；从发展上看，它是向成片布置过渡的基本形式（图 10–27）。

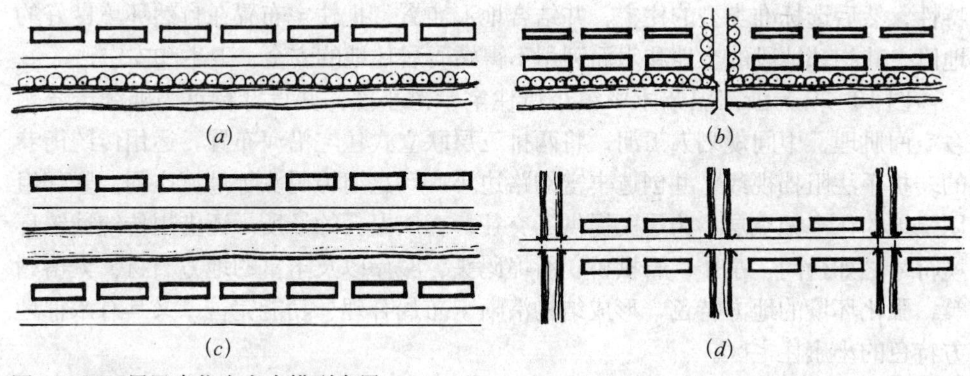

图 10–26　居民点住宅左右排列布置

（*a*）面河成线一字形；（*b*）面河成线二字形；（*c*）夹河成线双面一字形；（*d*）夹路成线双面一字形

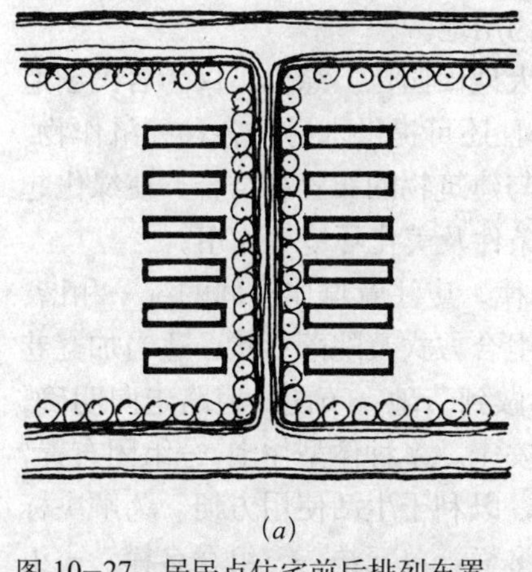

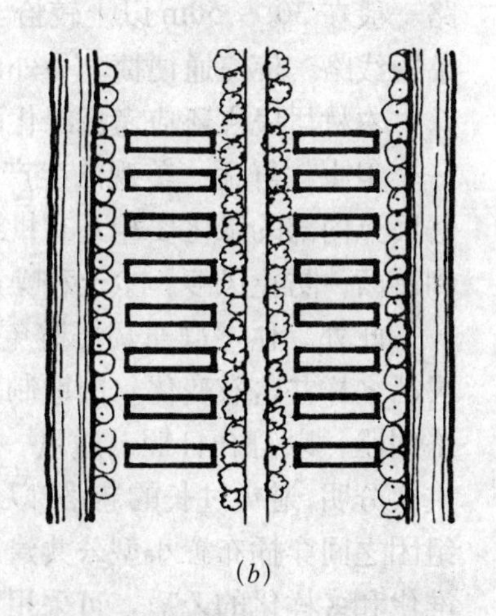

图 10–27　居民点住宅前后排列布置

（*a*）夹河双面行列式；（*b*）夹路双面行列式

10.3.2 成块布置

我国北方地区的居民点是比较集中的，住宅群大多数呈块状布局。一般以生产小队为单元，这种成组的建筑群，四周以道路围成街坊，几个生活基本单元又围绕着大队一级的公共中心，构成完整的农村居民点。每个单元之间有一定距离，房屋排列也不完全是正南北向，可采用周边式、自由式或夹杂着行列式的排列布置。这种布局的特点是缩短了交通路线；便于相互联系；可以组织较好的绿化环境；保持各个单元环境安静；还可以利用集体设施布置成居民点中心。这种布置用地比较紧凑，又便于管线等设施的铺设和节省材料，适用于较大规模的居民点(图 10–28)。

10.3.3 自由布置

一般采用自由布置的居民点，从其地形条件来看，与沿线排列、成块布置相比较，更有其特殊性。

在为地形复杂的居民点作规划设计方案时，必须首先粗略地研究用地条件的特性，然后选标准类型的住宅，并结合地形布置。把住宅布置在自然环境良好的地段，其相邻地段的土地和水面利用不得妨碍居住地的安全、卫生和安宁。

图 10–29 为浙江温州永中镇小康住宅示范小区，其设计特点为延续传统水乡空间肌理，中间规划人工河，将两排三层联立式住宅沿河布置，运用传统街巷的转折手法阻挡视线，并创造丰富的路边小广场、河埠码头等过渡空间。紧邻组团绿地的住宅架空层，为居民提供了交往、喜庆聚会的场所。还借用传统城镇环境符号，如台门、亭子、石拱桥、石埠码头、驳岸以及丰富的地方石材、大榕树等，强化环境的地方特色，形成结构清晰、布局合理、功能完善，又具有浓郁地方特色的小康住宅区。

在规划布置中要注意居住房屋不应直接临近过境公路。若因条件所限必须临近时，应以绿化隔开，以保证安全及居住地段的安静和卫生。住宅房屋距过境公路一般在 30 ~ 50m 以上较恰当。居住区内道路网不宜过密，要区分主次和尽量缩短线路，使交通便捷。另外，要充分注意节约用地。

农村居民点还应考虑绿化配置，逐步达到大地田园化。绿化不仅为居民创造一个卫生、舒适、美观的生产和生活环境，而且还可提供木材和各种经济作物。居民点内部的绿化要相互有机地结合起来，并与建筑物的布置相结合，使绿化起到遮荫，防止风沙、尘土和噪声，改善小气候条件及美化环境等作用。

此外，住宅群布局要避免形式上的千篇一律，应注意群体空间的统一和谐、灵活多样并富有变化。因地制宜地选择住宅的组合方式及院落形状，适当加宽巷路间距，以符合日照、通风、防火要求；同时做到节地、节能。道路走向明确、主次分明，避免过长的巷路，以保证居住环境的安宁。多种体型住宅，分组团布置，组团之间穿插布置小型公共建筑、绿地和水面，以利于生活使用方便。为解决标准化和多样化的矛盾，可采用构件统一、造型多样；单元统一、组合多样；或组合方式相同，而装修和色彩多样的做法，使新村外观有较好的环境艺术效果。

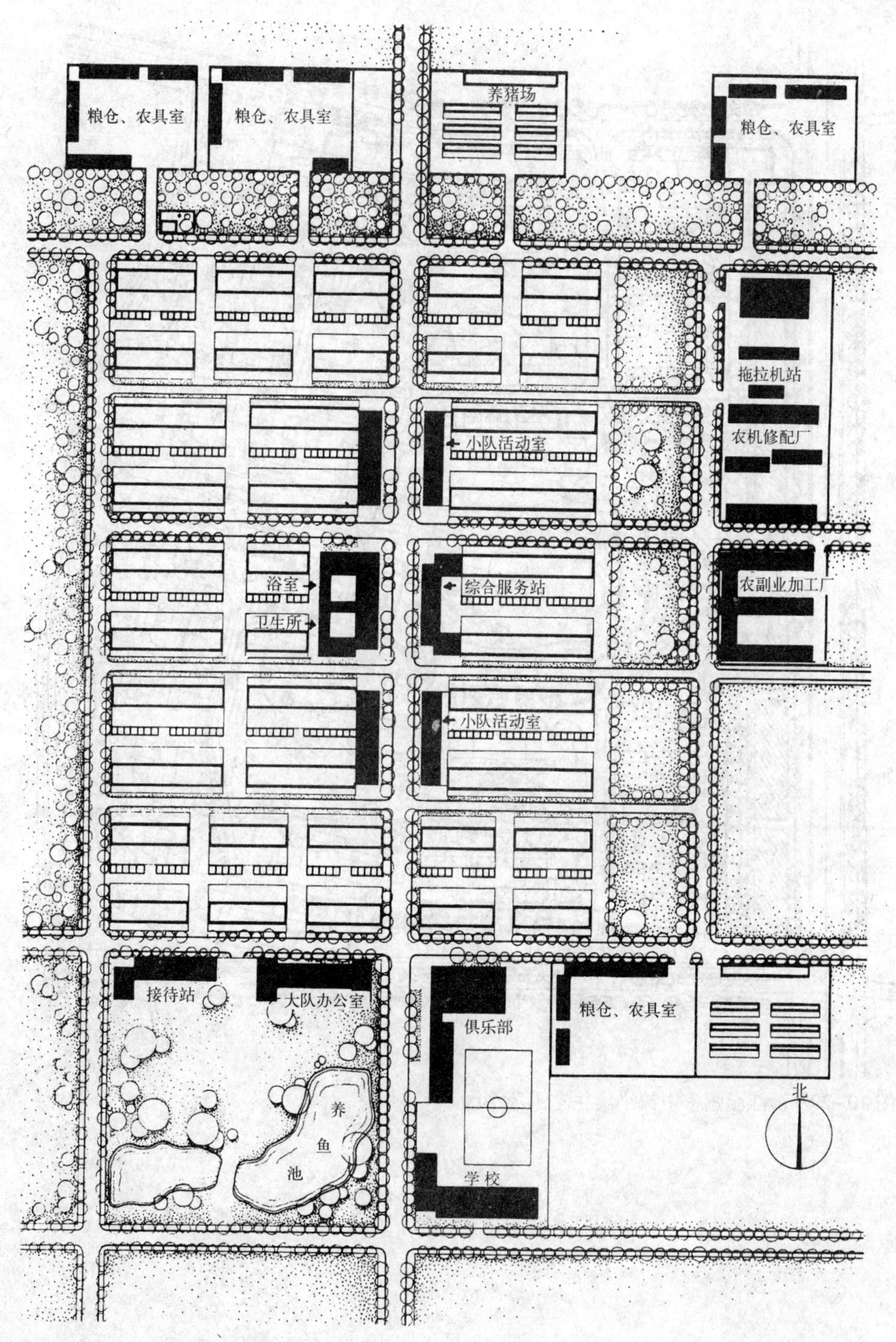

图 10−28　居民点住宅成块布置

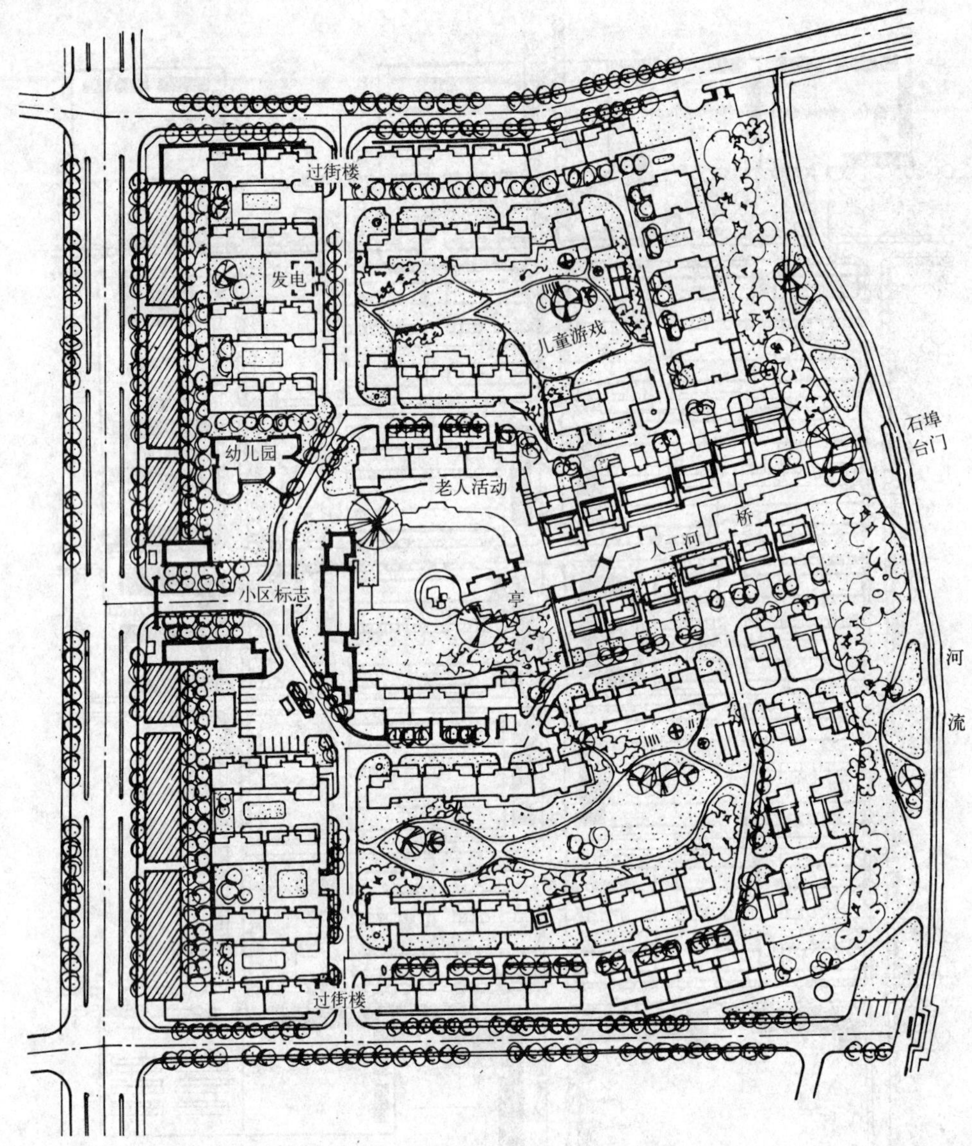

图 10-29　浙江温州永中镇小康住宅示范小区

参 考 文 献

1 建设部科学技术司编．中国小康住宅示范工程集萃．北京：中国建筑工业出版社，1997.
2 贾耀才编著．新住宅平面设计．北京：中国建筑工业出版社，1997.
3 徐敦源编著．现代城镇住宅图集．北京：中国建筑工业出版社，1996.
4 齐康主编．城市环境规划设计与方法．北京：中国建筑工业出版社，1997.
5 赵冠谦主编．2000年的住宅．北京：中国建筑工业出版社，1991.
6 赵冠谦，林建平主编．居住模式与跨世纪住宅设计．北京：中国建筑工业出版社，1995.
7 鲍家声．支撑体住宅．南京：江苏省科技出版社，1986.
8 《中国“八五”新住宅设计方案选》编委会编．中国“八五”新住宅设计方案选．北京：中国建筑工业出版社，1992.
9 中国建筑技术发展中心编．我心目中的家，全国首届城镇商品住宅设计中奖方案选编．北京：学苑出版社，1990.
10 《中国住宅设计十年精品选》编委会编．中国住宅设计十年精品选．北京：中国建筑工业出版社，1996
11 唐璞著，山地住宅建筑．北京：科学出版社，1994.
12 宋泽方，周逸湖．独院式住宅与花园别墅．北京：中国建筑工业出版社，1995.
13 世界建筑杂志社主编．国外新住宅100例．天津：天津科学技术出版社，1989.
14 娄述渝，林夏译．法国工业化住宅设计与实践．北京：中国建筑工业出版社，1986.
15 黄珑等译．瑞典住宅研究与设计．北京：中国建筑工业出版社，1993.
16 邓述平，王仲谷主编．居住区规划设计资料集．北京：中国建筑工业出版社，1996.
17 北京市建筑设计研究院、白德懋．居住区规划与环境设计．北京：中国建筑工业出版社，1993.
18 朱昌廉，张兴国主编．城乡结合部住宅规划与设计．重庆：重庆大学出版社，1994.
19 胡仁禄，马光著．老年居住环境设计．南京：东南大学出版社，1995.
20 朱建达编著．当代国内外住宅区规划实例选编．北京：中国建筑工业出版社，1996.
21 中国城市住宅小区建设试点丛书编委会编．建筑设计篇、规划设计篇．北京：中国建筑工业出版社，1994.
22 五城市家庭研究项目组编．中国城市家庭．济南：山东人民出版社，1985.
23 王玉波等编．生活方式．北京：人民出版社，1986.
24 潘允康著．家庭社会学．重庆：重庆出版社，1986.
25 刘岐著．当代中国住宅经济．北京：中国建筑工业出版社，1992.
26 吴惠琴主编．住宅建设——新的经济增长点．北京：中国建材工业出版社，1997.
27 周燕珉著．现代住宅设计大全——厨房、餐室卷、卫生空间卷．北京：中国建筑工业出版社，1994、1995.
28 [日]芦原义信．外部空间设计．尹培桐译．北京：中国建筑工业出版社，1985.
29 黄晓鸾编著．居住区环境设计．北京：中国建筑工业出版社，1994.
30 乐嘉龙主编．外部空间与建筑环境设计资料集．北京：中国建筑工业出版社，1996.
31 肖兰．多层住宅的空间与造型设计．天津：天津大学出版社，1996.
32 郑杰主编．住宅、公寓设计实例集．重庆：重庆大学出版社，1992.
33 贾倍思编著．长效住宅——现代建宅新思维．南京：东南大学出版社，1993.

34 王纪鲲译著．集合住宅之规划与设计．台北：中央图书出版社，1984.
35 祐生研究基金会编．祐生研究基金会 1995 年度年报．台北：祐生研究基金会，1995.
36 沈继仁著．点式住宅设计．北京：中国建筑工业出版社，1982.
37 陈国伟主编．台湾住宅建筑（1976—1990）．台北：中华民国建筑师公会全国联合会出版社，1991.
38 中国建筑技术发展研究中心，日本国际协力事业团（JICA）合作研究．中国城市小康住宅研究综合报告．北京：中国建筑技术发展研究中心，1993.
39 《住宅设计资料集》编委会编．住宅设计资料集 1．北京：中国建筑工业出版社，1999.
40 邓伟志，徐榕．家庭社会学．北京：中国社会科学出版社．2001.
41 顾朝林．城市社会学．南京：东南大学出版社．2002.
42 黄一如，陈秉钊．城市住宅可持续发展若干问题的调查研究．北京：科学出版社．2004.
43 贾康 等．中国住房制度改革问题研究．北京：经济科学出版社．2007.
44 建设部课题组．住房、住房制度改革和房地产市场专题研究．北京：中国建筑工业出版社．2007.
45 建设部课题组．多层次住房保障体系研究．北京：中国建筑工业出版社．2007.
46 李耀培 等．中国居住实态与小康住宅设计．南京：东南大学出版社．1999.
47 李振宇．城市·住宅·城市——柏林与上海住宅建筑发展比较．南京：东南大学出版社．2004.
48 联合国人居署编著．全球化世界中的城市——全球人类住区报告 2001．司然 等译．北京：中国建筑工业出版社．2004.
49 刘致平．中国居住建筑简史——城市、住宅、园林．北京：中国建筑工业出版社．2000.
50 龙灏．城市最低收入阶层居住问题研究．北京：中国建筑工业出版社．2010.
51 聂兰生 等．21 世纪中国大城市居住形态解析．天津：天津大学出版社．2004.
52 [法] 让 - 欧仁 · 阿韦尔著．居住与住房．齐淑琴 译．北京：商务印书馆．1996.
53 单小海 等．走向新住宅——明天我们住在哪里．北京：中国建筑工业出版社．2002.
54 沈振闻 等．新编住宅金融．北京：中国物价出版社．2000.
55 [日] 松村秀一等著．21 世纪型住宅模式．陈滨 等译．北京：机械工业出版社．2006.
56 童悦仲 等．中外住宅产业对比．北京：中国建筑工业出版社．2005.
57 [日]早川和男著.居住福利论——居住环境在社会福利和人类幸福中的意义.李桓 译.北京:中国建筑工业出版社．2005.
58 [日] 彰国社编．集合住宅实用设计指南．刘卫东 等译．北京：中国建筑工业出版社．2001.